"十二五"国家重点图书
出版规划项目

薄膜太阳电池关键科学和技术

Key Science and Technology of Thin Film Solar Cells

戴松元　主编

上海科学技术出版社

图书在版编目(CIP)数据

薄膜太阳电池关键科学和技术/戴松元主编. —上海：上海科学技术出版社，2013.1
(新能源出版工程)
ISBN 978-7-5478-1555-7

Ⅰ.①薄… Ⅱ.①戴… Ⅲ.①薄膜太阳能电池—研究 Ⅳ.①TM914.4

中国版本图书馆 CIP 数据核字(2012)第 271891 号

本书出版由上海科技专著出版资金资助

上海世纪出版股份有限公司
上 海 科 学 技 术 出 版 社 出版、发行
(上海钦州南路 71 号 邮政编码 200235)
新华书店上海发行所经销
上海中华商务联合印刷有限公司
开本 787×1092 1/16 印张：26.25 插页：4
字数 540 千字
2013 年 1 月第 1 版 2013 年 1 月第 1 次印刷
ISBN 978-7-5478-1555-7/TM·35
定价：120.00 元

内容提要

本书主要介绍薄膜太阳电池的物理基础、制备技术及其最新进展。重点介绍各种薄膜太阳电池的光电性能，如硅基薄膜太阳电池、碲化镉太阳电池、铜铟镓硒太阳电池、染料敏化太阳电池、聚合物太阳电池和新型量子点太阳电池等。结合薄膜太阳电池技术的进展，讨论了硅基薄膜太阳电池和碲化镉太阳电池制作过程中的工艺技术及器件物理；剖析了铜铟镓硒太阳电池材料组成、微结构和性能；分析了染料敏化太阳电池关键材料的物理化学特性和电池光伏性能；阐述了聚合物太阳电池的基本物理过程及其技术发展趋势；论述了基于新型量子点太阳电池的材料设计与物理性质、电池制备与性能分析等。同时，本书还对薄膜太阳电池组件实用化中的成套工艺装备技术和设计方案以及大面积半导体薄膜的均匀性、稳定性等的关键技术问题进行了产业化前景分析。

本书可供光伏太阳电池行业理论研究与技术开发人员、生产企业技术管理人员与生产工人使用，也可供各高等院校相关专业师生学习参考。

《新能源出版工程》

学术顾问（以姓氏笔画为序）

本书作者名录

第 1 章	戴松元	中国科学院等离子体物理研究所
	胡林华	中国科学院等离子体物理研究所
第 2 章	赵　颖	南开大学
	张晓丹	南开大学
第 3 章	戴松元	中国科学院等离子体物理研究所
第 4 章	孙　云	南开大学
	刘　玮	南开大学
第 5 章	戴松元	中国科学院等离子体物理研究所
	张昌能	中国科学院等离子体物理研究所
第 6 章	谭占鳌	华北电力大学
	李永舫	中国科学院化学研究所
第 7 章	朱　俊	中国科学院等离子体物理研究所
	史成武	合肥工业大学
	戴松元	中国科学院等离子体物理研究所

序言一

能源是人类社会赖以生存和发展的重要物质保障，是国民经济和社会发展的基础。随着人类能源需求的快速增长和全球对“温室效应”的关注，开发利用清洁可再生能源正成为现在和未来世界能源科技发展的重要方面。我国目前以化石能源为主的能源结构受到资源和环境的制约。能源技术的储备与可持续发展直接影响我国的国家安全和现代化进程。我国可再生能源资源丰富。开发利用可再生能源，既对解决当前某些地区能源供需矛盾起一定的作用，并可节约和替代部分化石能源，促进能源结构的调整、减轻环境压力；更是实现未来能源和环境可持续发展，保障国家能源与环境安全，促进我国经济与社会可持续发展的战略措施之一。太阳能光伏发电将太阳能直接转化为电能，是一种清洁的可再生能源。太阳能光伏发电研究近十年来一直受到高度重视，并得到较快的发展。国际能源署(IEA)对太阳能光伏发电未来发展作出了2020年世界光伏发电的发电量占总发电量的2%的预测。正是基于上述背景，出版该书就显得非常有意义。

该书集中介绍了目前常见的各类薄膜太阳电池，详细、客观地介绍了硅基薄膜太阳电池、碲化镉太阳电池、铜铟镓硒太阳电池、染料敏化太阳电池和有机聚合物太阳电池等太阳电池的基本过程、原理、主要技术和特点及技术发展前景，就最近几年发展的新材料、新结构和新概念太阳电池进行了简要介绍。同时该书还重点分析和探讨了薄膜太阳电池大面积制作技术及未来技术的突破前景。该书各章的作者基本上是我国在各个薄膜太阳电池研发和大面积电池制作等方面的领军人物，书中很多内容和观点是亲身体会和认识。这当然也是该书的一个重要亮点。该书的出版期望能够对太阳电池行业有所助益，对从事薄膜太阳电池乃至光伏技术研究的研究生和专业人员提供帮助和指导。

在内容结构方面，该书首先集中地介绍了各类薄膜太阳电池的技术优势和“瓶颈”技术。在随后的各个章节中，不仅总结和分析了各类薄膜太阳电池的工作机制和材料制作方法，还重点介绍了各类薄膜太阳电池的技术发展态势，对每种薄膜太阳电池的发展和突破方向进行了评述。同时，从该书中也可以看出，各类薄膜太阳电池在过去的十年中，都取得了长足的进步。部分薄膜太阳电池已达到中试规模。当然,但在今后多年内,大规模发展与应用仍然面临众多技术难题。实现薄膜太阳电池规模化应用也将是很艰巨的工作和事业,仍需更多的思考。

该书的编者戴松元研究员从材料的组织到文字的撰写,以及后续的思考等方面,都颇具匠心,同时力求深入浅出和通俗易懂。该书即可作为青年科技人员的基础阅读材料,可能也会对纳米材料、电化学、薄膜物理等专业人士有所启发。相信该书的出版,将有助于我国薄膜光伏事业的发展和进步。

中国科学院院士

霍裕平

序言二

能源是人类社会赖以生存和发展的重要物质保障。随着我国经济的持续快速发展,人民生活水平逐步提高,能源消耗也随之快速增长。以煤炭为主的能源结构及过快增长的能源需求使我国能源和环境形势面临着严峻挑战。大力发展低碳可再生能源是实现能源和环境可持续发展的重要途径,越来越受到世界各国重视。作为可再生能源的重要应用领域,太阳能光伏发电在过去10年中得到了快速发展,全球太阳电池产量平均年增长率超过40%。据欧盟联合研究中心(JRC)预测,到2030年可再生能源在总能源结构中占到30%以上,太阳能光伏发电在世界总电力的供应中达到10%以上,到21世纪末可再生能源在能源结构中占到80%以上,太阳能发电占到60%以上,显示出重要的战略地位。

作为太阳电池家族中的重要一员,薄膜太阳电池有其巨大优势,是未来太阳能光伏发电的重要技术之一,其发展潜力巨大。随着薄膜太阳电池技术的不断成熟,后发优势逐渐显现。在此之际,该部论述薄膜电池专著的出版有着重要意义。

该书集中介绍了目前常见各类薄膜太阳电池的技术优势和“瓶颈”,分析和探讨了各类薄膜太阳电池大面积制作的关键技术及未来技术上突破的前景;该书还就硅基薄膜、碲化镉、铜铟镓硒、染料敏化和有机聚合物等太阳电池的基本原理、主要制作技术与特点和技术优势等做了详细、客观的介绍,并就最近几年发展的新型量子点太阳电池进行了简要介绍。该书还就薄膜光伏的技术优势及更多样性的应用领域和市场空间同其他技术进行了比较。

该书各章的作者基本上是我国在各类薄膜太阳电池研发和大面积电池制作等方面的领军人物,也是我国“973”项目和“863”重点项目的主要负责人。书中很多内容和观点都是他们多年的实践体会和认识。该书的出版将会对太阳电池行业有所助益,对从事薄膜太阳电池乃至光伏技术研究的专业人员和研究人员提供帮助和指导。

该书的编著者戴松元研究员在大面积染料敏化太阳电池关键技术等方面具有十多年的研发经历,深谙薄膜太阳电池技术发展趋势;编著者在文字撰写、章节组织及后续思考等方面颇具匠心，力求深入浅出，图文并茂，可读性很强。

光伏的发展并非一帆风顺，薄膜太阳电池技术复杂，大面积工业化生产难度大，虽然未来会遇到诸多挑战，但凭其自身优势和潜力，其前景是美好的。相信该书的出版，将有助于我国薄膜光伏事业的发展和进步。

中国可再生能源学会副理事长　光伏专委会主任

赵玉文

前言

人类利用太阳能有着悠久的历史，但将太阳能作为一种能源和动力加以利用，也仅有300多年的历史。伴随着半导体技术的进步和单晶硅太阳电池的诞生，人类迎来了太阳电池技术高速发展的时代。随着器件理论和光伏工业的发展，单晶硅太阳电池效率不断提高而且技术逐渐成熟，并实现了并网运行。但由于工艺复杂和耗能耗材较多，单晶硅太阳电池的发展受到技术上的限制，开发高效宽光谱薄膜太阳电池技术日益受到人们的重视。薄膜太阳电池有着良好的半导体物理和器件物理基础，我国从“七五”开始就大力加强薄膜太阳电池的研发，并逐年增加薄膜太阳电池科研经费的投入。“十一五”和“十二五”期间，国家重点基础研究发展计划(973计划)先后七次对不同类薄膜太阳电池进行立项研究；国家高技术研究发展计划(863计划)先后对不同类薄膜太阳电池及其成套关键设备技术进行立项研究，并加强新型薄膜太阳电池探索性研究；国家自然科学基金委的各学科也加强了新概念太阳电池探索和关键技术的研究。目前，具有自主知识产权的薄膜太阳电池技术已在我国进行了中试，并逐步实现产业化。希望本书的出版对薄膜太阳电池技术发展起到积极的推动作用。

本书主要介绍各种薄膜太阳电池的器件物理、电池的组成与结构以及电池关键材料制备和工艺技术，对新型量子点太阳电池也进行了阐述。与国内外已出版的同类书相比，本书主要阐述薄膜太阳电池关键材料和组件制备技术问题，探讨了电池实用化技术。全书共分7章，重点介绍各种薄膜太阳电池最新技术成果。其中第1章主要介绍了薄膜太阳电池技术物理基础和研究现状，以及对高效宽光谱薄膜太阳电池发展前景的思考。第2章主要介绍硅基薄膜太阳电池制备技术和工艺原理，并深入讨论电池组件设计鉴定和定型等关键问题。第3章系统介绍了碲化镉太阳电池制备技术与器件物理，讨论了薄膜制备和实用化技术问题。第4章主要介绍了铜铟镓硒太阳电池材料组成、微结构和性能，对薄膜制备工艺进行了系统分析。第5章主要介绍染料敏化太阳电池关键材料的物理化学特性与性能，并讨论大面积半导体薄膜的均匀性、稳定性以及实用化电池的成套工艺技术等关键问题。第6章主要对影响聚合物太阳电池电荷收集的电极界面进行论述，讨论了聚合物薄膜制备和电池实用化等问题。第 7 章主要介绍了新型量子点太阳电池材料设计与工艺,并对电池效率提高的方法进行了展望。

本书材料来源于作者长期从事薄膜太阳电池基础研究和技术研发所取得的研究成果,图文并茂,物理图像表述清晰。在编写过程中,作者参考了一些国内外有关领域最新进展的成果,引用了参考文献中的部分内容、图表和数据,在此特向书刊的作者表示诚挚的谢意。本书稿形成过程中,作者的博士生、硕士生和实验室研究人员对书中内容的形成作出了不同程度的贡献。此外,本书是在上海科学技术出版社的大力支持下出版的,作者对他们的辛勤劳动表示衷心的感谢。

本书力求反映目前薄膜太阳电池实用化技术发展现状及未来发展趋势,希望能有利于薄膜太阳电池的进一步发展,有益于相关科研人员、博士生、硕士生和本科生的培养以及研究水平的提高,使读者对薄膜太阳电池的未来发展有所启发,并希望能够成为有实用价值的光伏领域参考书。近年来,由于薄膜太阳电池的迅速发展,新材料、新器件和新观点等不断涌现,限于作者知识水平,书中难免会出现不妥甚至错误之处,恳请各位专家学者和广大读者批评指正,以使本书再版中能得到改正。

作　者

目　录

第 1 章

薄膜太阳电池基础

能源是人类社会赖以生存和发展的重要物质保障，是国民经济和社会发展的基础。可再生能源资源丰富、发展前景明确、技术争议较少。开发利用可再生能源，既是解决当前能源供需矛盾的重要措施，可节约和替代部分化石能源，促进能源结构的调整，减轻环境压力，更是实现未来能源和环境可持续发展，保障国家能源与环境安全，发展低碳经济，促进国家经济与社会可持续发展必然的战略选择。

太阳能光伏发电是各国大力发展的可再生能源技术之一。欧洲委员会联合研究中心(European Joint Research Centre，JRC)对光伏发电的未来发展做出预测：2020 年世界太阳能发电量将占世界总能源需求的 1%，2050 年占到 20%，2100 年则将超过 50%。2009 年 9 月 22 日，中国政府在纽约联合国气候变化峰会上表示：争取到 2020 年非化石能源占一次能源消费比重达到 15%左右。光伏发电将是未来人类获得能源的主要方式之一，也是可再生能源发电的主要方式。我国领土每年接收到的太阳能总辐照量数量惊人，除部分区域日照时数较低外，多数地方可以发展光伏发电。我国太阳能光伏发电科技发展“十二五”专项规划明确指出：“十二五”期间，实现光伏技术的全面突破，促进太阳能发电的规模化应用，晶硅电池效率 20%以上，硅基薄膜电池效率 10%以上，碲化镉、铜铟镓硒太阳电池实现商业化应用；获得效率 10%以上年产能 40 MW 硅基薄膜太阳电池制造技术，获得效率 10%以上年产能 30 MW 碲化镉太阳电池制造技术，获得效率 8%以上年产能 5 MW 染料敏化太阳电池制造技术；开展高倍率聚光电池及发电关键技术、柔性衬底硅基薄膜太阳电池中试制造技术、非真空电沉积柔性 CIGS 太阳电池中试制造技术、量子点电池、热光伏电池、硅球电池、多晶硅薄膜太阳电池、有机电池等新型太阳电池的前沿制备技术和高温直通式真空管及槽式聚光集热实验平台等研究。

光伏发电的载体是太阳电池。现进入民用领域的太阳电池主要是晶体硅太阳电池，占目前产量和应用的 85%以上，但薄膜太阳电池具有：节省半导体原材料；材料和器件同步完成、工艺技术简单、便于大面积连续化生产和降低制造成本；采用低温制备工艺、便于使用廉价衬底、降低能耗和能量回收期短等优点，被科学界公认为未来太阳电池发展的主要方向之一，为国际上研究最多的技术，其中部分已实现规模生产。因此，发展低成本薄膜太阳电池的产业化技术是当前国际光伏行业的战略选择。

1.1 太阳电池及薄膜太阳电池分类

太阳电池是光伏发电系统的核心。太阳电池按关键材料，可以分为硅太阳电池、化合物半导体薄膜太阳电池、染料敏化太阳电池和有机聚合物太阳电池等。硅太阳电池分为单晶硅太阳电池、多晶硅太阳电池和非晶硅太阳电池三种。

薄膜太阳电池主要分为：硅基薄膜太阳电池、碲化镉太阳电池、铜铟镓硒太阳电池、染料敏化太阳电池和有机聚合物太阳电池等。

1.1.1 硅基薄膜太阳电池

硅基薄膜太阳电池分非晶硅太阳电池、微晶硅太阳电池和多晶硅薄膜太阳电池。

非晶硅太阳电池制作工艺简单、用材少、不需要高温过程、衬底选择余地较大，并且成本低廉，在开发之初就受到科研人员的高度重视，得到快速发展。自从 1976 年 Carlson 和 Wronski 首次报道了效率为 2.4%的非晶硅太阳电池以来，非晶硅技术取得了显著的进展。到目前为止，三结叠层硅基薄膜电池的实验室最高初始效率已达 16.3%，但由于存在光致衰退效应，电池稳定效率有待提高。

由于微晶硅(μc-Si：H)在光谱能量 1.1～1.7 eV 范围吸收系数比非晶硅(a-Si：H)高，微晶硅太阳电池能够利用太阳光谱的近红外部分，光谱响应较比非晶硅范围更宽；另一方面，相对于 a-Si：H 而言，μc-Si：H 材料的微结构有序性得到提高，光致衰退效应对其影响较小，微晶硅太阳电池的稳定性较高。因而，非晶硅/微晶硅叠层太阳电池是国际公认的硅薄膜太阳电池的下一代技术。目前，实验室非晶硅/微晶硅/微晶硅三结叠层电池的最高稳定效率达到 13.44%。

多晶硅薄膜太阳电池是具有性能稳定、无毒、成本低、可大面积生长等优势。目前，实验室最高转换效率为 20.4%[1]，工业规模生产的转换效率为 10%[2]。

1.1.2 化合物半导体薄膜太阳电池

化合物半导体薄膜太阳电池用材料主要为无机半导体，其主要包括碲化镉、铜铟镓硒等。基于铜锌锡硫薄膜的太阳电池在近几年也受到了很多关注。

碲化镉太阳电池(CdTe)的效率较非晶硅太阳电池效率高，成本较单晶硅太阳电池低，并且也易于大规模生产。

铜铟硒太阳电池(CIS)及掺镓的铜铟硒(又称铜铟镓硒，CIGS)太阳电池，因其生产成本低、转换效率高、弱光性能好、抗辐射能力强、无光致衰退以及可淀积在柔性基底上等特点，将成为太阳电池今后发展的一个重要方向。由于 CIGS 具有敏感的元素配比和复杂的多层结构，因此，其工艺和制备条件的要求极为苛刻，产业化进程十分缓慢，但前景十分广阔。为了降低稀有元素的大量消耗，研究人员开发了不含铟、镓、硒的铜锌锡硫太阳电池(CZTS),但目前该类太阳电池的效率偏低,其研究尚限于实验室阶段。

1.1.3 染料敏化太阳电池

基于纳米 TiO_2 多孔薄膜的染料敏化太阳电池(DSC)在20世纪90年代取得突破,其工作原理与植物的光合作用相似,优点在于它廉价的成本和简单的制作工艺及稳定的电池性能。目前,小面积电池(面积小于1 cm^2)的光电转换效率已经达到12.3%[3],100 cm^2 以上的大面积电池效率也接近6%[4]。进一步提高该类太阳电池的光电转换效率和实用化是关键。

1.1.4 有机聚合物太阳电池

以有机聚合物代替无机材料是近些年开始的一个太阳电池研究方向。由于有机材料柔性好、制作容易、材料来源广泛和成本低等优势,对大规模利用太阳能和提供廉价电能方面具有重要意义。然而,以有机材料制备太阳电池的研究刚开始,无论是电池的使用寿命,还是电池效率都不能与无机材料电池,特别是与晶硅电池相比。该类电池能否发展成为具有实用价值的产品,还有待于进一步深入研究和探索。

1.2 薄膜太阳电池的物理基础

本节主要介绍书中涉及的几种薄膜太阳电池物理基本概念和基础。简要介绍相应薄膜材料的制备、方法和工艺技术特点等。同时,指出各种薄膜太阳电池的技术优缺点以及未来工业化生产面临的技术“瓶颈”。

1.2.1 硅基薄膜太阳电池

非晶硅(a-Si)薄膜和多晶硅(poly-Si)薄膜太阳电池可大幅度降低太阳电池成本。通常的晶体硅太阳电池是在厚度为150～200 μm的高质量硅片上制成的,实际消耗硅材料较多。为了节省材料,科研人员从20世纪70年代中期就开始在廉价的衬底上沉积非晶硅和多晶硅薄膜。

非晶硅亦称无定型硅或a-Si,直接吸收半导体材料,光的吸收系数很高,仅几个微米就能完全吸收其光谱响应范围内的太阳光。因此,该电池可以做得很薄,其材料和电池制造成本也较低。目前,非晶硅太阳电池的制备方法较多,包括反应溅射法、等离子增强化学气相沉积法(PECVD)和低压化学气相沉积法(LPCVD)等,但一般主要采用甚高频或射频等离子体增强化学气相沉积(VHF或RF-PECVD)方法制备。反应原料气体为 H_2 稀释的 SiH_4,衬底主要为玻璃及不锈钢片,制成的非晶硅经过不同的电池工艺过程可分别制得单结或叠层太阳电池。非晶硅中由于原子排列缺少结晶硅的规则性而且缺陷多,通常要在p层与n层之间加入较厚的本征i层,形成p-i-n结构。为了提高电池光电转换效率和改善电池稳定性，通常制备 p-i-n/p-i-n/p-i-n 叠层太阳电池结构，叠层太阳电池是在制备的 p-i-n 单结太阳电池上再沉积一个或多个 p-i-n 形成的双结或三结非晶硅太阳电池。

多晶硅薄膜是由许多大小不等和晶面取向不同的小晶粒构成。目前，制备多晶硅薄膜太阳电池工艺方法主要有以下几种：LPCVD、PECVD 和溅射沉积法(PSM)等。但是，气相沉积过程中，在非硅衬底上很难形成较大的晶粒。因此，再结晶技术无疑是很重要的一个环节。目前，采用的再结晶技术主要有固相结晶法和区熔再结晶法等。除了再结晶工艺，多晶硅薄膜太阳电池采用了几乎所有制备单晶硅太阳电池的技术。

1.2.2 碲化镉太阳电池

CdTe 是Ⅱ-Ⅵ族化合物半导体，带隙 1.5 eV，是一种良好的光伏材料，适合于光电转换，基于该材料的太阳电池，与太阳光谱非常匹配，理论效率可达到 28%。在 CdTe 薄膜电池多层结构中，吸收层的性能对电池效率影响最大。CdTe 太阳电池制作成本低、性能稳定、光电转换效率较高，在技术上是一种发展较快的薄膜电池。目前，CdTe 太阳电池实验室效率为 16.7%，商业化的电池效率达到 12%[5]。通过增加光吸收、优化薄膜质量、减少复合中心以及降低温度系数等方法，该电池有望获得更高的光电转换效率。

目前，制备 CdTe 多晶薄膜的多种工艺和技术已经开发出来，如近空间升华、电沉积、物理气相沉积法、化学气相沉积法、化学水浴沉积、丝网印刷、溅射和真空蒸发等。

1) 丝网印刷烧结法

由含 CdTe 和 CdS 浆料进行丝网印刷 CdTe 和 CdS 薄膜，然后在 600～700℃可控气氛下进行热处理 1 h 得大晶粒薄膜。

2) 真空蒸发法

将 CdTe 从约 700℃加热坩埚中升华，冷凝在 300～400℃衬底上，典型沉积速率 1 nm/s。以 CdTe 吸收层，CdS 作窗口层半导体异质结电池的典型结构为减反射膜/玻璃/(SnO_2：F)/CdS/p-CdTe/背电极。

1.2.3 铜铟镓硒太阳电池

铜铟镓硒(CIGS)太阳电池是在玻璃或廉价的不锈钢、聚酰亚胺衬底上沉积 5～7 层薄膜的化合物光伏电池，电池的吸收层是由 Cu(铜)、In(铟)、Ga(镓)、Se(锡)构成的Ⅰ-Ⅲ-Ⅵ族化合物多晶半导体，该太阳电池以光电转换效率高、长期稳定性好和抗辐射能力强等优点已成为光伏领域的研究热点，被认为是最具发展前景的薄膜太阳电池之一。CIGS 太阳电池是由覆有金属电极 Mo 薄膜的衬底、CIGS 吸收层、CdS 缓冲层(或其他无 Cd 材料)、i-ZnO 和 Al-ZnO 窗口层、MgF_2减反射层以及顶电极 Ni-Al 等组成。目前，CIGS 薄膜太阳电池的实验室光电转换效率已经超过 20%。

铜铟镓硒太阳电池的核心层 CIGS 薄膜的制备方法可分为“真空蒸发法”和“金属预置层后硒化法”两种技术路线。非真空法相当于后一种技术路线，其他方法也都是在这两类基础上发展起来的。多元素直接蒸发法和金属预置层溅射后硒化法是目前最为常用的两种方法。蒸发方法是在 Se 气氛下分步蒸发 In、Ga、Cu、及 In、Ga 沉积在含 Mo 电极的不同衬底上，通过该方法成功制备了目前最高光电转换效率的 CIGS 太阳电池，接近了多晶硅太阳电池世界纪录。而金属预置层后硒化法是先在衬底上生长 Cu、In(Ga)层，再在 Se 气氛中硒化热处理，该方法由于具有易于精确控制薄膜中各元素的化学计量比、制备出的薄膜厚度和成分均匀分布等特点，成为目前产业化的首选工艺。国内外一些公司基于这些技术路线已经实现了 CIGS 太阳电池组件制作，正在进行中试生产、研发和商业化的大规模生产。金属预置层制备除了真空溅射沉积外，还有非真空的电化学沉积法、丝网印刷涂覆法。另外，一些探索性的喷雾高温分解法、激光诱导合成法、混合工艺法和液相沉积法等都有人研究。

1.2.4　染料敏化太阳电池

染料敏化太阳电池(DSC)的原理就是模仿植物的光合作用，将太阳能转换成电能。DSC 主要是由镀有透明导电膜(F 掺杂 SnO_2，FTO 或 In 掺杂 SnO_2，ITO)的导电玻璃、纳米多孔薄膜、染料光敏化剂、电解质和光阴极五个部分组成。纳米多孔薄膜一般由 TiO_2、ZnO 和 SnO_2 等宽禁带半导体材料制备，其中最主要和最常用的还是 TiO_2；染料分子是该电池吸光的主要材料；氧化-还原电解质一般为含有 I^-/I_3^- 离子的液态或固态电解质。1991 年瑞士洛桑高等工业学院(EPFL) Grätzel 教授领导的小组，以纳米多孔电极代替平板电极制作 DSC，电池的光电转换效率取得了 7.1%的突破性进展[6]。目前，DSC 的光电转换效率已超过 12%。DSC 优点是原材料廉价、工艺简单、性能稳定、寿命长，弱光下电池的光电转换效率更高。

DSC 的主要半导体材料是 TiO_2，原材料丰富、成本低和性能稳定是该电池的主要优势。其主要工艺是大面积丝印技术及中温隧道窑烧结技术，在大面积工业化生产中具有较大优势。原材料和生产过程都无毒、无污染，电池中的导电玻璃可以得到充分的回收，对保护人类环境具有重要的意义。

1.2.5　有机聚合物太阳电池

有机聚合物太阳电池由共轭聚合物给体和可溶性富勒烯衍生物受体的共混膜夹在透光导电玻璃基底和金属电极之间组成，具有结构简单、成本低、重量轻和可制成柔性器件等突出优点，近年来受到广泛关注。在太阳电池中以聚合物代替无机材料是一个新的方向和发展趋势。

有机聚合物太阳电池中的电子给体材料主要有聚噻吩类(PThs)和窄带隙 D－A 共聚物等，电子受体材料有可溶性富勒烯衍生物(如 C_{60} 衍生物 PCBM)、n 型聚合物(如 CN－PPV 等)、n 型共轭有机小分子(苝衍生物等)和半导体纳米晶受体材料(CdSe、TiO_2、ZnO 等纳米晶)等。

有机聚合物太阳电池中的电子供体材料主要有聚苯撑乙烯撑类(PPVs)、聚噻吩类

(PThs)、聚芴和聚苯胺等,电子受体材料有聚合物受体材料(CN-PPV、芳杂环类聚合物和梯形聚合物等)、有机小分子受体(富勒烯及其衍生物、酰亚胺及其衍生物和羧酸脂等)和纳米受体材料(碳纳米管、TiO_2、GaAs、ZnO)等。

目前,有机聚合物太阳电池的光电转换效率已经接近10%[7],应用前景初步显现。与现有成熟的硅基太阳电池相比,目前使用的共轭聚合物存在太阳光利用率低(吸收光谱与太阳光谱不匹配、吸收谱带较窄)和电荷载流子迁移率低(一般共轭聚合物半导体材料的电荷载流子迁移率在10^{-5}~10^{-3} $cm^2 \cdot V^{-1} \cdot s^{-1}$)的问题,器件也常常存在电荷传输、收集效率低以及填充因子小等缺点。通过进一步的深入研究,克服这些缺点将有助于该电池从实验室走向实用化。

1.2.6 新型太阳电池

为进一步利用太阳光谱,提高太阳电池光电转换效率,科研人员提出了很多新概念、新材料和新结构太阳电池,主要包括全光谱太阳电池、黑硅太阳电池、量子点/纳米结构太阳电池、中间带太阳电池、多结太阳电池和热载流子太阳电池等。对于这类太阳电池,它们的特征是:薄膜化、效率高(高于单结电池的效率)、原材料丰富等。目前,科研人员开发了适用于这类电池的新材料,并进行了原型器件验证等一系列基础性研究。

新概念太阳电池,理论计算其具有很高的光电转换效率,如全光谱太阳电池,其理论预期的光电转换效率高达80%。因而,各类新概念太阳电池,一直备受科研人员关注,只要技术获得突破,其需求和市场都十分巨大,然而突破的关键在于材料。对于新概念太阳电池,目前多是进行一些新型光伏材料的基础研究,制备的太阳电池原型器件光电转换效率还非常低。各种新概念太阳电池基本处于实验室研究阶段,核心材料制备技术还不成熟,一些电池的机理还不完全清楚。

1.3 薄膜太阳电池的研究现状

在现阶段进入民用领域的太阳电池主要是晶体硅太阳电池,其在产量上占近85%的优势地位,在研究开发方面也是较为活跃的方向。据日本专利局(JPO)统计,2000年到2006年日本的5 449件太阳电池专利申请总量中,目前最普及的硅太阳电池的申请量达75%~81%[8]。这表明,现阶段太阳电池市场和研发仍以硅基太阳电池为主。

薄膜太阳电池已被公认为未来太阳电池发展的主要方向。科研人员青睐薄膜太阳电池是由于薄膜太阳电池具有省材料、低能耗、便于大面积连续生产等低成本优势,同时原材料丰富、无毒、无污染、能耗低等优点,生产制造成本低,在建筑光伏一体化(BIPV)和荒漠电站等应用领域显示出良好的商业化应用前景,成为目前国际上研究最多的一项太阳电池技术。

基于薄膜化、低成本或效率高等特点的新型太阳电池技术,通过近10年的研究,进展很快。同时和基于新材料、新结构和新概念的太阳电池存在一定的交叉，它们共同的特征是：薄膜化、效率高、原材料丰富等。对于新材料、新结构和新概念太阳电池，目前多是对一些新型的光伏材料进行研究，制备的太阳电池器件光电转换效率还非常低。该类新型太阳电池包括量子点、量子阱太阳电池、宽光谱叠层太阳电池、光-光转换或上下转换太阳电池以及其他半导体纳米结构太阳电池，如 InGaN 太阳电池等。

目前，在薄膜太阳电池研究领域，硅基薄膜太阳电池、染料敏化太阳电池、碲化镉太阳电池和铜铟镓硒太阳电池的发展相对较快；有机聚合物太阳电池的实验室研究效率已接近 10%。基于高效的新型太阳电池国内仅仅处于理论研究阶段，其中很多种类目前还没有原型电池产生。个别类型的新型太阳电池国外实验室已获得超过 40%的光电转换效率。但值得注意的是，新型太阳电池在理论上普遍具有高效和材料廉价等特点，一旦在电池制作技术上取得较大突破，将会给太阳电池的研究及产业带来革命性的变化。

现阶段各类薄膜太阳电池具体研究现状如下。

1.3.1　硅基薄膜太阳电池

20 世纪 70 年代，国际上陆续开展非晶硅太阳电池的研究，并于 80 年代中实现 1～2 MW 规模生产，90 年代中期扩展到 5～10 MW，现今单条生产线规模达 20～40 MW。总体而言，目前国际上生产的非晶硅太阳电池稳定效率还不高，基本在 5%～7%之间；由于非晶硅材料不稳定引起的电池光致衰退率(即所谓 SW 效应)约为 15%～20%。1994 年，瑞士科研人员提出带隙调制的硅基薄膜叠层电池结构——非晶硅/微晶硅叠层太阳电池的构想，后来电池效率和稳定性均得到较大的改善，被国际上公认为硅薄膜太阳电池的下一代技术和产品。基于此项技术，日本、欧盟和美国的大公司纷纷开展非晶硅/微晶硅叠层太阳电池生产线的研发工作。目前，日本的三菱和夏普公司已经实现了非晶硅/微晶硅叠层太阳电池 30 MW 以上的规模生产。欧洲 Oerlikon 公司、美国 AM 公司也在其生产设备上制造出稳定效率 10%以上的非晶硅/微晶硅叠层太阳电池组件。

目前，国内已建和在建的硅薄膜太阳电池生产线总计 20 余家。国产化的非晶硅太阳电池生产线均为单室沉积技术；国际上最先进的生产线，如欧洲 Oerlikon 公司和美国 AM 公司均已落户国内。国内生产以非晶硅太阳电池产品为主，在未来的 2～3 年，逐步向非晶硅/微晶硅叠层太阳电池产品过渡。我国虽然生产企业较多，但除基于美国 EPV 生产非晶硅太阳电池技术实现国产化外，高档的生产线大部分依赖进口。

我国对微晶硅太阳电池的研究起步较晚，经过十多年的发展，南开大学采用 VHF-PECVD 多室连续沉积技术，单结微晶硅太阳电池效率已达 9.36%；小面积非晶硅/微晶硅叠层太阳电池效率达到 11.8%；10 cm×10 cm 集成型非晶/微晶硅叠层太阳电池组件效率 10.68%，研发出了非晶硅/微晶硅叠层太阳电池中试线和年产能 2 MW 生产设备。

1.3.2　碲化镉太阳电池

CdTe 太阳电池组件国际领先水平为面积 120 cm×60 cm，效率 14.4%，单条生产线规模达到 50 MW/年。美国的 First Solar Inc. 是全球最大的 CdTe 太阳电池制造商，通过不断扩产与技术攻关，该公司现在具有年产 2.2 GW 的能力。目前，我国生产的 CdTe 太阳电池组件为面积 120 cm×60 cm，效率 11.86%。四川大学对 CdTe 太阳电池及组件制造的相关技术环节进行了系统和深入的研究，建成了 2～5 MW 中试生产线，实验室 0.5 cm^2 面积效率达到 13.38%。中国科技大学、中国科学院相关研究所也进行了实验室研究，CdTe 太阳电池（面积 0.25 m^2）的效率达 13%左右。

1.3.3　铜铟镓硒太阳电池

CIGS 太阳电池以其低成本、高光电转换效率、不衰退和光谱响应范围宽、性价比高于晶体硅太阳电池，同样功率电站其年输出功率高于其他任何种类太阳电池，受到了世界光伏界的广泛关注。目前，CIGS 太阳电池的实验室光电转换效率已经超过 20%[5]。

CIGS 太阳电池虽然性能理想，未来市场前景诱人，但由于具有敏感的元素配比和复杂的多层结构，技术集成度很高，对工艺和设备要求十分严格，被国际光伏界认为是技术难度最大的太阳电池之一。因此其研发费用高，技术进展缓慢。CIGS 太阳电池组件制造厂都是对设备与工艺自主研发，各自也都有自主的独特技术。由于未来市场前景好，前期投入大，所有技术竞争激烈，保密性极强，但也限制了技术合作与交流，影响着产业化发展进程。

实现大面积玻璃衬底 CIGS 太阳电池产业化是该领域的重大需求，也是发展趋势。由此引出该领域的国际技术发展前沿，即 CIGS 太阳电池组件吸收层多元组分的可控性、一致性即物理性能均匀性等问题。在进行 CIGS 太阳电池基础研究的同时，成功设计开发用于 CIGS 太阳电池生产的工艺设备及控制系统，由 CIGS 吸收层及其他各层 Mo 背电极、CdS 缓冲层、ZnO/ZnO：Al 层等组成的电池生产的连续化和可重复生产就成为需要解决的关键问题。

以金属箔或高分子聚合物薄膜为衬底的柔性 CIGS 太阳电池，电池总厚度约 0.2 mm（含衬底但未封装），具有轻质、可卷曲折叠、不怕摔碰，比功率可达 1 500 W/kg 以上，是其他种类太阳电池所无法比拟的，而且允许以卷带方式连续化沉积，其材料成本和生产成本具有更大的降低空间。无论是军事还是民用，都具有广阔的市场前景和巨大的需求背景。

虽然，全球有上百家企业和机构置身于 CIGS 太阳电池产业开发与研究，每年有几十家企业离开这一领域，但又有几十家企业进入。突破设备与技术瓶颈、能够开发出大面积电池组件的为数不多，单机年产高于 5 MW 的生产线，并且能够制造出电池组件的企业只有德国 Würth Solar、Solibro、Solarion；美国的 Global Solar、Solyndra、Solopower、MiaSole、Stion；日本的 Solar Frontier、Honda 等公司。目前，存在的主要问题是生产工艺的可控性、大面积组件的均匀性以及产品一致性，电池组件的良品率是重点解决的关键技术。

德国 Q－Cell 公司旗下的 Solibro 公司，采用在线共蒸发技术生产玻璃衬底 CIGS 太阳电池组件，2010 年底两条生产线合计产能达到 135 MW，15.99 cm^2 组件光电转换效率达到17.4%[9]，为全球薄膜电池最高，一举超越Würth Solar成为in-line共蒸发技术生产CIGS薄膜电池组件的新领航者。2011年，Miasole 1 m^2的CIGS太阳电池组件效率达到15.7%，创造了新的世界纪录[10]。目前，大面积CIGS太阳电池组件的效率已超过15%[11,12]，全球年产能超过1 GW。Würth Solar预测到2030年CIGS太阳电池组件效率将超过25%，从而超过晶体Si太阳电池组件的效率。可以预见，未来将是CIGS太阳电池辉煌发展的时代。

与国际前沿相比，国内南开大学在2008年底实现了自主研发的大面积CIGS太阳电池组件制造和设备以及各个工艺环节的全部贯通，研制的29 cm×36 cm CIGS太阳电池组件，光电转换效率达到7.0%，说明我国与其他国家研究水平相接近。

1.3.4 染料敏化太阳电池

自EPFL在1991年取得突破性进展以后，DSC得到了国际上广泛的关注和重视。其廉价的生产成本，易于工业化生产的工艺技术以及广阔的应用前景，吸引了欧、美、澳、日、韩和中国众多科学家与企业大力进行研究和开发。通过全球各科研机构、公司和科研团体的努力，在产业化和应用研究上取得了较大的进展，其中澳大利亚Dyesol公司在大面积电池制作技术和欧盟在单片大面积电池光电转换效率上都取得了先进的研究成果。

通过多年的实践，2001年STI建立了世界上首条DSC中试线，STI公司与中国科学院等离子体物理研究所合作，生产的产品在2001年苏州APEC展览会上首次亮相，赢得国内外同行的赞赏，2003年完成200 m^2该电池显示屋顶建设，集中体现了未来工业化应用的前景。STI所采用的技术路线显然在工业化生产中具有优势，而德国INAP公司的方法却显得复杂得多。STI生产线的建设成功，在一定意义上证明了DSC实现大规模生产的可行性，真正到实用化，还要考虑电池的基本性能和性价比。由于STI公司在电池设计和电极材料等方面的局限性，电池性能一直无法得到有效的提高，特别是在光电转换效率方面无法提高，离实际应用要求还有一定的距离。INAP的技术路线和方法在电池光电转换效率方面要好得多，与现在的非晶硅太阳电池类似，但在产业化中遇到一定的技术难度，一直无法进行大规模的产业化生产，直到2005年取得突破，并于2007年瑞士圣加仑国际会议亮相，但离应用同样还需攻克关键技术。

通过近10年的发展，目前DSC已成为十分活跃的研究领域，日本已有超过100家公司参与其中，申请专利超过了1 600项。DSC实验室光电转换效率接近非晶硅太阳电池。除了DSC在低成本、高效率以及未来可能产生巨大潜在市场的原因以外，相对比较低的门槛使工业界易于介入，区别于硅基太阳电池动辄上亿的资金投入是使公司更乐于投入该类电池研发的主要原因。但在产业化研究和攻关中遇到了极大的难度，主要集中在电池寿命和效率上。从太阳电池应用的范围来讲，DSC具有一定的优势和范围。在产业化研究上，如英国G24 Innovations Ltd(G24i)，利用辊对辊薄膜印刷技术，在2007年10月开始进行规模化生产柔性衬底电池，其生产线在3 h内可生产长800 m的电池，这种电池可广泛应用于便携式和移动式充电系统，如手机、个人笔记本电脑或其他领域。

澳大利亚 Dyesol 公司目前的研发基本上朝三个方向展开，各有侧重，并在世界各地建立不同的研发基地和工厂，同时他们通过加速老化实验获得了 DSC 在室外长期稳定的数据：20 000 h 的老化数据(0.8 个太阳，55～60℃)。这一结果相当于太阳电池在中欧室外可稳定运行 32 年，或在澳大利亚悉尼运行 18 年，这些结果的获得充分体现了 DSC 能够在室外长期稳定运行。

日本和韩国成为该类电池研究的两支主要队伍，他们在柔性电池和电池各类材料研究上都有很强的队伍，特别是在有机染料的合成和应用上，采用吲哚啉类有机染料 D205 作敏化剂，电池光电转换效率达到 9.5%[13]，可以与常规钌染料相媲美，这是目前基于吲哚啉类有机染料效率的最高值。采用电沉积 ZnO 结合吲哚啉染料 D149 效率达到了 6.24%的塑料太阳电池。日本先进工业科学技术研究所(AIST)和 Sharp 公司联合其他单位主要目标是发展高性能 DSC，希望通过一系列基础和关键科学的研究，推动 DSC 发展。

我国无论在 DSC 的基础研究和产业化研究上都与世界研究水平相接近。中国科学院等离子体物理研究所于 2004 年底成功完成 500 W 的示范系统建设，并保持运行至今，并于 2011 年底完成 0.5 MW 电池的中试生产线建设，为染料敏化太阳电池下一步的推广应用打下了坚实的基础。同时，在新型染料研究和离子液体电解质上取得突破，中国科学院长春应用化学所实现自主研发染料 C101，效率达到 11%[14]，离子液体电解质电池效率达到 8.2%[15]，在该领域具有一定的影响。

1.3.5 有机太阳电池

有机太阳电池于 20 世纪 90 年代开始研究，发展时间较短，目前该方面研究基本处于实验室阶段，但最近两年进展明显，电池效率最高接近 10%[7]。我国在有机/无机复合半导体领域的研究已有研究基础，研究水平和国外先进水平虽有差距，但差距不明显，尤其在复合半导体材料的制备与表征方面还有一定优势。国内开展复合半导体材料相关研究始于 20 世纪 80 年代末，几乎和国外同步，取得了一些创新性成果。在 20 世纪 90 年代中期，开创性地在国内提出了集各种特异性能或综合性能于一体的半导体复合光功能材料与器件的全新概念和研究方向。

最近两年，有机结构太阳电池发展迅速，国内中国科学院同香港大学合作，通过对电池结构进行改进，电池效率达到了 8.79%[16]，同时还在材料方面取得了很好的研究成果[17,18]。华南理工大学在反型聚合物电池中采用乙醇和水中可溶解的共轭聚合物 PFN 作为阴极修饰层，电池效率达到 9.2%[18]。以上相关研究代表国内在该领域的最高研究水平。

1.3.6 新型太阳电池

为了进一步提高电池效率，科研人员开发了新材料，并提出了很多概念性的新型电池，对于这些新材料、新结构和新概念太阳电池，目前多是对一些新型光伏材料进行研究，制备的太阳电池器件光电转换效率还非常低。

相对于染料敏化太阳电池和有机太阳电池来说，新型太阳电池大多仅仅处于理论研究阶段，其中很多种类甚至没有原型电池产生。本书第七章就量子点太阳电池进行详细地介绍。其他新型太阳电池的研究国内报道十分少见，因此本书不做详细的描述。

1.4 薄膜太阳电池的未来发展

在能源危机和环境污染不断加深的形势下，太阳电池作为新型的、最具发展潜力的可再生能源之一，对缓解能源危机、保护人类生存环境提供了一种新的途径。薄膜太阳电池的低成本为其自身的发展提供了有利条件和竞争优势。

1.4.1 硅基薄膜太阳电池

非晶硅太阳电池由于具有较高的光电转换效率和较低的成本等特点，有着极大的潜力。但由于稳定效率不高，影响其推广应用。为此，发展了非晶硅/微晶硅叠层太阳电池。与非晶硅电池相比，其具有更高的稳定效率。充分利用先进光管理、宽光谱吸收太阳光的多结叠层硅薄膜太阳电池是未来硅基薄膜太阳电池的发展趋势之一。多晶硅薄膜太阳电池由于所使用的硅远较单晶硅少，又无效率衰退问题，并且有可能在廉价衬底材料上制备，其成本远低于单晶硅太阳电池。因此，多晶硅薄膜太阳电池有可能在未来太阳能发电市场上占有一席之地。

1.4.2 碲化镉太阳电池

CdTe太阳电池较其他的薄膜太阳电池容易制造，因而它向商品化进展最快，已由实验室研究阶段走向规模化工业生产。下一步的研发重点，是进一步降低成本，提高效率并改进与完善生产工艺。但CdTe太阳电池作为大规模生产与应用的光伏器件，需要关注的是环境污染问题，因此，对破损的玻璃片上的Cd和Te应去除并回收，对损坏和废弃的组件应进行妥善处理，对生产中排放的废水、废物应进行符合环保标准的处理。目前，美国的First Solar公司凭借这方面的关键技术奠定了全球薄膜光伏的龙头地位。

1.4.3 铜铟镓硒太阳电池

铜铟镓硒太阳电池性能方面，在不久的将来，CIGS太阳电池的效率应当可以和传统PV相提并论。但尽管已取得阶段进展，薄膜制作技术和传统PV的效率之间仍存在一定差距，且在某些情况下差异明显。其结果是：必须与传统PV在成本基础上竞争。CIGS太阳电池板可做成柔性，其均匀的颜色和稳定的性能，更加适合与建筑一体化的应用。

1.4.4 染料敏化太阳电池

染料敏化太阳电池的主要半导体材料是TiO_2，其原材料丰富、成本低、制作技术相对简单和性能稳定是该技术的优势，未来应用前景广阔。其主要工艺是大面积丝印技术及简单隧道窑烧结方法，使其制作工艺简化、成本低，在大面积工业化生产中具有较大优势。原材料和生产过程环境友好，电池中的导电玻璃可以得到充分的回收，对保护人类环境具有重要的意义。经过20多年来的研究发展，DSC取得了长足的进步，大面积电池和组件国际上也开始了相关研究，国内在大面积电池研究方面取得了重要突破，并成功于2011年底建成国内首条0.5 MW的DSC中试线。该电池今后的研究重点是进一步提高DSC的光电转换效率和电池实用化性能攻关。

1.4.5 有机太阳电池

目前，有机聚合物太阳电池的光电转换效率已经接近10%，应用前景初步显现。但是，与现有成熟的硅基太阳电池相比，目前使用的共轭聚合物存在太阳光利用率低和电荷载流子迁移率低的问题，器件也常常存在电荷传输、收集效率低以及填充因子小等缺点。设计和合成在可见近红外区具有宽吸收和高的吸收系数，具有与电子受体最低未占据分子轨道(LUMO)能级相匹配的LUMO能级和较低的最高占据分子轨道(HOMO)能级，具有高的空穴迁移率的共轭聚合物给体光伏材料将是聚合物太阳电池今后的研究重点。

1.4.6 新型太阳电池

新材料、新结构和新概念太阳电池在理论上普遍具有宽谱吸收、高效率和低成本的优势，一旦在材料和制作技术上取得较大的突破，将会给太阳电池的研究及产业带来翻天覆地的变化。

进一步提高薄膜太阳电池的光电转换效率，降低成本将是未来科学工作者的研究重点。随着各国科学工作者的不断努力，以及新材料和新技术(量子点太阳电池、热载流子太阳电池)的不断出现，电池结构(叠层太阳电池、多带隙太阳电池)方面的不断创新，将会使薄膜太阳电池的光电转换效率和稳定性不断提高，为人类的生产和生活提供更大的帮助。

参考文献

[1] Chutinan A, Li C W W, Kherani N P, et al. Wave-optical studies of light trapping in submicrometre-textured ultra-thin crystalline silicon solar cells. Journal of Physics D-Applied Physics, 2011, 44, 262001.

[2] Hinken D, Milsted A, Bock R, et al. Determination of the Base-Dopant Concentration of Large-Area Crystalline Silicon Solar Cells. Ieee Transactions on Electron Devices, 2010, 57(11), 2831-2837.

[3] Yella A, Lee H W, Tsao H N, et al. Porphyrin-sensitized solar cells with cobalt (Ⅱ/Ⅲ)-based redox electrolyte exceed 12 percent efficiency. Science, 2011, 334(6060), 1203-1203.

[4] Dai S Y, Wang K J, Weng J, et al. Design of DSC panel with efficiency more than 6%. Solar Energy Materials and Solar Cells, 2005, 85(3), 447-455.

[5] Green M A, Emery K, Hishikawa Y, et al. Solar cell efficiency tables (version 39). Progress in Photovoltaics, 2012, 20(1), 12 - 20.

[6] Oregan B, Gratzel M, A Low-Cost, High-Efficiency Solar-Cell Based on Dye-Sensitized Colloidal TiO_2 Films. Nature, 1991, 353(6346), 737 - 740.

[7] He Z, Zhong C, Su S, et al. Enhanced power-conversion efficiency in polymer solar cells using an inverted device structure. Nature Photonics, 2012, 6, 593 - 597.

[8] 谭军. 日本积极推进太阳能电池新材料的研发. 功能材料信息, 2009, 6(4), 39.

[9] Ishizuka S, Yamada A, Matsubara K, et al. Alkali incorporation control in Cu(In, Ga)Se(2) thin films using silicate thin layers and applications in enhancing flexible solar cell efficiency. Applied Physics Letters, 2008, 93, 124105.

[10] 杜园. CIGS薄膜太阳电池研究进展. 电源技术, 2012, 36(5), 748 - 754.

[11] Karg F, High Efficiency CIGS Solar Modules. International Conference on Materials for Advanced Technologies 2011, Symposium O, 2012, 15, 275 - 282.

[12] Ishizuka S, Yamada A, Shibata H, et al. CIGS thin films, solar cells, and submodules fabricated using a rf-plasma cracked Se-radical beam source. Thin Solid Films, 2011, 519(21), 7216 - 7220.

[13] Ito S, Miura H, Uchida S, et al. High-conversion-efficiency organic dye-sensitized solar cells with a novel indoline dye. Chemical Communications, 2008, 41, 5194 - 5196.

[14] Cao Y M, Bai Y, Yu Q J, et al. Dye-Sensitized Solar Cells with a High Absorptivity Ruthenium Sensitizer Featuring a 2-(Hexylthio) thiophene Conjugated Bipyridine. Journal of Physical Chemistry C, 2009, 113(15), 6290 - 6297.

[15] Wang P, Humphry-Baker R, Moser J E, et al. Amphiphilic polypyridyl ruthenium complexes with substituted 2, 2′-dipyridylamine ligands for nanocrystalline dye-sensitized solar cells. Chemistry of Materials, 2004, 16(17), 3246 - 3251.

[16] Li X H, Choy W C H, Huo L J, et al. Dual Plasmonic Nanostructures for High Performance Inverted Organic Solar Cells. Advanced Materials, 2012, 24(22), 3046 - 3052.

[17] Huang Y, Guo X, Liu F, et al. Improving the Ordering and Photovoltaic Properties by Extending pi-Conjugated Area of Electron-Donating Units in Polymers with D - A Structure. Advanced Materials, 2012, 24(25), 3383 - 3389.

[18] Guo X, Cui C H, Zhang M J, et al. High efficiency polymer solar cells based on poly(3-hexylthiophene)/indene - C - 70 bisadduct with solvent additive. Energy & Environmental Science, 2012, 5(7), 7943 - 7949.

第 2 章

硅基薄膜太阳电池

2.1 硅基薄膜材料的基本物性

自 D. Carlson 于 1976 年在 Applied Physics Letters 杂志上首次报道硅基薄膜太阳电池达 2.4%[1] 的效率以来，这类电池的发展与材料研究几乎同步[2]。其原因是在生长硅基薄膜太阳电池各层材料的同时，电池的制备随即完成，并且沉积各层材料的组分控制、多层界面的过渡及其质量管理，直接决定着电池的性能。当前三结叠层太阳电池的最高效率已经达到 16.3%[3]，与模拟计算理论值 21.4%只相差约 5 个百分点，如图 2-1 所示[4]。

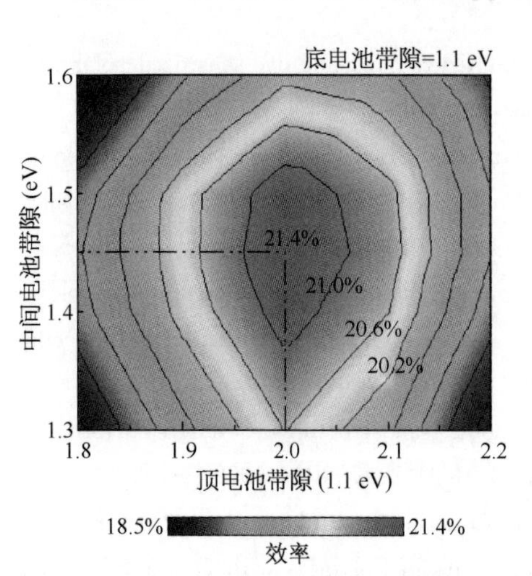

图 2-1 硅基叠层太阳电池子电池带隙与效率关系的模拟计算[4]

决定太阳电池发展的要素取决于其有源材料的潜质、稳定性以及制备工艺复杂度与可兼容的能力。前两者决定材料是否具有高效与低成本优势，后者更注重能否具有低成本制造的可能。下面，通过考察硅基薄膜的特性来探讨优化设计措施与改进途径。

2.1.1 非晶硅(a-Si∶H)

2.1.1.1 非晶硅结构的无序性

1) 非晶硅中的缺陷

非晶硅是一种近程有序、长程无序的材料。图 2-2 中给出单晶硅和非晶硅材料的透射电镜图谱比较[7]。

该图显示，非晶硅原子的排列，其最近邻 r_1 的峰是存在的、且数值与单晶硅之间的差异不大，说明非晶硅中存在着近程有序性(见方框内的部分曲线比较)；其次近邻 r_2 也存在

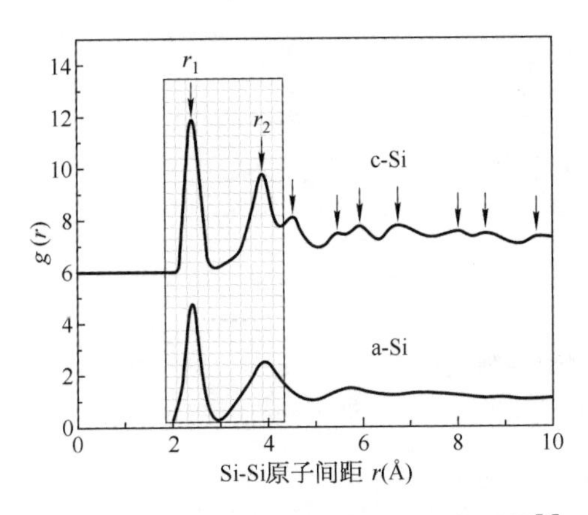

图 2-2　单晶硅和非晶硅透射电镜谱的比较[7]

着一定的峰位，但是已不是尖锐的峰而呈现一个“包”状形，说明次近邻的有序程度开始变差；更远位置处的有序性则不再显现。

图 2-3 给出晶体硅、非晶硅和微晶硅原子排列结构的比较。与单晶硅原子整齐排列相比，图 2-3b 表明非晶硅原子排列可见硅基薄膜结构的无序性。即使是微晶硅薄膜，其有限的晶化程度以及镶嵌在无序网络中各个微小晶粒也是随机排列的（图 2-3c 圆圈内示出微小晶粒）。

对典型晶体硅，其晶格原子的排列呈 6 环

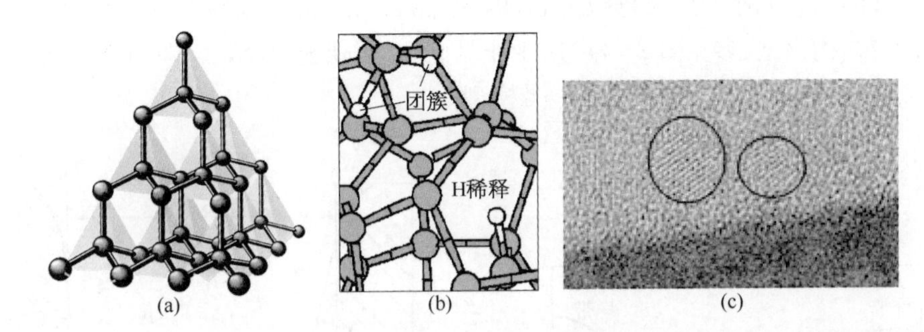

图 2-3　单晶硅[8]、氢化非晶硅无规网络[9]和微小晶粒镶嵌在无序结构中的微晶硅比较[4]

(a) 单晶硅[8]；(b) 氢化非晶硅无规网络[9]；(c) 微小晶粒镶嵌在无序结构中

结构排列，其键长为 2.35 Å，键角为 109°28′。非晶硅原子的排列如图 2-3b 所示，呈 5 环或 7 环排列，其键长基本从 0.35 nm 到 1 nm 范围变化，变化量在 20%左右，呈无规分布[10]；键角相对于单晶硅，有 6°～9°的变化。另外，大量 H 的掺入，已经不能将它看成是单质硅，而应表示成硅氢合金，通常用符号 a-Si∶H 来表示。比较图 2-3a 和 b，可以看到它们之间存在较大的结构差异，表明非晶硅中引入了缺陷。

非晶硅缺陷态有两大类，一类是价键无序化导致弱键（Si^0-Si^0，只需 0.5 eV 能量就可将其打断），会在能带尾部引入带尾态；另一类是带一个不与其他硅原子共价成键的硅原子，这个未被饱和电子的键就成为悬挂键，悬挂键有如图 2-4 所示的多种荷电状态，会在带隙内引入深能级缺陷态[12]。材料的悬挂键密度若在 $10^{19}\ cm^{-3}$ 量级，则这个材料就不能用于器件；器件质量级材料的悬挂键密度则应小于 $3\times10^{15}\ cm^{-3}$。悬挂键多起复合中心作用，它们的存在将导致高复合且使材料的光敏性下降，同时亦凸显不稳定问题。

为了降低悬挂键，多用 H 原子予以钝化，形成如图 2-4d 所示的 Si-H 键。采用辉光放电（Glow Discharge，GD）法制备非晶硅薄膜，能引入大量的 H 原子去饱和这些悬挂键，故能明显降低材料中的悬挂键密度，并能适度增大带隙宽度。带隙随 H 量变化有

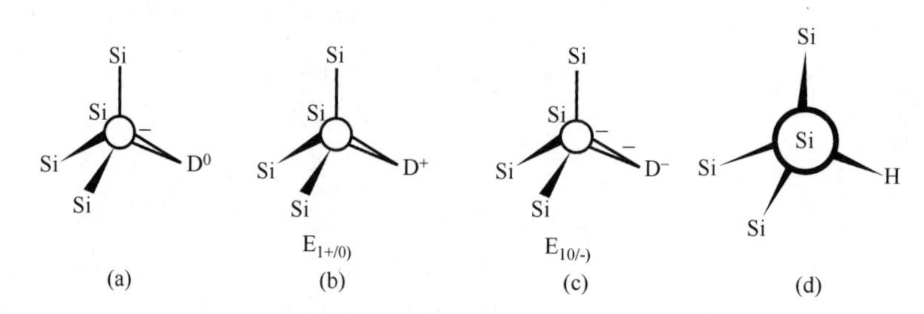

图 2-4 不同荷电状态的悬挂键[12, 13]

(a) 中性悬挂键；(b) 失去电子带正电；(c) 再俘获电子带负电；(d) SiH 键(H 饱和悬挂键)

$E_g=1.48+0.019C_H$的经验关系，其中 C_H是硅中含 H 量的表征。

2) 非晶硅的能带描述

非晶硅的结构无序产生大量缺陷态，因此，晶体材料常规用导带、价带与禁带中分立能级的能带结构模型(参见图 2-5a)用于非晶硅时，必须进行修正。即用图 2-5b 所示的 Mott-CFO 能带模型来代替单晶硅能带模型[11]。

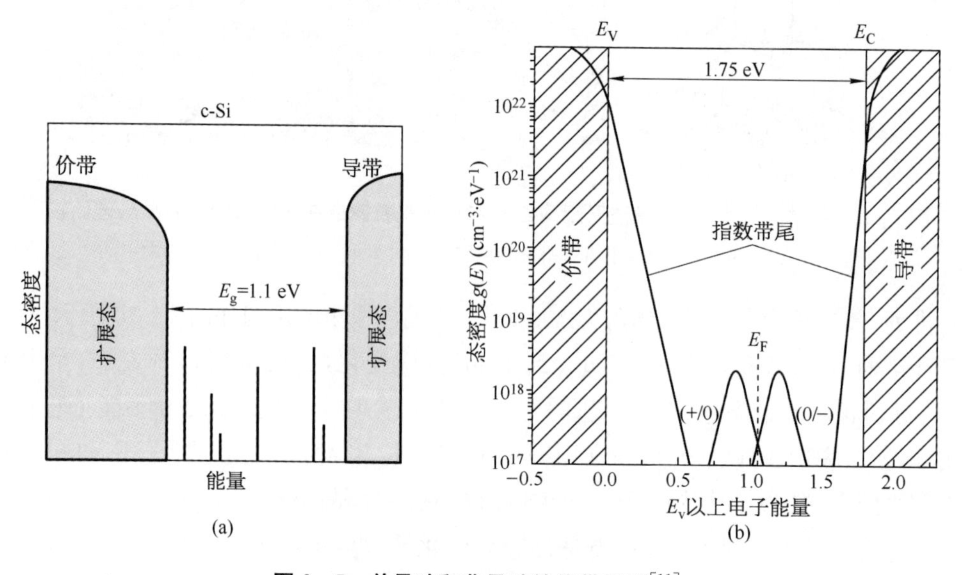

图 2-5 单晶硅和非晶硅的能带模型[11]

(a) 单晶硅；(b) 非晶硅的 Mott-CFO

在非晶硅中(图 2-5b)，能带边沿已不再清晰，故称之为“迁移率边—Mobility edge”，其导带或价带的“迁移率边”仍以 E_c 和 E_v 表示。在迁移率边以上(E_c)或以下(E_v)为扩展态，表示载流子在这些能带内作自由运动。在 E_c和 E_v迁移率边之间的能隙称作非晶硅的迁移率隙 E_g(简称为能隙、带隙)；在能隙以内的能级(或能带)均为局域态；靠近迁移率边有一个能带尾(简称带尾)。导带尾(Conduction Band Tail)简称 CBT；价带尾(Valence Band Tail)简称 VBT。带尾态为指数式分布，其来源于薄膜结构的无序性。态密度降到迁移率边起始值(Nc)的 1/e 处对应的能量位置与迁移率边之差称为带尾宽度，分别用 E_c^0

和 E_v^0 表示导带和价带的带尾宽度。带尾态主要由弱键形成，所以带尾的宽窄是非晶材料结构无序性的量度，它主要对扩展态内作自由运动的载流子起多次陷获的作用。图 2-6 为带尾对自由载流子陷获状况的示意图[12]。

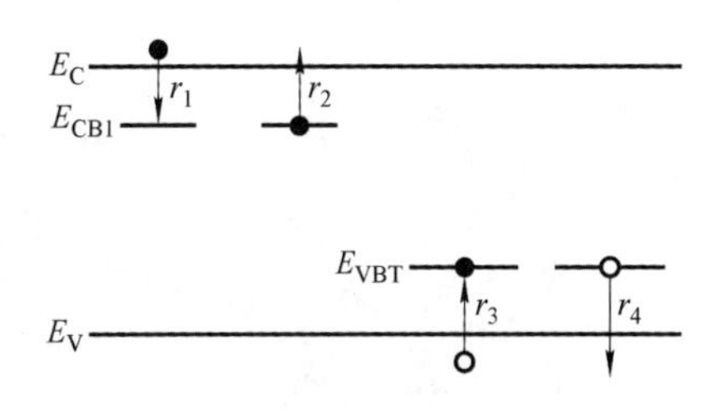

图 2-6　载流子在带尾态与能带之间陷获与释放多次跃迁过程示意图[12]

其中 r_1 和 r_3 是自由载流子(电子和空穴)分别被陷获的过程，r_2 和 r_4 是自由载流子从带尾态上释放到能带中去的过程。因为带尾较浅，这对陷获-释放过程可多次进行，因而自由载流子被这种多次陷获作用，将降低其在能带内作自由运动速度，亦即大大降低载流子的迁移率。带尾宽度是表征非晶材料结构的参数。无序度越大带尾分布越宽，迁移率则越低。一般非晶硅的迁移率约为 $1\ cm^2 \cdot V^{-1} \cdot s^{-1}$ 量级。价带尾(描述价键排列的无序程度)比导带尾要宽。材料特性达到器件质量级的话，通常要求价带的带尾宽度 E_v^0 应该在 45～50 meV，导带带尾宽度 E_c^0 约 25 meV。

2.1.1.2　非晶硅中的掺杂问题[2,14]

掺杂能力是材料能否用于制作半导体器件的重要因素。在硅材料中，掺杂原子(如五价的磷(P：$3s^2p^3$) 原子和三价的硼(B：$2s^2p^1$)原子)通常是三配位的，只有成为四配位的原子架构，才可能去替代 Si 原子的位置(称为替位原子)，放出多余电子(对 P)或得到电子(对 B)，起到掺杂的作用。在单晶硅中，Si 原子整齐有序的排列有利于 P、B 原子的替位作用。但是，对结构无序的非晶硅材料，内能很高。原子的无序排列表明，原子的任意取向位置，都容易达到能量最小的稳定成键的位置。这样 P、B 原子的掺入，很容易以三配位与 Si 键合，起不到掺杂的作用。即使处于取代 Si 的位置，P 原子放出的多余电子也不会释放到导带而是被邻近的悬挂键吸附，用于饱和该悬挂键，或者 B 原子获得电子也不是来自价带而是周边吸附着电子的悬挂键。在无序材料体系内，因为大量缺陷态(如悬挂键)的存在，掺杂效率非常低下，这正是结构缺陷对掺杂的自补偿效应。现借用文献[14]中的图示来详述非晶硅中缺陷态是如何阻碍掺杂效应的(图 2-7)。

图 2-7 中磷(P)原子的最外层 5 个价电子(用小黑点标记)，其分布分别为两个成对的处于 s 轨道，三个价电子位于 p 轨道，形成 $3s^2p^3$ 架构，此时为三配位，呈中性。而硅原子为四配位，每个 Si 原子周边有 4 个价电子(4 个小黑点)。当 P 原子接受 0.5 eV 的能量，发生 $P_3^0 \xrightarrow{0.5\ eV} P_4^+ + e^-$ 的反应使 P 原子成为四配位，继而与 Si 键合发生 $P_3^0 + Si_4^0 \xrightarrow{0.5\ eV} P_4^+ + e^-$ 反应，才有可能提供其多余的那个电子，起到施主掺杂的作用(图 2-7a)。但是，如图 2-7b 所示，当有一弱键(原子①和原子②之间)在 P 原子附近(这种情况极有可能，因为掺杂原子的引入，与主原子尺寸的不同会使周围势场发生畸变)，只要 0.5 eV的能量就能把原子①和原子②之间的弱键打断 $2Si_4^0 \xrightarrow{0.5\ eV} 2(Si_3^+ + e^-)$，产生两个悬挂键($Si_3^+ + e^-$)。其中原子①与掺杂原子(图 2-7c)成键，消除了一个悬挂键；而位于

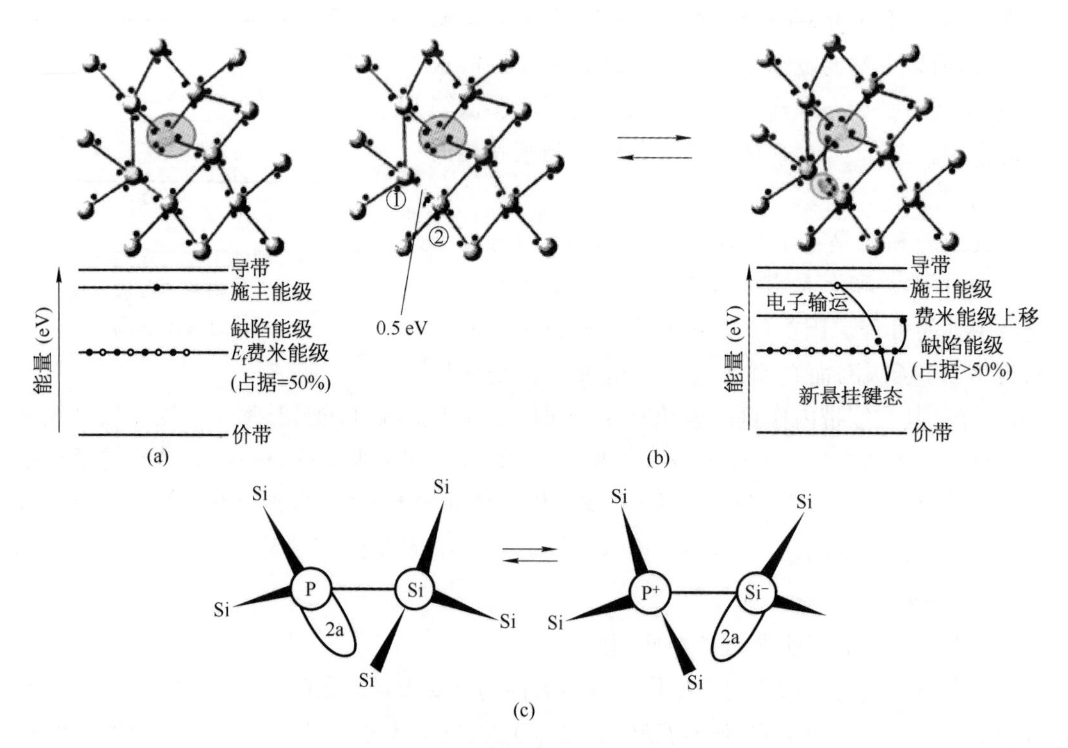

图 2-7　缺陷态限制掺杂效应模型[14]

(a) P以4配位与Si键合富余一个电子;(b) 弱键被打断产生两个悬挂键;(c) P原子多余的电子填充悬挂键

原子②处的悬挂键仍存在(图中用"▬"符号表示),则P原子释放出的第五个电子将会很容易地去饱和那个邻近的悬挂键。也就是说,P原子放出的多余电子并未释放到导带而是去填充缺陷态了(见图2-7c下部的能带图),亦即此时的掺杂对材料电导贡献不大。只是因为使位于带隙中央的悬挂键填充了电子而带负电,使费米能级负移,材料偏向n型。只有当掺杂到一定程度之后,掺杂效应才呈现出来。因此在无序结构的非晶硅内掺杂效率较低。一般情况下掺杂暗电导,n型最大几十 $S\cdot cm^{-1}$,p型掺杂电导率可达几 $S\cdot cm^{-1}$左右。

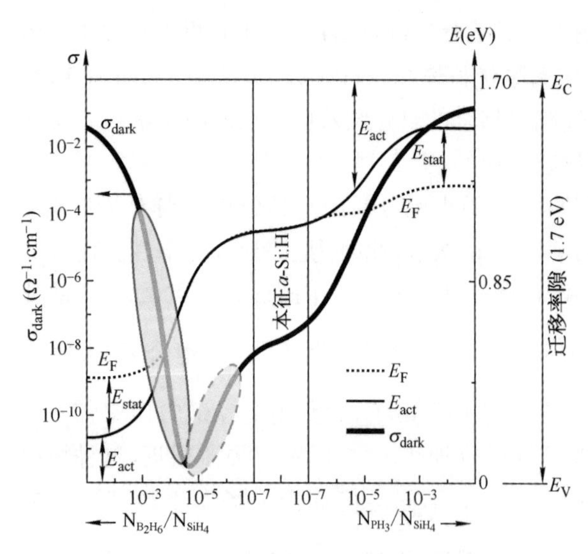

图 2-8　随掺杂浓度比非晶硅薄膜的电导与费米能级的变化情况[12]

图2-8给出掺杂气体(PH_3和BH_3)与硅烷浓度比对材料电导率的调制作用以及其费米能级的变化情况[12]。图中显示微量B掺杂会出现"补偿"效应(参见图中点线椭圆框),这是因为未掺杂的本征非晶硅是弱n型的(由大量深能级悬挂键上电子填充、

导致费米能级负移、偏向导带底所致)。微量的B掺杂将使费米能级正移,补偿起始n型作用,这阶段电导是下降的。随后继续增加掺B量,电导再降低,直至 E_F 拉向带隙下半部,掺杂作用才转成p型,起到p型掺杂作用,此时电导才开始增加(参见图中实线椭圆框处所示的电导随掺杂浓度增长部分)。另外,由于导带尾比较窄,因此n型掺杂的效率较高。总体掺杂效果与单晶硅比较起来要低到2～3个量级;单晶硅的电导激活能在零点几毫电子伏以下,而硅基薄膜的电导激和能多在几到几十毫电子伏。

因此,要想提高掺杂效率必须减少材料内部的缺陷态,另外非晶硅中的掺杂与单晶硅掺杂行为最大不同的是"掺杂与悬挂键的产生共存",掺杂越多,缺陷态也越多。这也正是为什么硅基薄膜太阳电池的n、p掺杂层光电导(或者光敏性)极低的原因。

2.1.1.3　非晶硅的输运性质

所谓输运是描述在外场(通常是指在光和电场)的作用下材料中的载流子是如何运动的,由此决定着材料的电、光性质。

1) 电学输运模型

(1) 输运模型

如上所述,非晶硅薄膜内部结构是无序性的,其中载流子的输运有两种方式:

① 在能带内的自由载流子在电场驱动下作漂移运动,用 $\sigma = ne\mu$ 来描述它的导电能力。但是能带内电子或空穴在受电场运动的过程中,虽然在带内运动是"自由"的,但要受到带尾态多次陷获的影响,因此迁移速度较慢,比晶体硅低2～3个量级。典型室温下暗态电导 σ_{dark} 随温度 T 的关系可用下式表示:

$$\sigma_{dark} = \sigma_o \exp[-(E_c - E_F)/kT] \tag{2-1}$$

式中 σ_o 称作电导的指数前因子,可写成 $\sigma_o = 2qN_cD_n$ (对电子导电);N_c 是导带迁移率边的态密度;D_n 是电子的扩散系数。对空穴有相应的表达式,此处不再赘述。

② 载流子在位于带隙内局域态上的运动以跳跃(Hopping)方式进行。其中在带尾和深能级上的运动又不一样,它们分别采取如图2-9a中所示的跳跃方式运动。在带尾态上,载流子作紧近邻跳跃,此时态上的能量虽并非相等但是位置是处于最近邻的,其跳跃概率与温度有 $\exp(-\Delta E/k_BT)$ 的关系。

③ 在极低温度下,接近费米能级处电子态上的电子是作Mott发现的变程跳跃运动[15],其以遂穿方式进行,跳跃概率 R 比例于 $\propto \exp(-2aR)$,其中 $a = \xi^{-1}$ 是局域长度 ξ 的倒数。

(2) 电导与温度特性

测量电导与温度的关系,作电导与温度倒数的半对数曲线,可以了解上述运动规律。图2-9b给出电导与温度之间半对数关系曲线的示意图。

① 在室温附近,由曲线的斜率可以得到材料的激活能 $E_{act}(=E_c - E_F)$,对典型的器件质量级的非晶硅薄膜,E_{act} 应该在0.75 eV以上,对微晶硅应在0.5 eV以上。

② 带尾态上的跳跃:扩大测量温度范围至室温以下,暗电导随温度在不同温度段呈

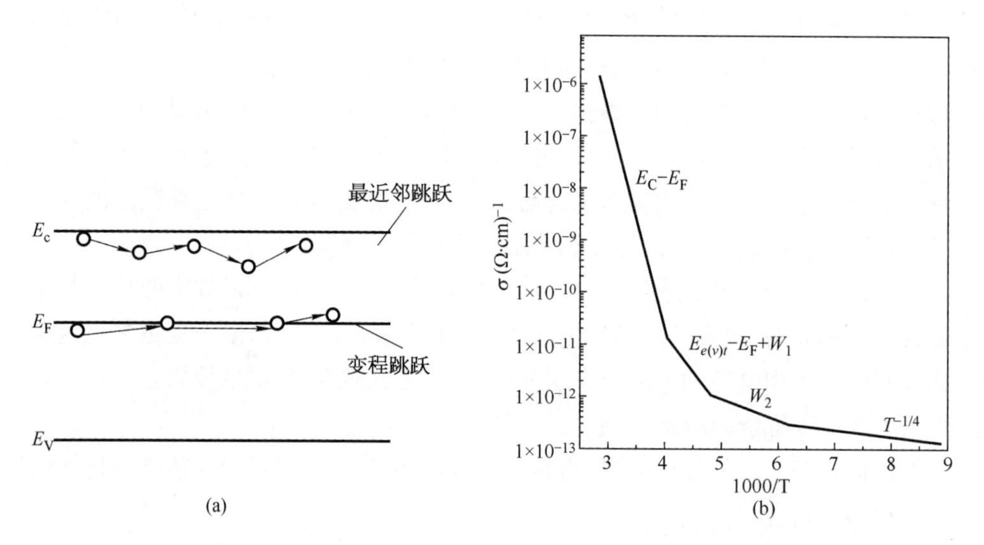

图 2-9　载流子在隙态上跳跃运动方式和直流暗电导率与温度的半对数关系曲线

(a) 载流子在隙态上跳跃运动方式；(b) 直流暗电导率与温度的半对数关系曲线

现不同的斜率。这反映非晶硅内载流子输运存在着的不同运动机制。在室温以下，热能不足以将价带电子激发到导带而是激发到带尾或是激发到深能级缺陷态上的话，如图 2-9a 所示的在局域态上作跳跃（Hopping）运动，即是通过隧穿作用在能量差非常小的能级之间从一个能级跳到相近能级的跳跃运动。图 2-9b 中的 $E_{c(v)t}$ 表示带尾（导带或价带尾）缺陷态能级位置，而 W_t 为其跳跃所需的激活能。如是在带尾上的跳跃电导可表示成：

$$\sigma_{t(c,v)} = \sigma_{to}\exp\left(-\frac{E_{c(v)t}-E_F+W_t}{kT}\right) \tag{2-2}$$

则电导的斜率反映的是在这些带尾的能量位置（$E_{c(v)t}-E_F$）及其上跳跃的激活能 W_t。其中 $\sigma_{t(c,v)}$ 表示可从价带激发到导带尾或从价带尾激发到导带上电子的跳跃电导，为一个综合表示符号。

③ 深能级带上的跳跃：温度再低，则可发生在位于费米能级附近的深能级带上的跳跃，所以指数项中与 E_F 相关项为零，此时深能级上的跳跃电导 $\sigma_{t(d)}$ 则可表示成：

$$\sigma_{t(d)} = \sigma_{tdo}\exp\left(-\frac{W_{td}}{kT}\right) \tag{2-3}$$

式中　σ_{tdo} ——深能级缺陷态上跳跃电导的指数前因子；

W_{td} ——深能级之间跳跃的激活能。

④ 变程跳跃：温度继续下降，则呈现由 Mott 发现的“变程跳跃”电导[15]，即电子在位置不同、但能量非常接近的能级之间跳跃。变程跳跃电导 σ_h 的表达式由 Mott 推导如下：

$$\sigma_h = \sigma_{ho}\exp-\left[\alpha_h/T^{1/4}\right] \tag{2-4}$$

式中　σ_{ho} ——变程跳跃电导的指数前因子；

α_h ——常数，其值为：$\alpha_h = 1.66\left(\frac{\alpha^3}{kN(E_F)}\right)^{1/4}$，α 为原子间距；$N(E_F)$ 为费米能级处的缺陷态密度。

对用于太阳电池的器件质量级的本征非晶硅材料，要求其暗电导 σ_{dark} 应小于 10^{-11} S・cm^{-1}；激活能应取 $E_{act} = E_g/2$，亦即 $E_{act} > 0.75$ eV($E_g > 1.5$ eV)。

若在沉积过程中引入氧或者氮这类起施主掺杂作用的气态杂质，将会增加暗电导。所以，评价硅基薄膜质量好坏的时候，首先看它的暗电导是否落入这个范围，然后评价它的光电导和光敏性才有意义。

2) 非晶硅的光电导特性

材料的光电导取决其对光的吸收能力，即光生载流子的产生率，那些偏离平衡态的光生载流子将经受复合，复合之后所剩载流子再呈现的导电现象，其大小受导电机制的影响。

(1) 非晶硅的光吸收特性

材料对光吸收的能力受其能带决定。已知，晶体硅的能带如图 2-10a 所示，即其位于 Γ 点的价带顶与导带底(在 X 点附近)对应的波矢 $\vec{k}$ 不重合。

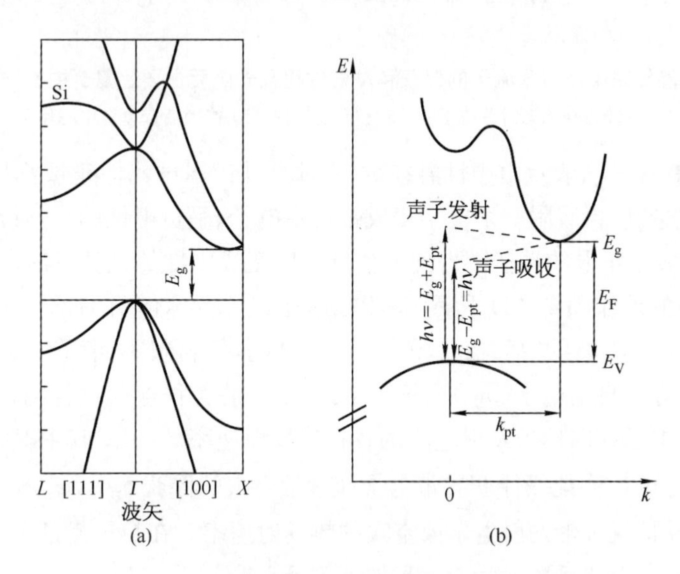

图 2-10 晶体硅能带图和间接带隙的光吸收过程[12]

(a) 晶体硅能带图；(b) 间接带隙光吸收过程

鉴于吸收光子产生光生载流子的过程需要满足能量守恒与动量守恒定则，对间接能带的材料，价带电子吸收光能量之后由价带顶跃迁至导带底时，因两者波矢不等故需要加入声子。声子的能量不大，但波矢大。它参与间接带隙材料的光吸收过程，如图 2-10b 所示，以吸收声子或发射声子的形式进行。声子的加入使得跃迁概率大大降低，亦即其吸收系数将远小于那些直接带隙的材料(如Ⅲ-Ⅴ族的 GaAs 材料)。对结构无序的非晶硅而言，光吸收无需满足动量守恒法则，故在吸收限以上的光能量波段(2 eV 以上)，非晶硅的吸收系数比单晶硅的要大近 1～2 个量级。

(2) 非晶硅中非平衡载流子的复合[12]

由半导体物理可知,非平衡状态下,如果非平衡载流子浓度多于平衡态时,则会发生复合(如正向注入时会产生复合电流),反之如果少于平衡态(如反向抽取时),则会产生载流子使系统趋于平衡。在非晶硅材料受光照产生光生载流子时,就会发生复合。复合可以是导带和价带之间的直接复合,也可以通过复合中心间接复合。

在非晶硅中,因存在大量的位于深能级的悬挂键缺陷态,这种通过深能级缺陷态的复合是主要的,其复合过程如图 2-11a、b 所示。

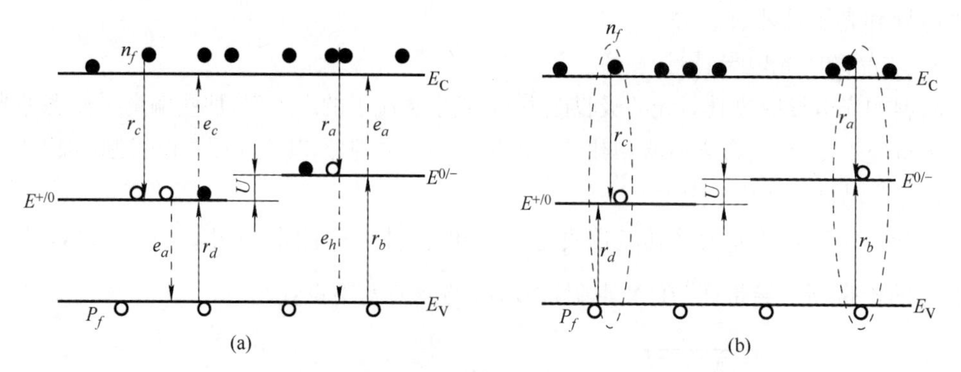

图 2-11 深能级缺陷态对载流子的俘获和发射过程及光照后主要起复合中心作用的示意图

(a) 深能级缺陷态对载流子的俘获和发射过程;(b) 光照后起复合中心作用

图 2-11a 中的 $E^{0/-}$ 表示由中性悬挂键(中性悬挂键本身就是硅原子上带有一个未配对的共价电子的悬键)再吸附一个电子变成带两个电子、呈负电性的悬挂键所处的深能级位置,而 $E^{+/0}$ 代表带正电的悬挂键得到一个电子后变成中性的悬挂键时所处于深能级的位置。它们之间的差如图 2-11 所示,称作相关能 U,也称作哈伯德(Hubbard)能,即:$U=E^{0/-}-E^{+/0}$,一般 U 的数值在 0.2~0.5 eV 之间,依材料不同而不同。图 2-11a 示出这些深能级对导带自由电子(n_f)或价带空穴(p_f)的各种俘获过程的速率 $r_{a,b,c,d}$ 以及分别向导带发射电子或向价带发射空穴的各种热发射速率 $e_{a,b,c,d}$。其中,系数 r_a、r_c 和 r_b、r_d 分别表示 $E^{0/-}$ 和 $E^{+/0}$ 能级俘获导带电子和价带空穴的俘获速率,e_a、e_b 及 e_c、e_d 分别为 $E^{0/-}$ 和 $E^{+/0}$ 向导带或价带发射电子或空穴的热发射速率。在热平衡条件下,发射与俘获达到动态平衡,所以上述系数之间应满足如下关系:

$$r_a=e_a;\ r_b=e_b;\ r_c=e_c;\ r_d=e_d \tag{2-5}$$

但是如果平衡被打破,如材料受光照,光生自由载流子数目急剧增加,此时俘获速率则相应亦会增大,从这些能级上热发射的电子可以忽略不计。这是因为发射概率比例于 $\exp(-\Delta E/kT)$,其中 kT 室温下为 26 meV,而从深能级发射到导带或价带所需要的能量则约为 $E_g/2$,因此该概率是非常小的。当忽略发射过程,则如图 2-11b 所示,带电的深能级缺陷态将对电子和空穴通过 r_c/r_d 和 r_a/r_b 这两对途径发生复合,这时深能级缺陷态主要起着复合中心作用。作为太阳电池有源层应用而言,复合是产生漏电和降低开路电压等参数的主要来源,因此要求降低悬挂键密度达到器件质量级水平是十分必要的。

考虑到带电缺陷态对电子或空穴俘获的过程是相反极性电荷之间相吸作用的结果，已知能级 $E^{0/-}$ 是由中性悬挂键再吸附一个电子后变成带负电的 D^- 而来，因此它对导带电子的俘获作用相应要远小于对价带空穴的俘获作用。同理 $E^{+/0}$ 能级对导带电子的吸附作用则将远大于对价带空穴的俘获作用。由经典的 Shockley、Hall、Read 复合模型，可将上述两对俘获率表达如下：

$$r_a = \upsilon_{th,n}\sigma_n^0 n_f N_{db}^0,\ r_b = \upsilon_{th,p}\sigma_p^- p_f N_{db}^-;\ r_c = \upsilon_{th,n}\sigma_n^+ n_f N_{db}^+,\ r_d = \upsilon_{th,p}\sigma_p^0 p_f N_{db}^0 \quad (2-6)$$

式中　n_f、p_f——自由电子与空穴的浓度；

$\upsilon_{th,n}$、$\upsilon_{th,p}$——自由电子与空穴的热运动速度；

N_{db}^{+0-}——不同荷电状态(带正电、中性以及带负电)悬挂键密度的综合表示方式；

σ_n^0、σ_n^+、σ_p^0、σ_p^-——组合成 $\sigma_{n,p}^{+-0}$ 形式，表示不同荷电状态悬挂键分别对自由电子或空穴的俘获截面。

以下以 r_a 为例对上述各个俘获速率的理解予以说明。如图 2-10a 所示，r_a 描述的是中性悬挂键 D^0 对导带电子的俘获速率。从速率的概念看，它应该和中性悬挂键的数目 N_{db}^0、导带上自由电子数目 n_f 的乘积有关；同时取决于 D^0 对电子的俘获截面 σ_n^0 以及电子的热运动速度 $\upsilon_{th,n}$，因为电子数目 n_f 与热运动速度 $\upsilon_{th,n}$ 的乘积表示电子在单位时间内所扫过的距离，距离越大，碰到 D^0 的概率就越大，因此 $\sigma_n^0\upsilon_{th,n}$ 描述了俘获概率，电子数与中性缺陷数 D^0 与俘获概率的乘积可表示成电子被 D^0 俘获的速率。

鉴于中性悬挂键 D^0 是未配对的硅原子的一个键，其尾端附有一个电子，因此它对电子的俘获截面(表征俘获能力)显然会比失去尾端那个电子的悬挂键 D^+ 对电子的俘获率要低；同理，D^0 虽带有一个电子，但与带两个电子的悬挂键 D^- 比起来，其对空穴的俘获能力差得多。因此，σ_n^+ 和 σ_p^- 分别比 $\sigma_n^0\sigma_p^0$ 几乎大两个量级[12]。也就是说带不同电荷悬挂键的俘获截面要比中性悬挂键的大。相应也有用综合符号 $\tau_{n,p}^{+,0,-}$ 定义的“俘获时间”来描述这些悬挂键的俘获能力，其意义是：三种分别带正电荷、中性、负电荷的悬挂键俘获电子(n)或空穴(p)所需要的时间，时间越短则俘获能力越大。它们与俘获截面(或者俘获速率)之间的关系可表示为：

$$\frac{1}{\tau_n^+} = \upsilon_{th,n}\sigma_n^+ N_{db} = \frac{r_c}{n_f f^+} \quad (2-7)$$

$$\frac{1}{\tau_p^-} = \upsilon_{th,p}\sigma_p^- N_{db} = \frac{r_b}{p_f f^-} \quad (2-8)$$

$$\frac{1}{\tau_n^0} = \upsilon_{th,n}\sigma_n^0 N_{db} = \frac{r_a}{n_f f^0} \quad (2-9)$$

$$\frac{1}{\tau_p^0} = \upsilon_{th,p}\sigma_p^0 N_{db} = \frac{r_c}{n_f f^0} \quad (2-10)$$

式中 f 含不同上角标符号 $f^{+,0,-}$ 分别表示带不同电荷悬挂键占总悬挂键 N_{db} 数目的分布函数。即 $N_{db}^0 = f^0 N_{db}$，$N_{db}^+ = f^+ N_{db}$，$N_{db}^- = f^- N_{db}$。

按照经典 Shockley、Hall、Read 复合模型的概念，载流子复合的含义是复合中心上先俘获某种载流子，如电子(或空穴)后再俘获一个空穴(或电子)的过程。借此概念，再考虑到非晶硅(微晶硅)中上述荷电状态悬挂键的多寡以及它们对电子空穴俘获能力的差异，以下仅给出有意义的几种特殊情况下的复合率 R(用单位俘获时间内俘获自由载流子数目 $n_f(p_f)/\tau_{n,p}^{+,0,-}$ 综合表示之)：

① 材料中悬挂键大部分是中性悬挂键(即：$N_{db}^0 \gg N_{db}^+, N_{db}^-$)：这正是非晶硅、微晶硅 pin 电池中 i 层的情况。这主要涉及的是 N_{db}^0 对载流子的复合过程，简单地计算结果，复合率可写成[12]：

$$R = \frac{n_f}{\tau_n^0} + \frac{p_f}{\tau_p^0} \tag{2-11}$$

该式说明复合率取决于俘获速率限制的那些俘获过程。对中性的悬挂键其俘获率最小，即由 r_a 和 r_d 这两个决定。

② 悬挂键主要带正电(即：$N_{db}^+ \gg N_{db}^0, N_{db}^-$)：这对应的是非晶硅、微晶硅 pin 电池的 p/i 界面靠近 i 层的情况。复合率可写成：$R = \dfrac{n_f}{\tau_n^+}$，主要由 r_c 过程决定。

③ 悬挂键主要带负电(即：$N_{db}^- \gg N_{db}^0, N_{db}^+$)：这对应的是非晶硅、微晶硅 pin 电池的 n/i 界面靠近 i 层的情况。复合率可写成：$R = \dfrac{p_f}{\tau_n^-}$，主要由 r_b 过程决定。

(3) 非晶硅中光电导 σ_{photo}

由于本征硅基薄膜呈现自偏 n 型，电子比空穴浓度高数个量级，其迁移率亦高近一个量级。因此，按此概念高光电导情况下 σ_{photo} 可写成以电子为主，即：

$$\sigma_{photo} = q\mu_n^0 n_f \tag{2-12}$$

稳态时，产生率等于复合率，有 $G = R = n_f/\tau_f$，其中 τ_f 是硅基薄膜中自由电子的寿命。将上式中的 n_f 与产生率的关系代入，则光电导为：

$$\sigma_{photo} = q\mu_n^0 \tau_f G \tag{2-13}$$

不能完全将上式的 σ_{photo} 看成是对硅基薄膜光电质量特性的量度，因为其中 τ_f 不是一个可靠的常数。对稳态光电导而言，描述寿命的 τ_f 中存在着电中性要求的电荷平衡过程。因此它会随自由电荷、被陷电荷以及离化杂质之间的电荷平衡过程而变。这样如果材料中掺入了微量氧，就会使光电导大大增加，而这并非能反映它的实际光电特性。另外，若想表征本征层(亦即 i 层)的光电特性，就要求它的费米能级在禁带中央，亦即要求其很低的暗电导 σ_{dark} 和相对高的暗电导激活能 E_{act}。也就是说，只有在保证该材料暗态特性的前提下，谈光电导才有意义。

对非晶硅材料而言，带隙 E_g 在 1.5～1.7 eV 左右，暗电导 $\sigma_{dark} < 10^{-11}\ \mathrm{S \cdot cm^{-1}}$、激和能 $E_{act} > 0.75$ eV，光照强度 100 $\mathrm{mW \cdot cm^{-2}}$ 前提下，具有潜在器件质量级 a-Si：H 的

σ_{photo} 应大于 10^{-5} S・cm^{-1}，光电灵敏度（$\sigma_{photo}/\sigma_{dark}$）$>10^{6}$。对微晶硅，则要求 $\sigma_{dark}<10^{-7}$ S・cm^{-1}、$E_{act}>0.45$ eV 前提下，具有潜在器件质量级 μc－Si：H 的 σ_{photo} 应大于 10^{-4} S・cm^{-1}，光电灵敏度（$\sigma_{photo}/\sigma_{dark}$）$>10^{3}$。

2.1.1.4　非晶硅中的光致衰退效应[16]

D. Staebler 和 C. Wronski 于 1977 年发现了非晶硅材料的光致衰退现象（简称 SW 效应）[16]。所谓 SW 效应是指当光照射非晶硅材料后如图 2－12 所示的光电导将随光照时间下降，撤去光照后暗电导也随之降低约 3～4 个量级的效应。将光照前的状态称作 A 态，光照后的状态称作 B 态。相应，单结非晶硅太阳电池受光照后，效率将不同程度地衰减。

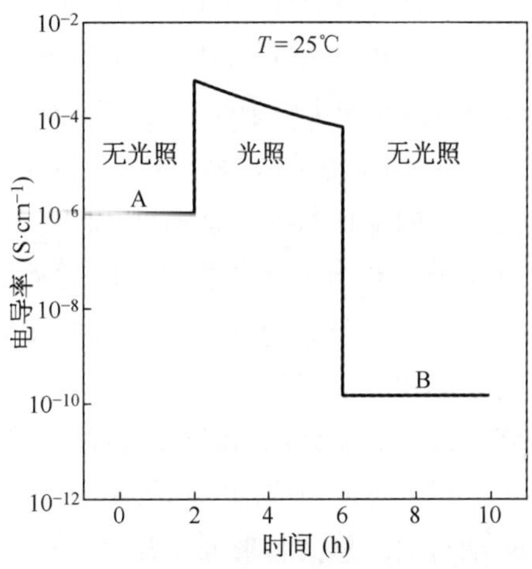

图 2－12　a－Si：H 材料光、暗电导率随光照时间变化的 SW 效应[15]

经多年大量研究，目前对于引起 SW 效应的原因有了基本的认识，并找寻到予以抑制的有效手段。存在多种机制对其予以说明，但目前尚无统一的，能最终完整、全面地对各种现象给予清晰说明的理论解释。所提出的光致衰退机制都只能对一定范围的实验现象进行解释。一个最容易接受的机制为“Si－Si 弱键的断裂”模型[17]。它认为非晶硅的无序结构表现为存在着大量的带尾态和缺陷态，带尾态是由弱键构成的。若光生电子、空穴对没能及时被分离、收集至外电极，就会发生复合。复合可能是带间的直接复合，也可能是通过深能级缺陷态的间接复合。无论哪种复合方式，电子空穴对的复合，所释放的能量都会大于打破带尾处弱键所需要的约 0.5 eV 能量。这样，这些光生载流子的复合，就会在材料或 pin 电池的 i 层内，打断 Si－Si 弱键，然后产生两个相邻的悬挂键。这两个相邻的悬挂键很容易再复合，使悬挂键消失。但此时若在弱键周围有氢（H）或者硅氢键（Si－H）存在的话（在非晶硅中 H 所占比例约为 10%，弱键比例也很高，因此弱键周边存在有 H 或 SiH 键的概率是很大的），那个与之相邻的 H，或者 Si－H 键中 H 与悬挂键发生键合反应，这时或者 H 与其中的一个悬挂键键合形成 SiH 键，或者 SiH 键中的 H 交换位置到悬挂键上，遗留原来的 SiH 键成为悬挂键。无论哪种情况，两个相邻的悬挂键，被 Si－H 键隔开，形成两个分离的悬挂键，则将建立起悬挂键的亚稳平衡。一般 A 态的缺陷态密度在 3×10^{15} cm^{-3} 数量级，衰变后 B 态的悬挂键则上升到 10^{17} cm^{-3}，上升一个多量级。悬挂键的增加使光电导随时间而降低。当光照撤去后暗电导会因缺陷态的增加而明显下降，使光、暗电导随光照呈现如图 2－11 所示的变化。该模型涉及三要素：

① 光生电子空穴对的复合；

② 膜内存在着弱键和 SiH（或 H）键；

③ SW 效应将产生更多的悬挂键。

另一个模型是电荷转移模型[18]。该模型认为，在相关能为负的材料内，双占据缺陷态获得第二个电子所需能量 $E^{+/0}$ 要比只获一个电子所需要的能量还低(即所谓负相关能模型)[18],如是 $E^{+/0}$ 位于 $E^{0/-}$ 之下(靠近价带),此时稳定存在的悬键,不再是带一个电子的中性悬挂键,而是分别带正电的空悬键态和带负电的双占据悬键态的两个悬挂键。当光照产生了电子-空穴对,则上述两个带电的,即带正电的空悬键态和带负电的双占据悬挂键,将分别捕获光生电子和空穴,产生两个亚稳的、中性的悬挂键,增加了缺陷态的浓度。

Branz 提出的 H 碰撞模型(Hydrogen Collision)[19]则认为,光生载流子的非辐射复合提供的能量打断的不是弱键,而是 Si - H 键,形成一个 Si 悬挂键和一个可作长程运动的氢原子。当 H 在无规网络不断运动的过程中,又将打断弱 Si - Si 键,形成 Si - H 键和 Si 悬键。当两个 H 在运动的过程中相遇或相碰撞,最后形成一个用 $M(Si-H)_2$ 表示的亚稳复合体和一个刚开始打断 Si - H 键时留下的悬挂键。伴随 H 原子长程范围的不断运动,将导致光照下无规网络的结构缺陷变化,即光致"膨胀"现象。

以上 SW 效应的解释模型都与光生载流子的复合(或捕获)、SiH 键或 H 的存在及其运动有关。总括起来可以看到,减少复合(或捕获)、降低硅中 H 含量是降低 SW 效应的有效方法。除提高材料质量,降低膜内悬挂键密度外,在非晶硅太阳电池内,减少复合的一个最佳途径即是减薄 i 层厚度。因为 i 层厚度的减薄,将有利于加大内建电场,提高光生载流子的被分离与抽取的速度,从而减少复合。为降低 H 含量,可通过提高沉积温度与加大氢稀释率等方法。

图 2 - 13a 给出高 H 稀释沉积硅基薄膜红外谱,由图可见,640 cm^{-1}处显示 Si - H 摇摆模的峰强度(描述含 H 量的多少)明显下降,表明总的含 H 量降低了。另外,硅基薄膜的 IR 谱中在 2000～2 100 cm^{-1}范围内存在着硅氢键的多种伸张模式,即单氢键(Si - H 峰位在 2 000 cm^{-1}处)以及双氢键(SiH_2峰位在 2 100 cm^{-1}处)。SiH 键所占比例越多表征结构越致密。常引入双氢模与 SiH 伸缩模总和之比 $r=I_{2\,100}/(I_{2\,000}+I_{2\,100})$,用以表征该材料微结构特性,称 r 为微结构因子。由上图可以看到,随氢稀释比的加大,伸缩模向 2 000 cm^{-1}移动,显示以硅的单氢键为主[20]。r 变小,形成如图 2 - 13b 所示致密的硅氢网络[21],这也是降低 SW 效应发生概率的有效途径之一。

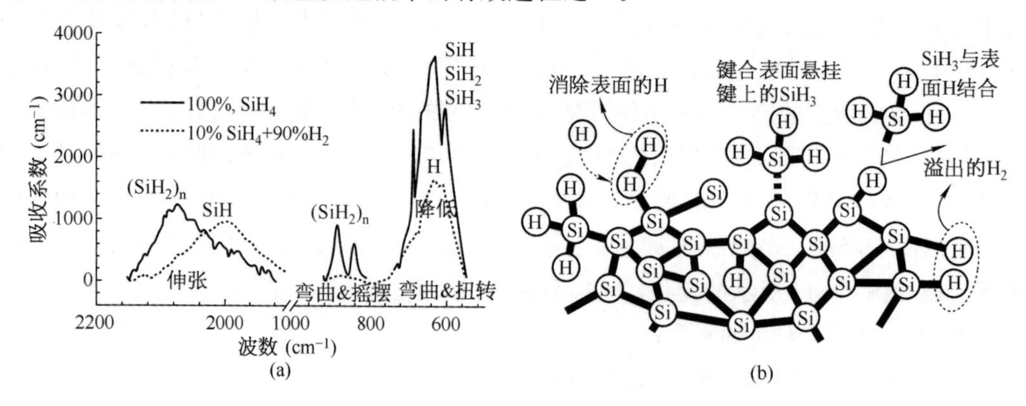

图 2 - 13 高 H 稀释沉积导致硅基薄膜的红外谱[20]及相应网络结构示意图[21]

(a) 高 H 稀释沉积导致硅基薄膜的红外谱;(b) 相应网络结构

2.1.2　微晶硅(μc - Si : H)

2.1.2.1　微晶硅材料的结构特性

微晶硅材料结构的有序化程度大幅提高，对提高稳定性和掺杂效率均有良好作用，是硅基薄膜太阳电池中不可或缺的重要有源材料之一。

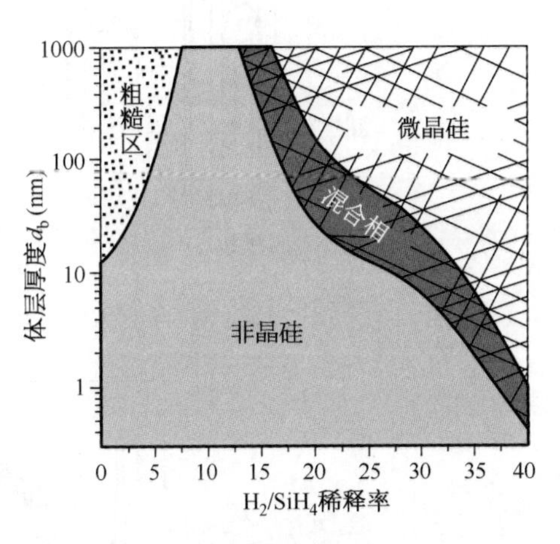

图 2 - 14　用等离子法沉积硅基薄膜的结构随 H 稀释率变化的相图

采用等离子增强型化学气相沉积法(PECVD)，适当提高沉积温度或加大硅烷的氢稀释率，可获得如图 2 - 3c 中所示的小晶粒镶嵌在非晶无规网络结构中的微晶硅薄膜。图 2 - 14 是 Collins 教授用在线椭偏测试硅基薄膜生长时其结构随氢稀释率（$R = H_2/SiH_4$）变化而发生转变的相图[22]。该图所示的沉积薄膜以单晶硅为衬底，固定其他沉积参数，仅改变氢稀释率 R 情况下获得的。对低氢稀释率($R<10$)，薄膜仍保持非晶态；但随沉积薄膜增厚，其粗糙度逐渐增大(见图 2 - 14 左上部)；提高 R，起始生长的薄膜仍保持非晶结构，随 H 稀释率继续加大，薄膜部分区域开始出现晶化，随之晶化区增多、长大，直至完全晶化的微晶硅。

1) 微晶硅薄膜生长过程中存在非晶孵化过渡区

图 2 - 14 给出的硅基薄膜沉积相图表明，在一定氢稀释率下，沉积微晶硅薄膜时将经历一个由非晶相/微晶混合相到微晶相的生长过程。其非晶相/微晶混合相区(俗称过渡区)的厚度与氢稀释率相关，加大 H 稀释率可明显减薄过渡区的厚度，对提高微晶硅材料质量是有利的。

2) 加大氢稀释率有利提高晶化比

图 2 - 15a、b 分别示出采用不同硅烷浓度沉积薄膜的结构形貌示意图和 X 射线衍射(XRD)图谱[12]。微晶硅薄膜的晶化比(由 SEM 图所示)随沉积时的硅烷浓度增高以及功率、激发频率、衬底温度的降低而减小，并由图 2 - 15b 的 XRD 所证实。随硅烷浓度的降低(亦即氢稀释率的增高)，表征硅基薄膜晶化择优取向的(220)峰在 7.5%开始出现，随硅烷浓度的进一步下降而逐渐明显，表征多晶性的(111)峰在 5%时开始出现亦随之增高，直至全部晶化。

图 2 - 16a 给出的是在衬底温度 200℃、采用 PECVD 方法、氢稀释率 $R = F_{H2}/F_{SiH4} = 10$ 的条件下制备的非晶硅薄膜拉曼(Raman)谱图[23]。在晶体硅中声子跃迁需要满足量子数守恒定律，故只有横光学模(TO)是激活的，其峰位在 520 cm^{-1} 处，峰半宽度仅 3 cm^{-1}。但对非晶硅，量子数不再是好的量子数，因而无需遵守声子跃迁时的动量守恒定则，所以其 Raman 谱中多个模式都是被激活的，因此将存在多个峰位。它包括位于 480 cm^{-1} 非晶的 TO 峰(相对应晶体硅的 520 cm^{-1} 峰发生了位移)，位于 410 cm^{-1} 纵光学

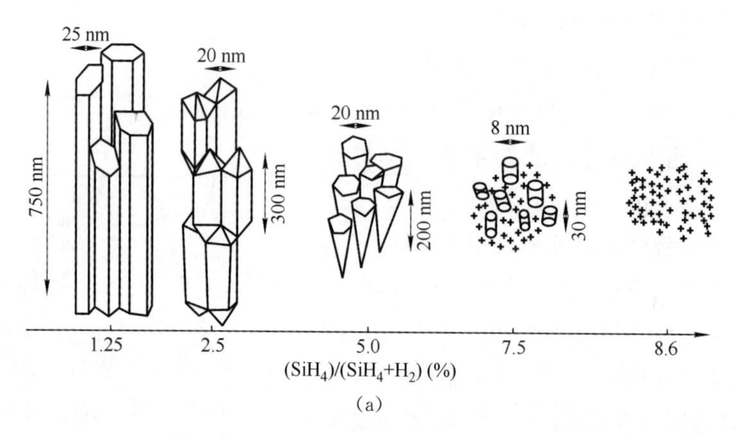

(a)

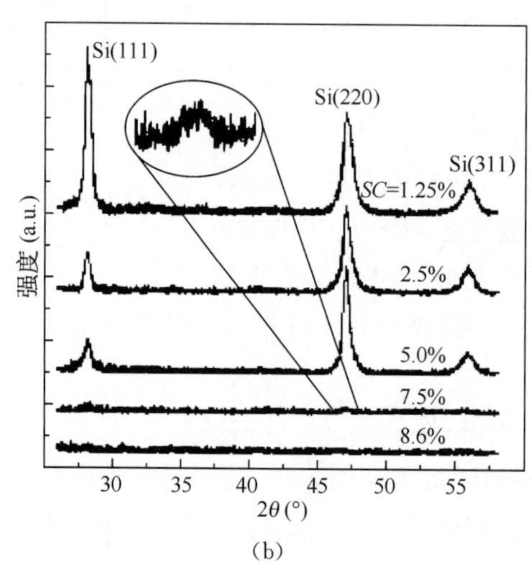

(b)

图 2-15 材料结构和沉积薄膜随氢稀释率变化的 X 射线衍射图[12]

(a) 材料结构；(b) 沉积薄膜随氢稀释率变化

膜(LO)，位于 310 cm^{-1}纵声学膜(LA)以及位于 170 cm^{-1}的横声学膜(TA)。图 2-16b 给出不同硅烷浓度下沉积系列硅基薄膜的 Raman 谱图。由图可见，随硅烷浓度的减小(意即氢稀释率增加)，描述硅晶态的峰位(～520 cm^{-1})从无到有，并逐渐增高；而描述非晶态 TO 模的峰位(～480 cm^{-1})相应逐渐降低直至消失。这表明其晶化率是随硅烷浓度的降低而增高，直至全部晶化。为获知所沉积薄膜的晶化程度(用晶化率符号 X_c表征)，可对 Raman 峰按高斯分布作三峰拟合计算，图 2-16c 为三峰拟合的示例。三峰是指描述晶粒的 TO 峰(～520 cm^{-1})，描述晶粒间界特性(或称晶格畸变)的峰(峰位在 500～510 cm^{-1}范围内)，以及非晶 TO 峰(480 cm^{-1})。X_c通过描述晶粒成分 TO 模和晶格畸变模式所占面积$A_{520}+A_{510}$与三峰面积和之比来表征，即有：

$$X_c=(A_{520}+A_{510})/(A_{520}+A_{510}+A_{480}) \tag{2-14}$$

3) 微晶硅生长的纵向不均性

图 2-17 示出微晶硅薄膜的纵向 SEM 照片，其衬底为绒面掺铝 ZnO 透明导电膜。

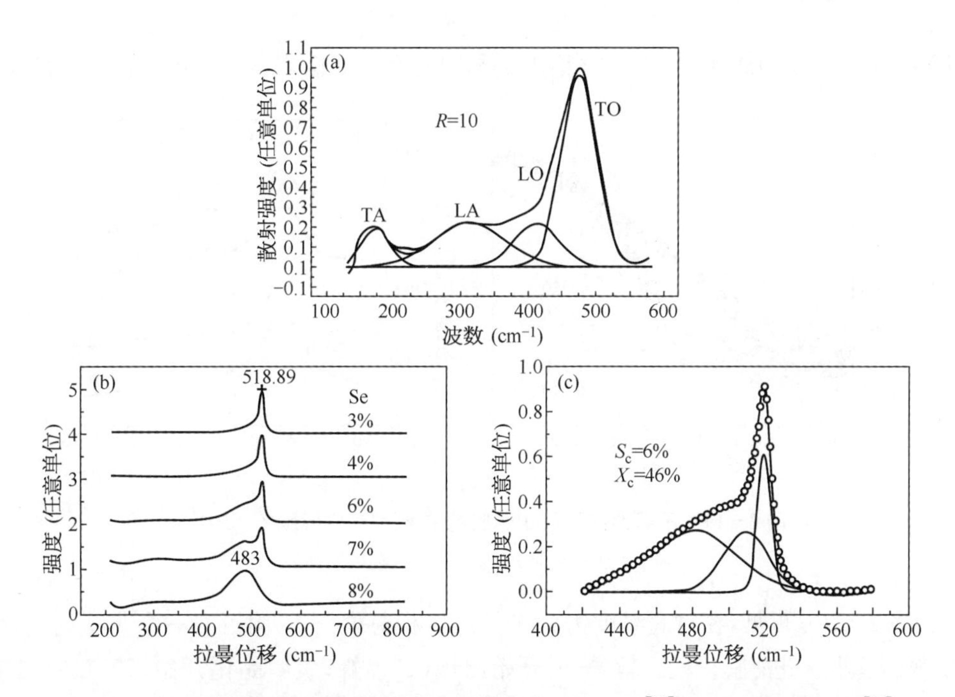

图 2-16　非晶硅、随氢稀释率变化沉积薄膜的 Raman 谱[23]及其三峰拟合示例[24]

(a) 非晶硅 Raman 谱；(b) 随氢稀释率变化沉积薄膜的 Raman 谱；(c) 三峰拟合示例

图中显示微晶晶粒呈柱状生长模式。随沉积微晶硅薄膜厚度的增加，其后沉积薄膜的晶化率将逐渐增大，呈现出纵向微结构的不均匀性。

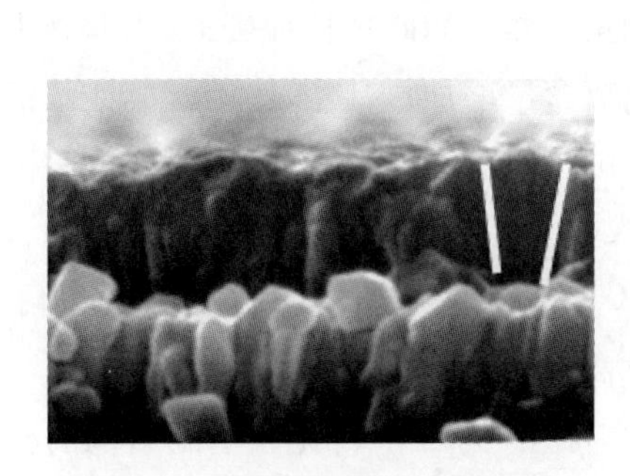

图 2-17　微晶硅薄膜的 SEM 照片[24]

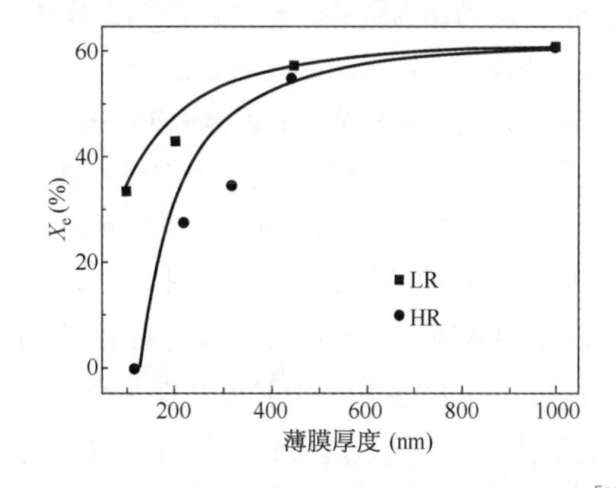

图 2-18　不同沉积速率下晶化率随厚度变化曲线[25]

纵向不均匀性会随着沉积速率的增大而更为显现。图 2-18 示出不同沉积速率(LR 表示低速，HR 表示高速)下晶化率随厚度依赖关系的比较，表明高速沉积更易引入纵向微结构分布的不均匀。为降低成本，减少微晶硅沉积时间，需采用甚高频技术以加快其沉积速率；另一方面，快速沉积会明显降低薄膜质量，这是应该注意的问题。

2.1.2.2　微晶硅材料的性质

1) 微晶硅缺陷态

微晶硅的带隙原则上为 1.1 eV，其吸收系数因其结构有序度的增加而降低，但是其内的缺陷态要比非晶硅的高，图 2-19 给出了不同温度下沉积薄膜的光热偏转谱(PDS)[24]。

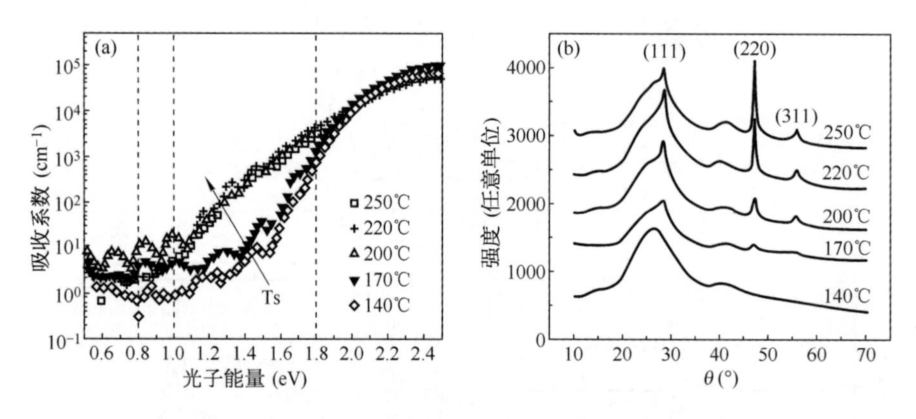

图 2-19　不同温度下沉积薄膜的 PDS 和对应薄膜的 XRD[24]

(a) 沉积薄膜的 PDS；(b) 对应薄膜的 XRD

由图 2-19b 可见，在衬底温度为 140℃时，沉积薄膜在 28°附近有一个非晶包，而对应 PDS 谱亦呈非晶硅薄膜特性。170℃时开始出现(111)峰，表明晶化开始；200℃时出现表征微晶硅择优取向的(220)峰。220～250℃晶化逐步全面完成。此时由对应温度的 PDS 谱看到，随晶化的出现带隙变窄(吸收曲线随光子能量变化的斜率减小)，光子能量在 1 eV 以下表征次带吸收的系数开始增高。该曲线族显示，在过渡区的缺陷态似乎显得更高。

2) 微晶硅薄膜表面易于吸附氧

图 2-17 所示为微晶硅的柱状结构，当柱和柱之间接触并非紧密契合的情况下，使得其内部存在如图 2-20a 所示的空洞状缺陷[12](在空洞的内部悬键部分可被 H 钝化)。这种空洞缺陷的存在会造成其结构的松弛和缺陷态增多。如果这些空洞联通构成管道，当薄膜表面无钝化层保护时，就易于空气中氧的侵入，使薄膜内氧含量增加。其中，膜中氧会使本征层呈现 n 型，这些氧可由傅立叶红外谱检测。图 2-20b、c 分别给出不同衬底温度下沉积微晶硅薄膜随存放时间变化的红外谱图[24]。实验结果表明 250℃的晶化率($X_c=55\%$)高于 170℃沉积的薄膜($X_c=15\%$)，因此可以看到 250℃沉积薄膜内表征氧的信号(位于 1 071 cm^{-1}处)随存放时间增长而升高，说明晶化率越高其表面越容易引入氧吸附。

由于硅薄膜中的氧起着施主作用，使未掺杂的“本征层”向 n 型转化。空洞结构的松弛也会造成微晶硅材料存放时的不稳定性。图 2-21 给出使用或不使用纯化器沉积微晶硅薄膜的暗电导激活能的比较，实验表明使用纯化器沉积的本征微晶硅，能够有效去除氧的沾污而使该材料的电导激活能得以增加到器件质量级($E_{act}>0.5$ eV)的要求。因此，沉积微晶硅时一定要在气源进入反应室的入口处加气体纯化器，以减少沉积时氧的导入，这是因为用于稀释的氢气中常会含有较高的氧成分。

3) 微晶硅薄膜的掺杂

微晶中掺杂效率比非晶硅高，而且 n 型的比 p 型的更高。其原因来自电子、空穴迁移率之差。图 2-22 给出微晶硅中掺杂结果，其电导率可以达到上百 $S \cdot cm^{-1}$。

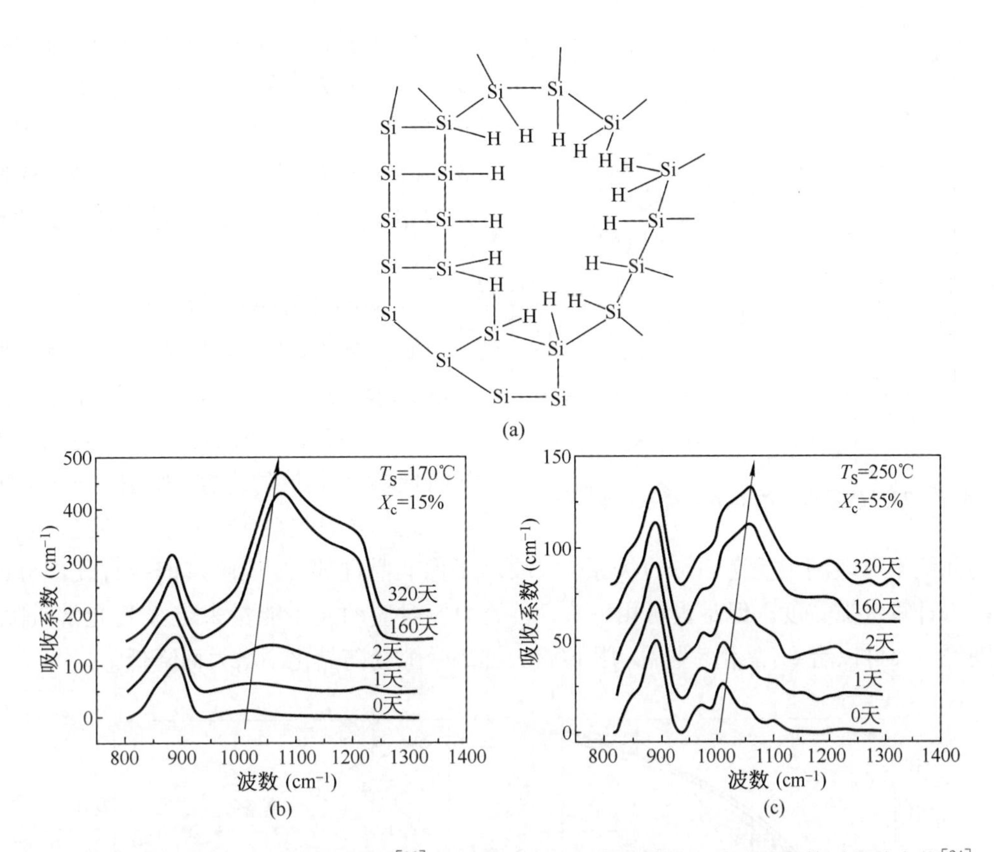

图 2－20　硅基薄膜中空洞的示意图[12]和不同温度沉积微晶硅膜红外峰随存放时间的变化[24]

(a) 硅基薄膜中空洞的示意图；(b)、(c) 不同温度沉积微晶硅膜红外峰随存放时间的变化

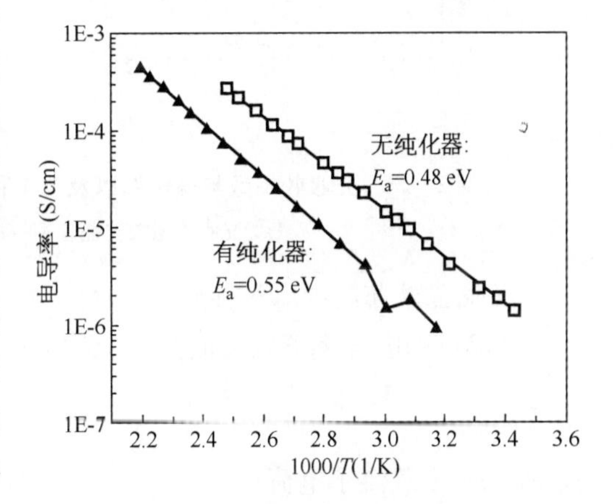

图 2－21　使用或未使用纯化器沉积本征微晶硅薄膜的暗态电导激活能比较[24]

鉴于微晶硅是硅的微小晶粒镶嵌在非晶硅的无规网络结构中，微晶硅薄膜的掺杂应是非晶态和晶态掺杂所呈现现象的综合体现。在低浓度掺杂下，材料中的缺陷态密度一般在 $10^{16\sim17}$ cm^{-3} 量级。因此，深能级缺陷态对掺杂的钳制作用明显，即从杂质原子中释放出来的电子(或空穴)需要先去填满这些缺陷态，然后才对材料的电导起作用。这正是非晶硅中显示的缺陷态对掺杂限制效应的体现。图中在高掺杂水平下用点线显示出掺杂浓度和电导率的线性关系，表示此时类似于晶体硅中掺杂原子的替位效果[27]。该图还显示，硼掺杂需要到一定程度才起到掺杂效果，其中在低浓度下是补偿本征微晶硅偏 n 型的需求，亦即中间用断线表示的区域与自偏 n 型的掺杂补偿效应有关。

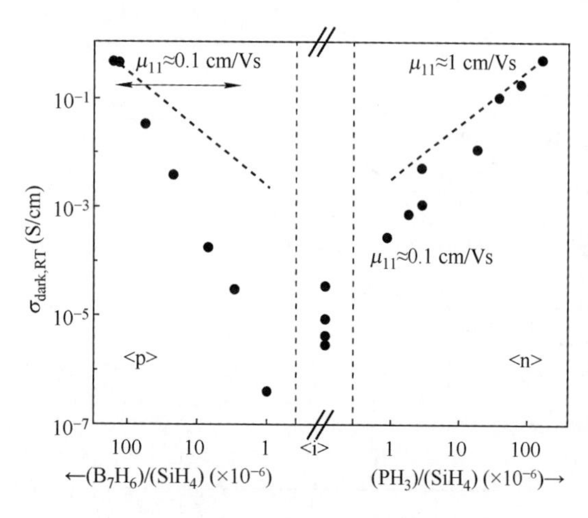

图 2-22 微晶硅中的 n、p 型掺杂比较[12]

在电池中，对顶衬电池(即 pin 结构，玻璃衬底为受光面)p 型窗口层，多采用非晶/微晶双层 p 型掺杂以弥补非晶硅掺杂效率低的弊端，同时又可发挥非晶硅吸收系数高，起到窗口层透过率高的双重作用[24]。

4) 微晶硅薄膜光学性质

如上所述，微晶硅较之非晶硅具有明显的结构有序性，因此，吸收系数(图 2-23a)[12]随晶化率的增大呈现高能区下降而低能区上抬的现象，如图 2-23b 所示。此时光吸收系数 $(\alpha\omega\nu)^{1/2}$ 与光能量之间的曲线不再能满足托克(Tauc)关系[26]，故难于像非晶硅那样，依照该谱线直线部分的斜率来计算带隙宽度。但是也可由 α 在 10^4 处的值对应的光子能量来定义其光学带隙。由图2-23a可以看到，晶化率越高，用 E04 表征的带隙会随晶化率增大而降低。

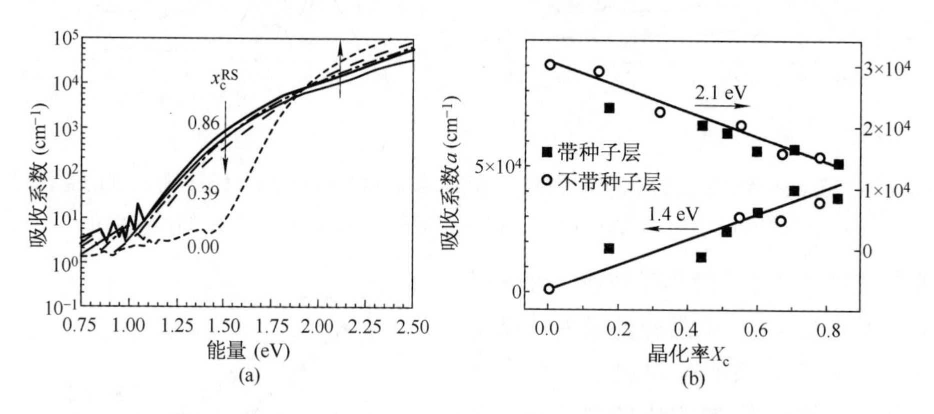

图 2-23 光吸收系数与晶化率以及 2.1 和 1.4 eV 吸收系数与晶化率的依赖关系[12]

(a) 光吸收系数与晶化率；(b) 2.1 和 1.4 eV 处吸收系数

5) 微晶硅薄膜的电学性质

微晶硅的电导率可以写成：

$$\sigma = q\mu n \tag{2-15}$$

式中 q——载流子电荷；

μ——迁移率；

n——载流子浓度。

如前所述，微晶硅具有自偏于 n 型的倾向，所以载流子主要是电子，上式可改写成：

$$\sigma = \sigma_n = q\mu_n^0 n_f \tag{2-16}$$

式中　μ_n^0 ——导带内自由电子的迁移率；

n_f ——导带中自由电子的浓度。

对 p 型材料，可将电子的符号换成空穴的符号。如两种载流子都对电导有贡献，则为两者之和，即：

$$\sigma = q\mu_n^0 n_f + q\mu_p^0 p_f \tag{2-17}$$

其中电了的浓度与温度关系以费米分布函数形式填充导带能级的多寡而定，即写成如下形式：

$$n_f = N_\sigma \exp - (E_{act}/kT) \tag{2-18}$$

鉴于微晶硅是硅的小晶粒镶嵌在非晶硅的无规网络异构结构，因此电子在微晶硅中输运路径和非晶硅以及晶体硅中不同，电子主要在小晶粒与柱状晶体边界间输运。因此，式(2-18)中 N_σ 是导带中的电子在这些传输路径上所含的态密度；E_{act} 是激活能，基本上也是费米能级与电子在传输路径上能量 E_σ 之差，即 $E_{act} = E_\sigma - E_F$。这个 E_σ 既不同于非晶硅中迁移率边，也不同于晶体硅中的导带底(或价带顶)，而应是在非晶硅迁移率边之上加一个电子从小晶粒进入柱状边界所需要越过的势垒能量 E_b，因此，E_σ 应为 E_c 和 E_b 之和，即 $E_\sigma = E_c + E_b$，此时自由载流子浓度 n_f 与温度关系可写成：

$$n_f = N_\sigma \exp - [(E_c + E_b - E_F)/kT] \tag{2-19}$$

相对于非晶硅带隙为 1.7 eV，具有与晶体硅相当带隙(1.1 eV)的微晶硅，其激活能较非晶硅之(~0.75 eV)为小。一般对没有沾污的本征微晶硅，其激活能应在 0.5 eV 以上。因此，它的本征暗电导也会相应增加 $\sigma_{dark,i} \approx 10^{-6}$ s/cm，比非晶硅(10^{-11} s/cm)高出 5 个量级。

如果沉积微晶硅时用了纯化工艺，气态掺杂效应很小，则可以将此时的微晶硅看成是本征的，激活能正好在禁带中央，此时有[28]：

$$\sigma_{dark,i} = \sigma_o \exp - (E_{act}/kT) \tag{2-20}$$

设 $\sigma_o = 150\ \mathrm{S \cdot cm^{-1}}$ [28]，可算得 E_{act}，则带隙为激活能的两倍：$E_g = 2E_{act}$。

考虑到 $n_f = N_\sigma \exp - [(E_c + E_b - E_F)/kT]$ 的关系，此式表示微晶硅的电导激活能 E_{act} 应该比 $E_c - E_F$ 的大。当存在晶粒边界影响之后，测定 σ 与温度(用绝对温度表示)倒数 $1/T$ 的关系时，实验结果并非是一条直线而是弯曲的，这表示晶粒边界处的势垒 E_b 并非恒定值，因此电子在低温下以越过这些边界的局域态上以跳跃输运为主[27,29]。

微晶硅光暗电导、光敏性与晶化率的曲线关系如图 2-24 所示，随晶化率的提高，暗电导和光电导同时都会增大，但光电导增加速度较小因而光敏性随晶化率是要随之减小，甚至到高晶化率下两者相近，光敏性会接近于 1[30]。对高晶化率的微晶硅材料测量结果的离散度，说明材料制备重复性的难度。因此要评价微晶硅材料质量的话，如前述谈及非晶硅电导时所提到的那样，一定要先确定其暗电导和其激活能的大小是否保障在没有杂质污染的情况，即 $\sigma_{dark}<10^{-6}$ S・cm^{-1} 和 $E_{act}>0.5$ eV，然后再对光敏性予以评价。图 2-24b给出光敏性随晶化率的关系中，低晶化率材料很容易达到光敏性 10^3 以上，满足用于微晶硅太阳电池本征层的要求；而在高晶化率时起伏较大。图中在 38%附近的虚线，显示在制备时为达到光敏性 10^3 的需要，外来沾污最小的晶化率的最佳参考值。

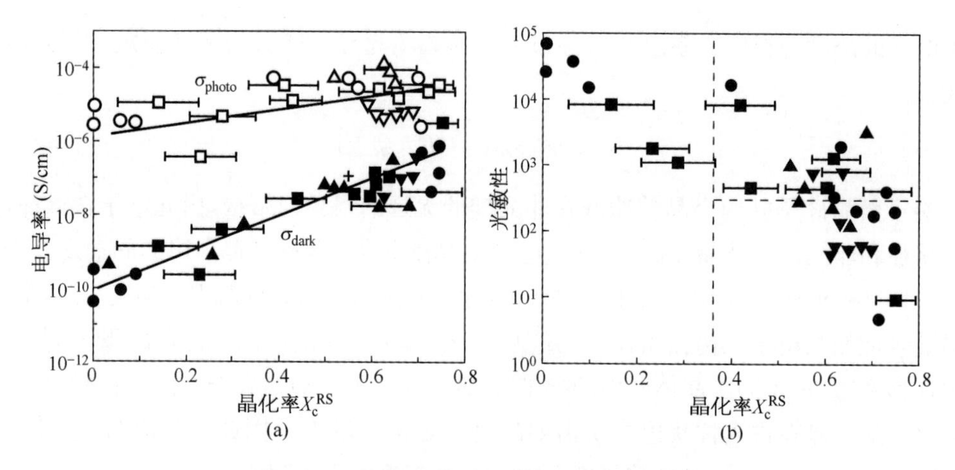

图 2-24 光暗电导和光敏性与晶化率的关系

(a) 光暗电导与晶化率；(b) 光敏性与晶化率

2.1.3 硅基合金薄膜[32]

硅具有地球藏量丰富、无毒无污染等优点外，另一特点是它的结构，即其带隙的可剪裁性，使其可响应多个不同波段的太阳光谱，有利于利用能带工程宽光谱设计器件结构，以提高太阳电池效率。所谓带隙的可剪裁性，即是在硅薄膜中添加不同原子尺寸的元素来改变价键的长短从而调节其能带。例如，在硅中添加小尺寸的原子，如碳(C)、氧(O)等原子构成 Si：C、Si：O 合金，以增大其带隙；亦可添加大半径的原子，如锗(Ge)构成 Si：Ge 合金，以减小其带隙。图 2-25 给出添加 C、Ge 后非晶硅碳、非晶硅锗和非晶硅三种薄膜带隙的比较[33]，表明 C 和 Ge 对带隙相反的调制作用。调节 Ge、C 与 Si 的成分比，a-SiGe：H 合金带隙可调节到 1.2 eV 以下，而 a-SiC：H 的带隙可达 2.0 eV 以上。除了带隙可调外，同时还会引起其他物性的变化，如折射率、

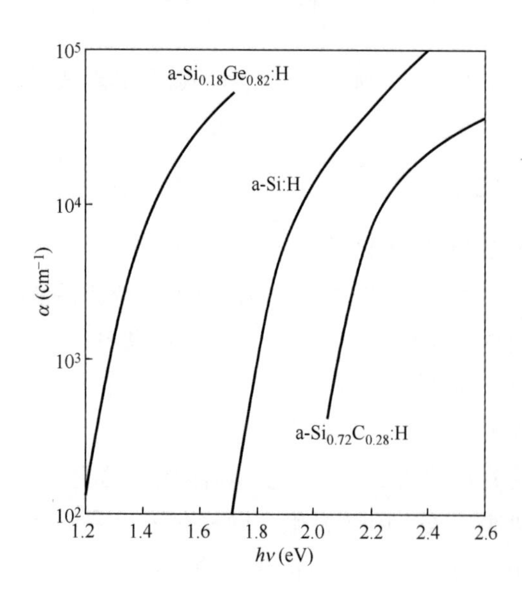

图 2-25 a-SiGe：H，a-Si：H 和 a-SiC：H 吸收系数比较[33]

电导率、可掺杂与否等问题需要深入探讨与优化。本书就目前硅基薄膜太阳电池中使用的添加Ge、O和C这三种元素的硅基合金材料予以简要阐述。

2.1.3.1　非晶硅碳合金

硅烷(SiH_4)或乙硅烷(Si_2H_6)和甲烷(CH_4)或乙烯(C_2H_4)等含碳气源在等离子放电环境中，将发生分解和化学反应生成非晶硅碳合金(a-SiC：H)。然后通过掺杂获得p型的a-SiC：H用作顶层硅基薄膜叠层太阳电池的窗口层。依据使用气源性质的不同，相同沉积条件获得膜中的C含量与在不同气源中的含碳(C)气源流量比也不同，反映了不同含C气源分解反应的难易程度。

窗口层p-a-SiC：H的带隙和掺杂导电特性非常重要。掺杂浓度(Doping Concentration，DC)对电导和带隙影响如图2-26所示[35]。图中给出的薄膜是在低温(125℃)、低功率(20 mW·cm^{-2})下沉积制备。鉴于掺B将窄化带隙，采用低甲烷流量比(以[CH_4]标记)引入的缺陷态较少，控制合适沉积条件，可使掺B窄化带隙的作用减弱。[CH_4]选为44%在B掺杂比小于1.25%时，带隙可达2.02 eV，且基本不随掺B量增大而减小。B掺杂比DC=1%时，暗电导可达1×10^{-7} S·cm^{-1}，满足作为窗口层材料的性能要求。表明低功率、低掺碳有利于提高B掺杂效率，同时可减少掺B窄化带隙的作用。

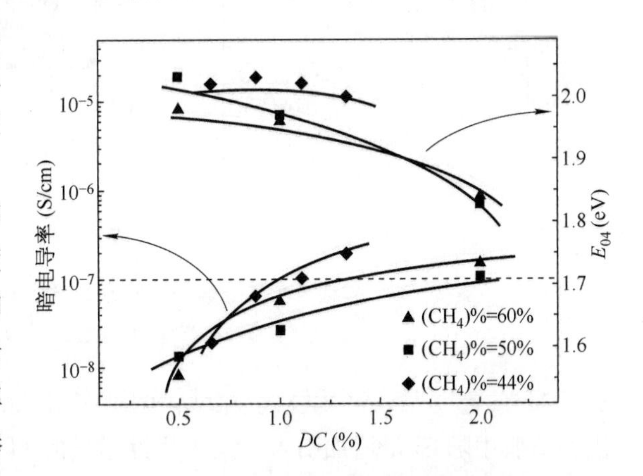

图2-26　掺杂浓度对硅碳薄膜电导和带隙结构调制作用示意图[35]

2.1.3.2　非晶/微晶硅锗合金[32,36]

作为要拓展光谱的叠层电池而言，自然界窄带隙材料，尤其是具有优质光电特性的窄带隙材料至今发现得甚少。Ge的带隙为0.6 eV，但是其缺陷态很高，难于用做有效的光伏材料。为此，Si中掺Ge生成窄带隙的SiGe：H合金，通过调节生成薄膜中硅、锗的比例，达到调节带隙的目的，就成为可选的颇佳方案。因为Ge的吸收系数很高，其与硅构成的合金材料吸收系数也远高于非晶硅的(图2-27a)，所以选用微晶锗硅合金与非晶硅作成叠层电池的底电池时，与μc-Si作底电池相比(图2-27b)，可将底电池的厚度从2 μm减至0.9 μm[36]。

非晶或微晶SiGe合金(a-SiGe：H/μc-SiGe：H)可采用PECVD方法，通过在H稀释SiH_4中掺入锗的烷类气体，如GeH_4、Ge_2H_6或GeH_3CH_3(MMS)等以生成a-SiGe：H。加大H稀释率，可由a-SiGe：H向μc-SiGe：H转变。另外，也可用GeF_4作掺锗气源，由于F有刻蚀Si弱键的作用，能使SiGe合金薄膜的有序度增加、减少缺陷态。图2-28a、b、c分别给出a-SiGe：H合金膜内Ge含量与膜内H含量、带隙的关系以及与

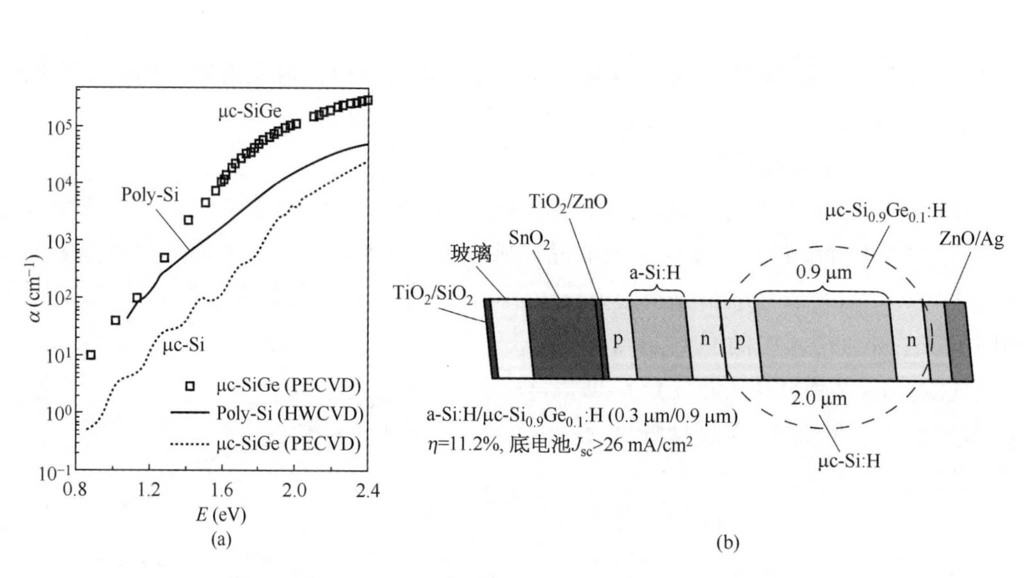

图 2-27 硅锗合金和硅薄膜吸收系数及以 μc-SiGe：H 作底电池示意图[36]

(a) 硅锗合金和硅薄膜吸收系数；(b) 以 μc-SiGe：H 作底电池

晶态 GeSi 合金中 Ge 含量对带隙结构调制作用。由图可见，与晶态硅锗合金不同的是，除因在薄膜中随 Si 量增加引入了几乎线性增长的 H 量(图 2-28a)而使薄膜的带隙普遍比晶态合金中的增高之外，锗硅薄膜合金中带隙随 Si 量几乎呈线性增长关系与 H 量的增长关系相对应。而在晶态中，带隙随 Si 量的增长关系分三个阶段：在 Si/(Si+Ge)比＜20％的低硅含量区，带隙增长迅速；然后变缓，在接近以 Si 为主，即 Si/(Si+Ge)比＞60％之后，带隙快速增大，并接近于线性关系增长，直至趋近 Si 的 1.1 eV 的带隙宽度。这显示了 Si 掺入 Ge 晶体中之后合金材料结构的变化过程，即由于 Si 的晶格常数小，Si 掺入 Ge 中，将使之带隙增大。当 Si 含量少时，Si 掺杂作用使键合能增高而随 Si 量线性增长。当 Si 量达到一定程度，形成混晶，Si 的加入导致键能增长与无序结构增大，内应力将松弛部分键合能，故而带隙增长减缓；以 Si 量为主时，就相当于在 Si 中掺 Ge，此时 Ge 会使带隙线性减小，

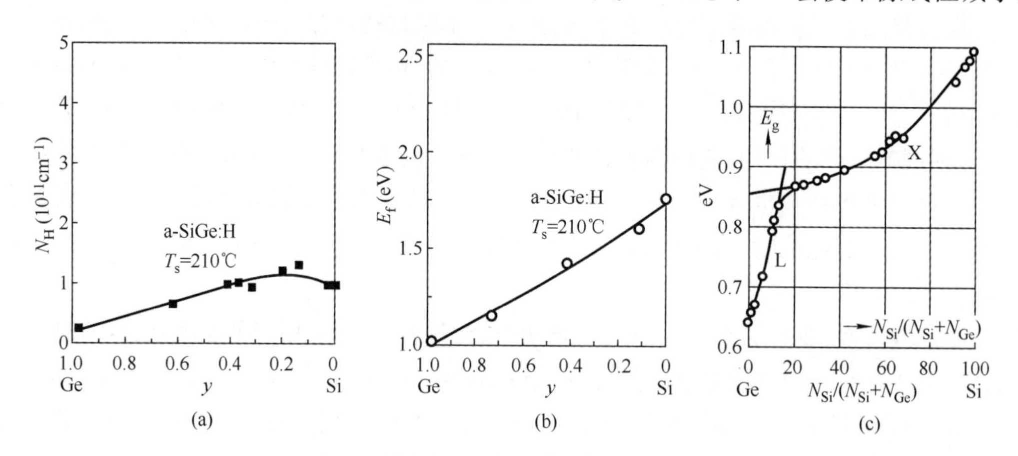

图2-28 a-SIGe：H 膜中 Ge、H 含量与带隙的关系以及晶态 GeSi 合金中 Ge 对带隙的调变比较

(a) Ge 含量与带隙的关系；(b) H 含量与带隙的关系；(c) 晶态 GeSi 合金中 Ge 对带隙的调变

可见原子排列的结构状况决定着带隙的变化。

SiGe 薄膜的性质取决于薄膜内 Ge 含量。鉴于 GeH_4 分子的半径要明显大于 SiH_4，其分解速率相对 SiH_4 的较快。当气体流量中 Ge 源流量逐渐增加时，薄膜生长表面与 Ge 相关的前驱物数量比例增加很快，所以相对于 Si 来说，Ge 能快速地融入薄膜。造成膜内 Ge 含量较反应气源中 GeH_4 与 SiH_4 气流量比更高，图 2－29 给出其示例。反应气源内锗烷流量占 10％时，膜中 Ge 含量已接近 30％。因此，适当调节气源比例以及相应沉积条件，实现 SiGe 合金性能的调制是特别重要的。

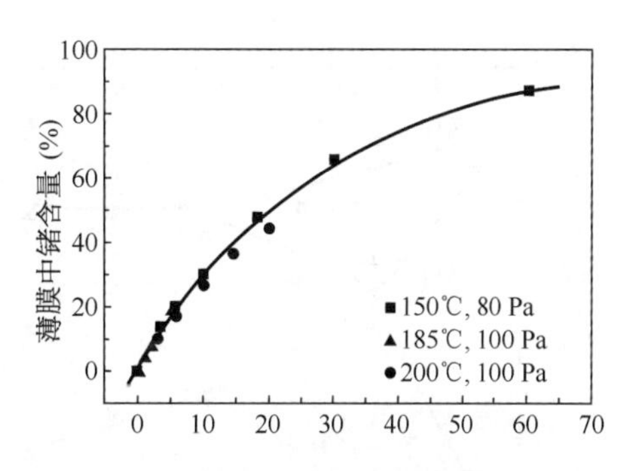

图 2－29　不同沉积条件下硅锗薄膜中锗含量随气体中锗烷流量比的变化[36]

由于 Ge－H 粒子具有较大的"粘滞"系数，在表面的迁移能力差，比 Si 原子难以获得合适的位置沉积，所以 Ge 的掺入，会使 SiGe 合金膜中的缺陷态增多。图 2－30a 示出由不同实验室报道的数据综合得出的锗硅合金薄膜中 Ge 浓度与缺陷态密度之间的关系。由图可知，随 Ge 含量的增大，缺陷态密度几乎呈线性增长。不仅如此，Ge 原子的掺入还会抑制晶化，这可由图 2－30b 明显看出。不掺锗时硅薄膜已经晶化，逐渐增加气源中含锗源的流量比，则薄膜将逐渐退晶化直至变成非晶（明显呈现非晶硅 480 cm^{-1} 的 TO 峰）。

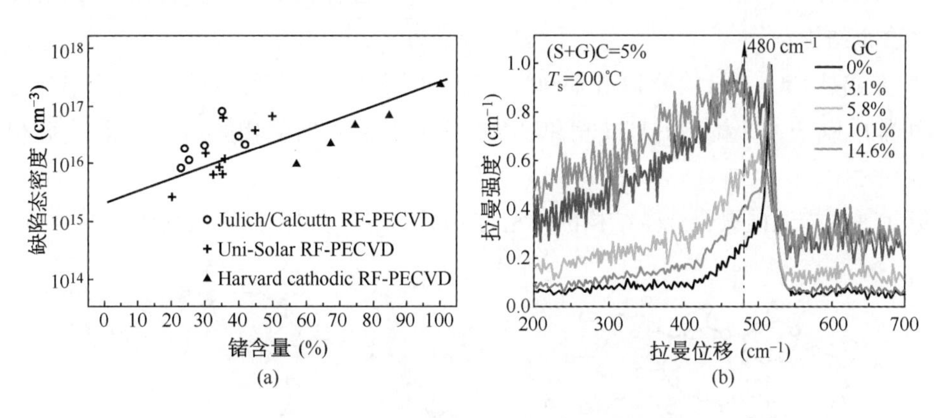

图 2－30　掺锗合金缺陷态密度和掺杂抑制薄膜晶化比较[36]

（a）掺锗合金缺陷态密度；（b）掺杂抑制薄膜晶化

作为窄带隙的光伏材料，更需关注其光电灵敏性，图 2－31 给出衬底温度为 200℃、沉积气压 100 Pa，保持硅锗浓度（S＋G）C＝5％不变 $\left(\text{其中定义：}(S+G)C=\dfrac{[SiH_4]+[GeH_4]}{[SiH_4]+[GeH_4]+[H_2]}\right)$，改变锗的浓度 $\left(\text{锗浓度定义为 } GC=\dfrac{[GeH_4]}{[SiH_4]+[GeH_4]}\right)$ 情况下，所沉积薄膜的光电特性。图中表明锗硅合金膜内 Ge 浓度达 10％以上，其光敏性

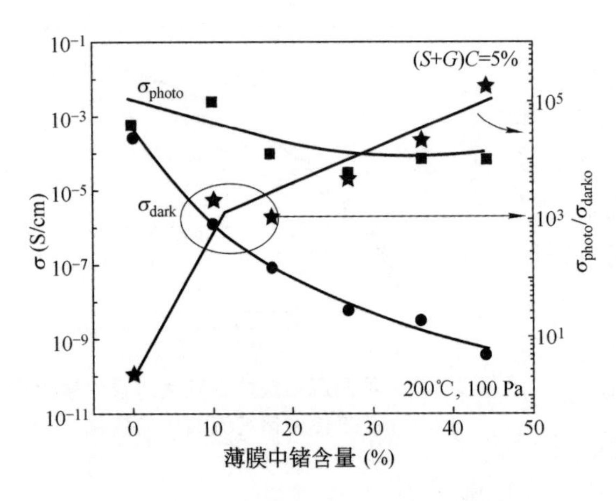

图 2-31 锗硅合金膜光暗电导率及光敏性随锗含量的变化[36]

已达 10^3 量级，完全满足太阳电池对微晶硅锗材料光敏性的要求。

2.1.3.3 非晶硅氧(a-SiO∶H)合金[12,37,38]

以H稀释硅烷添加 CO_2 做混合气源，控制适当衬底温度和沉积气压以及 CO_2 浓度比 $CO_2/(CO_2+SiH_4)$（其中硅烷用氢稀释浓度比 $SiH_4/(SiH_4+H_2)$ 表示），在等离子体放电作用下，$CO_2+SiH_4+H_2$ 之间将产生如下反应：$SiH_4+CO_2+H_2 \longrightarrow$ a-SiO∶H 生成非（或微）晶硅氧合金薄膜。

硅氧(SiO∶H)合金可以是非晶态的，也可是含微晶相的。由Si的无规网络（图2-31a）与 SiO_2 网络（图2-32b）之间融合状态的不同，硅氧合金的原子构型也会不同。有四种描述融合状态的方式：

① 可能是非晶硅和 SiO_2 网络的随机混合；

② 硅氧原子以 $Si-Si_{4-n}O_n$ ($n=0\sim4$)方式；

③ Si、O、H原子以 $HSi-Si_{3-n}O_n$ ($n=0\sim3$)等四面体构型随机键合在一起，形成一种均一的合金结构；

④ 亦或是 SiO_x∶H合金以硅基网络和硅氧网络两相分离的模式，此时当氧成分 $x<1$ 时，可能由以Si∶H构型的富硅相和以 $Si-Si_3O$ 构型的富氧相的两相组成，富硅相镶嵌于富氧相之中。

第④种的描述硅氧合金微结构的模型称壳层模型，它主要描述高温生长的硅氧薄膜，

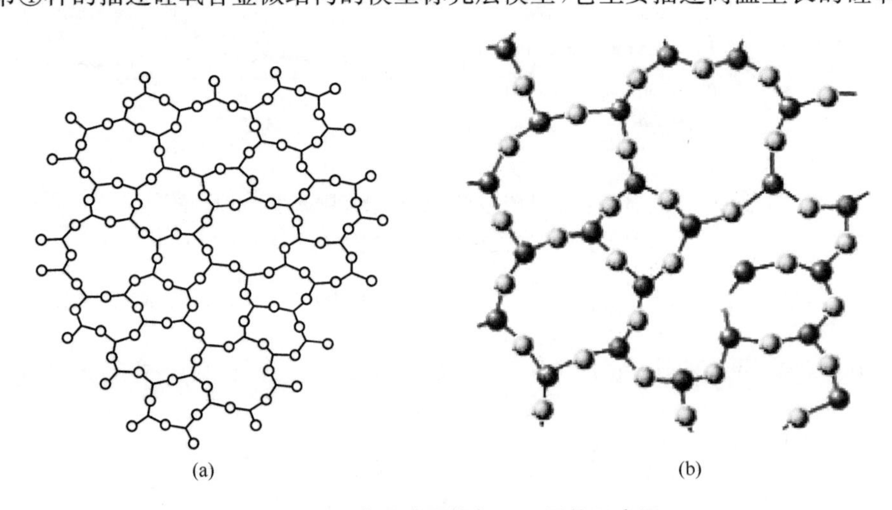

图 2-32 非晶硅网络与 SiO_2 网络示意图

(a) 非晶硅网络；(b) SiO_2 网络

其中 H 的成分非常小，在此限于篇幅，不予讨论。

在硅氧薄膜中 Si 和 O 也有多种键合方式。即在 Si/SiO_2 系统中的 Si 原子可能存在 5 种与 O 结合的状态，即硅具有 5 种荷电状态，分别为：中性硅(Si^0)和一价至四价硅的正离子态(Si^+、Si^{2+}、Si^{3+} 和 Si^{4+})。以上荷电状态均可通过 X 射线光电子能谱(XPS)的分析予以确定各具体键合情况。岳强的实验显示[37]，在微晶硅氧合金中，Si_{2P} 电子的 XPS 谱不一定都会存在 5 种键合并存形式，即并不是如文献[38]所报道的在非晶硅氧合金(a-SiO：H)中 Si_{2P} 的 XPS 谱观察到一个可分别解析出上述 5 种荷电状态的包，而是检测到分离的两种组态，即仅含 Si^+ 和 Si^{4+} 的组态。且随氧含量的增加，Si_{2P} 包将从描述 Si_{2P} 为 98 eV 的结合能，向 Si 中含氧的 103 eV 的高能方向位移。文献[37]对微晶硅氧合金中 Si 以两种分离的组态存在是否与其晶化相关，尚未定论。O 的增加将使 Si 的组态由 Si^{1+} 向 Si^{4+} 的变化，同时使其拉曼光谱亦发生变形。最清晰可见的是，在其他条件相同情况下，沉积 μc-Si：H 和 μc-SiO：H 时，μc-SiO：H 的晶化率比 μc-Si：H 的明显降低(图 2-33a)。采用不同功率，亦会对沉积薄膜的晶化状况产生影响。由图 2-33b 示出的硅氧合金薄膜的 Raman 谱随沉积功率变化关系清晰可见，随功率增高，其 Raman 谱分布由接近 520 cm^{-1} 逐渐向 480 cm^{-1} 移动，显示提高功率将使其退晶化。

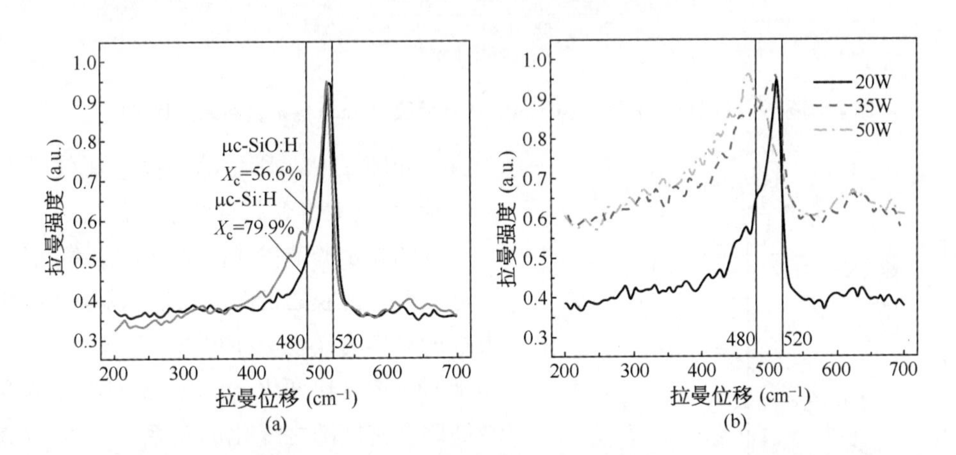

图 2-33　μc-Si 和 μc-SiO 薄膜的 Raman 谱和不同沉积功率下 μc-SiO_x：H 薄膜 Raman 谱比较[37]

(a) μc-Si 和 μc-SiO 薄膜的 Raman 谱；(b) 不同沉积功率下 μc-SiO_x：H 薄膜 Raman 谱

将图 2-33b 所用三个不同功率沉积硅氧薄膜测得的 Raman 谱进行谱峰拟合，模拟结果如图 2-34 所示。发现功率由 20 W 递增到 50 W 过程中，晶化率由 20 W 的 56.6%，随功率逐渐增大至 50 W 时，基本变成非晶硅氧的结构模式。同时随功率增加，在 630 cm^{-1} 附近描述 SiH 的峰亦有所增大。这是因为掺入 SiO：H 合金中的 O 是以 OH^- 根为前驱物的，所以随氧的增加，H 量亦随之加大。因此，在其他沉积条件相同的条件下，功率将和掺氧的作用一样，使硅氧合金的带隙受到功率调制。

1) a-SiO：H 做顶电池的吸收层材料

作为顶电池的吸收层，要求有高的短波响应，理论计算顶电池的带隙应该在 2.0 eV

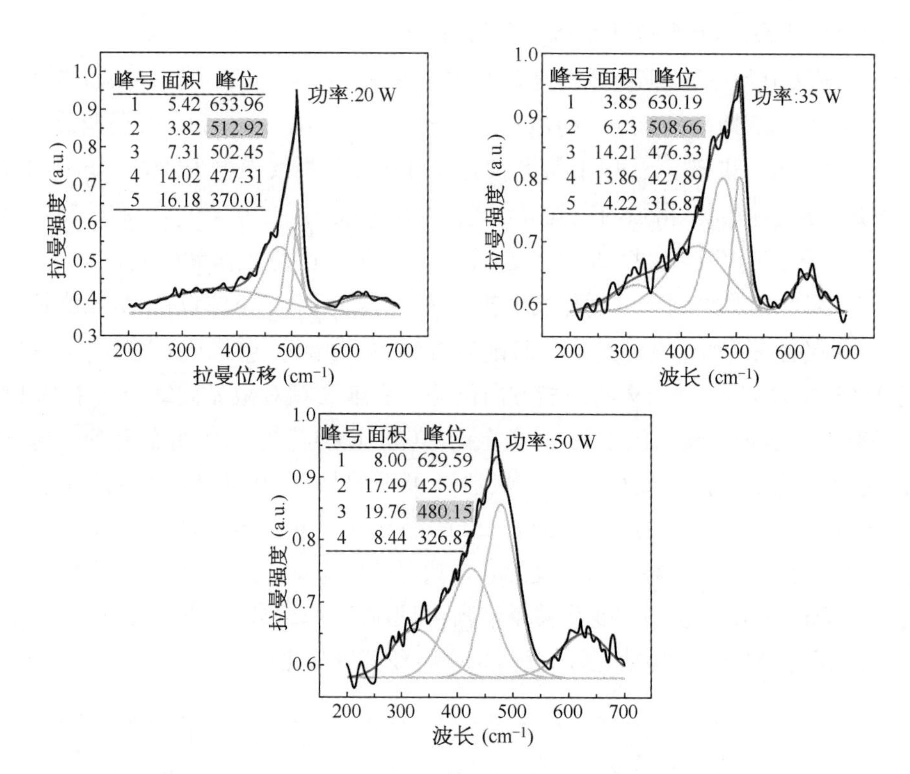

图 2-34　不同沉积功率获得 μc-SiOx：H 薄膜 Raman 谱拟合结果的比较[37]

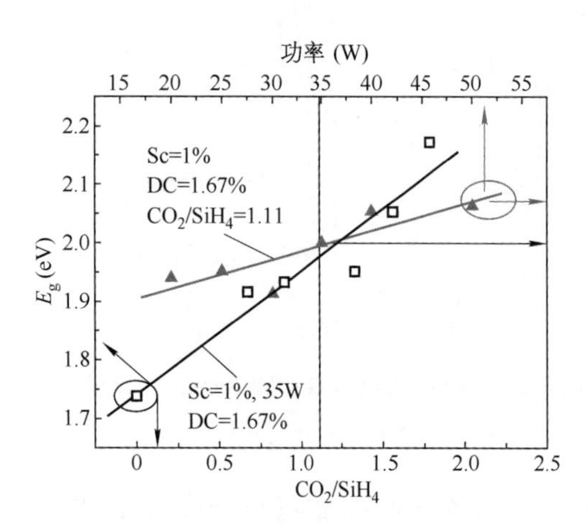

图 2-35　CO_2 流量比与功率对硅氧合金带隙调制作

为宜。如图 2-35 所示的提高掺氧气源 CO_2 的流量，是增大带隙的有效手段。

该图显示调节掺氧流量以及功率，都可调节硅氧合金薄膜的带隙。当然，调制材料的光电性能对作为吸收层亦很重要。图 2-36a 示出随 CO_2 浓度比变化，沉积薄膜的带隙宽度以及缺陷态密度随之变化的关系[38]。带隙宽度最大可达到 2.02 eV，而缺陷态从 10^{16} cm^{-3} 增加到 2.5×10^{17} cm^{-3} 左右，增加了一个数量级(缺陷态的测量是通过 CPM 测量得到的)。可见 O 的加入，在加宽带隙的同时，将带来更多的悬挂键缺陷态。鉴于 O 为二配位，而 Si 是四配位，配位数的差异造成悬挂键的增加是不难理解的。

图 2-36b 给出硅氧合金薄膜中添加 O 后，光暗电导随 CO_2 浓度比的变化情况，结果表明，低 CO_2 浓度比沉积的薄膜，光电导下降不明显，此时有利于薄膜光敏度的提高。实验表明光敏性达到 6 个量级是有可能的，而此时带隙接近 1.93 eV。即使对应 2.0 eV 带隙所需 CO_2 浓度比(0.48)的情况下，图中显示光敏性也在 10^5 量级，仅从太阳电池对光敏

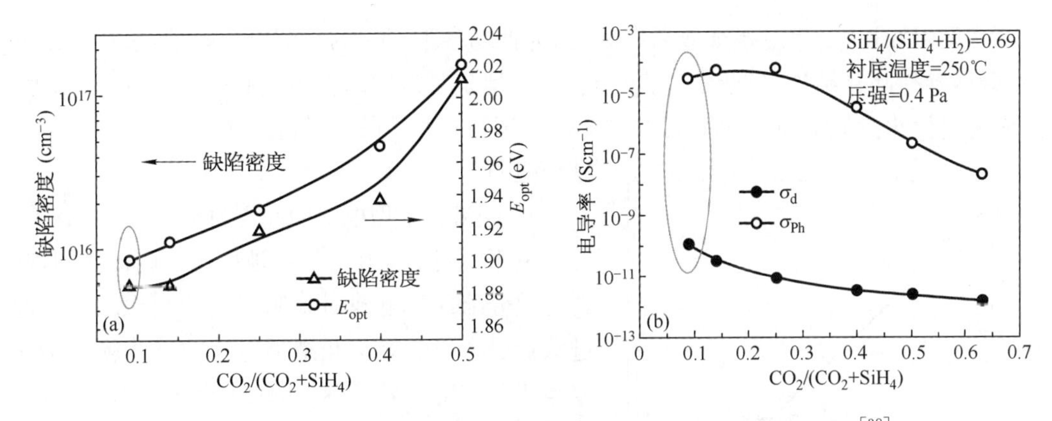

图2-36　CO_2浓度比影响薄膜缺陷态密度、带隙宽度和材料电导率[38]

(a) 薄膜缺陷态密度和带隙宽度；(b) 材料电导率

性的要求看是符合要求的。改变混合气源的硅烷浓度Sc(即调节H稀释率)，也会调制相应薄膜特性和带隙变化，其结果如图2-37所示。提高CO_2浓度以及加大H稀释率，有利于提高硅氧合金的带隙。因此，通过调节混合气源合适H稀释率下的CO_2浓度比，可能达到兼顾带隙与光电特性的目的。

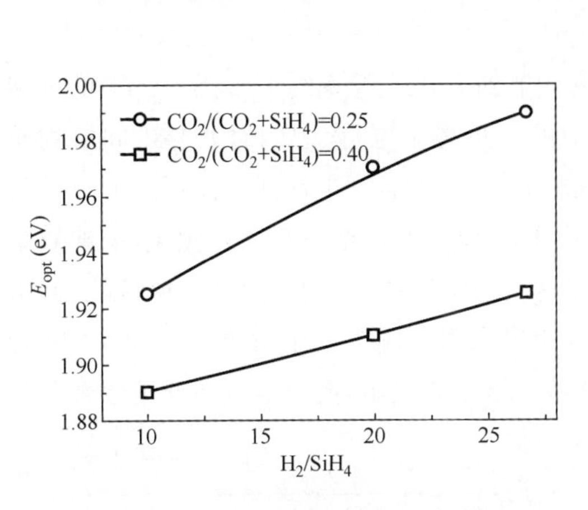

图2-37　a-SiO：H带隙随H稀释率和掺C量共同调制带隙的作用[38]

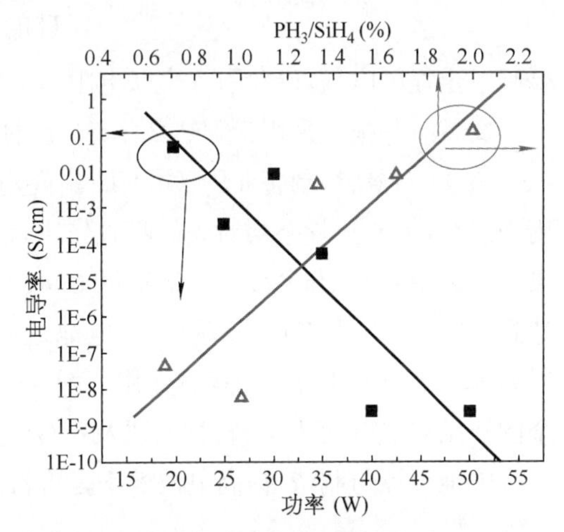

图2-38　PH_3和SiH_4流量比和功率与硅氧合金电导的关系[37]

2) a-SiO：H做窗口层材料

窗口层材料不仅要求带隙宽，还需要有高的电导以提供高内建电场以及良好电荷收集通道，以降低串联电阻。图2-37给出H稀释率和掺氧量共同调制微晶硅氧合金薄膜带隙的作用。结合图2-35可见，适当提高掺氧比(CO_2/SiH_4)和氢稀释率，硅氧合金的带隙可达2 eV以上。

在保证宽带隙的前提下，良好的掺杂性能对提高电导率也是至关重要的，采用微晶结构有利电导的提高。图2-38给出掺杂比率(PH_3和SiH_4的流量比)和功率对微晶硅氧合金电导的调制作用。

由图可知，小功率对掺杂效果有利，因为低功率下 CO_2 的分解能力较低，氧掺入量减少，既能维持晶化结构，掺杂效果也得到提高，但是氧量的降低，不利于带隙宽度的增大。此时通过优化掺氧量和 H 稀释比并结合带隙调制多种手段，硅氧合金的带隙达到 2.0 eV 是可能的。

图 2-39　CO_2 浓度对硅氧合金折射率的调制[38]

3）硅氧合金做电池中间层材料

采用中间层插在叠层电池两个子电池之间，起到有效分配顶底电池对太阳光谱的利用。主要通过低折射率的中间层和高折射率的硅薄膜间构成分布式布拉格反射(Distributed Bragge Reflector，DBR)结构，以达到加强选择性反射的目的，从而获得对太阳光谱在各子电池内的有效分配。所以调控其折射率，获得所需折射率的沉积条件是关键点。图 2-39 给出了以不同 CO_2 和 SiH_4 浓度比，对微晶硅氧合金折射率(在 600 nm 波长下)的线性调节作用，表明 CO_2 比值越大，合金薄膜更趋向于硅的氧化物，其折射率也越小。另外，合金薄膜需要有一定程度电导，以免引入串联电阻。

文献[13]报道采用带隙达 2.3 eV、折射率调节到 2.0、电导率约 10^{-5} S·cm^{-1} 的 n 型 μc-SiO：H薄膜，制备 a-SiGe：H 中间电池的 n 型掺杂层，该层同时兼起中间层的作用，既可减少 n 型掺杂层对光的吸收作用，也起到有效调配各子电池间电流匹配的双重效果。实验中对 a-Si：H/a-SiGe：H/μc-Si：H 三结叠层电池材料进行优化，电池效率达到 16.3%，为当前硅基薄膜太阳电池最高效率记录，充分显示了高电导、宽带隙、低折射率 μc-SiO：H 合金的优越作用。图 2-40 给出采用上述双重作用的 μc-SiO：H 合金的三结叠层电池 $I-V$ 特性曲线及其 QE 曲线。该结果显示，高效地应用硅基合金薄膜进行电池设计与制造，提高电池效率是可行的。

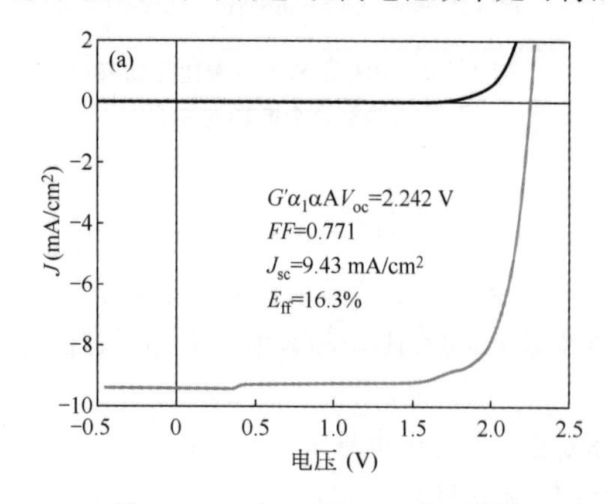

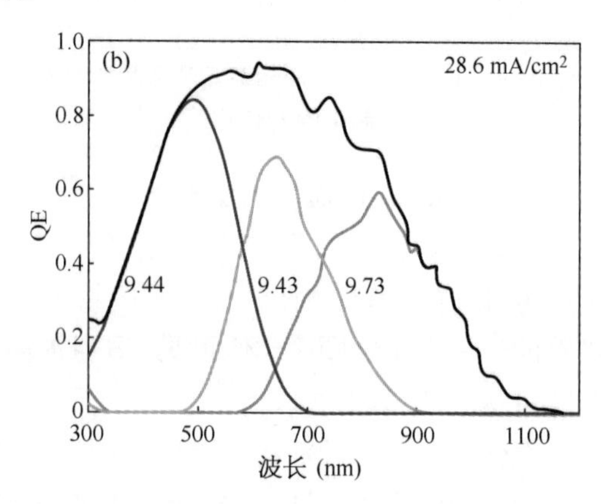

图 2-40　以 μc-SiO：H 作 n 型掺杂层和中间层的三结电池 $I-V$ 特性及其 QE 曲线

(a) 三结电池 $I-V$ 特性；(b) 三结电池 QE 曲线

2.2　硅基薄膜材料制备技术

2.2.1　简介

当前硅基薄膜太阳电池材料主要有非晶硅氢合金(a－Si：H)、微晶硅氢合金(μc－Si：H)、硅硼氢合金(P^+a－Si：H)、硅磷氢合金(N^+a－Si：H)、硅碳氢合金(SiC：H)、硅锗氢合金(SiGe：H)、硅氮氢合金(SiN：H)以及硅氧氢合金(SiO：H)等。对于硅基薄膜材料的制备,原则上许多成熟的技术都可以使用。近三十年,人们开发、研究了多种硅基薄膜材料的制备方法和技术(当然这些方法和技术也可以用于其他薄膜材料的制备)。从大的方面说来,主要有两种:

① 化学气相沉积(Chemical Vapor Deposition)法,简称 CVD;

② 物理气相沉积(Physical Vapor Deposition)法,简称 PVD。

在硅基薄膜太阳电池领域中,应用比较广泛的是化学气相沉积法。这种薄膜沉积技术,是在反应室中分解含有硅原子的气体,然后,将分解出来的硅原子或含硅基团沉积在衬底上,形成硅基薄膜材料。在高温下(>1 000℃),反应气体受热分解而进行硅薄膜生长的。但在硅基薄膜材料沉积时,由于热 CVD 反应温度太高,氢原子很难与硅键合并保留在硅薄膜中。用这种方法得到的非晶硅基材料缺陷态密度是很高的。因此,热分解化学气相沉积法不适合用来制备氢化硅基薄膜材料。为了降低沉积温度,需要额外的激发源来分解气体,常用的有以下几种:

① 等离子增强化学气相沉积(Plasma Enhanced CVD)法;

② 热丝催化化学气相沉积(Hot Wire CVD)法;

③ 光诱导化学气相沉积(Photo-CVD)法。

上述三种方法中,应用最广泛的是等离子体增强化学气相沉积法(Plasma Enhanced Chemical Vapor Deposition 简称 PECVD)法。根据激发源的不同,等离子增强化学气相沉积法又可分为:

① 射频(RF)等离子增强 CVD 法;

② 甚高频(VHF)等离子增强 CVD 法;

③ 微波(MW)等离子增强 CVD 法。

其中,射频(RF)等离子增强 CVD 法和甚高频(VHF)等离子增强 CVD 法应用较广,射频(RF)等离子增强 CVD 法主要用于非晶硅基薄膜材料的制备,甚高频(VHF)等离子增强 CVD 法主要用于微晶硅薄膜材料的制备。

对于制备非晶硅基薄膜材料来说,在 20 世纪 70 年代末和 80 年代初,人们曾经探讨了多种制备方法,包括电子束蒸发法、溅射法、热分解法、电感耦合 RF－PECVD 法、真空室外部或内部平行板电容耦合 RF－PECVD 法等。从实用角度来说,真空室内部平行板电容耦合 RF－PECVD 技术是最适用且至今被广泛采用的非晶硅基薄膜制备技术。其沉积系统的结构方块图如图 2－41 所示。

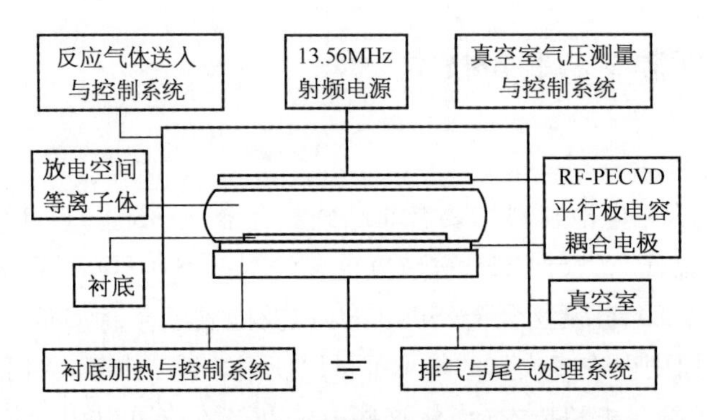

图 2－41 非晶硅薄膜材料沉积系统结构方块图

在非晶硅基薄膜材料制备过程中，依据膜层的需要，所使用的气体种类与工艺条件稍有差别，但使用的 RF 激励频率一般都是 13.56 MHz（该频率是人为规定的，对薄膜沉积没有特定的含义），基本工艺参数如表 2－1 所示。

表 2－1 非晶硅基薄膜材料制备基本工艺参数表

工艺参数类别	本征 a－Si：H	P^+ 型 a－SiC：H	N^+ 型 a－Si：H	备　注
RF 频率	13.56 MHz	13.56 MHz	13.56 MHz	人为规定
真空室压强	60～133 Pa	60～80 Pa	60～80 Pa	依需调整
衬底温度	170～250℃	170～250℃	170～250℃	依需调整
掺杂比例	无或微量硼	Si：C：B=1：1：0.01	Si：P=1：0.009	依需调整
RF 功率密度	几十到几百 mW/cm^2	几十到几百 mW/cm^2	几十到几百 mW/cm^2	依需调整
原料气体	H_2、SiH_4 或 Si_2H_6	H_2、CH_4、SiH_4 或 Si_2H_6、B_2H_6 或 $B(CH_3)_3$	H_2、PH_3、SiH_4 或 Si_2H_6	依需选择
薄膜生长速率	约 0.1 $nm \cdot s^{-1}$	0.05～0.1 $nm \cdot s^{-1}$	0.05～0.1 $nm \cdot s^{-1}$	参考值

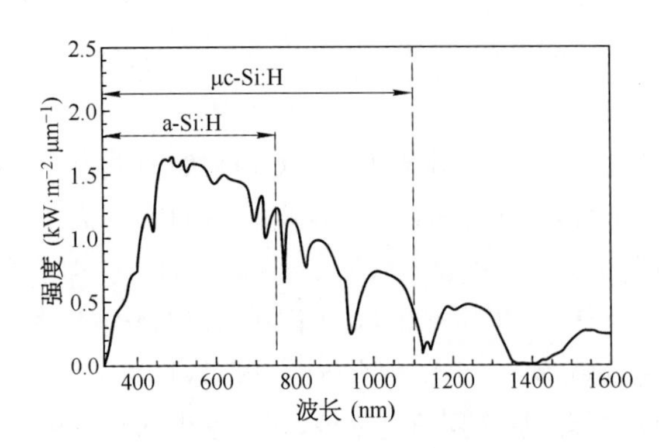

图 2－42 非晶硅、微晶硅太阳电池的光谱响应范围

为进一步提高非晶硅薄膜太阳电池的光电转换效率和稳定性，一方面需要拓宽薄膜电池的光谱响应范围，另一方面需要采用新材料以降低其衰退率。氢化微晶硅（μc－Si：H）薄膜是当前的研究热点，采用微晶硅材料制造太阳电池时，电池在偏长波部分确实表现出了良好的光谱响应，如图 2－42[39] 所示。但是，在长波（$\lambda >$ 800 nm，光子能量小于 1.55 eV）波段，微晶硅材料的吸收系数较小（图 2－43）[40]。

为了能够充分吸收太阳的辐射能，需要将微晶硅的本征层做到 1 μm 以上（一般需要 2 μm 左右，单结非晶硅电池本征层厚度只有 0.5 μm 左右）。

微晶硅本征层厚度的增加，意味着材料沉积时间的延长。而传统的氢化微晶硅材料制备方法，通常是在高氢稀释条件下进行的。在这种情况下，由于硅烷浓度较低，薄膜生长所需要的前驱物密度也较低，因此，μc－Si∶H 薄膜的沉积速率很低，约为 0.5 Å/s，沉积 2 μm 厚的微晶硅材料大约需要 11 h 左右，甚至更长，这在产业化中是很难接受的。

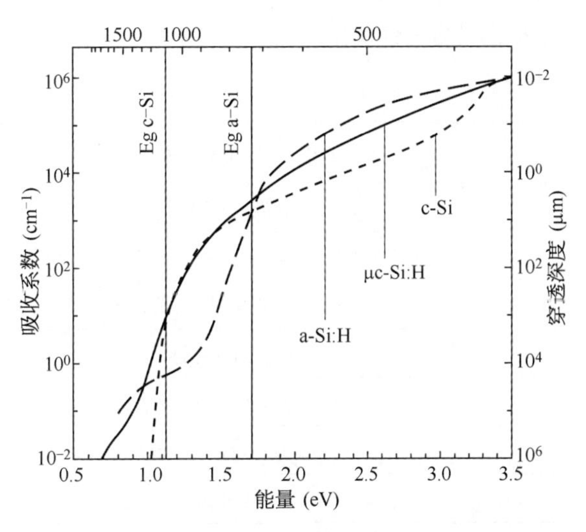

图 2－43　单晶、非晶、微晶硅材料的光吸收曲线

研究证明[3]，采用甚高频等离子体增强化学气相沉积（Very High Frequency－PECVD）技术（简称 VHF－PECVD 技术），激发频率范围约为 30～150 MHz 时，可以在高沉积速率条件下获得优质的 μc－Si∶H 薄膜材料。对此可以解释为：一方面，激发频率的增加使平均电子能量降低，电子密度增大，电子碰撞分解硅烷产生的薄膜生长前驱物增多，从而增加薄膜生长速率。随着激发频率的提高，电子随电场振荡增强，碰撞分解氢气概率增加，导致原子氢的密度增大，也有助于硅薄膜沉积速率增加和晶化率的提高；另一方面，激发频率增加使等离子体势和等离子体鞘层中的场强降低，对离子的加速作用减弱，从而使高能离子对薄膜表面的轰击作用减弱，改善了薄膜的质量。

事实上，采用 VHF－PECVD 技术，高沉积速率、优质 μc－Si∶H 薄膜材料及电池研究方面已经获得了许多成功。日本的 M. Kondo 和 A. Masuda 采用高压耗尽（High Pressure Depletion，HPD）工艺和内部连接多孔（Interconnected multi-hollow，ICMH）电极，在压力为 1 200 Pa、沉积速率为 2.3 nm/s 的情况下，小面积微晶硅电池转换效率达 9.3%。荷兰 Utrecht 大学 Gordijn 采用高压耗尽工艺获得了稳定效率为 10%的单结微晶硅电池。德国于利希 Y. Mai 采用 94.7 MHz 激发频率，在沉积速率 1.1 $nm \cdot s^{-1}$ 下，成功制备出转换效率为 9.8%的 p－i－n 型单结微晶硅电池。中国南开大学采用 VHF－PECVD 技术在 1.2 $nm \cdot s^{-1}$ 的沉积速率下，也获得了转换效率为 9.4%的 p－i－n 型单结微晶硅电池[41]。由此看来，VHF－PECVD 技术是一种可以实现微晶硅高速生长并可制备高效微晶硅电池的实用技术。

对于一个大面积电容耦合平板电极 VHF－PECVD 反应室来说，除了使用 RF－PECVD 技术存在的衬底与接地电极的非理想接触、气流分布不恰当、电极不对称、等离子体中的粉尘、电极静电边缘效应等影响大面积薄膜均匀性的因素。由于激发频率的提高，电磁波的波长与反应室的尺寸变得可以比拟，电极间的驻波效应就变成了影响大面积薄膜均匀沉积的一个更重要的因素。表 2－2 给出了采用 VHF－PECVD 技术后，影响硅薄膜大面积均匀性的诸多因素，供参考。

表 2-2　影响大面积均匀性的因素[41]

	沉积系统结构方面的因素	工艺控制方面的因素
1	电极之间的距离	沉积薄膜时的气压及控制
2	布气的方式(showerhead 型、longitudinal 型)	有效功率密度与控制
3	电极的尺寸以及形状	原料气体组分以及其他的工艺匹配
4	电极的对称性	VHF 激发频率
5	电极表面的材料及表面态	衬底温度控制
6	功率馈入点的数量和位置	气体流量的控制
7	其他因素	其他因素

注：showerhead 型——暴雨垂直喷射头型；longitudinal 型——纵向过堂风型。

从表中可以看出，影响薄膜均匀性的因素很多，但它们对薄膜均匀沉积的影响程度不同。对于一个 VHF-PECVD 沉积系统而言，工艺沉积参数的改变相对容易。而改变沉积系统的结构则需要投入大量的时间和经费。目前，国际上从事大面积 VHF-PECVD 沉积技术研究的单位，主要集中在经济、技术较发达国家的大型研究机构或设备公司。

虽然非晶硅沉积设备至今仍处于不断完善中，离标准化还有一段路要走，但是，毕竟积累了 30 多年的经验和智慧，设计和制造并不十分困难。而微晶硅沉积设备目前仍处于探索、研发阶段，系统结构示意图如图 2-44[40] 所示。

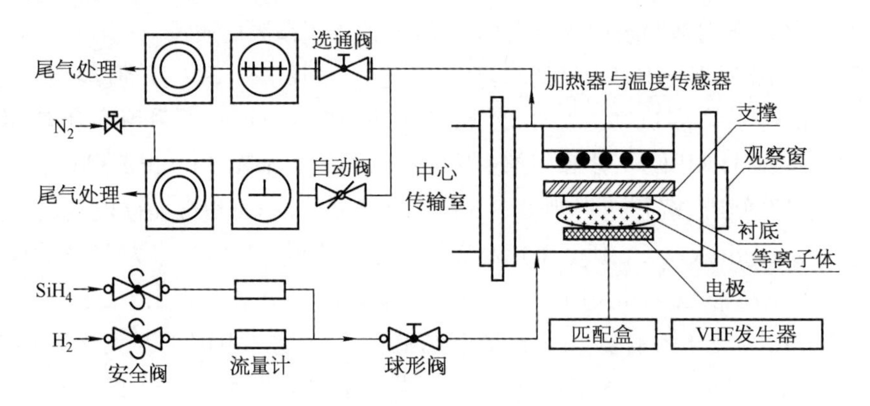

图 2-44　微晶硅沉积系统结构示意图

与非晶硅沉积系统比较，微晶硅沉积系统除使用了 VHF 甚高频发生器之外，其他部分似乎没有太大差别。实际上，使用 VHF 发生器带来的问题至今没有公认的解决方案。

在这种情况下，为了达到采用 VHF-PECVD 技术、在速沉积情况下仍能获得大面积均匀微晶硅薄膜的目的，专业人员探索、设计了多种新型的微晶硅薄膜材料沉积系统，其创新之处主要集中在放电电极设计和 VHF 的馈入方面，以解决大面积的薄膜均匀性问题。下面是 VHF-PECVD 沉积系统几种不同的放电电极设计方案。

1）碗状电极(Bowl-Shaped Electrode)[41]

图 2－45 给出传统电极与碗状电极的比较。这种碗状 VHF－PECVD 反应室电极是由瑞士洛桑理工(EPFL)大学的 L. Sansonnens 研究组和瑞士 UNAXIS 公司联合开发的,采用的频率为 40.68 MHz。

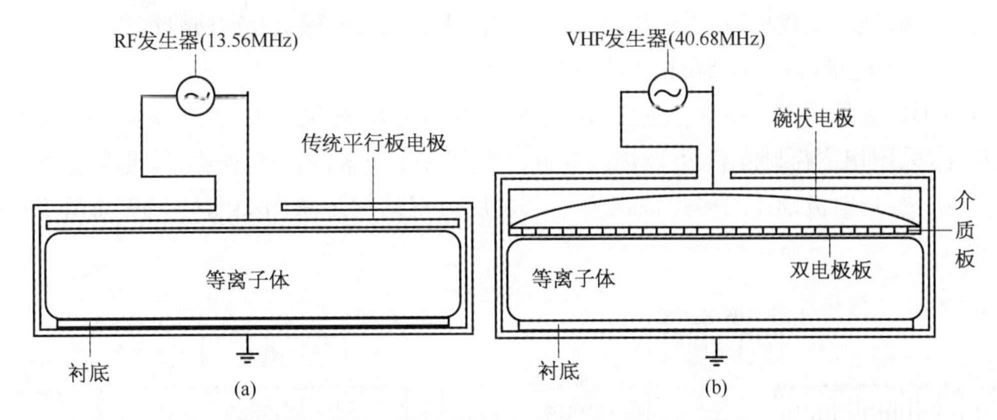

图 2－45　传统平行板电极与碗形电极示意图

(a) 平行板电容耦合电极;(b) 40.68 MHz 碗形耦合电极

对于传统的平行板电极,悬浮电极与接地电极之间的距离是不变的。但是,碗形电极与接地电极之间的距离是连续变化的。通过电极间距的连续改变,来消除在甚高频放电条件下,电极间驻波效应对微晶硅沉积(电场分布)均匀性的影响。电极的表面形状应根据频率、电极尺寸和功率馈入方式等条件进行计算给出。

2）直线形电极(Linear-Shaped Electrode)[41]

直线形电极是由德国德累斯顿等离子体应用技术研究实验室(FAP)和应用薄膜(AF)公司联合开发的。直线形电极结构示意图如图 2－46a 所示。在沉积系统中,沿垂直直线形电极面的剖面示意图如图 2－46b 所示。

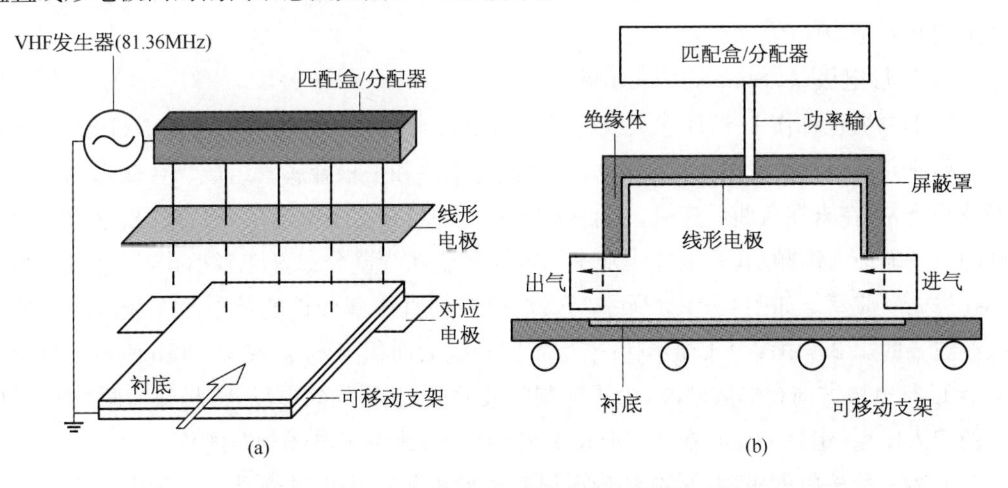

图 2－46　VHF－PECVD 系统直线形电极示意图

(a) 线形电极示意图;(b) 线形电极沉积示意图

这种电极由二维降低到一维，只需要在一维方向上考虑电场均匀性即可，其特点是在甚高频情况下，电极间的驻波效应被限制在一维方向上。通过增加功率馈入点，使驻波效应减小或消除，从而在衬底处得到均匀分布的电场。理论上，线形电极的长度没有限制，可以增加到 1 m 以上。这需要设置更多的馈入点实现电场的均匀分布。由于直线形电极的等离子辉光区比较小，必须用移动衬底的方法来实现大面积微晶硅薄膜沉积。

3) 梯形电极(Ladder-Shaped Electrode)[41]

梯形电极是日本三菱重工业公司提出的。他们认为，在尺寸为 1.2 m×1.5 m 的梯形电极上，采用相位调制技术，可以消除在甚高频情况下电极间的驻波效应，实现电场的均匀分布。梯形电极设计的多点馈入方式以及反应室结构示意图如图 2－47 和图 2－48 所示。

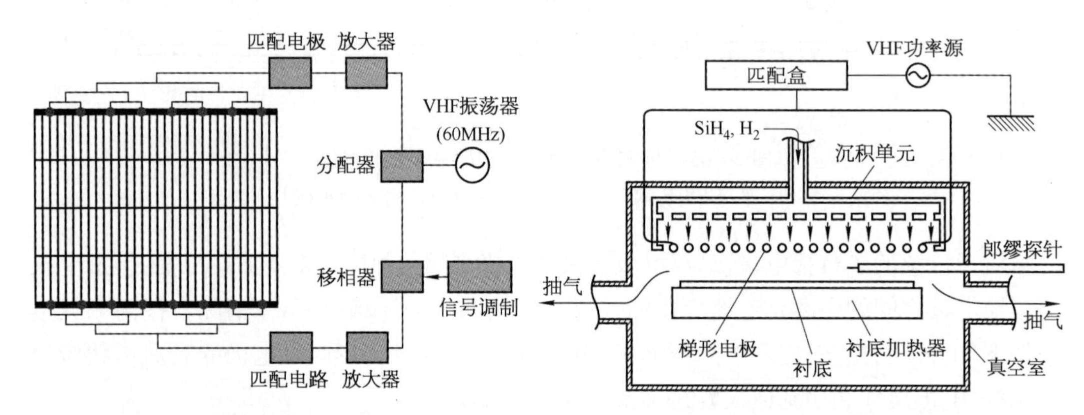

图 2－47 梯形电极与相位调制示意图　　**图 2－48 梯形电极与沉积系统结构示意图**

梯形电极多点馈入的目的在于优化水平方向上的电场分布；相位调制的目的在于抑制竖直方向上的驻波效应。在相位调制过程中，需要保持梯形电极上边馈入端的相位不变，电极下边馈入端的相位根据相移器的设置随时间改变，在相位调制时间内，使电场分布平均起来是均匀的。

4) U 形电极(U-Shaped Electrode)[41]

U 形电极也称作 U 形环状天线电极。是由日本石川岛薄膜重工业公司(IHI)光伏系统工程研究组设计开发的。U 形电极由一根金属棒和一根金属管组成。金属棒和金属管保持平行，并在末端弯曲后连接。金属管的另一端与真空室壁连接，也称作接地端。金属棒的另一端馈入高频功率，也称作功率馈入端。金属管壁分布着许多小孔，反应气体通过小孔进入反应室。如图 2－49a 所示。U 形电极的直线部分长度等于激发频率对应的电磁波波长的 1/2。由多个 U 形电极平行布置构成大面积阵列，如图 2－49b 所示。反应室中沿 U 行电极方向会形成驻波，为了抑制驻波效应，获得均匀电场，将相邻的两个 U 形电极的馈入反相(相差 180°)，在 85 MHz 激发频率下，改善了电场分布的均匀性。

上述 4 种放电电极中，只有梯形电极和碗状电极在小批量微晶硅太阳电池生产中使用，其他类型的 VHF－PECVD 系统尚处于研发阶段。值得注意的是，继续研发和完善大

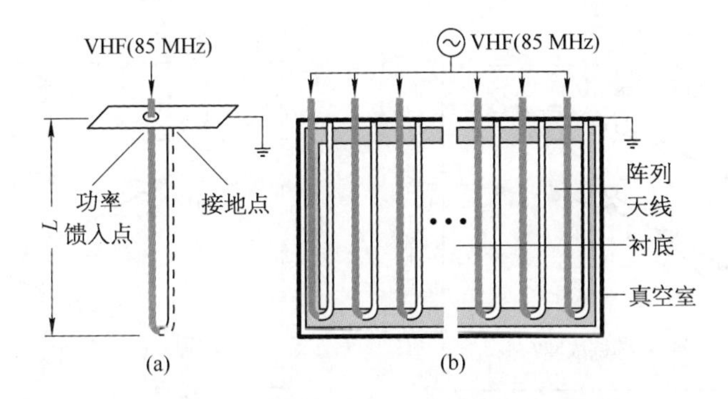

图 2-49　U 形电极结构与阵列示意图

(a) U 形电极结构示意图；(b) U 形阵列天线电极示意图

面积、高产率、低成本的 VHF-PECVD 系统，对于推进硅基薄膜太阳电池产业化具有重要的实际意义。

就目前情况来看，非晶硅基薄膜制备技术基本成熟。虽然目前仍不能给出一套世界公认的标准化工艺参数，但是，在沉积系统给定的情况下，进行工艺条件优化、并获得优质的非晶硅基薄膜已经不是难以完成的事情。所以，硅基薄膜制备技术主要围绕微晶硅材料加以介绍。

2.2.2　非晶硅、微晶硅薄膜材料的生长

无论是非晶硅薄膜的生长，还是微晶硅薄膜的生长，通常都使用硅烷（SiH_4）或乙硅烷（Si_2H_6）以及氢气（H_2）作为原料气体。而且，在辉光放电过程中，它们的空间反应以及生成物也是相同的。只是由于工艺条件控制上的差别，使得等离子体空间中的各种成分比例以及薄膜生长表面出现了不同的状况，最终导致生成非晶硅薄膜、微晶硅薄膜以及微晶硅晶化率的高低。

研究表明[42,43]，生成非晶硅、微晶硅以及材料质量与等离子体的光发射谱（OES）中 412 nm 附近的 SiH^* 峰、656 nm 附近的 H_α^* 峰的强度比值密切相关。

在微晶硅薄膜沉积过程中，硅烷浓度［$SiH_4/(SiH_4+H_2)$（流量百分比），简称 SC］或硅烷稀释度以及 VHF 功率都会对 SiH^* 峰和 H_α^* 峰产生影响，影响情况如图 2-50 和图 2-51 所示。

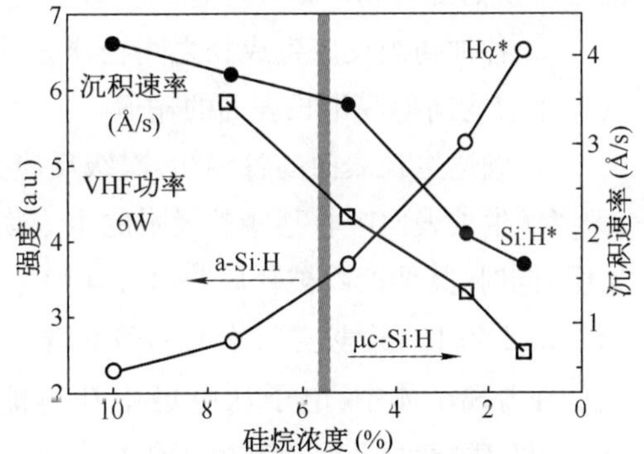

图 2-50　硅烷稀释度对 SiH^* 和 H_α^* 强度的影响[43]

从图 2-50 和图 2-51 可以看出，反应气体中硅烷的浓度和施加的 VHF 功率对 SiH^* 和 H_α^* 峰有明显的影响。原则上说，硅烷浓度的降低和施加的 VHF 功率的升高都会使生长的硅薄膜趋于微晶相。反之，提高硅烷浓度和降低施加的 VHF 功率则会使生长的硅薄膜趋于非晶相。

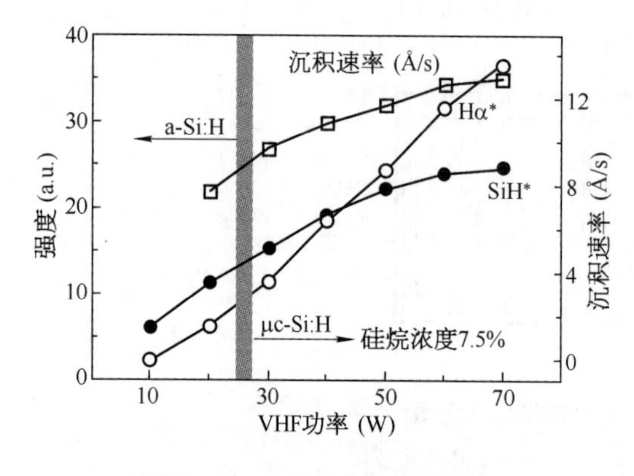

图 2-51 VHF 功率对 SiH^* 和 H_α^* 强度的影响[43]

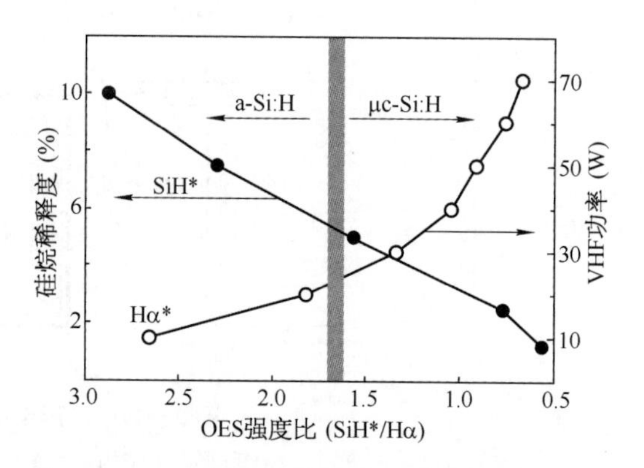

图 2-52 SiH^*/H_α^* 与硅烷稀释度、VHF 功率的关系[43]

图 2-52 给出了所沉积的材料由非晶相转变为微晶相时的 SiH^*/H_α^* 比值以及硅烷稀释度、VHF 功率对材料相变的影响。测量等离子体光发射谱是判断所沉积的材料处于非晶相、微晶相还是过渡区的有效手段。从实验结果可知，当等离子体中的 $SiH^*/H_\alpha^* < 1.7$ 时，就会生成微晶硅；当 $SiH^*/H_\alpha^* > 1.7$ 时，就会生成非晶硅；当比例为 1.7 左右时，材料处于由非晶相向微晶相相变的过渡区。显然，SiH^*/H_α^* 比值主要取决于氢对硅烷的稀释程度。其中，原子氢在非晶-微晶相转变中扮演着重要角色。

等离子体中的气相化学反应是一个相当复杂的过程。至今，人们对这一过程的理解还比较有限，尚无统一的说法。在以硅烷、氢气为工作气体，采用 PECVD 技术生长非晶硅和微晶硅薄膜时，大致会经历四个基本的物理-化学过程：

① 电子与反应气体分子发生非弹性碰撞使其分解或电离，在放电空间中形成离子和活性基团的混合物。该反应称为初级反应或一级反应；

② 各种初级反应生成物之间再次发生反应，称为次级反应或二级反应。同时，各种反应生成物向薄膜生长表面的输运；

③ 到达生长表面的各种初、次级反应生成物被表面吸附或与表面发生反应；

④ 生长表面吸收某些被吸附的生成物或在表面反应中新生的生成物，然后进行结构重组，同时，其他产物被释放并离开薄膜生长表面。

2.2.2.1 放电空间中的初级化学反应[8]

在等离子体中，电子从电场中获得能量，其动能可以达到 10 eV 或者更高。它与 SiH_4、H_2 碰撞时，就会使其电离化或分解，这些初级反应大致如下：

$$SiH_4 + e^-(8.75\ eV) \longrightarrow SiH_3 + H + e^-$$

$$SiH_4 + e^-(9.47\ eV) \longrightarrow SiH^* + H_2 + H + e^- \text{ 或 } SiH_2 + H_2 + e^-$$

$$SiH_4 + e^-(\sim 10\ eV) \longrightarrow SiH_x^- + (4-x)H$$

$$SiH_4 + e^-(10.33\ eV) \longrightarrow SiH^* + H_2 + H + e^- \text{ 或 } Si + 2H_2 + e^-$$

$$SiH_4 + e^-(10.53\ eV) \longrightarrow Si^* + 2H_2 + e^-$$

$$SiH_4 + e^-(> 13.6\ eV) \longrightarrow SiH_x^+ + (4 - x)H + 2e^-$$

$$H_2 + e^-(4.5\ eV) \longrightarrow 2H + e^-$$

其中，SiH_x^+ 是带正电的离子；SiH^* 和 Si^* 是处于激发态的粒子，它们可以通过释放一定波长的光子回到基态：

$$SiH^* \longrightarrow SiH + h\nu\ (414\ nm)$$

$$Si^* \longrightarrow Si + h\nu\ (288\ nm)$$

由于硅烷分解成不同的粒子和离子需要不同的能量，而且，各种粒子和离子的寿命也不同，所以，等离子体中各种粒子和离子的浓度是不同的。表 2－3 列出了在常规硅烷等离子体中各种粒子和离子的浓度。

表 2－3　常规硅烷等离子体中各种粒子和离子的浓度[8]

基团和离子	探测方法	浓度(cm^{-3})
SiH_x^+，H^+	质谱仪	$10^8 \sim 10^9$
Si^*，SiH^*	发光亮度测量	10^5
Si	激光诱导荧光测定术	$10^8 \sim 10^9$
SiH	激光诱导荧光测定术	$10^8 \sim 10^9$
SiH_2	内腔激光吸收	10^9
SiH_3	红外激光吸收	10^{12}

从表中可以看出等离子体中 SiH_3 的浓度最高，Si^*、SiH^* 浓度最低，其他粒子浓度约为 $10^8 \sim 10^9$，在通常情况下，中性 SiH_3 粒子被认为是生长高质量非晶硅的前驱物。

2.2.2.2　放电空间中的次级化学反应[8,39,40,42]

次级化学反应包括一次反应的生成物与原始物、电子，以及生成物之间发生的所有反应。由于初级反应生成物中 SiH_2、SiH_3 基团的浓度较大，因此，次级反应主要是围绕着它们进行。

1）与 SiH_3 有关的反应

$$SiH_3 + SiH_3 \longrightarrow SiH_2 + SiH_4$$

$SiH_3 + SiH_3 \longrightarrow Si_2H_6^* \longrightarrow Si_2H_6 + 3.2\ eV$(或者成为一个 SiH_2 分子和一个 SiH_4 分子)

2）与 SiH_2 有关的反应

$$SiH_2 + H_2 \longrightarrow SiH_4 + 2.2\ eV$$

$$SiH_2 + SiH_4 \longrightarrow Si_2H_6 + 2.1\ eV$$

$$SiH_2 + SiH_4 \longrightarrow SiH_3SiH + H_2$$

其中，SiH_2与SiH_4的反应是插入反应。SiH_2与SiH_4反应可能产生活性的化合物$Si_2H_6^*$。$Si_2H_6^*$即可通过碰撞而达到稳定的Si_2H_6，也可通过分解产生SiH_3SiH和H_2。继而SiH_3SiH也可以再插入到SiH_4中生成Si_3H_8。通过类似的反应，产生更大的硅烷分子Si_4H_{10}、Si_5H_{12}或Si_6H_{14}等。事实上，在辉光放电中大量存在的是稳定的Si_2H_6和Si_3H_8。这种"链式的插入反应"是硅烷分解过程中通常出现"粉末"的原因。

3）与离子有关的反应

在一般条件下，初级反应生成物中的离子浓度不是很高，主要是SiH_2^+离子与硅烷的反应。

$$SiH_2^+ + SiH_4 \longrightarrow SiH_3^+ + SiH_3\text{（反应概率最高）}$$

$$SiH_2^+ + SiH_4 \longrightarrow Si_2H_2^+ + 2H_2$$

$$SiH_2^+ + SiH_4 \longrightarrow Si_2H_4^+ + H_2$$

由于$SiH_2^+ + SiH_4$生成$SiH_3^+ + SiH_3$的概率最大，所以，在等离子体中，数量最多的离子是SiH_3^+。研究表明，各组分之间的变化强烈的依赖于沉积条件。除了上述的主要反应外，还有许多其他的非主要反应。即Si^+、SiH^+、SiH_2^+、SiH_3^+、正离子与SiH_2、SiH_3负离子和硅烷、电子、氢离子以及它们之间可以发生的各种反应。

从生成薄膜的角度来看，SiH_2、SiH_3和H是重要的前驱物质。一般认为SiH_2对材料的稳定性不利。生成SiH_2需要高能量的电子，所以高功率下沉积的材料稳定性一般都不好。二级或高级化学反应过程中易于产生高硅烷或大质量颗粒，高硅烷对材料的质量和稳定性也有负面的影响。高硅烷导致材料中含有$Si-H_2$和多氢基团，使材料在光照条件下容易产生缺陷态。大质量颗粒一方面导致材料中含有微空洞和高缺陷态密度，另一方面导致反应室内粉尘的累积。所以，无论是SiH_2还是高硅烷，都会对材料的质量产生负面影响。

非晶硅沉积过程中，原子氢有重要的作用。首先在沉积过程中硅表面的化学键需要氢来饱和。另外，原子氢还有刻蚀的作用。在沉积过程中氢原子刻蚀那些结构松散的部分，使沉积的材料结构密集，降低微空洞的密度，从而得到高质量的材料。

微晶硅沉积过程中，原子氢的作用尤为重要。与中性粒子相比，带电离子虽然浓度很低，但是在材料的沉积过程中也有不可忽视的作用。负面作用是带正电的离子扩散出等离子区，进入暗区，在电场的加速下得到能量。这些具有一定能量的离子对生长表面产生轰击作用，导致材料的缺陷态密度增高。正面作用是带电离子对沉积表面轰击时，一方面可以将能量传递给其他粒子，另一方面可以使生长表面局部温度升高，从而提高粒子和离子的表面扩散系数，有助于在生长表面找到能量较低的位置。这一作用在高速沉积过程中尤为重要。所以适当控制高能量带电离子的轰击是优化高速沉积薄膜硅材料的重要手段。

2.2.2.3 微晶硅薄膜的生长[39,40,42]

薄膜生长是通过固态表面与被吸附的气相产物的异相反应进行的。在硅烷等离子体中，SiH_3、SiH_2和 H 是重要的成膜反应物。其中，SiH_3 的密度最大。下面，分别说明 SiH_2、SiH_3和 H 这三种重要前驱物在薄膜形成过程中的行为。

1) SiH_2基团

SiH_2基团与生长表面的作用过程可用三个表达式以及图 2 - 53 来表示：

$$SiH_2 + (Si - H) \longrightarrow (Si - SiH_3^*) \qquad \text{(吸附、化学键调整)}$$

$$(Si - SiH_3^*) \longrightarrow (Si - SiH) + H_2 \qquad \text{(放氢)}$$

$$(Si - SiH) + (Si - H) \longrightarrow (Si - Si - SiH_2) \qquad \text{(形成网络)}$$

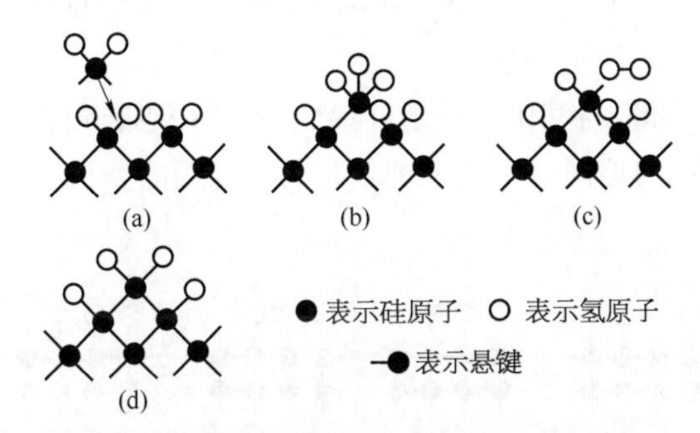

图 2 - 53　SiH_2基团与生长表面相互作用示意图

(a) 吸附；(b) 化学键调整；(c) 放氢；(d) 形成网络

2) SiH_3基团

SiH_3基团与生长表面的作用过程与 SiH_2基团相比，除了它们被表面吸收的方式不同外，随后的放氢以及与硅原子键合情况完全相同。而且，更容易通过相邻的$(Si - SiH_3^*)$之间的$(Si - H)$合并而实现。该过程可用两个表达式以及图 2 - 54 来表示：

$$SiH_3 + (Si - H) \longrightarrow (Si -) + SiH_4 \qquad \text{(吸附、化学键调整)}$$

$$SiH_3 + (Si -) \longrightarrow (Si - SiH_3^*) \longrightarrow (Si - SiH_2) + H\uparrow \qquad \text{(放氢、形成网络)}$$

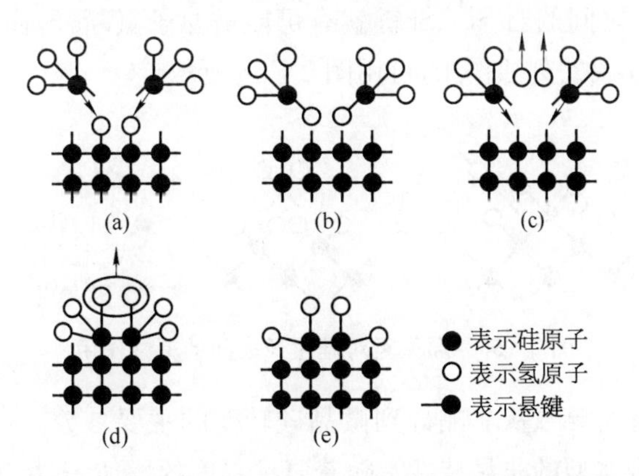

图 2 - 54　SiH_3基团与生长表面相互作用示意图

(a) 吸附；(b) 化学键调整；(c) 放氢；(d) 化学键调整、放氢；(e) 形成网络

硅膜的沉积速度正比于活性基团的通量和在表面的附着系数。基团的附着系数随着表面温度以及表面的粒子组成等因素变化，未成对电子多的小基团（SiH、Si 等）比大基团（SiH_3）更容易附着。但是，SiH_3的通量比其他种类的基团要高出 3 个数量级，而各种基团的附着系数没有数量级的差异，所以，可以认为 SiH_3基团是硅膜形成的主要前驱物。

2.2.2.4　原子氢在薄膜生长中的作用

在成膜反应过程中，原子氢也是一个很重要的反应前驱物，在薄膜沉积过程中的作用比较复杂，它在薄膜生长表面的行为有以下几种可能[1]：

① 补偿一个硅悬挂键，形成 Si－H 键；

② 夺走生长表面上一个 Si－H 键中的氢，形成一个稳定的氢分子，在表面留下一个悬挂键；

③ 断开一个 Si－Si 键，与其中的一个硅形成 Si－H 键，同时产生一个悬挂键，使膜中的悬挂键和 H 的密度同时增高。上述三种氢行为可以用图 2－55 表示。

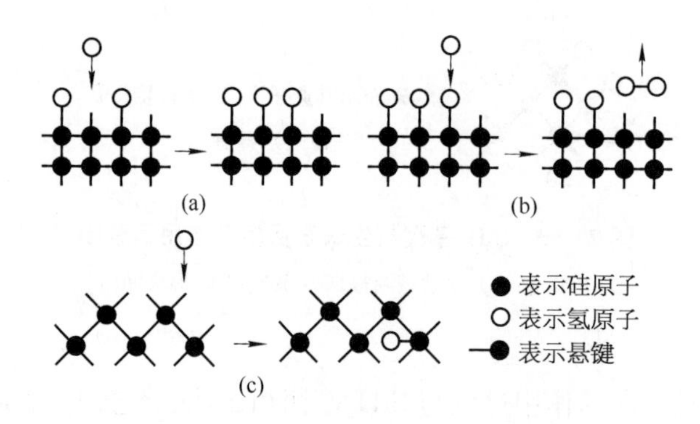

图 2－55　氢原子的三种行为示意图

(a) 补偿一个悬键，形成 Si－H 键；(b) 夺走 Si－H 的氢，形成氢分子；(c) 断开 Si－Si 键，形成一个 Si－H 键和一个悬挂键

④ 原子氢对 a－Si：H 膜的刻蚀作用

当由等离子体流向生长表面的原子氢流密度大于含 Si 产物的流密度时，一个表面 Si 原子与下一层 Si 原子之间的弱 Si－Si 键就有可能被原子氢断开，而脱离生长表面，这就是原子氢对 a－Si：H 膜的刻蚀作用，可用图 2－56 所示。

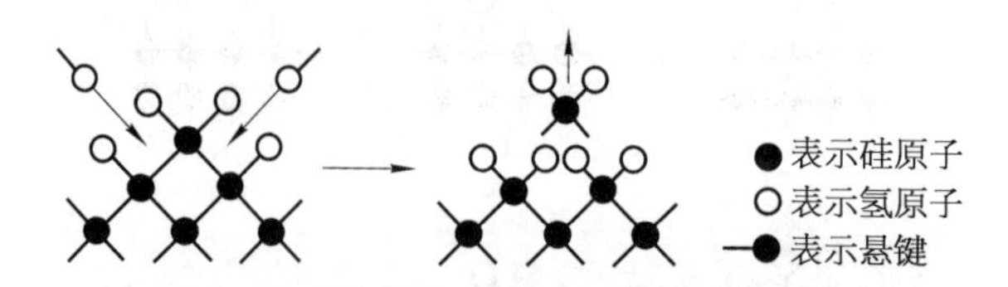

图 2－56　原子氢对硅生长表面的刻蚀作用

研究表明，氢稀释是导致从非晶硅到微晶硅转变的主要参数。在较低的氢稀释条件下，获得的硅薄膜呈现典型的非晶特性。随着氢稀释度的增加（硅烷浓度降低），材料中出现孤立的微晶晶粒，进一步增加氢稀释度，非晶硅和微晶硅混合相材料形成。当氢稀释到

达一定的值时，材料则会含有大量的微晶。

通过测量材料表面的粗糙度，可以建立材料结构与沉积参数关系的相变图，如图 2－57所示[8]，在不同氢稀释［氢稀释度 $R=H_2/SiH_4$（流量比）］条件下，相变发生时所对应的样品厚度。类似的相变图可以用其他沉积参数为变量，如衬底温度、激发功率和压力。通过分析材料相变与反应条件的关系，可以知道材料的微观结构状况。

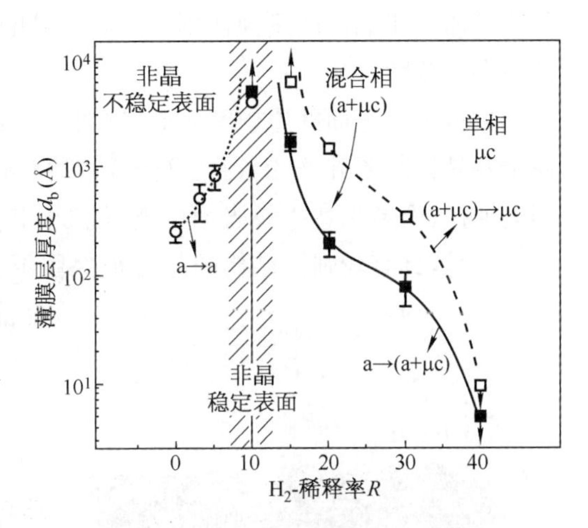

图 2－57　不同氢稀释度下，材料相变发生对应的厚度

总之，在硅薄膜材料由非晶相向晶相转化的过程中，氢稀释度起着关键的作用。优质非晶硅是在氢稀释度处于接近非晶相到微晶相过渡区（相变过渡区），但是还没有形成微晶硅的条件下沉积的；而优质微晶硅是在氢稀释度刚刚超过相变过渡区的条件下沉积的。也就是说，优质非晶硅位于接近相变过渡区的非晶区一侧；而优质微晶硅位于接近相变过渡区的微晶区的一侧。无论是非晶硅材料还是微晶硅材料，沉积条件的优化都是在过渡区的附近进行的。

2.2.2.5　微晶硅薄膜生长模型

关于氢稀释导致从非晶到微晶的转变，目前有三种模型给予解释：表面扩散模型、刻蚀模型和化学退火模型。

1）表面扩散模型

图 2－58 为表面扩散模型示意图，这一模型认为氢原子从等离子体中流向薄膜生长表面，一方面饱和薄膜硅表面的硅悬挂键，另一方面释放一定的能量。这两个作用使到达生长表面的粒子、离子的扩散系数增大。较高扩散系数使它们容易在沉积表面找到能量较低的位置，这些能量较低的位置通常位于晶粒表面，所以在高氢稀释条件下容易形成微晶硅。

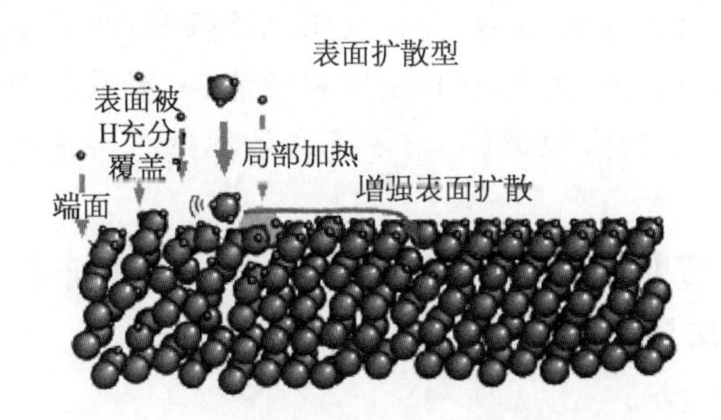

图 2－58　形成微晶硅表面扩散模型示意图[8]

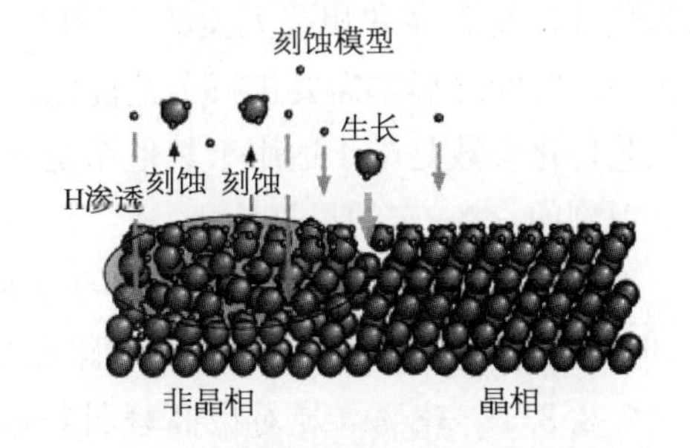

图 2－59　形成微晶硅刻蚀模型示意图[8]

2）刻蚀模型

刻蚀模型是根据在氢稀释条件下，非晶硅的生长速率比没有氢稀释时要低，以及氢气等离子体对非晶硅的刻蚀速率比对晶态硅的刻蚀速率要高而建立的。图 2 - 59 所示为刻蚀模型示意图。

到达生长表面的原子氢将硅-硅弱键打断,并将该硅原子从生长表面刻蚀掉。因为氢原子容易打断弱硅-硅键,而弱硅-硅键通常处于非晶相。所以,氢原子将生长表面的非晶相刻蚀掉,而新到达生长表面的含硅粒子和离子形成的较强的硅-硅键则不容易被刻蚀掉。于是,具有较强键结构的晶相被保留下来,并得以生长。所以,刻蚀模型认为晶相比非晶相宜于形成。

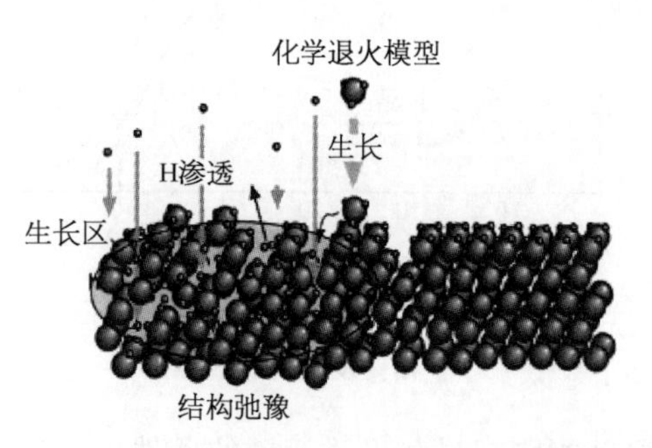

图 2 - 60 形成微晶硅化学退火模型示意图[8]

3) 化学退火模型

非晶硅沉积一层一层地进行,每沉积一层非晶硅后就用氢等离子体将沉积的材料进行处理。通过调整氢等离子体处理时间和每层沉积非晶硅的时间,可以获得微晶硅材料。而且,在氢等离子体处理过程中没有明显的厚度降低。根据这些实验结果,人们提出了化学退火模型。图 2 - 60 所示为化学退火模型示意图,在氢等离子体过程中,原子氢进入材料的次原子层,进入薄膜次原子层的氢原子使非晶结构转化为晶体结构。

目前,以上三种微晶硅生长模型可以分别解释在一定情况下的实验现象,但各自都不能独立解释所有的实验结果。因此,对微晶硅薄膜材料的生长模型还有待进一步研究和完善。

2.2.3 工艺参数对微晶硅薄膜材料的影响

硅薄膜材料的质量和特性与制备时的工艺条件密切相关。在沉积系统、所用气体种类确定的情况下,对工艺条件进行优化是提高薄膜质量的主要手段。而且,这种优化不会只进行一次。实际上,在薄膜材料沉积过程中,有多种工艺参数会对材料产生影响:如反应室气体压力、硅烷浓度、辉光功率、衬底温度、气体流量等。而且,这些参数对薄膜材料的影响并不是独立和相互无关的。所以,在沉积系统结构不同、使用气体改变,或者系统使用一段时间之后都需要进行工艺优化。鉴于这些原因,在特定原料气体、特定系统中得到工艺优化参数是难于适用于其他系统的。换句话说,每一组优化参数都是在一定的条件下得到的,有一定的局限性。

下面从研究探索的角度,给出一些实验结果。这些结果虽然都是在一定条件下获得的,但有些趋势性的结果以及研究思路和方法具有一定的参考、借鉴价值。

2.2.3.1 硅烷浓度对微晶硅材料的影响

硅烷浓度(或氢稀释度)是获得非晶硅材料、微晶硅材料,或者晶化率不同的微晶硅材料的最重要的工艺参数。

① 硅烷浓度对材料结构的影响。当硅烷浓度逐渐降低(氢稀释度逐渐增高)时,在非

晶硅薄膜中会出现孤立的纳晶结构，进一步降低硅烷浓度，所沉积的材料逐渐由非晶硅向微晶硅转变。图 2－61 给出了在不同硅烷浓度条件下沉积样品的红外吸收谱[44]。

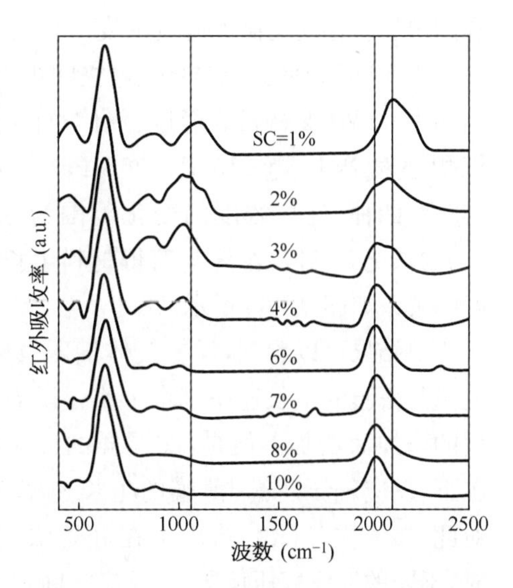

图 2－61　不同硅烷浓度样品的红外谱图

图中样品制备时的反应气体为硅烷与氢气，总流量保持 60SCCM，改变硅烷与氢气比例，使硅烷浓度由 10%逐渐降低到 1%、样品制备时的衬底温度、真空室压强和功率分别为 200℃、75 Pa 和 15 W，并始终保持不变。每次试验的真空度$<5\times10^{-4}$Pa。

从图中可以看到，2 000～2 100 cm^{-1}波段的红外伸张模式随着硅烷浓度的降低发生了明显的变化，即 2 000 cm^{-1}的吸收峰减弱，而 2 100 cm^{-1}的吸收峰增强。在 a－Si：H 薄膜中，2 100 cm^{-1}与 SiH_2 和$(SiH_2)_n$ 有关，而在 μc－Si：H 薄膜中，2 100 cm^{-1}的吸收峰则与薄膜中的微晶化有关。因此，随着硅烷浓度的降低，薄膜的微结构逐渐由非晶相向微晶相过渡。

在硅基薄膜制备过程中，适当控制薄膜生长中的硅烷浓度，是获得非晶硅材料、微晶硅材料、非晶-微晶过渡区材料，以及不同晶化率或不同晶粒尺寸微晶硅材料的常用且有效的手段。

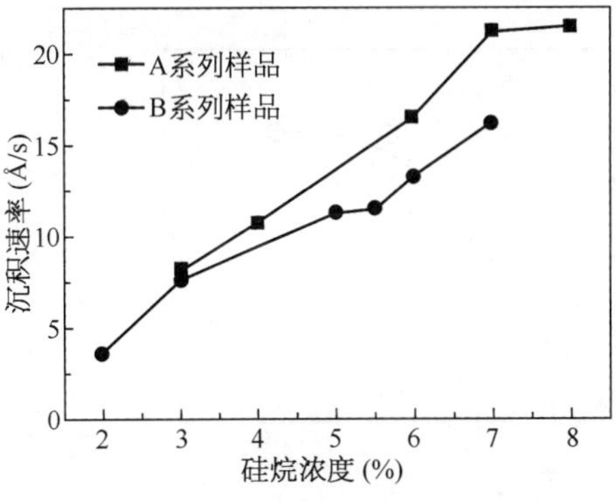

图 2－62　薄膜的沉积速率随硅烷浓度的变化

② 硅烷浓度对材料沉积速率的影响。在硅烷浓度对材料结构影响的同时，也对微晶硅的沉积速率同样有重要的影响。图 2－62[39] 给出了 A、B 两个系列样品的硅烷浓度与微晶硅沉积速率(Rd)之间的关系。其中，A 系列样品的工艺条件为：气压 180 Pa、功率 25 W、衬底温度 250℃；B 系列样品的工艺条件为：气压 120 Pa、功率 20 W、衬底温度 220℃(以下涉及的 A、B 系列样品，均与上述样品的制备条件相同)。

从图中可以看出，在 A、B 两个系列样品中，硅烷浓度对沉积速率的影响显示出相同的变化趋势。随硅烷浓度的增大，薄膜的沉积速率都是逐渐增大的。从低硅烷浓度条件下的 3.5 Å・s^{-1} 增加到较高硅烷浓度时的 21.5 Å・s^{-1}，沉积速率增长了五倍多。在较高硅烷浓度情况下，制备薄膜的沉积速率与反应前驱物的产率成正比，前驱物越多，沉积速率就越高。

当硅烷浓度达到一定水平时，由于辉光功率的限制，反应前驱物密度不再增加，而是保持一个动态平衡，这时薄膜的沉积速率趋向于饱和。如果继续增加硅烷浓度，反应前驱物的聚合增强，薄膜的沉积速率将会下降。如果进一步加大辉光功率，则薄膜沉积速率饱和的位置将移向更高的硅烷浓度。

当 VHF 频率为 70 MHz、电极间距为 8 mm、功率为 60 W,保持衬底温度、气体总流量不变,沉积室气压选择 213 Pa、266 Pa、399 Pa 和 532 Pa 四种,硅烷浓度的变化范围为 3.5%~8%的情况下,硅烷浓度与获得材料生长速率之间的关系如图 2-63 所示[40]。

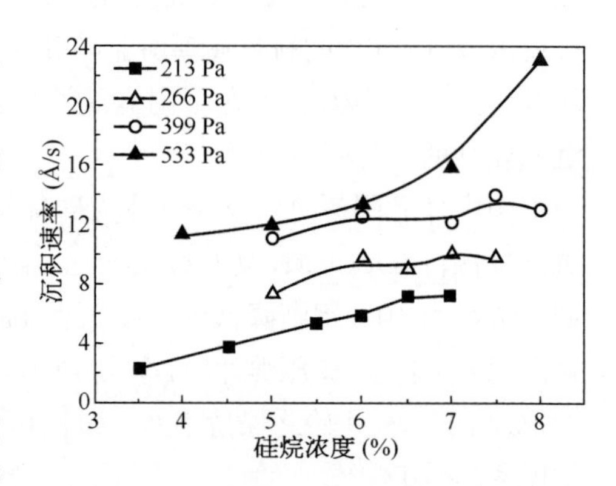

图 2-63　不同反应气压下硅烷浓度与生长速率的关系

从结果可以看到,反应气体气压虽然不同,但微晶薄膜的生长速率基本上都是随着硅烷浓度的增加而增加。但是,在同样的硅烷浓度情况下,反应气压越高,薄膜的生长速率就越大。对此,参考文献[40]给出了在硅烷浓度为 6%时,不同的反应气压情况下,反应空间中的 SiH^*、H_α^*、H_β^* 以及 SiH^*/H_α^* 的变化情况如图 2-64 所示。图中表明随着反应气压的增加,放电空间内的 SiH^*、H_α^* 和 H_β^* 的密度都增加了。这说明增加反应气压,可以促进一级反应和二级反应进行,进而加快微晶薄膜沉积速率。进一步增加气压,单位体积反应物获得的功率密度减小,硅烷分解率下降。事实上,气压从 399 Pa 增加到 532 Pa 时,生长速率只增加了 1 Å·s^{-1}。如果进一步增加气压,沉积速率不但不会增加,而且还会下降。

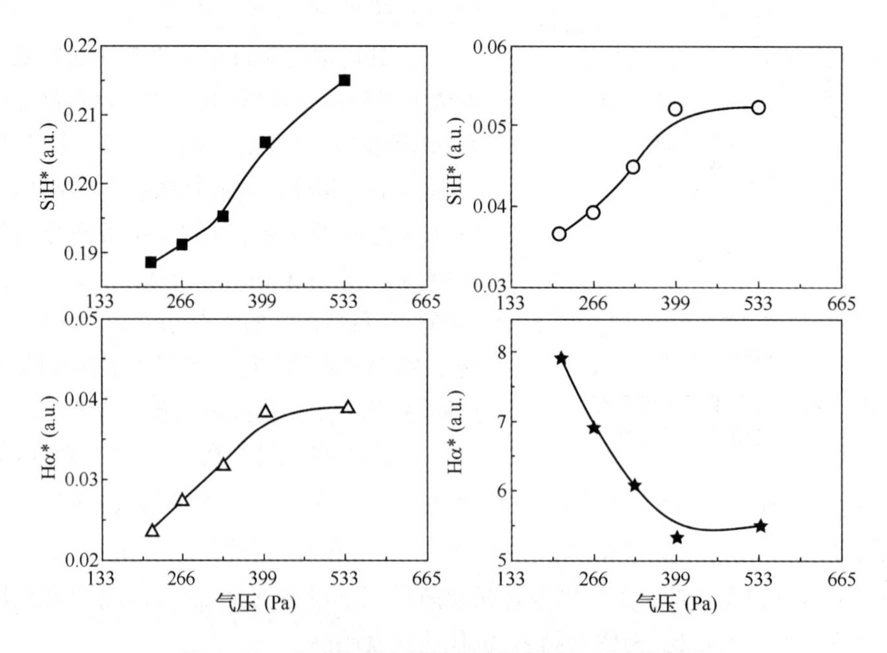

图 2-64　反应空间中的前驱物随反应气压变化情况

③ 硅烷浓度对材料晶化率的影响。图 2-65 给出了 A 系列样品的拉曼散射光谱测试结果[39]。通过拉曼散射光谱测量可以了解材料的晶化率(用 X_c 表示)、晶粒大小等

信息。

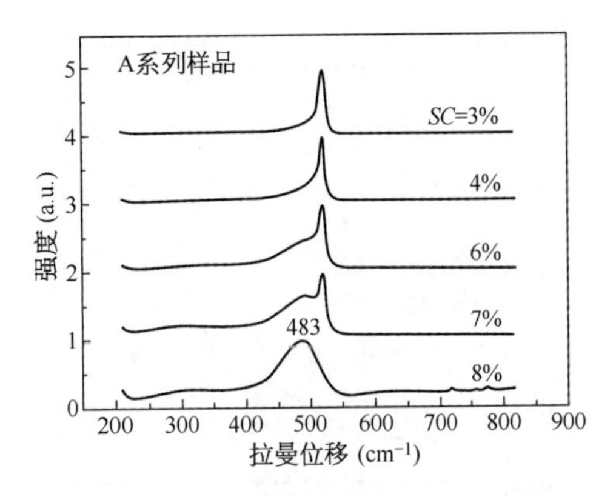

图 2-65　不同硅烷浓度制备样品的拉曼谱

从图中可看出：在 SC=8%的情况下，样品的 483 cm^{-1} 峰位相对非晶硅类 TO 模式 480 cm^{-1}有一点移动($\Delta v=3\ cm^{-1}$)，表明样品中可能已经有微晶成分，但所占比例很小，基本属于非晶硅材料。随着硅烷浓度的逐渐减小，在 SC=7%时，谱线出现明显的小"尖峰"。而且，在相应的低波数方向有大的"肩峰"。分析可知，"尖峰"位置基本在晶体硅峰位的 520 cm^{-1} 处。这说明在 7%的条件下，材料中微晶的成分已经比较多。当 SC 为 6%时，非晶"肩峰"变小，相应尖峰强度变的更强，即材料晶化程度提高。当硅烷浓度为 4%时，相应的"肩峰"更小。由此可见，随着硅烷浓度的逐渐减小，材料的微晶化程度随之逐步提高。

图 2-66 给出了 B 系列样品的拉曼散射光谱测试结果[39]，与图 2-65 显示相同的变化规律，即随着硅烷浓度的逐渐减小，材料的晶化程度逐步提高。通过对上述 A、B 两个系列样品的测试分析、计算，给出了材料的晶化率与硅烷浓度的关系曲线，如图 2-67 所示[39]。实验结果表明，在硅烷浓度从 2%逐步增加到 8%的过程中，材料中的微晶成分越来越少。材料的晶化率由 75%左右逐步减小到零。也就是说，材料已由微晶相逐步转变成了非晶相。另外，在相同的硅烷浓度范围内，A、B 两系列样品的晶化率几乎相同，这是由于两个系列样品的其他沉积参数(功率、气压等)差别不大导致的。

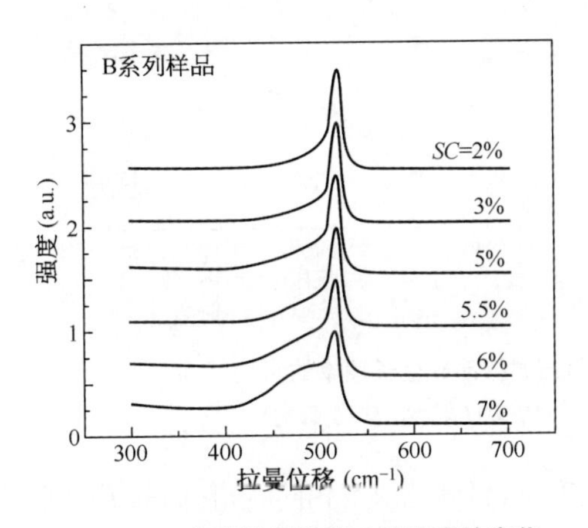

图 2-66　薄膜拉曼谱随硅烷浓度的变化

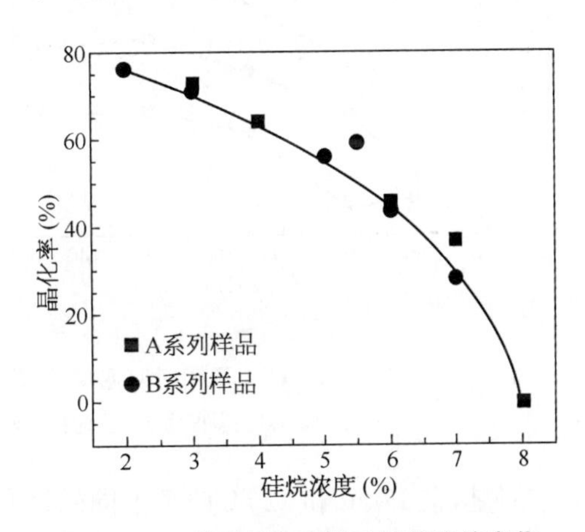

图 2-67　薄膜晶化率随硅烷浓度的变化

④ 硅烷浓度对材料光、暗电导的影响。放电空间中的硅烷浓度对微晶硅膜的电学性能同样也有重要影响。图 2-68 所示是在衬底温度 250℃、沉积室气压 180 Pa、VHF 功率 25 W、硅烷浓度改变范围 3%～8%的工艺条件下，获得的硅烷浓度与薄膜电导、光敏性的关系曲线[39]。从图中可以看到，随着硅烷浓度从 3%增加到 8%，样品的暗电导率(σ_d)下降了四个数量级，光电导率(σ_{ph})下降约 1 个数量级，光敏性(σ_{ph}/σ_d)提高了四个数量级。

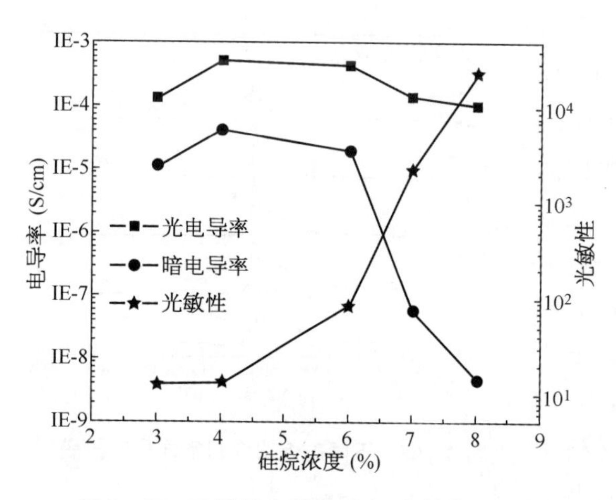

图 2-68 硅烷浓度对电导率、光敏性的影响

测量表明[39]，随着硅烷浓度的增加，样品的 $\mu\tau$ 积、晶化率不断下降；同时，激活能不断增大，表明材料的结构随着硅烷浓度的增加，逐渐由微晶向非晶转变。

2.2.3.2 反应气体气压对微晶硅材料的影响

1）反应气体气压对材料沉积速率的影响

图 2-69[39]给出了两个不同的衬底温度以及硅烷浓度分别采用 3%、4%、5%和 3%、5%的情况下，沉积室中的反应气体气压对微晶硅薄膜生长速率的影响。在实验气压范围内，随着反应气压的增加，初期都呈现生长速率提高的趋势。可以认为放电空间内的 SiH^*、H_α^*、H_β^* 的密度都在增加[2]。促进了一级反应和二级反应的进行，使薄膜生长的前驱物增多，因此提高了微晶薄膜沉积速率。

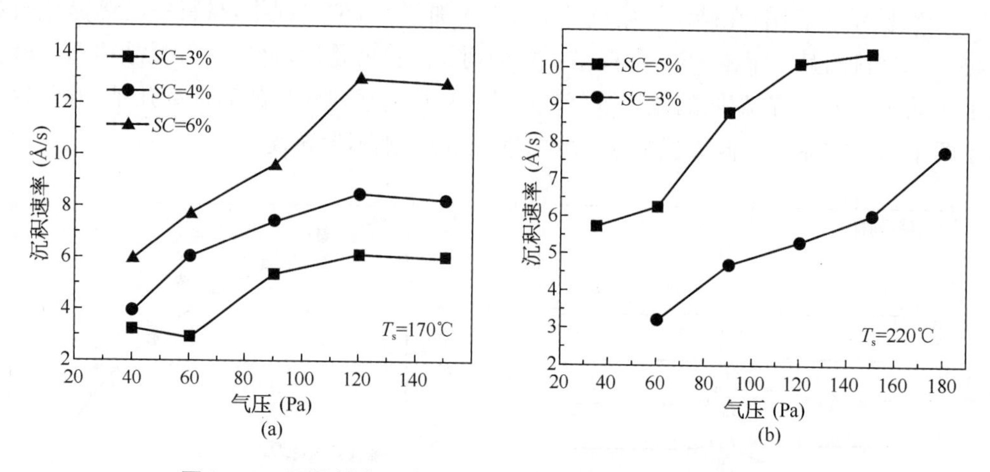

图 2-69 不同衬底温度下，反应气压对微晶硅生长速率的影响

(a) 衬底温度为 170℃时的影响；(b) 衬底温度为 220℃时的影响

但是，在 170℃和 220℃两个不同的衬底温度下，当硅烷浓度相同时，它们的沉积速率是不同的。而且在曲线开始下降时，它们对应的反应气压也是不同的。衬底温度为 170℃时，曲线开始下降，对应的饱和反应气压约为 120 Pa；衬底温度为 220℃时，曲线开始下降，对应的饱和反应气压约为 150 Pa。也就是说，温度升高会使沉积速率饱和时的气压向更高的位置移动。

增加反应气压是提高微晶硅生长速率的途径之一。但反应气压的大小应该与其他的工艺条件，如功率、衬底温度、射频电源激发频率以及气体抽速等相匹配。当其他的工艺条件发生变化时，反应气压与微晶硅生长速率之间的关系也会作相应改变。

2）反应气体气压对材料晶化率的影响

图 2-70、图 2-71 给出了在衬底温度为 170℃、硅烷浓度分别为 3%和 4%条件下获得的薄膜的晶化情况[39]。从拉曼测试结果可以看出，反应气体气压在 40 Pa 到 150 Pa 范围内，除了 150 Pa 气压、硅烷浓度为 4%条件下制备的薄膜晶化程度稍弱以外，其他气压下获得的薄膜都已经微晶化了，所有薄膜的主要峰位都在 520 cm^{-1}左右。而且，在两种硅烷浓度下，各自的晶化率差别并不大。在相同气压情况下，硅烷浓度 3%要比硅烷浓度 4%的样品晶化率更高一些。

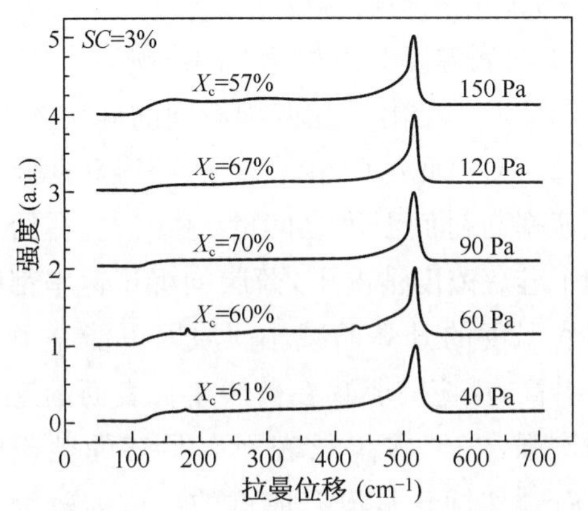

图 2-70　SC=3%，X_c随反应气压的变化

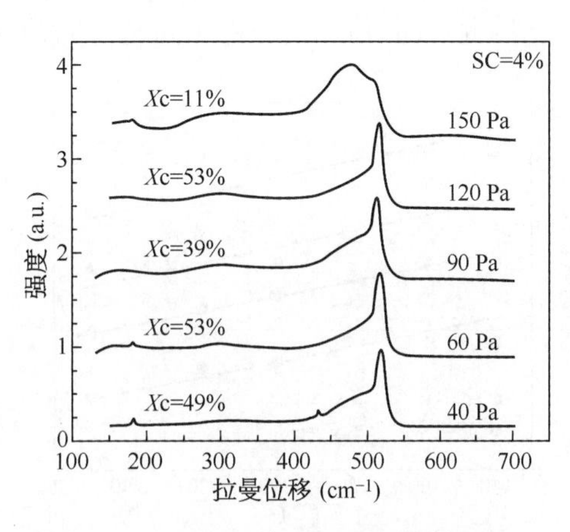

图 2-71　SC=4%，X_c随反应气压的变化

上述实验结果表明：在低气压条件下，制备薄膜的晶化程度较小。其原因可能是在功率和衬底温度都稍大的情况下，等离子体中电子温度过高，造成离子具有较大的动能，高能离子对表面的轰击导致薄膜质量下降，同时晶化率降低。

3）反应气体气压对材料电导、光敏性的影响

图 2-72 和图 2-73 分别给出了硅烷浓度为 3%、4%、6%三种情况下，硅薄膜材料的暗电导、光敏性（光电导/暗电导）与沉积室反应气体气压的关系曲线[39]。从图中可以看

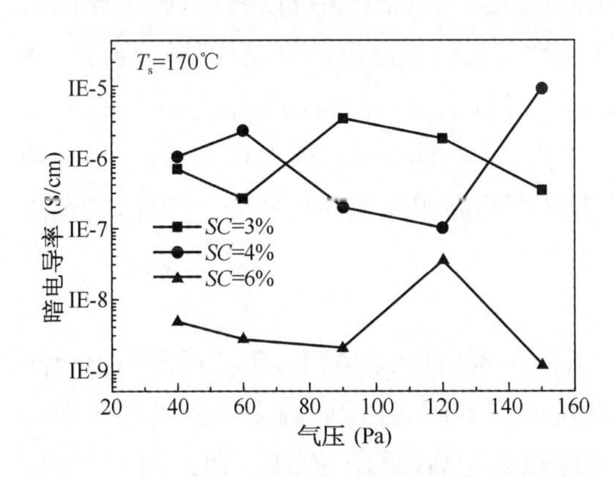

图 2-72　材料暗电导随硅烷浓度、气压的变化

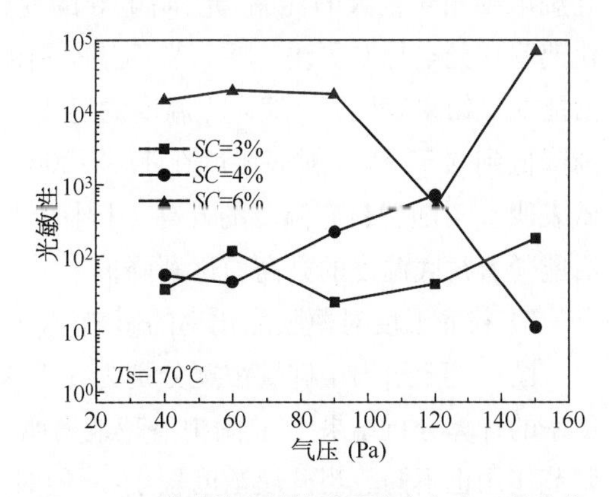

图 2-73　薄膜的光敏性随硅烷浓度、气压的变化

出，在所研究的硅烷浓度和气压范围内，材料的暗电导和光敏性并没有发生单调性变化。也就是说，与前面提到的、硅烷浓度对材料特性的影响相比，反应气压对材料的暗电导和光敏性的调整作用显得要小一些。

2.2.3.3 衬底温度对微晶硅材料的影响

衬底温度对硅薄膜材料的影响可从两个方面考虑：首先，升高衬底温度有助于增加粒子、离子在薄膜生长表面的扩散系数，使它们在生长表面可以扩散足够的距离，从而找到能量较低的位置。因此，提高衬底温度有助于降低缺陷态和微空洞的密度，改善材料质量。另一方面，过高的衬底温度又会使非晶硅中的氢含量降低，使材料中缺陷态的密度升高。因此，在其他工艺条件不同时，都需要找到一个优化的衬底温度。

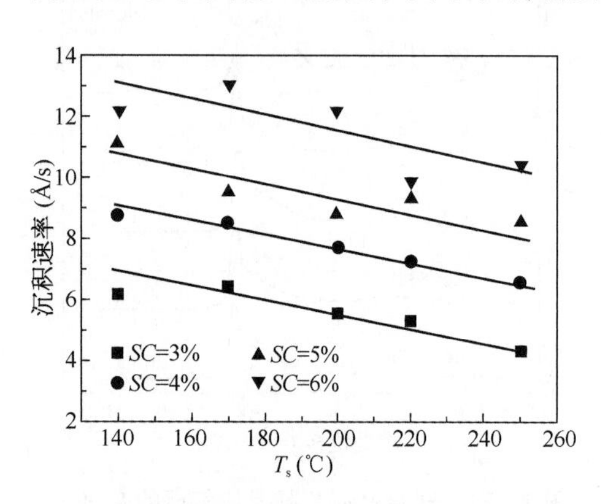

图 2-74 薄膜沉积速率随 T_s、SC 的变化

1）衬底温度对沉积速率的影响

图 2-74 给出了在四种不同的硅烷浓度、140～250℃衬底温度情况下，所获得硅薄膜的沉积速率与衬底温度之间的关系[39]。在给定的四个硅烷浓度情况下，薄膜的沉积速率都随着衬底温度的升高而减小。原因可能是由于温度升高，反应前驱物在薄膜生长表面的迁移能力增强，它们在生长表面有足够的驰豫时间，在这段时间中，没有成键的反应前驱物的物理解吸概率可能会增加，键合比较弱的反应前驱物也会跟薄膜表面附近的氢发生成键反应而解吸，结果使得薄膜的沉积速率随衬底温度的升高而减小。

2）衬底温度对电导的影响

图 2-75、图 2-76、图 2-77 分别给出了硅烷浓度为 4%、5%和 6%三种情况下，所获得薄膜材料的暗电导、光电导和光敏性随衬底温度的变化曲线[39]。实验结果表明，在三个不同的硅烷浓度下，材料的暗电导和光电导都随着衬底温度的升高而逐渐变大。但是，硅烷浓度相对较大的样品，光、暗电导的变化趋于缓慢。从图中还可以看出，暗电导的变化速率比光电导要更快一些。从而使材料的光敏性随着衬底温度的升高而逐渐降低。激活能测试结果表明[1]：随衬底温度的逐步升高(5%硅烷浓度)，材料的激活能由 0.8 eV 逐渐降低到 0.51 eV。衬底温度在 170～200℃范围内，材料的激活能都为 0.51 eV。拉曼测试表明[39]：随着衬底温度的升高，材料的结构逐渐由非晶相向微晶相转变。因此，导致激活能随着衬底温度的升高而逐渐降低。

3）衬底温度对薄膜晶化率的影响

图 2-78 给出了硅烷浓度分别为 3%、4%、5%和 6%四种情况下，所获得薄膜材料晶化率的计算分析结果[39]。图中清楚地表明：硅烷浓度不同时，衬底温度对材料晶化率的调节作用也不同。当硅烷浓度较小(3%)时，氢稀释率较高，采用 VHF-PECVD 很容易使沉积的薄膜晶化。因此，在所采用的衬底温度范围内，晶化率变化不大，基本上都在

66%～70%之间，表明衬底温度的影响较小，而氢稀释率的影响较大。

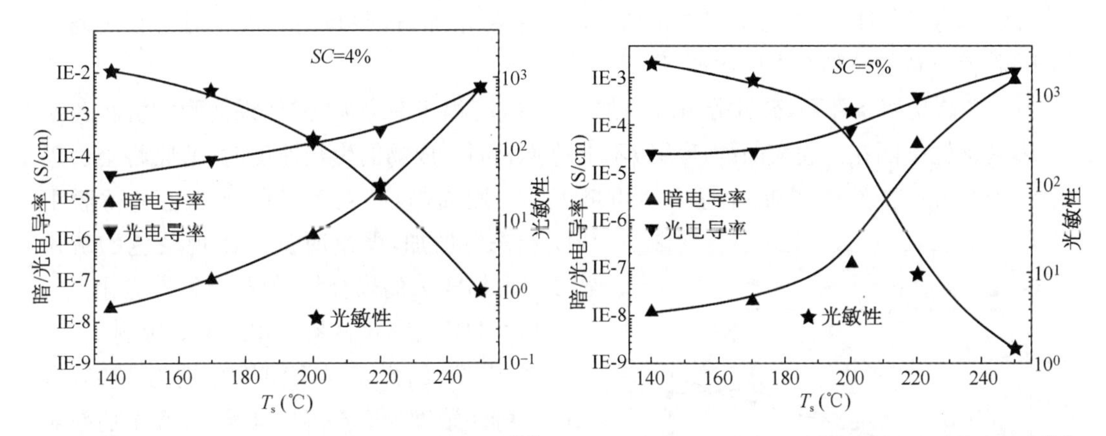

图 2-75　SC=4%，T_s对材料电导、光敏性的影响[39]　**图 2-76　SC=5%，T_s对材料电导、光敏性的影响**[39]

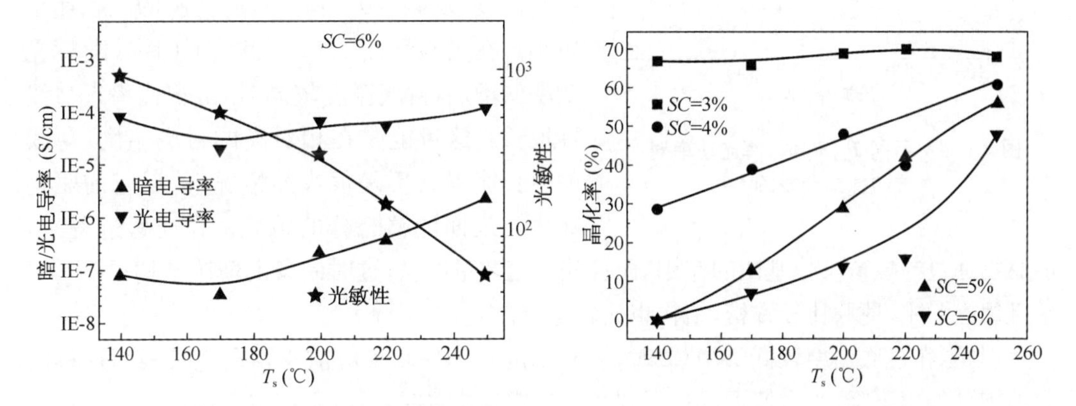

图 2-77　SC=6%，T_s对材料电导、光敏性的影响[39]　**图 2-78　SC 不同时，T_s对薄膜晶化率的影响**[39]

在中等氢稀释情况下，衬底温度对晶化率的影响开始加大。当硅烷浓度为 4%时，晶化率随衬底温度的升高，从 30%增加到 60%。当硅烷浓度时 5%时，材料的晶化率从零上升到 60%，而且，曲线的斜率与硅烷浓度为 4%时的曲线斜率相比，进一步加大了。

当硅烷浓度为 6%且衬底温度低于 220℃时，制备的材料基本上都是非晶结构，晶化率较低。当衬底温度超过 220℃后，材料的晶化率快速增加。在硅烷浓度较大时，反应前驱物中氢的成分减少，在较低温度下难于使 SiH_3 在表面自由弛豫，所以生长的薄膜以非晶相为主。衬底温度提高后，加大了 SiH_3 在薄膜生长表面的自由弛豫能力，促进了材料的晶化。

总之，随衬底温度的升高，材料的晶化率增大，材料的暗电导也逐渐增大。但硅烷浓度不同时结果也会不同。因为薄膜的结构不仅受衬底温度的影响，更受到硅烷浓度的影响，硅烷浓度越小，材料越容易晶化。当硅烷浓度较大时，则需要较高的温度才能使材料由非晶转变为微晶。

2.2.3.4　VHF 功率对微晶硅材料的影响

增加辉光功率也是提高薄膜沉积速率的方法之一。但辉光功率的提高，也会对材料造成不利的影响[1]：

① 高功率条件下，等离子体中正离子的动能将增加，这些高能量离子对薄膜表面的轰击，将使材料的缺陷态密度增加，质量劣化；

② 在高功率条件下，硅烷分解速率加大、相应沉积速率增大，但如果薄膜的沉积速率太快，使活性基团在薄膜表面的迁移跟不上薄膜表面生成物的生长速度时，薄膜将会由于氢不能很好的释放，导致制备薄膜的质量下降。因而，较高功率条件下制备的薄膜中 SiH_2 组态将增加，严重时甚至出现黄色的疏松物质，即 $(SiH_2)_n$ 的聚合物，使材料特性劣化。

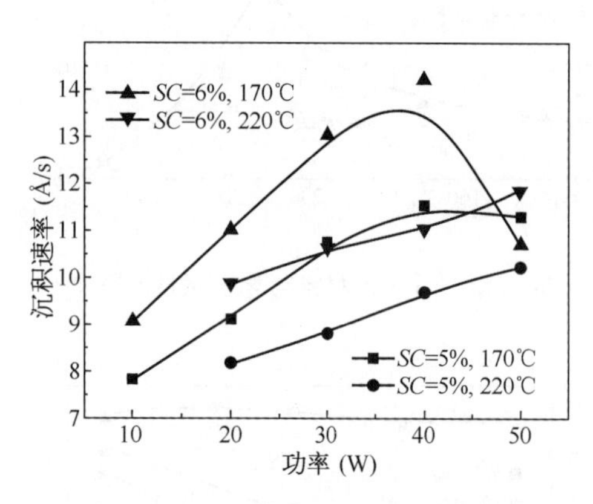

图 2-79　不同 T_s、SC 时，辉光功率对沉积速率的影响[40]

1）VHF 功率对材料沉积速率的影响

图 2-79 给出了衬底温度分别为 170℃和 220℃，硅烷浓度为 5%、6%情况下，辉光功率对薄膜沉积速率的影响[40]。当辉光功率相同时，衬底温度较高（220℃）时，对应薄膜的沉积速率较小。在实验采用的功率变化范围内，随辉光功率的增加，衬底温度较高时，沉积速率近似线性增长。这可能是在相对高的衬底温度、薄膜的生长速率又不是很快的情况下，反应前驱物在生长表面能够充分的弛豫。在迁移过程中，前驱物通过与氢或其他基团的作用，而释放一定数量的氢，这时制备的薄膜结构以 Si－H 单键组态为主，薄膜比较致密，结构也比较稳定。

但是，在衬底温度较低（170℃）时，衬底温度对于提高反应前驱物在生长表面迁移能力的辅助作用下降，当它们迟迟找不到稳定的成键位置时，极有可能被刻蚀或解吸。这在功率较大，空间前驱物增多，质量输运速度大于薄膜生长速度时会逐渐显示出来。或者，随着功率的加大，硅烷处于耗尽状态，电子与氢分子碰撞、进而分解成 H 原子的反应加剧，氢原子数量增加，对薄膜的刻蚀作用加强，导致沉积速率下降。因此，在衬底温度较低时，如果薄膜生长前驱物较少（未耗尽），则生长速率会随功率增大而增大。但当空间前驱物密度较大或硅烷耗尽时，薄膜生长速率会随功率增加而下降。

2）VHF 功率对材料晶化率的影响

在激发频率为 75 MHz、衬底温度 220℃、电极间距 1.0 cm、沉积时间 10 min、衬底为载玻片情况下，VHF 功率对材料晶化率的影响如图 2-80 所示[45]。其中，阴影部分为从非晶向微晶转变的过渡区。随着 VHF 功率密度

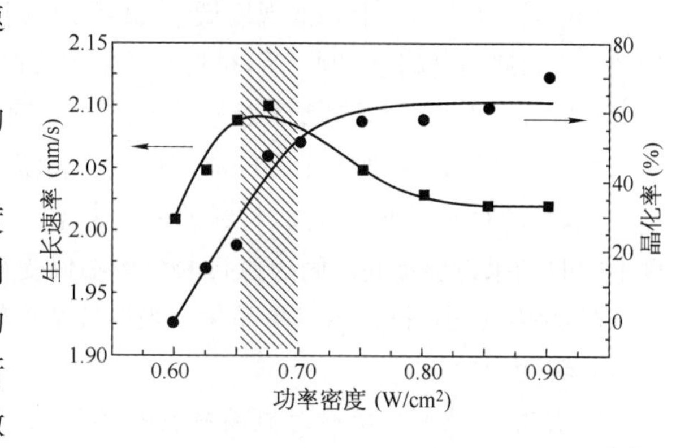

图 2-80　生长速率和晶化率随功率密度的变化[45]

的提高，薄膜晶化率逐渐增大。当功率提高到使硅烷处于耗尽状态时，晶化率趋于稳定。这可能是因为随着功率密度的提高，等离子体中氢原子数量增多，刻蚀弱 Si－Si 键、形成结晶网络的能力增强，同时生长面上较多的氢附着也增大了成膜前驱物在膜表面的扩散长度，这两者共同导致了硅薄膜晶化率的提高。

另外，随着功率密度的提高，薄膜的生长速率逐渐增大，这是由于电子浓度和电子温度共同提高所致。当功率密度为 0.675 $W \cdot cm^{-2}$ 时沉积速率最大，随后逐渐减小。说明在功率密度为 0.675 $W \cdot cm^{-2}$ 时出现硅烷耗尽，等离子体中成膜前驱物数量不再增加，生长速率难以提高。继续增加功率，电子与氢分子碰撞加剧，氢原子数量增加，对薄膜的刻蚀作用加强，沉积速率开始降低。

3) VHF 功率对材料光、暗电导的影响

以硅烷浓度为 4%、5%和 6%三种情况为例，施加的 VHF 辉光功率与获得材料的暗电导、光敏性的关系曲线如图 2－81 和图 2－82 所示[39]，实验结果表明，材料的暗电导随辉光功率的增加而逐渐增大，从 10^{-9} 增大到 10^{-6} 量级。材料的光敏性随功率的增加逐渐降低。在相同辉光功率条件下，硅烷浓度大，制备薄膜的光敏性也大。上述趋势可解释为：在一定的沉积条件下，随着功率的增加，除硅烷分解加剧外，原子氢的产额也增加，大量原子氢的产生是形成微晶硅薄膜的关键。也就是说，随辉光功率的增加，反应前驱物中起晶化作用的氢增多，使制备薄膜的晶化程度提高。拉曼测试结果也证明了这一点。从非晶相过渡到微晶相，材料的带隙要变窄，故而暗电导相应逐渐增大，光敏性随之有所降低。而在同样的功率条件下，随着硅烷浓度的增大，材料中的非晶成分增多，因此，导致了材料的暗电导减小和光敏性增大[1]。

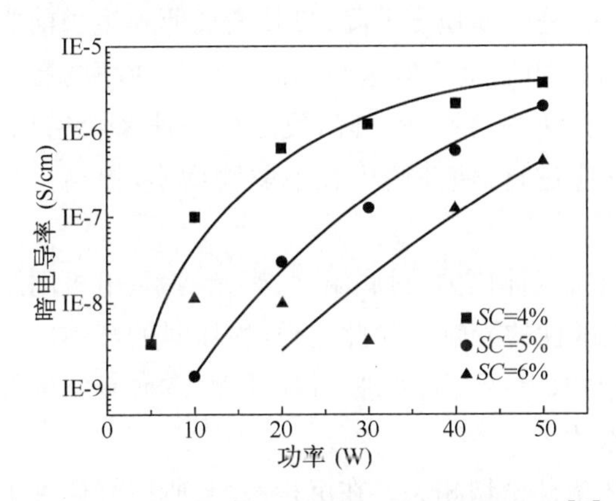

图 2－81　VHF 辉光功率对材料与暗电导的影响[39]

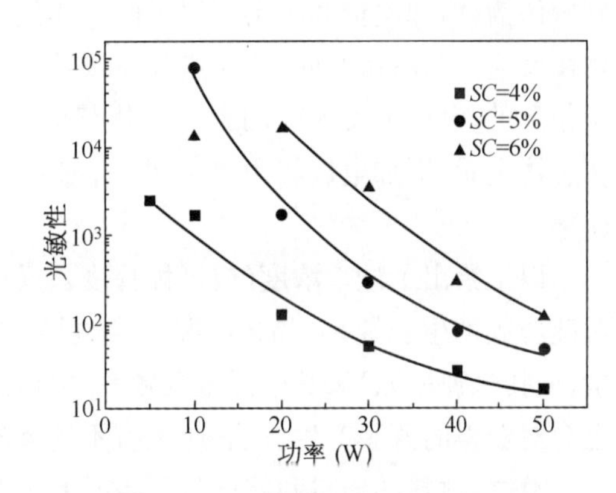

图 2－82　VHF 辉光功率对材料光敏性的影响[39]

2.2.3.5　电极间距对微晶硅材料的影响

在辉光放电空间中，电极间距的调整，实际上是在改变气体反应空间的体积和电场强度，并因此对制备的微晶硅材料产生影响。在 70 MHz、213 Pa 相同条件下，电极距离为 8 mm、10 mm、12 mm、15 mm、功率为 60 W 以及电极距离为 12 mm、15 mm、功率为 90 W 两种情况时，硅烷浓度对薄膜生长速率的影响如图 2－83 所示[40]。

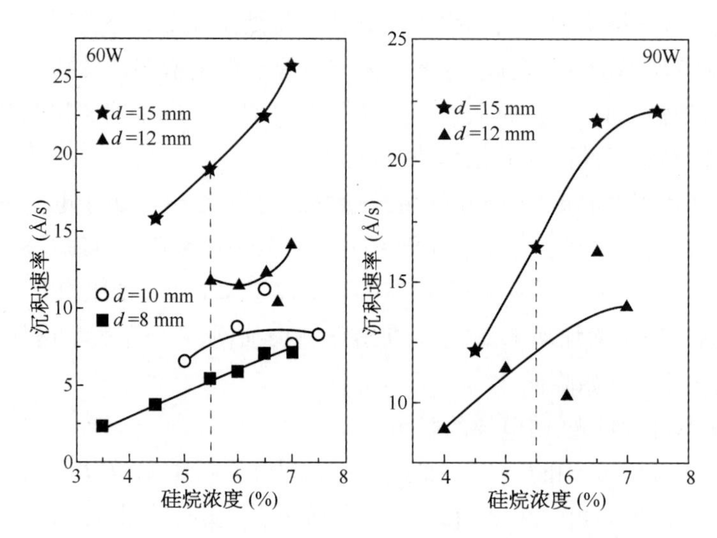

图 2-83 不同电极间距和硅烷浓度对生长速率的影响[40]

从图中可以看到，在给定的硅烷浓度范围内，VHF 功率采用 60 W 和 90 W 的两组曲线中，微晶硅薄膜的生长速率都随着电极间距的增加而单调增大。当电极间距为 8 mm 和 10 mm 时，硅薄膜的生长速率变化比较平稳。

测试分析表明[2]，当 VHF 功率为 60 W，电极间距从 8 mm 增加到 12 mm 时，反应空间的 SiH^*、H_α^*、H_β^* 等离子光发射谱强度随电极间距的增大而增强。电极间距越大，气体在反应室的滞留就时间越长，与高温电子发生碰撞分解的概率就越大，因此，光谱中反应前驱物各峰值都有所增强。当电极间距为 15 mm 时，SiH^*、H_α^*、H_β^* 的密度稍有减小。分析认为，增加电极间距会产生了两个作用：一是电场强度下降；二是增加薄膜生长前驱物在反应室的滞留时间，从而增加了反应活性基团通量。但这两方面对生长速率的影响是相反的，电场强度下降的影响占优势时，生长速率会有所下降，反之生长速率会增加。从总体上看，增加电极间距可促进一、二级反应进行，使薄膜生长前驱物增多，提高生长速率。

以上给出了硅烷浓度(或氢稀释度)、反应室气体压力、衬底温度、辉光功率、电极间距对硅薄膜的生长速率、晶化状况以及电导、光敏性的影响。除此之外，恒压时的气体的流量(或排气速率)、VHF 电源激发频率、电极结构、电极表面处理、气体纯度、本底真空度等也会对获得的薄膜产生影响，这里就不逐项叙述了。

总之，材料的质量和特性与制备时的工艺条件密切相关。在沉积系统、所用气体种类确定的情况下，对工艺条件进行优化是获得所需薄膜的重要手段。而且，这种优化不会只进行一次。

用于硅薄膜太阳电池中的微晶硅并不是晶化率 100%的材料。这里说的微晶硅，实际上是微晶硅、晶粒间界、空洞、裂缝和非晶硅的均匀混合相材料，其晶化率一般在 40%到 70%范围内。从结构上说，微晶硅和非晶硅材料之间并没有严格的界限。在由非晶相刚进入相变过渡区、晶化率较小时，还是称为非晶硅；当晶化率较大、或已经进入晶相区后获得的材料就称为微晶硅。

另外，微晶硅太阳电池初期的光致衰退主要源于电池中的非晶相，这已被许多实验所证实。值得注意的是，由于微晶硅材料的致密性（含有空洞、裂缝）不及优质的非晶硅材料，使得微晶硅材料容易受到氧的污染（后氧化）。材料做完后，应采取有效措施防止氧渗透。同时，在微晶硅材料制备过程中，应注意减少气源以及生长环境的氧含量，以防止本征微晶硅材料呈现 N 型。

2.3　硅基薄膜太阳电池制造技术、工艺原理

自从 1976 年硅基薄膜太阳电池诞生以来，无论是基础理论、制造技术、成套装备还是电池品种都已经变得更加完整、充实和丰富多彩。本章节主要介绍硅基薄膜太阳电池的分类、基本结构、制造技术以及电池制造过程中的部分工艺原理。

2.3.1　硅基薄膜太阳电池工作原理

作为太阳电池的有源材料或重要的辅助材料，其自身结构的无序性带来的优势和劣势，为提高电池效率的设计提供了思考的出发点。深入分析电池的结构、原理以及可能的能量损失，并结合相关的硅基薄膜材料性质进行全面考察，才能找到提高电池效率的最佳途径。

2.3.1.1　pn 结电池结构及其工作原理

由硅基薄膜物性的分析可知，硅基薄膜中存在着大量的、起着复合中心作用的深能级悬挂键缺陷态，会引入严重的复合，常规的 pn 结难于建立起来，需要找寻新的结构以归避弊端。为此，先看一下单晶硅太阳电池的结构以及光生载流子的产生与输运过程(图 2 - 84)。

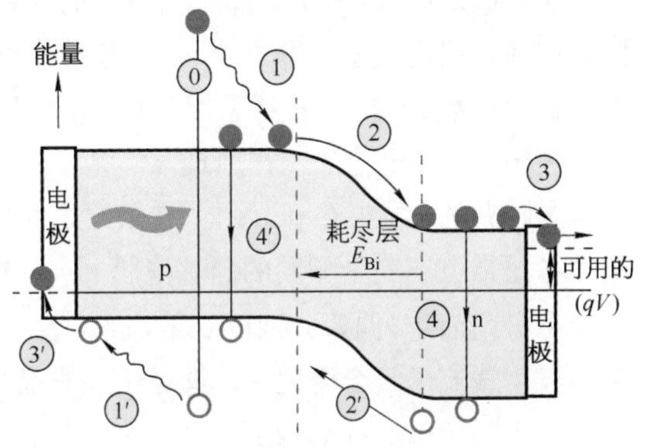

图 2 - 84　晶体硅电池结构和光照下光生载流子输运过程[57]

电池产生光伏效应的关键，是其 pn 结内存在着一个高内场的空间电荷区(或称耗尽区，图中框线内是耗尽区和中性区的交界面)。耗尽区内高的内建电场(E_{Bi})对光生载流子的分离与反向抽取(或称“扫出”)作用，以及光生电子和空穴分别于空间电荷区的 p、n 中性区内作扩散运动输运至外电极，并在此积累，形成开路电压(开路状态下)或对外做功(有负载)，呈现出光伏效应。其中，图内过程“0”是光生电子空穴对的产生过程，即价带电子吸收激发能量大于带隙(E_g)的光子跃迁到导带，产生一个光生电子-空穴对。如果光子能量远大于 E_g，则电子会跃迁到导带的高能位置，此时电子和空穴会通过热弛豫

过程将激发到导带(或价带)高能量处的多余能量交给晶格而回到导带底和价带顶(图中以过程①和①′表示),然后在 pn 结内建电场 E_{Bi}(在图中两条虚线之间所示的耗尽区内,电场方向从 n 区指向 p 区)作用下,光生载流子(电子和空穴)被对向抽取分别漂移至 n 型中性区和 p 型中性区(分别以过程②和②′表示之)。在中性区则以扩散运动到达外电极,在电极上积累起来(以过程③和③′表示)。这些分别积累在 p 区电极处的空穴和积累在 n 区电极处的电子,形成光生电压。该电压在结上形成的电场由 p 区指向 n 区,和内建电场 E_{Bi}(电场方向由 n 区指向 p 区)的方向相反,所以由光电压形成的光生电流(从 p 区流出)。对 pn 结而言是反向电流,而对结加上的光生电压为正向电压,该光生电压 V_f 将引入一正向电流。随光生载流子在电极上积累的增加,与光生电压 V_f 相对应的正向电流亦随之增大,它将阻止光生载流子的继续积累。当两者达到动态平衡时,在外电路形成稳定的开路电压(与光照强度相对应)或者负载电流(视负载情况而定)。外电路处于开路状态,收集电荷储存在电极两端,对外电流为零,呈现开路电压 V_{oc}。倘若电极两端短路,则电压为零,则呈现短路电流 I_{sc}。在晶体硅中光生电荷的输运以耗尽区的漂移与中性区的扩散两种运动为主。当然,在光生载流子输运过程中,它们亦会发生复合损失(以过程④和④′表示)。需要说明的是,该图仅给出以带间直接复合的形式,实际还会存在通过复合中心的间接复合,在此予以省略。

2.3.1.2 硅基薄膜 p-i-n 电池

1) 硅基薄膜 p-i-n 电池的结构

对于硅基薄膜,由于内部缺陷态高的限制,掺杂效应和缺陷态的产生是同时发生的,因此在掺杂层内光敏性非常小,加之迁移率低,依照爱因斯坦 μ/D 之间的常数比关系,显然其扩散系数 D 亦小,这样采用 pn 结架构无法获得有效的内建电场。

2) p-i-n 电池的工作原理

未掺杂的 i 层夹在 p、n 两个掺杂层之间构成如图 2-85a 所示的 pin 结构。图 2-85b 给出各层带隙不完全相同的硅基薄膜 pin 结构,其中 p/i,n/i 界面有能带偏离,以对 E_v 和 E_c 对称分配而定,偏差分别以 $q\Delta_{bi}^{p}$,$q\Delta_{bi}^{n}$ 表示之,这些界面处的能带偏离将可能是 pin 电池内光生载流子复合源之一。鉴于 i 层非晶硅电阻率很高,自由载流子浓度很少,可将 i 层看成类似于单晶硅 pn 结里的"空间电荷区(耗尽层)"。图中 p 型和 n 型掺杂层的功函数分别以真空能级 E_{macr} 与其费米能级 E_F 之差表征,用符号 $q\phi_p$ 和 $q\phi_n$ 示之。两掺杂层功函数之差产生的电动势,即内建电压 V_{bi} 可写成:$V_{bi}=\phi_p-\phi_n$,全部加在 i 层之上(忽略 p、n 掺杂层的内阻),形成以 i 层厚度 d_i 的空间电荷区,有效隔离了 p/n 之间的复合路径,这是 pin 结电池的优势。

图 2-85c 给出由两个掺杂区内的内光生载流子(n 区的电子和 p 区的空穴)向 i 层内扩散并在掺杂区留下电离杂质电荷(在 n 区为正电荷 Q^+,在 p 区为负电荷 Q^-)的分布状况,i 层内的空间电荷几乎为零。图 2-85d 给出依据泊松方程计算 i 层内的电场分布情况,图中的 i 层内的电场强度 $E_i=-V_{bi}/d_i$,其中 d_i 为 i 层厚度。该结构可看成是 pin 的光电二极管,可用二极管的 $I-V$ 特性对其予以描述。需要注意的是,为了完整建立由 n、

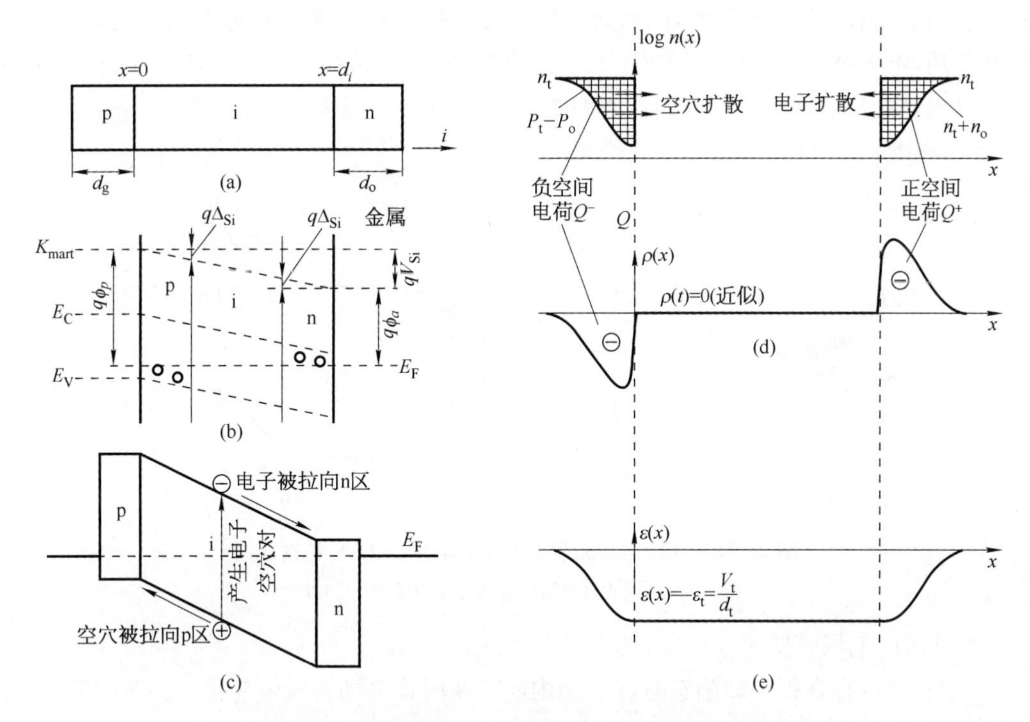

图 2-85　硅基薄膜 pin 太阳电池工作原理示意图[12]

(a) 电池结构;(b) 能带结构;(c) 光伏效应产生原理;(d) 结内电荷;(e) 电场分布

p 掺杂层电导能力决定的内建电势 qV_{bi}，需要掺杂层有足够高的电导，以便获得高的内建电场;另外为满足太阳电池尽量多地吸收太阳光的需要，i 层的要选取得适当的厚，即在保证稳定性的要求，又要尽量多地光吸收为宜。

3) pin 电池的 $I-V$ 特性[12]

至今尚没有完整的理论来描述 pin 结特性，多是借用 pn 结的电学模型予以描述，其暗态 $I-V$ 特性可表示成：

$$I_{dark} = I_0\left[\exp\left(\frac{qV}{nk_BT}\right)-1\right] \tag{2-21}$$

式中 I_0是反向饱和电流，对非晶硅 pin 结，n 为品质因子，在 1.3～1.9 之间变化;其经验表示式可写成[57](电流以 A 为单位)：

$$I_0 = 1.5\times10^8\exp\left(\frac{-E_g}{k_BT}\right) \tag{2-22}$$

当受到光照，其电流为光生电流 I_L和暗态二极管电流之和，由式(2-23)表示：

$$I = I_L - I_0\left[\exp\left(\frac{qV}{nk_BT}\right)-1\right] \tag{2-23}$$

其 $I-V$ 曲线如图 2-86 所示，其中图 2-86a 是 pin 结在光照下的等效电路，光电流是一个与 pin 结并联的电流源，图示显示与二极管的电流方向是相反的，在 i 层内由于内建势作用，电子被拉向 n 区并积累于 n 区的电极处，空穴被拉向 p 区并积累于此，光生电流在外电路是从 p 区流向 n 区而产生如图 2－86b 所示的反向电流。

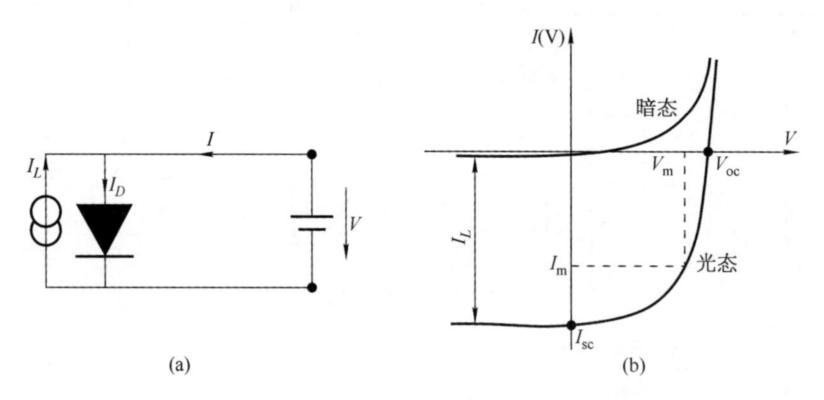

图 2－86　太阳电池光照下的等效电路与 $I-V$ 特性曲线

(a) 光照下的等效电路；(b) 暗态与光态 $I-V$ 特性

4) i 层内电场畸变

i 层材料内存在很多缺陷态时，pin 结内能带及内建电场将发生变化。图 2－87a、b 和 c 给出 i 层内荷电缺陷态的分布、结内能带相对于理想状况的变化，以及对应内电场分布变化的对比，其中点线描述的是 i 层为理想状态时的能带及电场分布，虚线表示的是含有大量荷电缺陷态时变化的情况。实验结果表明，理想的能带梯度呈现的电场为均一的电场分布，而有大量缺陷态后，把 i 层中部的能带变化缓慢，电场不均一、呈现类似"死区"的现象。死区意味着该部分区域的能带变平，电场几近为零。

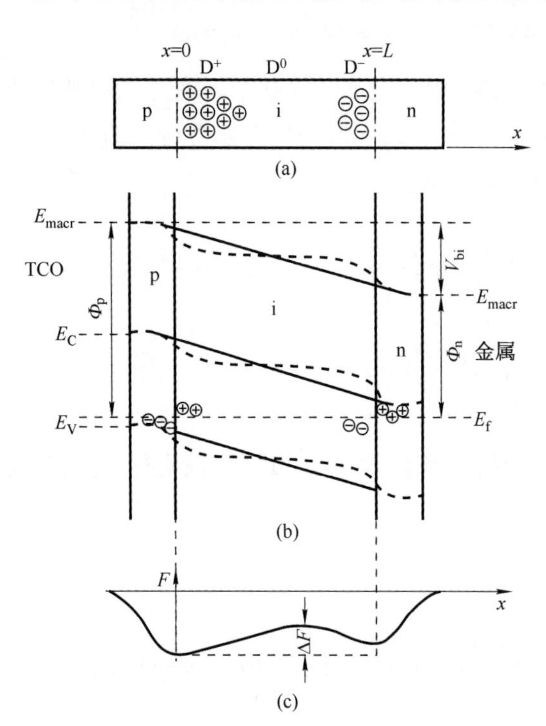

图 2－87　太阳电池 i 层缺陷态对其能带及内建电场的影响[12]

(a) i 层内的荷电悬挂键；(b) 对能带的影响；(c) 对电场的影响

5) pin 结界面问题

非晶硅材料中的界面复合与悬挂键的荷电状态有关[12]。在 p/i 界面，悬挂键主要带正电，$N_{db}^{+} \gg N_{db}^{0}, N_{db}^{-}$：复合率可写成：

$$R = \frac{n_f}{\tau_n^{+}} \qquad (2-24)$$

在 n/i 界面，悬挂键主要带负电，$N_{db}^{-} \gg N_{db}^{0}, N_{db}^{+}$：复合率可写成：

$$R = \frac{p_f}{\tau_n^{-}} \qquad (2-25)$$

图 2-88 示出 i 层内部带有中性悬挂键以及 p/i 界面质量很差(如 B 杂质在 i 层内的拖尾)时的 i 层复合率分布示意图。鉴于载流子的漂移长度 $l_{n,p}$ 可表示为 $l_{n,p}=\mu^{0}_{n,p}\tau_{n,p}F$，其中 l 的下脚标 n、p 分别表示电子和空穴的漂移长度，它与电场 F 成正比，与复合率成反比。该图预示因 B 杂质的拖尾将导致在 p/i 界面的高复合区，使光生载流子漂移长度的下降，进而影响光生载流子的收集效率。

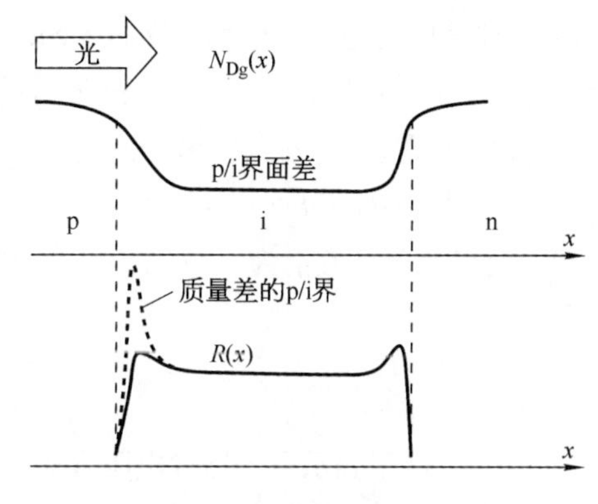

图 2-88　悬挂键在 i 层分布及相应复合率[12]

6）太阳电池的光伏参数

(1) 开路电压 V_{oc}

在光照条件下，太阳电池正负极断路时，测得两端电压降是电池的开路电压(V_{oc})，即为可能得到的最大光生电压，它越高，说明电池的光生电动势越强。因此，得到大的短路电流和高的开路电压是太阳电池的首要问题。对于本体异质结太阳电池，V_{oc} 取决于受体的 LUMO 和给体的 HOMO 能级之差。此外，V_{oc} 还受很多因素影响，除了受使用材料能级的影响，还与电极材料功函、给受体比例、界面修饰层等有关。开路电压可表示为：

$$V_{oc}=\frac{k_{B}T}{q}\ln\left(\frac{I_{L}}{I_{o}}+1\right) \tag{2-26}$$

V_{oc} 随 I_{sc} 增加而增加，在理想二极管中 V_{oc} 的经验表达式可写成：

$$V_{oc}\approx\frac{k_{B}T}{q}\ln\left(\frac{I_{L}}{1.5\times10^{5}A}\right)+\frac{E_{g}}{q} \tag{2-27}$$

式中，A 为电池面积，此式对硅基太阳薄膜电池并非完全合适，但可参考；开路电压的最大值可接近内建电压，即 $V^{max}_{oc}=V_{bi}$；该值是理想值，但难以达到；V_{oc} 几乎与缺陷态数目 N_{db} 无关，主要由 V_{bi} 决定，而 V_{bi} 取决于掺杂水平。

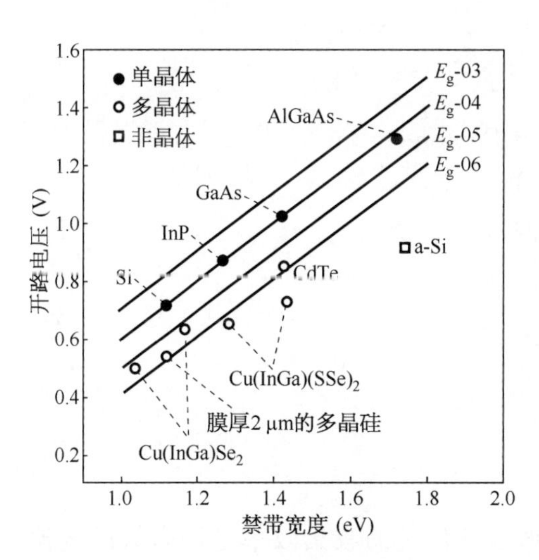

图 2-89　V_{oc} 与带隙关系[58]

图 2-89 示出不同带隙、不同结晶状况材料构成电池的开路电压随带隙宽度的变化关系。对晶态材料，基本满足 $E_{g}-0.4$ eV 的关系，对多晶材料基本满足 $E_{g}-0.6$ eV 的关系，对非晶硅基薄膜尚待研究找出其规律。该图说明，宽带隙可获得高的开路电压。

(2) 短路电流 I_{sc}

在光照条件下，太阳电池正负极短路时的电流，即太阳电池的最大输出电流，又称短路电流。单位面积的短路电流用短路电流密度来表示，通常单位为 $mA \cdot cm^{-2}$ 或 $A \cdot cm^{-2}$。它是光生载流子收集效率量度，受光吸收、光诱导电荷产生与传输、活性层形貌和活性层/电极界面结构等因素的影响。因此，提高活性层材料的单位厚度吸收强度、激子的电荷分离效率和载流子的迁移率是提高短路电流的关键。

(3) 填充因子 FF

填充因子可表示为：

$$FF = \frac{V_m I_m}{V_{oc} I_{sc}} = \frac{P_m}{V_{oc} I_{sc}} \tag{2-28}$$

FF 是用于表示由于器件电阻导致的损失参数，是全面衡量太阳电池品质的参数。FF 定义式中 V_m(最大输出工作电压)和 I_m(最大输出工作电流)是最大输出功率对应的输出电压与电流，即输出电压和输出电流的乘积为最大时的电压与电流。FF 就是图 2-86b 中所示内长方形面积($P_{max} = V_m \times I_m$)与 V_{oc} 和 J_{sc} 的乘积之比。FF 取决于当偏置增大到接近 V_{oc}，内建电场减弱时能到达电极的载流子数量。事实上，载流子复合与传输之间存在着竞争，载流子寿命 τ 与迁移率 μ 的乘积决定了单位电场强度下载流子的漂移距离 d，即 $d = \mu \times \tau \times E$，$\mu \times \tau$ 要尽可能大。此外，串联电阻 R_s 对 FF 的影响也很大，一般要求 R_s 尽可能的小，器件并联电阻 R_{sh} 要足够大，以减少短路或者漏电流的发生(R_s、R_{sh} 可通过暗电流 $J-V$ 曲线接近 0 V 下和开路电压下的斜率计算)。对硅基薄膜来说，FF 最佳值在 0.7～0.8 之间。

此外，影响填充因子的因素还有载流子迁移率 μ 和寿命 τ、活性层的厚度、活性层与电极间的接触、器件缺陷导致的漏电等。

(4) 光电转换效率 η

光电转换效率表明入射光的能量转化为有效电能的效率，一般用最大输出功率 P_m 除以入射光的光强 P_{light} 来定义，计算 η 的公式为开路电压、短路电流和填充因子的乘积除以入射光的光强。

$$\eta = \frac{P_m}{P_{light}} \times 100\% = \frac{V_m I_m}{P_{light}} \times 100\% = \frac{V_{oc} I_{sc} FF}{P_{light}} \tag{2-29}$$

(5) 入射光子-电子转化效率 $IPCE$(Incident Photon-current Conversion Efficiency)

入射光子-电子转化效率又称为载流子收集效率，是指在某一给定波长下入射的光子数与所产生的能够发送到外电路的电子数的比例，其公式为：

$$IPCE = \frac{1\,240 I_{sc}}{\lambda P_{inc} A} \tag{2-30}$$

式中 λ——入射光的波长；

A——电池有效面积；

P_{inc}——入射单色光的光强。

改善光的吸收率，提高激子的扩散效率，增强载流子的收集效率是提高太阳电池 $IPCE$ 的关键。

2.3.2　硅基薄膜太阳电池分类

1）按照电池使用的衬底分类

（1）玻璃衬底

常采用厚度 3～5 mm 的低铁浮法玻璃、白玻璃或超白玻璃作为硅基薄膜太阳电池的衬底。到目前为止，大多数企业都采用低铁浮法玻璃作为薄膜电池的衬底，且成本较低。

（2）不锈钢衬底

不锈钢带可作为硅基薄膜太阳电池的衬底，目前只有美国能源转换器件和联合太阳能公司(Energy Conversion Device, Inc. and United Solar Ovonic LLC，简称 ECD&Uni-solar)在大规模商业化生产中使用这种衬底。该不锈钢带长约 2.6 km、宽约 36 cm、厚约 0.013 cm。

（3）塑料衬底

属于研发的新产品，使用聚酰亚胺作为衬底，不仅柔软，而且比重小，适于在航天领域应用。该类电池已研究多年，但尚未进入大规模商业化生产。

2）按照硅基薄膜材料沉积室结构分类

（1）玻璃衬底、多片、单室硅基薄膜沉积技术

采用这种技术的代表企业有美国的 EPV 公司、匈牙利的 Hungary Energo Solar (ES)公司、中国的铂阳太阳能技术控股有限公司以及瑞士 Oerlikon 公司。其中，瑞士 Oerlikon 公司的沉积室一次可以装入 10 片玻璃衬底，其衬底尺寸为 1.3 m×1.1 m。并且，10 个衬底各自具有独立的进、出气和放电空间，互不干扰。其他公司的沉积室可以一次装入 48～72 片玻璃衬底、衬底尺寸一般为 1 245 mm×635 mm。到目前为止，这种可以一次装入 48～72 片玻璃衬底的生产模式使用地最为广泛，生产成本也最低。玻璃衬底、多片、单室硅基薄膜沉积设备的基本结构如图 2-90 所示。

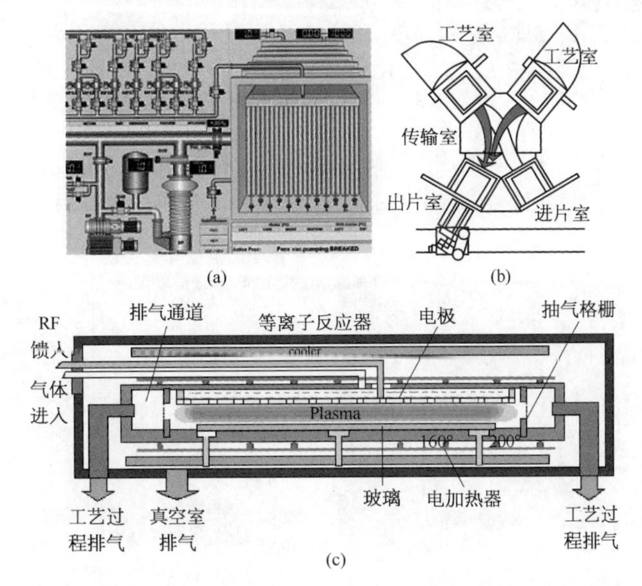

图 2-90　匈牙利 ES、瑞士 Oerlikon 公司硅基薄膜沉积系统

(a) ES 沉积系统图片；(b) Oerlikon 沉积系统原理图；(c) Oerlikon 沉积室布局图

匈牙利ES公司和瑞士Oerlikon公司硅基薄膜沉积室的基本结构以及生产的硅薄膜太阳电池组件的基本特征表2-4。

表2-4 匈牙利ES、瑞士Oerlikon公司沉积室结构和电池组件的基本特征

电池组件特征	匈牙利ES	瑞士Oerlikon
沉积室结构	单室,未设置装片、卸片室	单室,设有装片、卸片室
组件尺寸	1.245 m×0.635 m	1.3 m×1.1 m
组件效率	5.5%~6%	~10%
组件功率	40~44 W_p	143 W_p/块
组件类型	a-Si/a-Si,双结	a-Si/μc-Si,双结

注:组件特征为公司2008年以前的状况。

(2) 玻璃衬底、单片、多室硅基薄膜沉积技术

采用这种沉积技术的公司有美国应用材料(Applied Materials Corp. USA)、韩国周星(Korea Jusung)和日本真空(Japan ULVAC)。这些公司除了日本真空采用线列式多室结构外,其他公司均采用星型多室结构沉积硅基薄膜。这种沉积技术每次装入1片带有氧化锡的玻璃衬底,单片面积1.43 m^2。p、i、n层分别在不同真空室内沉积。该技术与单室、多片硅基薄膜沉积技术相比,显著降低了不同气源的交叉污染,有利于提高转换效率。这类硅基薄膜沉积系统的基本结构如图2-91、图2-92所示。

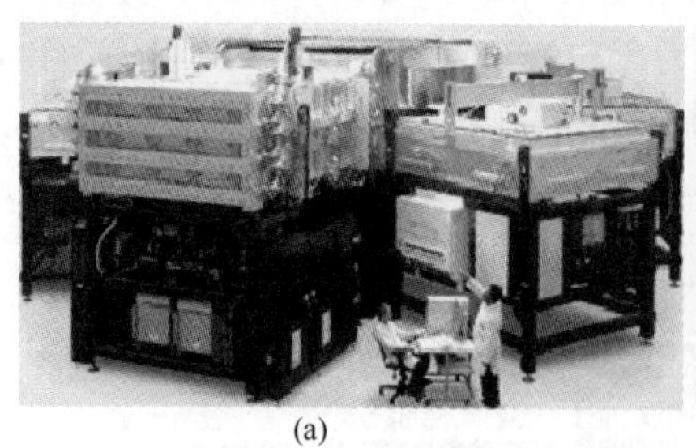

(a)

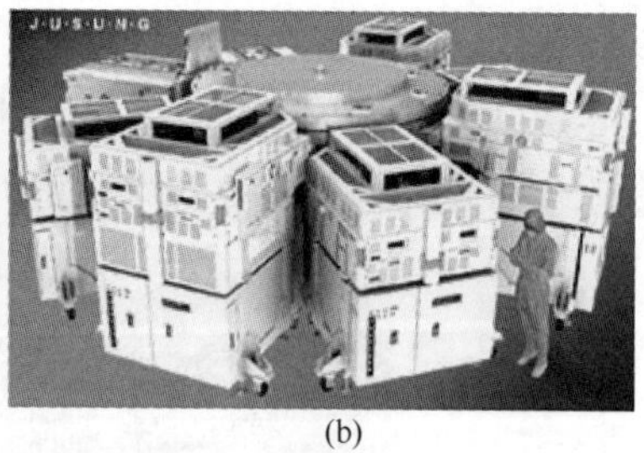

(b)

图2-91 美国应用材料、韩国周星硅基薄膜沉积系统图片

(a) 美国应用材料沉积系统图片;(b) 韩国周星沉积系统图片

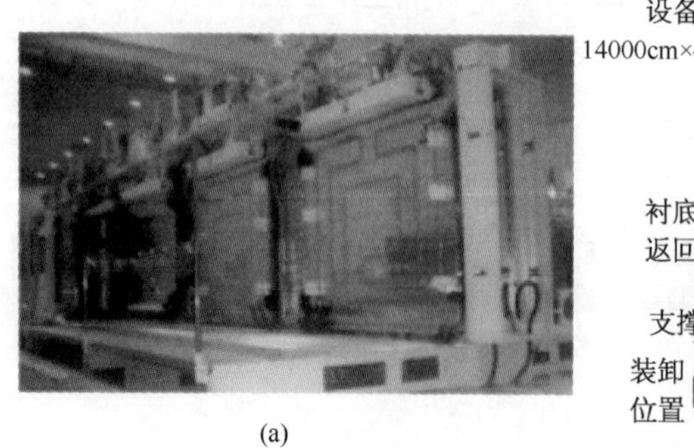

(a)

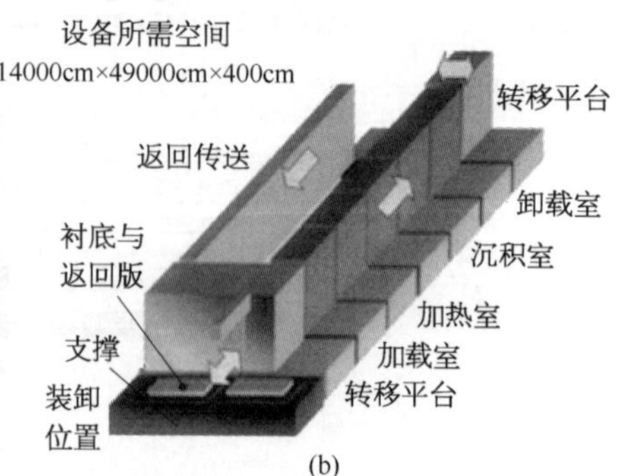

(b)

图2-92 日本ULVAC线列式硅基薄膜沉积系统图片

(a) 薄膜沉积系统图片;(b) 沉积系统结构原理图

上述美国应用材料、韩国周星、日本 ULVAC 三个公司沉积室的基本结构以及生产的硅薄膜太阳电池组件的基本特征见表 2 - 5。

表 2 - 5　三个公司生产的硅薄膜太阳电池组件基本特征

电池组件特征	美国应用材料	韩国周星	日本 ULVAC
沉积室结构	星形多室	星形多室	线列式多室
组件尺寸	1.3 m×1.1 m、2.5 m×2.2 m	1.3 m×1.1 m	1.4 m×1.1 m
组件效率	5%～6%	～7%	～6%
组件功率		95 W_p	
组件类型	a - Si，单结	a - Si，单结	a - Si，单结

注：沉积系统均设置进片、出片室；组件特征为公司 2008 年以前的状况。

(3) 柔性衬底、"卷-卷"(roll to roll)硅基薄膜沉积技术[8]

到目前为止，只有美国 ECD&Uni-solar 在大规模商业化生产中使用这种技术。单线年产能约为 30 MW，硅基薄膜沉积设备照片如图 2 - 93 所示，图 2 - 94所示为 30 MW 卷-卷硅薄膜沉积系统原理图。

该设备在射频(RF)电极的两侧各有三卷衬底连续运转。射频电极采用立式结构，这样两侧的衬底和电极的结构是对称的。六卷不锈钢衬底一次装入沉积设备中，连续运行 62 h，在不同反应室中，依次沉积完成三结太阳电池的九层硅基薄膜。

图 2 - 93　美国 ECD&Uni-solar 30 MW 生产线

沉积室结构：线列式多室；组件尺寸：任意切割；组件效率：7.5%～8.5%；组件类型：a - Si/a - SiGe/a - SiGe，三结。

3) 按照非晶硅太阳电池的结构分类

① 单结、单带隙(a - Si∶H)硅基薄膜太阳电池；

② 双结、同带隙(a - Si∶H/a - Si∶H)硅基薄膜太阳电池；

③ 双结、双带隙(a - Si∶H/a - SiGe∶H 或 a - Si∶H/μc - Si∶H)硅基薄膜太阳电池；

④ 三结、三带隙(包括 a - Si∶H/a - SiGe∶H/a - SiGe∶H、a - Si∶H/a - SiGe∶H/μc - Si∶H 或 a - Si∶H/μc - Si∶H/μc - Si∶H 三种类型)硅基薄膜太阳电池。

对于上述四种基本类型的硅基薄膜太阳电池，为了比较方便，我们把它归结为不锈钢和玻璃衬底两种情况。如果它们都采用导电玻璃作为衬底，则它们的结构示意图可归纳如图 2 - 95 所示。其中，带 SnO_2 的玻璃衬底一侧为光线的入射面。

同样，如果以上四种类型的电池都采用柔性不锈钢带作为衬底，则它们的结构示意图归纳为如图 2 - 96 所示。图中，在 ITO 外表面布置栅线的一侧为太阳电池的光线入射面。

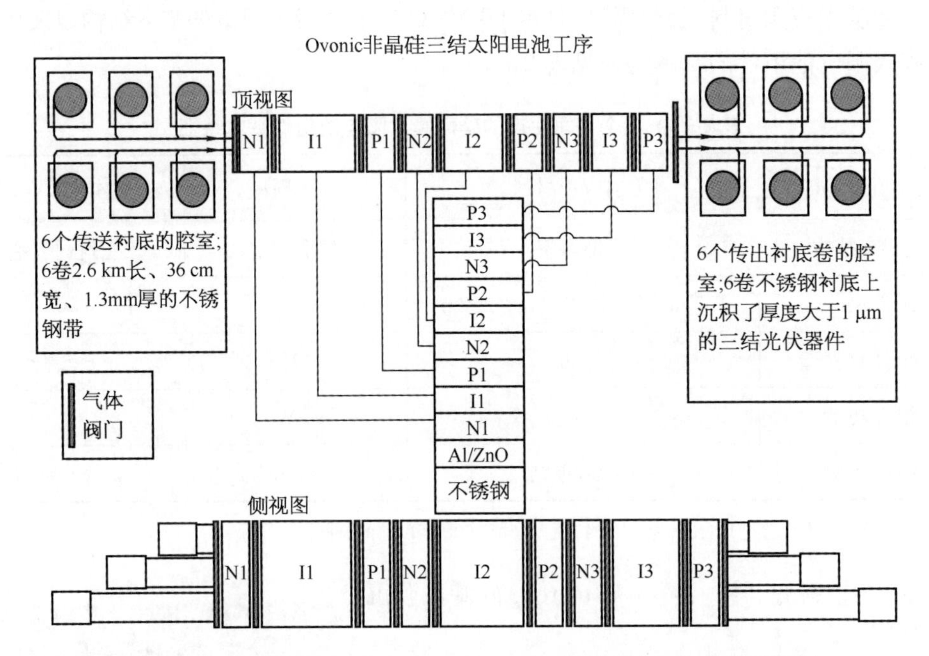

图 2-94 美国 ECD&UNI-Solar 30 MW 卷-卷硅薄膜沉积系统原理图

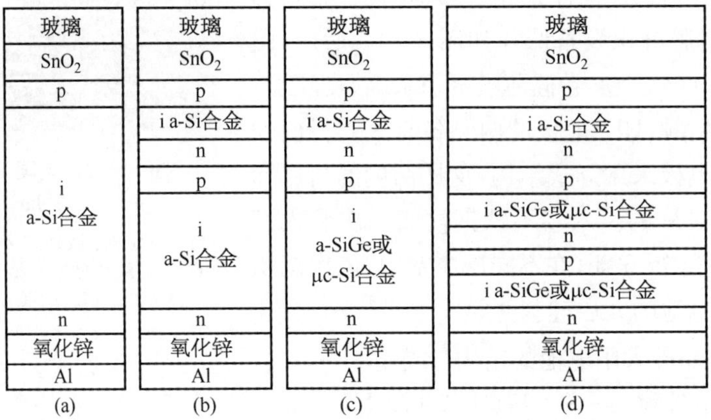

(a) 玻璃 / SnO_2 / p / i a-Si合金 / n / 氧化锌 / Al

(b) 玻璃 / SnO_2 / p / i a-Si合金 / n / p / i a-Si合金 / n / 氧化锌 / Al

(c) 玻璃 / SnO_2 / p / i a-Si合金 / n / p / i a-SiGe或μc-Si合金 / n / 氧化锌 / Al

(d) 玻璃 / SnO_2 / p / i a-Si合金 / n / p / i a-SiGe或μc-Si合金 / n / p / i a-SiGe或μc-Si合金 / n / 氧化锌 / Al

图 2-95 以玻璃作为衬底,四种硅基薄膜太阳电池结构示意图

(a) 单结;(b) 双结,同带隙;(c) 双结,双带隙;(d) 三结,三带隙

2.3.3 玻璃衬底 a-Si/a-Si 双结太阳电池制造技术

1) 玻璃衬底、硅基薄膜太阳电池制造技术流程方块图

以玻璃为衬底的硅基薄膜太阳电池制造技术,是硅基薄膜太阳电池进行商业化生产中的主流技术。下面,综合各公司的制造工艺,简述硅基薄膜太阳电池的制造技术。硅基薄膜太阳电池制造工艺过程从带有 SnO_2 透明导电膜的玻璃开始,技术工艺流程方块图如图 2-97 所示。

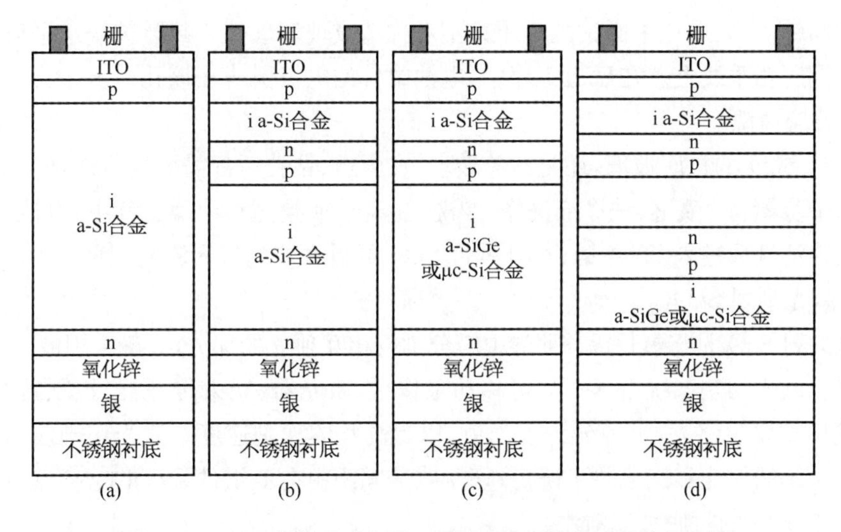

图 2-96 以不锈钢作为衬底,四种硅基薄膜电池结构示意图

(a) 单结薄膜电池;(b) 双结、同带隙薄膜电池;(c) 双结、双带隙薄膜电池;(d) 三结、三带隙薄膜电池

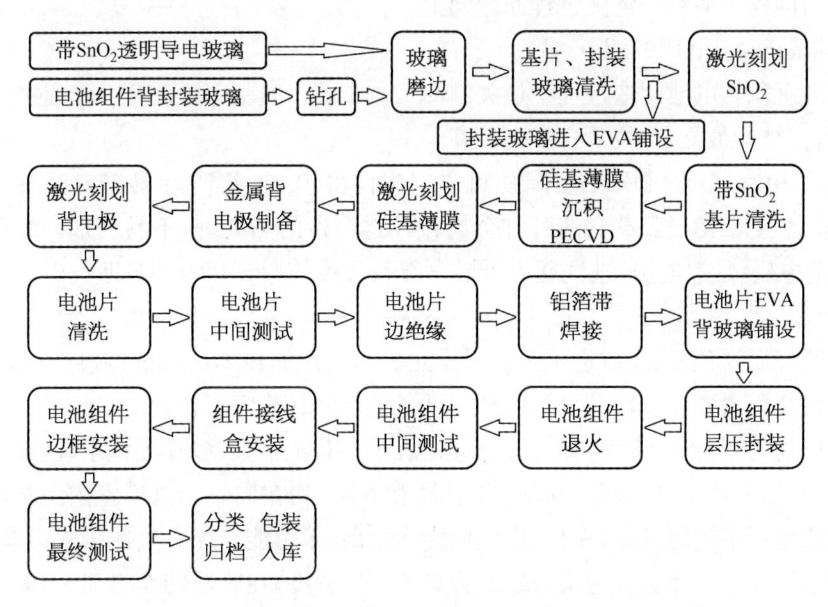

图 2-97 玻璃衬底,硅薄膜太阳电池制造工艺流程方块图

2) 工艺步骤

(1) 玻璃磨边

玻璃磨边目前有两种方法:砂轮磨边和砂带磨边。磨边的目的是将玻璃四个边上的8条棱磨掉一部分,使处于8条棱上的细小裂纹消失,以避免玻璃破碎。两种方法相比,砂轮磨边的质量更好一些,它不仅可以磨8条棱,而且可以磨光沿玻璃厚度方向的4个棱,但机器较贵,成本要高一些。

(2) 钻孔

钻孔只针对电池组件背面的封装玻璃。一般采用上、下两个钻头,从封装玻璃的上、下两面相向钻入，以避免单面钻孔时压力不对称造成玻璃破碎。封装玻璃水平放置，两个钻头处于同一铅垂线上。在后道工序中，电池组件的电极引线在该孔引出。

(3) 玻璃清洗

无论带SnO_2的衬底玻璃，还是封装玻璃，在磨边、钻孔后都需要进行清洗。玻璃清洗一般有5个步骤：预喷淋、洗涤剂洗涤、漂洗、去离子水漂洗和干燥。其中，电池组件的背面封装玻璃清洗后进入EVA铺设工序，带SnO_2的衬底玻璃进入激光刻划SnO_2工序。

(4) 激光刻划SnO_2

激光刻划SnO_2是将氧化锡透明导电膜分割成相互独立的部分，一般采用波长1 064 nm的红激光。激光切割系统由X-Y可移动工作台、激光器、光束传送器、控制器组成。如激光器输出功率足够大，可等分为多光束，以提高整体切割速度。激光切割线的宽度，由激光切割系统的性能和工艺要求确定；切割线的间距由电池组件设计的电参数确定。

(5) 带SnO_2的衬底玻璃清洗

激光刻划SnO_2后，需要再次对衬底玻璃进行清洗。以去除玻璃表面的灰尘、粉尘以及切割线内的各种颗粒。清洗过程原理同上。

(6) 非晶硅沉积(PECVD)

非晶硅沉积是电池制造过程中最关键的工艺步骤。硅基薄膜沉积系统是整个生产线的核心设备，结构最复杂，技术含量也最高。

① 对于单室、多片沉积系统来说，可以一次性将48个或72个玻璃基片装入一个特制的“装载盒”中。构成装载盒的各种金属板经过严格的热处理，不易变形。装载盒设置有RF接地电极、悬浮电极、进气通道、排气通道、温度传感器以及RF匹配器、气源、温控等各种接头。

基片装好后，将装载盒放进预热炉里预热。当基片加热到适当的温度(一般在210℃左右)时，将装载盒取出，放到沉积系统中，准备进行硅基薄膜沉积。

当温度均匀、气流稳定均匀后，即可进行沉积。对于单室、多片沉积系统，无论是单结电池，还是双结电池，各层硅基薄膜(p层、i层和n层)均在同一个真空室内沉积。由于各个膜层需要使用不同的气体，而且，在膜层转换之前，不可能将原有气体排除干净。因此，这种沉积系统存在气体交叉污染问题。为降低污染程度，在膜层转换之前，一般采用氢气或氢稀释硅烷进行冲洗，并与抽真空交替进行。

② 对于多室、单片沉积系统，一次只装入一个基片。各层硅基薄膜(p层、i层和n层)分别在不同的真空室内沉积，基本不存在气体交叉污染问题。

与上述两种沉积系统相比，单室、多片沉积系统具有产率高、气体利用率高、设备简单、运行故障率低的特点，因此，电池组件的生产成本较低。虽然存在一定程度的交叉污染，并在一定程度上限制了转换效率的提高，但在目前情况下，产品性价比仍然具有明显优势。

硅基薄膜沉积完成后，将装载盒取出放入冷却炉中。使用净化风，将片子冷却到40～50℃后，将装载盒取出，卸下所有沉积好的基片，进入下一个工序。

（7）激光刻划硅基薄膜

采用激光（绿激光，波长532 nm）切割系统，将硅基薄膜按照预定的划线间距与线宽进行刻划，使之相互分离，为下一步各条子电池串联做好准备。激光切割系统与激光刻划SnO_2系统基本相同，只是增加了倍频器，使激光波长缩短为原来的二分之一。

（8）金属背电极制备

金属背电极制备，是在硅基薄膜完成之后，在上面沉积金属薄膜，作为太阳电池的背电极。同时，该金属薄膜也扮演电池的背反射器角色。目的是将未被充分吸收的光反射回去，使组件充分吸收入射光，以增大输出电流，提高硅基薄膜太阳电池的光电转换效率。

目前，金属背电极一般由ZnO膜和Al膜复合而成。ZnO膜透明导电，同时可以阻止Al原子向硅基薄膜迁移。由于ZnO膜极易吸附水汽而改变电学性质，所以，一般ZnO膜和Al膜在同一个真空系统中相继完成，用Al膜遮盖ZnO膜，使之与空气隔离。

金属背电极制备多使用线列式溅射系统。系统中安装一个ZnO靶和两个Al靶（为了减少打开真空室安装靶的次数，可以安装多个ZnO靶和Al靶）。电池片在溅射系统中先沉积ZnO膜，再沉积Al膜，边移动边沉积，连续进行。

溅射系统主要包括：进片室、出片室、ZnO膜溅射室、Al膜溅射室、高真空抽气系统、充气系统，整个溅射系统由计算机管理、控制。

（9）激光刻划背电极

采用激光（绿激光，波长532 nm）切割系统，将ZnO和Al复合膜按照预定的划线间距与线宽进行刻划，使之相互分离、绝缘。激光切割系统与激光刻划硅基薄膜系统相同。

激光刻划背电极后，硅基薄膜太阳电池核心结构基本完成，并使各个子电池形成了串联模式，结构示意图如图2－98所示。

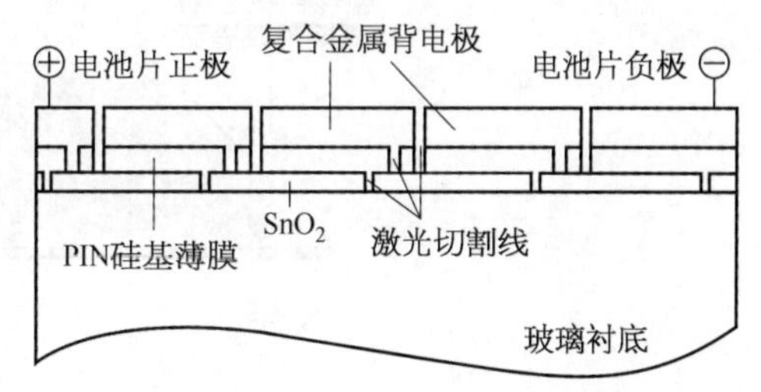

图2－98　背电极刻划后，子电池串联示意图

激光刻划金属背电极后，电池已经具备了输出电能的能力。但由于后道工序尚未完成，还不是一个可以实用的电池组件。

（10）电池片清洗

激光刻划金属背电极后，需要对电池片进行清洗。以去除玻璃表面的灰尘、切割时的粉尘以及切割线内的各种导电、非导电颗粒，以提高电池的转换效率和稳定其电学性能。由于薄膜沉积、激光刻划等复杂的工艺已经完成；还由于电池片表面性质与SnO_2存在较大差别，所以，该清洗过程较前面的清洗应该更加认真、精细。

（11）电池片中间测试

电池片清洗、烘干之后，都要经过合格/不合格标准测试和评价。电池片测试系统（通常称为太阳模拟器）包括光源、控制电路、测试电路、处理程序、显示、打印几部分。测量条件为世界公认的地面光伏组件标准测试条件（STC）：AM1.5，1 000 W·m^{-2}、25℃。

模拟器光源的电路设计应保证在很短时间内，光源在测试平面上的辐照度达到一个稳定的数值，并能持续一定时间。光源的辐照度由标准电池组件进行校准。校准辐照度时，标准电池组件应保证在鉴定周期内(一般为一年)。

测试系统可以提供电池片以下参数：最大功率(P_m)、开路电压(V_{oc})、短路电流(I_{sc})、最佳工作电压(V_m)、最佳工作电流(I_m)、填充因子(FF)、光-电转换效率(η)、并联电阻(R_{sh})、串联电阻(R_s)以及给定低光强下的某些参数。

(12) 电池片边绝缘

电池片边绝缘的目的是将靠近四个边的 pin 硅基薄膜以及前后电极去掉，使该区域的玻璃衬底表面露出，待与 EVA、封装玻璃一起封装后，将电池组件核心部分与外部环境隔离，以阻止水汽、腐蚀性气体、液体等有害物质对电池组件性能的影响。绝缘边的宽度约为 10～12 mm。

目前，电池片边绝缘有三种方式：喷砂边绝缘、砂轮边绝缘和激光边绝缘。三种方式相比，喷砂边绝缘和激光边绝缘应用较多，工艺比较稳定。其中，激光边绝缘更为先进、技术含量高、质量也更好。砂轮边绝缘可控性较差，废品率较高。电池片边绝缘后示意如图 2-99 所示。

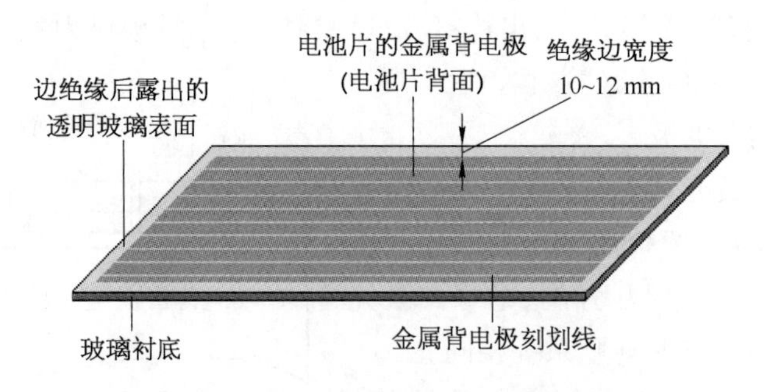

图 2-99 电池片边绝缘后的背面示意图

(13) 电池片铝箔带焊接

电池组件的电极引出线一般设置在某一短边附近，那么，靠近另一短边收集的电流就需要走较长的路程。由于金属背电极不可能做得很厚(一般在 500 nm 左右)，所以会损失一定的功率。为了减少损失，一般在正、负金属背电极薄膜上采用超声焊接技术再焊上一条铝箔带，以降低串联电阻，减小功率损失。同时该铝箔带也作为与外部连接的导线。

(14) 电池片、EVA、封装玻璃铺设

将焊好铝箔带的电池片正面(电池使用时的光入射面)向下放置在操作台上，依次对准位置铺设适当大小的 EVA 薄片(厚约 0.5 mm)和背面封装玻璃，电池片的背面电极引出线从相对应的 EVA 孔和封装玻璃的孔内引出，最后形成“电池片/EVA/背面封装玻璃”三层结构，准备进入电池组件层压工序。

(15) 电池组件层压封装

电池组件的层压封装过程是用层压机完成的。层压机的结构并不十分复杂，而且，目前生产的层压机已经实现全自动控制。但是，层压封装技术在后道工序中对产品的合格率有着重大影响。在层压过程中经常会出现以下问题：

① 衬底玻璃或封装玻璃断裂；

② 出现成群小气泡或构成影响电池组件质量的大气泡；

③ EVA 交联度不合适等。

这些问题将严重影响电池组件的质量，甚至使组件报废。为此，除了层压机内部的匀热底板应该平整，且反复加热不变型外，还需要控制好以下条件：

① 层压室内真空度；

② 加热器温度与均匀性；

③ 抽真空与加压之间的时间间隔（对硅基薄膜太阳电池组件封装尤其重要）；

④ 压力大小；

⑤ 层压时间。

这样才能保证电池组件的质量与合格率。电池组件 EVA 层压封装后示意如图 2-100 所示。

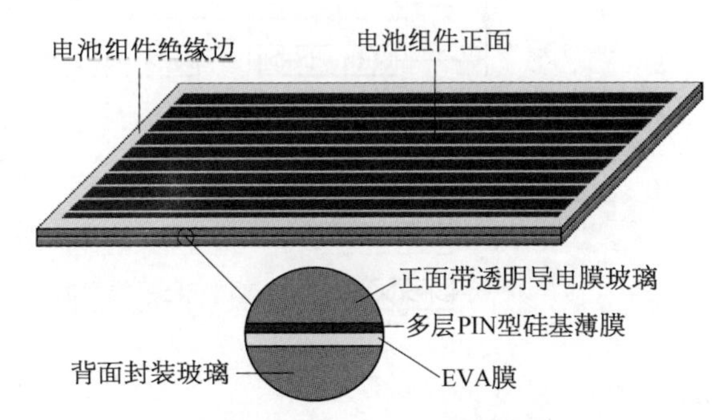

图 2-100　电池组件 EVA 层压封装后示意图

（16）电池组件退火

将 EVA 层压封装后的电池组件装入特制的炉车上，放入退火炉中。在预定的时间内，将炉内温度升高到预定值，并保持一段时间。温度与时间设定值应根据各单位的电池结构、所使用的材料、所经历的工艺过程来确定。

电池组件退火是硅基薄膜太阳电池组件的一个质量控制过程，目的在于使电池组件中的氧化锡/P^+层、金属电极/N^+层、金属电极/EVA/玻璃以及玻璃/EVA/玻璃各个接触界面进一步稳定，以提高电池组件的质量和稳定性。

（17）电池组件中间测试

电池组件经过 EVA 层压封装和退火后，电参数可能发生变化，所以也要经过合格/不合格标准测试和评价。测试系统的测量条件、基本功能、基本结构都与电池片测试相同，只有测量电池组件的卡具与电池片不同。一般来说，电池组件测试系统的测量误差应该比电池片测试系统的测量误差更小一些。

（18）电池组件接线盒安装

电池组件经过中间测试后，对于符合产品销售条件的电池组件进行接线盒安装。接线盒以及引线应符合有关标准。接线盒内一般应设置与太阳电池组件并联的旁路二极管，其目的是在太阳电池方阵中，当出现个别电池组件被遮挡或损坏时，可由相应的旁路二极管形成通路，以保证整个方阵还能正常工作。旁路二极管作用原理如图 2-101 所示。

图中由三行且每行四个电池组件串联形成太阳电池方阵。各行的电流分别为 i01、i02 和 i03。其中，第一行中没有电池组件被遮挡或损坏，电流通路为图中虚线。第二行中有一个电池组件 M22 被遮挡或损坏，从 M23 来的电流不能通过 M22 进入 M21，有了旁路二极管，就可以通过 D22 进入 M21 了。第三行中也有一个电池组件 M33 被遮挡或损

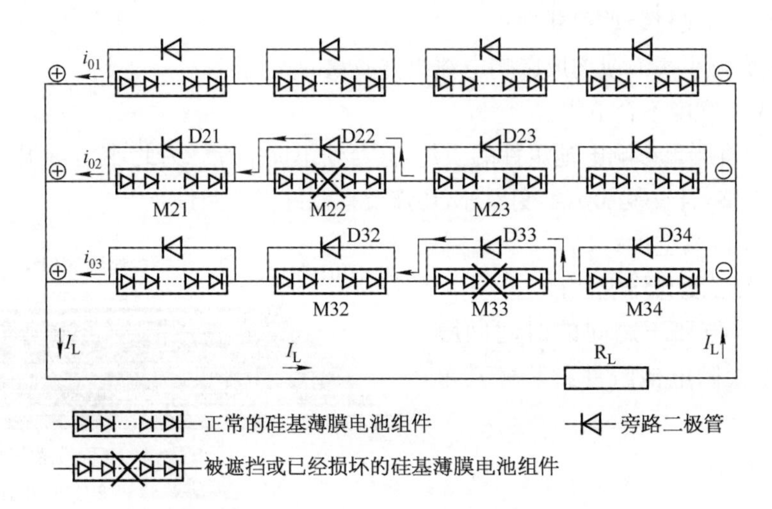

图 2－101 旁路二极管作用原理示意图

坏，其道理与第二行相同。

(19) 电池组件边框安装

根据用户要求，对于需要安装边框的电池组件进行边框安装。对于不需要安装边框的电池组件，应对电池组件侧面进行可靠的密封处理。

(20) 电池组件最终测试

至此，玻璃衬底硅基薄膜太阳电池组件的制造过程已经全部完成。需要对组件进行最后的合格/不合格标准测试和评价，并据此进行产品分类。测试系统的测量条件、基本功能、基本结构都与电池组件中间测试相同。

(21) 电池组件分类、包装、归档、入库

测试完成后，需要对电池组件进行最后清洗，以去除灰尘、杂物以及不应保留的工艺标记等，并根据组件的不同参数，进行分类、贴标签、包装、归档和入库。

2.3.4 不锈钢衬底 a－Si：H/a－SiGe：H/a－SiGe：H 三结太阳电池制造技术

1) 概述[8,46,47]

第一代的卷-卷连续沉积实验设备始建于 20 世纪 80 年代初。在 1982～1983 年间，建成了第二代卷-卷连续沉积中试设备。该设备有 5 个分离室，包括一个装卷室、三个沉积室和一个出卷室。三个沉积室分别沉积 p 层，i 层和 n 层。各反应室间用气筏（Gas Gate）隔离。第一个大型生产线于 1997 年建成，年产能 5 MW。该生产线包括卷-卷连续衬底清洗设备、卷-卷连续背反射膜沉积设备、大型非晶硅和非晶锗硅合金三结电池沉积设备、上电极透明导电膜卷-卷连续沉积设备和一套电池的封装设备。该设备为以后生产更大型的卷-卷连续沉积生产线奠定了稳定的基础。

2002 年，新一代大型 30 MW 卷-卷非晶硅太阳电池设备在美国密西根建成投产。随后又建成了多套类似的生产线，到 2007 年底，联合太阳能公司具有了 118 MW 的生产能

力。在卷-卷连续沉积方面，ECD 和其子公司联合太阳能公司一直处于国际领先地位。到目前为止，采用不锈钢衬底，能够大规模商业化生产三结非晶硅太阳电池的只有美国能源转换器件公司和其子公司联合太阳能公司。

下面简单介绍以不锈钢为衬底、柔性、三结硅基薄膜太阳电池制造技术。制造该电池的工艺流程方块图如图 2－102 所示。

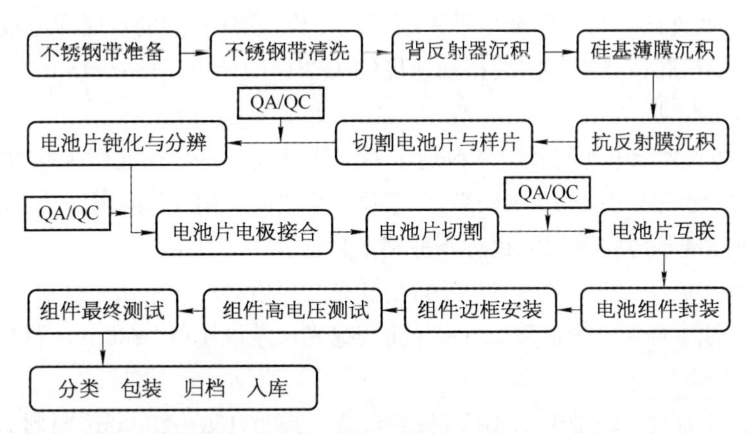

图 2－102　不锈钢柔性衬底、三结非晶硅太阳电池制造工艺流程方块图

2）工艺步骤 [46,47,48,49]

（1）不锈钢带准备

Uni-Solar 公司使用 430＃不锈钢薄带作为衬底。30 MW 生产线所使用的不锈钢带尺寸为：每卷长约 2 600 m，宽 14 in(1 in＝2.54 cm)，厚 5 mil(1 mil＝2.54×10^{-3} cm)(5 MW 生产线使用的不锈钢带每卷长约 800 m，宽 14 in，厚 5 mil)。该技术从不锈钢带清洗一直到减反射沉积一次性连续完成电池制作。每卷不锈钢带要求表面无损伤、平整、具有一定光洁度。

（2）不锈钢带的清洗

将成卷不锈钢带装入专用清洗机中，采用卷-卷方式进行钢带传送，对钢带两个表面同时进行清洗、干燥。清洗、干燥后的不锈钢带重新卷起，在卷起的同时，在要制作电池的一面加入表面保护膜，以免在操作过程中损伤不锈钢带表面。

（3）背反射器沉积

在要制作电池的不锈钢带的那一面连续沉积 Ag(为降低成本，也可以用 Al 代替)和 ZnO，组成双层复合膜。在这里，双层复合膜充当非晶硅太阳电池背反射器的角色。由于上电极的 ITO 较薄，不可能具有绒面结构，所以光的散射效应主要来自衬底的绒面结构。虽然银是最好的光反射材料，但由于成本等方面的考虑，目前生产中所采用的背反射膜为铝/氧化锌材料。

入射到太阳电池内部的光经过三层膜吸收，剩余部分由背反射器反射，再次进入吸收层进行二次吸收，以提高光利用率，最后达到提高转换效率的目的。

（4）硅基薄膜沉积

硅基薄膜沉积是非晶硅太阳电池制造过程中最关键的工艺步骤。对于 Uni-Solar 的三结非晶硅太阳电池来说，需要在已经做好的背反射器的表面连续沉积九层硅基薄膜，它们分别是：p_1层、i_1层、n_1层；p_2层、i_2层、n_2层；p_3层、i_3层、n_3层。其中，i_1～i_3层是三个光吸收层，它们的好坏直接影响太阳电池的光吸收情况，而p_1～p_3层、n_1～n_3层的主要作用是形成内建场。

这个设备可以同时装载六卷2.6 km长、36 cm宽的不锈钢带。在射频(RF)电极的两侧，各有三卷衬底连续运行。射频电极采用立式结构，这样两侧的衬底和电极的结构是对称的。不锈钢带衬底在真空室内的移动速度约为2ft(1 ft=30.48 cm)min^{-1}，每个批次连续沉积时间约为62 h。

三结硅基薄膜太阳电池的九层材料是在不同的反应室中依次沉积在不锈钢衬底上的。为了避免不同反应气体之间的交叉污染，两个反应室之间是用气体隔离阀相互隔离的。

三结电池的硅基薄膜沉积大致有八种基本特征：

① 顶电池本征层：光带隙1.8 eV(捕获蓝光)、厚度80～100 nm、材料a-Si合金；

② 中间电池本征层：光带隙1.6 eV(捕获绿光)、厚度150～200 nm、材料a-SiGe合金(10%～20% Ge)；

③ 底电池本征层：光带隙1.4 eV(捕获红光)、厚度150～200 nm、材料a-SiGe合金(40% Ge)；

④ 反应室内气体压力为13.3～133 Pa；

⑤ 等离子放电电极之间的距离为4～6 cm；

⑥ 沉积硅基薄膜时衬底温度为150～300℃；

⑦ RF等离子放电功率密度为10～100 mW·cm^{-2}；

⑧ 硅基薄膜沉积速率为0.15 nm·s^{-1}。

(5) 抗反射膜沉积

九层硅基薄膜沉积后，在电池顶部沉积铟锡氧化物(ITO)，作为入射光的减反射层，使入射光更多地进入太阳电池内部。为了使ITO起到抗反射的作用，ITO的厚度一般取最佳光谱区光波长的四分之一。对于非晶硅基电池，ITO的厚度一般为70 nm。

至此，不锈钢带清洗、背反射层制备、硅基合金薄膜沉积和电池顶部透明导电膜制备已经全部完成。这四道工序称为生产线的前道工序，是该生产技术的核心部分，全部实现自动化。

(6) 电池片和样片的切割

使用自动或半自动机器，将做完减反射层的不锈钢带，按照要求切割成9.4 in×14 in(不锈钢带宽度)的电池片和若干3.8 in×14 in的样片。样片用来作离线的QA/QC(品质保证/品质控制 Quality Assurance/Quality Control)评价。合格的样片也作为正式电池片进行电池组件的组装。

(7) 电池片的钝化与分辨

在电池片上施加一定的电压，电池内产生一定的电流，该电流会将使电池片中阻值小的电阻或短路点烧掉，以提高电池片的性能和合格率。随后，对电池片进行QA/QC评价，以便获得钝化效果信息以及电池片质量参数。

(8) 电池片电极接合

由于 Uni-Solar 公司三结太阳电池片的面积较大，而且，充当电池片透明上电极及抗反射双重作用的 ITO 膜只有 70 nm 厚，这样薄的 ITO 不能提供足够的电导去无损收集光生电流，因此，需要在 ITO 上布置栅线，减小串联电阻，保证电流的有效收集。所以，这个工艺步骤的作用就是布置电池片栅线，连接栅线并布置电池片的引出线。

(9) 电池片切割

在电池片完成布置栅线，连接栅线以及引出线后，将电池片多余的边缘切掉，并按照用户要求，将电池片切割成合适大小。然后再次进行 QA/QC 评价。

(10) 电池片互连

根据用户要求的电流、电压参数，将一定面积、一定数量的电池片进行适当的串、并联焊接。对于大面积的电池组件，需要加焊旁路二极管，如图 2-103 所示。

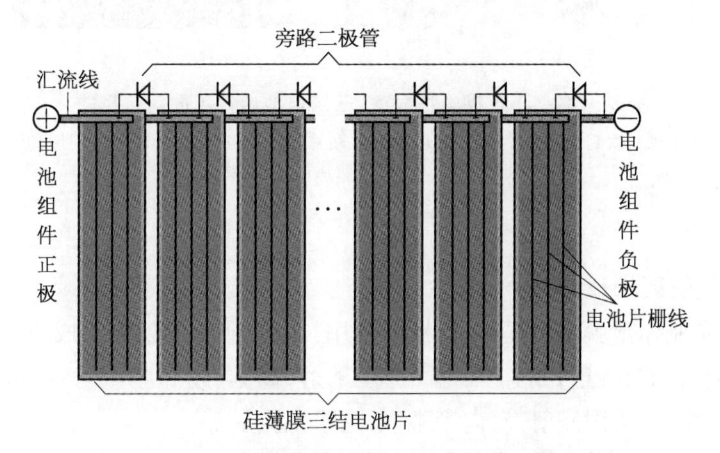

图 2-103　不锈钢柔性衬底、三结电池片互联示意图

(11) 电池组件的封装

电池片互连完成后即可进入电池组件层压封装工序。使用专用层压机，在规定的工艺条件下，将具有合适性能、厚度的 EVA 胶膜层压在电池两面和四周，对电池形成完整保护，并在光入射一侧形成陷光结构。这样，既保护电池不受外界环境侵害，又提高了电池的性能。同时，根据消费者对产品的要求，加装合适的底衬材料。

(12) 电池框架和接线盒的安装

对于非柔性衬底封装的电池组件，根据用户的不同需要，选择合适的框架(塑料框架或金属框架)，进行电池组件的框架安装以及接线盒安装。

(13) 电池组件的高电位试验

电池组件封装完成后，需要进行高电位试验，以了解电池组件中电池片外部结构的绝缘强度，从而确定电池组件的使用条件以及是否满足国际或区域的相关"标准"要求。

(14) 电池组件的测试、分类、包装、归档、入库

电池组件的高电位试验完成后，还需要进行电池组件的最后的测试。测试系统的原

理、功能、测试条件都与玻璃衬底电池组件测试系统相同(目前,对于几米长的大型柔性电池组件,国际上还没有相应的标准化模拟器),然后进行电池组件的分类、包装、归档、入库。

至此,不锈钢柔性衬底、p-i-n/p-i-n/p-i-n三结太阳电池组件制造已全部完成。这种产品具有不怕摔、碰、压,并可以弯曲的优点,而且,其功率/重量比值远大于常规的晶硅电池和玻璃衬底硅基薄膜太阳电池,用途较广。但是,由于该电池设备投入大、制造工艺复杂,所以制造成本较高。该技术生产的三种产品如图2-104所示。

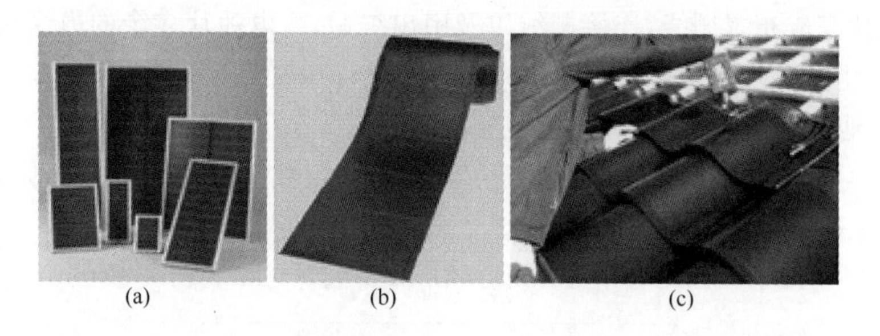

(a) (b) (c)

图2-104 不锈钢柔性衬底、三结电池组件不同封装形式

(a) 硬衬底封装,背面为彩钢板;(b) 柔性封装,背面带胶,可直接贴到屋顶上;(c) 可以替代屋顶瓦,又可以发电

2.3.5 溅射镀膜技术

溅射镀膜是制作薄膜电池正、负电极的常用技术。利用溅射技术成膜的方式较多,有二极溅射;三极或四极溅射;高速、低温、磁控溅射;高频、超高频溅射;反应溅射;偏压溅射;非对称交流溅射;吸附溅射;对向靶溅射;离子束溅射等。

这些溅射技术在不同的情况下有不同的用途。这里仅围绕硅基薄膜太阳电池制造技术对溅射理论、射频溅射和成膜作简单介绍。

1) 溅射理论[50]

在溅射镀膜装置中,被荷能粒子轰击的靶材是处在负电位的位置。所以,一般称这种溅射为阴极溅射。关于阴极溅射的理论解释主要有以下三种:

(1) 蒸发论

这种理论认为溅射是由于气体正离子轰击阴极靶,使靶表面受轰击的部位产生局部高温区,该区靶材达到了蒸发温度而产生蒸发。根据这种解释,溅射速率是靶材升华热和轰击离子能量的函数。该解释与辉光放电实验相一致。

(2) 碰撞论

这种理论认为,溅射现象是弹性碰撞的直接结果,当正离子轰击阴极靶时,直接将其能量传给靶表面上某个原子或分子,使该原子或分子脱离附近其他原子或分子的束缚而从靶表面弹射出来。如果轰击离子的能量不够,则只能发生振动而不产生溅射。如果轰击离子的能量很高,溅射原子数与轰击离子数的比值将减小。这是因为轰击离子能量过高，而发生离子注入现象的缘故。

这种动能转移而产生溅射的理论，也被许多实验所证实。而且，在说明溅射原子的能量比热蒸发原子高许多倍的原因方面，与第一种理论相比较，碰撞论能更好地加以解释。

(3) 混合论

即认为溅射是热蒸发和弹性碰撞的综合过程。在上述三种溅射理论中，当前倾向于混合论。

2) 射频溅射[50,51]

在溅射靶上加射频电压的溅射称为射频溅射。射频辉光放电有两个重要的特征：

① 在辉光放电空间中电子发生振荡，电子获得的能量使其足以产生电离碰撞，所以减小了放电对二次电子的依赖，并且降低了击穿电压；

② 射频电压能够通过任何一种类型阻抗耦合进去，电极并不需要是导体，它可以溅射任何材料，包括介质材料。

一般射频溅射的频率为 5～30 MHz，国际上通常采用的射频频率多为美国联邦通讯委员会(FCC)建议的 13.56 MHz。由于电子的质量较小，其迁移率远高于离子的迁移率，所以，当靶电极通过电容耦合被施加射频电压时，在一个周期内到达靶电极的电子数要远大于到达靶电极的离子数，因此有了电子积累，并使靶电极产生直流负电位，这个直流负电位叫做等离子体自偏压。

经过若干周期(瞬间)，靶电极会建立起稳定的直流负偏压。在平衡状态下，该负偏压使在一个周期内到达靶电极的电子数与到达靶电极的离子数相等。试验表明，靶电极上形成的负偏压幅值大体与射频电压的峰值相等。射频溅射中靶电极负偏压形成原理如图 2-105 所示。

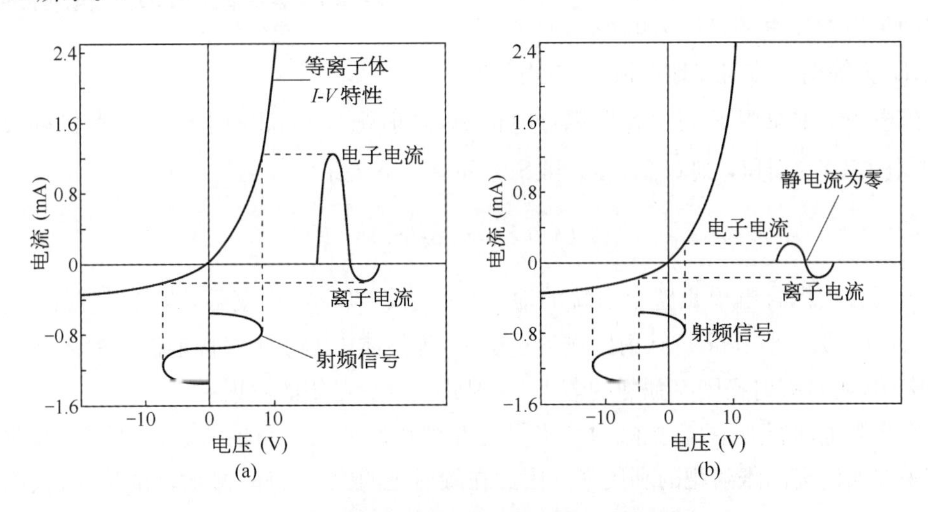

图 2-105　射频溅射中负偏压形成原理图

(a) 放电初始状态；(b) 放电稳定状态

负电位的建立使高频电压讯号发生位移，出现正负半周的不对称性。在一个周期之内，进入靶面的电子数等于进入靶面的正离子数，因此负电荷不再继续积累。

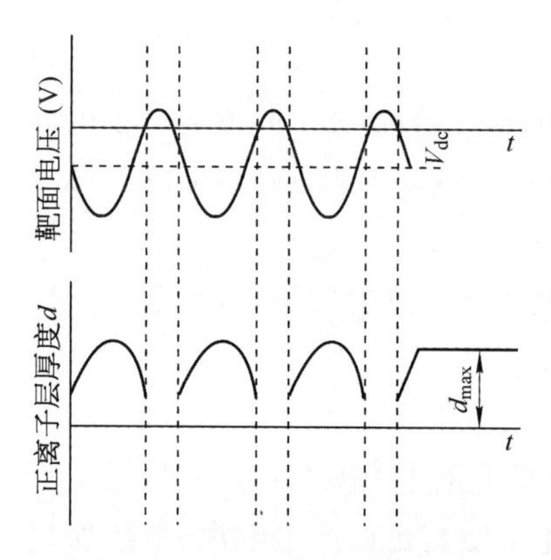

图 2-106 正离子层厚度随靶面电压的变化情况

然而在一个周期之内,电子和正离子向靶面入射所占用的时间则是不相同的。正离子的入射时间要比电子的入射时间长,这对溅射是有利的。高频电压的周期性交化,也引起了向靶面入射的正离子层的周期性交化,当靶面电位越负时,离子层就越厚;反之,当靶面电位越正时,则离子层的厚度就受到压缩。正离子层厚度的变化情况与靶面电压存在着对应关系,如图 2-106 所示。

总之,当靶上的负偏压建立之后,不仅在负半周时可以进行正常的溅射,而且在正半周的大部分时间内也能进行正常的溅射。

如果在射频溅射装置中,将与靶相连的电极和与基片相连的电极完全对称布置,则正离子就会以均等的机会轰击溅射靶和基片,这样溅射成膜是困难的。实际上,只要求靶材被溅射,为此,需要把靶电极绝缘起来,并通过电容耦合到射频电源上,而另一个放置基片的电极则直接耦合,并要求靶的面积必须比直接耦合电极的面积小,这样,才能使放电空间的正离子主要轰击靶面,而很少轰击基片。极间的电位分布如图 2-107 所示[50,52]。

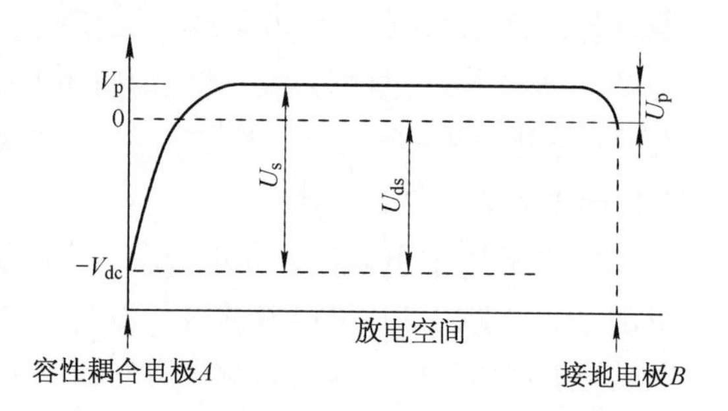

图 2-107 容性耦合 RF 辉光放电两极间的电位分布

图中,U_s为等离子体与容性耦合电极 A 之间的平均直流电压;U_{ds}为电极 A 的偏置电压;U_p为等离子体与接地电极 B 之间的平均直流电压。如果用 S_a表示容性耦合电极 A(溅射靶)的面积,用 S_b代表直接耦合电极(接地电极 B)的面积,则 U_p、U_s、S_b和 S_a之间有如下关系[52,53]:

$$U_p/U_s = (S_a/S_b)^4 \tag{2-31}$$

由于直接耦合电极是整个系统的地,包括底板、真空室内壁等,所以,S_b要比 S_a大的多,因此,U_p要远小于 U_s。在射频溅射过程中,等离体中的离子对接地部分的表面只有微小的轰击,而对溅射靶则有强烈的轰击,并因此发生所希望的溅射。

在太阳电池行业中,磁控溅射技术早已经被普遍使用。目前,该技术的创新、改进主要集中在如何提高溅射靶的利用率。因此在溅射靶的磁场分布、溅射靶的形状、大面积多元素合金靶的接合和黏接与热处理等方面不断出现新产品和新技术。

3) 溅射与成膜

(1) 溅射

当离子轰击靶材表面时,靶材的中性粒子(原子或分子)从靶面逸出沉积到衬底上,这是我们需要的。除此之外，还会同时产生一些其他效应，这些效应如图2-108所示[50]。

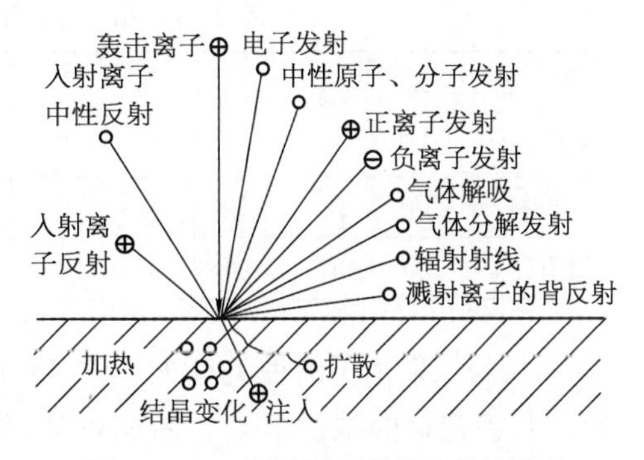

图2-108　离子轰击引起的各种效应

这些效应对薄膜的生长也会产生很大的影响。应该注意的是，图中所示的各种效应，在大多数辉光放电沉积工艺中的基片上，同样可能发生。在辉光放电沉积工艺中，基片的自偏压也和接地电极一样，会形成相对于周围环境为负的电位。所以，也应该将基片视为溅射靶。但是它与真正溅射靶的情况大不相同，不可混为一谈。

离子轰击固体表面所产生的各种效应与固体材料、入射离子种类有关。为了了解实际溅射中各种效应的大致情况，用10～100 eV能量的氩离子对某些金属进行轰击，平均每一个入射离子所产生的各种效应的发生概率大致如表2-6所示。当靶材为介质时，一般比金属靶材的溅射率小，但电子发射系数大。

表2-6　离子轰击固体表面所产生的各种效应及其发生概率[50]

效　应	名　称	发生几率
溅　射	溅射率 η	$\eta=0.1\sim10$
离子溅射	一次离子反射系数 R	$R=10^{-4}\sim10^{-2}$
离子散射	被中和的一次离子反射系数 R_m	$R_m=10^{-3}\sim10^{-2}$
离子注入	离子注入系数	$1-(P-P_m)$
离子注入	离子注入深度 d	$d=1\sim10$ nm
二次电子发射	二次电子发射系数 r	$r=0.1\sim1$
二次离子发射	二次电子发射系数 k	$k=10^{-5}\sim10^{-4}$

在上述的各种效应中，最需关心的是溅射效应。即单位时间被正离子轰击出来的中性粒子的数量 N_s，称为溅射量，N_s 可由式(2-32)表示：

$$N_s = \eta N_i \tag{2-32}$$

式中　N_i——单位时间的入射离子数；

η——溅射率，或称溅射产额。

溅射率的定义是：一个正离子入射到靶材表面，从表面上溅射出来的原子数。溅射率 η 与下述因素有关：

① 与靶材有关。其一般规律是靶材元素的原子序数大，η 的值也大；

② 与入射正离子的能量有关。当离子的能量 E_i 从零增加到某一个数值时，才会发生溅射现象，该值称阈能。表2-7给出了若干材料溅射所需的阈值能量。

表 2-7 Ar^+ 溅射几种常用材料所需的阈值能量

材 料	Be	Al	Ti	V	Fe	Co	Ni	Cu	Ge	Zr	Nb	Mo	Rh
阈值(eV)	15	13	20	23	20	25	21	17	25	22	25	24	24
材料	Pd	Ag	Ta	W	Re	Pt	Au	Th	U	Ir			
阈值(eV)	20	15	26	33	35	25	20	24	23	8			

③ 与入射离子的种类有关。图 2-109 给出了各种不同离子(能量为 45 keV)轰击银、铜、钽靶材的溅射率[51]。由图可见,惰性气体的溅射率较大。考虑到经济性,通常选用氩气作为溅射气体。

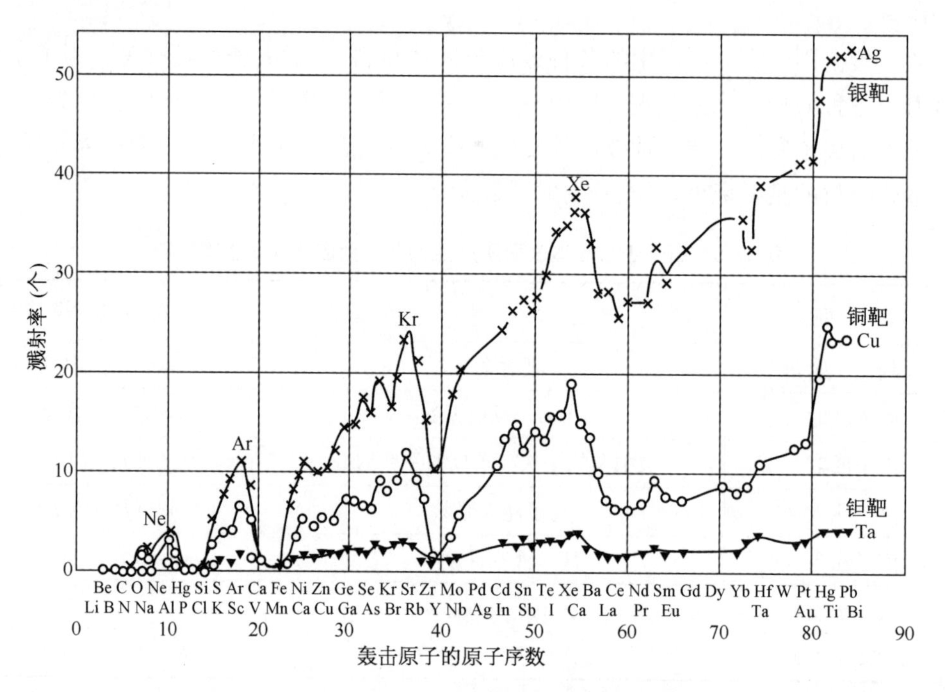

图 2-109 银、铜、钽三种金属靶材溅射率与离子序数的关系

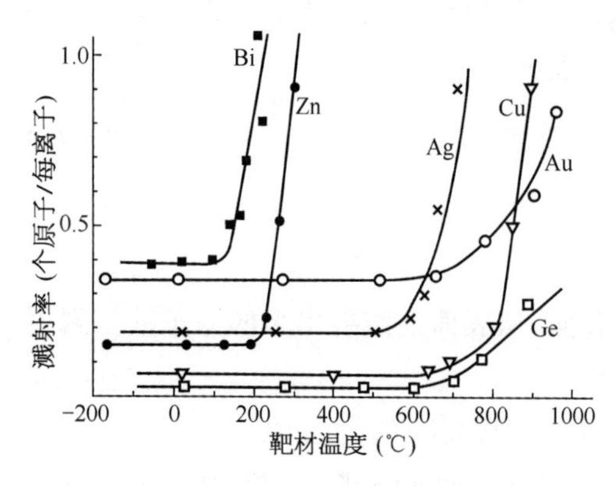

图 2-110 45 keV 的 Xe 离子轰击材料时,溅射率与温度的关系

④ 与靶材温度有关。溅射率与靶材温度的依赖关系,主要与靶材物质升华能相关的温度值有关。在低于此温度时溅射率几乎不变。当超过此温度时,溅射率急剧增加。可以认为,这和溅射与热蒸发的复合作用有关。图 2-110 是用 45 keV 的氙离子(Xe^+)对几种靶材进行轰击时,所得到的溅射率与靶材温度的关系曲线[50,51]。在溅射时应注意观察冷却水的进、出水温度,控制好靶温,防止出现溅射率急剧增加的现象。

（2）粒子的迁移

靶材受到轰击放出的粒子中，除正离子外，均向基片方向迁移，在迁移过程中，粒子的能量将因碰撞而降低，其路程越长，碰撞的机会就越多。所以在确定基片与靶的间距时，应考虑到分子的平均自由程。同时，靶材的散射损失也随气压的升高而增大。

虽然靶材原子在向基片迁移的过程中，因碰撞而降低其能量（这种碰撞主要是与溅射气体分子碰撞），但是，由于溅射出的靶材原子能量远远高于蒸发原子的能量，所以，在溅射镀膜中，沉积在基片上的原子能量比较大，其值相当于蒸发原子能量的几十至一百倍。一般说来，溅射薄膜的附着性要比蒸发薄膜好得多。

（3）沉积速率

在溅射镀膜过程中，沉积速率是人们最关心的问题之一。假如阴极（靶电极）的离子电流为 I（安培），在 t_s 内从靶上溅射下来的材料质量为 W_g，则单位时间溅射下来的分子数 N_s 为：

$$N_s = (W_g/t_s M) \times 6 \times 10^{23} \tag{2-33}$$

式中　M——靶材的相对分子质量。

而单位时间轰击靶材的离子数 N_i 为：$N_i = I/1.6\times10^{-19}$，于是，溅射率 η 可表示为：

$$\eta = N_s/N_i \approx 10^5 W_g/M t_s I \tag{2-34}$$

所以，溅射下来的材料量可表示为：

$$W_g = 10^{-5} M I t_s \eta \tag{2-35}$$

当然，这 W_g 材料不可能完全到达基片，设单位时间到达基片的材料量为 Q_g，则：

$$Q_g = RW_g/t = 10^{-5} RI\eta \ (R\ \text{为小于 1 的数}) \tag{2-36}$$

令 $C=10^{-5}R\eta$，则：$Q=CI$。这里，C 称作系统的特性常数。显然，对于一台设备，在溅射过程中，当靶材、入射离子和施加的射频电压一定时，薄膜的沉积速率取决于离子流和溅射率。离子流和溅射率这两个因素都与气压有关。图 2-111 给出了工作气压与溅射率的关系。它是用 150 eV 的氩离子轰击镍靶时得到的溅射率与总气压之间的关系。从图中可以看到，当压力大于一定值时，溅射率急剧下降，其原因是靶材粒子的背反射（即返回靶材）和散射增大，导致溅射率下降。

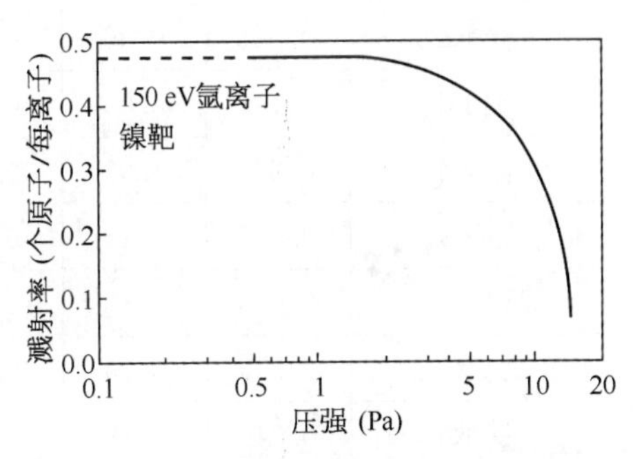

图 2-111　氩离子轰击镍靶时溅射率与压强的关系[50]

事实上，在约 10 Pa 的气压下，从阴极靶溅射出来的离子只有 10%能够穿过阴极暗区。所以，依据溅射率的大小来考虑气压的最佳值是比较合理的。一般取溅射率下降前的最大压力，才可获得较大的薄膜沉积速率。表 2-8 给出了不同能量的 Ne^+ 和 Ar^+ 对若干靶材的溅射率。

表 2-8 不同能量的 Ne^+ 和 Ar^+ 对若干靶材的溅射率表[52]

不同的靶材元素	不同能量的 Ne^+ 和 Ar^+ 对若干靶材的溅射率							
	Ne^+ 能量				Ar^+ 能量			
	100 eV	200 eV	300 eV	600 eV	100 eV	200 eV	300 eV	600 eV
铍 Be	0.012	0.10	0.26	0.56	0.074	0.18	0.29	0.80
铝 Al	0.031	0.24	0.43	0.83	0.11	0.35	0.65	1.24
硅 Si	0.034	0.13	0.25	0.54	0.07	0.18	0.31	0.53
钛 Ti	0.08	0.22	0.30	0.45	0.081	0.22	0.33	0.58
钒 V	0.06	0.17	0.36	0.55	0.11	0.31	0.41	0.70
铬 Cr	0.18	0.49	0.73	1.05	0.30	0.67	0.87	1.30
铁 Fe	0.18	0.38	0.62	0.97	0.20	0.53	0.76	1.26
钴 Co	0.084	0.41	0.64	0.99	0.15	0.57	0.81	1.36
镍 Ni	0.22	0.46	0.65	1.34	0.28	0.66	0.95	1.52
铜 Cu	0.26	0.84	1.20	2.00	0.48	0.10	1.59	2.30
锗 Ge	0.12	0.32	0.48	0.82	0.22	0.50	0.74	1.22
锆 Zr	0.054	0.17	0.27	0.42	0.12	0.12	0.28	0.75
铌 Nb	0.051	0.16	0.23	0.42	0.068	0.25	0.40	0.66
钼 Mo	0.10	0.24	0.34	0.54	0.13	0.40	0.58	0.93
钌 Ru	0.078	0.26	0.38	0.67	0.14	0.41	0.68	1.30
铑 Rh	0.081	0.36	0.52	0.77	0.19	0.55	0.86	1.46
钯 Pd	0.14	0.95	0.82	1.32	0.42	1.00	1.41	2.39
银 Ag	0.27	1.00	1.31	1.98	0.63	1.58	2.20	3.40
铪 Hf	0.057	0.15	0.22	0.39	0.16	0.35	0.48	0.83
钽 Ta	0.056	0.13	0.18	0.30	0.10	0.28	0.41	0.62
钨 W	0.038	0.13	0.18	0.32	0.068	0.29	0.40	0.62
铼 Re	0.04	0.15	0.24	0.42	0.10	0.37	0.56	0.91
锇 Os	0.032	0.16	0.24	0.41	0.057	0.36	0.56	0.95
铱 Ir	0.069	0.21	0.30	0.46	0.12	0.43	0.70	1.17
铂 Pt	0.12	0.31	0.44	0.70	0.20	0.63	0.95	1.56
金 Au	0.20	0.56	0.84	1.18	0.32	1.07	1.65	2.43
钍 Th	0.028	0.11	0.17	0.36	0.097	0.27	0.42	0.66
铀 U	0.063	0.20	0.30	0.52	0.14	0.35	0.59	0.97

4）溅射镀膜的特点

溅射镀膜技术之所以被广泛应用，是因为它具有以下优点：

（1）膜厚的可控性好

膜层厚度是否可以控制在预定的数值上称为膜厚的可控性。在采用真空溅射镀膜时，靶材在基片上的沉积量 $Q=CI$。在其他条件不变的情况下，只要控制好溅射时间和靶电流就可以控制薄膜厚度。实际上，在溅射中控制靶电流 I 要比在蒸发镀膜中控制蒸发温度 t 相对容易得多。所以，膜厚的可控性比较好。

（2）膜附着力强

薄膜原子的能量比蒸发原子的能量高 1～2 个数量级。高能量的溅射原子沉积在基片上进行的能量转换比蒸发原子高得多，产生较高的热能，增强了溅射原子与基片的附着力。并且，部分高能量的溅射原子产生不同程度的注入现象，在基片上形成一层溅射原子与基片原子相互溶合的伪扩散层。而且，在成膜过程中，基片始终在等离子区中被清洗和激活，清除了附着力不强的溅射原子，净化且激活基片表面。因此，溅射薄膜在基片上的附着力比较强。

（3）可以制备特殊材料的薄膜

几乎所有的固体都可以用溅射法制成薄膜。靶材可以是金属，半导体、电介质或多元素的化合物、混合物。只要是固体，甚至粒状、粉状的物质都可以作为溅射靶，并且不受熔点的限制。

溅射法制膜还可以使不同的材料同时溅射制备混合膜、化合膜。若使不同的材料按顺序溅射，可以制备多层膜。由于溅射时，氧化物等绝缘材料和合金几乎不分解、不分馏，所以可以制备氧化物绝缘膜和组分均匀的合金膜。

此外，如果溅射时通入反应性气体，使其与靶材发生化学反应，这样可以得到与靶材完全不同的新薄膜。例如，利用硅作溅射靶，将氧气与氩气一起通入真空室，经过溅射就可以获得 SiO_2 绝缘膜，利用钛作为溅射靶，通入氮气和氩气，就可以获得 TiN 仿金膜等。

（4）膜层纯度高

由于在溅射镀膜装置中没有蒸发装置中的坩埚类加热部件，所以，在溅射膜里不会混入坩埚类加热材料，或它们的化合物。

溅射镀膜的缺点是：成膜速率比蒸发镀膜慢；基片温升高，易受杂质气体影响；装置结构复杂。近年来，由于高频溅射、磁控溅射技术的不断完善和发展，溅射镀膜技术已经得到日益广泛的应用。目前，无论是金属、半导体、绝缘体还是化合物、混合物，都可以用溅射技术制成所需要的薄膜。

5）提高薄膜-基片附着强度的一些措施

（1）对基片严格要求

一般来说，要求基片有良好的化学稳定性，不与薄膜发生化学反应生成不需要的物质；有良好的机械强度，不易破碎、变形；有较好的热稳定性和抗热冲击能力，以承受工艺过程中的烘烤加热；膨胀系数与薄膜近似，以防止因应力产生的脱落等。

(2) 镀膜前对基片进行认真清洗

基片进入镀膜室前,均应对基片进行清洁处理,以达到去油、去污和脱水的目的。然后再经过镀膜过程中的电子、离子轰击使镀膜前的基片表面呈现出分子级原子级的清洁度,这是提高镀层牢固度的重要措施。

(3) 真空室的本底真空度不能太低

真空室的本底真空度太低就会有过多地残余气体存在于真空室内,在溅射或蒸发过程中它们会与薄膜材料进行化学反应,影响膜的纯度。基片表面吸附气体过多也会影响薄膜的附着强度。对于蒸发与溅射,本底真空度国内一般要求不低于 6×10^{-3} Pa,国外一般在 6×10^{-4} Pa 左右。

(4) 在成膜过程中给基片加热

基片温度越高,晶粒尺寸越大,晶粒生长快,膜凝结缺陷减少,自洁净作用增强,使膜的形成更加完善,从而导致膜的内应力降低。这有利于提高膜的附着强度。至于加多高温度,要根据成膜材料、工艺要求、设备情况并通过试验确定。

(5) 适当控制溅射功率与气压

气压的大小影响着放电空间中的氩离子密度和分子的自由程。而溅射功率的大小影响着氩离子在一个分子的自由程中所获得的能量,同时也影响着溅射出的金属原子所携带的能量。两者的合理控制有利于提高薄膜的附着强度。

(6) 成膜后对基片进行热处理

薄膜沉积之后可以对其进行退火处理。处理温度可以稍高于膜沉积温度。其机理是使膜-基分子热运动加剧,在界面处相互扩散形成混合层,以提高薄膜的附着强度。

(7) 镀膜过程中的除尘、防湿和防油

镀膜室内的灰尘、细小碎屑、水汽、油气都会影响薄膜附着强度。所以,真空是应保持干净,尤其是扩散泵的油气不能进入真空室内,为此,扩散泵的冷阱一定要正常工作,以免影响薄膜附着强度。在硅基薄膜产业化生产中,电池背电极脱落,以及附着强度降低经常由此引起。

2.3.6 太阳电池中的欧姆接触

从电学上讲,理想欧姆接触的接触电阻与半导体样品或器件相比应当很小,当有电流流过时,欧姆接触上的电压降应当远小于样品或器件本身的压降,这种接触不影响器件的电流-电压特性,或者说,电流-电压特性是由样品的电阻或器件的特性决定的。

对于硅基薄膜太阳电池来说,其结构是由若干个不同薄膜层叠加而成的,如 Al/SnO_2 界面、SnO_2/P^+-a-Si∶C 界面、P^+-a-Si∶C/本征 a-Si 界面、本征 a-Si/N^+-a-Si 界面、N^+-a-Si/P^+-a-Si 界面、N^+-a-Si/ZnO/Al 界面等,这些接触界面是由不同材料或近似同种材料组成。电池的 pin 结数越多,接触界面也就越多。每多一个 pin 结,就会多出两个接触界面和一个反向结。

对制造硅基薄膜太阳电池来说,对这些界面的要求是不同的。我们把这些接触界面分为三种类型：

① 希望具有较小的界面态密度，以提高内建场强度，减小界面复合，如 p－a－Si∶C/本征 a－Si 界面、本征 a－Si/N^+－a－Si 界面；

② 希望形成欧姆接触，以减小太阳电池的串联电阻，如 Al/SnO_2界面、SnO_2/p－a－Si∶C 界面以及 n－a－Si/ZnO/Al 界面(或 n－a－Si/Al 界面)；

③ 希望有较大的隧穿电流，以降低反向结的影响，如 n－a－Si/p－a－Si 界面。

对于①类接触界面，在电池制造过程中是利用生长过渡层(缓冲层 buffer layer)的方法加以解决。以达到降低原子失配度，减少界面态，提高内建场强度，并降低复合电流的目的。值得注意的是，硅基薄膜接触界面要比单晶硅接触界面复杂的多，它不仅有表面断键(未饱和悬挂键)，而且，表面的 Si－H 键以及处于表面或表面附近微空洞中的亚稳态 Si－H 键在一定条件下都可能转变为新的缺陷态，从而使界面进一步恶化。

对于②、③类接触界面，涉及金属与半导体材料接触以及隧穿效应，下面作简单介绍。

1) 金属-半导体接触[53,54]

当金属与半导体接触时，它们之间不一定会形成欧姆接触。所以，不能简单地认为金属与半导体材料的接触类似于金属与金属的接触。对此，1931 年肖特基(Schottky)、斯托姆尔(Stomer)和韦伯(Weibel)提出，在半导体与金属接触处可能存在某种势垒。

(1) 金属、半导体的功函数

在绝对零度时，金属中的电子填满了费米能级 E_F以下的所有能级，而高于 E_F的能级则全部是空着的。在一定温度下，只有 E_F附近的少数电子受到热激发，由低于 E_F的能级跃迁到高于 E_F的能级上去，但是绝大部分电子仍不能脱离金属而逸出体外。这说明金属中的电子虽然能在金属中自由运动，但绝大多数所处的能级都低于体外能级。

要使电子从金属中逸出，必须由外界给以足够的能量。所以，金属内部的电子是在一个势阱中运动。用 E_0表示真空中静止电子的能量，金属中的电子势阱如图 2－112 所示。

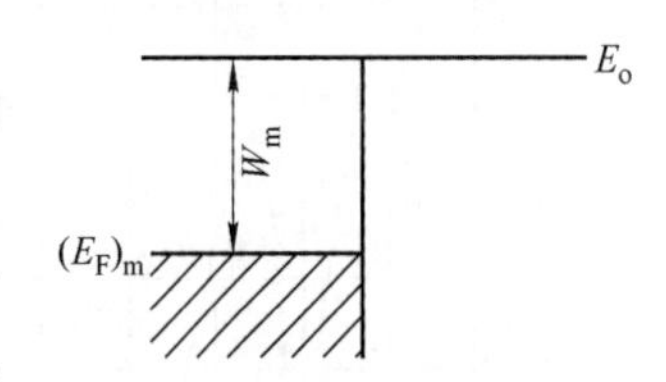

图 2－112　金属中的电子势阱示意图[53]

金属-半导体接触时之所以形成势垒，根本原因是它们有着不同的功函数。金属的功函数定义为：将金属中处于费米能级的电子拉到体外静止状态(所谓真空能级)所需要的最小能量，一般用 W_m表示，即：

$$W_m = E_0 - (E_F)_m = qV_m \tag{2-37}$$

这个能量一方面用来克服电子与金属晶格和其他电子之间的相互作用，另一方面用来克服金属表面上可能存在的偶极矩。所以，功函数的大小反映着电子被物体束缚的强弱，W_m越大电子越不容易离开金属。式中，V_m的单位是伏特。

和金属类似，半导体的功函数也定义为：费米能级$(E_F)_s$与真空能级 E_0之间的能量差，用 W_s表示，于是有：

$$W_s = E_0 - (E_F)_s = qV_s \tag{2-38}$$

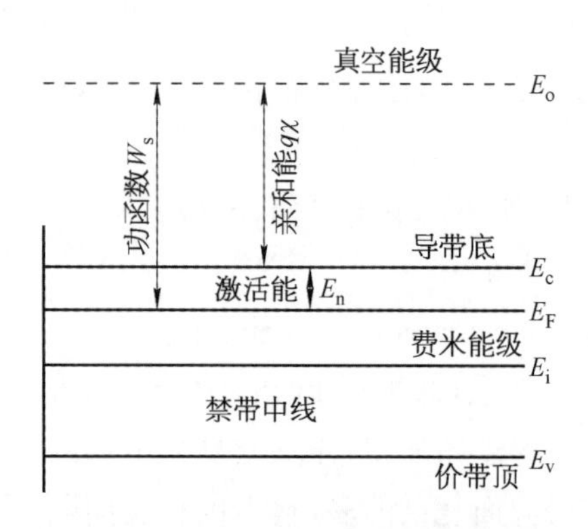

图 2-113 n型半导体的功函数与电子亲和能示意图

由于半导体的费米能级一般处于禁带之中，上面并无电子，所以这个功函数的定义可以看成是将电子从价带或从导带移到真空能级所需要能量的统计平均。由于半导体的费米能级是随杂质浓度变化的，所以 W_s 也与半导体的杂质浓度有关。n 型半导体的功函数如图 2-113 所示。

其中，E_F 与 E_c 之间的能量差称作 n 型半导体的激活能，记作 E_n。同样，p 型半导体的激活能为价带顶与费米能级之间的能量差。从 E_c 到 E_0 的能量间隔，用 $q\chi$ 表示。即：

$$q\chi = E_0 - E_c \tag{2-39}$$

$q\chi$ 称为电子亲合能，它表示要使半导体导带底的电子逸出体外所需要的最小能量。利用亲合能，半导体的功函数又可表示为：

$$W_s = q\chi + [E_c - (E_F)_s] = q\chi + E_n \tag{2-40}$$

式中，$E_n = E_c - (E_F)_s$。金属的功函数约为几个 eV。铯的功函数最低，为 1.93 eV；铂的功函数最高，为 5.36 eV。功函数的值与表面状况有关。图 2-114 给出了清洁表面的金属功函数[54]。由图可知，随着原子序数的递增，功函数也呈现周期性变化。

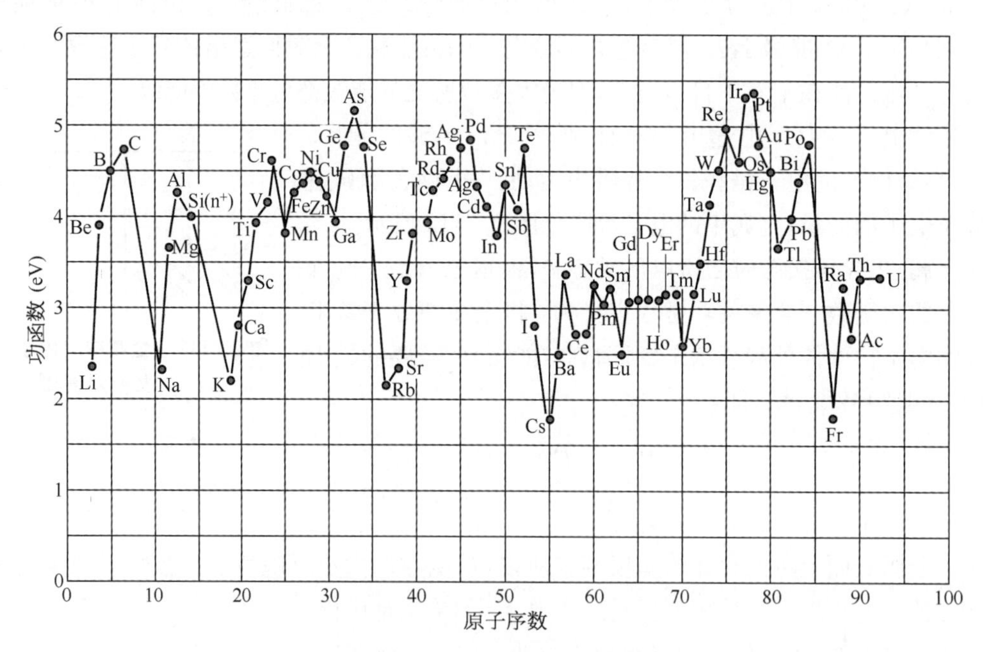

图 2-114 各种金属元素的功函数[54]

对于常见的锗 Ge、硅 Si 及砷化镓 GaAs 三种半导体材料，在不同的掺杂浓度下，由于费米能级发生变化，它们的功函数也相应改变，表 2-9 列出了杂质浓度分别为 10^{14}、10^{15}、

10^{16}时，上述三种材料的功函数。

表2-9 半导体功函数与杂质浓度的关系[53]

类 型	n 型			p 型		
杂质浓度	$N_D(cm^{-3})$			$N_A(cm^{-3})$		
	10^{14}	10^{15}	10^{16}	10^{14}	10^{15}	10^{16}
功函数	$W_s(eV)$					
Ge	4.32	4.26	4.20	4.82	4.88	4.94
Si	4.43	4.38	4.33	4.51	4.56	4.61
GaAs	4.44	4.37	4.31	5.14	5.21	5.27

(2) 肖特基势垒的形成

下面介绍肖特基势垒的基本概念。假定有一块金属和一块n型半导体材料，它们彼此分开并保持电中性，而且金属的功函数大于n型半导体材料的功函数(这是比较有实用意义的情况)，即$W_m > W_s$，如图2-115所示。

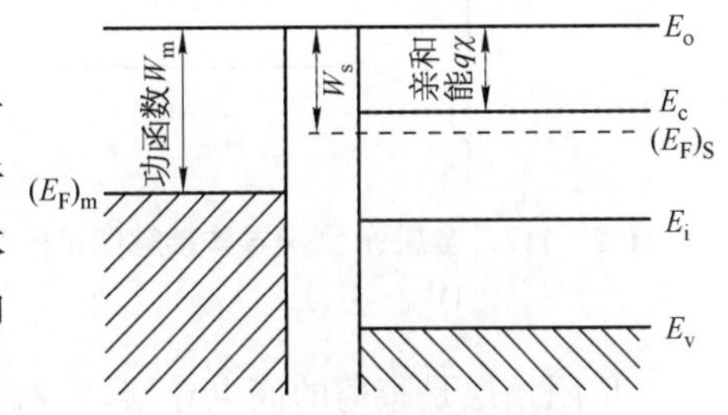

图2-115 金属、n型半导体材料相互分开时能带图[54]

同时还假定半导体表面没有表面态存在，其能带从体内到表面都是平直的。显然，此时半导体的费米能级$(E_F)_s$高于金属的费米能级$(E_F)_m$，而且有：

$$(E_F)_s - (E_F)_m = W_m - W_s \tag{2-41}$$

当金属和n型半导体材料接触时，由于$(E_F)_s$高于金属的费米能级$(E_F)_m$，所以，必有电子从半导体一侧流向金属一侧，使半导体表面出现未被补偿的离化施主正电荷，金属表面则积累负电荷，同时两者的费米能级拉平。这时体外静止电子的真空能级不再相同，在金属和半导体间隙处存在一个由半导体指向金属的电场。根据整体电中性要求，金属表面的负电荷与半导体材料表面的正电荷量值相等，符号相反。

金属表面的负电荷是多余出来的导电电子，只占很薄的一层(约0.5Å)。由于n型半导体材料的施主杂质浓度比金属中的电子浓度低几个数量级，所以，半导体中的正电荷将占很厚的一层，称为空间电荷层，其厚度用X_s表示。和pn结中的情况一样，这里的正、负空间电荷间的电场将阻止半导体中的电子流向金属，达到平衡时即得到稳定的自建电场和自建电势，并使半导体的能带向上弯曲，形成了阻止半导体中的电子向金属渡越的势垒qV_D。这时的能带图如图2-116所示。

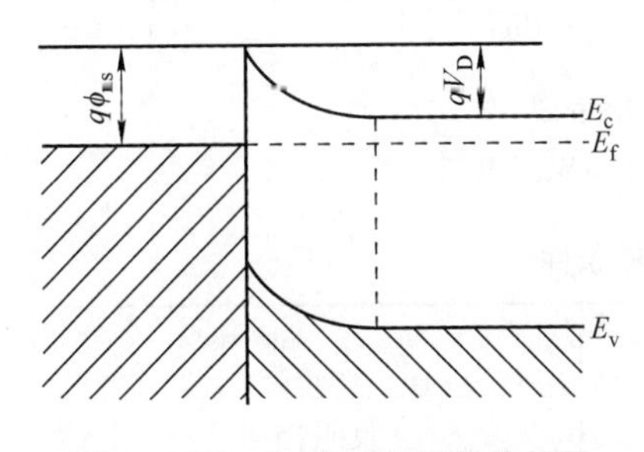

图2-116 金属、n型半导体接触能带图($W_m > W_s$)[53]

这种金-半接触属于金-半直接接触的理想情况。这时,半导体一边的势垒高度为 qV_D:

$$qV_D = W_m - W_s \tag{2-42}$$

金属一边的势垒高度为 $q\phi_{ns}$:

$$q\phi_{ns} = qV_D + E_n = W_m - W_s + E_n = W_m - q\chi \tag{2-43}$$

从上面的分析中可以看出,当金属与n型半导体接触时,半导体表面形成一个正的空间电荷区,其中电场方向由体内指向表面,并阻止半导体中的电子流向金属,能带向上弯曲,即形成表面势垒。在势垒区中,空间电荷主要由电离施主形成,电子浓度要比体内小得多,因此它是一个高阻的区域,常称为阻挡层。

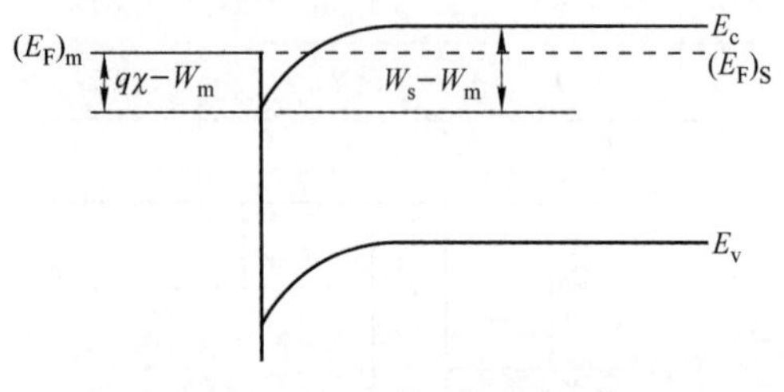

图 2-117 金属、n型半导体接触能带图($W_m<W_s$)[53]

若 $W_m<W_s$,则金属与n型半导体接触时,电子将从金属流向半导体,在半导体表面形成负的空间电荷区。其中电场方向由表面指向体内,能带向下弯曲。这里电子浓度比体内大得多,因而是一个高电导的区域,称之为反阻挡层。其平衡时的能带图如图2-117所示。

反阻挡层是很薄的高电导层,它对半导体和金属接触电阻的影响很小。所以,反阻挡层与阻挡层不同,在平常的实验中觉察不到它的存在。

金属和p型半导体接触时,形成阻挡层的条件正好与n型相反。当 $W_m>W_s$ 时,能带向上弯曲,形成p型反阻挡层,当 $W_m<W_s$ 时,能带向下弯曲,造成空穴的势垒,形成p型阻挡层。其能带图如图2-118所示,上述讨论结果归纳在表2-10中。

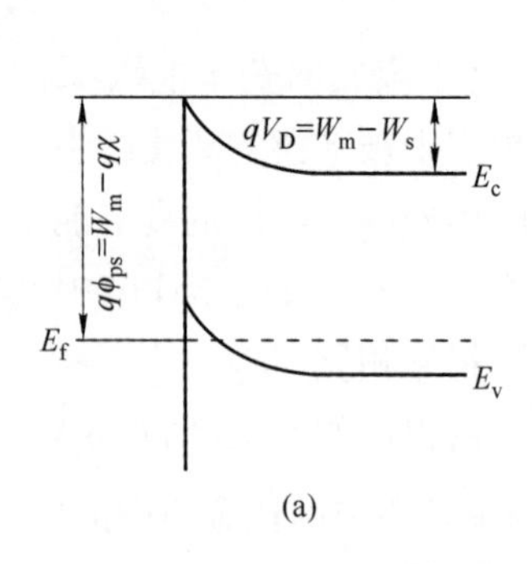

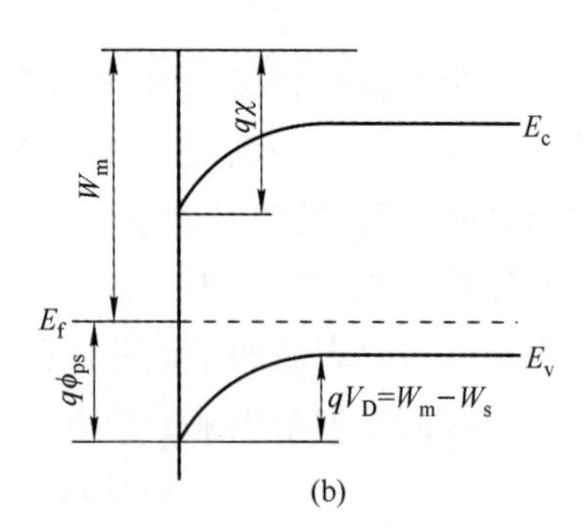

图 2-118 金属和P型半导体接触能带图[53]

(a) p型反阻挡层($W_m>W_s$);(b) p型阻挡层($W_m<W_s$)

表 2-10 形成n型和p型阻挡层的条件[53]

	n 型	p 型
$W_m>W_s$	阻挡层	反阻挡层
$W_m<W_s$	反阻挡层	阻挡层

(3) 表面态对接触势垒的影响[53,54]

表面态对接触势垒是有影响的,而且表面态密度与许多因素有关,研究起来比较复杂,所以下面只能做简单讨论。

对于同一种半导体,χ 将保持一定的值。根据式 $q\phi_{ns}=qV_D+E_n=W_m-W_s+E_n=W_m-q\chi$,用不同的金属材料与同一种半导体材料接触,按道理来说,所形成的势垒高度 $q\phi_{ns}$ 应当直接随着金属功函数的变化而变化。但是,实际测量的结果并不是这样。表 2-11列出几种金属分别与 n 型 Ge、Si、GaAs 接触时所形成的势垒高度的实际测量值。

表 2-11　n 型 Ge、Si、GaAs 的 $q\phi_{ns}$ 测量值(300 K)[53]

半导体	金　属	$q\phi_{ns}$	半导体	金　属	$q\phi_{ns}$
n 型 Ge	Au	0.45	n 型 GaAs	Au	0.95
	Al	0.48		Ag	0.93
	W	0.48		Al	0.80
n 型 Si	Au	0.79		W	0.71
	W	0.67		Pt	0.94

由表中得到,金或铝与 n 型 GaAs 接触时,两者的势垒高度仅相差 0.15 V,而由图 2-114得知金的功函数为 4.8 eV,铝的功函数为 4.25 eV,因此,它们形成的势垒高度差应该是 0.55 V,而不是 0.15 V。显然,理论值和实际测量值不相符。

大量的测量结果表明,不同的金属,虽然功函数相差很大,但它们与半导体接触时形成的势垒高度却相差很小。这说明金属的功函数对势垒高度没有太大的影响。进一步的研究告诉我们,这是由于半导体表面存在着表面态的缘故。

实验证明,对于禁带宽度较大、离子键较强的半导体,如二氧化硅、氧化锌、硫化镉等,它们的金-半接触势垒确与金属的功函数密切相关。对于禁带宽度较小、共价键较强的半导体,如锗、硅等,它们的金-半接触势垒高度几乎与金属的功函数无关,只和半导体的种类有关。同一种半导体与不同金属形成的势垒高度几乎是一样的。

共价键半导体接触势垒高度与金属无关的事实,首先由巴丁在 1947 年用半导体表面存在高密度表面态的概念进行了解释。所以,这种与金属的功函数无关的接触势垒就称为"巴丁势垒"。巴丁认为,共价键半导体表面存在大量的表面态。这些表面态来源于表面晶格周期性排列中断造成的悬挂键(称为本征表面态)和吸附的外来电子(称为非本征表面态)。从这种半导体表面流到金属的电子主要来自表面态。因此,接触势垒与金属的种类无关。由于离子键较强的半导体表面不存在悬挂键引起的本征表面态,所以它的势垒高度与金属的功函数有关。

假设半导体表面态连续的分布在禁带之中,它的特性用表面态中性能级 $q\phi_0$ 表示。当 $q\phi_0$ 以下的能级全部被电子占据而 $q\phi_0$ 以上的能级全部空着时,表面处于电中性。

如果费米能级位于 $q\phi_0$ 以上,则表面具有净负电荷;如果费米能级位于 $q\phi_0$ 以下,则表

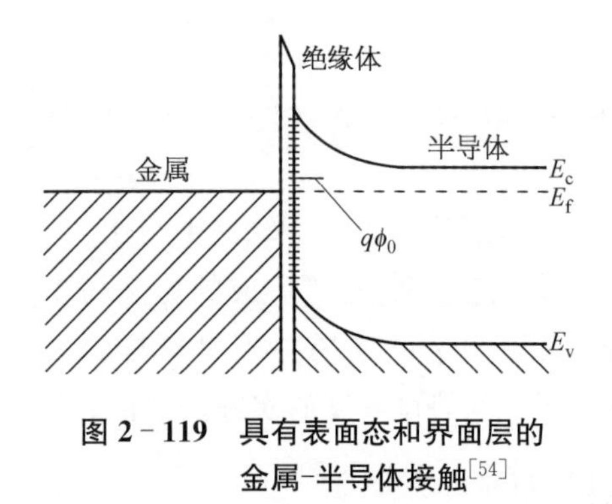

图 2-119 具有表面态和界面层的金属-半导体接触[54]

面具有净正电荷。换句话说，$q\phi_0$ 以下的表面态是“施主态”(空时为正)；$q\phi_0$ 以上的表面态为“受主态”(占据为负)，如图 2-119 所示[54]。

表面态的存在如何影响金-半接触的势垒高度。在没有表面态时，金属与 n 型半导体接触后($W_m > W_s$)，金属表面的负电荷 Q_m 与半导体空间电荷区的正电荷 Q_s 平衡。电中性条件为：

$$Q_m + Q_s = 0 \tag{2-44}$$

有表面态存在时，若 $q\phi_0$ 在费米能级以上，则表面态上有正电荷 Q_{ss}，这时的电中性条件为：

$$Q_m + Q_s + Q_{ss} = 0 \tag{2-45}$$

由此可见，这时半导体空间电荷区的正电荷 Q_s 要比没有表面态存在时的小。因为中止于金属中负电荷上的某些电力线可以来自表面态上的正电荷。Q_s 的减小，使空间电荷区厚度和能带的弯曲程度减小。同时，也使得接触势垒高度相应减小。从图 2-119 可以看出，由于 $q\phi_0$ 在半导体禁带中的位置是一定的。金-半接触势垒高度的下降，必定使 $q\phi_0$ 跟着下降而接近 E_F。与上述情况相反，如果 $q\phi_0$ 开始时低于 E_F，则 Q_{ss} 为负电荷。这时半导体空间电荷区的正电荷 Q_s 要比没有表面态存在时的大。于是空间电荷区变厚，能带的弯曲程度更大，并使 $q\phi_0$ 跟着上升而接近 E_F。

总之，不管开始时 $q\phi_0$ 在费米能级以上，还是在费米能级以下，表面态存在的结果总是使 $q\phi_0$ 和 E_F 的距离减小；当 $q\phi_0 = E_F$ 时趋于稳定。如果表面态的密度足够高，总能使金-半接触势垒高度变成如下形式：

$$qV_b = E_g - q\phi_0 \tag{2-46}$$

此处的 $q\phi_0$ 从价带顶算起。

由此可见，有表面态存在时的势垒高度与金属的功函数无关，只决定于半导体的禁带宽度和表面态的中性能级 $q\phi_0$ 位置。

对于一定的半导体，$q\phi_0$ 是一个常数，禁带宽度也是一个常数，所以势垒高度也是常数。这就是高密度表面态对金-半接触势垒高度的“锁定效应”(Pinning Effect)。也就是说，由于高密度表面态存在，使金属与半导体接触时的势垒高度与金属的功函数无关。

2) 欧姆接触[53,54]

如果不考虑表面态的影响，若 $W_m < W_s$，则金属与 n 型半导体接触时，形成反阻挡层；而当 $W_m > W_s$，金属和 p 型半导体接触时，也能形成反阻挡层。

这样看来，选用适当的金属材料，就有可能得到欧姆接触。然而，像 Ge、Si、GaAs 这些最常用的半导体材料，一般都有很高的表面态密度，无论是 n 型材料或 p 型材料与金属接触都形成势垒，而与金属功函数关系不大。因此，不能用选择金属材料的办法来获得欧姆接触。

由重掺杂半导体知识可知，在简并化的重掺杂半导体中，n 型半导体的费米能级进入了导带，p 型半导体的费米能级进入了价带。两者形成隧道结后，在没有外加电压，处于热平衡状态时，n 区和 p 区的费米能级相等，如图 2－120 所示。

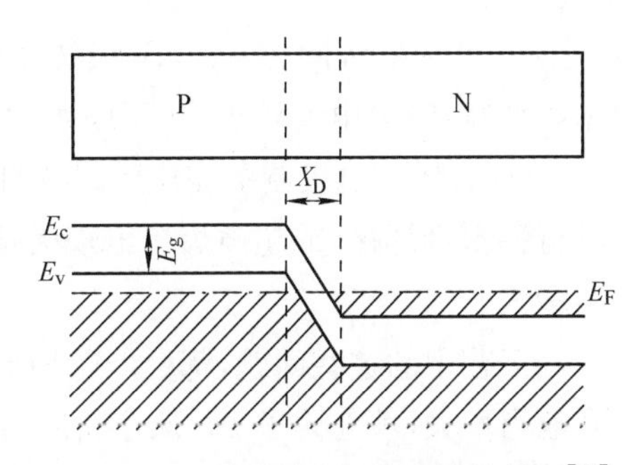

图 2－120　隧道结热平衡时的能带图[53]

从图中看出，n 区导带底比 p 区价带顶还低，因此，在 n 区的导带和 p 区的价带中出现具有相同能量的量子态。另外，在重掺杂情况下，杂质浓度大，势垒区很薄，由于量子力学的隧道效应，n 区导带的电子可能穿过禁带到 p 区价带，p 区价带电子也可能穿过禁带到 n 区导带，从而有可能产生隧道电流。隧道长度越短，电子穿过隧道的概率越大，从而可以产生显著的隧道电流。

所以，在太阳电池制造过程中，遇到金-半接触或消除反向结的影响时，制作欧姆接触最常用的方法是采用重掺杂的半导体材料。在硅基薄膜太阳电池中，p 层和 n 层的掺杂浓度都在百分之一左右，已属于很高的掺杂浓度，这时的势垒区非常薄，隧道效应十分明显，隧道电流已成为电流的主要成分，因此，可以认为硅基薄膜太阳电池中的②、③类接触是良好的欧姆接触。

另外，金属硅化物也可以作为接触互连材料。大多数金属(除铍 Be、铝 Al、锌 Zn、镓 Ga、锗 Ge、银 Ag、镉 Cd、铟、锡、锑、金 Au、汞 Hg、铊 Tl、铅 Pb 和铋 Bi 之外)都可以与硅形成硅化物，硅化物的形成温度约在 200～800℃之间[54]。大量试验表明，金属硅化物具有金属特性的多晶结构，晶粒大小大致与沉积金属膜的晶粒大小相当，约为 200～500 Å。由于金属硅化物具有金属特性，所以，金属硅化物与硅的界面具有金-半界面特性。由于合金反应，金属原子深入硅表面之下一定深度形成硅化物。所以，金属硅化物处于硅表面之下一定深度，这既防止了表面污染，也避免了悬挂键引起的本征界面态出现。因此，这种接触具有比较稳定且接近理想的电学特性。

3) 影响接触的其他工艺问题

在太阳电池制造过程中如果不注意工艺细节，也会影响若干位置的欧姆接触。例如：

① SnO_2 表面没有清洗干净，或者虽然已经清洗干净，但长时间在不太干净的环境中放置，已经造成了污染，这将影响加人 SnO_2/p－a－Si · C 的界面接触电阻；

② 在激光刻划硅薄膜过程中，切割线过浅，造成硅膜残留；或切割线过深，部分损失或切断 SnO_2 薄膜会使 Al/SnO_2 界面接触电阻增大；

③ 在最后一层 n－a－Si 膜沉积完成后，若降温炉内部清洁度不够，或风冷过滤器损坏，或没有及时进入真空室进行金属背电极制作而造成了 N^+－a－Si 膜表面污染，或制作金属背电极真空室未及时清洁处理等都会影响 n－a－Si/Al 界面接触，使界面接触电阻增大；

④ n-a-Si膜、p-a-Si膜掺杂浓度都比较小，或有一层膜的掺杂浓度比较小，使势垒区变宽，隧道电流较小，从而偏离欧姆接触条件；

⑤ 金属背电极制备完成后，长时间放置于高温、高湿、清洁度不够的环境，未能及时进行铝箔带焊接，或超声焊接出现大量虚焊都会影响都会影响Al/Al界面接触，使接触电阻增大。

工艺中的这些问题，都会严重地影响界面之间的欧姆接触，使硅基薄膜太阳电池的串联电阻增大，填充因子*FF*减小，使输出功率P_m降低，从而造成不合格产品增多。值得注意的是，上述列举的种种情况都是电池制造中不容易直观觉察的问题。为此，制造太阳电池的各个工序应按照本单位制定的作业指导书严格操作和管理，否则，产品的质量将无法保证。

2.4 薄膜太阳电池组件设计鉴定和定型试验

2.4.1 简介

对于一个市场销售的产品，需要通过一些试验考核。对太阳电池光伏组件而言，根据不同的需求，试验可分为以下几个类型：鉴定试验、安全性试验、耐久性试验和工程评估试验。鉴定试验是产品设计鉴定和产品定型的最低要求；安全性试验是产品在安全方面的要求，不特别强调产品的性能；可靠性试验是产品性能的最大限度，试验持续到产品失效为止；工程评估试验是用来评估和比较不同的设计、材料、工艺等。以下主要介绍产品设计鉴定和定型试验。

太阳电池组件的应用环境主要有两个：一个是航天，即空间领域；另一个就是地面环境。室内弱光环境的应用主要是计算器、石英钟等小产品，分散且不好规范，这里不做介绍。对航天应用而言，主要考虑受高低温冲击、带电粒子辐射以及原子氧等环境因素对太阳电池组件的影响。

对于地面应用的太阳电池组件的鉴定与定型，有两个标准分别针对晶体硅太阳电池组件和薄膜太阳电池组件。它们分别是《IEC 61215-地面用晶体硅光伏组件设计鉴定和定型》和《IEC 61646-地面用薄膜组件设计鉴定和定型》。图2-121、图2-122、表2-12和表2-13分别给出了地面用晶体硅组件和地面用薄膜组件的鉴定试验程序流程图以及试验条件一览表[55,56]。本节只对地面用薄膜组件的鉴定试验进行简单介绍。

IEC 61215和IEC 61646是鉴定试验标准，而IEC 61215最新的版本是第三版，IEC 61646最新版本是第二版。对于这两个标准，目前，我国采标使用的都是第一版，分别对应的国家标准是GB/T9535和GB/T18911。IEC 61215和IEC 61646规定的试验程序基本相同。IEC 61646是在IEC 61215的基础上制定的，不同的是，IEC 61646根据薄膜太阳电池组件的特点(尤其是硅基薄膜太阳电池)，对试验项目和程序进行了适当修改，例如增加了光老炼试验等。

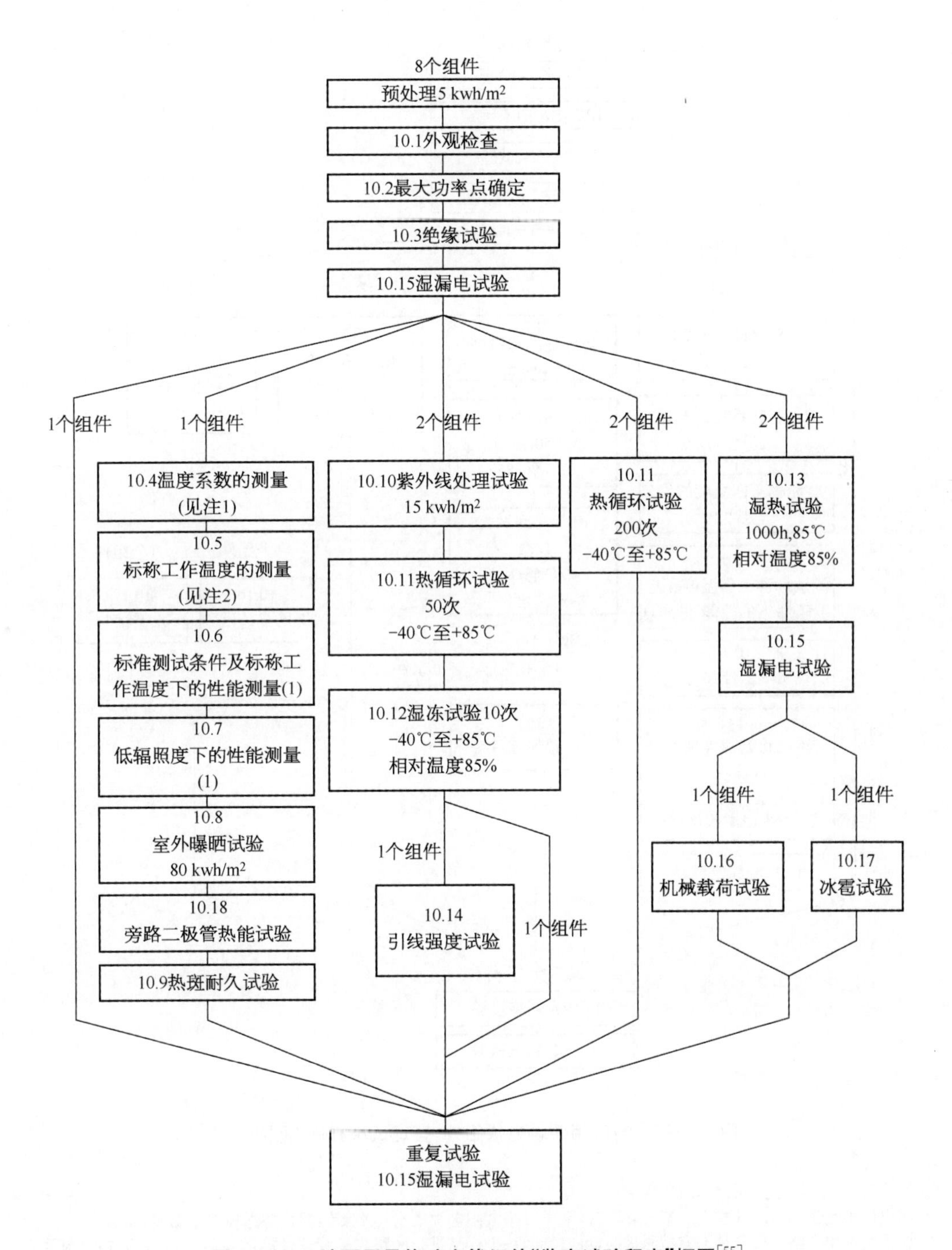

图 2－121　地面用晶体硅光伏组件“鉴定试验程序”框图[55]

注：① 如果 IEC 61853 已经测试，可省略；② 如组件不是设计为敞开式支承架安装，在标准中可用太阳电池的平均平衡结温代替标称工作温度。

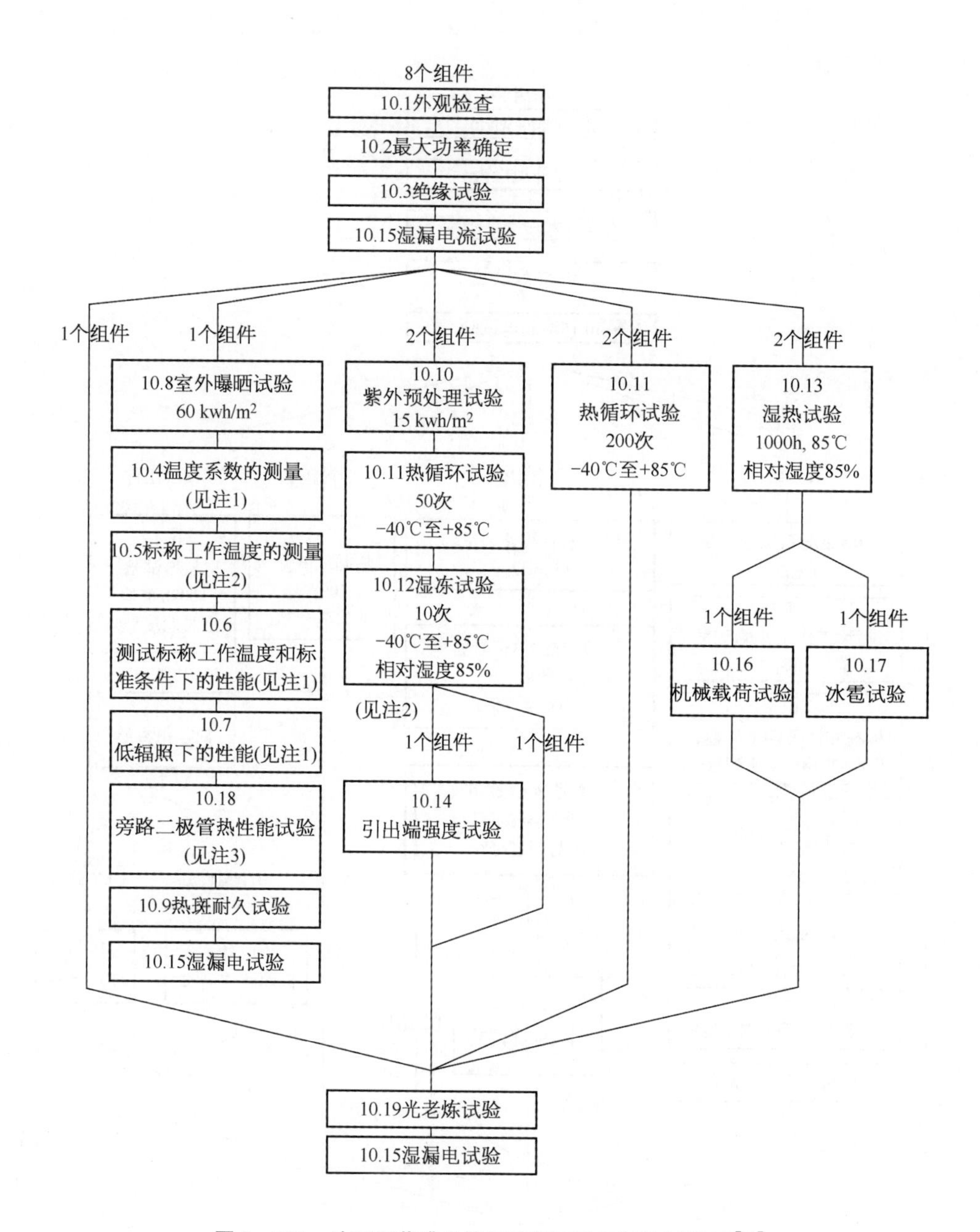

图 2－122　地面用薄膜光伏组件"鉴定试验程序"框图[56]

注：

① 如果 IEC 61853 已经测试，可省略；

② 如组件不是设计为敞开式支承架安装，在标准中可用太阳电池的平均平衡结温代替标称工作温度；

③ 如果组件中旁路二极管是不容易测量的，可以特制一个样品进行旁路二极管热性能试验(10.18)。旁路二极管安装结构应与其在组件中一致，并按 10.18.2 的要求在旁路二极管上安装温度传感器；

④ 出于测量的目的，中间的最大功率测量可以在每个试验之前或者之后进行。如果控制组件被用于这些测量，应保证其已完成制造商推荐的预处理。

表2-12　地面用晶体硅光伏组件试验条件一览表[55]

试　验	项　　　目	试　验　条　件
10.1	外观检查	详见列于10.1.2的检查
10.2	最大功率确定	见GB/T 6495.1
10.3	绝缘试验	介质经得住直流1 000 V+两倍系统最大电压,1 min 对于面积小于0.1 m^2的组件绝缘电阻不小于400 MΩ,对于面积大于0.1 m^2的组件,测试绝缘电阻乘以组件面积应不小于40 MΩ·m^2,测试时使用500 V或最大系统电压的最高值
10.4	温度系数的测量	详见10.4;见IEC 60904-10的指导
10.5	标称工作温度的测量(见注1)	总太阳辐照度:800 W·m^{-2};环境温度:20℃;风速:1 m·s^{-1}
10.6	标称工作温度和标准测试条件下的性能	电池温度:25℃和标称工作温度 辐照度:1 000和800 W·m^{-2},标准太阳光谱辐照度分布符合GB/T6495.3规定
10.7	低辐照度下的性能	电池温度:25℃ 辐照度:200 W·m^{-2},标准太阳光谱辐照度分布符合GB/T 6495.3规定
10.8	室外曝晒试验	太阳总辐射量:60 kW·h·m^{-2}
10.9	热斑耐久试验	在最坏热斑条件下,1 000 W·m^{-2}辐照度,照射5 h
10.10	紫外预处理试验	波长在280 nm到385 nm范围的紫外辐射为15 kW·h·m^{-2},其中波长为280 nm到320 nm的紫外辐射为5 kW·h·m^{-2}
10.11	热循环试验	从−40℃到85℃,50和200次,所加电流为标准测试条件下的最大功率点电流
10.12	湿-冻试验	从85℃,85%相对湿度到−40℃,10次
10.13	湿-热试验	在85℃,85%相对湿度下1 000 h
10.14	引出端强度试验	同GB 2423.29
10.15	湿漏电流试验	详见10.15 对于面积小于0.1 m^2的组件绝缘电阻不小于400 MΩ,对于面积大于0.1 m^2的组件,测试绝缘电阻乘以组件面积应不小于40 MΩ·m^2,测试时使用500 V或最大系统电压的最高值
10.16	机械载荷试验	2 400 Pa的均匀载荷,依次加到前表面和后表面,时间1 h,循环三次
10.17	冰雹试验	25 mm直径的冰球以23.0 m·s^{-1}的速度撞击11个位置
10.18	旁路二极管热性能试验	75℃,J_{sc}加1 h。75℃,1.25倍J_{sc}加1 h

表 2-13 地面用薄膜光伏组件试验条件一览表[56]

试 验	项 目	试 验 条 件
10.1	外观检查	详见列于 10.1.2 的检查
10.2	最大功率确定	见 GB/T 6495.1
10.3	绝缘试验	介质可经受直流 1 000 V+两倍系统最大电压,1 min 对于面积小于 0.1 m^2 的组件绝缘电阻不小于 400 MΩ,对于面积大于 0.1 m^2 的组件,测试绝缘电阻乘以组件面积应不小于 40 MΩ·m^2,测试时使用 500V 或最大系统电压的最高值
10.4	温度系数的测量	详见 10.4。见 IEC 60904-10 的指导
10.5	标称工作温度的测量	总太阳辐照度:800 W·m^{-2};环境温度:20℃;风速:1 m·s^{-1}
10.6	标称工作温度和标准测试条件下的性能	电池温度:25℃和标称工作温度 辐照度:1 000 和 800 W·m^{-2},标准太阳光谱辐照度分布符合 GB/T 6495.3 规定
10.7	低辐照度下的性能	电池温度:25℃ 辐照度:200 W·m^{-2},标准太阳光谱辐照度分布符合 GB/T 6495.3 规定
10.8	室外曝晒试验	太阳总辐射量:60 kW·h·m^{-2}
10.9	热斑耐久试验	在最坏热斑条件下,1 000 W·m^{-2} 辐照度照射 5 h
10.10	紫外预处理试验	波长在 280 nm 到 385 nm 范围的紫外辐射为 15 kW·h·m^{-2},其中波长为 280 nm 到 320 nm 的紫外辐射为 5 kW·h·m^{-2}
10.11	热循环试验	从−40℃到 85℃,50 和 200 次,所加电流为标准测试条件下的最大功率点电流。
10.12	湿-冻试验	从 85℃、85%相对湿度到−40℃ 10 次
10.13	湿-热试验	在 85℃,85%相对湿度下,1 000 h
10.14	引出端强度试验	同 GB 2423.29
10.15	湿漏电流试验	详见 10.15 对于面积小于 0.1 m^2 的组件绝缘电阻不小于 400 MΩ,对于面积大于 0.1 m^2 的组件,测试绝缘电阻乘以组件面积应不小于 40 MΩ·m^2,测试时使用 500 V 或最大系统电压的最高值
10.16	机械载荷试验	2 400 Pa 的均匀载荷,依次加到前表面和后表面,时间 1 h,循环三次
10.17	冰雹试验	25 mm 直径的冰球以 23.0 m·s^{-1} 的速度撞击 11 个位置
10.18	旁路二极管热性能试验	75℃,J_{sc}加 1 h;75℃,1.25 倍 J_{sc}加 1 h
10.19	光老炼试验	组件加阻性负载,光强 800 W·m^{-2} 到 1 000 W·m^{-2} 条件下,直至 P_m 稳定在 2%内

2.4.2 地面用薄膜光伏组件鉴定试验[56]

如前所述，对于硅基薄膜光伏组件，鉴定试验程序中共有 19 个测试、试验项目。有的项目比较简单，内容容易理解，而且电池组件也容易达到要求，这里就不再赘述，并注明(略)。对于较重要或在鉴定试验过程中容易失败的试验做一简单介绍。在下面叙述中，每一个项目名称后面括号内的编号与鉴定试验程序图中的编号相同，以便于对照、理解。

1) 电池组件的外观检查(10.1)

检查目的：检查电池组件中的任何外观缺陷。

检查程序：在不低于 1 000 lx 的照度下，对每一个组件仔细检查下列情况：

① 开裂、弯曲、不规则或损伤的外表面；

② 互联线或接头的缺陷；

③ 组件有效工作区域的任何薄膜层有空隙和可见的腐蚀；

④ 输出连接、互联线及主汇流线有可见的腐蚀；

⑤ 黏合连接失效；

⑥ 在塑料材料表面有沾污物；

⑦ 引出端失效，带电部件外露；

⑧ 可能影响组件性能的其他任何情况；

⑨ 在组件的边框和电池之间形成连续通道的气泡或剥层。

注意：在上述这些检查中，除了标准 IEC 61646 第 7 章规定的《严重外观缺陷》[2]：“a. 开裂、弯曲、不规则或损伤的外表面；b. 组件有效工作区域的任何薄膜层有超过一个电池面积 10%以上的空隙、可见的腐蚀；c. 在组件的边缘和任何一部分电路之间形成连续的气泡或剥层；d. 丧失机械完整性，导致组件的安装和/或工作受到影响”(以下简称 IEC 61646 第 7 章规定的《严重外观缺陷》)之外，其他的外观缺陷是允许的。

2) 电池组件标准测试条件下的性能(10.2)(略)

3) 电池组件的绝缘试验(标准 10.3)

试验目的：测定电池组件中的载流部分与组件边框之间的绝缘是否良好。

试验程序：

① 将组件引出线短路后接到有限流装置的直流绝缘测试仪的正极；

② 将组件暴露的金属部分接到绝缘测试仪的负极。如果组件无边框，或边框是不良导体，将组件的周边和背面用导电箔包裹，再将导电箔连接到绝缘测试仪的负极；

③ 以不大于 500 $V \cdot s^{-1}$ 的速度增加绝缘测试仪的电压，直到等于 1 000 V 加上两倍的系统最大电压(即由制造商标注在组件上的最大系统电压)。如果系统的最大电压不超过 50 V，所施加的电压应为 500 V。维持此电压 1 min；

④ 降低电压到零，将绝缘测试仪的正负极短路使组件放电；

⑤ 拆去绝缘测试仪正负极的短路；

⑥ 以不大于 500 $V \cdot s^{-1}$ 的速率增加绝缘测试仪的电压，直到等于 500 V 或组件最大系统电压的高值。维持此电压 2 min。然后测量绝缘电阻；

⑦ 降低电压到零,将绝缘测试仪的正负极短路使组件放电;

⑧ 拆去绝缘测试仪与组件的连线及正负极的短路线。

试验要求:

① 在步骤③中,无绝缘击穿或表面无破裂现象;

② 对于面积小于 0.1 m^2的组件绝缘电阻不小于 400 MΩ;

③ 对于面积大于 0.1 m^2的组件,测试绝缘电阻乘以组件面积应不小于 40 MΩ · m^2。

4) 电池组件温度系数的测量(10.4)(略)

5) 电池组件标称工作温度的测量(10.5)(略)

6) 电池组件标称工作温度下的性能(10.6)(略)

7) 电池组件低辐照度下的性能(10.7)(略)

8) 电池组件的室外暴晒试验(10.8)

试验目的:初步评价电池组件经受室外条件曝晒的能力,并可使在实验室试验中可能测不出来的综合衰减效应揭示出来(注:由于试验的短时性和试验条件随环境而变化,对通过本试验组件的寿命做出绝对判断时应特别小心,这个试验仅只能作为可能存在问题的指示)。

试验装置:

① 太阳辐照度仪,准确度优于±5%;

② 制造厂推荐的安装组件的设备,使组件与辐照度仪共平面;

③ 一个组件在标准测试条件工作于最大功率点附近的合适负载。

试验程序:

① 将电阻性负载与组件相连,用制造厂所推荐的方式安装在室外,与辐照度监测仪共平面。在试验前应安装制造厂所推荐的热斑保护设备;

② 在 GB/T 4797.1 所规定的一般室外气候条件下,用监测仪测量,使组件受到的总辐射量为 60 kW · h · m^{-2}。

最后试验:重复进行 10.1 外观检查、10.2 标准条件下的性能测试,以及 10.3 绝缘试验。

试验要求:

① 没有 IEC 61646 第 7 章规定的《严重外观缺陷》;

② 最大输出功率衰减应不超过试验前测量值的 5%;

③ 绝缘电阻应满足初始试验的同样要求。

9) 热斑耐久试验(10.9)(略)

10) 电池组件的紫外试验(10.10)(略)

11) 热循环试验(10.11)

试验目的:确定电池组件承受温度反复变化而引起的热失配、疲劳和其他应力的能力。

试验装置:

① 一个气候室,有自动温度控制,使内部空气循环,并避免在试验过程中水分凝结在组件表面的装置。而且能容纳一个或多个组件、进行如图 2－123 所示的热循环试验;

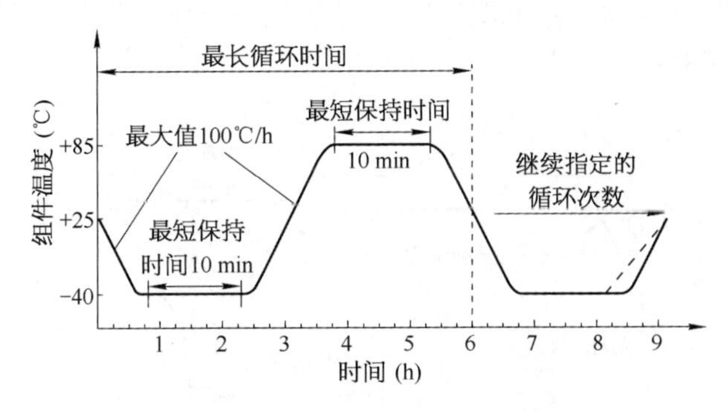

图 2－123　热循环试验过程示意图[56]

② 在气候室中有安装或支承组件的装置,并保证周围的空气能自由循环。安装或支承装置的热传导率要小,因此实际上应使组件处于绝热状态;

③ 测量和记录组件温度的仪器,准确度为±1℃。温度传感器应置于组件中部的前面或后表面。如多个组件同时试验,只需监测一个代表组件的温度;

④ 在试验过程中,对组件通以等于标准测试条件下最大功率点电流的仪器;

⑤ 在试验过程中,监测通过每一个组件电流的仪器。

试验程序:

① 在室温下将组件装入气候室。如组件的边框导电不好,将其安装在一金属框架上来模拟敞开式支承架;

② 将温度传感器接到温度监测仪,将组件的正极引出端接到提供电流仪的正极,负极连接到其负极。在 200 次热循环试验中,对组件通以等于标准测试条件下最大功率点电流±2%。仅在组件温度超过 25℃时保持流过的电流。50 次的热循环试验不要求通过电流;

③ 关闭气候室,按图 2－122 的分布,使组件的温度在－40℃±2℃和 85℃±2℃之间循环。最高和最低温度之间温度变化的速率不超过 100℃·h^{-1},在每个极端温度下,应保持稳定至少 10 min。除组件的热容量很大需要更长的循环时间外,一次循环时间不超过 6 h,循环的次数见图 2－122 中相应的方框中的要求;

④ 在整个试验过程中,记录组件的温度,并监测通过组件的电流。

最后试验:试验结束后,将样品取出,在室温放置至少 1 h 后,重复进行 10.1 外观检查、以及 10.3 绝缘试验。

试验要求:在试验过程中无电流中断现象;没有 IEC 61646 第 7 章规定的《严重外观缺陷》;最大输出功率的衰减不超过试验前测试值的 5%;绝缘电阻应满足初始试验同样的要求。

12) 湿-冻试验(10.12)

试验目的:确定电池组件承受高温、高湿以及随后的零下温度影响的能力。本试验不是热冲击试验。

试验装置：

① 一个气候室，有自动温度和湿度控制，能容纳一个或多个组件进行如图 2-124 所规定的湿-冻循环试验；

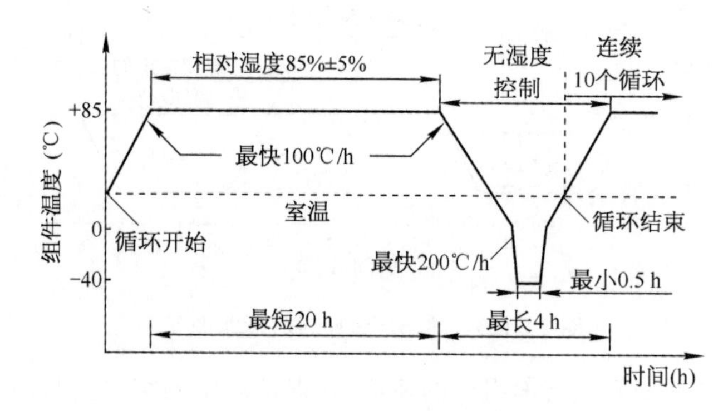

图 2-124　湿-冻试验过程示意图[56]

② 在气候室中有安装或支承组件的装置，并保证周围的空气能自由循环。安装或支承装置的热传导要小，因此实际上应使组件处于绝热状态；

③ 测量和记录组件温度的仪器，准确度为±1℃。如多个组件同时试验，只需监测一个代表组件的温度；

④ 在整个试验过程中，监测每一个组件内部电路连续性的仪器。

最后试验：在完成 10 个湿-冻试验循环后，取出样品，在室温下放置 2～4 min，重复进行 10.1 外观检查、10.3 绝缘试验。

标准要求：没有 IEC 61646 第 7 章规定的《严重外观缺陷》；绝缘电阻应满足初始试验同样的要求；试验过程中无开路现象。

13）电池组件的湿-热试验（10.13）

试验目的：确定电池组件承受长期湿气渗透的能力。

试验程序：

试验应根据 GB/T 2423.3 并满足以下规定：

① 预处理。将处于室温下没有经过预处理的组件放入气候室中；

② 严酷条件。试验温度为 85℃±2℃、相对湿度为 85%±5%以及试验时间为 1 000 h。

最终测试：电池组件经过 2～4 h 恢复期后，重复 10.3 绝缘试验、10.15 湿漏电试验，再重复 10.1 外观检查。

试验要求：没有 IEC 61646 第 7 章规定的《严重外观缺陷》；最大输出功率的衰减不超过试验前测试值的 5%；绝缘电阻应满足初始试验同样的要求。

14）电池组件的引出端强度试验（10.14）（略）

15）湿漏电流试验（10.15）

试验目的：评价电池组件在潮湿工作条件下的绝缘性能，验证雨、雾、露水或溶雪的湿气不能进入组件内部电路的工作部分，如果湿气进入在该处可能会引起腐蚀、漏电或安全事故。

试验装置：

① 一个浅槽或容器，其尺寸应足够大，使组件及边框能水平放入其中的溶液，水或溶液要符合以下要求：电阻率不大于 3 500 Ω·cm、表面张力不大于 3 N·m^{-2}以及温度保持在22℃±3℃。溶液深度应有效覆盖所有表面，不要泡到没有为浸泡而设计的引线盒入口；

② 盛有相同溶液的喷淋装置；

③ 可提供500 V或组件系统电压的较大值、有电流限制的直流电源；

④ 测量绝缘电阻的设备。

试验程序：注意所有的连接应代表推荐的现场安装接线情况，并小心确保漏电流不起源于连接组件的仪器设备。

① 在盛有要求溶液的容器内淹没组件，其深度应有效覆盖所有表面，不要泡到没有为浸泡而设计的引线盒入口。引线入口应用溶液彻底喷淋。如果组件是用接插件连接器，则试验过程中接插件应浸泡在溶液中；

② 将组件输出端短路，连接到测试设备的正极，使用适当的金属导体将测试液体连接到测试设备的负极；

③ 以不超过500 V·s^{-1}的速率增加测试设备所施加的电压，直到500 V，保持该电压2 min，测试绝缘电阻；

④ 降低电压到零，将测试设备的引出端短路，以释放组件内部的电压。

试验要求：

① 对于面积小于0.1 m^2的电池组件，绝缘电阻不小于400 MΩ；

② 对于面积大于0.1 m^2的电池组件，测试绝缘电阻乘以组件面积应不小于40 MΩ·m^2。

16）机械载荷试验(10.16)

试验目的：确定电池组件经受风、雪或覆冰等静态载荷的能力。

试验装置：

① 一个能使组件正面朝上或朝下安装的刚性试验平台，并能使组件在加上负荷时能自由偏转；

② 试验过程中监测组件内部电路的连续性的仪器；

③ 合适的重量或压力，并能逐渐均匀增加负荷。

试验程序：

① 安装好组件以便于试验过程中连续监测其内部电路的连续性；

② 用制造厂所述的方法将组件安装于一坚固支架上(如果有几种安装方法，采用最差的一种，即固定点之间的距离是最大的那一种)；

③ 在前表面上，逐步将负荷加到2 400 Pa，使其均匀分布(负荷可采用气动加压，或覆盖在整个表面上重量，对于后一种情况，组件应水平放置。)保持此负荷1 h；

④ 在组件的背面重复上述步骤；

⑤ 重复步骤③和步骤④三次。

注：对于阵风安全系数为 3，2 400 Pa 对应于 130 km·h^{-1}风速(12 级风)的压力，约为±800 Pa。若要试验组件承受冰和雪重压的能力，则本试验最后一次循环，加于组件前表面的负荷应从 2 400 Pa 增至 5 400 Pa。

最后试验：重复进行 10.1 外观检查、10.3 绝缘试验。

试验要求：

① 在试验过程中无间歇断路现象；

② 没有 IEC 61646 第 7 章规定的《严重外观缺陷》；

③ 标准测试条件下最大输出功率的衰减不超过试验前测试值的 5%；

④ 绝缘电阻应满足初始试验的同样要求。

17）电池组件的冰雹试验(10.17)

试验目的：验证电池组件能经受住冰雹的撞击。

试验装置：

① 用于浇铸所需尺寸冰球的合适材料的模具，标准直径为 25 mm，对特殊环境可用表 2-14 所列其他尺寸。

表 2-14 冰球质量与试验速度[56]

直径(mm)	质量(g)	试验速度(m·s^{-1})	直径(mm)	质量(g)	试验速度(m·s^{-1})
12.5	0.94	16.0	45	43.9	30.7
15	1.63	17.8	55	80.2	33.9
25	7.53	23.0	65	132.0	36.7
35	20.7	27.2	75	203.0	39.5

② 一台冷冻箱，控制在−10℃±5℃范围内；

③ 一台温度在−4℃±2℃范围内的储存冰球的存储容器；

④ 一台发射器，驱动冰球以所限定速度(可在±5%范围内)撞击在组件指定的位置范围内。只要满足试验要求，冰球从发射器到组件的路径可以是水平、竖直或其他角度；

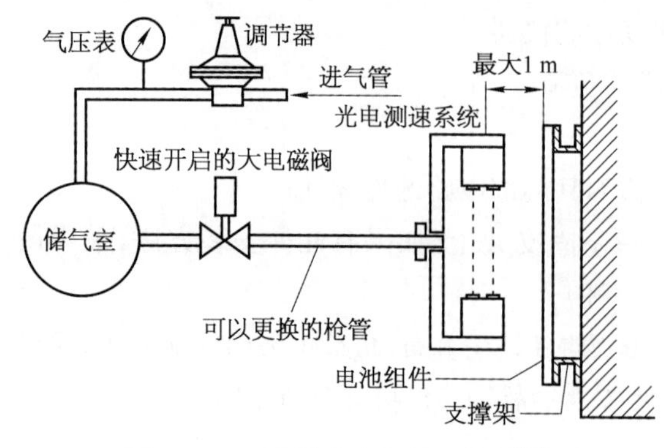

图 2-125 冰雹试验设备示意图[56]

⑤ 一坚固支架以支撑试验组件，按制造厂所描述的方法安装，使碰撞表面与所发射冰球的路径相垂直；

⑥ 一台天平来测定冰球质量，准确度为±2%；

⑦ 一台测量冰球速度的设备，准确度为±2%，速度传感器距试验组件表面 1 m 以内。

作为例子，图 2-125 给出了装置示

意图。图中包括：水平气动发射器、垂直支撑组件的安装和测速器(用电子技术测量冰球穿过两光束间距离所用时间来测量其速度)。

试验程序：

① 利用模具和冷冻箱制备足够试验所需尺寸的冰球，包括初调发射器所需数量；

② 检查每个冰球的尺寸、质量及是否碎裂，可用冰球应满足如下要求：肉眼看不到裂纹，直径在要求值±5%范围内，质量在表 2－14 中相应标称值±5%范围内；

③ 使用前，置冰球于储存容器中至少 1 h；

④ 确保所有与冰球接触的发射器表面温度均接近室温；

⑤ 用下述步骤⑦的方法对模拟靶试验发射几次，调节发射器，使前述位置上的速度传感器所测定的冰球速度在表 2－3 中冰雹相应试验速度的±5%范围内；

⑥ 室温下安装组件于前述的支架上，使其碰撞面与冰球的路径相垂直；

⑦ 将冰球从储存容器内取出放入发射器中，瞄准表 2－15 指定的第一个撞击位置并发射。冰球从容器内移出到撞击在组件上的时间间隔不应超过 60 s；

⑧ 检查组件的碰撞区域，标出损坏情况，记录下所有看得见的撞击影响。与指定位置偏差不大于 10 mm 是可接受的；

⑨ 如果组件未受损坏，则对表 2－15 中其他撞击位置重复步骤⑦和⑧，如图 2－126 所示。

表 2－15　冰球撞击电池组件位置描述表[56]

撞击位置编号	撞击位置描述
1	电池组件窗口一角，距边框 50 mm 以内
2	电池组件一边，距边框 12 mm 以内
3,4	在电池组件电路的边上
5,6	在电池组件上，靠近电池汇流带
7,8	在电池组件安装点附近
9,10	在电池组件电路中间，距安装点最远的位置
11	对冰雹撞击最易损坏的任意点

最后试验：冰球撞击结束后，重复进行 10.1 外观检查、10.3 绝缘试验。

标准要求：

① 没有 IEC 61646 第 7 章规定的《严重外观缺陷》；

② 绝缘电阻应满足初始试验的同样要求；

③ 标准测试条件最大输出功率的衰减不超过试验前测试值的 5%。

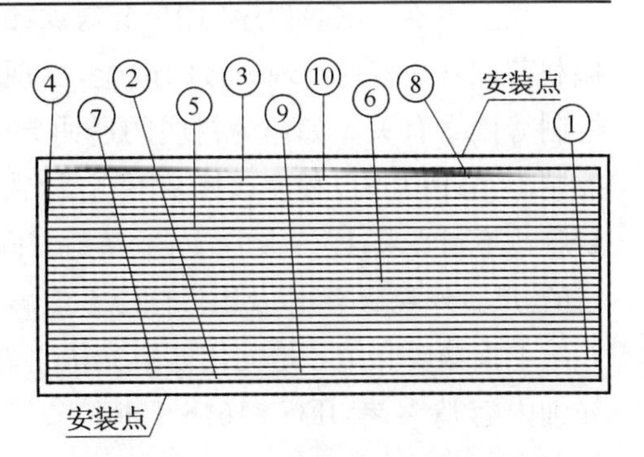

图 2－126　冰球撞击电池组件规定位置示意图[56]

18) 旁路二极管热性能试验(10.18)

19）电池组件的光老炼试验(10.19)

试验目的：该试验的目的是通过模拟太阳辐射的方法，使薄膜电池组件的电性能稳定下来。该项试验是专门针对硅基薄膜太阳电池设定的。

试验装置：

① 符合 IEC 60904－9 的 CCC 级太阳模拟器；

② 带积分器的标准装置，以监测辐射量；

③ 用制造厂推荐的安装方法安装组件，并与标准装置共平面安装；

④ 准确度为±1℃的测量组件温度的装置；

⑤ 保证组件在 STC 状态下工作在最佳工作点附近的阻性负载。

试验程序：

① 把阻性负载安装在组件上，用制造厂推荐的安装方法，将组件与标准器件安装在模拟器测试平面上；

② 将辐照度设置在 600～1 000 W・m^{-2}之间，用标准装置记录辐照度；

③ 在模拟器照射期间，必须保证组件温度在 50℃±10℃范围内；

④ 辐照各组件，直到最大功率值稳定。稳定的判据是：在连续的 2 个不低于累积 43 kW・h・m^{-2}的辐射后，$(P_{max}-P_{min})/P_{average}<2\%$。其中，$P_{max}$是指测量中最佳工作点功率中最大值，$P_{min}$为最小值，$P_{average}$为平均值。中间最佳工作点的测量应选择一个方便得到的组件温度，每次测量温度应保证在±2℃内；

⑤ 记录组件达到稳定后的总辐照度。

最后试验：重复进行 10.1 外观检查、10.3 绝缘试验以及 10.6 中的标准测试条件下的性能。

标准要求：

① 没有 IEC 61646 第 7 章规定的《严重外观缺陷》；

② 绝缘电阻应满足初始试验的同样要求；

③ 最终的光老炼之后，标准测试条件下的最大输出功率，应不低于制造厂规定的最小值的 90%。

在上述鉴定试验程序的 19 个测试、试验项目中，室外曝晒、热循环、湿-冻、湿-热和机械载荷试验是容易出现失败的试验，出现失败的原因与光伏组件的设计、材料质量、工艺控制等因素有关。如作为衬底的透明导电玻璃、封装玻璃残余应力过大；磨边、钻孔工艺控制不当；PECVD 程序或控制不当，导致电池组件的光致衰退过大；EVA 材料质量和密封胶达不到要求；EVA 层压工艺、密封胶固化控制不当等，均可能造成 IEC 61646 第 7 章规定的《严重外观缺陷》以及组件性能不能满足 IEC 61646 标准的有关规定，造成试验失败。

上面摘要介绍了地面用薄膜光伏组件“鉴定试验程序”中部分检查、测试及试验内容。详细内容请参考 IEC 61646 Edition2.0 2008－05，“Thin-film terrestrial photovoltaic (PV) modules-Design qualification and type approval”和国家 GB/T 18911－2002，IEC 61646：1996 标准。

在组件的材料、工艺和设计发生变化时，需要进行重新测试，测试的项目和变化的内容相关，详见《IEC 61215 和 IEC 61646 重测导则》。

2.4.3　地面用薄膜光伏组件鉴定试验合格判据与认证程序

在光伏组件的鉴定试验过程中，如果试验样品达到了下列的各项判据，则认为该光伏组件设计通过了鉴定试验，也通过了定型。

① 在最终的光老化试验后，在标准测试条件下，组件的最大输出功率不不低于制造厂规定最小值的 90%(注：测试应考虑测量的不确定性)；

② 在试验过程中，无组件呈现断路现象；

③ 没有 IEC 61646 第 7 章规定的《严重外观缺陷》；

④ 试验完成后满足绝缘试验要求；

⑤ 每组试验开始和结束时，湿热试验后满足漏电流试验的要求；

⑥ 满足单个试验的特殊要求。

如果两个或两个以上组件达不到上述判据，该设计将视为达不到鉴定要求。如果一个组件未通过任一项试验，取另外两个满足要求的组件从头进行全部相关试验程序的试验。假如其中的一个或两个组件都未通过试验，该设计被判定达不到鉴定要求。如果两个组件都通过了试验，则该设计被认为达到鉴定要求。

光伏组件认证是由第三方对产品、过程，或服务满足规定要求给出书面证明的程序。目前，对光伏组件的认证主要有遵照 IEC 标准的认证和遵照 UL 标准的认证。UL 标准的认证主要是符合北美市场要求，相对而言，遵照 IEC 标准的认证更具有普遍性。

光伏组件的认证分为试验和工厂检查两项。光伏组件的试验，按照前面介绍的标准进行。工厂检查主要围绕着产品的实现过程进行，从质量管理体系、原材料进货管理、设备管理、工艺管理、人员管理、环境控制以及测试方法等方面进行审查。只有这两项都通过后，才能获得认证证书。

光伏产品的认证，一般需向 IECEE(IEC 电器设备检测和认证体系—IEC Conformity for Test and Certification of Electric Equipment)的光伏 NCB(国家认证机构—National Certification body。目前，IECEE 光伏 NCB 有：法国的 LCIF、德国的 VDE 和 TUV Rh、印度的 STQC、日本的 JET、西班牙的 AENOR 以及美国的 UL Inc.)提出申请。认证机构收到申请后，随即展开包括认证中的测试、试验和工厂检查等一系列准备工作。认证中的测试和试验一般由认证实验室完成，各认证机构都有其认可的试验室，称为认证机构测试实验室，简称 CBTL(Certification Body Testing Lab.)。

地面用薄膜光伏组件认证的基本工作流程，综合起来可由图 2-127 表示。当选择不同的认证机构时，它们的认证工作流程可能会稍有差别。

上面简单介绍了光伏组件认证的部分试验内容、鉴定试验合格判据和认证基本流程。如果想详细了解认证过程和试验情况，请详细阅读理解 IEC 61646 Ed2.0 2008-5 标准。并与认证机构咨询标准变动或试验变动情况。最好本单位具备认证试验中的关键试验设

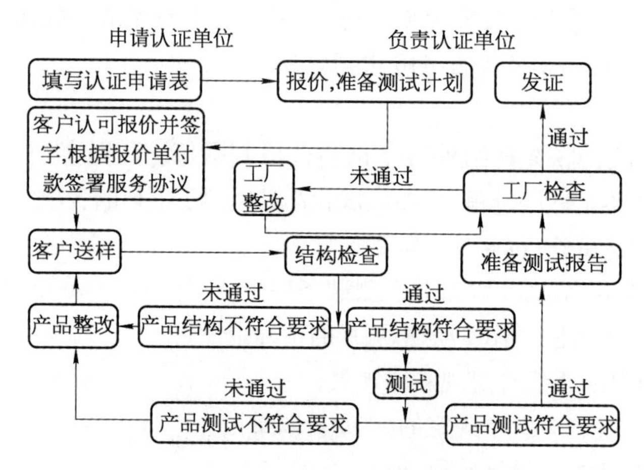

图 2-127 光伏产品认证测试流程框图

备,在本单位先进行模拟认证试验,针对发现的问题,调整工艺,将问题解决在送样之前。建议本单位的模拟认证试验条件应比标准规定的条件更加严格,给通过认证留有一定的保险系数。待工艺成熟、稳定时再送样认证,以避免认证失败,造成时间和资金的浪费。

2.5 高效低成本硅基薄膜太阳电池的发展瓶颈与关键技术

任何一类太阳电池,总有一些自身的原因决定着它的发展极限。这些原因主要有材料的潜质、稳定性以及制备工艺的复杂度与可兼容性。同时,这些原因也决定了该电池是否具有高效与长期应用及制造的低成本可能。

2.5.1 限制高效低成本硅基薄膜太阳电池发展的因素

2.5.1.1 硅基薄膜材料结构无序导致的限制

1) 结构的无序性

与单晶硅原子整齐地排列相比,氢化非晶硅薄膜的最大特点在于它结构的无序性。因而存在弱键和悬挂键缺陷态,它们分别位于带尾或带隙中央附近的深能级的缺陷态。带尾态密度高达 10^{19} cm^{-3} 以上,而深能级缺陷态密度在 $10^{15}\sim10^{18}$ cm^{-3} 量级,一般深能级悬挂键起复合中心的作用,如果悬挂键密度高到 10^{19} cm^{-3} 的话,该材料就不能制作出好的器件,导致高复合而使光敏性下降,同时亦凸显出不稳定问题。

2) 缺陷限制掺杂效率[2,14]

为了能够得到好的掺杂效果,必须减少材料内部的缺陷态。另一方面,非晶硅中掺杂行为与单晶硅的不同,是掺杂和产生悬挂键共存。掺杂越高,缺陷态越多。这也正是为什么硅基薄膜太阳电池的 n、p 掺杂层没有光电导或者光敏性极低的原因。

掺杂硅基薄膜电导率的低下使得该类电池的串联电阻增大,尤其是 p 型掺杂的影响更为严重，使得开路电压未能达到带隙所允许达到的最高值，进而也会影响电池的填充因子 FF。当提高 p 型掺杂层的带隙并使其面电导达到接近十西门子(S)的情况下，使非晶硅太阳电池的开路电压达到 1 V 以上才有可能[59]。

3) 非晶硅中的光致衰退带来的影响[16]

图 2 - 128 示出非晶硅电池 I - V 特性曲线随光照变化的示例以及其效率和微晶硅电池效率光衰退趋势的比较。

该图显示，光照使非晶硅电池 I - V 特征的衰退主要表现在填充因子的下降，如上图数据给出的，1 000 h 后效率下降达到 40%以上，随后下降基本平稳。而微晶硅电池的稳定性很好。

对 SW 效应的物理解释，至今仍未能有统一的结论。但其起因都与光生载流子的复合(或捕获)、Si - H 键或 H 的存在及其运动有关，光照后将新增缺陷态(光照后材料内的缺陷态密度将增至 $10^{17}\,\mathrm{cm}^{-3}$)。实验给出了缺陷态 $N_{\mathrm{db}}(t)$ 随光照时间之间的关系可用时间幂指数 $N_{\mathrm{db}}(t) \propto t^{1/3}$ 描述，或以伸张指数的函数形式 $N_{\mathrm{db}}(t) \propto \exp(-t/\tau)^{\alpha}$ 描述。所以衰退至 1 000 h 后基本趋于平缓。

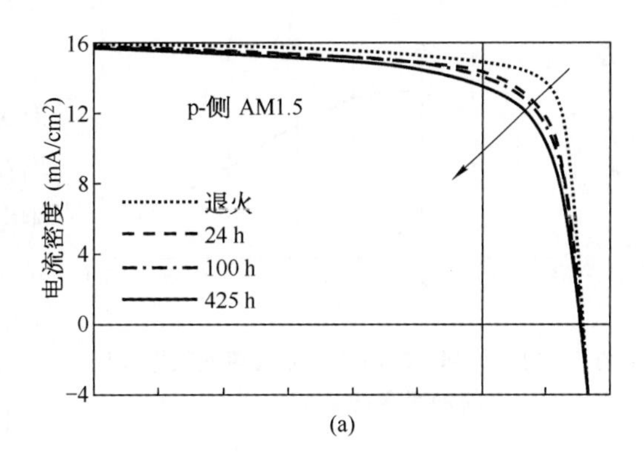

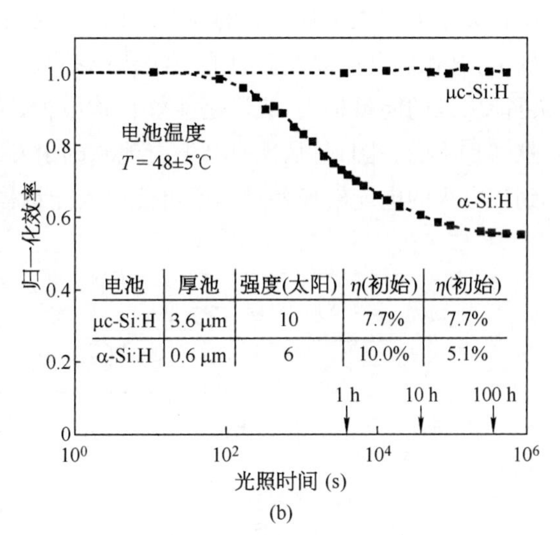

图 2 - 128　a - Si 电池 I - V 特性及 a - Si、μc - Si 电池的光致衰退[60]

(a) a - Si 电池 I - V 特性；(b) a - Si、μc - Si 电池的光致衰退

减小 SW 效应的最佳手段即减少复合(或捕获)，适当降低硅中 H 的含量仅达到饱和悬挂键的基本要求(当然这对工艺上要求很苛刻)是一个卓有成效的方法。除提高材料质量，降低膜内悬挂键浓度外，在非晶硅太阳电池内，减少复合的一个有效途径是减小 i 层厚度，这将有利于加大内建电场，因为内建电场表示为 $E_{\mathrm{bi}} = V_{\mathrm{bi}}/d_{\mathrm{i}}$ (在非晶硅中 V_{bi} 最大可达 1 V)，减薄 i 层，增强内场，从而能提高光生载流子被分离与扫出的速度，有利减少复合。在叠层电池中，为光谱合理分配的需要，非晶硅顶电池一般都较薄(～250 nm 量级)，因此，可达到提高稳定性与电流匹配的双重效果。

2.5.1.2　单结电池自身的效率限制

以上大致阐述了非晶硅材料自身结构无序性给太阳电池效率提升带来的限制，但尚需从电池角度深入分析，以作全面考察。

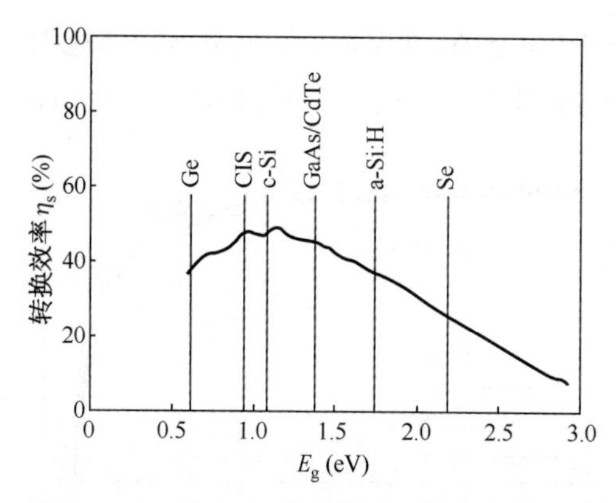

图 2－129 AM1.5、电池的光谱转换效率 η 与材料带隙的关系[12]

太阳电池的光电转率效率取决于构成该电池有源层材料对入射太阳光能量谱的利用率及其光电转换的能力，用光谱利用率 η_s 表示。而对太阳光谱的利用能力除与太阳光谱有关外，与其带隙 E_g 紧密有关。图 2－129[12]示出在 AM1.5 太阳光照下不同带隙材料制备的太阳电池光谱利用率 η_s 与其带隙 E_g 关系的比较。

该图显示具有固定带隙的单结电池对太阳光谱利用具有局限性。虽然硅基薄膜其结构无序带来的动量 $\vec{k}$ 不再是好的量子数，具有使其吸收系数增大的优势，但却具有原子排列结构无序造成大量缺陷态的弊端，吸收系数的增大并不能补偿材料缺陷多而导致的效率低下，这无法彻底改变而只能想法予以补救。为此必须认真考虑构成太阳电池的各层所可能引入的能量损失，或许是能够再构电池、力图挽回损失的重要思路。图 2－130 是文献[61]中的一图，是从现有结型电池基础出发，计算光生载流子在其产生、分离、反向收集到达电极的电能转换各过程所可能引入能量损失的理论依据。

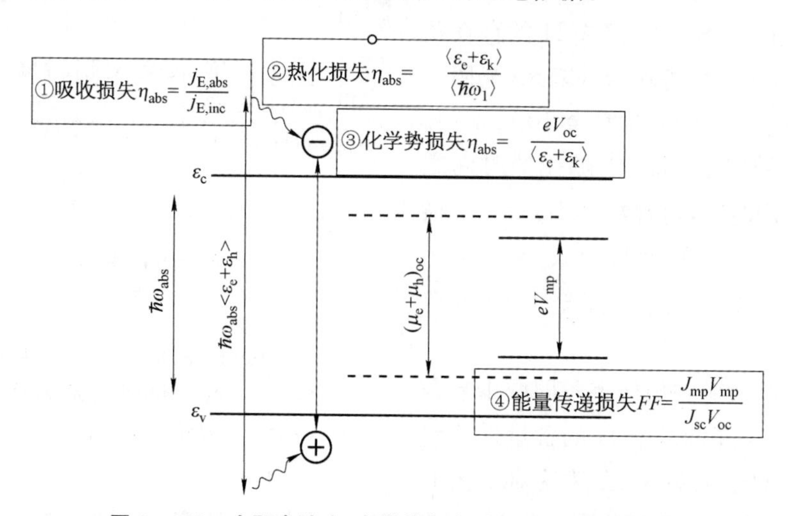

图 2－130 太阳电池光-电转换各个过程引入的能量损失

图中，过程①描述吸收损失。即因受吸收层带隙 E_g 的限制，太阳光谱中那些能量小于 E_g 的光子不被吸收，不能产生光生载流子故而损失掉了。以 $J_{E,abs}$ 表示电池所能吸收光子的能量流，而 $J_{E,inc}$ 是指入射光子的能量流。两者之比，即指吸收光子数占总入射光子数之比故称吸收效率，以 η_{abs} 表示之：

即
$$\eta_{abs}=\frac{J_{E,abs}}{J_{E,inc}} \tag{2-47}$$

过程②为热化损失。那些入射能量远高于带隙宽度的光子，将使价带电子跃迁到远高于导带底之上的能级处，或者同时产生位于价带深部处的空穴。而这些携带能量高于 E_g 的电子或空穴称其为热电子或热空穴，它们是不稳定的，会在皮秒到数十皮秒量级内将能量释放给声子(或称传递给晶格，加快晶格振动)，然后回到导带底或价带顶的稳定状态，此过程即为热化过程(thermalization)。此时，位于带底或顶部处的载流子所携带的能量，即为电子空穴对的自由能 $\langle \varepsilon_e + \varepsilon_h \rangle$(平均等于 $E_g + 3kT$)。它与吸收的能量部分之比则称热化损失($\eta_{thermalization}$)，记作：$\eta_{thermalization} = \dfrac{\langle \varepsilon_e + \varepsilon_h \rangle}{\langle \hbar\omega_{abs} \rangle}$。其中 $\langle \hbar\omega_{abs} \rangle$ 是指吸收能量的平均值。

过程③为化学势损失(又称热动力学损失 $\eta_{thermodynamic}$)。光照产生的光生非平衡载流子，即使电子和空穴已经回到其能带底或顶的稳定位置，但系统仍处于非平衡态，系统将通过光生载流子的输运和复合才达到动态平衡。此时的状态使用电子或空穴所携带能量用最大的化学势 μ_e 和 μ_h 来描述，也就是说此时光生电子和空穴并非处于导带底或价带顶，而是处于各自的准费米能级位置(平衡态)上。在开态下，最大的化学势即可写成：$(\mu_e + \mu_h)_{oc} = eV_{oc}$。此时，它与电子空穴对的自由能之比即为热动力学损失，记作：$\eta_{thermodynamic} = \dfrac{eV_{oc}}{\langle \varepsilon_e + \varepsilon_h \rangle}$。图 2-131 给出不同带隙材料电池的光谱效率 η_s 以及计入对光生载流子的收集效率后电池效率与带隙关系的比较。

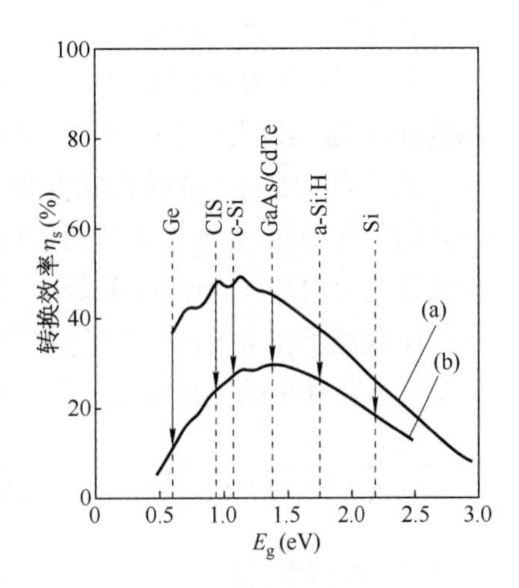

图 2-131　不同带隙材料太阳电池的光谱利用效率比较[12]

(a) 未计入收集损失；(b) 计入收集损失

图中曲线(a)即为图 2-129 的结果，曲线(b)为因复合带来收集损失而使原来的光利用率再度下降[12]。过程④为能量传递损失。系统处于开路或者短路对外并不做功，只能算是能量储存器。由电池对外做功的最大输出与其极端状态(开路电压与短路电流)下所做最大的功，即为其对外输出能量的传递损失 $FF = \dfrac{I_m V_m}{I_{sc} V_{oc}}$ 和太阳电池可能获得的效率 η。按上述讨论，Peter 以单晶硅太阳电池数据给出的实际参数[61]，简单估算了各类损失的大小：单晶硅吸收太阳光谱的平均能量 $\langle \hbar\omega_{abs} \rangle$ 取作 1.8 eV；其电子空穴对的自由能 $\langle \varepsilon_e + \varepsilon_h \rangle = E_g + 3kT$，取作 1.2 eV；单晶硅电池参数各项的最大值可分别写成：短路电流密度 J_{sc} 最大值 413 A · m^{-2}，最大功率点的电流密度 J_m 为 401 A · m^{-2}；开路电压 $V_{oc} = 0.770$ V，最大功率点的开路电压 $V_m = 0.702$ V，如此各部分效率分别为：$\eta_{abc} = 0.74$，$\eta_{thermalization} = 0.67$，$\eta_{thermodynamic} = 0.64$，$FF = 0.89$。则总效率计算可得 0.28(即 28%)。比较各分量所占比例，热化和热动力学损失较大(效率较小)，可见晶体硅中的热载流子能量损失以及复合损失是不可忽视的。

对硅基薄膜，设所用硅基薄膜的 $E_g = 1.7$ eV，吸收太阳光谱的平均能量 $\langle \hbar\omega_{abs} \rangle$ 取作 2.7 eV(其带隙较之单晶硅虽宽，但是其吸收系数远比单晶硅大，故总的吸收太阳光的能量要多)；其电子空穴对的自由能 $\langle \varepsilon_e + \varepsilon_h \rangle = E_g + 3kT$，取作 1.77 eV；硅基薄膜太阳电池参数各项的最大值可分别写成：J_{sc} 最大值 $190A \cdot m^{-2}$，J_m 为 $160A \cdot m^{-2}$；$V_{oc} = 0.980$ V，$V_m = 0.902$ V。如此各部分效率分别为：$\eta_{abc} = 0.74$，$\eta_{thermalization} = 0.66$，$\eta_{thermodynamic} = 0.55$，$FF = 0.78$。四项相乘约为 21%(该粗略计算与 Kanagai [4] 模拟图 2-1 的双结叠层电池数据很相近)。其中以复合带来的损失最大(仅 0.55)，热化损失次之，由上述得到的填充因子要比单晶硅的低很多。以上估算中考虑虽有一定误差，但本质上的偏离不会太大。如果是热动力学损失最甚，表明结构无序(或者有序度极为欠缺)的硅基薄膜材料，其缺陷态带来的影响是不可抗拒的。这也正是硅基薄膜由于自身固有缺陷造成其单结电池效率低下，难于大幅提高的瓶颈。

2.5.2　提高硅基薄膜电池效率的设计考虑

2.5.2.1　能量损失

在材料缺陷为主要因素的前提下，提高硅基薄膜太阳电池效率的方向，除改善薄膜材料结构外，借鉴其他类型电池的良好概念，在电池结构上另辟新径，或许不乏是一条有效途径。

从太阳电池将光能转换成电能的基本原理出发，则首先要能充分地、尽可能全部地吸收入射的太阳光，让光在电池内传播路径越长越好，即有"电薄而光厚"之意，或者称"使光闭锁在电池内部(confined in cell)"以达到光充分吸收的目的。其二则要求吸收光后产生的光生载流子在电池内传输的过程中，减少电学损失，使光生电子/空穴对能够有效分离、输运和收集并传输至外电路。因此，应该从光学和电学这两个方面进行电池效率提高的设计。

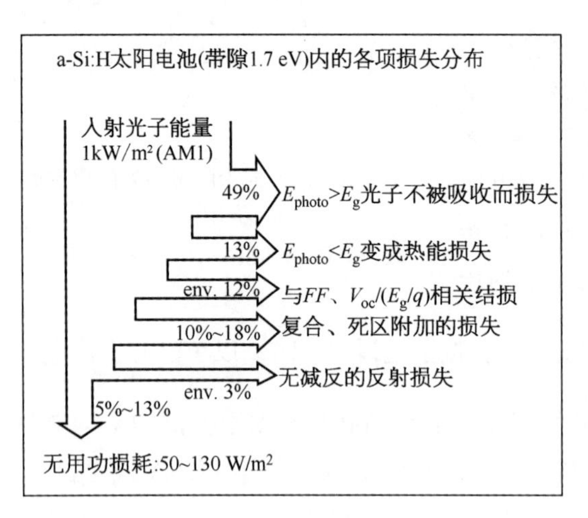

图 2-132　非晶硅太阳电池内各类光能损失的示意图[12]

图 2-132 所示为光进入硅基薄膜太阳电池各种可能损失的全过程。由图可见，太阳光从进入电池起在其传播进程中所可能的能量损失大致可分解为两类：一类光学损失；一类是电学损失。

1) 光学损失

① 能量远大于带隙造成热化损失或小于电池带隙的光子不能被电池吸收而损失，其损失占到整个入射光能的一半。如上面所述，这部分可以通过叠加不同带隙材料、拓宽光谱响应范围予以补偿。

② 在进入电池之前衬底玻璃的透过和反射损失；

③ 前电极吸收损失；

④ 鉴于各层材料折射率的不匹配在电池内传播引起的光能损失；

⑤ n、p 掺杂层的吸收损失；

⑥ 背电极的透过损失；

总之，除了不能吸收小于 E_g 的光和大于 E_g 的光引入热化损失外，其他就是各辅助层材料的吸收或反射损失等。

2）电学损失包括

① 结区内的复合、厚度不适当导致的电场死区；

② 来自于 FF 和 V_{oc} 相关属于结的损失；

③ 非良好接触处的电功损耗。

为此，可考虑利用叠层结构和采取陷光等光管理措施加强光的利用，对于来自电学方面的损失，除需要从提高材料导电性能方面考虑，减少无功损耗，更需要从器件物理学的角度，探讨新器件概念并架构新器件的设计考虑。

2.5.2.2 采用叠层结构，提高光谱利用率

已知任一光敏材料做成的太阳电池，鉴于其固定带隙的限制，总只能对一定的太阳光谱波段具有响应，如图 2-133a 横轴上的若干箭头给出当前几种薄膜电池有源材料的长波吸收限。

太阳光谱范围为 300～2 000 nm，而各类薄膜电池利用太阳光的波长范围都是有限的。如对 a-Si 太阳电池，其长波吸收限在 0.7 μm 左右，也就是说，在 0.7 μm 之外的红光部分则无法吸收。CdTe 在 0.83 μm 左右，CIGS 则对应于 0.95 μm 附近。若能选取不同带隙宽度的光伏材料，沿光照方向以带隙从宽到窄顺势或串联或并联地构成多结太阳电池模式，就可构成宽光谱响应的叠层电池。采用将有源层分别为 SiO_x：H、a-Si：H、a-SiGe：H、μc-Si：H 等的子电池串接起来（如图 2-133b 所示），可利用的光谱则就会从 400 nm 拓展到 1 200 nm，这可能是能提高太阳光利用率的一条极好途径。

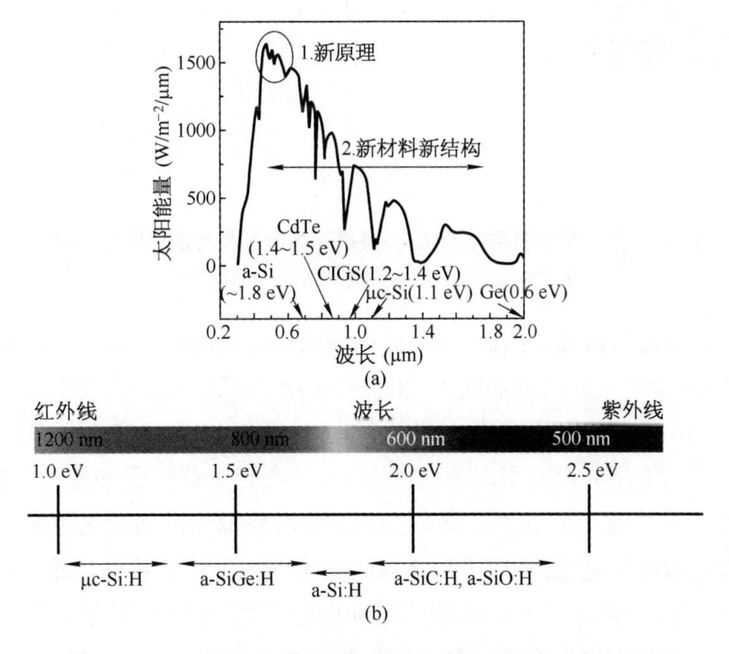

图 2-133 几种电池有源材料的长波吸收限与光谱响应范围

(a) 电池有源材料的长波吸收限；(b) 光谱响应范围

由图 2－133 可以分析改进电池效率的思路，其一是开辟新原理的电池，由 Green 提出的第三代太阳电池概念，如多重激发(MEG)、热载流子激发、构建中间带、等离子基元等概念把那些与 E_g不匹配的能量也能充分利用起来。而现阶段，最简单而有效的方式即如叠层电池结构，对不同带隙吸收能量的叠加，即能充分利用太阳光谱；其二则为解决叠层电池，寻找优质、稳定的新材料和创新电池结构亦显得更为迫切[4]。

依据上述以带隙从宽到窄顺势或串或并地构成多结叠层太阳电池思路，瑞士 Neuchatel(纽切特尔)大学 Meier 等人于 1994 年最先提出并实现了双结串联叠层的概念，图 2－134 给出双结叠层电池结构示意图及其模拟计算结果[62]。

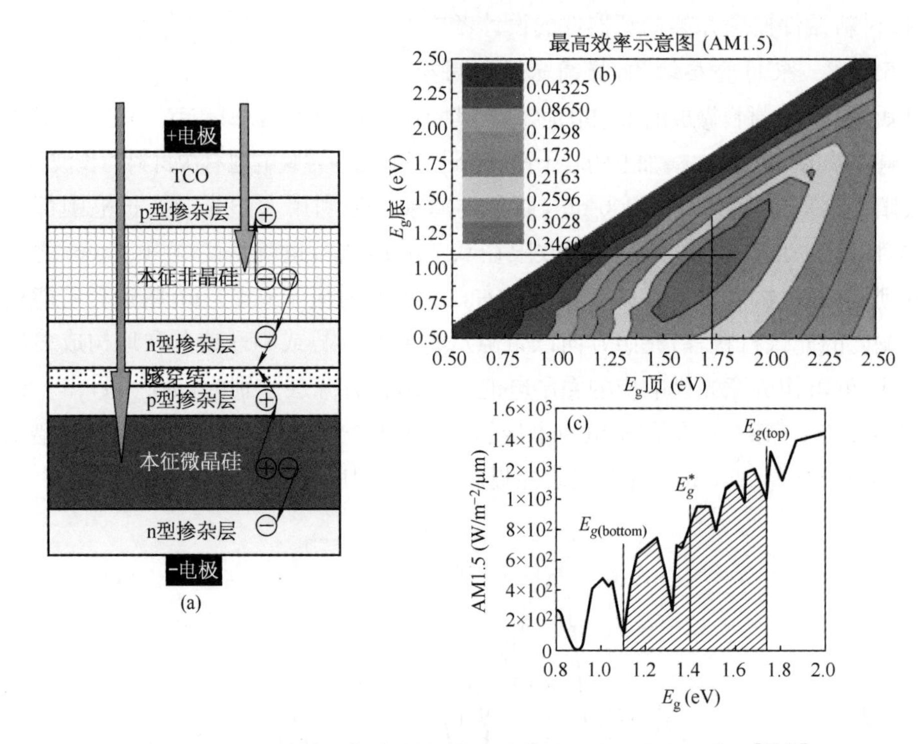

图 2－134　双结叠层电池结构、模拟计算结果及光谱利用范围[62,63]

(a) 叠层电池结构；(b) 模拟计算结果；(c) 光谱利用范围

图 2－134a 给出顶衬式非晶硅/微晶硅串联双结叠层电池的器件结构示意图，以涂覆有减反膜(也可蒸涂在受光的玻璃面上)和透明导电膜(TCO)前电极的玻璃为衬底，顺次沉积非晶硅的 pin 子电池和微晶硅 pin 子电池，最后沉积 ZnO/Ag/Al 的复合背反射电极。图中同时示出太阳光谱在子电池内的分布，以及光生载流子的输运及在子电池之间以遂穿复合方式连续输运的过程。图 2－134b 给出模拟计算其调变顶底电池带隙、叠层电池所可能获得效率的理论值，图中给出双结叠层电池模拟计算的理论值[63]。由该图清晰看到，当选用的是带隙 1.75 eV 的非晶硅顶电池、带隙为 1.1 eV 的微晶硅作底电池，则此双结叠层电池能利用的光能量区间可从紫外一直拓展至 1.1 μm，最佳电池效率可达到 34.6%，否则按照常规非晶硅 1.5～1.7 eV，有效利用的光能量少了很多。图 2－134c 给

出采用叠层结构后电池光谱利用率的改善。如图 2-134a 的双结叠层和图 2-1 给出三结叠层电池的理论计算结果[4]，之间存在着明显的差异，其差异可能来自选用子电池有源层材料参数的差异，亦或与选用计算公式的简化程度不同等相关。但不管怎么说，模拟计算指出了如何通过努力实现电池高效光谱利用率的方向。

2.5.2.3　陷光结构

1）陷光的理论探讨[64, 65]

所谓光管理是指如何通过材料的选取或者电池结构的设计以增强光利用率。如上述所述串联叠加不同带隙电池以加宽电池的响应范围是光管理的一种；减少反射，增加厚度亦是增加光吸收的方法之一，但增加厚度是有限的，必须要考虑 i 层内的内建电场不会因过厚而减弱，甚至造成“死区”的出现，那样不利于对光生载流子的收集。这时，如果考虑通过折射率的优化使得光能够在 i 层内来回多次反射，以延长光在 i 层内的传播路径，就相当于增加了 i 层的厚度。这种管理方式可能更为有效。图 2-132 所示的光学损失补偿中对折射率问题并未考虑。从光学角度看，由折射率不相同的多层薄膜组成的系统，对折射率可能带来的效益需要认真对待[64]。

已知，动量为 $\vec{p}$ 的光子，它与能量有 $\hbar\omega = c\,|\,\vec{p}\,|$ 的关系。其动量分量分别表示为：$\Delta p_x = h/L_x$，$\Delta p_y = h/L_y$，$\Delta p_z = h/L_z$；每个光子在动量空间中所占的体积为：$\Delta p_x \Delta p_y \Delta p_z = h^3/(L_x \cdot L_y \cdot L_z) = h^3/V$；因此光子在动量空间，亦称作 K 空间中的状态数 N_γ，则是以其动量 $|\,\vec{p}\,| = \dfrac{\hbar\omega}{c}$ 为半径的球体积除以每个光子自身所占体积。当考虑到光子有 s、p 两个偏振态后，上述对光子状态数 N_r 的计算需再乘以 2，结果光子在 K 空间中的状态数可写成为：

$$N_r = \frac{2(4/3) \cdot \pi \cdot p^3}{(h^3/V)} = \frac{(8\pi)Vp^3}{3h^3} \tag{2-48}$$

在真实空间单位体积内，能量为 $\hbar\omega$、位于 $|\,\vec{p}\,|$ 和 $|\,\vec{p}\,| \pm \Delta|\,\vec{p}\,|$ K 空间间隔内光子的态密度 $D_\gamma(\hbar\omega)$ 则可写成：

$$D_\gamma(\hbar\omega) = \frac{1}{V}\frac{dN_\gamma}{dp} = \frac{d\left(\dfrac{8\pi Vp^3}{3h^3}\right)}{Vdp} = \frac{8\pi p^2}{h^3} \tag{2-49}$$

将光子动量与能量关系 $p = \hbar\omega/c$ 代入式(2-49)，并用 $\hbar = \dfrac{h}{2\pi}$ 表示普朗克常数 h，则有：

$$D_\gamma(\hbar\omega) = \frac{8\pi\,(\hbar\omega)^2}{h^3c^2} = \frac{(\hbar\omega)^2}{\pi^2\hbar^3c^2} \tag{2-50}$$

在单位立体角（$d\Omega$）内的态密度，由式(2-50)除以全方位立体角(4π)得：

$$D_{o,\Omega}(\hbar\omega) = \frac{(\hbar\omega)^2 d\Omega}{4\pi^3\hbar^3c^2} \quad \text{（下标“o”表示真空）} \tag{2-51}$$

此式说明光子的态密度与光子速度 c 的平方成反比。在真空中(折射率 $n=1$),光速用 c 表示,但在介质中折射率 $n>1$,光的传播速度则应用相速度 $v_g = c/n$ 表示,表明光在介质内的传播速度要比在真空中传播的速度慢 $1/n$。此时,光子在折射率为 n 的介质内的态密度则可写成:

$$D_{n,\Omega}(\hbar\omega) = \frac{n^2(\hbar\omega)^2 d\Omega}{4\pi^3\hbar^3c^2}\text{(下标 n 表示在折射率为 } n \text{ 介质中的态密度)} \quad (2-52)$$

由此可见,在折射率为 n 的介质内,光子的态密度将增加 n^2 倍。光子在态密度中的分布,以费米分布函数 $f_\gamma = \frac{1}{\exp(\hbar\omega/kT)-1}$ 计,则单位体积、单位能量间隔和单位立体角内被光子占据的数目,也就是光子流密度由式(2-53)表示:

$$D_{n,\Omega}(\hbar\omega)f_\gamma(\hbar\omega)d\Omega = \frac{n^2(\hbar\omega)^2 d\Omega}{4\pi^3\hbar^3c^2}\frac{1}{\exp(\hbar\omega/kT)-1} \quad (2-53)$$

而在能量为 $\hbar\omega \pm d\hbar\omega$ 范围内的光子的能量流密度 $I_{n,\Omega}(\hbar\omega)$ 应是光子流密度与其能量的乘积,可得:

$$I_{n,\Omega}(\hbar\omega) = \hbar\omega D_{n,\Omega}(\hbar\omega)f_\gamma(\hbar\omega)d\Omega d(\hbar\omega) = \frac{(\hbar\omega)^2 n^2 d\Omega}{4\pi^3\hbar^3c^2}\frac{\hbar\omega d(\hbar\omega)}{\exp(\hbar\omega/kT)-1} \quad (2-54)$$

将式(2-54)进行简化,可写成:

$$I_{n,\Omega}(\hbar\omega) = \frac{\hbar\omega}{\exp\left(\frac{\hbar\omega}{kT}\right)-1}\frac{2n^2\omega^2}{(2\pi)^3c^2}d\omega d\Omega \quad (2-55)$$

对比式(2-55)与真空中的意义在于,当一个折射率为 n 的介质薄层被某种 $n=1$ 的黑体包围时,在介质内所可能得到辐射能量将比周围黑体多得到 n^2 倍(因为光子的态密度由于折射率的关系而增加)。即有:

$$I_{med(n).}(\omega,x) = n^2(\omega,x)I_{blackbody}(\omega) \quad (2-56)$$

其中 $I_{blackbody}(\hbar\omega)$ 为 $n=1$ 时真空中光子能量为 $\hbar\omega$ 的能量流密度。这是因为均分定理保证无论是在外部黑体中还是在折射率为 n 的介质内,各个光子态上具有相等的占据概率,而由于在介质($n>1$)内光子的态密度要比真空($n_0=1$)中的要高出 n^2 倍,因此介质中的光能量密度比真空(黑体)中的也就要高出折射率的平方(n^2)倍。

如果一束准直的光从折射率为 n' 的光疏媒质入射进入折射率为 n 的光密媒质,鉴于光密媒质内光子的态密度要高出光疏媒质的 $(n/n')^2$ 倍,除反射之外,在光密媒质内能容纳由光疏媒质来的全部光子数,光能全部进入光密媒质,并按照常规折射定律发生折射现象。如果光从光密媒质射入光疏媒质,则由于光疏媒质内的光子态密度比光密媒质内的减少 $(n'/n)^2$ 倍,因此光不能全部进入光疏媒质,将在界面处以较大的反射概率被反射回到光密媒质中。当以临界角 α_T 的光从光密媒质射入光疏媒质(为简单计,以下假设光疏媒质的折射率 $n'=1$),据折射率定律,就会发生全反射。发生全反射的临界角 α_T 与介质折射率 n 之间的关系表示成:

$$\sin\alpha_T = \frac{1}{n} \qquad (2-57)$$

此处发生全反射的角度 α_T 称为布儒斯特角。例如 Si 薄膜材料与空气的交界面,若 Si 的折射率平均取作 3.5,则光由 Si 介质射入空气,在该界面处产生全反射的临界角按 $\sin\alpha_{T\text{-}Si} = \frac{1}{n_{Si}}$ 计算为 16.6°。亦即当 Si 中传播的光,以 16.6°以上的角度碰撞到与空气的交界面时,则将全部被反射回到 Si 膜层内,这样的光就有可能闭锁在 Si 的薄层内,如图 2-135a 所示。鉴于太阳电池是多层薄膜构成的系统,很好地利用折射率差异进行设计,将有利于加强光在电池内的反射,使入射光得到再次利用,相当于延长了光在电池内的传播路径,进而相当于使材料的厚度变"厚",这并不需要真正沉积薄膜厚度也能达到"增厚"的目的。

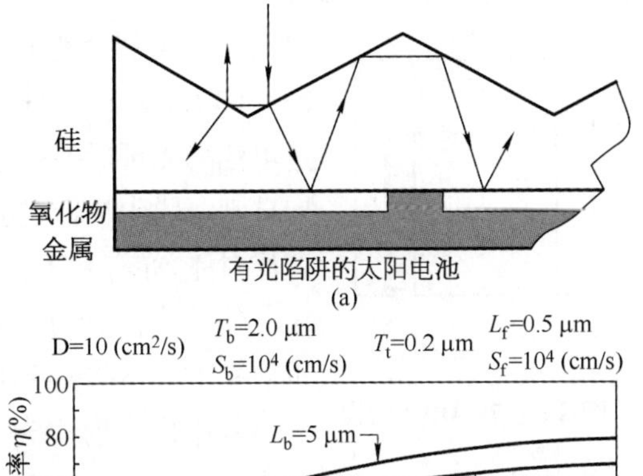

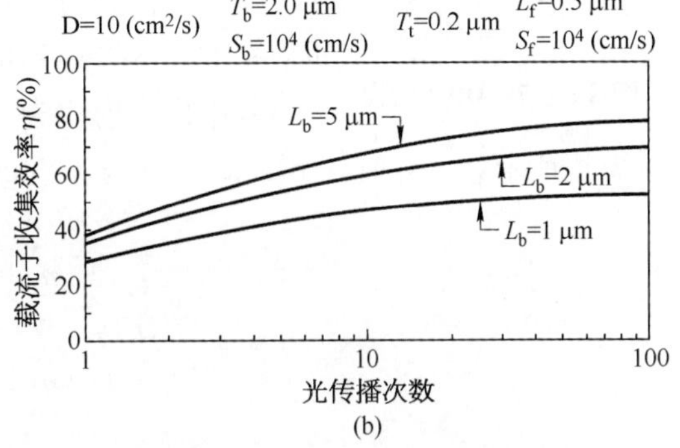

图 2-135　倒金字塔结构[64]及光陷阱对增强载流子收集效率的模拟计算结果[65]

(a) 倒金字塔结构;(b) 增强载流子收集效率的模拟计算结果

早在 1974 年,RCA 公司的大卫雷德菲尔德(David Redfield)就提出了"Light Trapping"的概念[65],通过光在电池内的多次反射即能增加光在电池中的传播次数,从而延长太阳光在电池内传播的光程,最终能把光"闭锁"在电池内。图 2-135a给出的是当硅表面腐蚀成金字塔结构入射光在其中多次反射的示意图,该图表明在单晶硅太阳电池正面制作成金字塔起伏结构后达到增加光在硅层内部传播次数的"光陷阱 Light Trapping"效果[64]。图 2-135b 是雷德菲尔德针对单晶硅太阳电池设计的陷光结构模拟计算光在硅层内多次传播次数与增强对光生载流子收集效率的关系。结果表明,即使对短扩散长度的材料,光在层内传播十次就可使收集效率从 30%提高到 40%,提高率高达 30%以上。硅基薄膜太阳电池正是借此概念发展起金字塔形或弹坑状绒面陷光结构技术,在提高电池效率中发挥着积极作用。

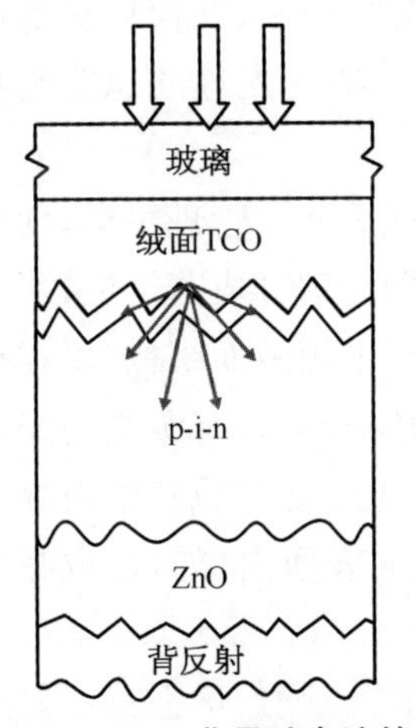

图 2-136　非晶硅电池的陷光结构示意图[12]

2) 陷光的实施

瑞士 Neuchatel 大学 IMT 光伏研究组提出如图 2-136 所示

的硅基薄膜太阳电池陷光结构的示意图。它由两部分构成陷光效果：一是上电极使用绒面的透明导电氧化物(TCO)，通过绒面对光的散射作用以增强光在 i 层内的多次反射、增大光程；其二在背电极处，使用了复合背电极结构，将比 Si 折射率低的 ZnO 夹在电池 n 型掺杂层与金属背电极之间，试图利用高、低折射率搭配，即硅($n=3.5$)和 ZnO($n\sim2$)构成 DBR 结构[66]，以增强反射、达到增加对透过电池的光再反射回电池去的效果；另外 ZnO 也有阻挡背面的金属向硅基薄膜中扩散、防止电池衰退的作用。而采用高反射率的金属背反射体，亦有利于将透过 ZnO 之后的光再次反射回去加以利用。

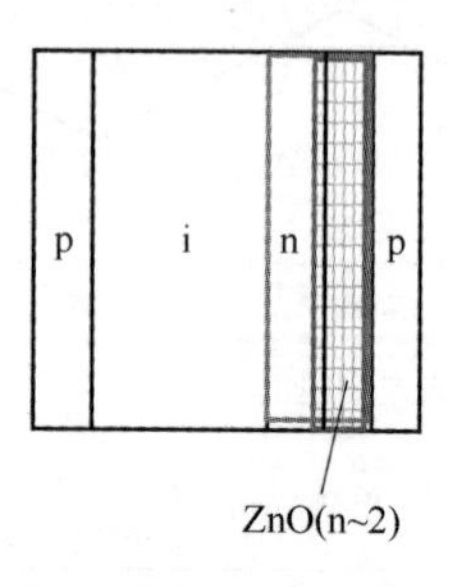

图 2－137　DBR 结构

倘若由高、低折射率材料相间构成单层或多层结构，则利用其折射率的差异可达到增加反射的效果，其结构如图 2－137 所示。其中由折射率为 3.5 的 n 型非晶硅与折射率为 2 的 ZnO 组成的方框所示意。此时，i/n/ZnO/p 多层系统的反射率 R_d 可表达为：

$$R_d=\left(\frac{n_i-\left(\frac{n_L}{n_H}\right)^2 n_p}{n_i+\left(\frac{n_L}{n_H}\right)^2 n_p}\right) \tag{2-58}$$

式中 n_i、n_p、n_L、n_H 分别代表 I 层、p 层、ZnO 和 n 层的折射率。由此式可见，因为有了由 n/ZnO 构成的 DBR 层，小于 1 的 n_L/n_H 项的平方将大大减弱分子和分母中与 n_p 项相关的值，其结果使反射率增高。n_L、n_H 之差别越大，反射率增加得越有效。将图 2－136 中金属代替图 2－137 中的 p 层，其结果应该是一样的，在此不再赘述。

2.5.3　硅基薄膜太阳电池的技术展望

图 2－138 给出了不同类型太阳电池的市场份额及预测[67]。预计到 2020 年以后，硅基薄膜占太阳电池将会占到世界市场的 30%，面对这样令人振奋的局面，如何以更低成本的产出高效硅基薄膜太阳电池是我们义不容辞的责任。因此需要更先进的思路与技术，促进硅基薄膜的快速发展。

通过叠层结构、绒面薄膜的陷光作用以及加入中间层的光分配等光学管理手段，使电池效率有明显的改善。硅基薄膜太阳电池通过精细的设计，将太阳光谱分成若干波段，合理地分配到相关子电池，以利于充分地吸收，达到电流的平衡输出；采用绒面织构(可在玻璃面上形成，也可以在透明导电膜上形成)，加强光的散射，延长光程，提高有源层的光学厚度；利用高低折射率材料相间结构增强反射的光学特性，在各子电池之间或背电极处构筑复合结构(用中间层或与金属电极构建复合电极等)，并在受光面表面内(外)形成减反效果，以提高光反射，加大进入电池的光入射能力。

总之，全面进行光陷阱绒面结构设计、中间层的光分配、减少表面反射、增强背反射的复合电极以及上转换、下转换等对光的选择性使用与分配管理，采用环保低成本的微细加工制造技术，充分吸收与利用进入电池内的太阳光能量，以期在加强电学特性优化的同

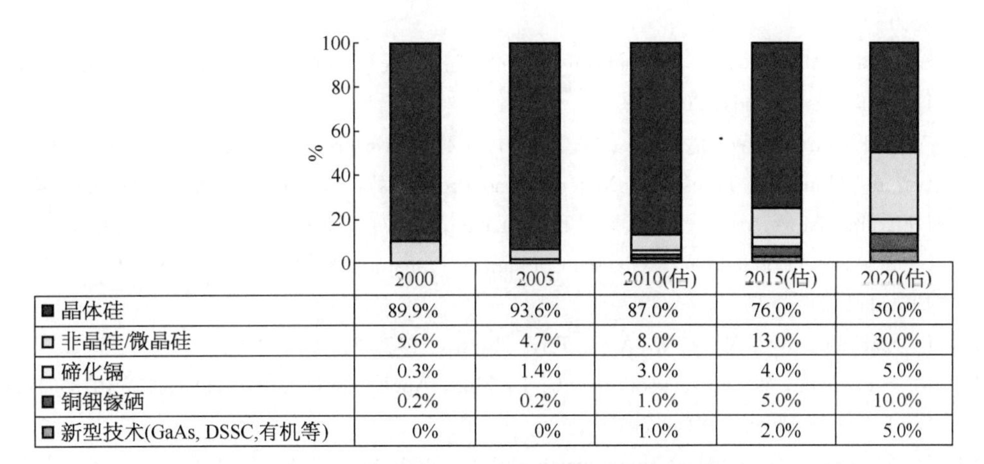

	2000	2005	2010(估)	2015(估)	2020(估)
■ 晶体硅	89.9%	93.6%	87.0%	76.0%	50.0%
□ 非晶硅/微晶硅	9.6%	4.7%	8.0%	13.0%	30.0%
□ 碲化镉	0.3%	1.4%	3.0%	4.0%	5.0%
■ 铜铟镓硒	0.2%	0.2%	1.0%	5.0%	10.0%
□ 新型技术(GaAs, DSSC,有机等)	0%	0%	1.0%	2.0%	5.0%

图 2－138　不同类型太阳电池的市场份额及预测[67]

时，着力加强光管理的研究和实施，这对提高电池的光-电转换效率是非常必要的。

参考文献

[1] D. Carlson, C. Wronski, Appl. Phys. Lett. 1976, 28, 671－673.

[2] W. Spear, P. LeComber, "Substitutional doping of amorphous Silicon", Solid State Commun., 1975, 17, 1193－1196.

[3] B. Yan, G. Yue, L. Sivec, J. Yang, S. Guha, C. S. Jiang, "Innovative dual function nc－SiO_x : H layer leading to a >16% efficient multi-junction thin-film silicon solar cell", Appl. Phys. Lett., 2011, 99, 113512.

[4] M. Konagai," Present Status and Future Prospects of Silicon Thin-Film Solar Cells", Japanese Journal of Applied Physics, 2011, 50, 030001.

[5] Evergreen: Evergreen release updated Installation Manual, http://www.mail-archive.com/rewrenches@lists.rewrenches.org/msg00433/08－03－US_Installation_Manual_Update_Release_0108.pdf.)

[6] 有机薄膜太阳能电池：转换效率达到 9.26%，技术在线，2011.07.

[7] S. Sriraman, S. Agarwal, E. S. Aydil, et al. Nature, 2002, 418, 62－65.

[8] 阎宝杰，廖显伯. 硅基薄膜太阳电池. 第 5 章. 北京：科学出版社，2009.

[9] J. Reimer, M. Petrich, in H. Fritzsche edited "Amorphous Silicon and Related Materials, World Scientific, Singapore 1989, 03."

[10] R. Singh, S. Prakashi, N. Shukla, et al. "Sample dependence of the structural, vibrational and electronic properties of a－Si : H: a density-functional-based tight-binding study", Physical Review B, 2004, 70, 115213.

[11] D. Xunmin and E. A. Schiff, Chapter 12 "Amorphous Silicon-based Solar Cells", p. 516 in A. Luque and S. Hegedus edited "Handbook of Photovoltaic Science and Engineering", John Wiley & Sons Ltd, England, 2003.

[12] A. Shah (editor), Thin Film Silicon Solar Cells [B], Chapter 2－5, First edition, EPFL Press,

2010.

[13] S. Olibet, V. Evelyne, Fesquet Luc, et al. Oral Presentation on Conference of ICANS′23, Utrecht, Netherlands, 2009. 08.

[14] A. J. Flewitt and W. I. Milne, "a - Si : H TFT Thin Film and Substrate Materials", Chapter two in "Thin Film Transistors Materials and Processes", Volume 1, Amorphous Silicon Thin Film Transistors, p. 18 - 28, Edited by Yue Kuo, Kluwer Academic Publishers, 2004.

[15] N. F. Mott, "Conduction in Glasses Containing Transition Metal Ions", J. Non-Cryst. Solids, 1968, 1, 1 - 17.

[16] D. Staebler and C. Wronski, Appl. Phys. Lett., 1977, 31, 292 - 294.

[17] M. Stutzmann, W. B. Jackson, and C. C. Tsai, Appl. Phys. Lett., 1984, 45, 1075 - 1077.

[18] D. Adler, J. Phys. 1981, 42, 3 - 14.

[19] H. M. Branz, Solid State Communication, 1998, 105, 387 - 391.

[20] A. H. M. Smets and M. C. M. van de Sanden, "Relation of the Si : H stretching frequency to the nano-structural Si - H bulk environment", Physics Review B, 2007, 76, 073202.

[21] R. A. Street, Hydrogenated Amorphous Silicon, (书) 1991.

[22] A. Ferlauto, R. Koval, C. Wronski, R. Collins, Appl. Phys. Lett., 2002, 80, 2666 - 2668.

[23] J. Meier, R. Fluckiger, H. Keppner, et al. Appl. Phys. Lett., 1994, 65, 860 - 862.

[24] 张晓丹. 器件质量级微晶硅薄膜及高效微晶硅太阳电池制备的研究. 南开大学博士论文, 第三章, 2005.

[25] Xiaoyan Han, Qunchao Guo, Guofu Hou, et al. "Study on the Effect of Microstrucur on High Rate Growth Microcrystalline Silicon Solar Cells", Technical Digest of the International PVSEC - 17, 2007, 1114 - 1115.

[26] J. Tauc, A. Grigorovici, A. Vancu, "Optical Properties and electronic structure of amorphous germanium", Physica Status Solidi, 1966, 15, 627 - 737.

[27] J. Muller, F. Finger, R. Carius, et al. "Electron spin resonance investigation of electronic state in hydrogenated microcrystalline silicon", Physical Review B, 1999, 60, 11666 - 11677.

[28] J, Stuke, "Problems in the understanding of electronic properties of amorphous Silicon", (1987), J. Non-Cryst. Solids Vol. 97 - 98, p. 1; H. Overhof, and P. Thmoas, "Electronic Transport in Hydrogenated Amorphous Semiconductors", Springer-verlag, New-York, 1989.

[29] R. Carius, F. Finger, U. Backhausen et al. "Electronic Properties of microcrystlline Silicon", Materials Reserch Society Symposia Proceedings, 1997, 467, 283.

[30] O. Verttle, A. Gross, T. Jana, et al. "Changes in electric and Optical properties of intrinsic microcrystalline silicon upon variation of the structural composition", J. of Non-Crystlline Solida, 2002, 299 - 302, 772 - 777.

[31] T. Dylla, F. Finger, E. A. Schiff, "Holl drift-mobility measurements in microcrystalline silicon", Appl. Phys. Lett., 2005, 87, 032103.

[32] 张晓丹, 赵颖, 熊绍珍. 硅基薄膜太阳电池. 太阳能杂志, 2012.

[33] B. von Roedern, D. K. Paul, J. Blake, ey al. "Optical absorption, photoconductivity, and photoluminescence of glow-discharge amorphous $Si_{1-x}Gex$ alloys", Physics Review B, 1982, 25, 7678 - 7687. A. Morimoto, T. Miura, M. Kumeda, et al., "Defects in hydrogenated

amorphous silicon-carbon alloy films prepared by glow discharge decomposition and sputtering", J. Appl. Phys., 1982, 53, 7299 - 7305.

[34] A. V. Shah, J. Meier, E. Vallat-Sauvain, et al. Solar Energy Materials & Solar Cells, 2003, 78, 469 - 491.

[35] 倪牮. 不同甲烷浓度 p - a - SiC 材料的优化. 南开大学博士论文. 2011.

[36] 张丽萍. 南开大学博士论文. 2009.

[37] 岳强. 南开大学硕士论文. 2010.

[38] Kobsak Sriprapha1, Sorapong Inthisang, Akira Yamada et al. "Fabrication of High Open-Circuit Voltage a - SiO : H Solae Cells", Technical Digest of the International PVSEC - 17, p. 1324, Fukuoka, Japan, 2007.

[39] 张晓丹. 器件质量级微晶硅薄膜及高效微晶硅太阳电池制备的研究. 南开大学博士研究生(学位)论文,第三、四、五、六章,2005. 05.

[40] 郭群超. 高速沉积器件质量级微晶硅材料及其在太阳电池上的应用. 南开大学博士研究生(学位)论文,2007. 04.

[41] 葛洪. 用于硅基薄膜硅太阳电池的大面积 VHF - PECVD 系统模拟与实验研究. 南开大学博士研究生(学位)论文,2009. 05.

[42] 朱锋. P 型微晶硅薄膜材料与非晶硅/微晶硅叠层太阳电池的研究. 南开大学博士研究生(学位)论文,2007. 03.

[43] P. torres, U. Kroll, H. Keppner, et. al. Deposition of Thin-Film Silicon for Photovoltaics: Use of VHF - GD and OES, Proc. of the 5th Thermal Plasma Process St. etersburg, 1998.

[44] 侯国富、张晓丹、朱峰,等. 氢稀释对硅基薄膜光电性能及微结构的影响. 21 世纪太阳能新技术, 2003,118 - 121.

[45] 申陈海,卢景霄,陈永生等. 高气压下氢化微晶硅薄膜的高速沉积,真空. 2010, 47, 20 - 23.

[46] 叶晓军,刘成,陈鸣波. 柔性硅基薄膜太阳电池技术. 太阳能光伏,3 期,2011.

[47] Subhendu Guha, ROLL - TO - ROLL PRODUCTION OF AMORPHOUS SILICON BASED TRIPLE JUNCTION SOLAR CELLS, WCPEC - 3, Volume B, Osaka, Japan, 2003. 05.

[48] S. Guha, J. Yang, A. Banerjee, et al. MASS PRODUCTION OF AMORPHOUS SILICON ALLOY PHOTOVOLTAIC MODULES, 12th International Photovoltaic Science and Engineering Conference, JEJU, KOREA, 2011. 06.

[49] Subhendu Guha, Advances in Amorphous Silicon Alloy Multi-junction Solar Cell and Modules, 14th International Photovoltaic Science and Engineering Conference, Bangkok, Thailand, 2004. 01.

[50] 李云奇. 真空镀膜技术与设备. 东北工学院出版社,1988.

[51] 陈光华,邓金祥,等. 新型电子薄膜材料. 北京: 化学工业出版社,2002.

[52] 杨邦朝. 物理薄膜与技术. 成都: 电子科技大学出版社,1990.

[53] 刘恩科,朱秉升,罗晋生,等. 半导体物理学. 北京: 国防工业出版社,2006.

[54] 王家骅,李长健,牛文成. 半导体器件物理. 北京: 科学出版社,1983.

[55] International standard IEC 61215 second edition: 2005 - 04, " Crystalline silicon terrestrial photovoltaic(PV) modules-Design qualification and type approval ", 2005.

[56] International standard IEC 61646 Edition2. 0 2008 - 05, "Thin-film terrestrial photovoltaic (PV)

modules-Design qualification and type approval ", 2008.

[57] M. Green, "Solar Cells, Operating Principles, Technology and System Applications", Prenyice Hall, Englewood Cliffs.

[58] 小长井等编著. 李安定等译. 薄膜太阳电池的基础与应用. 北京：机械工业出版社，2011.

[59] Jian Ni, Jianjun Zhang, Yu Cao et al. Low temperature deposition of high open-circuit voltage (>1.0 V) p-i-n type amorphous silicon solar cells, Solar Energy Materials and Solar Cells, 2011, 95, 1922 - 1926.

[60] H. Keppner, et. Al., Appl. Phys. A, 1999, 69, 169 - 177.

[61] Peter Wurfel, "Physics of Solar Cells: from Principle to New Concepts", pp. 151 - 153 Wiley - VCH Verge GmbH &Co. KGaA, 2005.

[62] J. Meier, S. Dubail, R. Fluckiger, et al. "Intrisic Microcrystalline Silicon (μc - Si : H) — a Promissing New Thin Film Solar Cell Material", Proceedings of the 1st World Conference on Photovotac Energy Conversion, 1994, 409 - 412.

[63] A. Shah, M. Vancenk, J. Meier, et al. Basic efficiency limits, recent experimental results and novel light-trapping schemes in a - Si : H, μ - Si : H and "micromorph tandem" solar cells, Journal of Non-Crystalline Solids, 2004, 338 - 340, 639 - 645.

[64] A. J. Flewitt and W. I. Milne, "a - Si : H TFT Thin Film and Substrate Materials", Chapter two in "Thin Film Transistors Materials and Processes", Volume 1, Amorphous Silicon Thin Film Transistors, p. 18 - 28, Edited by Yue Kuo, Kluwer Academic Publishers, 2004.

[65] F. A. Rubinelli, J. K. Rath, R. E. Schropp, "Microcrystalline nio tunnel hunction in a - Si : H/a - Si : H tandem cells", J. Appl. Phys., 2001, 89, 4010 - 4018.

[66] L. Guijun, H. Guofu, H. Xiaoyan et al. " The Study of a new n/p tunnel recombination junction and its application in a - Si : H/μc - Si : H tandem solar cells", Chinese Physics B, 2009, 18, 1674 - 1678.

[67] K. Sakuta, "Photovoltaic Research in AIST", 12th EUPVC in Thin Film Solar cells, Delft, Nethrland, 2010.02.

第3章

碲化镉太阳电池

碲化镉是一种性能稳定的Ⅱ-Ⅵ族化合物半导体，用它制作太阳电池已有20多年的历史。经历了体材料到薄膜材料的转变，形成目前碲化镉太阳电池的基本结构，即n型硫化镉/p型碲化镉。碲化镉是目前公认的非常适合于制备薄膜太阳电池吸收层的材料[1]，其带隙宽度为1.45 eV，与太阳光谱匹配较好；是直接带隙p型半导体，具有很高的光吸收率；能与硫化镉形成良好的晶格匹配。

近年来，碲化镉太阳电池的制造技术不断得到完善，与其他太阳电池一样，碲化镉太阳电池技术能够发展到今天，完全依赖于材料和器件方面深入系统的基础研究。本章将对碲化镉太阳电池的有关知识进行较为系统的介绍。

3.1 Ⅱ-Ⅵ族化合物半导体材料

目前，Ⅱ-Ⅵ族化合物薄膜太阳电池由多晶态半导体薄膜构成，其晶粒尺寸约为0.5～5 μm，与晶态或非晶态材料性质不同，这种多晶结构对材料能带结构、晶界势垒和电子学性质等产生重要的影响。

3.1.1 Ⅱ-Ⅵ族化合物半导体材料的基本性质

Ⅱ-Ⅵ族化合物是由锌、镉和汞等Ⅱ族元素和Ⅵ族元素氧、硫、硒和碲等所形成的化合物。表3-1列出了氧化锌、氧化镉、硫化锌、硫化镉、硫化汞、硒化锌、硒化镉、硒化汞、碲化锌和碲化镉等化合物以及碲和硒两种元素半导体的基本性质[2]。从表中可以看出Ⅱ-Ⅵ族化合物半导体具有一些显著的特点：大多数是直接带隙半导体，不同化合物的带隙结构区别较大；一些化合物只能成为一种导电类型的半导体，如碲化锌只能是p型半导体，硫化镉只能是n型半导体；除氧化物外，大多数具有纤锌矿结构。因此，通过调节三元系材料的带隙宽度，可获得不同的异质结。Ⅱ-Ⅵ族化合物半导体还有一个值得注意的特点，即它们在高温下熔融之前已升华并分解，其反应方程式可表达为：

$$2MS = 2M + S_2 \tag{3-1}$$

式中 M——Ⅱ族元素；

S——Ⅵ族元素。

这个反应已成为近空间升华制备Ⅱ-Ⅵ族化合物半导体薄膜的基础。

表 3-1 一些Ⅱ-Ⅵ族化合物半导体的基本性质

半导体名称	带隙宽度 E_g(Ev)	电子亲和势 χ(eV)	晶体结构	晶格常数 (Å)	熔点 (℃)	密度 (g·cm^{-3})	能制备的导电类型
Se	1.77	4.73	六角	a=4.36 c=4.96	217	4.28	p
Te	0.32	4.44	六角	a=4.46 c=5.93	449.5	6.24	p
ZnO	3.20	4.20	六角	a=3.25 c=5.21	1 975	5.61	n
ZnS	3.58D 3.70D	3.90 4.50	闪锌矿 纤锌矿	a=5.41 a=3.82 c=6.26	1 830	4.09	n，p
ZnSe	2.67D	4.09	纤锌矿	a=4.00 c=5.54	1 100	5.26	n，p
ZnTe	2.26D	3.53	纤锌矿	a=4.27 c=6.99	1 295	5.70	p
CdO	2.7	4.5	立方	a=4.69	1 430	8.15	
CdS	2.42D	4.50	纤锌矿	a=4.14 c=6.72	980	4.82	n
CdSe	1.7D	4.95	纤锌矿	a=4.30 c=7.01	1 350	5.81	n
CdTe	1.44D	4.30	纤锌矿	a=4.57 c=7.47	1 041	5.90	n，p
HgS	2.00D		闪锌矿	a=5.85	583.5	7.3	
HgSe	0.60D		闪锌矿	a=6.08	800	8.26	

注：D指直接带隙。

碲化镉(CdTe)是一种深灰色的半导体，其带隙宽度为 1.45 eV，光吸收系数高，1 μm 厚的碲化镉薄膜足以吸收 99%波长大于 860 nm 的太阳光，是一种很好的太阳电池吸收层材料[3]。碲化镉是一种不完全的共价键化合物，也有一定的离子键性质。碲原子和镉原子之间有较强的键合，不易离化。碲化镉单晶的电导率主要受杂质的影响，即使沉积温度比较低，如电沉积或热蒸发沉积，通常也能得到多晶态 p 型碲化镉薄膜。它的电导激活能在 0.2～0.5 eV 之间，取决于制备条件。碲化镉的电子迁移率为 300 $cm^2 \cdot V^{-1} \cdot s^{-1}$，空穴迁移率为 65 $cm^2 \cdot V^{-1} \cdot s^{-1}$。显然，它在电子为少数载流子的器件中用作 p 型半导体具有优势，因为电子具有较高的扩散长度[4]。

下面介绍几种与碲化镉太阳电池相关的化合物[5]。硫化镉(CdS)是一种黄色的半导体，它的带隙宽度为2.42 eV，波长大于512 nm的光才能穿透。但目前只能获得n型硫化镉材料，它的电子亲和势为4.5 eV，和二氧化锡相近，能和二氧化锡形成良好的欧姆接触。硫化镉的电子迁移率大约为400 $cm^2 \cdot V^{-1} \cdot s^{-1}$，空穴迁移率为15 $cm^2 \cdot V^{-1} \cdot s^{-1}$。但作为n型半导体，它的空穴迁移率较低，在太阳电池应用中受到一定的限制。硫化镉多晶薄膜表现出明显的光电导，其光暗电导比约为1至2个数量级，与制备条件和后处理条件有关。此外，硫化镉具有较强的光致发光效应，硫化镉材料作为一种新型的发光材料已成为研究的热点。

碲化锌(ZnTe)是一种灰色的半导体，它的带隙宽度为2.26 eV，波长大于549 nm的光才能穿透。实验中只得到p型的材料，它的电子亲和势为3.53 eV。其价带顶比碲化镉价带略低0.05 eV，如此低的价带转移值，且具有相同的结构，对它们形成异质结是有利的。即使碲化锌和碲化镉的晶格常数相差0.48 Å，也可通过引入碲锌镉三元系来弥补。碲化锌的电子迁移率为530 $cm^2 \cdot V^{-1} \cdot s^{-1}$，空穴迁移率为900 $cm^2 \cdot V^{-1} \cdot s^{-1}$，常用铜和氮等作p型掺杂剂。

硒化锌(ZnSe)也是较常见的半导体，其带隙比硫化镉略宽，电子迁移率较大，为530 $cm^2 \cdot V^{-1} \cdot s^{-1}$，被认为是一种可以替代硫化镉而作为碲化鎘太阳电池的窗口层。硫化锌(ZnS)带隙较宽，略显黄色，可以作为n型半导体透明导电膜使用，Zhang等通过理论研究认为，它不可能掺杂为p型材料[6]。

3.1.2 多晶薄膜的结构模型及性质

和其他半导体器件相比，太阳电池所使用的材料在结构上最为广泛，从无定型(amorphous，常称为非晶)态到微晶(microcrystalline)态到多晶(polycrystalline)态到晶(crystal)态。其原子排列有序的范围从纳米量级到微米量级到厘米量级，再到整块单晶。随着化合物半导体材料和器件的发展，多晶半导体薄膜的结构、性质和能带的研究已引起人们的关注。

3.1.2.1 多晶薄膜结构

多晶结构模型相对简单。许许多多大小不一的晶粒聚结在一起，晶粒之间为晶粒间界，简称晶界。晶粒内的结构单元呈周期性的排列，晶界则是近程有序或无序的结构，一般有几个原子层。值得注意的是，虽然大多数薄膜中所有晶粒具有相同的结构，但结晶取向也不完全一样。

X射线衍射谱(XRD)是研究薄膜结构的常用工具。XRD曲线能表征化学组分、晶粒大小以及晶粒取向等信息。图3-1给出了在玻璃上蒸发沉积的碲化锌薄膜的X射线衍射谱，曲线a为碲化锌粉末标准样品的XRD曲线，曲线b是碲化锌薄膜的XRD曲线[7]，它只在(111)方向显示出一个尖锐的峰。

由Scherrer公式得[8]：

$$D = K\lambda / b\cos\theta \tag{3-2}$$

式中 K——常数，它与晶粒形状等因素有关，一般取 0.89；

λ——X 射线的波长；

b——2θ 处的衍射峰的半高宽；

θ——衍射角。

根据(3-2)式，可以从衍射峰的半高宽计算出在此结晶取向上的晶粒平均尺寸 D。具体地说，根据(111)峰的半高宽，可以算出该薄膜样品中在(111)取向的晶粒平均尺寸。

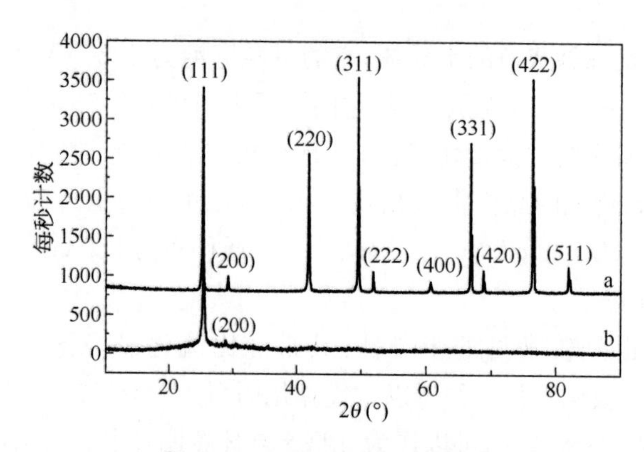

图 3-1 ZnTe 的 XRD 衍射谱

值得注意的是，曲线 a 出现了 10 个衍射峰，它是晶粒完全无规则取向的结果，也就是说，这是没有择优取向的 X 射线衍射谱。与之相比，曲线 b 代表的碲化锌薄膜晶粒在(111)方向与粉末样品相比具有明显的择优取向优势。有文献提出[8]，择优取向可用织构系数来定量表征，此处不再赘述。

图 3-2 给出了碲化镉薄膜的典型结果[9]。薄膜样品利用近空间升华法沉积在玻璃衬底上，沉积时的氧/氩分压比分别是 3%、6%、9%、12%和 15%。图 3-2a 的衬底温度是 500℃，图 3-2b 的衬底温度是 580℃。可以看出，氧/氩分压比影响碲化镉薄膜的择优取向，衬底温度也影响其择优取向。可能是(111)方向的成核激活能较低，所以在低温下能大量成核并生长成晶粒。而在其他方向成核的激活能较高，在较低的温度下，成核的密度很低，继而生成的晶粒也就很少，随着衬底的温度升高，其他方向的晶核陆续形成，继而生成晶粒。

3.1.2.2 多晶半导体薄膜的能带结构和晶界势垒

多晶半导体薄膜微结构对能带结构的影响在理论和实验上已经得到确认，但对能带结构产生的影响还不太清楚。对Ⅱ-Ⅵ族化合物半导体来说，实验表明，不同的制备方法和条件所得到的薄膜会略大于或略小于晶体的带隙宽度。尽管所制备的薄膜有不同的带隙宽度，但经过后续处理(如退火)，可使它们的带隙随着晶粒的长大而逐渐和晶体相同。

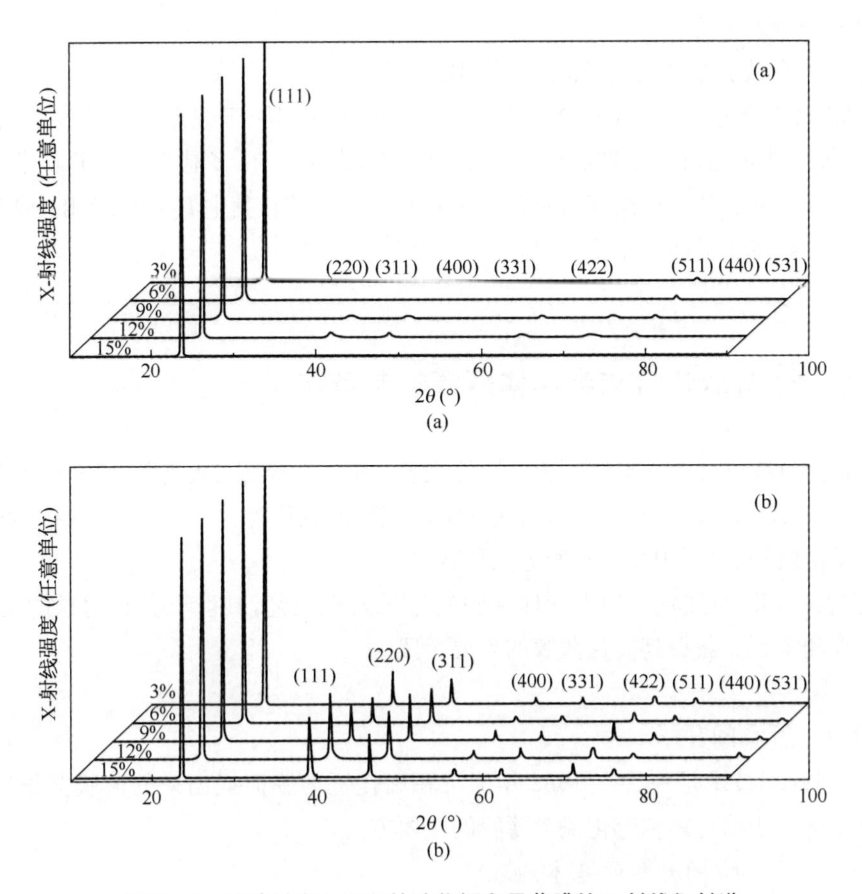

图 3-2　玻璃衬底上沉积的碲化镉多晶薄膜的 X 射线衍射谱

(a) 沉积温度 500℃；(b) 沉积温度 580℃

虽然不清楚晶界势垒对能带结构有无影响，但它对载流子输运的影响是肯定的。针对这个问题，Seto 等[10]认为晶界可能有两种作用：一是藏纳杂质的区域，它吸纳了大量的杂质原子，使晶粒内的杂质原子浓度低于表观的（平均的）杂质浓度；杂质原子的富积使它有了第二个作用，即形成荷电区域，该荷电区域是阻碍载流子迁移的势垒，这使得其表观的（实际的）载流子迁移率低于晶粒内的值。Seto 的工作主要有以下两个主要结论：

① 掺杂浓度影响着晶界势垒的高度，存在一个掺杂浓度临界值；

② 在这个临界值上，晶界势垒高度有最大值。

当掺杂浓度低于临界值时，载流子的有效迁移率可以表达为：

$$\mu = Lq(1/2\pi m^{*} kT)^{1/2}\exp(-E_{b}/kT) \tag{3-3}$$

式中　L——平均晶粒尺寸；

m^{*}——载流子有效质量；

k——波尔兹曼常数；

T——绝对温度；

E_b——有效势垒高度，它和电导率温度关系一致。

在晶态和非晶态材料中，电导率随温度变化的规律归因于载流子随温度的变化。电导激活能等于费米能级与导带底或与价带顶之差，即 E_f。在多晶半导体薄膜中，从电导率定义 $\sigma = n\mu$（n 为载流子浓度），它正比于 $\exp(-E_f/kT)$，其中 E_f是费米能。这样，有了晶界势垒，电导率激活能等于 $E_f + E_b$。

3.2 Ⅱ-Ⅵ族化合物半导体薄膜的制备技术

制备Ⅱ-Ⅵ族化合物半导体薄膜的方法很多，如溅射、蒸发、共蒸发、原子层外延、金属有机化学气相沉积、近空间升华沉积、化学浴沉积和电沉积等。本节主要介绍近空间升华沉积、化学浴沉积、电沉积和共蒸发等几种方法。

研究表明，Ⅱ-Ⅵ族化合物半导体薄膜经过后处理工艺，其性质会有明显的变化。因此，后处理和沉积是获得高质量薄膜的重要手段。

3.2.1 近空间升华

近空间升华技术是一种在 1982 年为沉积碲化镉薄膜而提出来的薄膜沉积技术[11]。目前，仍然是沉积碲化镉和硫化镉等薄膜的主要方法。

3.2.1.1 近空间升华的基本原理

近空间升华(closed-space sublimation，CSS)沉积包含三个过程：升华、输运和沉积。沉积实际上又包含成核和生长两个过程。

1) 升华

如式(3-1)，MS 分解为 M 和 S_2的过程和 MS 源的表面状态，与温度密切相关。经过简单的推算[12]，升华速率，即在单位面积上单位时间内升华的分子数 N_s，可以表达为：

$$N_s = n(kT_s/2\pi m)1/2\exp(-q/kT_s) \tag{3-4}$$

式中，n 为 MS 固态密度，T_s为 MS 源的表面温度。

上式表明，对一定的物质，即一个确定的 n 值，升华速率决定于源的表面温度。如果源表面较粗糙，表面积较大，则表面温度会有细微的起伏，因此将对升华速率产生影响。

2) 输运

输运过程涉及到源和衬底之间气体的状况。这部分气体来自于碲化镉的升华和外加引入的气体，其总气压比大气压小很多，可以当作理想气体处理。对此，文献[12]从宏观上给予了论述，对一种确定的组分，其化学势可以表达为：

$$\mu_i = \mu_i^0(T) + RT\ln P_i^0(T) \tag{3-5}$$

式中　μ_i——第 i 种气体的化学势；

$P_i^0(T)$——第 i 种组分气体在温度为 T 时的平衡分压；

$\mu_i^0(T)$——$P_i^0(T)$等于1时的化学势。

因此，在源表面的化学势为：

$$\mu_i(T_s) = \mu_i^0(T_s) + RT\ln P_i^0(T_s) \tag{3-6}$$

在衬底表面的化学势为：

$$\mu_i(T_d) = \mu_i^0(T_d) + RT\ln P_i^0(T_d) \tag{3-7}$$

在衬底和源的表面，第 i 种气体的化学势之差为：

$$\Delta\mu_i = \mu_i(T_d) - \mu_i(T_s) \tag{3-8}$$

当 T_s高于 T_d的条件下，对于M和S组分的$\Delta\mu_i$都小于0。也就是说，这两种物质依靠其化学势之差，从源输运到衬底。

3) 生长

薄膜的生长是在相变驱动力的作用下，从该种物质的亚稳态气相转变为稳态固相的过程。相变驱动力 f 可以表达为：

$$f = -\Delta g/V \tag{3-9}$$

式中　Δg——单个分子从亚稳态气相转变为稳态固相时自由能的变化；

V——分子的体积。

实际情况中，Δg 等于这种分子从亚稳态气相转变为稳态固相时化学势的变化。即：

$$\Delta g = \Delta\mu/N_0 \tag{3-10}$$

化学势差为：

$$\Delta\mu_i = -RT\ln(p_i/p_i^0) \tag{3-11}$$

式中　p_i——该物质在薄膜表面上的过饱和蒸汽压。

在 T_s高于 T_d的条件下，$p_i > p_i^0$，气相转变为固相的过程得以进行。这里没有讨论成核的过程，而成核的情况影响着薄膜的微结构，如图3-1和3-2所示。

3.2.1.2　升华和沉积条件与薄膜性质间的关系

近空间升华与热蒸发有类似的特点，两者本质的区别在于蒸汽压不同。热蒸发常被称为真空蒸发，蒸汽压很低，分子的平均自由程则很长，于是，源材料和衬底间距很大；与之相反，近空间升华是在相对高的气压下进行的，源材料自身的平衡蒸汽压比引入气体的气压小得多，分子平均自由程很短，由此源和衬底间距较小。从近空间升华沉积的特点看，可以归纳出其中主要的制备参数为：源温度、衬底温度、气压、源材料和衬底间距。制备参数对沉积速率影响的结果表明，源温度高、衬底温度低、气压低、源和衬底间距小，都会提高沉积速率。

晶粒尺寸主要取决于衬底温度。文献[13]给出了一些例子：沉积温度在500℃时，晶粒尺寸约为1 μm；沉积温度在550℃时，晶粒尺寸约为2～3 μm；沉积温度在600℃时，晶粒尺寸约为3～5 μm。事实上，晶粒尺寸随着薄膜的生长而增加。这从薄膜剖面的显微观察图中可以得到证实。Luschitz等[14]对碲化鎘薄膜生长过程进行的实时观测，既可以实时地观察薄膜的表面形貌，还可以获得和X-射线衍射谱。从X-射线衍射谱计算了碲化镉薄膜的织构系数，并通过改变碲化镉源的温度，观察了薄膜在不同衬底温度下的生长过程。图3-3给出了薄膜样品的织构系数和衬底温度的关系。图中横坐标为温度，纵坐标为织构系数，左下角的三个小图形代表碲化镉源的温度。图中结果表明织构系数基本上和碲化镉源的温度无关。根据织构系数，把沉积过程分成了三种模式：在低温下(约250～320℃)，薄膜是直接的柱状生长；在中温下(约340～425℃)，呈金字塔形生长；在高温下(约470～520℃)，晶粒等径生长。

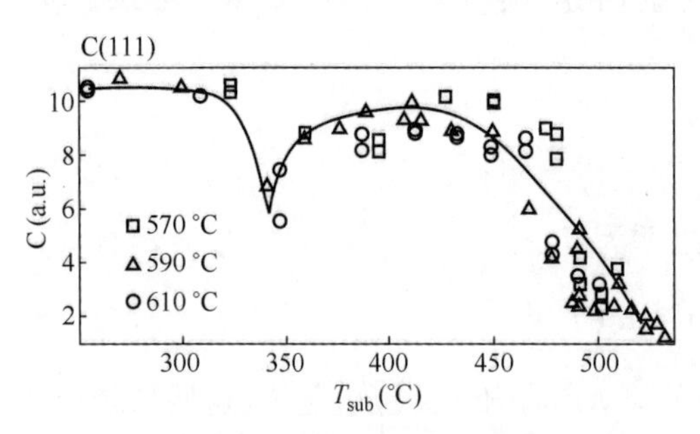

图3-3 碲化镉薄膜生长的在线观察：织构系数C和衬底温度的关系(碲化镉源的温度分别为570℃、590℃、610℃)

图3-4给出不同衬底温度下形貌照片。图3-4a和e是在衬底温度为260℃时的表面和剖面形貌照片，图3-4b和f是在衬底温度为300℃时的表面和剖面形貌照片。其剖面显示出清晰的柱状结构，这个结果再次证明，晶核的取向决定着薄膜生长的方向。而柱状的生长会使薄膜有较多的砂眼。图3-4c是在衬底温度为410℃时的表面形貌照片，呈现出类似金字塔的表面。所以把这种生长称为金字塔模式。图3-4d是在衬底温度为490℃时的表面形貌照片。由于晶粒等径地生长，薄膜变得更加致密。其实，要使晶粒横向生长应具备两个条件：一是晶核应该有多个取向，如前所述，这只有在衬底温度较高时才可能；二是原子落向薄膜表面应该有不同的方向。真空蒸发时，原子几乎是垂直地落向薄膜表面，如此生长的薄膜呈现柱状结构。而在近空间升华过程中，原子要经多次碰撞，其运动方向呈随机分布后才落向薄膜表面，这对横向生长是有利的。

但是，要研究近空间升华沉积过程的条件对薄膜性质的影响较为困难。因为上面提到的四个主要制备参数相互影响，并且关系密切。例如，由于衬底和源的距离很小，对源加热的同时衬底也会受热，再加上升华-扩散-沉积的过程也是将热量从源携带到衬底的过程，因而两者的温度相互联系；仅仅改变一个温度而保持另一个温度不变在实际操作中很难实现，或者同时改变两者的温度并保持其温度差不变也是困难的。此外，气压受源和衬底温度的影响。源和衬底间距又影响着源和衬底之间的热交换。若从分子平均自由程来考虑，气压同源与衬底间距应该有恰当的匹配，使分子平均自由程仅仅为源与衬底间距的几分之一。基于这样一些原因，很难系统地研究沉积参数对薄膜结构、光学性质和电学性质的影响，相应的报道也较为少见。

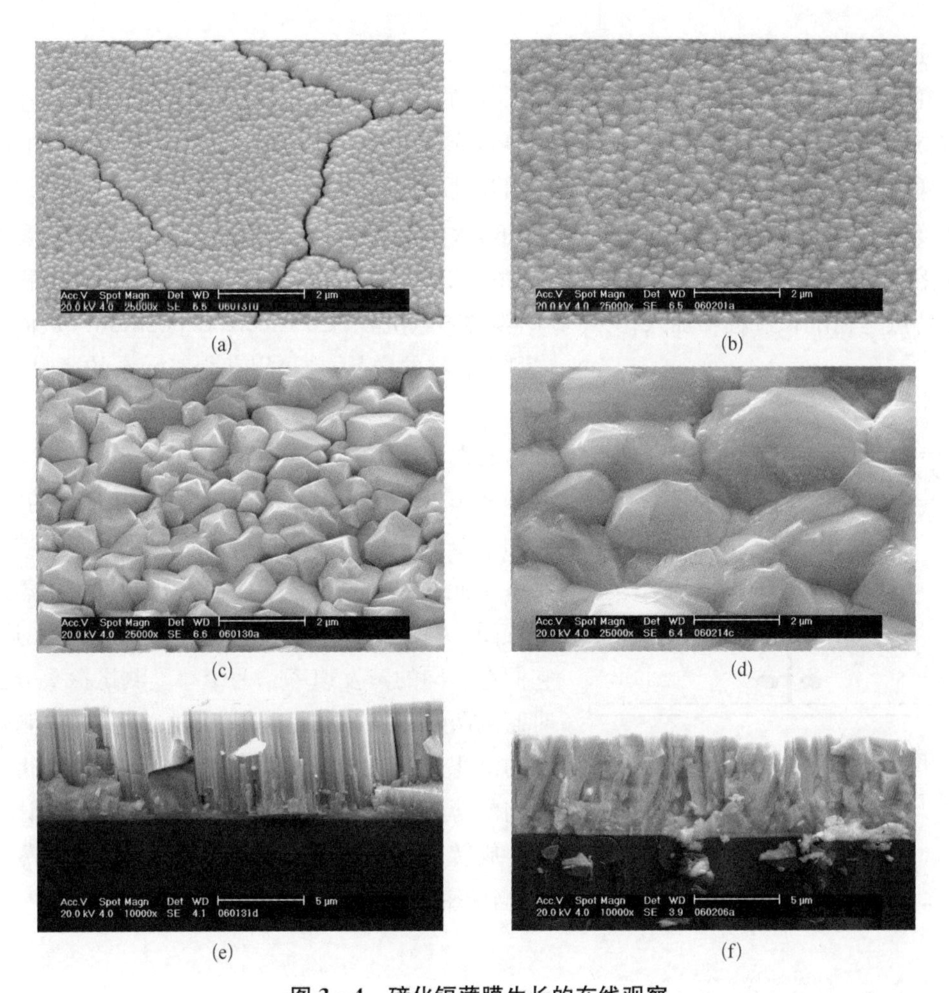

图 3－4　碲化镉薄膜生长的在线观察

(a)、(b)、(c)和(d)为表面形貌；(e) 和(f)为剖面形貌

3.2.2　电沉积

电沉积(Electrodeposition)是一种制备化合物薄膜的常用方式。现以沉积碲化镉薄膜为例介绍它的基本特征[13]。

电解液是含有镉盐和氧化亚碲的酸性水溶液，典型的组分是 $CdSO_4$ 和 $HTeO_2^+$。电解与沉积的反应式为：

$$HTeO_2^+ + 3H^+ + 4e^- \longrightarrow Te + 2H_2O \tag{3-12}$$

$$Cd^{2+} + Te + 2e^- \longrightarrow CdTe \tag{3-13}$$

上面两个反应同时在阴极表面上进行。阴极则是有透明导电膜或有硫化镉薄膜的衬底。阴极的电位为－0.2～－0.5 V(相对于标准甘汞电极)，这个值略低于金属镉的沉积电位。为了让电沉积过程持续进行，还要把纯镉棒和纯碲棒放置在电解槽内。这样可以延长电解液的使用寿命，一般在半年左右。使用寿命主要决定于电解液的组分、浓度变化和杂质的增加。

在沉积过程中，溶液须加热并要保持一定的温度(如在70～90℃之间)。溶液还须搅拌，常用的方式是利用塑料泵让电解液循环，充分的搅拌是制备大面积均匀薄膜的关键。受 TeO_2 溶解度的制约，$HTeO_2^+$ 在溶液中的浓度较低。因此，沉积速率基本上由 $HTeO_2^+$ 的浓度决定。于是，薄膜的沉积速率也较低，大约为 1～2 $\mu m \cdot h^{-1}$。电沉积的主要参数包括溶液的组分、pH 值、温度、$HTeO_2^+$ 的浓度、阴极电位、阳极电位和搅拌。电沉积的另一个特点是在沉积过程中加入掺杂剂可实现共-电沉积(Co-Electrodeposition)，从而获得 n 型或 p 型的样品，也可以获得三元系的薄膜。

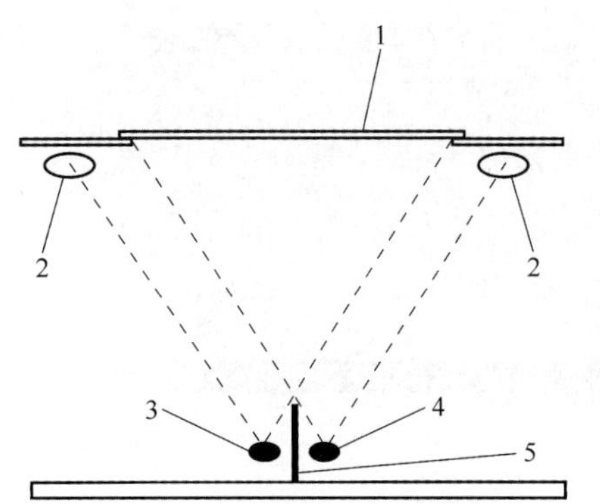

图 3-5 双源共蒸发的配置

1—衬底；2—厚度测试探头；3、4—蒸发源；5—两个源之间的隔离板

3.2.3 共蒸发

共蒸发(Co-evaporation)也是一种常用的技术，它的基本原理和热蒸发相似。主要用来实现掺杂或制备多元系的薄膜。图 3-5 给出了双源共蒸发的配置图。在沉积过程中，两个蒸发源分别被加热，使它们有不同的蒸发速率。两个厚度测试探头分别实时监测两个蒸发源的沉积速率，最终通过控制每个源的沉积速率来控制薄膜中的组分。为了获得组分均匀的薄膜，衬底和源的距离要足够大，且须让衬底保持旋转。如要制备大面积的薄膜，那么共蒸发的设备，特别是厚度监控装置应该设计得相当精密。

3.2.4 化学浴沉积

化学浴沉积(Chemical bath deposition，CBD)是最为简单和廉价的薄膜制备技术。利用化学浴沉积法制备硫化镉薄膜太阳电池的效率有显著的提高[15]，该技术也用于制备硫化锌薄膜[16]。

获得硫化镉的化学反应需要四种物质：镉盐，作为镉源，可以采用氯化镉或其他镉的卤化物；铵盐，作为络合剂；硫脲($(NH_2)_2CS$)，作为硫源；氨水，作为缓冲剂。反应有五个过程：

$$NH_3 + H_2O = NH_4^+ + OH^- \tag{3-14}$$

室温平衡常数 $K_1 = 1.8 \times 10^{-5}$

$$Cd^+ + 2OH^- = Cd(OH)_2\ (固态) \tag{3-15}$$

室温平衡常数 $K_2 = 1.88 \times 10^{14}$

$$Cd^{2+} + 4NH_3 = Cd(NH_3)_4^+ \tag{3-16}$$

室温平衡常数 $K_3 = 3.6 \times 10^6$

$$(NH_2)_2CS + 2OH^- = S^- + 2H_2O + H_2CN_2 \tag{3-17}$$

$$Cd^{+} + S^{-} = CdS(固态) \tag{3-18}$$

$$室温平衡常数\ K_4 = 7.1 \times 10^{28}$$

当 Cd^{2+} 和 S^{-} 的浓度积超过 CdS 的溶解度(1.4×10^{-29})时,有 CdS 生成并沉淀。这样,CdS 的形成取决于反应式(3-16)中 $Cd(NH_3)_4^{2+}$ 所提供的 Cd^{2+} 浓度和反应式(3-17)里 $(NH_2)_2CS$ 水解所提供的 S^{-} 浓度。Cd^{2+} 浓度取决于 NH_3 的浓度,而 $(NH_2)_2CS$ 水解反应的速率依赖于溶液的 pH 值和温度。几个典型的数值如下：若溶液温度为 80℃,pH 值分别为 13 和 13.7 时,$(NH_2)_2CS$ 水解反应的速率分别为 3.8×10^{-8} 和 8.2×10^{-8};但若溶液温度为 100℃,水解速率增加了几个量级,分别为 1.1×10^{-2} 和 2.5×10^{-2}。此外,铵的存在控制反应式(3-14)的平衡,再通过 OH^{-} 的浓度调控着 Cd^{2+} 和 S^{-} 的浓度,最终控制着 CdS 的形成。事实上,上面所有五个反应都和温度有关,因此溶液温度是决定反应速率的最重要因素。较为正常的沉积速率为 2～3 nm/min[13]。

值得注意的是,并非反应生成的 CdS 都会在衬底或容器壁上或其他被溶液淹没的固体表面上沉积微膜,而总有相当多的一部分 CdS 成为粉状沉淀。这些沉淀会附着在样品的表面,其结果是,要么影响薄膜的继续生长和致密度,要么在进入下一工序前被清洗掉。因此,控制好溶液的浓度、pH 值和温度,使反应不要太过迅速,是获得优质硫化镉薄膜的途径。

总的来说,用化学浴沉积硫化镉薄膜有较多的优点：均匀、致密、成本低并适合于和碲化镉匹配用于太阳电池的窗口层。美国南弗罗里达大学和国家可再生能源实验室用化学浴沉积的硫化镉薄膜和近空间升华沉积的碲化镉薄膜所构成的小面积太阳电池,效率先后达到 15.8%和 16.3%。BP Solar 采用化学浴沉积的硫化镉薄膜和电沉积的碲化镉薄膜构成 1 cm^2 的小面积太阳电池,效率达到 12.7%,而采用这种技术做成组件后,面积增加了 700 倍,效率也可达到 11.2%[17]。

3.2.5　后处理对薄膜性质的影响

多晶薄膜的微结构、电子学性质与沉积过程密切相关,其中衬底温度的影响最为显著。对一些低温沉积的薄膜样品,再经过一个退火过程,会明显改变它们的微结构,即影响晶粒尺寸和晶界,因而晶界势垒也会发生改变。这些改变会表现在它们的能带结构上,最终体现在电学和光学性质上。对一些高温沉积的薄膜样品,有时也需要添加杂质的退火过程。这样的过程不仅会有掺杂的效果,而且会导致晶粒尺寸和晶界的改变。一般来说,这两种退火过程统称为后处理。后处理对于所形成的多晶半导体薄膜质量影响显著,也是非常值得研究的部分。

下面举几个典型的例证。

例 1：碲化锌在常温下生长成为多晶薄膜。碲化锌的电导率和温度的关系十分特殊,图 3-6 给出了一个未掺杂碲化锌薄膜的电导率随温度变化的关系,这是一个典型的半导体暗电导温度曲线。

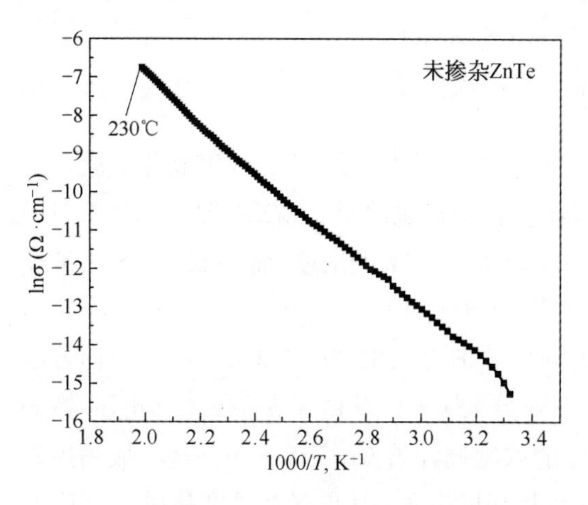

图 3-6 不掺杂的 ZnTe 薄膜的电导率-温度关系

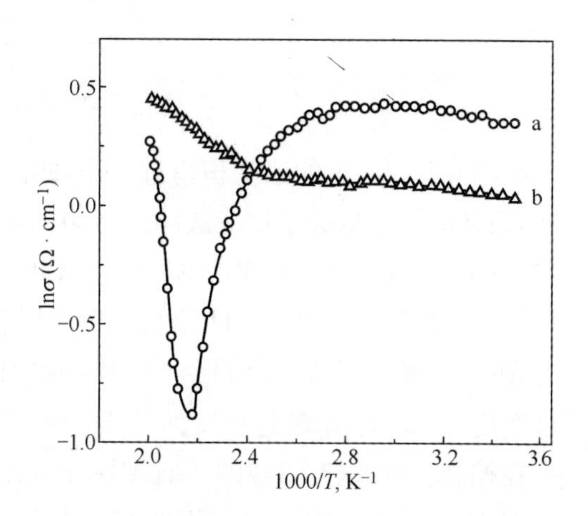

图 3-7 掺铜浓度大于 6%的 ZnTe：Cu 薄膜的电导率-温度关系

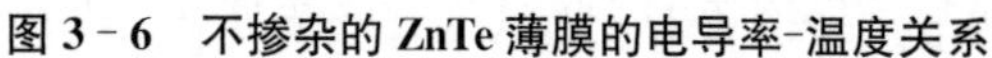

图 3-7 是在室温下共蒸发沉积的掺铜浓度为 6.3%的 ZnTe：Cu 薄膜，在真空环境下，经两次测试暗电导和温度的关系图。第一次测量从室温到 230℃，电导率在最初的缓慢上升后急速下降，达到极小之后又急速上升。样品冷却后再进行第二次电导率—温度关系的测量，发现室温电导率发生了变化，而在同样的温度区间，电导率的变化较平缓。这表明薄膜的结构以及铜原子的状况在温度上升过程中发生了某种变化，这种变化在冷却时被“冻结”，一些半导体多晶薄膜也有类似的行为。但是，ZnTe：Cu 薄膜电导率和温度的关系会呈现反常现象[18]。

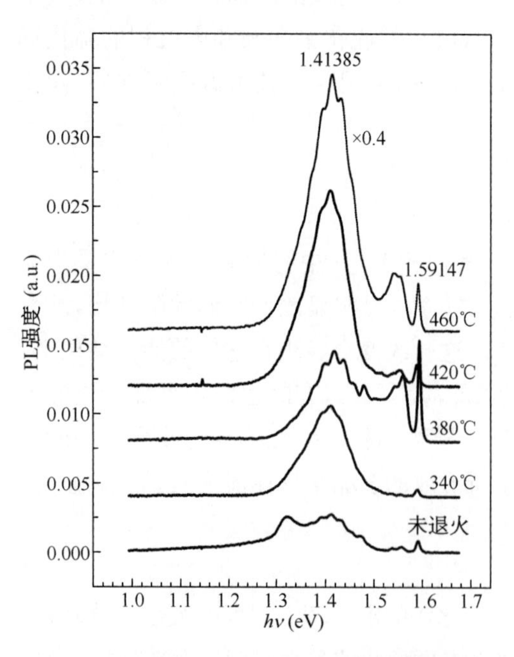

图 3-8 未经退火处理和在不同温度下退火处理后的 CdTe 薄膜的光致荧光谱

例 2：用近空间升华沉积碲化镉薄膜的衬底温度在 500℃以上，薄膜呈多晶结构，一般要对碲化镉薄膜氯化镉涂覆后进行退火，退火温度比其沉积温度低，一般在 360～420℃，从表面形貌和 XRD 曲线上很难看到退火后晶粒尺寸的变化，不过，采用其他表征手段却可以获得更多的信息。

图 3-8 给出了近空间升华沉积的 CdTe 薄膜在退火前后的光致荧光谱[19]。图中右边的数字表示退火温度，as-grown 是指未经退火处理的样品。随着退火温度的升高，荧光峰宽度和高度有了显著的变化，这意味着碲化镉薄膜的带隙宽度、能带结构和杂质带的态密度都发生了变化。与这些变化直接相关的是碲化镉薄膜的电导率和电导率激活能[5]。此外，值得注意的是，未经退火的样品

和退火温度为 340℃的样品荧光谱的曲线比较圆润，而退火温度高于 360℃后荧光曲线出现了一些台阶，这是光子吸收或发射声子的结果。有声子参与的光致发光过程表明，晶粒内的周期性排列更完美了。

后处理过程对Ⅱ-Ⅵ族化合物半导体薄膜样品的影响，不仅取决于处理温度的高低和处理时间的长短，也取决于表面所涂覆的材料，同时还取决于退火的气氛。常见的气氛是大气、氩气、氮气、氢气和它们的混合气，真空退火也较常见。因而，对沉积之后的Ⅱ-Ⅵ族化合物半导体薄膜进行系统的后处理研究具有十分重要的意义。

3.3 碲化镉太阳电池的结构、制备技术及器件物理

本节主要介绍碲化镉太阳电池的发展历程，阐述目前流行的碲化镉太阳电池的结构和制备技术上的合理性。然后，通过分析几个典型的碲化镉太阳电池的能带结构，对碲化镉太阳电池的几项关键技术进行说明。

3.3.1 碲化镉太阳电池的发展概况

小面积电池研究发展历程如下：

1959 年，Rappaport 等发表了单晶同质结碲化镉太阳电池，效率大约为 2%。

1964 年，R. Muller 等制备了薄膜 CdS/CdTe 单晶结构太阳电池。

1969 年，E. Adirovich 等提出了多晶 CdTe/CdS 异质结薄膜太阳电池。CdTe 薄膜的沉积采用蒸发法，电池效率大于 2%。

1982 年，Y. Tyan 等首次采用近空间升华法制备多晶 CdTe/CdS 薄膜太阳电池，效率达 10.5%。他们在器件结构和制备技术上为 CdTe/CdS 薄膜太阳电池奠定了基础[20]。

1988 年，Y. Tyan 又提出了用普通的 soda-lime 玻璃作碲化鎘薄膜太阳电池衬底的方法[21]。

1992 年，南弗罗里达大学 Chu 等在制备 CdS/CdTe 碲化镉太阳电池时，采用溶液法（化学浴）制备硫化镉薄膜。此后，他们采用高电导 SnO_2/高电阻 SnO_2复合透明导电膜和氟化镁减反射膜，取得 15.8%的转换效率[3]。

1996 年，吴选之在美国国家可再生能源实验室（NREL）采用 $CdSnO_4$/$CdZnSnO_4$复合透明导电膜和氟化物减反射膜，也取得了 15.8%的效率。此后，吴选之再次取得 16.5%的新纪录[22]。几年后，这个效率值被 NREL 重新计算后，确定为 16.7%。

2011 年，First Solar 公司在它的官方网站上公布，他们用商业化的材料和技术创造了小面积碲化镉太阳电池转换效率的新纪录 17.3%，此效率经过了 NREL 的认证。

到 20 世纪 90 年代中期，碲化镉太阳电池的基本结构已经确立，即 TCO/n-CdS/p-CdTe/背接触层/背电极，其核心制备技术是碲化镉薄膜的制备。文献曾报道有 10 种方法沉积大面积碲化镉薄膜[23]，但能在小面积电池和大面积电池组件上取得高效率的只有

三种方法：近空间升华、电沉积和喷涂热分解。

这三种技术都被发展成为产业化技术。在美国，Golden Photon 公司开发的喷涂热分解技术曾显示出较好的产业化前景[24]，但喷涂与分解过程中易产生污染，并且连续生产的组件效率不高，从而终止了研究与开发。BP Solar 公司已经建立了电沉积方法制造碲化镉太阳电池的生产线，但是，电沉积技术产生的 $CdCl_2$ 粉末会对环境造成污染，因而电解液需频繁更换，同时组件的制造技术也过于复杂，这些问题使得该技术应用于产业化受到了障碍，其生产线也已关闭。另一家美国公司 Solar Cell Inc. 和德国 ANTEC 公司则各自建立了近空间升华法的生产线。

ANTEC 公司建有年产 10 MW 碲化镉太阳电池生产线。他们公开了一些信息，图 3-9 是近空间升华部分的示意图。其中，作为源的碲化镉呈颗粒状结构。图 3-10 是他们生产线中所有沉积工序的平面布置图。从图中可以了解到沉积工艺所采用的技术和顺序流程。其中，有几点值得注意：采用溅射法制备 ITO 作为透明导电膜；硫化镉和碲化镉都采用近空间升华法制造；用机械的方法刻划硫化镉和碲化镉半导体层；刻划背电极金属层也是用机械的方法。最后，用喷砂的办法对组件周边的半导体层进行清扫以保证组件封装后的抗电强度。这样的工艺流程和 Bonnet 报道的一致[25]，生产线的组件一般具有

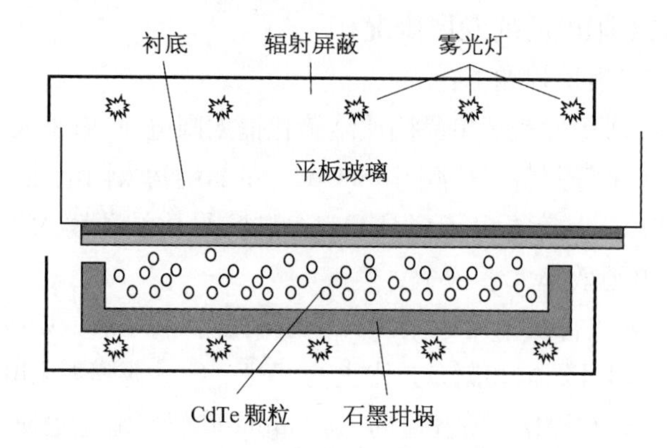

图3-9　ANTEC 公司公布的近空间升华部分的示意图

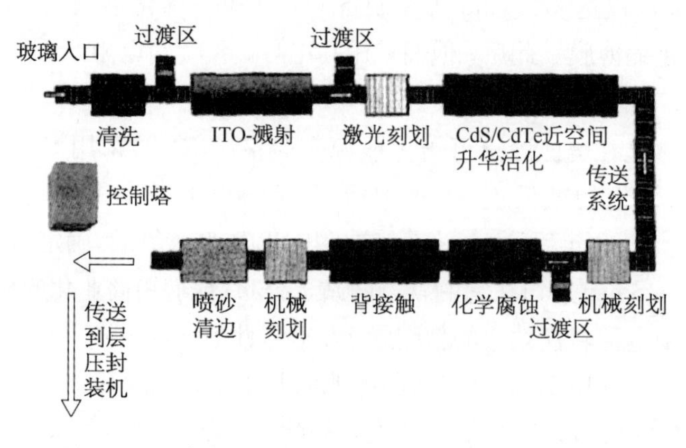

图 3-10　碲化镉太阳电池生产线沉积区平面布置图

大于 7%的效率。图 3-11 给出了效率最高的组件的 $I-V$ 曲线。$V_{oc}=84.5$ V，$J_{sc}=1.12$ A，$FF=53.9\%$，全面积效率为 7.09%，窗口面积效率为 7.8%。

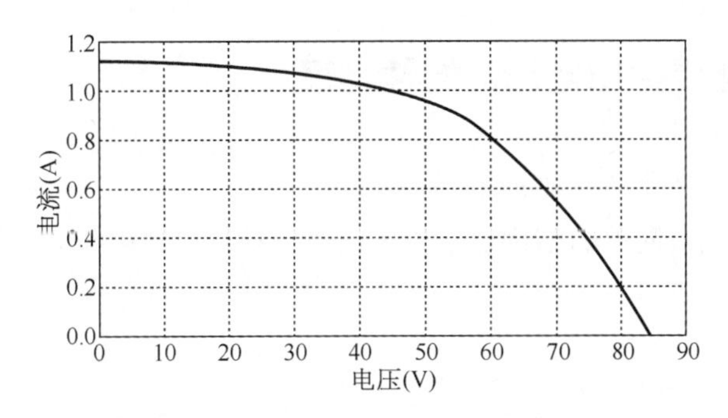

图 3-11　1.2 m×0.6 m 组件的 $I-V$ 曲线

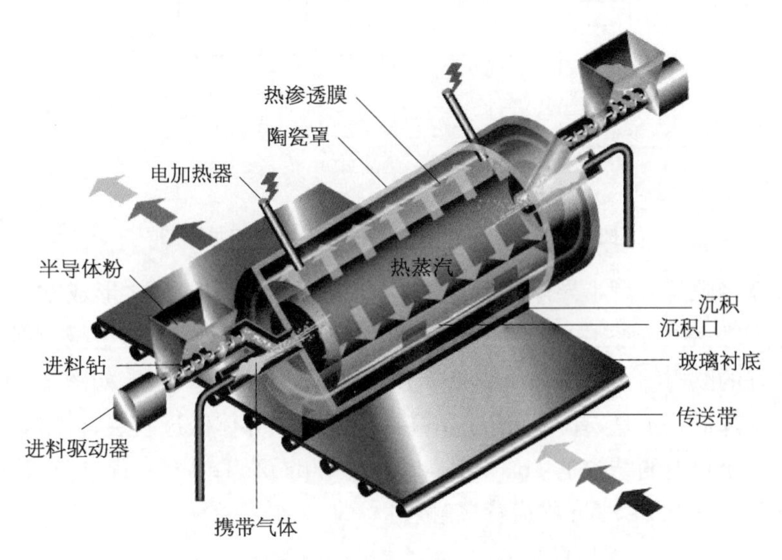

图 3-12　蒸汽输运法沉积碲化镉薄膜装置的示意图

1998 年 Solar Cell Inc.（后重组为 First Solar LLC.）创造了蒸汽输运法来沉积碲化镉薄膜[26]。这种方法的原理和近空间升华相同，突出优点是沉积速率很高。沉积时，衬底以每 2 m/min 的速率移动，碲化镉的厚度可达 3.5 μm。这相当于 40 s 内可以沉积一个 1.2 m×0.6 m 碲化镉太阳电池组件。这在当时是一个十分重要的突破。2003 年后 First Solar 的碲化镉太阳电池组件进入市场，由于成本低，效率比非晶硅薄膜太阳电池高，销量迅速增加，也带来了很大的利润。2005 年 First Solar 披露了蒸汽输运法沉积碲化镉薄膜装置的示意图（图 3-12）。同时也给出了蒸汽输运法沉积碲化镉薄膜设备的照片（图 3-13），2011 年该公司在其网站上公布，其 1 200 mm×600 mm 组件

图 3-13　蒸汽输运法沉积碲化镉薄膜设备的照片

的效率为 14.4%。

3.3.2 碲化镉太阳电池的器件物理

3.3.2.1 碲化镉太阳电池的能带结构

碲化镉太阳电池最简单的结构是：n－CdS/p－CdTe/背电极，其能带结构如图 3－14 所示。

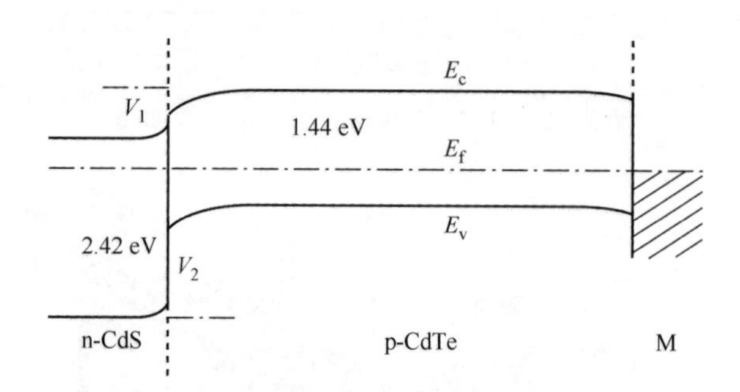

图 3－14 碲化镉太阳电池的能带结构示意图

对于较宽带隙的 p 型半导体，需要功函数较高的金属才能与之形成欧姆结。而对于 p－CdTe，在实验室的研究中，几乎都是用金(功函数为 4.9 eV)作背电极。但这种结构也很难形成很好的欧姆结，甚至有时会形成与前结反向的肖特基势垒，如图 3－14 所示。这必然会使效率降低。于是，有人提出采用高掺杂 p 型半导体做过渡层，再用高功函数金属做背电极。一个典型的结构是：n－CdS/p－CdTe/p－ZnTe∶Cu/背电极，其能带结构如图 3－15 所示，p－ZnTe∶Cu 称为背接触层。

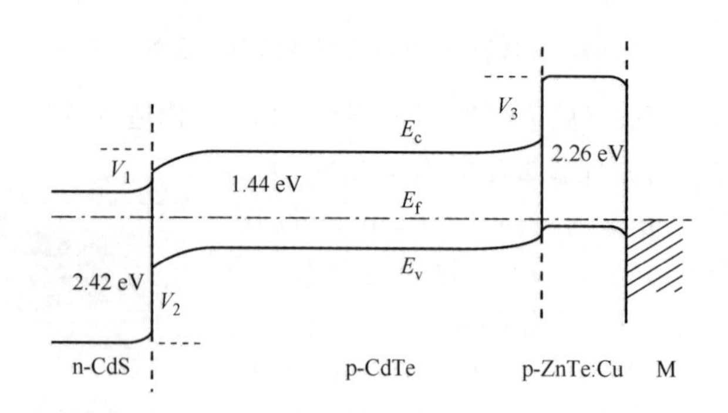

图 3－15 有背接触层的碲化镉太阳电池的能带示意图

在由三个半导体层和一个金属层构成的异质结里存在三个界面：第一个界面是在 n－CdS和 p－CdTe 之间，它们的导带底和价带顶皆不连续，导带底转移(Offset)是 0.2 eV，价带顶转移是 1.18 eV；第二个界面在 p－CdTe 和 p－ZnTe∶Cu 之间，它们的导带底和价带顶也不连续，导带底转移是 0.77 eV，价带顶转移是 0.05 eV。这些转移和势垒方向相同，因此对载流子的输运是有利的；第三个界面在 p－ZnTe：Cu 和金属背电极之间，它们已形成了良好的欧姆结。

3.3.2.2　碲化镉太阳电池的物理基础

这里将对碲化镉太阳电池的能带图作进一步的说明。

1）n－CdS 和 p－CdTe 界面

在碲化镉太阳电池中，n－CdS 和 p－CdTe 形成的异质结是器件的核心。从光子的入射和吸收来看，n－CdS 带隙较宽，透过率较高，是窗口层；p－CdTe 有很高的光吸收系数，可以作为吸收层。低温沉积的硫化镉薄膜经过退火后，其费米能级一般约为 0.2～0.3 eV；而碲化镉薄膜在退火后，费米能级大约为 0.25～0.4 eV。这样，n－CdS/p－CdTe 结的势垒高度 V1 一般可大于 0.9 eV。该结处的内建电场把碲化镉内的光生电子推向硫化镉层。硫化镉的价带顶比碲化镉的价带顶至少低 1.2 eV，因而能有效地阻止碲化镉层内的空穴向硫化镉层内扩散。

该界面上的表面态情况是一个研究的热点问题。虽然硫化镉和碲化镉有相同的结构，但它们的晶格失配率大于 10%，这势必造成大量的界面缺陷，产生大量的表面缺陷态。不过，许多研究者注意到，在制造碲化镉太阳电池的几种技术路线中，对碲化镉都有一个高温处理过程。例如，近空间升华法或蒸汽输运法都需要将衬底温度升至 500℃以上。虽然电沉积法的溶液温度在 90℃以下，但随后会有一个 400～450℃的退火过程。这样的高温过程使硫和碲互相扩散，在界面上形成了一个 CdS_xTe_{1-x} 三元系薄层。这个薄层能很好地消除表面态缺陷，但也带来多个疑问：$CdS_{1-x}Te_x$ 对器件的性能有何影响，三元系组分如何分布，它的能带结构如何，大量实验结果表明 CdS_xTe_{1-x} 带隙宽度并不随 x 值呈线性变化。当 x 值在 0 到 0.5 区间取值时，CdS_xTe_{1-x} 的带隙宽度小于 CdTe 的带隙宽度 1.44 eV，其极小值约为 1.36 eV[27]（图 3－16，图中黑线由 Othata 等拟合所得）。因此，在 x 值随位置呈单调的梯度变化时，其带隙却不一定呈梯度变化。以上我们发现 CdS_xTe_{1-x} 三元系对器件的性能有复杂的影响，这引起了许多研究者的兴趣。

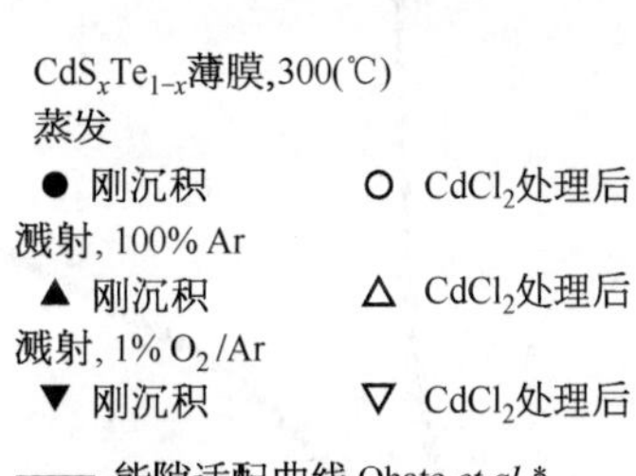

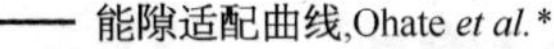

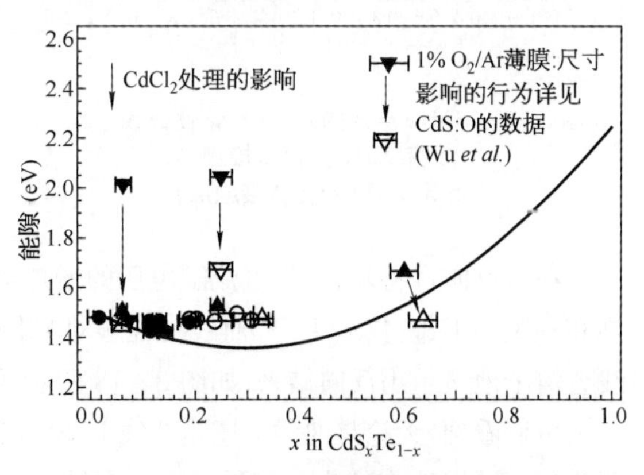

图 3－16　CdS_xTe_{1-x} 薄膜的带隙宽度和摩尔分量的关系

2）p－CdTe 和金属的欧姆结

前面介绍能带图时提到，要和 p－CdTe 形成欧姆结需要金属有较高的功函数。这里做个简单计算：如果 p－CdTe 的费米能级为 0.24 eV，那么与之匹配的金属至少要有大于 4.3 eV＋

1.2 eV=5.5 eV 的功函数。功函数高于这个数的元素只有硒，其功函数是 5.6 eV；金属中功函数最高的是铂，其功函数是 5.3 eV。其他一些功函数较高的金属，如镍、钴和金等用作碲化镉太阳电池的背电极都不太理想。因此，与 p 型碲化镉形成一个稳定的欧姆结是碲化镉太阳电池制造中的关键技术。解决的办法是在 p 型碲化镉和金属之间引入一个过渡层。一个成功的例子是引入掺铜的碲化锌，从能带图来看，其物理图像比较清晰。

碲化锌和碲化镉之间，价带顶的转移仅为 0.05 eV。虽然它会在该界面处造成一个与主结反向的尖峰，但由于尖峰很小，因此不会对空穴从碲化镉向碲化锌漂移带来障碍。在这个界面上，导带底有一个与主结同向的势垒 V3，其高度可大于 1 eV。它能有效地阻止电子向碲化锌扩散。这有利于降低器件的暗态饱和电流。当然，最主要的是高 p 型掺杂的碲化锌能和高功函数金属形成很好的欧姆结，可以很好地消除反方向的肖特基势垒。

这些作用能清晰地反映在 $I-V$ 特性曲线和 $C-V$ 特性曲线上。图 3-17 给出了有无碲化锌背接触层的碲化镉太阳电池暗 $I-V$ 特性曲线，这个电池的碲化镉层是采用近空间升华沉积的。可以看到，无背接触层的电池在正偏压高于 1.2 V 后的 $I-V$ 曲线是一条直线，这是一个二极管串联一个电阻后的特征，二极管完全导通后，它的电流受这个串联电阻的限制，而这个串联电阻就是欧姆结的电阻。有了背接触层，欧姆结的电阻很小，电流和电压呈指数曲线。

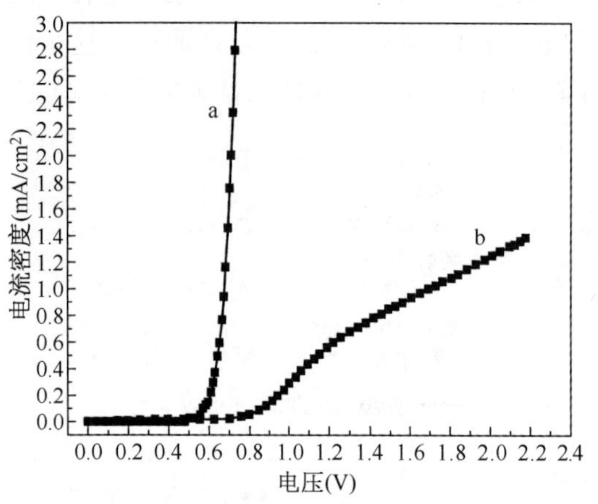

图 3-17　CdTe 电池的暗 *I*-*V* 特性曲线（a 有 ZnTe 复合背接触层，b 无 ZnTe 复合背接触层）

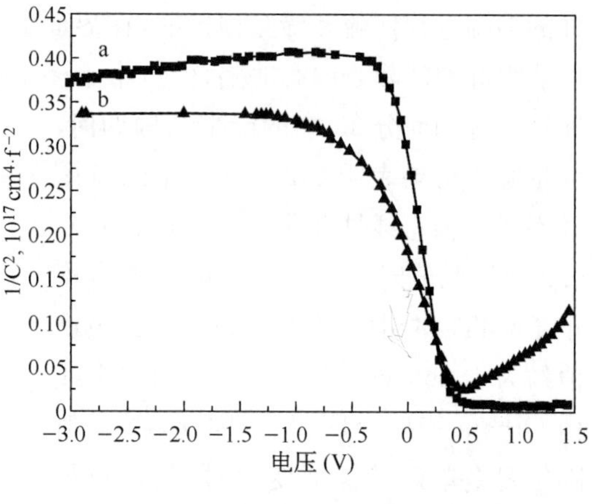

图 3-18　CdTe 电池的 *C*-*V* 特性曲线（a 有 ZnTe 复合背接触层，b 无 ZnTe 复合背接触层）

在有反向肖特基结时，电流随电压的增加会小于欧姆定律所推导的理论值，甚至呈现饱和现象。不过，仅从 $I-V$ 曲线往往很难判断是否存在反向肖特基结。而 $C-V$ 特性曲线会清晰地显示出反向结来，如图 3-18 所示的曲线 b。

可以看到，无论是曲线 a 还是曲线 b，随着负偏压的逐渐减小，结电容逐渐增加，这表明耗尽区的厚度在减小。如果只有一个结，耗尽区的减小有一个限度，也就是说，即使正偏压继续增加，耗尽区也不会进一步减小，因而结电容不会继续增加，如曲线 a；然而对曲线b,在偏压0.5 V附近,耗尽区厚度达到最小值。随着正偏压增加,结电容反而减小,它意味着耗尽区厚度在增大,该现象说明此处存在结。外加的正偏压对该结来说实际上是反偏压,从而推断,该结的方向和主结反向。从这两个图中,可以看到背接触层对良好欧姆结的形成具有重要的意义。

3) 内建电场

碲化镉太阳电池中,作为吸收层的碲化镉层,其内建场的分布对光生载流子的收集、光谱响应和转换效率都有重要影响。这容易理解:掺杂浓度决定n-CdS/p-CdTe结的势垒高度,而p-CdTe里的内建场分布主要决定于p-CdTe内的掺杂浓度。有代表性的计算结果是[28]:掺杂浓度为5×10^{15} cm^{-3}时,内建场宽度不足1 μm,掺杂浓度为5×10^{14} cm^{-3}时,内建场宽度约为1.5 μm,掺杂浓度为5×10^{13} cm^{-3}时,内建场宽度接近4 μm。这些结果为确定碲化镉太阳电池的结构设计提供了参考,碲化镉层厚度显然以等于内建场宽度为好。

内建场宽度,即耗尽区厚度,可以从太阳电池的$C-V$特性曲线计算得出。如果能从实验上观察内建电场的分布,那是最理想的。下面介绍一个成功的例子[29]。用原子力显微镜观察碲化镉太阳电池的自然剖面,样品具有碲化锌背接触层,其碲化镉层用电沉积方法制备。在实验中,先将原子力显微镜的四氮三硅探针镀上一层金,再用一根较细的银丝将探针和被观察电池样品的背电极连接起来,然后用力模式来观察其剖面,所得到的形貌图非常独特(图3-19),其与用高度模式观察到的剖面形貌不同。图中,X,Y轴是nm,Z轴是nN(N为牛顿)。AFM照片所显示的轮廓是静电力,它与内建电场强度成正比。因此,AFM照片给出的是内建场分布。

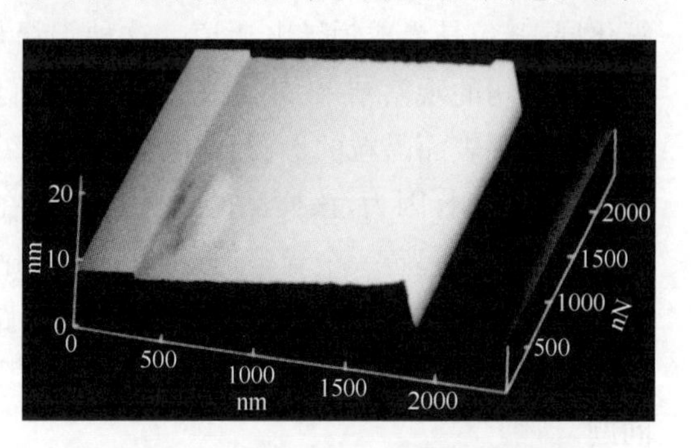

图3-19 用ZnTe:Cu作背接触层的CdTe电池的AFM剖面图

多晶薄膜太阳电池中,载流子的寿命较短,它们需要内建场的驱动。因此,常常需要在确定或设定内建电场分布后评估载流子寿命对太阳电池性能的影响。一个典型的例子如下。

太阳电池结构为n-CdS/p-CdTe,n-CdS的厚度为200 nm,掺杂浓度为10^{17} cm^{-3},载流子寿命为10^{-9}s;p-CdTe的厚度为8 μm,掺杂浓度为10^{14} cm^{-3};背电极的接触势垒设定为0.3 eV。计算结果显示:p-CdTe的载流子寿命为10^{-7}s时,J_{sc}略大于24 mA·cm^{-2},之后随载流子寿命的减小几乎不变;在载流子寿命小于10^{-9}s后,J_{sc}急速下降。V_{oc}在载流子寿命为10^{-7}s时约为910 mV,然后随载流子寿命的减小而缓慢下降,在10^{-7}s时V_{oc}约为815 mV。FF在载流子寿命为10^{-7}s时高达83%,但随载流子寿命的减小而迅速降低。E_{ff}和载流子寿命之间的关系比较单调:在载流子寿命为10^{-7}s时,E_{ff}接近17%;在载流子寿命为10^{-9}s时,E_{ff}略大于12%[28]。用近空间升华方法沉积的碲化镉薄膜，其载流子寿命一般能达到 $10^{-6} \sim 10^{-5}$ s。

3.4 碲化镉太阳电池的几项特殊技术

碲化镉太阳电池的主要半导体层——碲化镉、硫化镉、碲化锌都是多晶的薄膜。制备之后的后处理会带来一些与其他太阳电池不同的方法和特殊技术。另外，这种太阳电池需要背接触层以获得与背电极的欧姆结。因此，背接触层的结构及其材料，以及相应的制备技术都是值得研究的问题。本节将就此作个概要的介绍。

3.4.1 碲化镉薄膜的后处理

后处理对多晶半导体薄膜是一种十分有用的手段。碲化镉薄膜作为有效的太阳电池吸收层，在沉积后也需要进行后处理。该过程在一些文献中称为"活化"[30]。典型的碲化镉后处理改变有两道工序：表面涂覆氯化镉，在 400℃左右的温度下退火 30～45 min，退火的气氛为大气或氩氧混合气体。据文献[13]的说法，在退火过程中，氧会在晶界处形成氧化层，避免晶界成为导电通道。这种解释是有依据的。多年后，Timothy Gessert 等人给出了确切的观察结果[31]。图 3－20 是他们获得的 AFM 和 C－AFM 照片，图 3－20a 观察到碲化镉表面晶粒的形貌和间界，图 3－20b 显示的是这些间界具有很高的电导。这个论证存在漏洞，因为，该样品的退火过程是在含氧气氛下进行的。但值得注意的是，晶界在太阳电池里起着一个导电通道的作用。由此可以获得两个启示，一是晶粒不能太大，否则晶界会贯穿整个吸收层，使太阳电池的旁路电阻降低；二是退火过程和腐蚀剂会对晶界的状况带来很大影响。前者是由碲化镉沉积过程决定的，后者是后处理技术需要解决的问题。

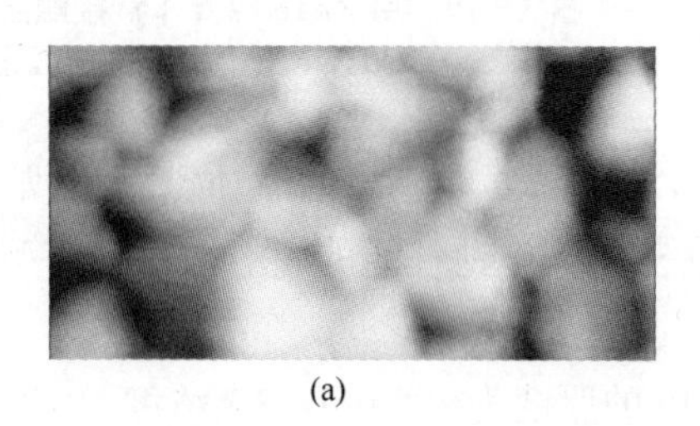

(a)

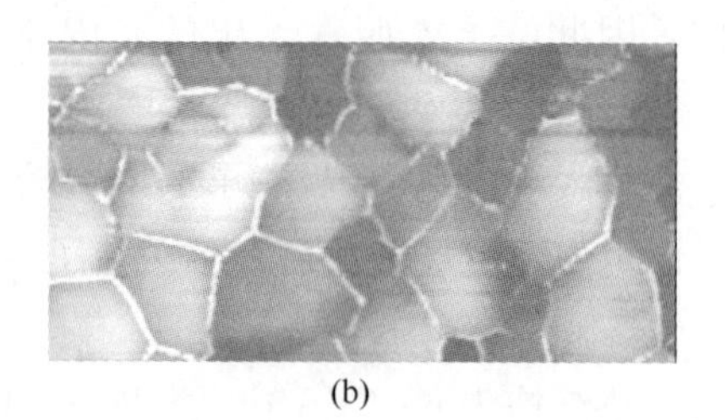

(b)

图 3－20 碲化镉经处理、退火和溴甲醇后的表面形貌和 AFM 照片

(a) 表面形貌照片；(b) AFM 照片

后处理过程中主要问题是温度的确定，已有许多研究试图确定最优化退火温度。例如，Mahathongdy 等进行了大量的试验，研究了两种 $CdCl_2$ 涂覆方式的退火温度和转换效率之间的关系[32]。结果具有参考价值，但是合适的退火温度还决定于碲化镉薄膜本身的状况。所以，最佳退火温度还须通过实际试验取得。

后处理过程中的另一个关键是 $CdCl_2$ 的涂覆方式。已见报道的方式有 $CdCl_2$ 水溶液直接涂覆在碲化镉薄膜的表面，$CdCl_2$ 水溶液用超声喷雾方式涂覆在碲化镉薄膜的表面，用热蒸发方式将 $CdCl_2$ 沉积在碲化镉薄膜的表面。还可将 $CdCl_2$ 粉放在石英舟里，碲化镉薄膜面向下放置在上方，同时进行退火。$CdCl_2$ 水溶液涂覆法最为简单，溶液的浓度也容易调整，但涂覆的量不太容易控制。因此，尽管偶尔能获得效率较高的太阳电池，但电池性能的一致性不佳。用超声喷雾的方式涂覆也比较简单。$CdCl_2$ 水溶液的浓度可以在较大范围内变化，例如，从 0.1 mol・L^{-1} 到饱和溶液都是合适的，因为薄膜表面上沉积的量还可以通过调整喷雾时间来实现。到目前为止，没能定量地描述 $CdCl_2$ 颗粒的量对碲化镉太阳电池性能的影响。

含 $CdCl_2$ 的碲化镉退火过程会产生有毒的废气，首先，$CdCl_2$ 会升华，其次，$CdCl_2$ 会分解，由此产生氯气和氯化氢。高温的氯气和氯化氢会强烈腐蚀炉膛和排气管道。因此，碲化镉退火设备必须具有可靠防护措施。

3.4.2　碲化镉薄膜的表面刻蚀

作为太阳电池的吸收层，碲化镉薄膜在退火后需要进行表面刻蚀。其主要的作用是去掉成分复杂的表面层，这一层有多余的镉、氯化物和氧化物。图 3-21 给出了刻蚀前后碲化镉薄膜的表面形貌，刻蚀后碲化镉薄膜的表面显得清洁，且晶粒清晰。

(a)

(b)

图 3-21　经退火的碲化镉薄膜刻蚀前后的形貌

(a) 刻蚀前；(b) 刻蚀后

表面刻蚀剂种类多样。实验室常用的是浓度大约为 0.01～0.05 mol・L^{-1} 溴甲醇溶液。具体的操作步骤是：准备需要刻蚀的样品，再配置溴甲醇溶液，将样品放入溶液中，同时搅拌溶液，大约 10 s 后取出，立即用甲醇和乙醇清洗，晾干，再进行下一工序的操作。

溴甲醇溶液刻蚀有其独特的优点，但也有缺点。优点是刻蚀较为均匀，且对晶界的刻蚀不明显，这对优化刻蚀条件是有利的。其缺点是溴和甲醇都有毒性，溴蒸汽有刺鼻的气味。另外，溴甲醇溶液挥发性强，本身也不稳定，必须即用即配。总之，它只适用于实验室碲化镉太阳电池的研制。

另一种常用的腐蚀剂是硝酸磷酸水溶液[25,33]。其比例约为：

$$硝酸：磷酸：水 = 1\sim2：38\sim39：60$$

硝磷酸刻蚀剂主要是利用硝酸的氧化性，其半反应方程是：

$$NO_3^- + 4H^+ + 3e^- = NO\uparrow + 2H_2O$$

反应需要四个 H^+，而硝酸只能提供一个 H^+，另外三个 H^+ 则由磷酸提供。同时，磷酸并不与 CdTe 发生反应。在硝磷酸刻蚀液中加入的水主要是起到稀释和减缓反应速度的作用[34]。硝酸和磷酸混合之后会放热，而且刻蚀时反应比较剧烈，会产生大量的气泡覆盖在整个 CdTe 表面。因此，需要对刻蚀过程进行有效地控制。腐蚀后的碲化镉薄膜可直接用去离子水冲洗，然后再用氮气吹干以待使用。

硝磷酸刻蚀过的 CdTe 表面含有富 Te 层，厚度可达 100 nm。另外，硝磷酸腐蚀属于择优腐蚀，刻蚀出 Te 的(101)晶面，这个富碲层可以用来形成一个具有良好欧姆接触的背接触层。但是硝磷酸沿晶界刻蚀较为严重，如果没有其他措施，这种刻蚀会降低太阳电池的旁路电阻。硝磷酸刻蚀液为粘稠状，没有刺激性气味，容易回收，对环境污染少。总的来说，这种刻蚀剂适用于大面积组件的生产。

3.4.3 几种成功的背接触层技术

碲化镉太阳电池需要一个背接触层来获得良好的欧姆接触，研究者十分关注欧姆结的形成。

碲化铜背接触层的优势在于制备工艺的简单。通常的做法是硝酸磷酸水溶液刻蚀碲化镉薄膜，用溅射或真空蒸镀制备一层铜膜，然后退火即可。但该法制备的碲化铜背接触层化学成分难于控制，常导致器件的转换效率重复性较差。针对该问题，研究人员采用共蒸发法获得 CuTe 多晶薄膜。共蒸发法主要用来控制碲化铜的化学组分，进而研究其对 CdTe 光伏器件性能的影响。研究表明，以 CuTe 结构为主相的薄膜作为背接触层电池，性能改善不显著，转换效率随膜厚的增加呈递减趋势。以 $Cu_{1.44}Te$ 结构为主相的碲化铜薄膜作为背接触电池，转换效率有很大提升，性能略有下降，但优于 CuTe 为背接触主相的电池[35]。

Silva 等人研究了 Cu_xTe 背接触层的碲/铜比对稳定性的影响[36]。他们通过第一性原理计算发现，当 $x\approx1.25$ 和 $x\approx1.75$ 时，Cu_xTe 处于亚稳态；在 x 较小时，Cu_xTe 为四方晶系结构，较稳定；在 $x\geqslant1.47$ 时，它是三角晶系结构，也较稳定。Cu_xTe 的价带顶高于 CdTe 的约 0.7 eV，这意味着，它容易掺杂而成为 p 型半导体。随着铜浓度的变大，铜的扩散势垒及空穴的浓度都将减小。而铜的扩散是导致碲化镉太阳电池不稳定的主要因素之一。

另一种有效的背接触层是石墨基材料。石墨的功函数高，为 5 eV，作为背接触材料较理想。但要形成良好欧姆结的背接触层，必须进行掺杂，如碲化汞粉、碲化铜粉、碲粉、铜粉、铅粉及其他高电导率的金属粉。而石墨浆料则是普通的碳素墨水。将掺有杂质的石墨浆涂覆在经化学刻蚀后的碲化镉薄膜表面，再经过一个无氧的干燥和退火过程，便得到了固化的石墨基背接触层。据公开的资料，美国的 NREL 和 First Solar LLC. 以及日本的 Matsushita Battery Industrial Co. 都采用石墨浆作背接触层。但是，他们没有公布石墨浆料的配方和工艺的细节。后者披露[37]铜和铅是合适的掺杂剂，炭黑的质量比为 7%

时效果最佳。他们制备的 5 327 cm^2的碲化镉太阳电池组件的效率达到 11.0%。

以上介绍的三种背接触层中,有一个共同点,即都使用了铜。一些研究者认为,铜原子向碲化镉层扩散,甚至扩散到硫化隔层,会造成 CdS/CdTe 异质结的特性变差,从而使太阳电池性能下降。因此,有些研究者试图发展一些没有铜的背接触层。不过,从 First Solar LLC. 公布的碲化镉太阳电池使用过程中效率变化的曲线来看,组件的稳定性尚可,难于断定铜原子的扩散对其的影响程度,图 3-22 所示是该公司报道的数据。

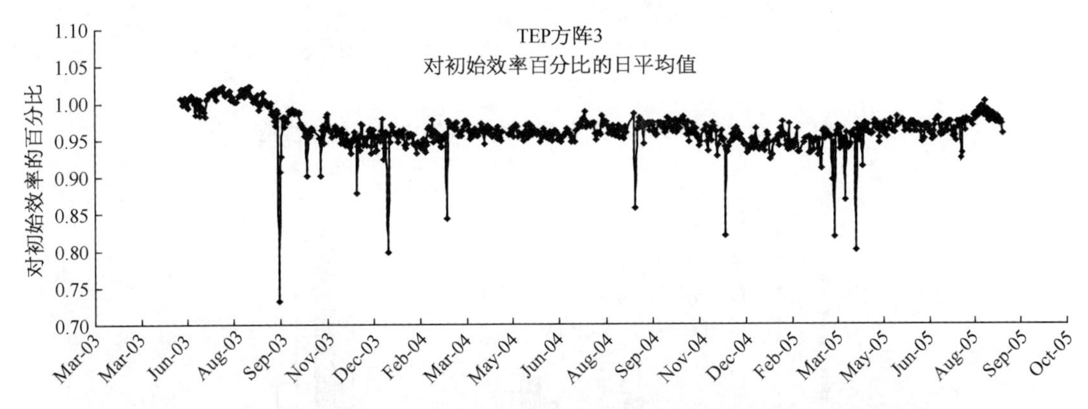

图 3-22 First Solar LLC. 的碲化镉太阳电池组件在使用过程中的效率变化

碲化镉太阳电池组件的主要制造程序汇总如下:透明导电膜玻璃清洗→透明导电膜的激光刻划→沉积硫化镉层→沉积碲化镉层→碲化镉退火→碲化镉表面刻蚀→沉积背接触层→激光刻划半导体层→沉积背电极→激光刻划背电极层→激光清边→联接电极引出线→真空层压封装→安装引线盒→组件性能检测。

3.5 碲化镉太阳电池制造和使用中的安全问题

在碲化镉太阳电池刚刚取得引人注目的进展时,这种光伏器件在生产和使用中的毒性和对环境的影响就成了不可回避的问题。一些研究者很快就经实验验证,碲化镉不溶于水,在大气压下,升华温度接近 500℃,它不会通过皮肤和呼吸道进入人体。

本世纪初,碲化镉薄膜已经实现产业化,布鲁克海文国家实验室的 Fthenakis 等人研究了碲化镉光伏组件的整个生命周期对环境的影响[38]。他们从 First Solar LLC. 采集数据,然后同晶体硅及其他太阳电池进行对比,得出了十分可靠的结论(图 3-23 和图 3-24)。

从图 3-23 可以看出,煤和石油发电排放的镉是最多的。在太阳电池中,碲化镉太阳电池的镉排放是最少的,不到晶体硅太阳电池排放量的一半。图 3-24 中列出了四种太阳电池对砷、铬、铅、汞和镍等几种金属的排放情况。图中方框内给出了估算依据的一些细节,如太阳电池的效率。图中浅蓝色柱状图为无边框的碲化镉太阳电池,它在其生命周

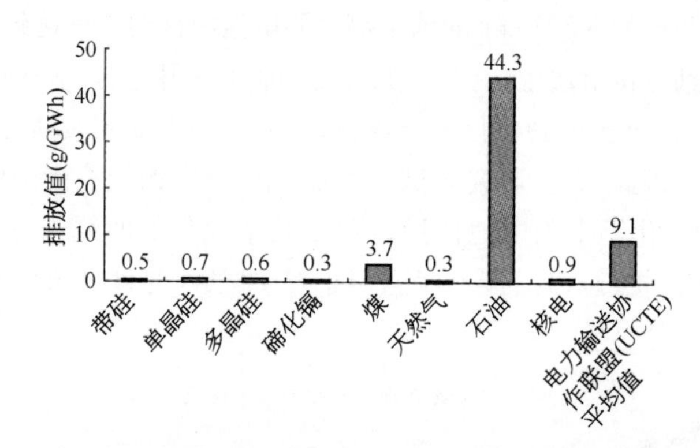

图 3-23 几种发电方式在整个生命周期中对镉的排放值

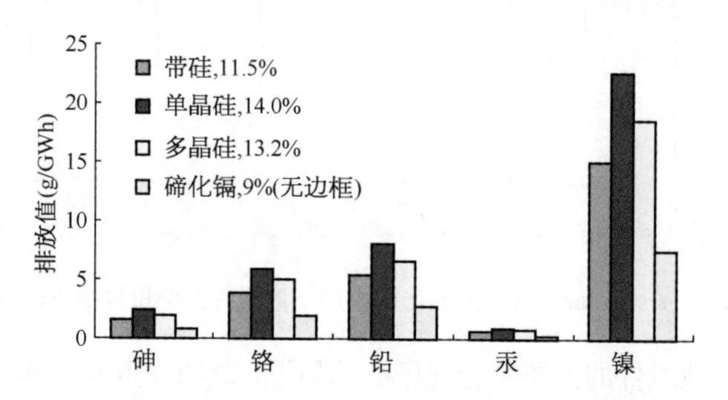

图 3-24 几种太阳电池在整个生命周期中对重金属的排放情况

期中,对重金属的排放比几种硅太阳电池低得多。

3.6 碲化镉太阳电池的发展趋势

许多研究者认为,碲化镉太阳电池是理论效率最高的太阳电池之一。但估算的转换效率上限却因为采用的模型不同而不同[39]。最终可信的值是在26%~28%之间。目前的实际情况是,实验室研制的小面积碲化镉太阳电池的效率达到17.3%,大面积组件的效率达到14.4%。因此,一般说来,缩小小面积电池效率与理论效率的差距,缩小大面积组件效率与小面积电池效率的差距是发展的方向。其中,最值得关注的是提高小面积电池的效率。笔者认为,一套合理的参数目标是:$V_{oc}=1.08\ V$,$J_{sc}=30\ mA\cdot cm^{-2}$,$FF=82\%$,$\eta=26.57\%$。但实际过程中,达到这个目标是很难的。小面积碲化镉太阳电池的效率从16.7%提高到17.3%就耗费了近7年的时间。其根本的原因是:存在补偿效应,碲化镉的掺杂浓度难于提高,它的费米能级难以降到0.2 eV以下,且晶界对载流子收集的负面影响难以消除。可以认为,局限于CdS/CdTe异质结和背接触层是不可能使效率有较大幅度的提高。

对碲化镉太阳电池的结构进行改善是值得探索的。着眼点应该是,既要拓宽光谱响应，又要改善光生载流子收集。对带隙宽度搭配是 2.42 eV/1.45 eV 的异质结来说，扩展长波响应和改进短波响应是有效的途径，而改善光生载流子收集，目前没有有效的措施。

至于碲化镉太阳电池的产业化技术，值得关注的是追求如下目标：降低成本，提高效率和减小性能衰减。降低成本的首要措施是减少碲化镉层的厚度。这有两重意义：其一，碲化镉材料的成本占整个材料成本的 45%～50%，将目前的厚度 4～5 μm 减为 1.5～2 μm，会使材料成本下降 30%左右。其二，碲是稀缺元素，从长远来看，减少碲的使用量，可以避免碲的价格较快上涨。降低成本的次要措施是，降低透明导电膜玻璃的成本和售价，透明导电膜玻璃的成本占整个材料成本的 30%～35%，降低其成本的经济效益显著，而降低其售价的捷径是二氧化锡玻璃的国产化。降低成本的第三个措施是降低沉积碲化镉薄膜的温度，降低沉积温度可以使沉积设备简化，可以使用普通的商业玻璃作衬底而不担心变形，甚至可以使用高分子材料做衬底而制造柔性的碲化镉太阳电池。

提高组件效率的主要途径是将小面积电池技术尽可能转移到生产线上，进一步提高各层半导体薄膜的均匀性，并彻底消除硫化隔层和碲化镉层的砂眼。具有挑战性的课题是寻找钝化晶界的方法和进一步改善背接触层，这是许多专家的共识。背接触层的改进既关系到效率和稳定性的提高，又有利于降低碲化镉层的厚度。

追寻和实现上述目标，可能使碲化镉太阳电池的结构发生很大的变化，最终出现全新的结构。例如，以碲化镉为基础材料，发展叠层太阳电池、具有超晶格的太阳电池等。现在已有不少人在进行这样的工作了。

参考文献

[1] Zaniao K., Cadmium Telluride: Materials Preparation, Physics, Defects, Applications, Semiconductors and semimetals, 1978, 13, 87.

[2] Stephen J. Fonash, Solar Cell Device Physics, New York, Academic Press, 1981, 76 - 79.

[3] T L Chu, S S Chu, J Britt, et al. 14.6% Efficient Thin Film Cadmium Telluride Solar Cells, IEEE Electron Dev. Len, 1992, 13: 303 - 304.

[4] Ting L. Chu, Shirley S. Chu, Recent Progress in Thin Film Cadmium Telluride Solar Cells, Progress in Photovoltaic Research and Applications, New York: John Wileg & Sons ltd, 1993, 1, 31 - 42.

[5] J Britt, C Ferekinds. Thin film CdS/CdTe solar cell with 15.8% efficiency [J]. Appl Phys Lett, 1993, 62, 2851.

[6] Zhang. S. B, Wei. S. H, and Zunger. A, Elements of Doping Engineering in Semiconductors, VCPV Photovoltaics Program Review, Proceedings of the 15th Conference, Editors: Al - Jassim. M, Thornton. J. P, Gee. J. M, Denver, 1998, pp62 - 69.

[7] 武莉莉. 四川大学博士学位论文, 2006, 4, 27.

[8] H. R. Moutinho, F. S. Hasoon, F. Abulfotuh, et al. J. Vac. Sci. & Technl. A; 1995, 13, 1258 - 1262.

[9] L Feng, J Zhang, B Li, et al. The electrical optical properties of CdTe polycrystalline thin films deposited under $Ar-O_2$ mixture atmosphere by close-spaced sublimation [J]. Thin Solid Films,

2005, 49, 1104－1109.

[10] John Y W Seto. The electrical properties of polycrystalline silicon films [J]. Applied Physics, 1978, 46(12): 5247－5254.

[11] Yuan-sheng Tyan, E. A. Perez-Albuerne. Efficient Thin-Film Solar Cells, 1982[C]. 16th IEEE Photovoltaic Speecialist Conference.

[12] 康昌鹤,杨树仁. 半导体超晶格材料及其应用[M]. 北京:国防工业出版社,1995.

[13] 朱鼎励,于善琪. 碲化镉(CdTe)太阳电池科学与技术. 电源技术, 1994, 5, 31－45.

[14] J. Luschitz, K. Lakus-Wollny, J. Fritsche, A. Klein, W. Jaegermann, European MRS Meeting, Nice, France, 05.31－06.04,2006.

[15] T L Chu, S S Chu, N Schultz, et al. Solution-Grown CdS films for Photovoltaic Devices [J]. Electro. Soc., 1992, 139: 2443－2446.

[16] EP1972348A1, Method for Application of a Zinc Sulphide Buffer Layer to a Semiconductor Substrate by Means of Chemical Bath Deposition in Particular on The Absorber Layer of a Chalcopyrite Thin-film Solar Cell.

[17] Woodcock. J. M, Turner. A. K, Ozsan. M. E et al. Thin Film Solar Cells Based on Electrodepositied CdTe. Conference record of the 22th IEEE Photovoltaic Specialists Conference, 1991, 842－847.

[18] L Feng, D Mao, J. Tang, et al. The structural, optical and electrical properties of vacuum evaporation Cu-doped ZnTe polycrystalline thin films [J]. Elect. Mat., 1996, 25(9): 1422.

[19] 武莉莉. 近空间升华沉积 CdTe 薄膜的微结构和 PL 谱[J]. 半导体学报,2003,8(21): 827－832.

[20] Yuan-sheng Tyan, Evelio A. Perez-Albuerne. Efficient Thin-Film Solar Cells, 1982[C]. 16th IEEE Photovoltaic Speecialist Conf.

[21] Yuan-sheng Tyan. Solar Cells. Their Science, Technology, Applications and Economics [J]. Solar cells, 1988, 23: 19－29.

[22] X Wu, J C Keane, R G Dhere, et al. 16.5%-efficiency CdS/CdTe polycrystalline thin-film solar cell[C], October 22－26 2001, 17th European Solar Energy Conference, Munich, Germany.

[23] R. W Brikmire. Recent progress and critical issues in thin film polycrystalline solar cells and modules[C], 1999, 26th IEEEE Conf.

[24] D. Weisiger, Scale-up considerations: pilot to commercial scale, Editors: Harin S. Ullal, C. Edwin Witt, 13th NREL Program Review Meeting, New York; 1996, 312.

[25] D Bonnet. Manufacturing of CSS CdTe Solar Cells[J]. Thin Solid Films, 2000: 547－552.

[26] R. C. powell, U. Jayamaha, G. L. Dorer, H. McMaster, Scaling and Qualifying CdTe/CdS Module Production, VCPV Photovoltaics Program Review, Editors: M. Al-jassim, J. P. Thormoton, J. M. Gee, 31－36.

[27] J N Duenow, R G Dhere, H R Moutinho, et al. Gessert. CdS/CdTe Solar Cells Containing Directly Deposited CdSxTe1 － x Alloy Layers[C], June 19 － 24, 2011, The 37th IEEE Photovoltaic Specialists Conference (PVSC 37) Seattle, Washington.

[28] 张静全. 四川大学博士学位论文, 2002.11,110－114.

[29] Feng Lianghuan, Wu Lili, Cai Wei et al. Semiconductor Photonics and Technology, 2005, 11(2): 111－115.

[30] 梁骏吾等译. 太阳电池-材料、制备工艺及检测. 北京：机械工业出版社，2009年8月.

[31] Timothy Gessert，Xuanzhi Wu，Ramesh Dhere，et al. Advances in the In-House CdTe Research Activities at NREL[C]，October 25 - 28，2004，Solar Energy Technologies Program Review Meeting，Colorado.

[32] Y Mahathongdy，D S Albin，C A Wplden，et al. Vapor $CdCl_2$ - Optimization and Screening Experiments for an All Dry Chloride Treatment of CdS/CdTe Solar CellsVCPV Photovoltaics Program Review，1998[C]. Proceedings of the 15th Conference，Denver.

[33] 李卫. 硝磷酸腐蚀对CdTe薄膜性能及背接触层的影响[J]. 材料研究学报，2007(2)：21.

[34] K D Dobson，P D Paulson，B E McCandless，et al. The Dynamics of Cadmium Telluride Etching，DE 19716 USA[R]. Institute of Energy Conversion，University of Delaware，Newark.

[35] 宋慧瑾. CuxTe背接触层对CdTe光伏器件性能的影响[J]. 中国科技论文在线，2009(4)：4.

[36] Juarez L F Da Silva，Su-Huai Wei，Jie Zhou，et al. Stability and electronic structures of Cu_xTe [J]. Appl. Phys. Lett. 2007，91.

[37] T Aramoto，F Adorodija，Y Nishiyama，et al. A new technique for large-area thin film CdS/CdTe solar cells [J]. Solar Energy Materials and Solar cells，2003，75：211 - 217.

[38] V M Fthenakis，H. C. Kim. CdTe Photovoltaics. Life Cycle Environmental Profile and Comparisons [R]. The European Material Research Society Meeting，Symposium O，Nice，France，May 29 - June 2，2006.

[39] Stephen J. Fonash，Solar Cell Device Physics，New York，Academic Press，1981，129.

第4章 铜铟镓硒太阳电池

铜铟镓硒[Cu(In, Ga)Se_2,简称CIGS]太阳电池是在玻璃等廉价衬底上沉积厚度约为3～4 μm薄膜的化合物半导体光伏器件,具有低成本、性能稳定、抗辐射能力强和光电转换效率高等特点。CIGS太阳电池弱光响应好、光谱响应范围宽,相同功率电站,其发电能力比晶硅太阳电池高5%～10%。电池性价比高,材料成本与制造能耗低,全部生产可在一个车间内完成。以金属箔或高分子聚合物薄膜为衬底的柔性CIGS太阳电池总厚度约0.2 mm(含衬底未封装),具有轻质、可卷曲折叠、抗碰撞等优点,比功率可达1 500 W·kg^{-1}以上,并且柔性CIGS太阳电池允许以卷带方式连续化沉积,可进一步降低材料和生产成本,在军事及民用方面,具有广阔的市场前景。

4.1 简 介

4.1.1 CIGS太阳电池的发展历程

1953年,Hahn首次制备具有光学、电学性能的铜铟硒($CuInSe_2$,简称CIS)薄膜材料[1]。1974年,Bell实验室的Wagner等采用提拉法(Czochralski)制备$CuInSe_2$单晶,并在p-$CuInSe_2$单晶上蒸镀n-CdS,形成$CuInSe_2$/CdS异质结结构,制备出了第一块光电转换效率为12.5%的CIS太阳电池。1976年,美国Maine州大学的Kazmerski报道以CIS/CdS为异质结的薄膜太阳电池,他们在玻璃衬底上以金薄膜为背电极,蒸镀5～6 μm的p型多晶$CuInSe_2$薄膜,之后又蒸镀沉积厚度约6 μm的CdS薄膜作为窗口层形成异质结。该薄膜太阳电池的光电转换效率达到了4%～5%,成为首例以多晶CIS薄膜为吸收层的薄膜太阳电池。

1981年,Boeing公司Mickelsen和Chen采用多元共蒸发沉积$CuInSe_2$多晶薄膜技术,制备的CIS太阳电池光电转换效率达到9.4%。1982年,Boeing公司通过蒸发$Zn_xCd_{1-x}S$替代CdS,与$CuInSe_2$多晶薄膜形成异质结,以减小CdS吸收引起的短波光子的损失,同时吸收层采用低阻$CuInSe_2$和高阻$CuInSe_2$薄膜的双层结构,得到了光电转换效率为10.6%的薄膜太阳电池。这就是著名的多元共蒸发二步法沉积CIS薄膜的"波音双层工艺”，即先沉积一层富 Cu 的低电阻率 CIS 薄膜，然后在其上制备一层贫 Cu 的高阻 CIS 薄膜，包括高阻 CIS、低阻 CIS、高阻 CdS 以及掺 In 的低阻 CdS 层，电池结构如图 4－1 所示。

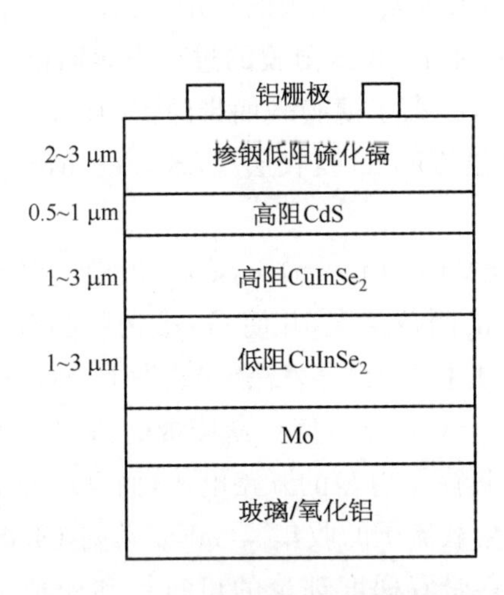

图 4－1　早期“波音双层工艺”CIS 太阳电池结构示意图

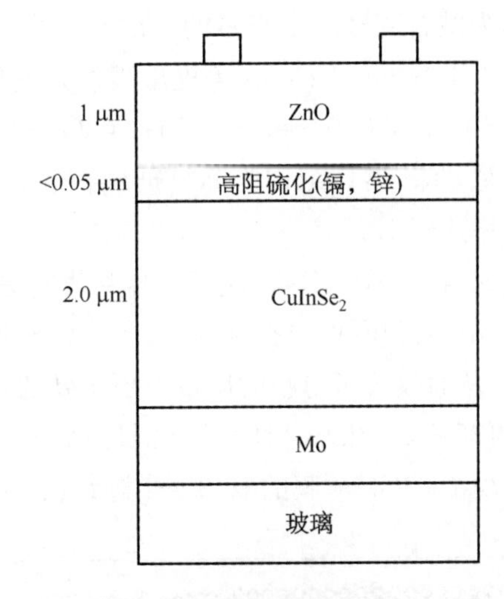

图 4－2　Potter 提出的新窗口层 CIS 太阳电池结构雏形

1986 年，ARCO Solar 公司 Potter 等采用厚度小于 50 nm 的致密 CdS 和 1～2 μm 的 ZnO 透明导电层替代厚度为 6 μm 的($Cd_{1-x}In_x$)S 层，提出结构为 ZnO/CdS/$CuInSe_2$的太阳电池器件结构如图 4－2 所示，此结构的薄膜太阳电池不仅大大降低了重金属 Cd 的使用量，并且使更多的短波光进入吸收层，提高了 CIS 太阳电池的短波响应，为 CIS 薄膜类太阳电池的结构奠定了基础，并为后续高效 CIGS 太阳电池的发展做出了非常重要的贡献。

1987 年，美国波音公司 Chen 等在 CIS 薄膜中掺入 Ga 取代部分 In，形成 $CuInSe_2$ 与 $CuGaSe_2$ 的固溶体 $CuIn_{1-x}Ga_xSe_2$[简称 CIGS 或 Cu(In,Ga)Se_2，x=Ga/(Ga+In)]，将吸收层的带隙从 1.02 eV 提高到 1.1～1.2 eV、电池的开路电压超过 500 mV。Arco Solar 公司开发磁控溅射 Cu 和 In 金属预置层技术，在 H_2Se 气氛中对其进行硒化热处理，制备出 $CuInSe_2$ 多晶薄膜。该技术将多元共蒸发法一次性成膜分解为金属预置层沉积与化学热处理两步完成，有利于大面积薄膜太阳电池组件生产的实现，成为 CIGS 太阳电池生产中最重要的技术之一。1988 年，该公司制备出光电转换效率为 14.1%的 $CuInSe_2$ 太阳电池(图 4－3)。

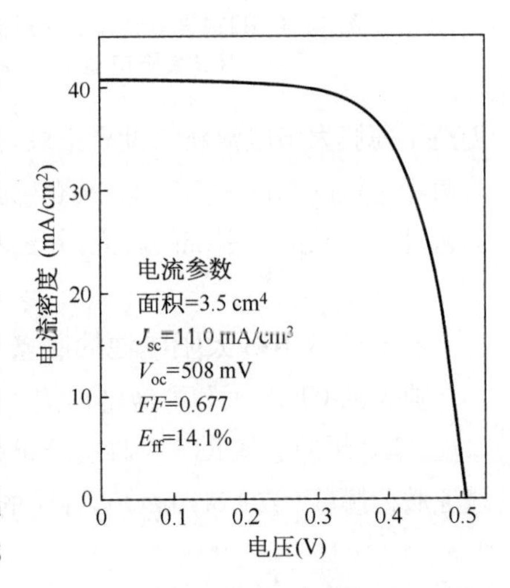

图 4－3　ARCO 公司制备的 CIS 太阳电池的 *I*－*V* 曲线

1993 年，瑞典的 Hedström 等发现使用碱石灰玻璃，能够提高 CIS 薄膜的(112)晶面择优取向。之后研究者们陆续发现，低成本的碱石灰玻璃具有与 CIS 薄膜十分匹配的热膨胀系数，并且影响 CIGS 薄膜的形貌、电学特性、以及相对应的 CIGS 太阳电池的性能，这是因为碱石灰玻璃中丰富的 Na 原子对 CIGS 薄膜具有积极的作用。西门子太阳能公司(原 Shell Solar)Tarrent 等提出溅射后硒化法制备 CIGS 薄膜的过程中表面掺入 S，形成表面 Cu (In, Ga)(Se, S)$_2$(简称 CIGSS)薄膜，提高了薄膜表面带隙，使吸收层达到双梯度带隙效果，器件结构为苏打玻璃衬底/双梯度 CIGSS 吸收层/CdS/ZnO/MgF_2，电池转换效率达到 15.1%。

1994 年，美国 NREL 使用三步共蒸发法，增大 Cu(In, Ga)Se_2薄膜的配比宽容度，提高了多元蒸发过程的可控性，降低了 CIGS 薄膜的制备难度，并使 CIGS 薄膜晶粒尺寸明显增大，从而改善了薄膜的质量。更重要的是，通过三步共蒸发法(先蒸发 In - Ga - Se 预置层，再蒸发 Cu 和 Se 薄膜呈富铜，最后蒸发 In - Ga - Se，使得薄膜成分满足化学计量比)，实现了 CIGS 薄膜的双梯度带隙结构，不仅提高了电池的开路电压，而且增大了对光生载流子的收集。Gabor 等对 CIGS 薄膜能带双梯度理论的可行性和模拟过程进行详细地论述，并制备光电转换效率达 16.4% 的太阳电池，为研究 CIGS 太阳电池结构提供了重要的理论基础。此后，小面积 CIGS 太阳电池的最高效率纪录很长时期由 NREL 保持，CIGS 太阳电池的光电转换效率由 1999 年的 18.8% 提高到 2008 年的 19.9%(0.449 cm^2)。2010 年，德国氢能和可再生能源研究中心(ZSW)所制备的 CIGS 太阳电池的转换效率达到了 20.3%(图 4 - 4)，电池面积为 0.5 cm^2，创造了薄膜太阳电池新的世界纪录，预示着薄膜太阳电池的光电转换效率极有可能超过占市场主流的晶硅太阳电池，具有巨大的发展潜力，这也表明研究者们对 CIGS 太阳电池的机理有了较深入系统的研究，并逐步建立了完善的理论与技术体系。

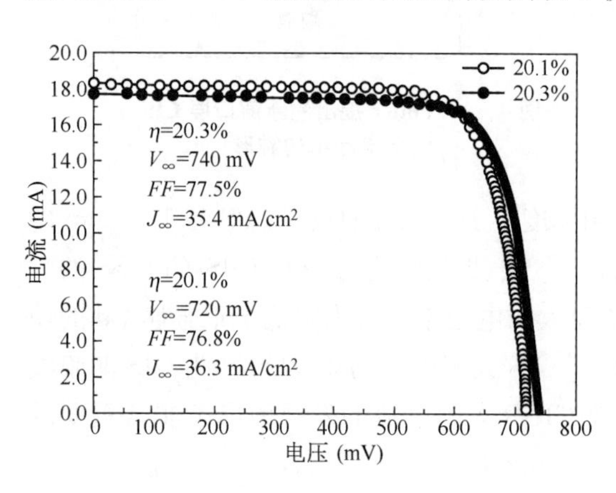

图 4 - 4 目前光电转换效率最高的 CIGS 太阳电池 *I* - *V* 曲线

4.1.2 CIGS 太阳电池的制备工艺

典型的 CIGS 太阳电池结构按入射光从上至下依次为：MgF_2减反射膜/双层 ZnO 窗口层/CdS 缓冲层/CIGS 吸收层/Mo 背电极/衬底材料(碱石灰玻璃或不锈钢箔(SS)、聚酰亚胺薄膜(PI 或 Polymer))，各层的厚度及制备工艺如图 4 - 5 所示。

4.1.3 大面积 CIGS 电池组件与工业化发展

实现大面积多层薄膜沉积难点在于如何保证吸收层 CIGS 薄膜的四元配比、晶相结

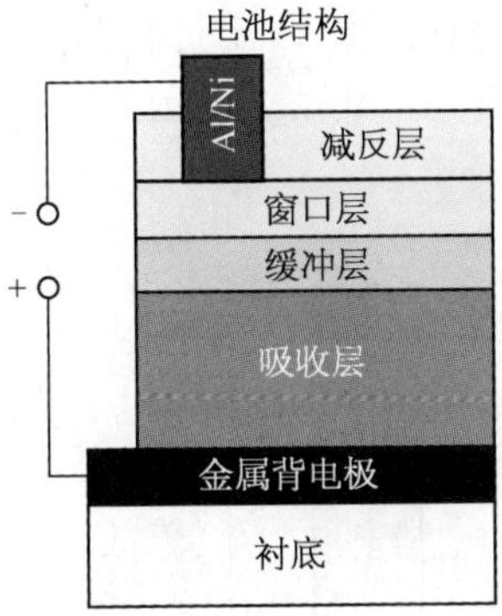

电池结构	选材	工艺
Al/Ni	3 mm,Al/50 nm,Ni	蒸发或丝印栅线电极
减反层	100 nm,MgF_2	蒸发减反层
窗口层	500 nm,n^+-ZnO/i-ZnO	磁控溅射
缓冲层	50 nm,CdS	化学水浴CBD
吸收层	2-3 μm,$Cu(In,Ga)Se_2$	真空蒸发法，后硒化法(金属预置层：磁控溅射、电化学、纳米颗粒涂覆等)
金属背电极	1 μm,Mo	磁控溅射
衬底	玻璃、不锈钢箔、聚酰亚胺等	清洗、脱水

图 4-5　CIGS 太阳电池各层材料及制备工艺

构以及带隙分布的均匀性，工业界发展了两大技术体系，即金属预置层后硒化技术与多元共蒸发技术。在以玻璃为衬底的 CIGS 刚性组件和不锈钢(简称 SS)或聚酰亚胺(简称 PI)为衬底的柔性电池组件中取得了长足的发展。无镉缓冲层的 CIGS 太阳电池也在商品化的组件中得以实现。

1987 年，ARCO 公司采用溅射金属预置层技术，用 H_2Se 硒化的两步工艺制备大面积组件。在 30 cm×30 cm 的面积上制备了 50 个子电池组件，其光电转换效率达 9.1%。此后该公司转为 Siemens Solar 公司，2001 年成为美国 Shell Solar 公司。该公司在溅射后硒化的基础上，开发了快速升温热处理(RTP)技术，使 10 cm×10 cm 组件的光电转换效率达到了 14.7%，平均效率为 13.2%±1.5%；2003 年，30 cm×30 cm 电池组件的效率平均达到 11%；2004 年，60 cm×90 cm 的大面积组件效率为 13.1%，单片输出功率达到 65 W_p，达到产业化水平。

日本另一家公司 Showa Shell 采用溅射后硒化加硫化，2001 年制备的 CIGSS 组件(3 459 cm^2)的效率达到 13.4%。使用化学水浴法制备无镉缓冲层 Zn(O, S, OH)，30 cm×30 cm 的电池组件最高效率达到 14.3%，30 cm×120 cm 组件效率最高达到 13.4%(由四个 30 cm×30 cm 组件并联所得)。30 cm×120 cm 组件效率最高达到 12.8%。

与此同时，另外一些公司和研究机构采用多元共蒸发技术制备组件。2000 年，瑞典 Uppsala 大学(ASC)采用共蒸发技术研制出 CIGS 太阳电池小组件(16 cm^2)，其光电转换效率达 16.6%。德国 ZSW 公司与斯图加特大学合作，利用共蒸发工艺制备 CIGS 组件。1995 年，他们制备的 100 cm^2 组件的光电转换效率为 10%，到 1998 年，制备的面积为 1 000 cm^2 组件的光电转换效率达到了 12%。2000 年，ZSW 与德国 Würth solar 公司合作采用玻璃基板 in-line 共蒸发的技术路线，建立了 60 cm×120 cm 大面积 CIGS 电池组件的中试线，年产量约 1 MW。经不断研究，2005 年，此大面积组件的最高效率提高到了 13%。2007 年，又建立了两条 15 MW 的生产线，组件平均效率达到 11.5%。

德国 Q-Cell 光伏公司旗下的 Solibro 公司，与 Würth Solar 公司一样，成功地采用 in-line 共蒸发技术生产玻璃衬底 CIGS 电池组件，2008 年投产 30 MW，转换效率达到

10%；2009 年底第一条线产能达到 45 MW，电池组件转换效率达到 11%，并建成了第二条生产线；2010 年底，两条生产线合计产能达到 135 MW(图 4-6)，制备的 0.75 m^2组件效率达到 12%。

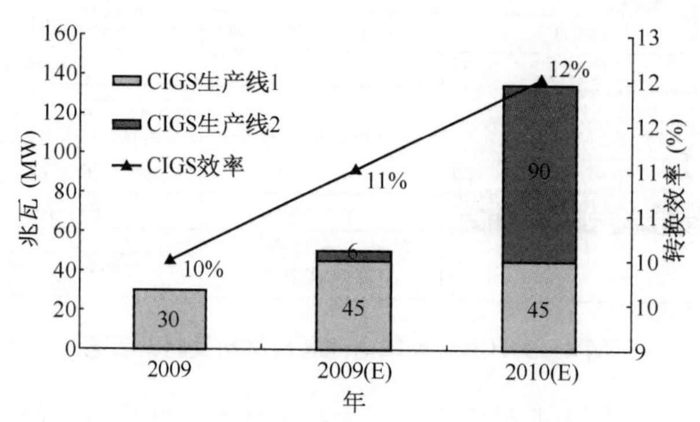

图 4-6　2008～2010 年 CIGS 太阳电池组件效率及产能

4.1.4　CIGS 太阳电池特点

① $CuInSe_2$是一种直接带隙材料，具有薄膜太阳电池材料中最高的吸收系数，达 $10^5 cm^{-1}$量级(图 4-7)。对于 AM1.5 太阳光谱(图 4-7 中虚线为 AM1.5 太阳光谱数据)，只需 0.5 μm 厚的 $CuInSe_2$薄膜就能吸收 99%以上能量高于禁带宽度的光子。考虑到吸收限附近的吸收系数略小，3～4 μm 的电池厚度就可以满足要求。因此，$CuInSe_2$是最适于薄膜太阳电池制备的材料，同时能够大幅度降低材料资源的消耗。

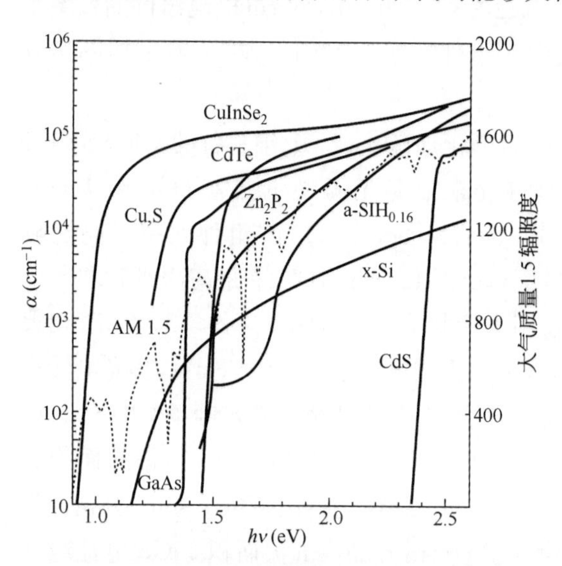

图 4-7　$CuInSe_2$与其他薄膜太阳电池材料吸收系数的比较

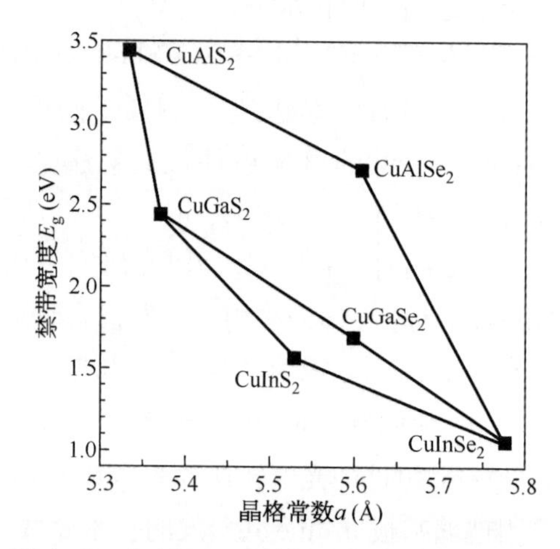

图 4-8　Cu(Al,In,Ga)(Se,S)$_2$多元混晶体系的禁带宽度与晶格常数的关系[2]

② $CuInSe_2$基多元材料体系的光学带隙范围较宽，$CuInSe_2$薄膜的光学带隙为 1.02 eV，在 Cu(Al,In,Ga)(Se,S)$_2$多元混晶的黄铜矿体系中(图 4-8)，调节材料组份配

比，其光学带隙可在 1.02 eV($CuInSe_2$)到 3.49 eV($CuAlS_2$)之间变化(未考虑晶格匹配)。此材料体系覆盖了太阳光谱的大部分区域，能够充分利用太阳光谱，可用来研究和制备多带隙级联光伏器件，从而提高薄膜太阳电池的光电转换效率。

③ CIGS 多晶薄膜结构太阳电池的光电转换效率高于相应的单晶结构太阳电池，这与 Si、GaAs 等太阳电池不同，主要原因有：

A) CIGS 多晶薄膜晶粒很大且呈柱状生长，高光电转换效率的 CIGS 薄膜断面几乎为单层晶粒，降低了载流子纵向传输时的晶界复合。同时，晶界对晶粒的吸杂作用使得晶粒内部的纯度比单晶更高，降低了载流子在晶粒传输中的复合；

B) CIGS 薄膜表面由于贫铜形成有序缺陷化合物(Ordered Defect Compound, ODC)，虽然 CIGS 为多晶薄膜，但是由贫铜而产生的 ODC 同样存在于每个晶粒表面。晶粒表面处 ODC 与晶粒内部 CIGS 之间的价带偏移在晶界处形成空穴势垒，阻止晶粒内的空穴向晶界扩散，因此，尽管晶界处存在大量的缺陷复合中心，由于电子与空穴无法相遇而使晶界处复合大大降低；

C) CIGS 薄膜中 Ga 取代部分 In，当含量占Ⅲ族组份的 25%～30%时，晶格缺陷最低；另外，由 Ga 与Ⅲ族组分的比例来调整 CIGS 带隙，形成类“V”型双梯度带隙，不仅可以保持窄带隙对近中长波光子的吸收，而且能够增强背电场对载流子的收集，同时提高了 CIGS 表面与 N 型窗口层的带隙匹配程度。

D) 过渡层的 Cd、Zn 等Ⅱ族原子扩散进入 CIGS 薄膜表面贫铜的 ODC 区域，原子替位制造浅埋结，大大降低了异质结的界面缺陷态。同时 CIGS 薄膜与 CdS 薄膜的晶格失配仅为 1.2%，界面处的复合很低，这也是 CIGS 太阳电池光电转换效率高的原因之一。

④ 通过一系列的电子和质子辐照实验以及空间在轨测试，CIGS 太阳电池表现出良好的抗辐照能力。CIGS 太阳电池受电子辐照后，性能基本没有下降，受质子辐照后的损伤程度也小于非晶硅太阳电池。这是因为 CIGS 薄膜的吸收系数高，吸收层可以做得很薄，少子扩散所需路程短，因而空间辐照对少子的收集效率的影响很小，这与Ⅲ-Ⅴ太阳电池的抗辐照能力较强的原因相同。此外，对于 CIGS 太阳电池，光生少子损失随辐照强度变化的比率(carrier removal rate)低于Ⅲ-Ⅴ族太阳电池，因而 CIGS 太阳电池具有更强的空间抗辐照能力，适合应用于空间。

⑤ CIGS 太阳电池的弱光响应特性良好，组件每峰瓦的平均输出功率高于单晶和多晶硅太阳电池。德国的 Würth Solar 公司进行了 CIGS 太阳电池组件的实际测试，如图 4-9所示。与高质量的单晶硅和多晶硅太阳电池组件相比，CIGS 太阳电池组件单位功率的电能输出高于单晶和多晶硅太阳电池组件。

美国 Nanosolar 公司以金属箔为衬底，使用基于卷对卷的纳米颗粒丝网印刷技术生产 CIGS 电池组件，每瓦发电量成本低于 1 美元。2009 年，Nanosolar 宣布实验室0.5 cm^2 的 CIGS 电池效率达到 15.3%和 218.9 cm^2 电池组件的效率超过 11%。2010 年 12 月，美国的 Miasolé 公司制备的 0.97 m^2 的大面积 CIGS 组件经 NREL 认定，效率达到了 15.7%，是目前商业级 CIGS 组件的最高纪录。2012 年 2 月，该公司又宣称其效率达到了

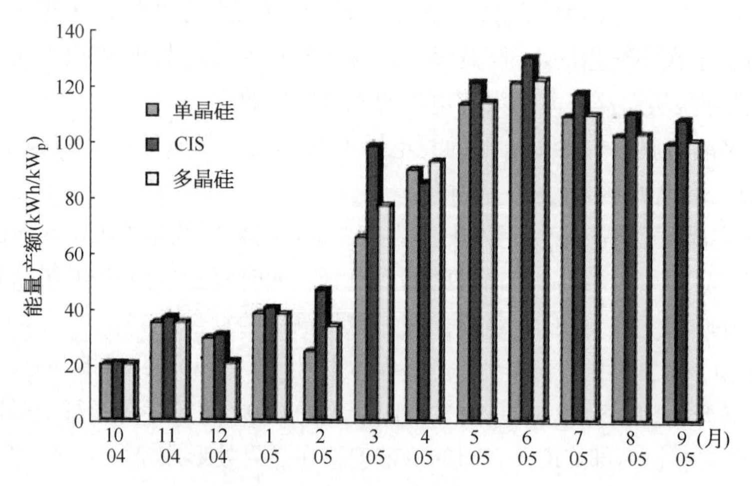

图 4-9 CIGS 太阳电池组件与其他电池组件单位功率的电能输出比较[3]

17.3%，并将产业化的效率提升到了 14%。

未来大面积 CIGS 太阳电池组件的光电转换效率还有很大的上升空间，产业化的生产目标仍然是简化工艺流程、提高电池的效率，达到进一步扩大产能、降低成本的目的。

4.1.5 CIGS 太阳电池研究的热点与趋势

由于光电转换效率高、成本低、抗辐照性能好等原因，CIGS 太阳电池具有广泛的应用前景。目前 CIGS 太阳电池的主要研究趋势有：除了大面积电池组件产业化之外，柔性衬底的 CIGS 太阳电池研究、亚微米厚度 CIGS 太阳电池研究、选用其他材料替代稀有元素 In、Ga、Se 化合物作吸收层的薄膜太阳电池，如铜锌锡硫(CZTS)太阳电池等。

① 柔性 CIGS 太阳电池。薄膜太阳电池的一个突出优点是能够在很薄的柔性衬底上成膜，柔性 CIGS 太阳电池在空间和地面都有着非常广泛的应用前景。对于空间应用而言，要求太阳电池方阵的重量轻，有利于提高航天器能的有效载荷。特别是微小卫星本身体积小，有效载荷有限，更需要轻质的高比功率的太阳电池方阵。因此，空间应用对太阳电池重量比功率这一指标的要求很突出。将太阳电池压缩成很小的体积，并很方便地打开，便于航天器的发射与太阳电池的展开，柔性 CIGS 太阳电池在这一方面具有很大的优势。NREL 在不锈钢衬底上采用共蒸发方法制备的柔性 CIGS 太阳电池，在 AM1.5 光谱条件下电池的光电转换效率为 17.5%，在 AM0 光谱条件下的光电转换效率为 15.2%，重量比功率达到 1 433 $W \cdot kg^{-1}$，其优越的重量比功率性能远高于目前空间应用的硅太阳电池和三结 GaAs 太阳电池。表 4-1 是 AM0 条件下，不同厚度的金属衬底，不同的光电转换效率，其 CIGS 太阳电池的重量比功率的不同数值。柔性 CIGS 太阳电池的制备可以实现 roll-to-roll 工艺，这有利于降低制造成本。目前，在 Ti 箔上制备的柔性 CIGS 太阳电池，AM1.5 光谱其转换效率达到 16.2%；在聚酰亚胺衬底上制备的柔性 CIGS 太阳电池 AM1.5 光谱效率最高纪录为 18.7%，由瑞士的 EMPA 在 2011 年实现[4]。

表 4－1　柔性 CIGS 太阳电池的预期质量比功率[5]

衬　　底	预期质量比功率(W·kg^{-1})	
	η=10%, AM0	η=15%, AM0
127 μm-不锈钢箔	133.0	199.6
20 μm-不锈钢箔	768.8	1 153.1
25.4 μm-钛箔	1 015.8	1 523.6

② 亚微米厚度 CIGS 太阳电池。为了进一步减少对原材料的消耗，特别是减少对 In 材料的消耗，研究薄吸收层的 CIGS 太阳电池是十分必要的。因 CIGS 吸收系数高，如果吸收层的材料特性良好，吸收层变薄不会影响电池对太阳光谱的吸收。从规模生产的角度考虑，沉积薄的吸收层能够大大缩减沉积时间、提高产量、降低成本。NREL 研究吸收层厚度为 0.4～1.0 μm 的 CIGS 太阳电池，由三步共蒸发法制备厚度为 1 μm 的吸收层，CIGS 太阳电池的光电转换效率为 17.1%。相同条件下，厚度为 2.5 μm 的电池光电转换效率为 18.7%。当吸收层厚度过薄时，三步法工艺很难控制，而采用一步共沉积工艺制备 CIGS 薄膜厚度为 0.4 μm，其电池仍有 9.1%的光电转换效率，这一结果充分说明了薄吸收层研究具有重要意义。吸收层厚度减小，电池效率降低，这受多个因素影响，但当厚度小于 0.4 μm 时，电池的开路电压和填充因子都没有大幅度的下降，而当厚度大于 0.8 μm时，电池的短路电流密度没有大幅度的变化。为了降低薄吸收层引起的长波光子损失，可以在吸收层与 Mo 电极之间沉积一层背反射膜(例如 ZrN 等)，以减小光学损失，这可使得薄吸收层的太阳电池性能接近于标准厚度的薄膜太阳电池。从长远看，薄吸收层 CIGS 太阳电池的研究与生产是发展的必然趋势。

③ 替代 In、Ga、Se 元素的化合物半导体薄膜太阳电池。CIGS 电池转换效率高、性能优良，但所用原材料 In 和 Se 为稀有元素，已勘探出的地球储量所制造出的太阳电池无法担负替代部分传统能源的使命。因此，迫切需要发展一种新的原料丰富、无毒无害，生产成本低又性能优良的光伏电池。

近几年，铜锌锡硫(简称 CZTS 或 CZTSSe)材料受到了广泛地关注，被认为是最有前途的新型太阳电池材料。它是由铜-锌-锡-硫/硒构成的多元化合物半导体材料，化学式为 $Cu_2ZnSn(S_xSe_{1-x})_4$，$x=0$～1，所含的元素基本无毒，地球储量比较丰富。CZTS 是直接带隙材料，禁带宽度为 1.45～1.6 eV，与太阳光谱十分匹配。通过调节 S/Se 比例可以适当调节禁带宽度。另外，CZTS 有较高的吸收系数($\alpha>10^4\,cm^{-1}$)，吸收层材料厚度只需要几微米。

CZTSSe 单结太阳电池结构类似于 CIGS 太阳电池，只是吸收层不同，其理论转换效率高达 30%，可采用 CIGS 太阳电池制作技术，制备 CIGS 薄膜方法基本都能应用于 CZTS 薄膜制备。多元共蒸发法是由 Cu、ZnS、SnS_2/Sn、S 作为蒸发源沉积 CZTS，或者用 Cu、ZnSe、Sn、Se 为蒸发源制备 CZTSe。金属预置层后硫化/硒化法，其预置层可采用电沉积、磁控溅射、电子束蒸发，以及喷雾热解等方法制作。CZTSSe 电池的最高效率是 9.7%，其吸收层是由联胺溶液制备金属预置层墨水涂覆，经硫化/硒化热处理得到的[6]。

沉积 CZTS 薄膜的方法有多种，其电池转换效率有高有低。由于制作单相 CZTS 材料有很大的难度，CZTS 材料及其杂相的相图还不是十分清楚，因此制备 CZTS 薄膜的方法现在仍然处于摸索阶段，缺少明确的理论指导。另外，CZTS 材料制备中 Sn 和 Zn 的中间二元相以气态方式流失，以及界面复合是需要解决的主要问题。关于电池的长期稳定性、耐光、耐热、耐潮和耐辐射等性能，以及和 CdTe、CIGS 电池在这些方面的比较等研究还没有相关报道。

4.2 CIGS 太阳电池结构与工作原理

4.2.1 CIGS 太阳电池结构

CIGS 太阳电池属于Ⅰ-Ⅲ-Ⅵ族化合物太阳电池，是在玻璃或廉价衬底(不锈钢箔(SS)、聚酰亚胺(PI))上沉积 5 层以上薄膜而构成的光伏器件，典型的 CIGS 太阳电池结构由 p 型的 CIGS 薄膜为吸收层与 n 型的 CdS、ZnO 形成异质结结构，是该电池的核心部分。其中 CdS 也称缓冲层，是由于 CIGS 与 ZnO 之间的带隙不连续而引入。ZnO 由本征氧化锌(i-ZnO)和掺铝氧化锌(AZO)构成。一般认为 i-ZnO 的加入降低了漏电并避免后续工艺对异质界面造成伤害，而 AZO 属于金属氧化物透明导电层(TCO)，兼顾光透过与电极功能，与先于 CIGS 沉积的钼(Mo)薄膜分别称为前后电极；为了进一步加强电流收集，常常会在 AZO 上沉积 Ni-Al 栅极，最后为了降低入射光的反射损失还要在窗口层上镀一层减反膜 MgF_2，其结构如图 4-10 所示。在 AM1.5 光谱条件下其光电转换效率达到 20.3%，就是采用这种结构的 CIGS 太阳电池。

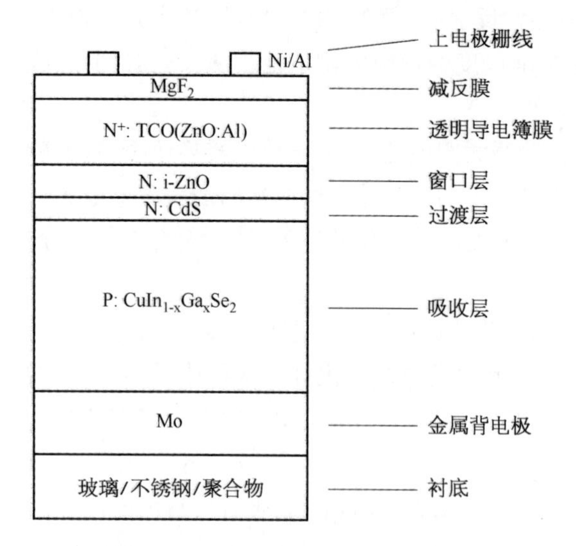

图 4-10 CIGS 太阳电池结构示意图

CIGS 太阳电池的吸收层 $CuIn_{1-x}Ga_xSe_2$ 薄膜是直接带隙半导体材料，通过掺 Ga 调节 $x=Ga/(Ga+In)$，使其光学带隙 E_g 在 1.02 eV 至 1.67 eV 范围之间变化。对能量大于 $Cu(In,Ga)Se_2$ 禁带宽度的太阳光子发生本征吸收过程，产生电子空穴对，再由异质结构成的内建电场分离形成光生电流，是决定 CIGS 太阳电池光电转换效率最重要的一层，高质量的 $Cu(In,Ga)Se_2$ 薄膜是实现高性能 CIGS 太阳电池的关键所在。

4.2.2　CIGS 太阳电池能带结构及工作原理

由于 CIGS 太阳电池是多元化合物电池，并有多层薄膜结构，所以它的能带比较复杂，图 4－11 所示是 CIGS 太阳电池的能带模型。

由于 CIGS 薄膜的费米能级(E_F)高于 CdS 薄膜的，在界面处电子将向低能级流动，使界面两端的费米能级重叠，界面能带弯曲、CIGS 薄膜能带向下弯曲、CdS 薄膜能带向上弯曲。N 型材料作为窗口层，要求太阳光谱中的大部分光子能通过窗口层而不损失，所以选择宽带隙材料 ZnO 薄膜(带隙为 3.3～3.4 eV)作为窗口层，带隙为 2.4 eV 的 CdS 薄膜做为缓冲层。CdS 薄膜的带隙对于太阳光谱来说有些偏低，会吸收一部分高能量光子，使电池的量子效率在短波处造成损失。因此，采用高带隙的无 Cd 化合物半导体薄膜作为缓冲层，同时消除重金属 Cd 元素的使用，是 CIGS 电池的研究与产业发展的重要内容之一。

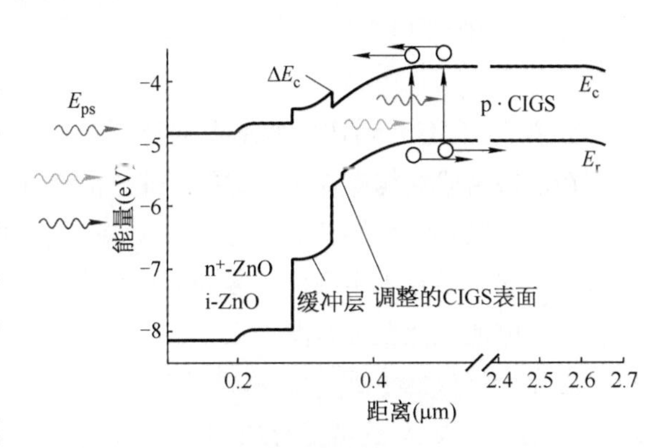

图 4－11　CIGS 太阳电池的能带模型[7]

电池的 p 区和 n 区两种材料的电子亲合能不同，在结合成异质结以后，导带底在界面处是不连续的，能量差为 ΔE_c，称为导带底失调值，其值等于 CdS 薄膜导带底能级 $E_{c(CdS)}$ 与 CIGS 薄膜导带底能级 $E_{c(CIGS)}$ 之差。同样在界面处价带也是不连续的，能量差为ΔE_v，由于 CIGS 薄膜做为电池的吸收层是 P 型材料，由 P 区向 N 区扩散的光生载流子是电子，所以主要影响电池性能的是 ΔE_c。CIGS 薄膜带隙可通过 Ga 的掺杂在 1.02～1.67 eV 范围内变化，使 CIGS 薄膜的导带底能级 E_c发生变化，这样 ΔE_c就会出现正值或负值两种情况。图 4－12a 是 $\Delta E_c > 0$ 的能带，图 4－12b 为 $\Delta E_c < 0$ 的能带，其中，$\Delta E_c > 0$ 的能带结构对提高电池的转换效率有利。

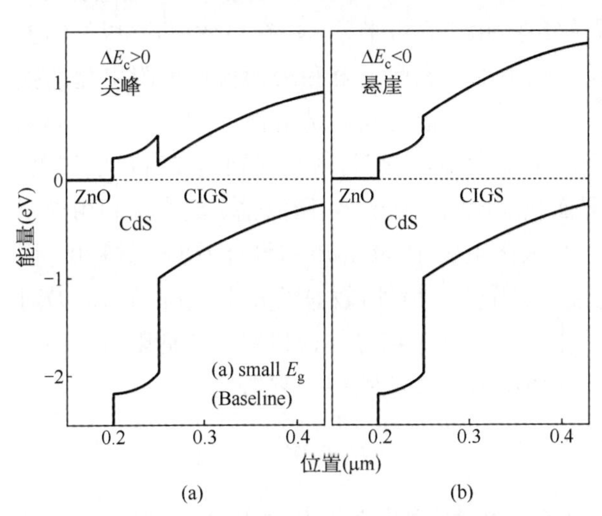

图 4－12　ZnO/CdS/CIGS 界面能带结构[8]

(a) $\Delta E_c > 0$ 的能带；(b) $\Delta E_c < 0$ 的能带

当太阳光入射到电池的异质结时，光子的能量 $h\nu$ 大于吸收层 CIGS 材料的禁带宽度 E_g时，就会激发价带电子跃迁到导带成为自由电子，从而在电池吸收层产生大量的电子－空穴对。在异质结附近生成的载流子，当其迁移率高于平均迁移率时，就被扩散到空间电荷区,并在内建电场的作用下电子-空穴对分离,电子流入 n 区,空穴流入 p 区,使 n 区储存了过剩的电子,p 区有过剩的空穴。它们在 pn 结附近形成与空间电荷区内建电场方向相反的光生电势,在与负载电路连接即有光电流输出,并使得 p 区带正电(接 Mo 电极),n 区带负电(接栅线电极)。

4.2.3 CIGS 太阳电池异质结特点

在多层薄膜结构电池中,每层材料中都有光反射的损失。在每层材料体区以及材料之间的界面区,尤其是 CIGS 体区和 CIGS/CdS 的界面区,都存在一定的复合中心(通常由缺陷引起),导致光生载流子复合,从而影响电池性能。因此,薄膜中缺陷态的降低对进一步改善电池性能至关重要。

当光子能量处于 $E_{g(CIGS)} \leqslant h\nu \leqslant E_{g(ZnO)}$ 的区域中时异质结有光电响应,而在这一区域之外的光响应很小,这就是异质结的“窗口效应”。“窗口”的大小视半导体材料的禁带宽度而定,对于 CIGS 等多元化合物半导体的组分也会影响窗口的大小。由于异质结中存在宽带材料的“窗口效应”,其光谱灵敏区是在 $E_{g(CIGS)} \sim E_{g(ZnO)}$ 之间。如果宽带区足够小,能量大于 $E_{g(ZnO)}$ 的光就能透过宽带区而被窄带区所吸收,同时宽带区吸收产生的电子也能扩散到结区而对光电流有贡献,此时光响应曲线的短波边将不受 $\lambda_{0(ZnO)}$ 的限制,延伸到较远的区域。在这种情况下,便有可能制备出光电转换效率较高、光谱利用范围较宽的太阳电池,这也正是异质结太阳电池最重要的优点。

在同质 pn 结太阳电池中,为了避免结区外光吸收过多而降低光电转换效率,结区应离受光照的表面尽可能的近。然而在异质结中,由于宽带半导体的窗口效应,可以把结置于离开表面,远离同质结的位置,这样就可减小由于表面复合和表面薄层电阻引起的损耗,从而提高电池的光电转换效率,这也是异质结电池比同质结电池好的一个突出的优点。一般将异质结太阳电池的 pn 结设计窄带材料中,宽带材料只起到透光窗口层作用,从而提高光电转换效率。但是,异质结界面缺陷比同质结要多,所以也不能直接利用异质结的 pn 结收集光生载流子。所以在 CIGS 太阳电池中,将异质结设计 CIGS 材料中,而 ZnO、CdS 特别是 ZnO 主要起到透光的窗口层作用。另外,较厚的宽带材料(如 ZnO)对于防护自然射线的辐射损伤是有利的,当然较厚的宽带半导体窗口层应是低阻材料。对于不能形成同质结的材料来说,可以利用异质结的方法来制造结型器件。

4.2.4 CIGS 太阳电池量子效率

量子效率测试是测定太阳电池短路电流密度 J_{sc} 的有效方法,常用于分析影响 J_{sc} 变化的原因。如果入射光全部转变为电流,则电池的 J_{sc} 达到最大值,但由于电池的反射、吸收以及复合等造成的入射光损失,J_{sc} 往往要比最大值小得多。这些损失可以分为两类,一类是电池各层薄膜的反射、非吸收层的吸收所造成光的损失;另一类是吸收层内光生载流子在输运中被复合造成的电损失。

通常量子效率是指某一波长的入射光照射到光伏器件所收集到的光生电子空穴对与

照射到器件表面该波长的光子数之比，也叫外量子效率，记作 QE 或 EQE，可由实验直接测得。太阳电池的短路电流密度 J_{sc} 等于外量子效率与光子流密度乘积在整个波长范围内的积分值

$$J_{sc} = \int_0^{\infty} F_{1.5}(\lambda) \cdot EQE(\lambda) \cdot d\lambda \tag{4-1}$$

式中　$F_{1.5}(\lambda)$ ——AM1.5 光照下的光子流密度；

λ ——波长。

CIGS 太阳电池是由多层薄膜组成的，入射光先通过窗口层和缓冲层，才能进入到吸收层，由于窗口层和缓冲层的反射、吸收，减小了到达 CIGS 层的入射光光强。如果定义内量子效率 $IQE(\lambda)$ 为每一波长收集的电子—空穴对数与这一波长进入到被测吸收层材料中的光子数量之比，则 EQE 与 IQE 之间存在以下关系：

$$EQE(\lambda) = T_G(\lambda) \cdot [1 - R_F(\lambda)] \cdot [1 - A_{win}(\lambda)] \cdot [1 - A_{CdS}(\lambda)] \cdot IQE(\lambda) \tag{4-2}$$

式中　$T_G(\lambda)$ ——电池受光照的有效面积比；

$R_F(\lambda)$ ——入射光到达吸收层之前各层薄膜对光的总反射率；

$A_{win}(\lambda)$ 和 $A_{CdS}(\lambda)$ ——窗口层和 CdS 层的光吸收率。

所以，内量子效率又可以定义为：太阳电池在单位波长上收集的电子-空穴对与照射在吸收层光子数之比。

$IQE(\lambda)$ 取决于吸收层的吸收系数 α、厚度 d、空间电荷区的宽度 W 以及少子的有效扩散长度 L，同时还与偏置电压 V 和偏置光强 I 等外部变量有关。一般可将 IQE 分为两部分，一部分是空间电荷区吸收光子的量子效率：

$$IQE(\lambda)_{SCR} = 1 - \exp(-\alpha W) \tag{4-3}$$

另一部分是一定厚度吸收层体内吸收光子的量子效率：

$$IQE(\lambda)_{bull} \approx \frac{\alpha L_{eff} \exp(-\alpha W)}{\alpha L_{eff} + 1} \tag{4-4}$$

式中　α——吸收层对 λ 波长光子的吸收系数；

W——空间电荷区的宽度(耗尽层的宽度)；

L_{eff}——电子在吸收层中的有效扩散长度。

上两式相加则得到总的内量子效率为：

$$IQE(\lambda) \approx 1 - \frac{\exp(-\alpha W)}{\alpha L_{eff} + 1} \tag{4-5}$$

从上式可以看出，增加耗尽区的宽度和电子的有效扩散长度，可以提高 $IQE(\lambda)$。但是耗尽区宽度大，表明吸收层的掺杂密度低、结的势垒小、输出电压低。此外，由于耗尽区

的宽度随偏置电压变化，所以 $IQE(\lambda)$ 的值也随偏置电压变化。由于反向偏压使耗尽区的宽度增加，$IQE(\lambda)$ 也会增加，当反向偏置电压足够大时，$IQE(\lambda)$ 可达到极大值，不再变化。因为空间电荷区 W 很宽，所有的光生载流子都被收集，这时不存在电损失。$IQE(\lambda)$ 随正向偏压及偏置光强的增加而下降，这是因为空间电荷区的宽度减小、电场强度下降、光生载流子的收集率下降。

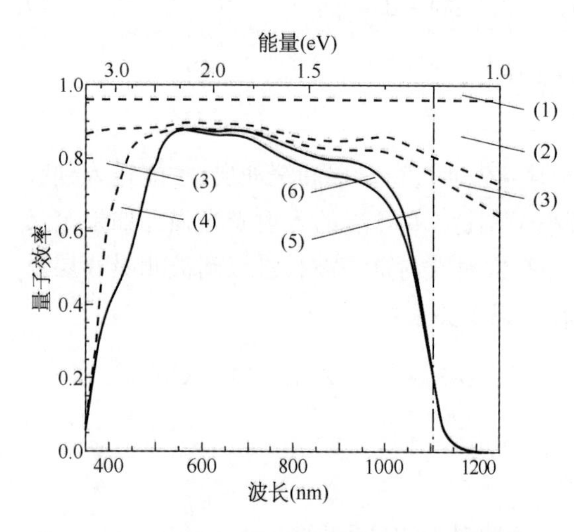

图 4－13　CIGS 太阳电池在偏压为 0V(下实线)和 −1 V(上实线)时的量子效率曲线[9]

图 4－13 所示的实线是典型的 CIGS 太阳电池 QE 曲线，下实线电池偏压为 0 V，上实线偏压为 −1 V(反向偏压)，另有几条虚线将整个图分为几个区，分别用数字标出。分析认为：

①区：电流收集栅极遮挡电池表面，减少了光照面积引起的光损失；

②区：ZnO/CdS/CIGS 各层反射造成的光损失，这种损失通过增加减反射层可以降低；

③区：ZnO 窗口层吸收光造成的光损失，分为两部分：一部分是能量大于其禁带宽度的光子被吸收形成电子—空穴对，但未进入结区被收集形成电流，另一部分是近红外光被 TCO 吸收产生热能损耗；

④区：CdS 吸收 $\lambda<520$ nm 的光子造成的光损失，这部分的光损失随 CdS 的厚度增加而增加，一般认为在 CdS 中的光生电子—空穴对是不能被收集的；

⑤区：光子能量在 CIGS 的 E_g 附近，不能完全被吸收，由于 Ga 浓度呈梯度变化，使得长波区的吸收边界不是很陡峭，而是以一定的坡度变化。如果吸收层的厚度小于 $1/a$(吸收系数)，则不完全吸收的损失就很明显；

⑥区：吸收层中的光生载流子不完全收集造成的损失，这是不同于其他光损失的电损失。

将上述各种损失换算成对 J_{sc} 损失，见表 4－2。实验室测试条件：室温、标准光谱为 AM1.5 辐照强度为 1 000 W·m^{-2}。

表 4－2　CIGS 太阳电池的光电流损失

量子效率损失区域	光损失机制	ΔJ(mA/cm^2)	$\Delta J/J_{tot}$(%)
(1)	栅电极覆盖 4%	1.7	4.0
(2)	CIGS/CdS/ZnO 的反射	3.8	8.9
(3)	ZnO 吸收	1.9	4.5
(4)	CdS 吸收	1.1	2.5

（续表）

量子效率损失区域	光损失机制	$\Delta J(mA/cm^2)$	$\Delta J/J_{tot}(\%)$
(5)	CIGS 中不完全吸收	1.9	4.4
(6)	CIGS 中不完全收集	1.0	2.3

注：表中数据从图 4-13 分析 CIGS 太阳电池中得到，$J_{tot}=42.8\ mA\cdot cm^{-2}$ 是 AM1.5，100 $mW\cdot cm^{-2}$ 光照下，电池吸收层 $E_g>1.12$ eV 的最大光电流。

4.3　CIGS 太阳电池吸收层 Cu(In,Ga)Se_2 薄膜

太阳电池吸收层 CIGS 薄膜是电池的核心部分，是由 Cu、In、Ga、Se 四元构成的化合物半导体。CIGS 薄膜材料的带隙结构与导电机制均与元素配位、晶体结构缺陷密切相关，远比单质元素半导体复杂。无论是在玻璃衬底还是金属衬底上制备的 CIGS 薄膜，其材料结构、生长机理、缺陷导电机制等理论基础基本相同，只是金属衬底需要考虑表面粗糙度、金属原子在高温沉积过程中向异质结扩散，以及大面积柔性基材的沉积方式等具有其特殊性；对于高分子聚合物衬底需要在低衬底温度下沉积 CIGS 薄膜，其材料结构和特性都有所差异，因而需要采取相应的技术减小差异。

4.3.1　Cu(In,Ga)Se_2 薄膜材料结构与特性

4.3.1.1　CIGS 材料的结构

CIGS 的晶格结构随沉积温度不同而不同，沉积温度低于 665℃时，CIGS 具有黄铜矿晶格结构；温度高于 810℃时，CIGS 具有闪锌矿结构；当温度介于两者之间时，CIGS 处于过渡结构。CIGS 电池是在玻璃或金属衬底上制备，其制备温度通常低于 600℃，所以 CIGS 电池的吸收层是以黄铜矿结构存在。

图 4-14 为黄铜矿结构的 CIS 晶格示意图。如图所示，在 CIS 晶体中每个金属阳离子(Cu、In)存在四个最近邻的阴离子(Se)。以阳离子为中心，阴离子位于体心立方的四个不相邻的角上。同样，每个阴离子(Se)的最近邻有两种阳离子，以阴离子为中心，2 个 Cu 离子和 2 个 In 离子位于四个角上。由于 Cu 和 In 原子的质量、半径等化学性质完全不同，导致 Cu-Se 键和 In-Se 键的长度和离子性质不同，并且以 Se 原子为中心构成的四面体也不是完全对称的。为了完整地显示黄铜矿晶胞的特点，黄铜矿晶胞由四个分子构成，即包含四个 Cu、四个 In 和八个 Se 原子，相当于两个金刚石单元。室温下，CIS 材料晶格常数为 $a=0.5789$ nm、$c=1.1612$ nm，c/a 的比值为 2.006。由于 Ga 的原子半径小于 In，CGS 的晶格常数比 CIS 的小：$a=$

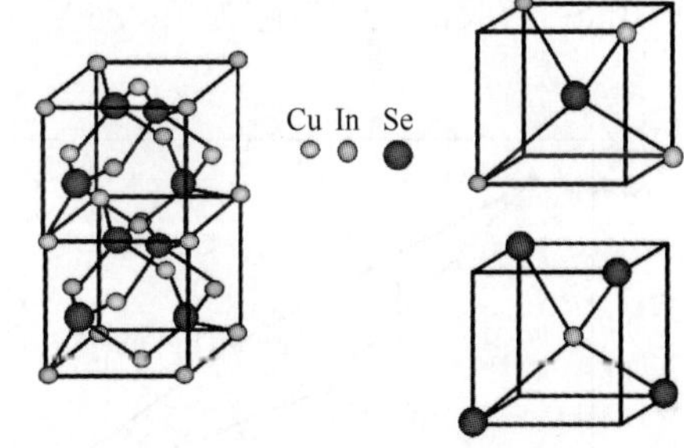

图 4-14　黄铜矿结构的 CIS 晶格示意图

0.561 nm、$c=1.103$ nm。CIGS与CIS的不同之处是Ga替代了部分In,其晶格常数介于CIS和CGS之间。

通过掺入适量的Ga以替代部分In,成为$CuInSe_2$与$CuGaSe_2$的固溶晶体$CuIn_{1-x}Ga_xSe_2$(简称CIGS),$x=Ga/(Ga+In)$,随着Ga含量的值x从0到1变化,其禁带宽度$E_{g(CIGS)}$在1.02~1.67 eV范围内调整。若能控制Ga含量在$x=0.6$~0.7范围内,$E_{g(CIGS)}$可达到或接近1.4 eV,是与太阳光谱最为合适的匹配。但事实上却使CIGS缺陷态上升,太阳电池转换效率更低。这是由于CIS的晶格常数c/a为2.005 9,CGS为1.966,当$x=Ga/(Ga+In)$取值在20%~30%范围内时,CIGS晶格常数比a/c接近1/2,晶格结构最为完整,缺陷态最少(图4-15和图4-16)。

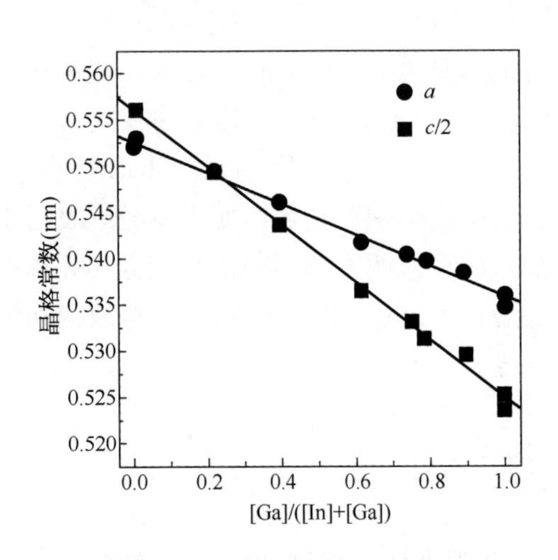

图4-15 CIGS薄膜Ga含量与晶格常数关系[10]

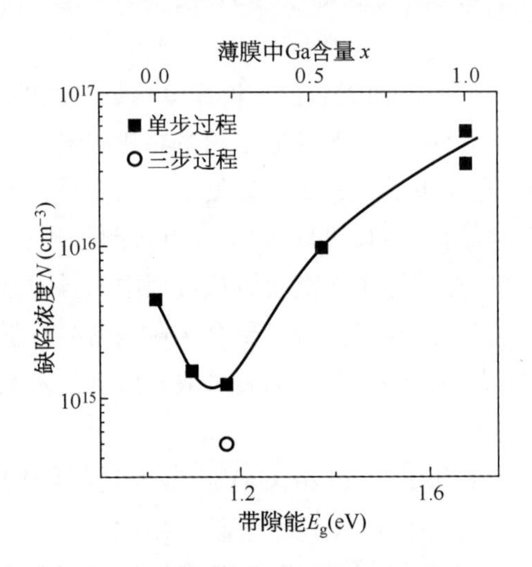

图4-16 CIGS薄膜中Ga含量与禁带宽度、缺陷态密度的关系[11]

$CuInSe_2$基多元材料体系的光学带隙可调范围较宽,能够充分利用太阳光谱。$CuInSe_2$薄膜的光学带隙为1.02 eV,在$Cu(Al,In,Ga)(Se,S)_2$多元混晶的黄铜矿体系中,如图4-17所示,依据材料组份的不同,光学带隙可以在1.02 eV ($CuInSe_2$)到3.49 eV ($CuAlS_2$)之间变化[12]。这样的材料体系覆盖了太阳光谱的大部分区域,可以用来研究和制备多带隙级联光伏器件,从而提高太阳电池的光电转换效率。采用S原子替代Se形成$CuIn(Se_{1-x}S_x)_2$合金,$CuInS_2$的带宽为1.55 eV,$CuIn(Se_{1-x}S_x)_2$的带宽随着S含量的变化在1.02~1.55 eV的范围里变化。上述黄铜矿半导体薄膜光学带隙与晶格常数的关系如图4-17所示。

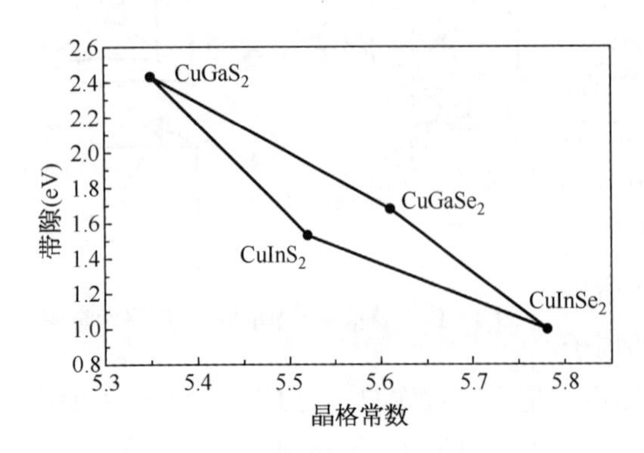

图4-17 $Cu(Al,In,Ga)(Se,S)_2$多元混晶体系的禁带宽度与晶格常数的关系

4.3.1.2 CIGS薄膜性能物理参数

Ga原子扩散进入CIS黄铜矿结构，部分地替代In原子形成$Cu(In,Ga)Se_2$，这一过程没有改变晶格结构，只是使晶格常数变小了。CIGS与CIS具有相近的物理性质，CIS材料的物理性质见表4-3。

表4-3 CIS材料的物理性质[13, 14, 15]

材料参数	数值	单位
摩尔质量	336.28	
密度	5.75	$g \cdot cm^{-3}$
熔点	986	℃
晶格常数 a c	 5.78 11.62	 Å Å
空间群-点群	$I\bar{4}2d-D_{2d}^{12}$	
273K时的热导	0.086	$W \cdot m^{-1} \cdot K^{-1}$
273K时的热膨胀系数 a c	 8.32×10^{-6} 7.89×10^{-6}	 K^{-1} K^{-1}
介电常数 低频 高频	 13.6±2.4 8.1±1.4	 $C \cdot m^{-2}$ $C \cdot m^{-2}$
有效质量(m_e) 电子 重空穴 轻空穴	 0.09 0.71 0.092	 m_e m_e m_e
迁移率 电子($n=10^{14}\sim10^{17}\,cm^{-3}$) 空穴($p=8\times10^{15}\sim6\times10^{16}\,cm^{-3}$)	 100～1 000(300 K) 50～180(300 K)	 $cm^2 \cdot V^{-1} \cdot s^{-1}$ $cm^2 \cdot V^{-1} \cdot s^{-1}$
禁带宽度	1.02	eV
禁带宽度温度系数	-2 ± 10^{-4}	$eV \cdot K^{-1}$

4.3.1.3 CIGS薄膜吸收系数和光学带隙

半导体材料的本征吸收($h\nu \geqslant E_g$)是太阳电池最主要的光吸收过程，本征吸收的吸收边由材料的光学带隙决定。光学带隙不仅与材料的元素配比有关，而且还随着薄膜制备方法、工艺条件、晶体结构的不同略有变化。Hasan等采用两步共蒸发方法制备的$CuInSe_2$薄膜，通过测试反射、透射曲线得到了材料的吸收系数曲线，经分析后认为：$CuInSe_2$的价带顶出现能级分裂，电子从价带到导带是多能级的跃迁，材料存在三个与光学相关的带隙，其中最小的光学带隙对应于材料的直接跃迁带隙，与Cu/In原子的比值有关，当 Cu/In 原子比值升高时，这个光学带隙值降低。

在同族元素中，以 Ga 替代部分 In 而构成的 $CuIn_{1-x}Ga_xSe_2$ 薄膜，其光学带隙随 $x=$ Ga/(In+Ga) 变化而改变，基本符合半经验公式[16]：

$$E_g(CIGS) = (1-x)E_g(CGS) + xE_g(CIS) - bx(1-x) \quad (4-6)$$

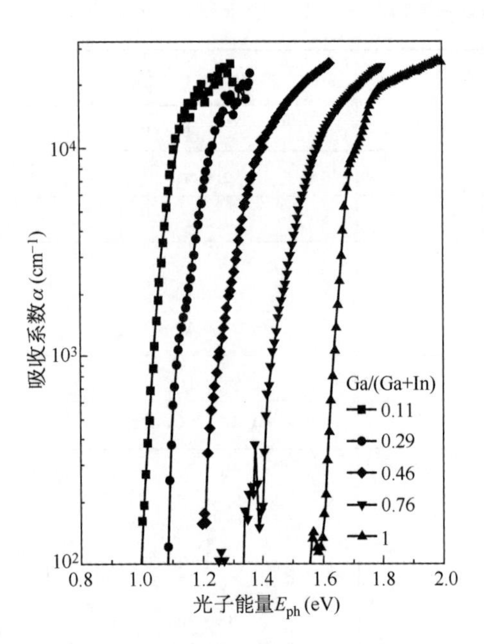

图 4-18 不同 Ga 含量的 $Cu(In_{1-x}Ga_x)Se_2$ 薄膜光谱吸收与光子能量的对应关系[17]

式中 b 为光学弯曲系数，它取决于制备方法和材料的结构特性。

Brüggemann 测试了不同 Ga 含量的 $CuIn_{1-x}Ga_xSe_2$ 薄膜中的铜含量为 0.21% 的光谱透过率和反射率，并计算薄膜的吸收系数，图 4-18 所示是 $Cu(In_{1-x}Ga_x)Se_2$ 薄膜的吸收系数与光子能量的对应关系，随着 Ga 含量的增加，薄膜的吸收边向高能方向移动。Caballero 等采用蒸发金属预置层并用 H_2Se 硒化的方法制备了 CIGS 薄膜，随 Ga 含量从 0 变化到 1 时，材料的光学带隙从 0.93 eV 变化到 1.58 eV。

4.3.1.4 CIGS 薄膜相关相图

多元相图描述的是多元体系的结晶状态随着温度、压力及体系组分的改变而产生的变化。CIGS 是四元化合物，与之相关的有 In-Se、Cu-Se、Ga-Se、Cu_2Se-In_2Se_3、Cu_2Se-Ga_2Se_3、In_2Se_3-Ga_2Se_3 等许多二元和三元组分相图。其中最重要的是 Cu-In-Se 三元相图、Cu_2Se-In_2Se_3 伪二元相图和 Cu_2Se-In_2Se_3-Ga_2Se_3 三元相图，分别如图 4-19、图 4-20 和图 4-21 所示。

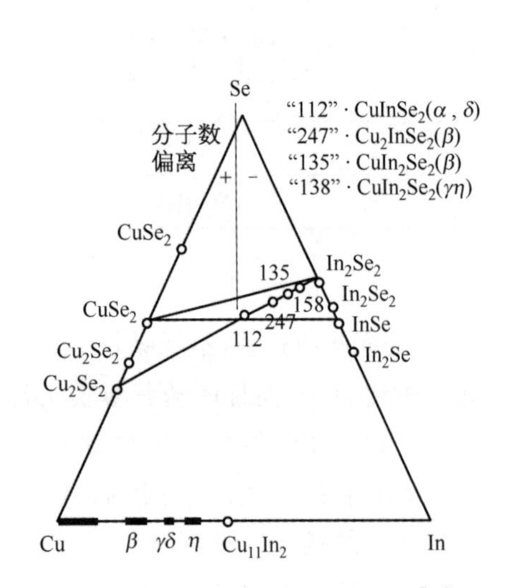

图 4-19 Cu-In-Se 三元相图[18]

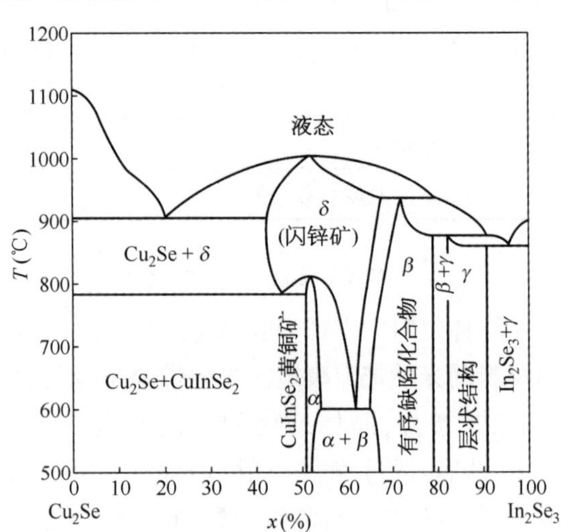

图 4-20 Cu_2Se-In_2Se_3 伪二元相图[19]

从图 4-19 可以看到，CIS 的合成有 Cu_2Se-In_2Se_3 和 CuSe-InSe 两条路径，当配比合适时，均能生成 $CuInSe_2$。三步共蒸发工艺中，通常按照 Cu_2Se-In_2Se_3 的路径反应，可以看到，当贫 Cu 的时候，便会生成 $CuIn_3Se_5$ 和 $CuIn_5Se_8$ 等晶相。

从图 4-20 可以看到，α-CIGS 对组分的要求很高，只存在于很小的一个区间，而且随着温度的降低，α-CIGS 存在区域贫 Cu 部分的边界逐渐左移，这意味着温度越低，贫 Cu 的薄膜越难形成 α-CIGS，这就要求在低温工艺中应使薄膜的 Cu/Ⅲ在不短路的前提下尽可能地高，这也是低温沉积 CIGS 薄膜工艺的难点之一。

图 4-21 为四元化合物的相图，比较复杂。图中显示，Ga/Ⅲ在 10%～30%为高效 CIGS 太阳电池的区域。值得注意的是，高效 CIGS 太阳电池并非处于单一的 α-CIGS，而是 α-CIGS 与有序缺陷化合物和层状结构并存的区域。另外，单一 α-CIGS 的区域随着 Ga/(In+Ga)（简称 Ga/Ⅲ）的增大，有扩大的趋势。这是因为 Ga 的中性缺陷对 $(2V_{Cu}+Ga_{Cu})$ 比 In 缺陷对 $(2V_{Cu}+In_{Cu})$ 具有更高的形成能。

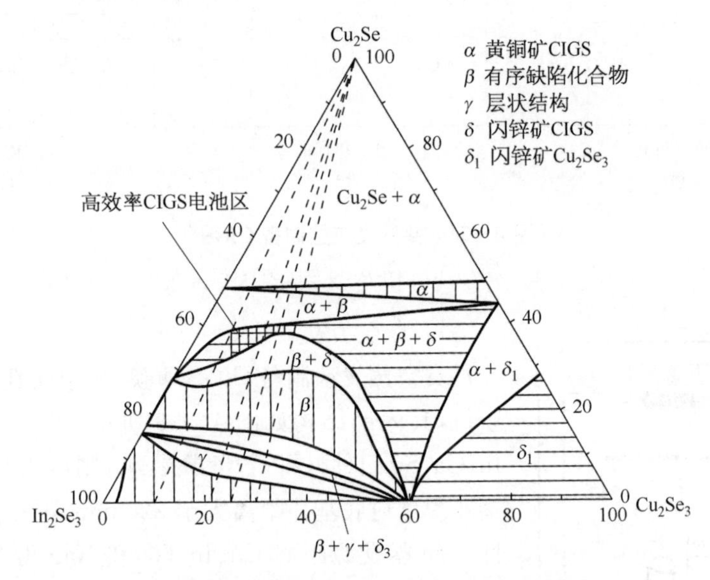

图 4-21　Cu_2Se-In_2Se_3-Ga_2Se_3 三元相图[20]

4.3.2　CIGS 薄膜材料的制备方法

电池的吸收层 $Cu(In,Ga)Se_2$ 薄膜是器件的核心材料，由 Cu、In、Ga 和 Se 构成的多元化合物半导体材料，其元素配比和晶相结构是决定材料性能的主要因素。由于成分多、结构复杂，工艺中某一项参数略有偏差，则材料的电学性能和光学性能就会产生很大变化，控制制备过程较难。因此，将吸收层的制备方法称为电池的技术路线。目前 CIGS 薄膜制备方法主要分为“真空蒸发法”和“金属预置层后硒化法”两种技术路线。非真空法相当于后一种技术路线，其他方法也都是在这两类基础上发展起来的。

4.3.2.1　真空蒸发法

真空蒸发法又称为多元共蒸法或物理气相沉积法(PVD)，是在过量的 Se 气氛中，以

Cu、In、Ga 作源进行反应蒸发，相当于二元 Cu+Se、In+Se、Ga+Se 共同沉积或分为若干个阶段分步沉积(图 4-22)。在共蒸发法制备 CIGS 过程中，Cu+Se 蒸发与Ⅲ族硒化物的反应合成，强烈地影响薄膜的生长机制。根据 Cu 的蒸发来划分，制备 CIGS 薄膜可分为一步法、两步法和三步法。无论哪种蒸发法，在结束蒸发后衬底降温时仍要保持的一定的 Se 气氛，以防止衬底温度较高，薄膜中的 Se 反蒸发导致 In、Ga 流失，衬底温度降到 300℃以下即可停止 Se 的蒸发。

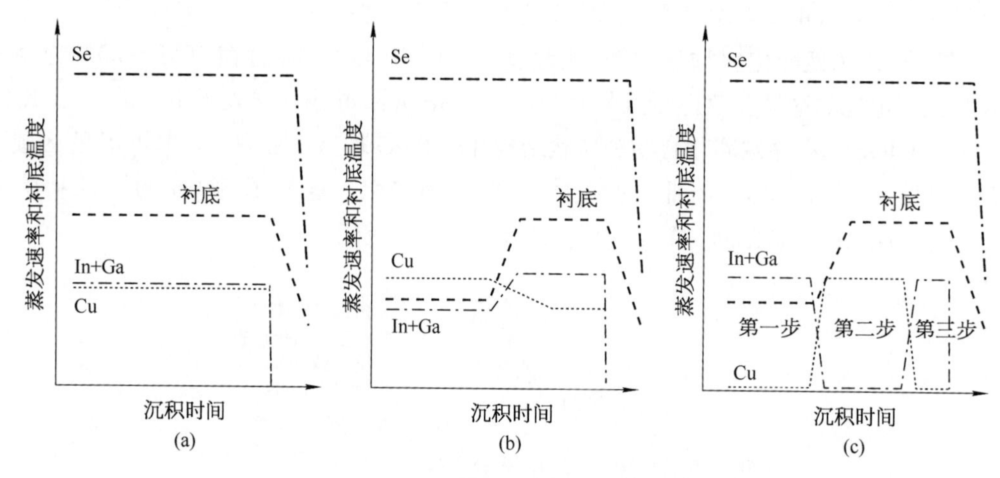

图 4-22 共蒸发工艺制备 CIGS[21]

(a) 一步法；(b) 两步法(双层工艺)；(c) 三步法

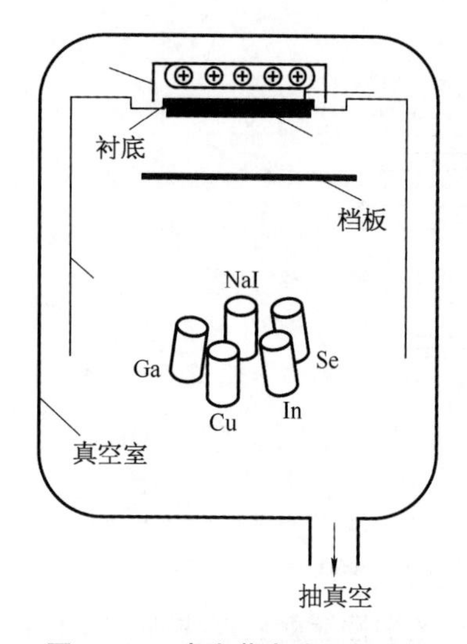

图 4-23 真空蒸发法设备结构

1) 真空蒸发条件

真空蒸发法制备 CIGS 薄膜，采用高真空多元蒸发镀膜机，其内部结构如图 4-23 所示。蒸发源通常为 Cu、In、Ga、Se 四种材料，若考虑掺 Na，则再加上 NaF 蒸发源。蒸发源到衬底基片距离大于 220 mm，可提高薄膜的均匀性。Se 蒸发源距离 Cu、In、Ga 和 NaF 源的距离相对要远，以减少各蒸发源的温度对 Se 蒸发源的影响，衬底加热器与蒸发源温度均由 PID 系统自动控制。

2) 一步蒸发法(共蒸发法)

该方法是在 CIGS 薄膜沉积过程中保持衬底温度不变，同时蒸发 Cu、In、Ga 和 Se 四种元素。元素配比取决于各舟的蒸发速率及各源蒸发时间。

3) 两步蒸发法

两步蒸发法是为了实现 CIGS 薄膜的双层工艺而设计的，第一步是在衬底温度 350～500℃条件下共蒸发 Cu、In、Ga、Se 形成富 Cu 的 CIGS/Cu_xSe 薄膜材料，为四元共蒸发阶段；第二步，将衬底温度升高到 550℃后，同时蒸发 In、Ga、Se 形成贫 Cu 的 CIGS 薄膜。

4）三步蒸发法

该方法是在两步法的基础上改进得到的，由 NREL 首次报道。该工艺是在两个沉积温度下，分三步蒸发 Cu、In、Ga 与 Se 气氛反应沉积。

第一步：衬底温度为 300～400℃ 下，共蒸发约 90% 的 In＋Ga＋Se，形成 $(In_{1-x}Ga_x)_2Se_3$ Ⅲ族硒化物作为 $Cu(In,Ga)Se_2$ 薄膜的预置层；

第二步：将衬底温度升高到 550～580℃，在 Se 气氛下蒸发 Cu，使薄膜成分达到富 Cu(Cu/(In＋Ga)＞1)，形成较大晶粒的 $Cu(In, Ga)Se_2/Cu_{2-x}Se$ 薄膜。当薄膜出现 $Cu_{2-x}Se$ 时会有吸热现象，导致恒温衬底出现温度降低，或在衬底加热为恒功率时其加热功率上升，表明薄膜已经开始富 Cu。

第三步：在薄膜呈富 Cu 后停止 Cu 的蒸发，保持衬底温度继续共蒸发约 10%的 In＋Ga＋Se，使薄膜总体成分贫 Cu(Cu/(In＋Ga)＜1)，消除薄膜表面的 $Cu_{2-x}Se$，形成贫 Cu 的有序缺陷表面层。

5）三步蒸发法制备高效电池的分析

(1) 三步蒸发法的物理机制

三步蒸发法明显地提高了电池的转换效率，是制备高效率 CIGS 太阳电池最有效的工艺。由于 In_2Se_3 的生成温度低于 Ga_2Se_3，第一步衬底温度 350℃沉积Ⅲ族硒化物时，Ga 呈非晶态被挤向 Mo 电极；第二步沉积温度提高到 550℃，Cu 和 Se 与预置层优先生成 $CuInSe_2$，同时又与薄膜深处的 Ga 进行双向扩散，合成为 $CuGaSe_2$ 与 $CuInSe_2$ 构成的 $Cu(In_{1-x},Ga_x)Se_2$ 固溶体，并形成了 Ga 的背梯度分布，由于过量沉积 Cu＋Se 而产生了液态 $Cu_{2-x}Se$ 二元相，使 $Cu(In,Ga)Se_2$ 呈柱状大晶粒紧凑贯穿于整个薄膜厚度；第三步在 550℃高温下补充性地沉积 In＋Ga＋Se，消除了低阻的 $Cu_{2-x}Se$ 而生成 $Cu(In,Ga)Se_2$，并制备出贫 Cu 的有序缺陷表面结构，为过渡层的Ⅱ族原子掺杂提供了空位，形成 n 型构成浅埋结，有效地改善异质结界面特性。在 CIGS 材料合成中，In 比 Ga 有更低的结合能，第三步沉积的 In 原子更快地进入吸收层体内，使表面的 Ga 含量相对较高，提高了 CIGS 薄膜表面带隙，降低了吸收层与过渡层带隙差异造成的表面势垒，对提高电池的 V_{oc} 和 FF 作用十分明显。

(2) CIGS 薄膜 Ga 的双梯度能带作用

由 CIGS 太阳电池能带图(图 4－24)可见，以 $Cu(In,Ga)Se_2$、CdS、ZnO 这三种半导体构成的异质结，窗口层 ZnO：Al 和 i－ZnO，带隙宽度分别为 3.6～3.8 eV 和 3.2 eV。ZnO：Al 带隙宽度大于 i－ZnO，是因为它具有较高的载流子浓度，导带底的低能态被电子占据，因此把电子由价带激发到导带的最低能量大于价带顶到导带底的间距。过渡层 CdS 的带隙宽

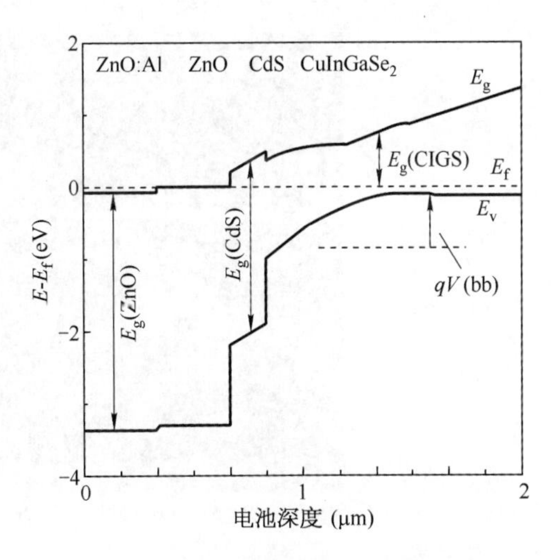

图 4－24　CIGS 太阳电池能带结构与吸收层双梯度带隙示意图[22]

度 2.4 eV,能够降低窗口层和吸收层因带隙不匹配产生的负面影响。CIGS 吸收层的带隙宽度主要受到 Ga/(In+Ga)比值和 Cu 含量的影响。在略微贫 Cu 情况下(Cu 含量约为 23%)时,$CuInSe_2$和 $CuGaSe_2$的带隙宽度在 300 K 时分别是 1.01 eV 和 1.65 eV,而在富 In 情况下,如 $CuIn_3Se_5$的带隙宽度为 1.2～1.3 eV。$CuIn_{(1-x)}Ga_xSe_2$ (x=Ga/(In+Ga))是 $CuInSe_2$和 $CuGaSe_2$按照任意比例形成的固溶体,带隙宽度为 1.01～1.65 eV。

由三步法制备 CIGS 薄膜 Ga 分布呈双梯度带隙,增强了电池的背电场,从 Mo 电极处延伸到空间电荷区的梯度带隙建立了一个准电荷区,有助于载流子向空间电荷区输运,提高光生载流子的收集效率,并可有效地抑制 Mo/CIGS 界面复合,提高开路电压。另外,吸收层内部的类"V"型带隙结构,使更多高能量光子在薄膜表面处被吸收,而低能量光子在带隙较窄的薄膜内部被吸收,有效扩宽了电池的光谱响应范围,减小了由于禁带宽度增大所引起的短路电流的损失,是 CIGS 太阳电池获得高转换效率的关键之处。

(3) 富 Cu 过程对 CIGS 薄膜结构的改善

CIGS 薄膜富 Cu 生长过程的研究最早始于"Boeing 双层蒸发工艺"。Klenk 和 Schock 等对该工艺的生长机制进行了研究,提出 $Cu_{2-x}Se$ 对促进 CIGS 薄膜晶粒生长和提高器件性能起到了很大作用。Gabor 等在"Boeing 工艺"的基础上发明了共蒸发三步法,得到的 CIGS 吸收层结晶质量和相应的电池效率都有显著提高。图 4-25 比较了共蒸发一步法和三步法制备的 CIGS 吸收层形貌。一步法制备的薄膜上层晶粒较大,但底部存在小晶粒;表面有较多的晶粒间隙,晶粒形状为菱形或三角形,这是贫 Cu 薄膜的特点;而三步法制备的 CIGS 薄膜表面平整、致密,柱状大晶粒从薄膜底部贯穿到表面。Walter 等解释了 $Cu_{2-x}Se$ 改善薄膜结晶质量的作用机制,即在较高的衬底温度下(>500℃),$Cu_{2-x}Se$ 发生从固态到液态的相变过程,液相 $Cu_{2-x}Se$ 提高了原子在薄膜生长过程中的迁移能力,同时液相烧结作用将小晶粒包覆起来,融合形成大晶粒,促进了薄膜再结晶。Contreras 认为柱状晶粒有助于电流传输,减小材料电阻率,致密的薄膜有利于减少漏电。

(a)

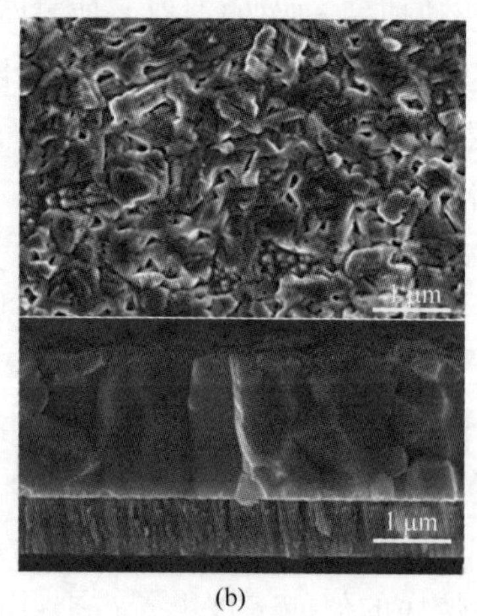

(b)

图 4-25 衬底温度为 550℃、Se 源温度为 220℃条件下沉积的 CIGS 吸收层表面和剖面形貌

(a) 蒸发一步法制备 CIGS 薄膜;(b) 蒸发三步法制备的薄膜

6) 真空蒸发法应用于大面积CIGS太阳电池生产

真空蒸发三步法制备CIGS薄膜，是在两个不同的衬底温度下经过不同反应阶段进行沉积，反应过程容易控制，薄膜结晶质量高，元素配比宽容度大，通过控制各个金属源在硒气氛下的蒸发速率，可以得到合适的元素配比及双梯度带隙结构，不仅能够制备出高转换效率的CIGS太阳电池，而且吸收层的全部工艺可在真空室内一次性完成，工艺周期短，相对于后硒化技术又被称作为"一次性工艺"，适合于工业化生产工艺。

德国的生产线投产最早，目前已经比较好地解决了大面积均匀性问题，率先生产出60 cm×120 cm大面积CIGS电池，转换效率达到13.5%。但是按照Würth solar公司的经验，蒸发法的稳定性和重复性还有待改善，2005年成品率达到85%～90%。

在产业化生产中，需要采用连续沉积的方式，衬底必须可以移动，在这种条件下进行多元共蒸发是很多公司和研究机构研究的重点。图4-26所示是ZSW研发的在线共蒸发法制备CIS薄膜的工艺示意图，沉积由Mo薄膜的基板顺序进入沉积室，并在蒸发源的下方移动中完成薄膜的沉积。

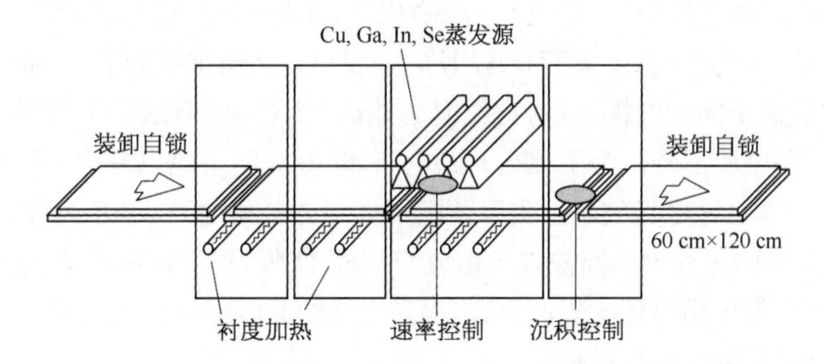

图4-26 ZSW使用的在线共蒸发制备CIS薄膜的工艺示意图

蒸发法工艺的缺点是：对于工业化生产来说，大面积玻璃基板在550℃度动态连续地沉积，需要解决玻璃热变形、炸片和设备运行的可靠性等问题。另外，大尺寸线性蒸发源的设计和调试，Cu蒸发源1 500℃温度的材料选择，沉积室粉尘的抑制，屏蔽板的清理等也都是该设备的关键问题。因此，该工艺对于规模化生产的设备要求极高，技术难度大，是该技术发展的瓶颈，其应用受到很大的限制。

4.3.2.2 金属预置层后硒化法

金属预置层后硒化法是将蒸发法一次性制备CIGS薄膜分解为金属预置层薄膜制备与化学热处理两步完成。先在基底上按元素配比制备Cu、In、Ga金属预置层，或者含有一定的Se元素，然后在H_2Se、H_2S、Se、S气氛中进行高温硒化和硫化热处理，最终形成满足配比要求的$CuIn_{1-x}Ga_x(Se_{1-y}S_y)_2$多晶薄膜。对于大面积薄膜太阳电池组件生产似乎更容易实现，是CIGS太阳电池生产的最重要技术之一，目前已有多家公司生产线是采用溅射后硒化技术。

金属预置层的制备可以是真空法，也可以是非真空法，真空法主要是磁控溅射。根据元素的配比，通过控制溅射速率和溅射时间，实现对薄膜厚度和元素比例精确控制，可保证大面积薄膜的均匀性,而且目前工业化溅射技术非常成熟,产业化实施更为容易。所谓的非真空法实际上是以电沉积方法,或者纳米颗粒制成液态涂覆法制备金属预置层,不仅可节省庞大的真空溅射设备,还可精确地控制 Cu、In、Ga 的元素比例以及有效面积,降低了 In、Ga 等稀贵金属的无谓损耗。另外,非真空法制备预置层可以将 Se 预掺,有利于硒化反应。涂覆法也可以将 Cu、In、Ga 元素与超计量比的 Se 混合制备出预置层,不需要硒化,只是在惰性气体保护下进行快速热处理(RTP)制备 CIGS 薄膜,使制造成本更为低廉。

预置层后硒化技术难点主要集中在后硒化的设备与工艺,如硒的活性与气压、硒化炉的加热方式、硒化升温的过程控制等。热处理可以是真空硒化方式,也可以是在 N_2 保护下进行非真空快速热处理,后者主要针对已经含有超化学比例 Se 的预置层。

与蒸发工艺相比,后硒化工艺中 Ga 的分布不容易控制,很难形成双梯度结构。这是由于在硒化升温过程中,Ga 和 In 元素与 Se 反应生成二元硒化物速率不同,$CuInSe_2$ 晶格先形成,将 Ga 原子挤向衬底 Mo 方向,并聚集在 Mo 附近。当衬底温度上升超过一定温度后,Ga 与表面扩散进来的 Se 合成 Ga 的硒化物,并与 Cu 生成 $CuGaSe_2$,形成 Ga 向薄膜中心自发扩散,由此产成 Ga 的背梯度分布,不仅可以改善薄膜附着力,而且形成强的背电场阻止少数载流子向背电极扩散,但同时也造成 CIGS 薄膜表面 Ga 浓度减少,表面带隙变低,引起开路电压下降。为了提高开路电压,降低短路电流以减少 CIGS 组件中的子电池个数和减少透明导电极的电损失。西门子太阳能公司的 Tarrant 等提出溅射后硒化法制备 CIGS 薄膜的过程中表面掺入 S 形成 CIGSS 薄膜,提高薄膜的表面带隙达到双梯度效果,可以降低异质结器件的界面复合,提高电池的开路电压和填充因子。

1) 溅射后硒化制备 CIGS 薄膜

溅射预置层后硒化法(图 4-27)其特点是 Cu-In-Ga 金属预置层通过溅射,实现大面积均匀和元素的精确配比,其难点集中在后硒化过程。这种技术对设备要求不高,已成为目前获得高效电池组件及生产的主要工艺方法之一,已有多条中试线或生产线在实施。

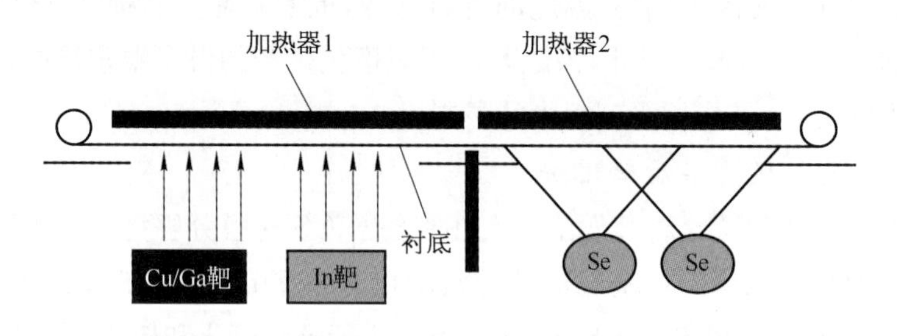

图 4-27 溅射后硒化法制备 CIS 的装置示意图

(1) 溅射金属预置层靶材

采用直流磁控溅射制备金属预置层,按照一定的顺序溅射含 Se 或者不含 Se 的单质靶、合金靶及化合物靶材,单质靶如 Cu 靶和 In 靶。由于 Ga 的熔点低,将其与 Cu 合金制成 Cu/Ga 合金靶。由于受 Ga 与 Cu 的固溶度限制,其合金比例最大不能超过 30%,否则靶材内元素分布不均，影响预置层薄膜的一致性。也有将 In 与 Cu 制成合金靶，情况与 Cu/Ga 类似。

在常温下按照一定的顺序溅射各靶。溅射过程中的工作压强和氩气流量、溅射各层薄膜的叠层顺序、各膜层厚度比例、合金化程度等对 Se 化后 CIGS 薄膜材料结构、形貌、光电特性、薄膜与 Mo 电极间的附着力都有明显的影响。

（2）Cu - In - Ga 叠层顺序与预置层结构

采用相同工艺参数直流磁控溅射沉积的三种叠层结构金属预置层（图 4 - 28）。XRF 测试结果表明这三种结构的预置层组分和厚度接近，只是溅射顺序和每层厚度不同。

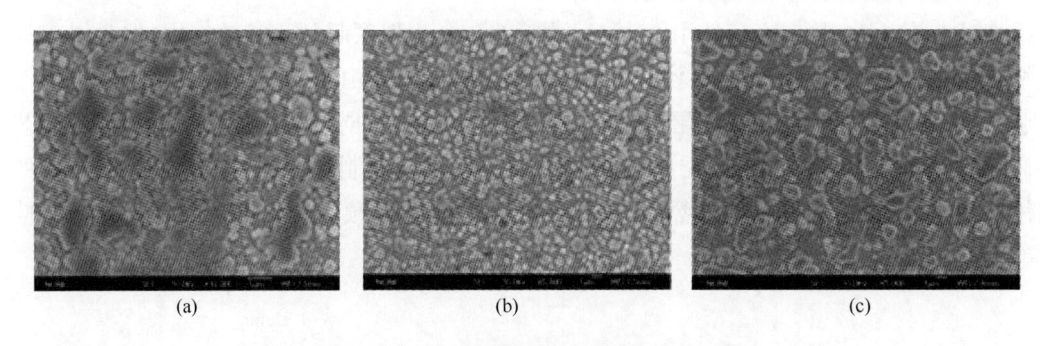

(a)　(b)　(c)

图 4 - 28　不同叠层顺序的预置层 SEM 图

(a) CuGa - In，(b) In - CuGa；(c) In - CuGa - In - CuGa

① 表面形貌。从图 4 - 28 可见，预置层溅射叠层顺序不同，则表面形貌有着较大的差别。表层为 In 的 CuGa - In 结构预置层表面存在较大团块的聚集现象（图 4 - 28a），且团块尺寸大小不一，表面粗糙度较高，这与低熔点 In 金属在沉积生长过程中凝聚相关。而 In - CuGa 叠层顺序预置层由于表层 CuGa 合金，表面颗粒细小致密，较为光滑（图 4 - 28b）。采用多叠层结构 In - CuGa - In - CuGa 预置层背景颗粒比较细小平滑（图 4 - 28c），但表面存在由小颗粒聚集形成的团块，相比于 CuGa - In 结构，该叠层顺序的团块分布较为均匀，表面粗糙度较好，同时合金化程度较高。对于上述三种结构的预置层，叠层顺序较少的 CuGa - In 和 In - CuGa 表面形貌存在显著不同，主要与 In 易于在薄膜中生长及凝聚相关，同时表面粗糙度随 In 层厚度增加而增加。多叠层顺序结构的预置层，如 In - CuGa - In - CuGa，由于每层厚度相对较薄，表面粗糙度介于上述两种预置层之间，另外实验中观察到其他叠层结构 In - CuGa - In、In - CuGa - In - CuGa - In 等预置层表面形貌类似于图 4 - 28c 所示。

② 预置层合金化。预置层叠层顺序对其在硒化生长过程中相变路径存在重要的影响，通常以预置层中是否形成 $Cu_{11}In_9$ 主相作为判别合金化程度的依据之一。该相的存在，可避免 CuSe 等中间过程化合物的生成，使相变路径沿有利于形成大晶粒、致密的 CIGS 方向发展。

五种叠层结构的金属预置层 XRD 如图 4 - 29 所示，且它们的化学组分和厚度控制在规定范围内。从图中可看出，预置层中基本都存在 In 单质，但峰强随叠层顺序不同而改变。其中 CuGa-In 结构预置层(图 4-29a)主要由 In 及二元相 CuIn、Cu_9In_4 等组成,这些二元相主要是由溅射过程中的温度促进了 CuGa/In 界面元素扩散而形成。CuGa-In-CuGa 结构主要由 In、Cu_2In、Cu_9In_4 等组成(4-29b),In-CuGa-In、In-CuGa-In-CuGa 主相基本为 In、Cu_9In_4(图 4-29c、d)。对于多叠层结构的 In-CuGa-In-CuGa-In 预置层,除存在 In、CuIn 相,还出现了 $Cu_{11}In_9$ 相,合金化程度最好(图 4-29e)。由于 Cu、In 和 Ga 元素扩散与温度存在密切关系,预置层常温沉积工艺导致较低的元素间互扩散反应,而叠层较少的预置层中每层相对较厚,二元相的形成基本局限在分层界面处,相比之下叠层较多的薄膜促进了 $Cu_{11}In_9$ 等相的形成,改善了薄膜的质量。叠层层数的增多,如 In-CuGa-In-CuGa-In,对改善薄膜的合金化程度起到一定的作用,但是过多的溅射层数会导致较为复杂的溅射工艺和较低的溅射效率。由于 In-CuGa-In(图4-29c)与 In-CuGa-In-CuGa 预置层相组成(图 4-29d)基本相同,从简化工艺角度,实际工艺中基本选用 In-CuGa-In 叠层结构,而以 CuGa 为底层所制备的 CIGS 薄膜存在较差的附着力。在目前的实际工艺参数中,只有采用相对富 In 的预置层才能硒化制备出结特性良好的 CIGS。

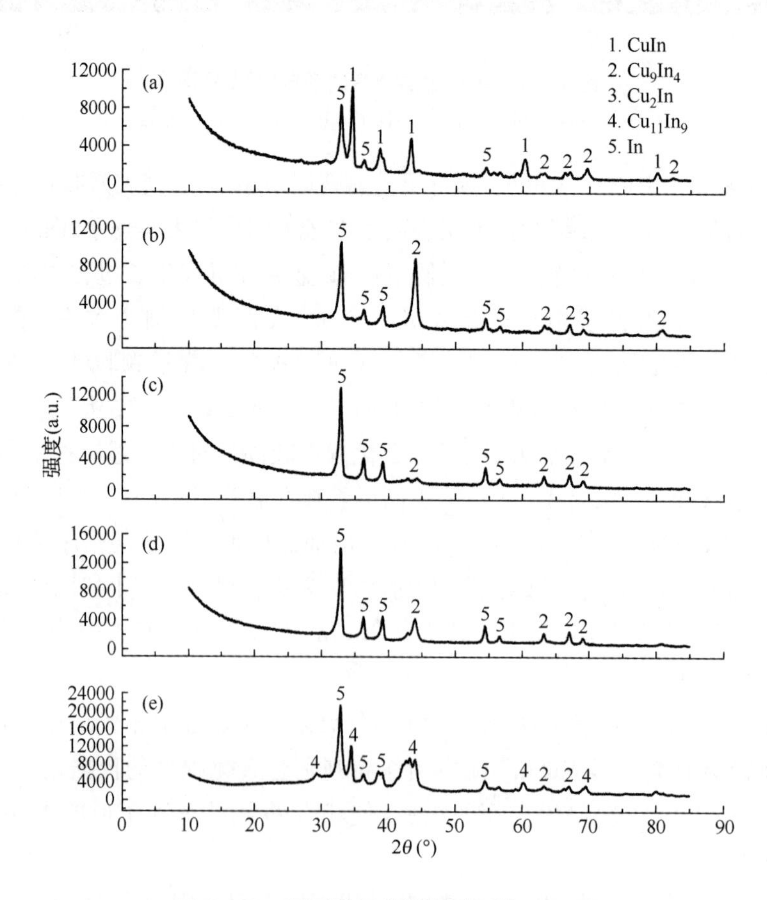

图 4-29 不同叠层结构预置层的 XRD 图

(a) CuGa-In;(b) CuGa-In-CuGa;(c) In-CuGa-In;(d) In-CuGa-In-CuGa;(e) In-CuGa-In-CuGa-In

③ 预热处理。溅射预置层后可以通过热处理来改善合金程度。对图 4 - 29 显示的a～d 几种预置层进行 130℃ 预热处理 10 min，衬底温度曲线如图 4 - 30所示。

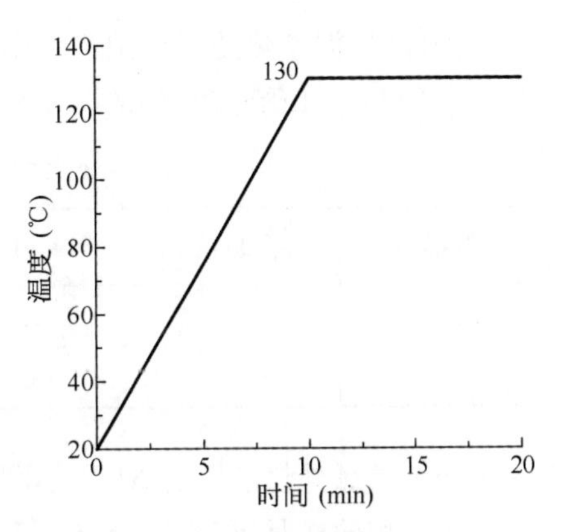

图 4 - 30　预置层预热处理的衬底温度曲线

预热后预置层 XRD 如图 4 - 31 所示。

由图 4 - 31 可见，预热后所有预置层都出现了 $Cu_{11}In_9$ 相，表明经低温预热处理后 $CuIn_2$ 等相会自发分解为稳定相 $Cu_{11}In_9$ 和 In。对于 CuGa - In 结构预置层，从预热处理前后 XRD 图对比可以看出，预热后相组成以 $Cu_{11}In_9$ 主相和 In、Cu_2In 和 Cu_9In_4 等，而 CuGa - In - CuGa 结构经过预热处理后合金相则为 In、Cu_2In、Cu_9In_4 和$Cu_{11}In_9$ 等，并出现了少量的 Cu_9Ga_4 相(图 4 - 32b)。其他叠层结构的预置层相组成基本与前两种结构相似(图 4 - 32c 和 d)。经过低温预热处理后，预置层的相组成明显好于刚沉积的薄膜，合金程度有所改善，同时可发现叠层层数越多改善效果越明显。

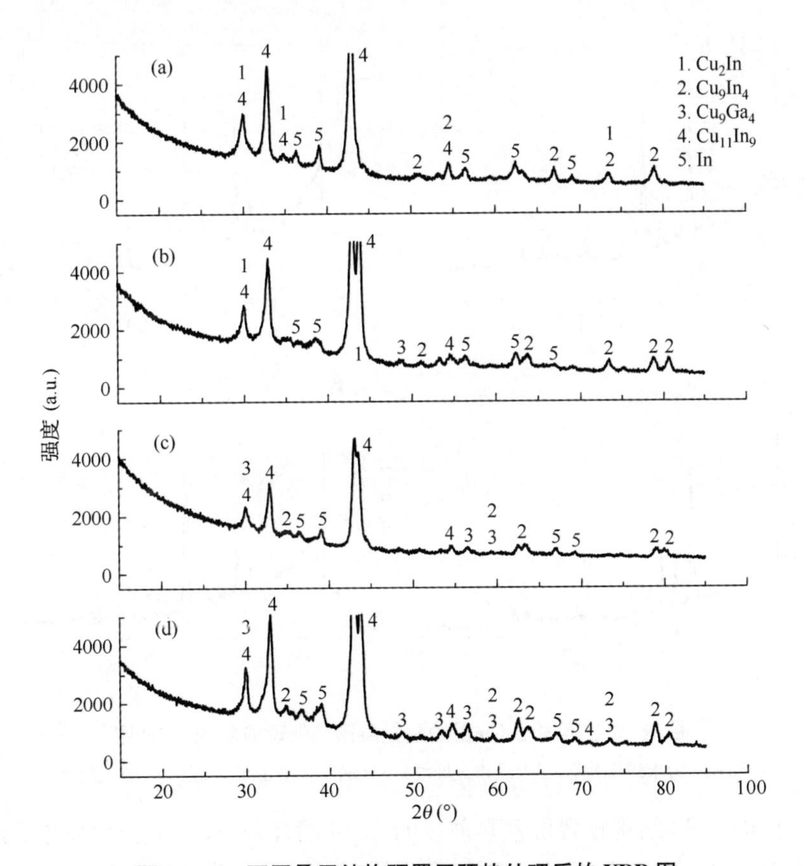

图 4 - 31　不同叠层结构预置层预热处理后的 XRD 图

(a) CuGa - In；(b) CuGa - In - CuGa；(c) In - CuGa - In；(d) In - CuGa - In - CuGa

另外，低温预热处理对预置层中与Ga相关的二元相形成有较为明显的影响。表4-4为In-CuGa-In叠层结构的两个样品，其Ga含量稍微不同。

表4-4 不同Ga含量的预置层样品组分(%)

样品号	厚度(μm)	Cu	Ga	In	Ga/(In+Ga)
a	0.705	41.062 4	20.219 8	38.717 8	0.343 0
b	0.685 1	39.754 0	17.667 6	42.578 4	0.293 3

两个样品预热前后的XRD如图4-32所示，其中衬底温度曲线采用图4-30所示曲线。刚沉积的样品a存在In、Cu_4In、Cu_9In_4和$Ga_{0.9}In_{0.1}$等相，合金程度并不理想(图4-32a)。而经预热后样品a(图4-32b)相组成转变为In、$Cu_{11}In_9$、Cu_3Ga相，预热前存在的Cu_4In、Cu_9In_4等分解成$Cu_{11}In_9$。对于Ga含量较低的样品b，刚沉积的样品(图4-32c)中基本由In、Cu_9In_4组成，经预热后(图4-32d)出现了Cu_9Ga_4二元相。结果表明低温预热处理明显地改善了预置层合金化程度，$Cu_{11}In_9$、Cu_9Ga_4等相的形成有利于后续的硒化生长CIGS薄膜。

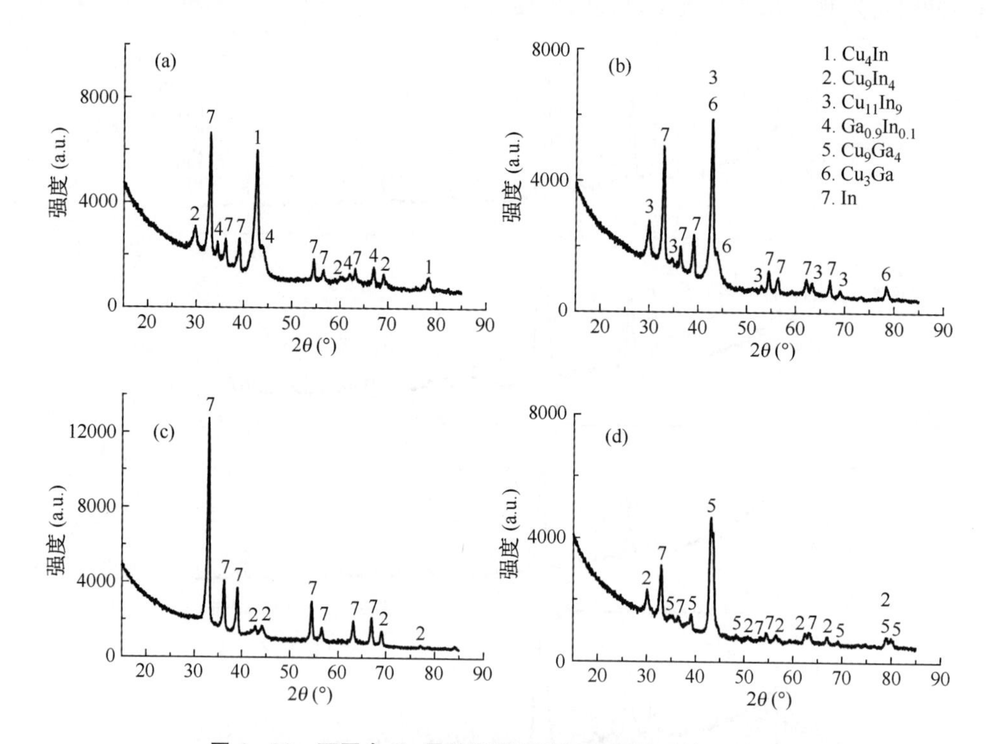

图4-32 不同含Ga量的预置层预热处理前后的XRD图

a样品：(a)未预热处理；(b) 经预热处理；b样品：(c)未预热处理；(d) 经预热处理

从In-CuGa-In结构预置层预热前后的SEM图(图4-33)对比可发现，预热前薄膜表面存在着明显的、不规则的团块，背景颗粒较为细小且不平整；经预热处理后，虽然整体表面形貌没有太大的改善，但可观察到表面较为平整。低温处理促进了元素间的互扩散反应，通过减少 In 单质含量和增加 $Cu_{11}In_9$ 等二元相成分，使薄膜表面形貌得到一定程度的改善。

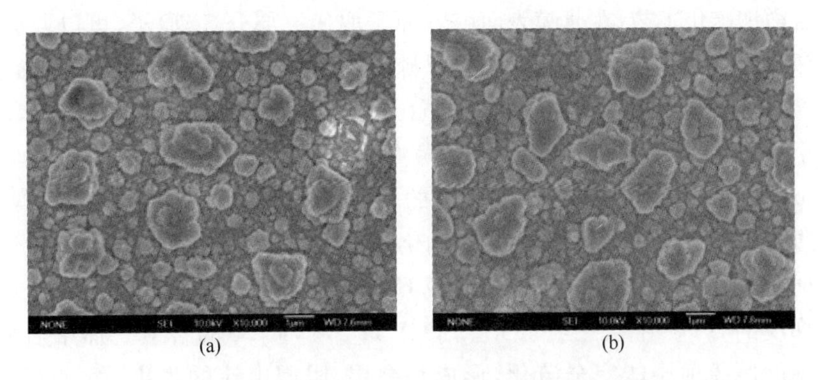

图 4-33　预置层 In-CuGa-In 结构 SEM 图

(a) 预热前；(b) 预热后

从上述的不同叠层顺序预置层 SEM 和 XRD 图的对比研究中，可发现类似 In-CuGa-In 叠层结构对于改善薄膜形貌和合金化程度较为理想。

2) 硒化热处理

(1) Se 源与 Se 化方式

硒化热处理是将 Cu、In、Ga 金属预置层，在 H_2Se 气体或硒蒸气氛围中加热进行化学热处理。目的是使 Cu-In-Ga 预置层在硒气氛中反应形成 $CuIn_{0.7}Ga_{0.3}Se_2$ 多晶薄膜。根据硒化所采用的硒源，又分为 H_2Se(硒化氢)硒化法和固态硒源硒化法；H_2Se 作为 Se 源活性好，易于产生原子硒与金属层反应生成 CIGS 晶相，溅射后硒化生产线往往采用 H_2Se 作硒源。由于 H_2Se 是一种剧毒气体，人的允许吸入量为 0.5×10^{-6}，易燃易爆，使用要求极为严格。硒化炉系统必须是密闭的真空系统，称为真空硒化。H_2Se 气体不仅剧毒，而且价格昂贵，运输也十分困难。因此采用廉价、无毒的固态 Se 源有利于降低 CIGS 太阳电池制造成本。

将固态 Se 蒸发汽化用来替代 H_2Se，Se 原子呈 Se_2、Se_3、…、Se_8 组成的大分子团，实质有效地参与 Se 化反应的只是极少量 Se_2。为保证足够的 Se 蒸汽压，Se 蒸汽中的大量 Se 原子不参与反应，还会造成真空系统的污染。经 Se 化后的 CIGS 薄膜往往因为 Se 不足，使预置层产生气态 In_2Se 及 Ga_2Se 造成 In、Ga 流失，原已配比合适的预置层又出现失配，伴生出 $Cu_{2-x}Se$ 二元相，这是造成电池短路的罪魁祸首。这种失配是局域性的，即使金属预置层制备的很均匀，也不能完全保证 Se 化后的均匀。

提高固态 Se 蒸汽的原子活性，目前主要有两种手段，即等离子体裂解和高温裂解。非真空硒化热处理成为后硒化技术的发展方向。不但降低了真空硒化设备的复杂性，而且在 N_2 或 Ar 相当于大气压的保护下，蒸发 Se 要达到 500℃以上才能够满足 Se 化要求，此时 Se 的活性大大提高。同时在大气压强下，很大程度上抑制了 In_2Se 和 Ga_2Se 的生成，降低了 In 和 Ga 的流失，减少了 $Cu_{2-x}Se$ 二元相的生成，保证了 CIGS 薄膜的均匀性。

(2) Se 化后的 S 化提高表面带隙

后硒化法很难做到 Ga 在 CIGS 薄膜中的梯度分布，特别是表层的禁带宽度偏低。因此在硒化后增加硫化工艺，在薄膜表面由 S 原子取代一部分 Se 原子，可以增加薄膜表面的带隙，有效提高了电池的开路电压。但是硫化工艺也增加了电池生产技术的复杂性及成本。

S 化可以采用 CIGS 薄膜在 H_2S 或 S 蒸汽中进行，也可通过 S 化富 Cu 的 CuInGa 预置层，使 $Cu_{2-x}S$ 类液相助融特性制备紧密的大晶粒 CIGSS，并用稀释的 KCN 溶液刻蚀薄膜表面的方法，去除表面高电导的富铜硒化/硫化物。

实验证实 H_2S 与 CIS 反应在表面形成 $CuInS_2$，释放出 Se，$CuInS_2$ 和 $CuInSe_2$ 互扩散可以形成梯度的 S/Se 结构。当 CIGS 薄膜在 H_2S 和 H_2Se 的含氧气体中后处理时，在 H_2S 中处理的薄膜顶层能完全硫化，形成势垒层，阻碍电流的收集，而在 H_2S 和 H_2Se 混合气体中硫化的 CIGS 薄膜，只是在表面形成 CIGSS 层，且 Ga 与 S 同时向薄膜内部扩散；此外，S 扩散进 CIS 层是强烈依赖于硫化前吸收层的原始化学计量比，与贫 Cu 层相比，S 更适合吸收进富 Cu 层，S 分布也强烈地受 CIS 和 CIGS 原始微结构的影响，S 越多晶粒尺寸越小；当采用顺序沉积的预置层在 H_2S 或单质 S 而不是惰性气体中快速热退火时，部分 Se 被 S 取代，这会使得带隙和开路电压增加。Karg 等人发现：开路电压的增长要大于带隙的增加，这可能是由于高浓度的 S 在薄膜表面形成 S/(Se+S) 约为 0.25 的薄层所致。最终均可通过工艺优化，在 CIGS 表面形成合适厚度和化学比的 CIGSS 薄层，增大了近界面处的带隙从而提高了开路电压，实现了器件光伏性能的提高。

根据 Wei 和 Zunger 第一性原理的能带理论计算结果表明：S 化 CIGS 太阳电池吸收层的过程中，S 的作用主要是降低价带位置增加带隙，而 Ga 是升高导带能级。同时 S 的加入降低了吸收层缺陷态密度，使得空间电荷区的复合减少。

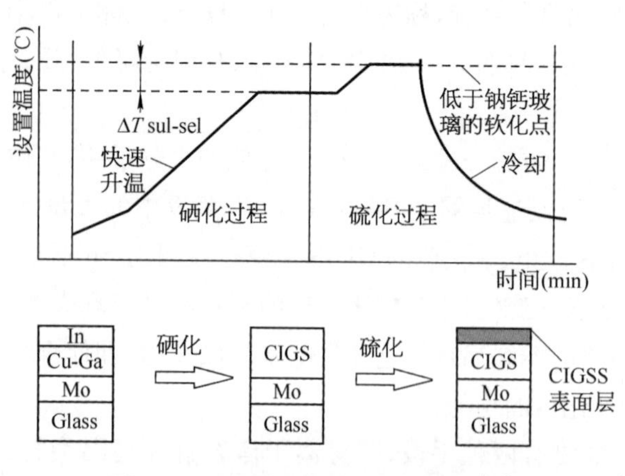

图 4-34 吸收层形成温度示意图[23]

目前，日本的 Shell 采用 S/(S+Se) 比例为 23% 时得到单电池开路电压为 621 mV，同时可以证实，在 S/(S+Se) 比例大约 20% 时就趋于饱和，衬底的硫化和硒化温度差被精确控制在 CIGS 的形成温度 450℃ 与 575℃ 之内，后者在 2% H_2S-Ar 混合气体内完成(图 4-34)。V_{oc} 的提高依赖于 S 从表面到薄膜内部浓度的增加，这一结果也促使了 Ga 朝表面方向扩散，最终形成良好的 Ga、S 双梯度带隙薄膜吸收层。在结合器件各层优化基础上，Shell 通过优化硒化和硫化制备出面积为 3 459 cm^2 的 CIGSS 无 Cd 组件，电池效率达 13.5%，为当时的世界纪录。该结果的意义在于采用硒化和硫化技术能够使组件达到接近蒸发法制备的 V_{oc} 值，并可将来应用于大规模生产。

4.3.3　Cu、In、Ga 在硒化过程中的相变

4.3.3.1　二元反应相变

1）Cu－Se 反应相变

在 Cu(In,Ga)Se_2 化合反应过程中，Cu－Se 二元相最早形成。根据图 4－35 列出的 Cu－Se 二元相图可知，所有 Cu－Se 化合物均可在 400 K 以下形成，并根据 Se 含量不同存在多种 Cu－Se 化合形式。当温度升高时主要结晶相为 Cu_2Se，而且是稳定的。在硒化过程中 Cu－Se 化合物随 Se 压降低的相转变过程为式(4－7)。

$$CuSe_2 \longrightarrow CuSe \longrightarrow Cu_{2-x}Se\ (0 \leqslant x \leqslant 1) \tag{4-7}$$

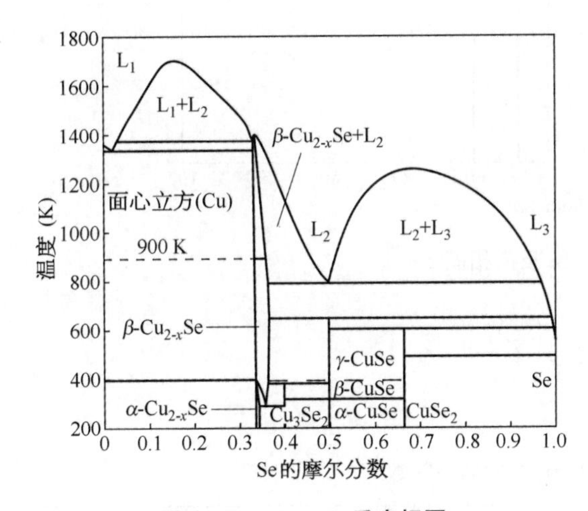

图 4－35　Cu－Se 反应相图

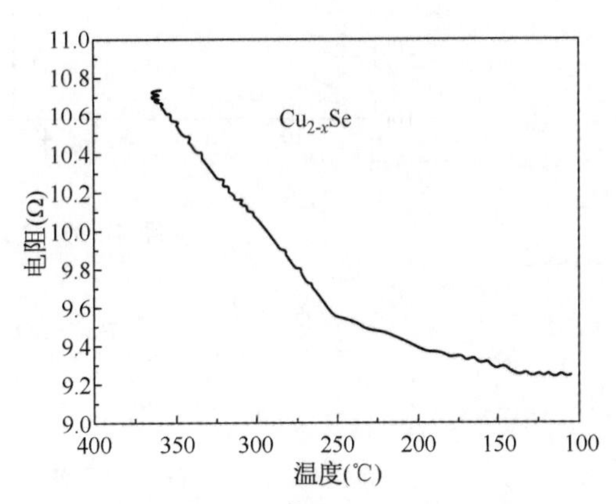

图 4－36　Cu 硒化后生成 $Cu_{2-x}Se$ 薄膜电阻与温度的关系

Cu－Se 化合形成 Cu_2Se 后，薄膜厚度增长剧烈，据 Markus E 等的计算，Cu_2Se 化合前后，薄膜体积较 Cu－Se 反应前的总体积增加了近两倍，其薄膜电阻与温度的关系曲线(图 4－36)呈现正温度电阻效应，这与半导体材料随温度降低而电阻升高的负温度效应相反，表明 Cu_2Se 具有某些金属性而非半导体性。

2）In 的硒化反应相变

从 In－Se 相图(图 4－37)可见，在 In－Se 反应中，依据 Se/In 比例增长其化合物有多种形式：In_4Se_3、InSe、In_4Se_7 与 In_2Se_3。In_2Se_3 与 InSe 都属于六方或斜方晶系，两者晶体结构均具有各向异性并呈现出高阻特点。而 In_4Se_3 是一种高电导、窄带隙和斜方晶系的半导体材料，这主要归功于它晶体内部存在 In－In 键，而其他材料只有 In－Se 键。

In－Se 反应后，In_2Se_3 一般有 3α、4β、1γ 和 3δ 四种不同相，表 4－5 中列出 In_2Se_3 各种相的晶格常数。随衬底温度升高，各相之间的转变应为：

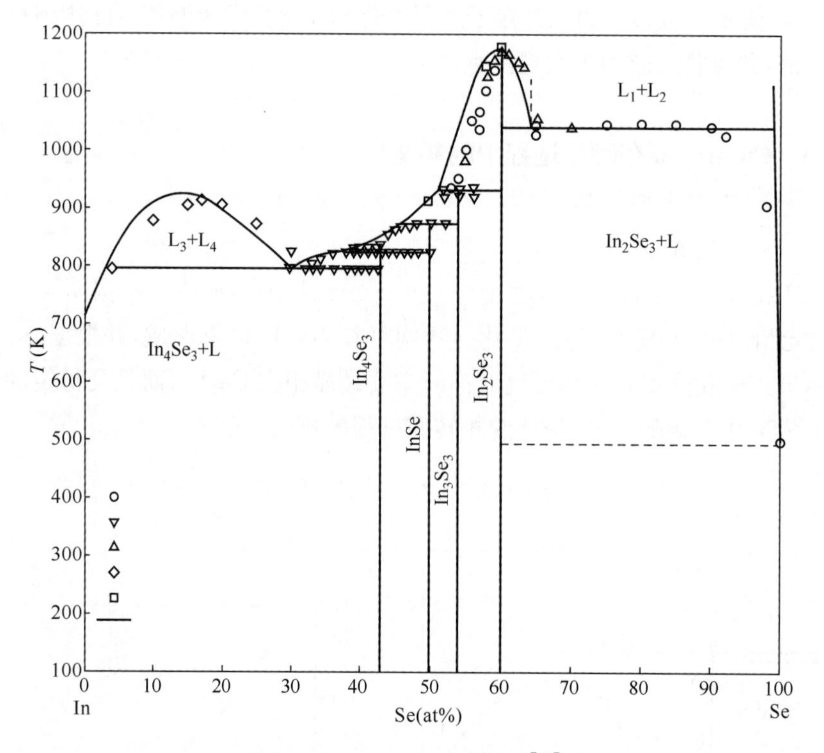

图 4-37 In-Se 反应相图[25]

$$\alpha \xrightarrow{473K} \beta \xrightarrow{623K} \gamma \begin{cases} \xrightarrow{823K} \alpha \\ \xrightarrow{1\,023K} \delta \end{cases} \tag{4-8}$$

表 4-5 各种 In_2Se_3 相的晶格常数

	a_H (10^{-1}nm)	c_H (10^{-1}nm)	JCPDS
α-In_2Se_3 (hexagonal)	4.025	19.235	34～1279
α-In_2Se_3 (rhombohedral)	4.025	28.762	34～4550
β-In_2Se_3 (hexagonal)	4.015 7	19.22	40～1408
β-In_2Se_3 (rhombohedral)	4.000	28.33	35～1056
γ-In_2Se_3 (hexagonal)	7.128 6	19.382	40～1407
δ-In_2Se_3 (hexagonal)	4.014	9.64	34～1313

其中低温态下的 α 和 β 相处于介稳态，而高温相下的 γ 和 α 处于稳定状态。$\alpha-In_2Se_3$ 和 InSe 具有层状结构，即阳离子空位形成一个平面，形成了弱的 Se－Se 结合键和电子的各向异性。

在 $Cu(In,Ga)Se_2$ 薄膜合成过程中，$\beta-In_2Se_3$ 与液态 Se 反应时由于 Se 元素的流失使得薄膜出现分层；而 Se 缺乏情况下形成的气态 In_2Se 反过来会使 In 元素流失；此外，当形成 In－Se 的化合物形式不同时，还会影响此化合物与其他硒化二元化合物的反应速率，因此最终影响 CIGS 的生长速率。

在衬底温度高于 Se 熔点到达 260℃ 以上时，析出斜方晶系 R－3 m 空间群的 $\alpha-In_2Se_3$；当硒化温度高于 375℃而低于 533℃时，出现 $\beta-In_2Se_3$ 相，根据 Marsillac 等的研究，在固态反应中如果 Se 气压足够高并在 Se 气压中退火，在 573K 下也可以出现 $\gamma-In_2Se_3$ 相。当 Se 气压变化导致的 Se 含量增加时，In－Se 化合物的相转变依次为：

$$In_4Se_3 \xrightarrow{Se} InSe \xrightarrow{Se} In_2Se_3 \tag{4-9}$$

从 In_2Se_3 的温度-电阻曲线（图 4－38）明显观察到此材料呈现出负温度效应，这是典型的半导体材料所具有的特性，且室温时呈高阻特性。

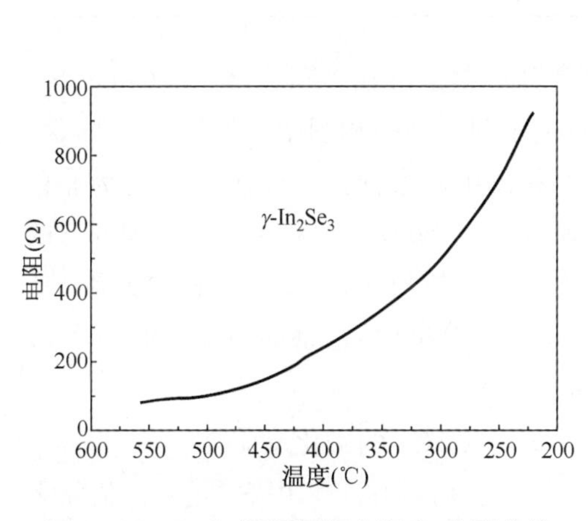

图 4－38　In_2Se_3 降温过程中温度-电阻曲线

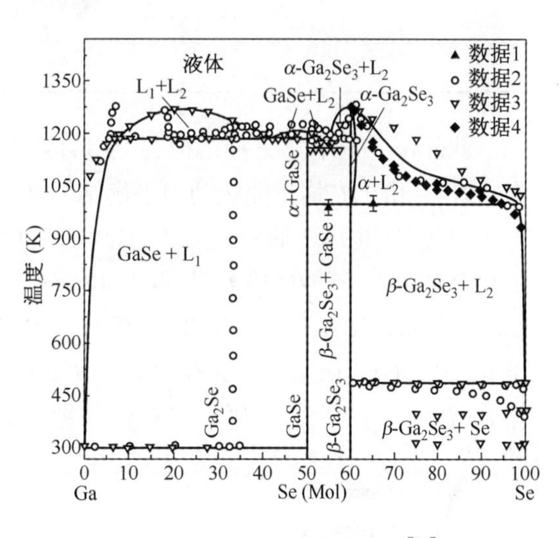

图 4－39　Ga－Se 反应相图[26]

3）Ga－Se 相变反应

（1）Ga 的硒化物相变与材料结构

Ga－Se 主要有两种稳定的化合物形式：一种是 GaSe，此化合物具有高度各向异性的层状结构，每层包括四个原子以共价键形式连接的六方结构，其 c 轴平行于层平面，层之间为范德瓦耳斯键结合，使得层间结合较弱可相对滑动；另一种为具有闪锌矿结构的 Ga_2Se_3 化合物。此种化合物又分为 α、β 两种结构，其中 α 相存在于高温，为稳定的立方闪锌矿结构；β 相为四方闪锌矿结构，稳定的存在于低温。两者的转换温度约为 967K。Ga－Se 反应相图如图 4－39 所示。有关 Ga－Se 系统中各种化合物的晶体结构及晶格常数列于表 4－6 中。

表 4-6 Ga-Se 系统中化合物晶格结构表

化合物	晶系	晶格常数
GaSe	六方	a=3.759　c=16.02
		a=3.74　c=15.92
		a=3.752　c=15.95
Ga_2Se_3	立方	a=5.444
		a=5.420
		a=5.429
		a=5.446
α-Ga_2Se_3	闪锌矿	a=5.426 (sharp component)
		a=5.453 (broad component)
	单斜	a=6.660 8　b=11.651 6　c=6.644 9
	四方	a=7.760　b=11.640　c=10.822
	正交	a=7.760　b=11.640　c=10.822

此外，α 相还有第三种结构为“变形闪锌矿”。虽然它是可观察到的最一般的 Ga_2Se_3 形式，但是由于它属于非热动力平衡结构，所以不能出现在平衡相图中。另外，β-Ga_2Se_3 与 γ-Ga_2Se_3 也属于非稳定热动力结构，所以未在相图中观察到。同样，Ga_2Se 也为非稳定化合物状态，不能准确测得，但 Ludviksson 等研究 Ga-Se 反应过程中的确出现气态的 Ga_2Se。Dieleman 等利用 XRD 分析 Ga-Se 反应中 Se 含量与 Ga-Se 结晶相的关系：低于 50%时，Ga 与 Ga-Se 共存；当 Se 含量在 50%～60%之间时，观察到 GaSe 和 Ga_2Se_3；当 Se 含量高于 60%时，则只有 Ga_2Se_3 被观察到。

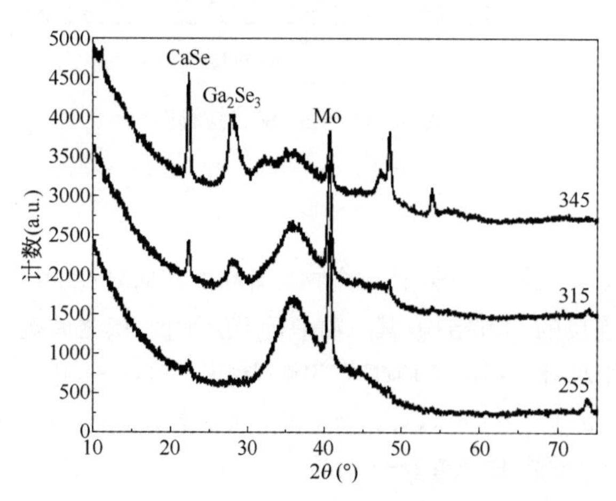

图 4-40　低温硒化 Ga-Se 化合物表面结构 GIXRD 谱

(2) Ga 的硒化反应

在后硒化工艺中 Se 元素是依靠表面扩散进入薄膜内部发生反应，由图 4-40 的 GIXRD 图可以观察到：Ga-Se 开始反应约为 255℃，衬底温度升高到 360℃以后，才能在 θ～2θ XRD 扫描图像中清晰可辨主峰的衍射强度(图 4-41)。

衬底温度由 360℃上升到 460℃时，由图 4-41 可观察到 GaSe 峰强逐渐下降，而 Ga_2Se_3 峰强逐渐增加，这表明在此过程中，GaSe逐渐向Ga_2Se_3转化；另一方面，衬底温度接近415℃时，可观察到Mo_3Se_4弱衍射峰在13.3°出现，表明Se已经扩散至Mo并与Mo发生反应。Mo_3Se_4衍射峰强变化趋势与Ga_2Se_3相一致，只不过两者的起始温度略有不同，分别为375℃与360℃；415℃是相对临界点，在高于此温度到460℃之间，Ga_2Se_3为薄膜生长中的主要结晶相。其中GaSe向Ga_2Se_3相转变，既与温度升高相关也与Se元素扩散进入薄膜的数量有关。

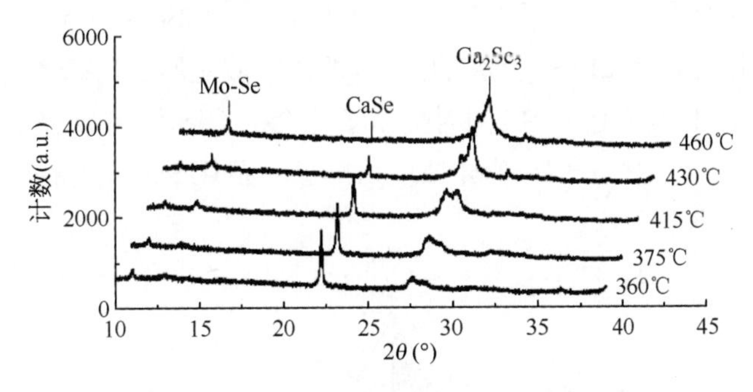

图4-41 Ga-Se随温度化合反应XRD谱

从图4-42可以看到，Ga与Se反应温度影响Se/(Ga+Se)和薄膜厚度的影响。当Se化温度在375～430℃范围内，薄膜厚度增长明显，Se/(Ga+Se)也如此。这表明在此温度范围内，相变也相当剧烈，这种明显的增长与相变的剧烈程度是一致的。

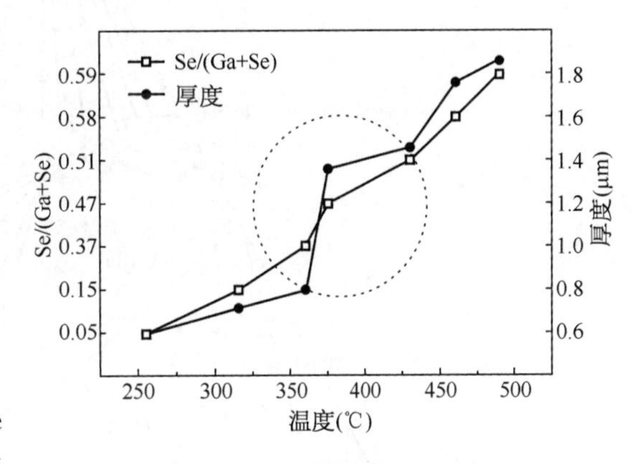

图4-42 Ga与Se反应中温度对Se/(Ga+Se)及薄膜厚度的影响

上述结果可以表明：

① 硒化时衬底的温度低于345℃时，Se元素逐渐扩散到薄膜内，但未能充分进入薄膜内部，温度太低，Ga-Se反应较不活跃，由温度高且Se多的表面向薄膜内部推进；

② 衬底温度加热到360～415℃范围内时，进入薄膜内部的Se元素逐渐增加，此温度段内Ga-Se反应化合物主要结晶相为贫Se的二元相GaSe，并且此温度范围内GaSe结晶为薄膜的主要结晶相，其衍射峰强度也逐步增强。此外，分别于415℃与360℃观察到Mo-Se化合物与Ga_2Se_3的衍射峰，表明此时Se元素已扩散到薄膜底部，薄膜内硒量逐渐充足。

③ 衬底加热到最高温度段(高于415℃)，温度已达到适宜Ga_2Se_3化合的阶段，薄膜内部Se含量也已达到适合Ga_2Se_3化合的比例，则Ga_2Se_3生长逐渐形成α-Ga_2Se_3，取代了GaSe，最终成为薄膜的主要结晶相。

4.3.3.2 三元反应相变

就$CuIn_{1-x}Ga_xSe_2$(CIGS)材料的结构而言，是Ga原子替代$CuInSe_2$中的部分In原子后形成的$CuInSe_2$-$CuGaSe_2$固溶体，所以$CuInSe_2$与$CuGaSe_2$是CIGS生长的基础。在这

里主要分析硒化过程中 CuIn - Se、CuGa - Se 和 InGa - Se 的反应过程与机理。

1）CuIn - Se 三元硒化反应

（1）Cu - In - Se 三元相图

图 4 - 43 列出了 500℃ Cu - In - Se 系统绝热成分相图，其中制备电池所需的 α - $CuInSe_2$ 相存在于 In_2Se_3 和 Cu_2Se 相的连线上，显示出几个%的固溶范围。值得注意的是低温富 Se 溶液存在于靠近相图 Se 部分，连接 α - $CuInSe_2$ 的边界与富 Se 角形成的三角形代表富 Se 液相与 α - $CuInSe_2$ 共存的区域，即该区域能形成目标产物。相图也表明富 Se 液相可能在低温 211℃就已存在，同时揭示了化合的 CIS 是富 Se 态的，并且过量的 Se 可以在退火过程中气化。图 4 - 19 曾详细地列出了三元 CIS 形成过程中所需二元化合物 Cu - Se 与 In - Se 的各种组态。

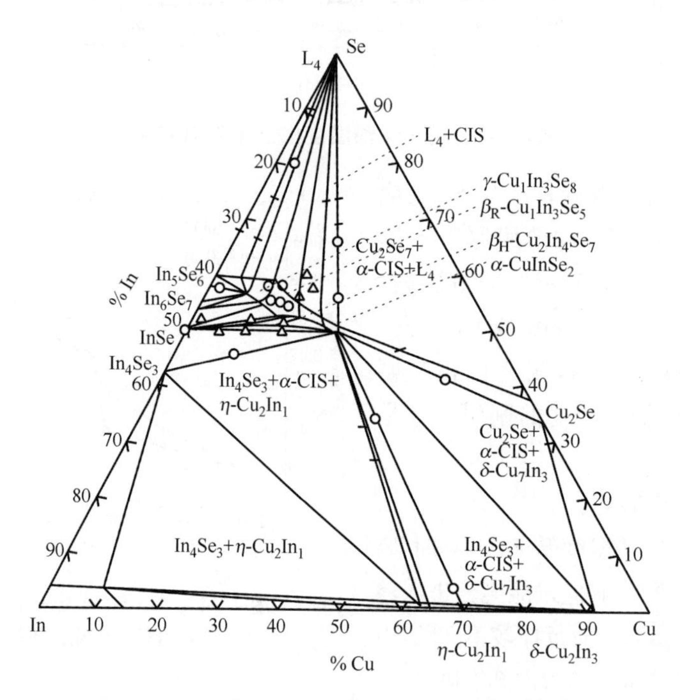

图 4 - 43 500℃ Cu - In - Se 系统绝热成分相图[27]

（2）Cu - In - Se 不同叠层顺序预置层硒化三元反应

① Mo/Cu/In 预置层硒化时还出现薄膜严重脱落的现象。这是由于预置层沉积时与 Mo 衬底接触的为 Cu 单质层，根据 Markus 等的计算 Cu - Se 反应生成 Cu_2Se 时体积增加约两倍，因此导致在薄膜生长中与 Mo 衬底接触的薄膜附着力降低。从而也证明顺序沉积预置层制备 CIS 过程中不宜采用 Mo/Cu/In 的沉积顺序。

② Mo/In/Cu 预置层硒化的薄膜附着力好，Mo/In/Cu 结构预置层更易形成合金相 $Cu_{11}In_9$，为室温下较稳定的合金相，同时也表明预置层中具有较好的元素混合态，从而通过进一步优化 CIS 路径，制备出适配比的高质量的 CIS 薄膜。

③ 预置层顺序为 Mo/In/Cu 时进行硒化，温度低于 300℃，薄膜内主要结晶相以

In_4Se_3为主，伴有Cu_2Se，而表面相以CuSe为主，伴有In_4Se_3，表明在低温下Se呈梯度扩散，表面的Se浓度相对较高；温度高于320℃，In_4Se_3消失并转变为InSe，继而在350℃后转变为In_2Se_3，同时，$CuInSe_2$(CIS)衍射峰也逐渐升高，最终于425℃形成结晶较好的CIS。值得注意的是，Cu_2Se最初产生的位置与沉积顺序有关，而随温度升高，Cu_2Se向薄膜的表面扩散，其原因为Cu_2Se主要存在于晶粒间界并沿间界扩散到达薄膜表面。

Mo/In/Cu叠层顺序硒化过程中随温度升高相变过程主要为：

$$\left.\begin{matrix} Cu_{11}In_9 \\ Cu_2In \\ In \end{matrix}\right\} \xrightarrow{Se} \left\{\begin{matrix} In_4Se_3 \\ InSe \end{matrix}\right. + \left.\begin{matrix} Cu_2Se \\ CuSe \end{matrix}\right\} \xrightarrow{Se} \{In_2Se_3 + Cu_2Se\} \xrightarrow{Se} CIS \tag{4-10}$$

2) Cu-Ga-Se三元相变反应

(1) $Cu_2Se-Ga_2Se_3$伪二元相图

$CuGaSe_2$(CGS)晶体结构与$CuInSe_2$(CIS)结构类似，只是以Ga原子替代了In原子的位置，均属于黄铜矿结构。当Ga完全替代In后，其晶格常数由$a=5.873$ Å，$c=11.583$ Å，演变为$a=5.604$ Å，$c=11.089$ Å。由于CIS与CGS结构的类似，CuGa-Se的化合反应与CuIn-Se反应也较类似。同样也包括单质元素间及二元化合物之间的化合，二元化合物之间的$Cu_2Se-Ga_2Se_3$伪二元相图如图4-44所示，它是由Jitsukawa和Matsushita利用DTA、XRD及EPMA方法计算得出的。

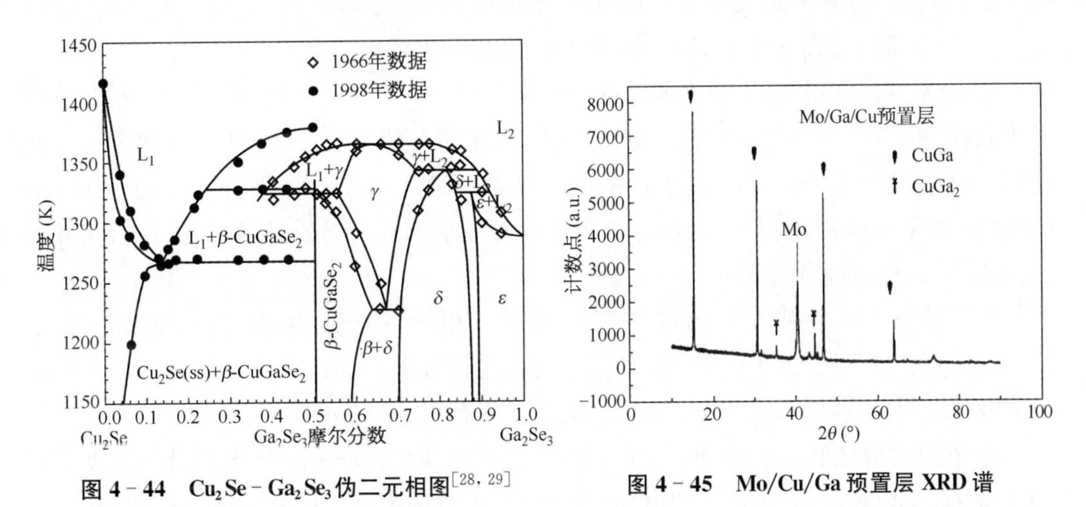

图 4-44　$Cu_2Se-Ga_2Se_3$伪二元相图[28, 29]

图 4-45　Mo/Cu/Ga预置层XRD谱

(2) Cu-Ga-Se预置层硒化三元反应

由于Mo/Cu/Ga样品在硒化过程中同样会出现剥落问题，表明Mo/Cu接触制备的预置层不适宜硒化过程，后硒化法的预置层应该是Mo/Ⅲ/Cu沉积顺序。因此，Cu-Ga-Se预置层的叠层顺序应为Mo/Ga/Cu。

① 在硒化前Cu-Ga预置层主要合金相为CuGa或$CuGa_2$，其合金化程度较高，其

XRD谱如图4-45所示。为了进一步分析Mo/Ga/Cu中的相演变问题将380～560℃温度范围的XRD谱列于图4-46中；

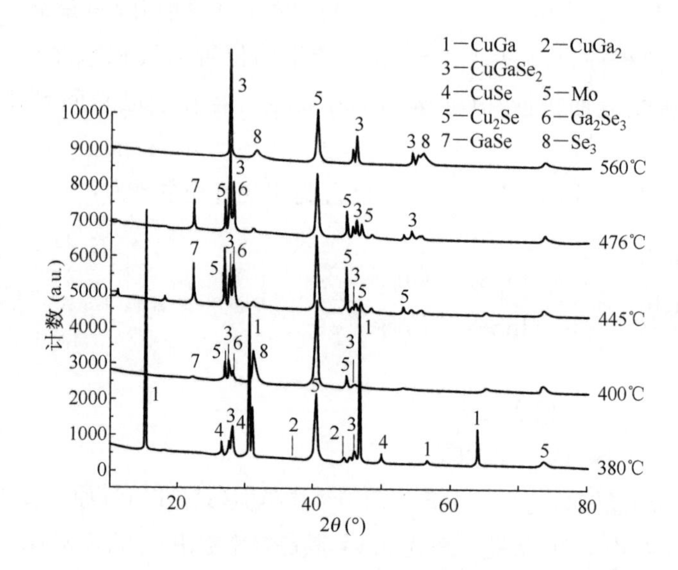

图4-46 Mo/Ga/Cu预置层不同硒化温度薄膜的XRD谱

② 在380～400℃之间薄膜中主要结晶相为CuSe、CuGa、$CuGa_2$和少量的$CuGaSe_2$，这表明此时的Cu-Se反应早于Ga-Se反应，Ga大部分仍为预置层的合金态。但也表明Ga已经参与了Cu-Se的化学反应，只是很微量；

③ 400℃时可观察到微弱的GaSe和Ga_2Se_3的衍射峰；

④ 当温度升高到445℃以上时，Ga-Se化合物与$CuGaSe_2$的衍射峰强度增加，清晰度提高，表明$CuGaSe_2$的生成与$CuInSe_2$一样，并非所有的Ga-Se需要完全化合后才能进行。而不同于CuIn-Se化合的是低于400℃时，$CuInSe_2$的化合几乎已完成，而$CuGaSe_2$的化合却刚刚开始。而在此温度Ga_2Se_3几乎不能观察到，从而说明Ga_2Se_3并非为生成$CuGaSe_2$的必要条件；

⑤ 由图4-46中观察到，400℃左右时XRD衍射峰不清晰，说明结晶质量较差，揭示出Ga-Se的二元化合及CuGa-Se的三元化合进行缓慢。只有当温度高于475℃时，其衍射峰强度明显升高，表明$CuGaSe_2$在高温下才能有很好的结晶质量；

⑥ 在衬底温度低于400℃时，表面衍射中并未发现$CuGaSe_2$衍射峰，对比同温度下的XRD数据，可以推断出380℃应为$CuGaSe_2$初步生成的温度，这与Brummer和Hergert等人的研究结果一致；

⑦ 由XRF测试结果可以观察到硒化过程中薄膜厚度的变化，在425℃以前$CuInSe_2$厚度的增长基本完成，而$CuGaSe_2$则是在475℃以后基本不再变化。这表明两种材料的硒化反应是在两个温度段，$CuGaSe_2$的合成温度要高于$CuInSe_2$数十度，这与两者的化合反应温度段相对应。

综合以上数据分析得到$CuGaSe_2$的化合反应路径为：

$$\left.\begin{matrix}CuGa\\CuGa_2\end{matrix}\right\}\xrightarrow{Se}\left\{\begin{matrix}Cu_2Se(Cu_{2-x}Se)\\CuSe\end{matrix}\right.+\left.\begin{matrix}Ga_2Se_3\\GaSe\end{matrix}\right\}\xrightarrow{Se}CuGaSe_2 \tag{4-11}$$

3) CuGa－Se与CuIn－Se化学反应的比较

① 在相同的硒化条件下，随着硒化温度升高，$CuInSe_2$较$CuGaSe_2$先生成，前者基本于400℃之前完成，而后者则在400℃以后进行，并随温度升高反应速度加快；

② 对顺序叠层预置层进行硒化时，Ⅲ族元素的贫硒二元化合物如InSe、In_4Se_3及GaSe等是生成CIS或CGS的中间化合物，即富Se化合物In_2Se_3与Ga_2Se_3并非生成CIS与CGS的必要条件。

4) 不同的In－Ga叠层顺序对硒化后$(In,Ga)_2Se_3$薄膜的影响

因为InGa不互溶且不存在In与Ga的合金相，所以Ga元素采用蒸发法与In采用溅射法制备Mo/GaIn或Mo/InGa预置层，在较高的Se蒸汽压下硒化，衬底温度升温速率为$0.15\ K\cdot s^{-1}$。

(1) Mo/In/Ga预置层与Mo/Ga/In预置层硒化后$(In,Ga)_2Se_3$的比较

图4－47是将Mo/In/Ga预置层与Mo/Ga/In预置层经255～560℃硒化后得到的$(In,Ga)_2Se_3$薄膜，分别通过XRD与GIXRD来分析薄膜内部和表面的结构变化。

① 对于Mo/In/Ga预置层硒化：

A. 在图4－47a显示出衬底温度处于315℃时薄膜中主要结晶相为In_2Se_3，几乎无其他结晶相，衬底温度升高到420～460℃左右时出现Ga_2Se_3结晶相，并随温度升高逐渐变强。

B. Mo－Se化合相于420℃出现，表明此温度下Se元素已扩散到薄膜底部。

C. 图4－47b显示出表面Ga_2Se_3出现的温度为420℃，略早于薄膜内部，并且于460℃时Ga_2Se_3衍射峰变得较为明显。

② Mo/Ga/In样品硒化过程相转变分析。图4－47c和d显示出硒化温度255℃时即有$\beta-In_2Se_3$出现，温度升高后转化为$\gamma-In_2Se_3$，但仍然是In_2Se_3早于Ga_2Se_3出现；Ga_2Se_3出现的温度也在420～460℃之间，并于460℃较为清晰。在345℃时观察到Mo－Se相的弱衍射峰，表明Se元素已经扩散到薄膜背部，只是底部Se量仍不充分。但此温度远低于Mo/In/Ga结构中相同相出现的温度。在相同硒化条件下Mo－Se出现的温度不同，说明在Mo/Ga/In结构中的Se扩散速率高于Mo/In/Ga结构。

(2) 硒化中Ga－In预置层Se的化学反应与扩散

在硒化Mo/In/Ga与Mo/Ga/In过程中，实验证明Mo/Ga/In结构中的Se扩散速率高于Mo/In/Ga结构中的扩散速率。根据文献的化学形成能计算式(4－12)和式(4－13)进行计算，在硒化温度200～400℃时，In_2Se_3的形成能为$447\sim477\ kJ\cdot mol^{-1}$，而$Ga_2Se_3$为$523\sim559\ kJ\cdot mol^{-1}$。由于In与Se的结合能低于Ga与Se，所以In、Ga共存同时与Se反应时，总是In－Se反应早于Ga－Se反应。

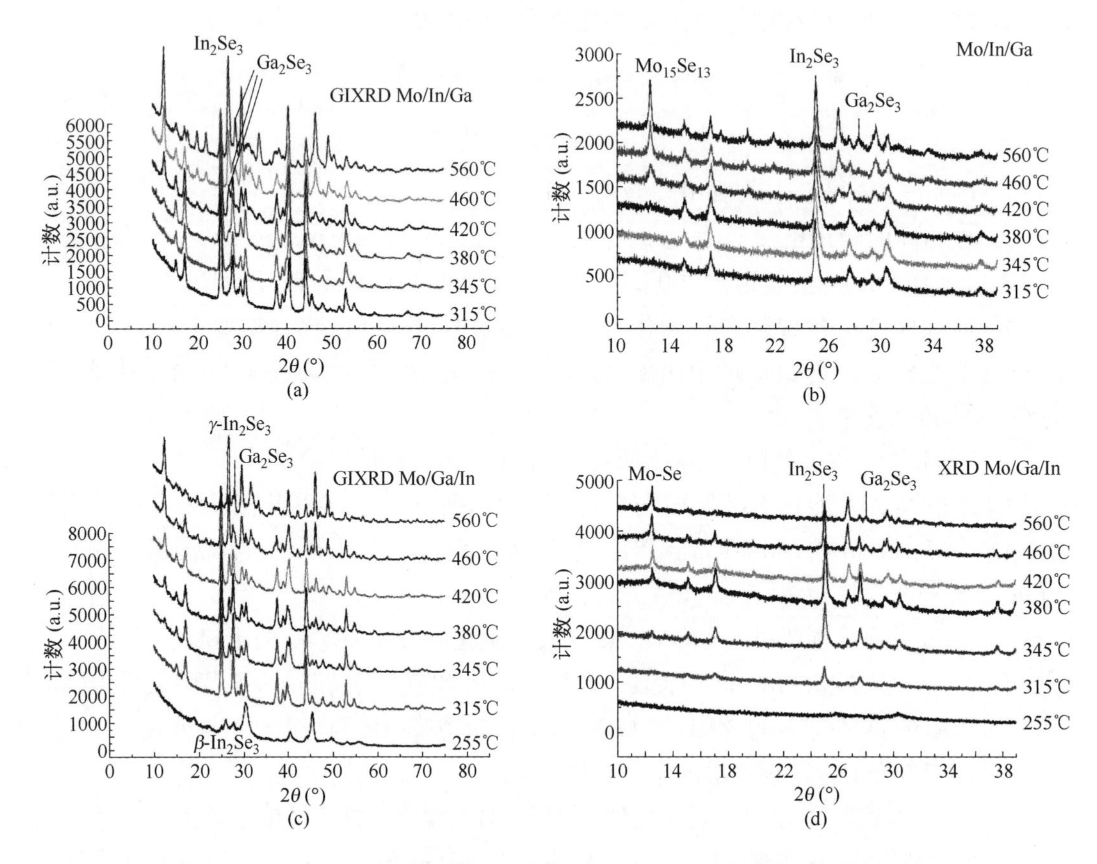

图 4-47 In-Ga 预置层叠层顺序硒化后$(In,Ga)_2Se_3$薄膜内部与表面结构

(a) Mo/In/Ga 预置层硒化 GIXRD 图；(b) Mo/In/Ga 预置层硒化 XRD 图
(c) Mo/Ga/In 预置层硒化 GIXRD 图；(d) Mo/Ga/In 预置层硒化 XRD 图

$$G^{\gamma-In_2Se_3} = -359\,437.428\,9 + 559.457\,84 \times T - 113.416\,83T \times \ln T - 0.017\,994\,5 \times T^2 \quad (4-12)$$

$$G^{\alpha-Ga_2Se_3} = -439\,000 - 179 \times T \quad (4-13)$$

由于 Mo/In/Ga 结构中 Ga 元素处于表面，温度低于 380℃时 Ga-Se 反应很弱，甚至低于此温度时几乎无反应，Se 元素只能通过间隙或晶界扩散进入到薄膜，到达薄膜底部需时较长，但 Se 元素一旦扩散进入预置层薄膜，就会首先与 In 反应生成 In-Se 化合物。Mo/Ga/In 结构中 In 处于表面，In-Se 迅速反应使 Se 元素可以通过化合进入薄膜内部，因此扩散到薄膜背部需时较短；不论哪种预置层结构，薄膜中的 Ga-Se 化合物出现的温度几乎相同，这表明 Se 与 Ga 反应必须达到其反应温度，而这时 In-Se 已经反应完成。

5) 不同的 In-Ga 叠层顺序硒化过程中元素损失机制

由于硒化过程中 Se 元素依靠扩散进入薄膜，而在此过程中，薄膜内 Se 浓度较低时，会有 Ga，In 元素的贫 Se 化合物 In_2Se 与 Ga_2Se，以气态形式产生，在真空中被排出，造成薄膜元素比例失配及结晶质量下降。硒化过程产生 In_2Se 与 Ga_2Se 主要由两个原因造成，一是 Se 气压不足，造成反应过程贫 Se；二是由于硒化温度偏低，使 Se 向薄膜内部扩散速率低于化合反应速率，造成薄膜内部预置层元素硒化反应缺 Se。

（1）In_2Se 与 Ga_2Se 在硒化过程中的两种产生机制

① 低温段生成 In_2Se 或 Ga_2Se 机制

低温段产生 In_2Se 或 Ga_2Se 是预置层与 Se 反应生成固态硒化物过程中缺 Se 而发生的，一般是在固态物生成温度附近产生，其反应方程式为：

$$In(solid) + Se(gas) = In_2Se(gas) \tag{4-14}$$

$$Ga\ (solid) + Se(gas) = Ga_2Se(gas) \tag{4-15}$$

图 4-48 为 Mo/Ga/In 预置层与 Mo/In/Ga 预置层硒化温度对 Ga/In 比率变化的分布图，由此分析预置层叠层顺序在不同硒化温度下 In、Ga 流失现象。当 Ga/In 比率上升则表明 In 元素的流失高于 Ga；Ga/In 比率下降则表示 Ga 元素的流失高于 In 元素。

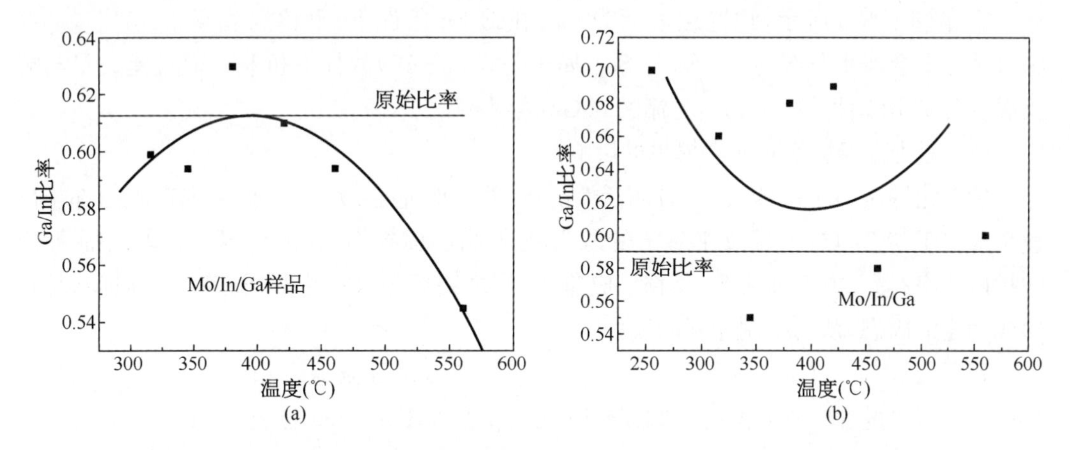

图 4-48　Mo/In-Ga 预置层叠层顺序与硒化温度对应 Ga/In 比率的变化(升温速率 0.15 K/s)

(a) Mo/Ga/In 预置层叠层顺序；(b) Mo/In/Ga 预置层叠层顺序

A. 图 4-48a 显示预置层结构为 Mo/Ga/In，以 ΔGa/In 表示损失，可观察到在 250℃附近高于 10%。由于 Se-In 结合能低，在低温下 Se 与表面 In 元素反应很快，但在形成稳定的 $\beta-In_2Se_3$ 与 $\gamma-In_2Se_3$ 过程中，Se 向内部扩散速率低于 In 与 Se 化学反应速率，内部贫 Se 而产生了气态化合物 In_2Se，相当于公式(4-14)表示的 In 流失机制。

B. 图 4-48a 虽然预置层结构为 Mo/Ga/In，在硒化过程中应该是以 In 的损失为主，但在 350℃附近，Ga 元素损失率高于 In 元素，最高 ΔGa/In 达到 4%。这是由于 350℃左右正处于 Ga 与 Se 反应比较激烈的阶段，需要大量 Se 参与反应，但表层已经有稳定的固态 In_2Se_3 覆盖，外部的 Se 需要从 In_2Se_3 间隙扩散进入，或从外部经 In_2Se_3 晶格格点空位跃迁进入，这样 Ga 的硒化反应 Se 不足而产生 Ga_2Se，相当于公式(4-15)的产生机制，使 Ga 流失大于 In 流失。

② 高温段生成 In_2Se 或 Ga_2Se 机制。当硒化温度高于合成温度，若 Se 压不足会使固

体 In_2Se_3 或 Ga_2Se_3 硒化物分子分解为 In_2Se 或 In_2Se 和气态 Se_2，相当于公式(4-16)、式(4-17)机制。

$$In_xSe_y(solid) = In_2Se(gas) + Se_2(gas) \tag{4-16}$$

$$Ga_2Se_3(solid) = Ga_2Se\ (gas) + Se_2(gas) \tag{4-17}$$

A. 图 4-48a 所示的 Mo/Ga/In 预置层结构，在 350～450℃之间 In 损失严重，但在这个温度区段 In_2Se_3 已经成为固体，此时 In 流失是属于公式(4-16)的机制。硒化温度高于 450℃，In 和 Ga 的流失都比较少，表明此温度的硒化物比较稳定。

B. 图 4-48b 所示的 Mo/In/Ga 预置层结构，虽然在硒化过程中以 Ga 的损失为主，但在 380℃附近 In 元素损失率 ΔGa/In 达到 4%，高于 Ga 的损失。380℃时薄膜内已经存在着固态 In_2Se_3，但由于 Ga 与 Se 的化合反应在此温度下最为剧烈，因此，当环境中 Se 不足，而 In_2Se_3 结合能较低很容易被分解为 In_2Se(gas)与 Se_2(gas)，给 Ga 反应提供活性 Se_2，另外产生的 In_2Se 被真空抽走，致使 In 流失大于 Ga 流失。

C. 图 4-48b 所示，预置层表面为 Ga，在缺 Se 条件下，硒化温度高于 450℃，一些 Ga_2Se_3 分子会产生分解为 Ga_2Se 与 Se_2，属于公式(4-17)的损失机制。而且流失量与硒化温度几乎呈线性关系，560℃时流失的 Ga 达到 6%。

(2) 硒化升温速率对元素损失的影响

后硒化抑制 In、Ga 流失，一方面活性的 Se 原子要充足；另一方面 Se 向薄膜内部扩散速率要快于与 In、Ga 的反应速率。在 Se 压足够高的前提下，高硒化温度一方面提高 Se 的扩散速率；另一方面加快 Se 化物反应速率，使之缩短 In_2Se 或 In_2Se 存在的时间，尽快形成稳定的固态，从而抑制元素的流失。

预置层 Mo/In/Ga 与 Mo/In/Ga 样品不变，将硒化升温速率由 0.15 K/s^{-1} 提高为 1 K/s^{-1}，硒化过程中不同温度点的 Ga/In 元素比率如图 4-49a 与图 4-49b 所示。

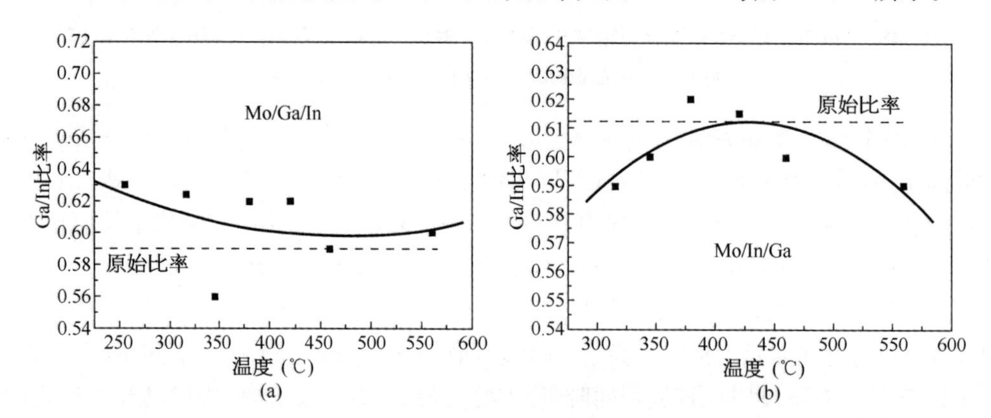

图 4-49 提高硒化升温速率 Mo/In-Ga 预置层硒化温度对应 Ga/In 比率的变化(升温速率 1 K/s)

(a) Mo/Ga/In 预置层叠层顺序；(b) Mo/In/Ga 预置层叠层顺序

① 对于升温速率为 1 $K \cdot s^{-1}$ 的样品而言，薄膜表面损失的元素高于内部元素，但元素损失率 ΔGa/In 下降；

② 图4-49a中Mo/Ga/In预置层快速硒化，显示低温段未发生In的流失，表明由于升温速度较快尚未形成In_2Se就完成了固态Se化物的合成，使低温段Mo/Ga/In样品的元素损失得到控制。高温段仍然存在着In_2Se_3的分解引起In的流失，但ΔGa/In未超过3%。

③ Mo/In/Ga预置层，硒化过程中Ga/In比例基本低于预置层原始比例，表明Ga元素损失超过In元素损失。低温段(低于400℃)Ga-Se合成时，Ga损失随温度提高而呈线性增长；高温段(高于420℃)Ga_2Se_3分解，Ga损失随温度更快地增长，硒化温度越高Ga流失越多，这是与In为预置层表面所不同之处，但Ga损失低于慢速硒化升温。

目前，人们对后硒化原理了解越来越深入，后硒化技术因高Se压强、高活性Se、非真空以及快速热处理，从而保证有效参与反应的Se元素充足。由N_2或Ar保护下的非真空硒化，抑制In_2Se或Ga_2Se的产生或流失；由快速升温热处理提高Se的扩散速率与化合反应速率，保证尽快形成稳定的固态Se化物，并降低分解固态Se化物时效。除此科学上的优越之处外，工艺技术简化、设备结构简单以及工业化投资少，使得非真空硒化成为CIGS太阳电池生产最为热点的技术之一。

4.4　CIGS太阳电池过渡层薄膜

早期铜铟硒(CIS)太阳电池n型窗口层是采用蒸发2 μm厚度CdS薄膜作为异质结，表层掺In的低阻CdS∶In薄膜与金属栅电极用来收集并传输光生载流子。由于其光学带隙较窄，而且薄膜较厚，大量的短波光不能有效地进入到吸收层，致使开路电压和短路电流密度都较低。采用宽带隙ZnO作为窗口层，不仅能有效地提高电池的开路电压，吸收层CIS或CIGS可吸收更多的光子，提高短路电流密度，而且可以大幅度减少重金属镉的使用量。但是由窗口层ZnO代替CdS直接与CIGS层构成异质结，高晶格失配率会导致耗尽区内存在大量缺陷态，另外，禁带宽度相差太大也会使异质结带边失调值过高，影响载流子输运。因此，在其中间插入一层过渡层，具有中间带隙，而且可与吸收层有良好的晶格匹配。为了使入射光能够尽可能地进入吸收层，过渡层需要很薄而且致密，对吸收层表面能够有很好地包覆。一些Ⅱ-Ⅵ族的硫化物可以实现这一功能。目前，CIGS太阳电池使用最多的仍是CdS薄膜，得到的电池转换效率也最高。因其为直接带隙的n型半导体，带隙宽度为2.42 eV，可实现低带隙的CIGS吸收层(1.02 eV)与高带隙的ZnO层(3.4 eV)之间形成过渡，减小了两者之间的带隙台阶和晶格失配，对于改善p-n结质量和电池性能具有重要作用。CdS层还有如下两个作用：

① 防止射频溅射ZnO时对CIGS吸收层的损害；

② Cd、S元素向CIGS吸收层中扩散，S元素可以钝化表面缺陷，Cd元素可以使CIGS表面反型，形成浅埋结。

CIGS电池内50 nm厚的CdS薄膜作为过渡层，虽然Cd的含量很少，但终究不属于完全意义上的绿色光伏电池，报废的电池要有回收机制，生产过程中还需要将含镉的废水经过处理后再排放，增加了设备投资。过渡层可以选择比 CdS 带隙更宽的材料，提高电池短波区量子效率。因此，开发无 Cd 过渡层 CIGS 太阳电池成为研究的热点，而且是未来 CIGS 太阳电池的产业方向。无镉缓冲层主要可以分为 Zn 的硫化物、硒化物或氧化物，In 的硫化物或硒化物两大类。制备的方法主要是化学水浴法。已经能够用于生产大面积 CIGS 的无镉缓冲层有化学水浴法制备的 ZnS 和原子层化学气相沉积的 In_2S_3。

制备 CIGS 电池过渡层的方法有很多，主要有电沉积（ED）、化学水浴沉积（CBD）、分子束外延（MBE）、有机金属化学气相沉积（MOCVD）、原子层化学气相沉积法（ALCVD）、喷涂（SP）和物理气相沉积（PVD）。

在众多的方法中，化学水浴沉积法（CBD）是一种高效、低沉本、适合大面积生产的方法。该方法所制备的 CdS、ZnS 等薄膜无针孔且致密，与 CIGS 薄膜有很好的匹配，对 CIGS 表面具有极好的包覆性，对 CIGS 表面的缺陷也有修复作用，另外还可以防止高阻 ZnO 溅射的损伤，在高效 CIGS 太阳电池中起着至关重要的作用。

4.4.1 CdS 薄膜结构与特性

CdS 在镉化合物中应用最为广泛，是一种非常重要的Ⅱ－Ⅵ族化合物半导体材料，呈六角晶系纤锌矿结构，晶格常数 $a=0.4136$ nm，$c=0.6713$ nm，材料密度 4.84 g·cm^{-3}，熔点 1 750℃。属直接带隙半导体材料，禁带宽度为 2.4 eV，电子和空穴迁移率分别为 210 cm^2·V^{-1}·s^{-1}和 18 cm^2·V^{-1}·s^{-1}，多晶薄膜的迁移率相对要小，掺入卤族元素 Cl、Br、Ⅰ和Ⅲ族元素 Ga、In 可形成 n 型材料，掺入Ⅰ族元素 Cu、Ag 或 Cd 元素不足则形成 p 型材料。

CIB 法制备的 CdS 薄膜有两种晶体结构（图 4－50），一种是稳定的六方晶系（具有纤锌矿结构）；另一种是亚稳定结构的立方晶系（具有闪锌矿结构），在 300℃时立方晶系会向六方晶系转变。不同的沉积条件能够得到不同的晶相结构，或两者混合结构的 CdS 薄膜，都可作为 CIGS 太阳电池的缓冲层。

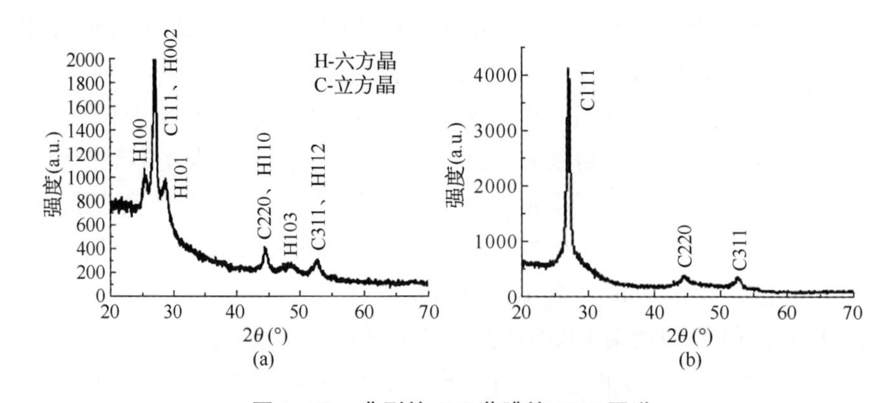

图 4－50 典型的 CdS 薄膜的 XRD 图谱

（a）六方晶系与立方晶系混合相；（b）立方晶系

CdS 薄膜晶格结构主要由水浴溶液的 pH 值及溶液成分决定，但究竟哪种结构有利于高转换效率 CIGS 电池，目前没有统一说法。一种观点认为六方相晶格结构的 CdS 晶体是沿 c 轴柱状生长，平行于 PN 结的晶界比较少，有利于光生载流子的收集；而另一种观点则认为立方相 CdS 与 $CuIn_{0.7}Ga_{0.3}Se_2$ 的晶格失配和界面态密度要比 $CuIn_{0.7}Ga_{0.3}Se_2$ 与六方 CdS 的小得多，界面态密度的数量级为 10^{12}，是非常理想的异质结界面，对制备高转换效率电池十分有利。目前，这两种结构的 CdS 薄膜作为电池过渡层都能够制备出高转换效率的 CIGS 太阳电池。

4.4.2　CBD 法沉积 CdS 薄膜

迄今为止，用于 CIGS 太阳电池过渡层的制备以采用化学水浴沉积(CBD)和物理气相沉积(PVD)居多。物理法沉积包括磁控溅射和真空蒸发，适合于与 CIGS 吸收层和透明导电薄膜一起进行连续化沉积，对于 CIGS 太阳电池的工业化生产缩短电池制备过程，免于废液处理是十分有利的，但缺乏致密性以及对 CIGS 表面的包覆性，所制备的 CIGS 太阳电池转换效率偏低。在众多的方法中，CBD 法工艺简单、沉积温度低，制备的薄膜致密、无针孔，并能起到修复 CIGS 表面缺陷的作用，它在高效 CIGS 太阳电池中起着很关键的作用。

4.4.2.1　化学水浴法(CBD)

化学水浴法(chemical bath deposition，简称 CBD)是一种非真空制备化合物半导体薄膜的技术。CBD 的概念是 1884 年有人在含有硫脲的溶液中制备出 PbS 薄膜时首次提出的，1960 年 Soviet 等人首次用 CBD 法生长出 CdS 薄膜，1990 年使用 CBD 法制备的 CdS 薄膜应用在 Mo/CIS/CdS/ZnO 结构的太阳电池中，太阳电池的转换效率达到 11%。

1）化学水浴法优点

① 设备简单，不需要真空系统；

② 反应原料纯度要求较低，分析纯反应原料即可，材料的选择性大，购买方便容易，并且价格便宜；

③ 可以实现单次或多次连续沉积薄膜。

2）化学水浴法缺点

① 因为化学水浴法是一种反应物来源受限的化学反应，薄膜厚度不可能无限的增加，通常增加到一定程度就不会继续增加了；

② 当反应时间较长时，薄膜的厚度虽然会较厚，但是会存在双重结构。此结构的特点为内层附着力较好，外层粘附力较差。

目前，使用化学水浴法制备的薄膜有 CdS、ZnS、ZnSe、PbS、CuS 等。

4.4.2.2　CBD 法制备 CdS 薄膜工艺

CdS 薄膜化学水浴法中使用的溶液一般是由镉盐、硫脲和氨水按一定比例配制而成的碱性溶液，适当加入一些氨盐作为 pH 值缓冲剂。其中，镉盐可以是氯化镉、乙酸镉、碘化镉和硫酸镉，这形成了 CBD 法制备 CdS 薄膜的不同溶液体系，但其反应机理是基本相同的。一般是在含 Cd^{2+} 的碱性溶液中硫脲分解成 S^{2-} 离子，它们以离子接离子的方式凝结在衬底上。不同溶液体系沉积的 CdS 薄膜，其工艺参数如溶液配比浓度、沉积温度、沉

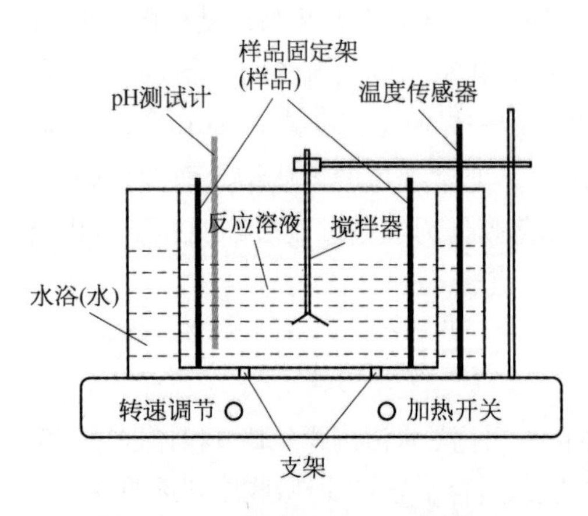

图 4-51 CBD 法制备 CdS 薄膜的实验装置示意图

积时间等各有不同,影响着 CdS 薄膜透射率和晶面取向,在所有这些影响因素中,溶液的 pH 值是最重要的影响因素。

沉积 CdS 薄膜的实验装置如图 4-51 所示。以乙酸镉溶液体系为例,各成分的浓度为[乙酸镉]=0.001～0.002 5 mol・L^{-1},[乙酸氨]=0.001～0.002 mol・L^{-1},[硫脲]=0.005～0.01 mol・L^{-1},[氨水]=0.4～0.8 mol・L^{-1},溶液的 pH=11.3～11.5 mol・L^{-1}。将玻璃/Mo/CIGS 样片放入配好的溶液中,盛溶液的容器置于恒温水浴槽中,从室温加热到 60～80℃并施以均匀搅拌,大约 20～30 min 即可完成,经去离子水清洗、风干。

4.4.2.3 CBD 法沉积 CdS 薄膜反应过程

CdS 的沉积过程一般认为,首先在试样表面的反应位置上,吸附氢氧化镉,即:

$$[Cd(NH_3)_4]^{2+} + 2OH^- + 表面活性点 = Cd(OH)_{2ads} + 4NH_3 \quad (4-18)$$

然后,硫脲与吸附的氢氧化镉形成表面的络合物:

$$Cd(OH)_{2ads} + SC(NH_2)_2 = Cd(SC(NH_2)_2)(OH)_{2ads} \quad (4-19)$$

这种络合物分解就使 CdS 晶体生长:

$$Cd(SC(NH_2)_2)(OH)_{2ads} = CdS + CN_2H_2 + 2H_2O + 表面活性点 \quad (4-20)$$

CdS 薄膜的厚度对沉积条件的反应比较敏感,其中与搅拌的速率也有很大关系,溶液流速高则薄膜沉积速率高、粗糙度较低、而且一致性好;反之则薄膜沉积速率低、粗糙度高,表现出搅拌强度对薄膜生长影响很大。对此反应过程可以认为,薄膜生长的控制步骤是 CdS 结晶形成的过程。根据反应方程式(4-18)～式(4-20),如果反应式(4-20)为控制步骤,那么搅拌对 CdS 薄膜的生长应该没有影响,因为反应式(4-20)是一个界面反应,与溶液中传质无关。但事实上搅拌对 CdS 薄膜沉积速率影响很大。这表明搅拌越强烈,OH^- 和 $SC(NH_2)_2$ 传输到试样表面的速度就越快,所以形成 CdS 的速度就越快。因而,沉积过程中是 OH^- 和 $SC(NH_2)_2$ 传质为控制步骤,也就是上述反应过程是以反应式(4-18)或式(4-19)为控制步骤,而不是反应式(4-20)。所以为了得到厚度均匀的大面积 CdS 薄膜,必须使整个试样表面附近的溶液流动速度均匀。

4.4.2.4 溶液组成对 CdS 薄膜的影响

1) 氨水(NH_4OH)浓度的影响

以 1 mmol・L^{-1} 的 $Cd(CH_3COO)_2$、2 mmol・L^{-1} 的 CH_3COONH_4 和 5 mmol・L^{-1} 的 NH_2CSNH_2 为基础溶液,改变 NH_4OH 浓度时,CdS 薄膜的结晶结构、厚度以及 S/Cd 的原子

比都会发生变化。如表 4-7 所示,氨水浓度从 0.4 mol·L^{-1}开始增加,溶液的 pH 增大使 S^{2-}离子浓度越来越高,Cd^{2+}离子的浓度却越来越低,其结果使溶液中可参与反应的 Cd^{2+}离子的浓度减小,CdS 沉积的速度减小,表面的粗糙度增大,而 CdS 的结晶结构随着 NH_4OH 浓度增加,立方晶的比例逐渐增加,六方晶的量减少(图 4-52)。但是,当氨水浓度达到一个阈值(例如 0.8 mol·L^{-1})时,CdS 的沉积速度下降,表面粗糙度急剧增大,CdS 薄膜的质量变差。

表 4-7 氨水浓度对 CdS 薄膜的影响

氨水(mol·L^{-1})	沉积时间(min)	pH 值	厚度(Å)	粗糙度(Å)	S/Cd
0.4	24	11.63	1 130	21	0.583 1
0.6	36	11.66	1 020	24	0.623 5
0.8	36	11.69	860	62	0.630 3

上述条件下氨水浓度低于且接近阈值时沉积的 CdS 薄膜,其晶相基本上是立方相,而且有很好的表观形貌和电学特性。

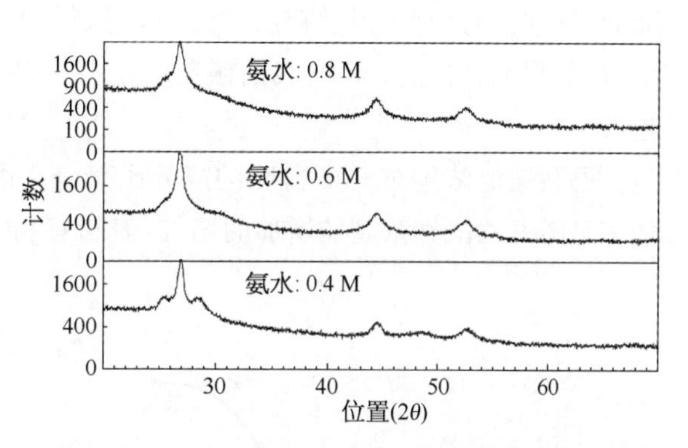

图 4-52 NH_4OH 浓度对 CdS 的 XRD 图谱的影响

(M=mol·L^{-1})

2) 乙酸胺(CH_3COONH_4)浓度的影响

以 1 mmol·L^{-1}的 $Cd(CH_3COO)_2$、5 mmol·L^{-1}的 NH_2CSNH_2 和 0.4 mol·L^{-1}的 NH_4OH 为基础溶液,分别取 CH_3COONH_4 的浓度为 0、1、2、4、6、8 和 10 mmol·L^{-1},沉积的时间为 24 min,水浴温度为 82℃。XRD 测试的结果表明,当 CH_3COONH_4 的浓度≤2 mmol·L^{-1}时,CdS 的结晶主要是六方晶相结构,且随着CH_3COONH_4浓度的降低,六方晶相的比例增加,当 CH_3COONH_4 的浓度大于等于 4 mmol·L^{-1}时,沉积的 CdS 绝大部分是立方晶相结构,如图 4-53 所示。

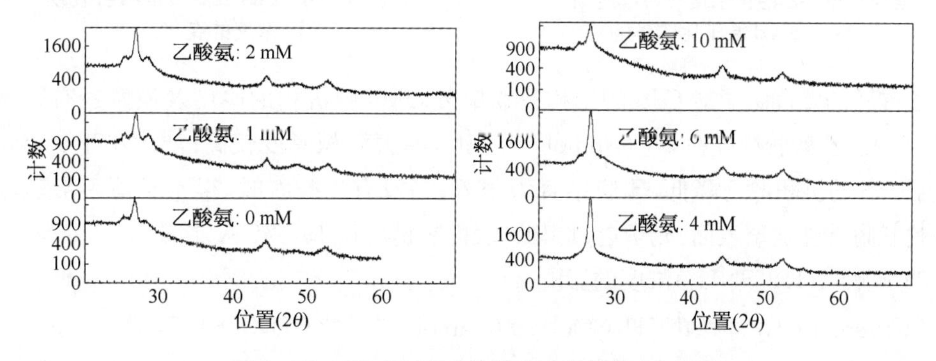

图 4-53 CH_3COONH_4的浓度改变结晶 XRD 图

(M=mol·L^{-1})

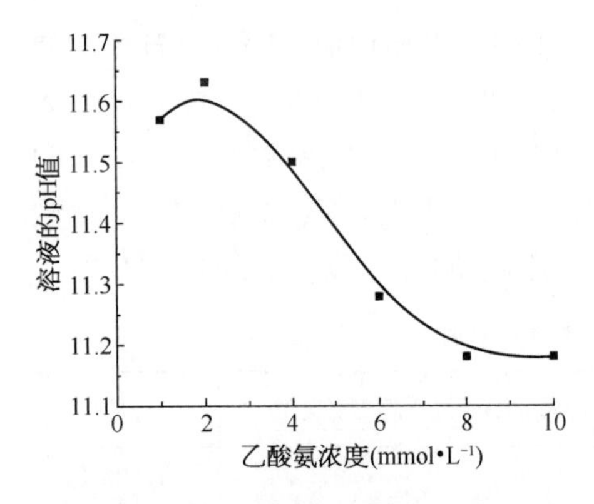

图 4-54　室温下乙酸氨浓度与溶液 pH 的关系

随着乙酸胺浓度的增加，有利于立方晶相 CdS 的形成。但乙酸胺浓度的变化会使溶液的 pH 值发生较大的变化(图 4-54)。因此，若 CH_3COONH_4 的浓度升高使溶液的 pH 值下降到 11.1 时，又会形成六方晶结构的 CdS，但是只要加入氨水将 pH 调到 11.3 以上则又产生立方晶系 CdS。

乙酸胺浓度除了对 CdS 的结晶结构有影响外，对薄膜沉积的厚度及质量也有很大影响。随着乙酸胺浓度的减小，CdS 沉积速率增大。但乙酸胺浓度小于 2 mmol·L^{-1}时，CdS 的沉积速率降低，且结合力变差，当没有乙酸胺时，得到的 CdS 光学透过率及结合力很差，厚度也很小，几乎测不到其值。CdS 表面粗糙度在 19～49 Å 之间，趋向于乙酸胺浓度越小，粗糙度越大。

乙酸铵的浓度对 CdS 薄膜的成分比率也有影响，从图 4-55 可以看出，S/Cd 原子比基本是随着乙酸铵浓度的增加而增加，表明有利于 S^{2-} 离子的优先沉积。

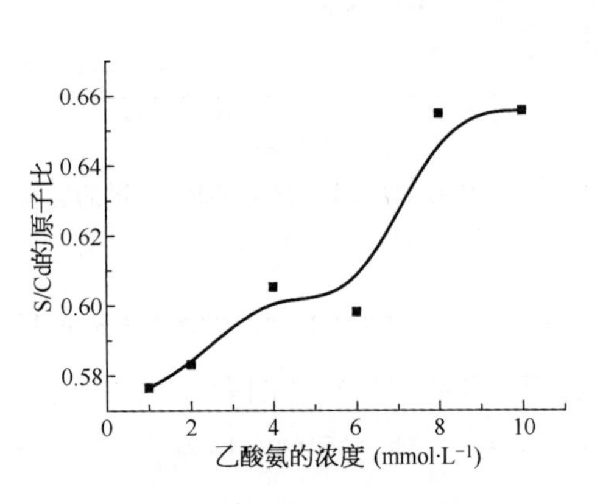

图 4-55　乙酸铵浓度对薄膜组成 S/Cd 原子比的影响

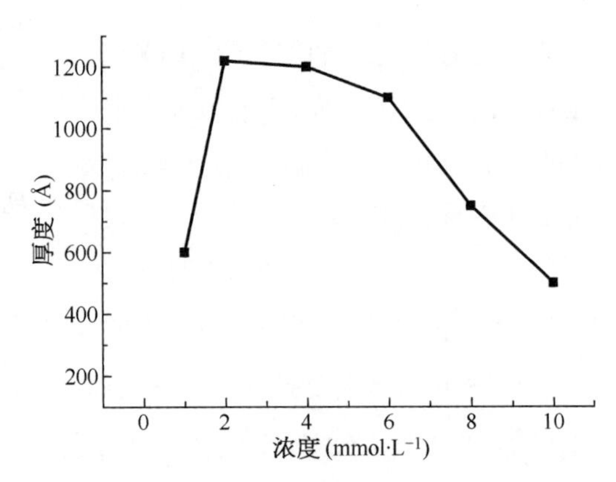

图 4-56　CdS 薄膜厚度随乙酸铵浓度的变化

乙酸胺的浓度除了对 CdS 的结构有影响外，对薄膜沉积的厚度及质量也有影响(见图 4-56)。乙酸胺浓度在 2～4 mmol·L^{-1}时，薄膜沉积厚度较高；浓度小于 2 mmol·L^{-1}时 CdS 的沉积厚度降低，薄膜结合力很差；当没有乙酸胺时，得不到薄膜形态，而是 CdS 粉状附着在玻璃表面，光学透过率低，表面粗糙度在 19～49 Å 之间。

3) 硫脲(NH_2CSNH_2)浓度的影响

以 1 mmol·L^{-1}的 $Cd(CH_3COO)_2$、10 mmol·L^{-1}的 CH_3COONH_4 及 0.4 mol·L^{-1}的 $NH_3·H_2O$ 为溶液的基本组成，改变硫脲的浓度，沉积时间均为 24 min。结果表明硫脲浓度的变化对溶液的 pH 值没有影响，对 CdS 薄膜的结晶结构也没有影响，在这组实验中所得到的 CdS 都是立方晶相结构。表 4－8 表明硫脲浓度超过 10 mmol·L^{-1}后，沉积 CdS 的厚度、S/Cd 原子比及表面粗糙度变化不大，生长速率及粗糙度均有一最佳值，S/Cd 原子比总体呈增加的趋势。

表 4－8　硫脲浓度对 CdS 薄膜沉积的影响

硫脲(mmol·L^{-1})	厚度(Å)	粗　糙　度	S/Cd
5	480	19	0.637 8
10	860	24	0.636 0
30	780	27	0.643 4
40	950	20	0.650 8
50	840	26	0.659 0
100	720	25	0.671 7

4）硫酸镉($CdSO_4$)体系制备的 CdS 薄膜呈立方相

乙酸镉体系和硫酸镉体系工艺条件见表 4－9 和表 4－10。图 4－57 所示是两体系沉积的 CdS 薄膜的 XRD 图，可以看出乙酸镉体系沉积的 CdS 为混合相，六方为主，而硫酸镉体系沉积的 CdS 是单纯的立方相。硫酸镉体系与乙酸镉体系沉积的 CdS 薄膜最大的不同就是水浴温度低。由图 4－58 可见，水浴温度在 50～90℃范围内 CdS 薄膜的结晶质量随温度的变化而变化，当水浴温度为 50℃时，CdS 薄膜的(002)峰在强度、对称性等方面都好于高温沉积的样品，(110)峰也好于其他样品。这说明低温沉积的 CdS 薄膜择优取向较好。

表 4－9　乙酸镉体系工艺条件

水浴温度	乙酸镉	乙酸氨	硫　脲	NH_3浓度	搅拌速度	薄膜厚度
80℃	1 mmol·L^{-1}	1 mmol·L^{-1}	5 mmol·L^{-1}	0.4 mol·L^{-1}	中速	500 Å

表 4－10　硫酸镉体系工艺条件

水浴温度	$CdSO_4$浓度	$CS(NH_2)_2$浓度	NH_3浓度	搅拌速度	薄膜厚度
60～80℃	7.5 mmol·L^{-1}	37.5 mmol·L^{-1}	1.1 mol·L^{-1}	中速	500 Å

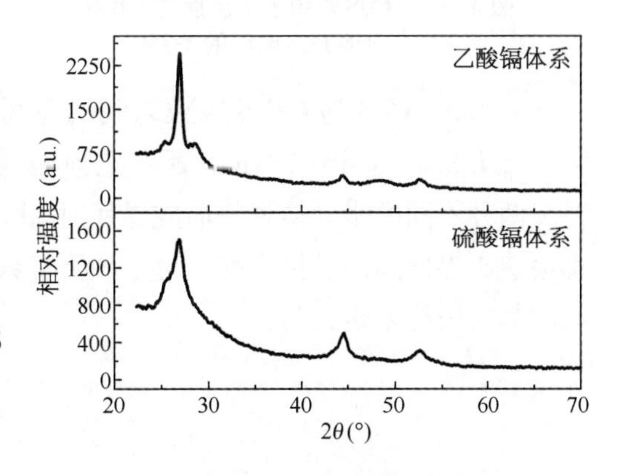

图 4－57　两种体系沉积的 CdS 的 XRD 图

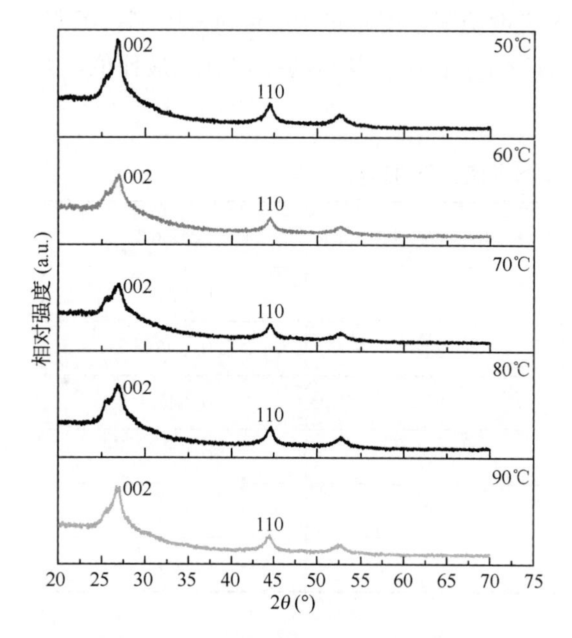

图 4-58 CdS 温度实验 XRD 测试图

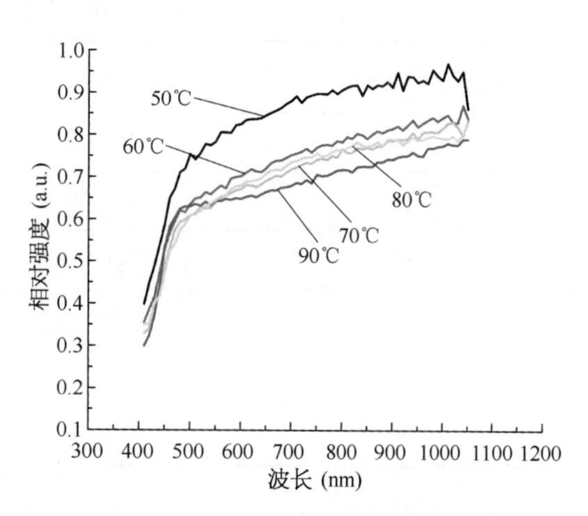

图 4-59 水浴温度与 CdS 薄膜透光率的关系

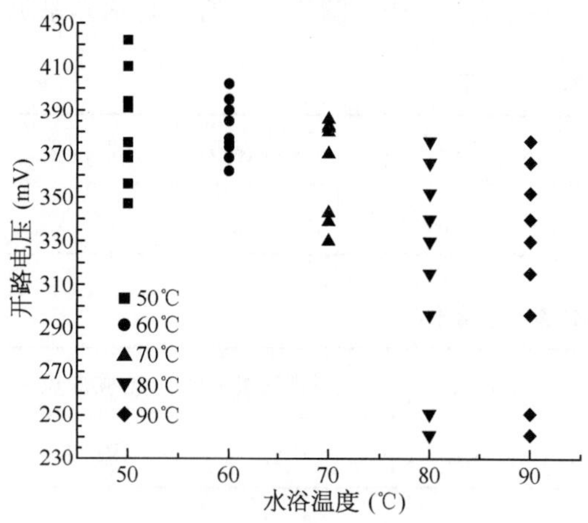

图 4-60 CdS 薄膜水浴温度与 CIGS 电池开路电压的关系

水浴温度为 50℃时 CdS 薄膜的可见光透过率基本达到 85%左右(图 4-59),高于水浴温度大于 60℃沉积的薄膜。水浴温度升高之后,由于结晶不好,薄膜中出现缺陷,使光透过率明显下降。

图 4-60 是 CIGS 电池的开路电压随水浴温度变化的实验结果图,每种温度选九片电池,做统计分析,由此可得出:随着水浴温度的降低,电池的开路电压呈现上升趋势。但是水浴温度不能太低,否则沉积时间过长也会对 CIGS 薄膜的质量产生影响。

4.4.3 CdS 与 CIGS 薄膜之间的界面

4.4.3.1 CdS 与 CIGS 薄膜之间的晶格匹配

两种不同的半导体材料形成界面时,由于晶体结构、晶格常数以及匹配晶面等因素,都会造成界面间的晶格失配。对于晶格常数为 α_1 及 α_2,而且 $\alpha_1 < \alpha_2$ 的两种半导体材料之间的晶格失配率定义为:

$$\Delta = \frac{2(a_2 - a_1)}{(a_2 + a_1)} \tag{4-21}$$

由于晶格失配,在两种半导体材料的交界面处产生了悬挂键,从而引入界面态。交界

面处的悬挂键密度 ΔN_s 为两种半导体材料在交界面处的键密度之差：

$$\Delta N_s = N_{s1} - N_{s2} \tag{4-22}$$

式中　N_{s1}、N_{s2} ——两种半导体材料在交界面处的键密度，由各半导体的晶格常数及交界面的晶面所决定。

对于不同晶面形成的界面，其悬挂键密度可表示为：

$$N_{ss} = A \cdot \left[\frac{a_2^2 - a_1^2}{a_1^2 a_2^2}\right] \tag{4-23}$$

式中　A——常数，对于不同的晶面相交时，A 值不同。

悬挂键在 n 型半导体中起受主的作用，在 p 型半导体中起施主的作用。每个悬挂键就相当于一个杂质能级，所以又将悬挂键密度称为表面态密度。晶格失配大，表面态密度就高，在界面处的复合就大，所以应尽量减小晶格失配。

在 CIGS 薄膜和 CdS 薄膜形成界面时，当 CdS 为立方相（闪锌矿）时，它是以（111）平面在 CIGS 表面的（112）平面上外延生长的；而当以六方相 CdS 生长时，则以（001）平面与 CIGS 的（112）平面外延生长。对于 CIS 薄膜，与六方相 CdS 的晶格失配率为 1.2%，而立方相的为 0.7%。此外，CIGS/CdS 界面的晶格的失配率还与 Ga 含量有关，Ga 含量越高，失配率越大（图 4－61）。由图可见，立方相 CdS 与 CIGS 薄膜界面的失配率小于六方相 CdS 的，CIGS 薄膜中 Ga 含量相同时，立方相 CdS 的失配率比六方相的小 1%。随着 Ga 含量的增加，无论是立方还是六方相 CdS 与 CIGS 薄膜之间的失配率均线性上升，六方的从 1.8%～4.8%，四方的从 0.8%～3.8%。

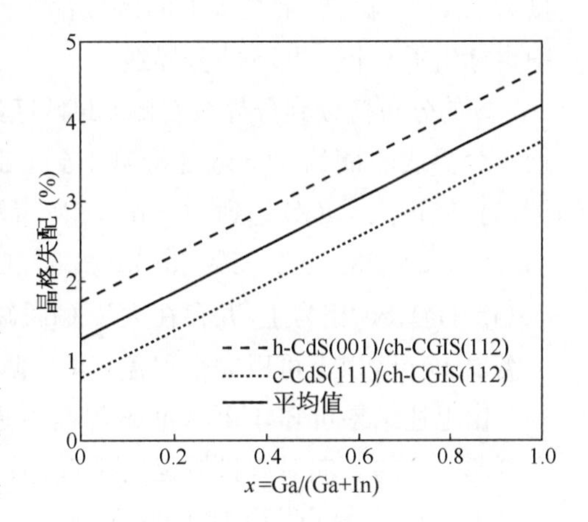

图 4－61　CdS 与 $Cu(In_{1-x}Ga_x)Se_2$ 之间的晶格失配的变化[30]

根据图 4－61 中的数据用（4－23）式计算可以得出，无论是立方相的 CdS 还是六方相的 CdS 沉积在 CIGS 表面的表面态密度约为 10^{12}～10^{13} cm^{-2}，这相当于 CIGS/CdS 界面的复合速率为 10^5 cm/s。根据模拟计算，这样大的复合速率将使 CdS/CIGS 电池的效率限制在 10%～11%之间，但是实验表明，要达到 14%的效率并非很难，所以认为在高效电池中一定存在悬挂键的钝化作用[31]，另外，Cd^{2+} 离子替代 CIGS 表面的 Cu 空位，可进一步消除界面由于晶格失配形成的悬挂键。由此，可以认为无论是立方相的 CdS 还是立方与六方混合的 CdS 用于制备电池，对电池性能的影响不大。也就是说没有必要一定要得到单一立方相的 CdS，这将大大提高 CdS 制备工艺的容忍性。

4.4.3.2　CIGS/CdS 界面区元素的互扩散

图 4－62 显示了 CdS/CIGS 薄膜的深度 XPS 组分分布，平均刻蚀速率为 1.6 Å · s^{-1}。

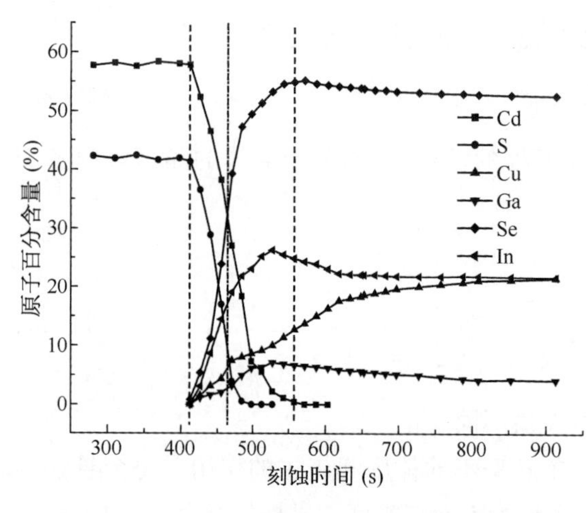

图 4-62 CdS/CIGS 薄膜的深度 XPS 组分图

在开始刻蚀的一段时间内，只有 Cd 和 S 存在，Cd 和 S 的含量基本不变。随后，Cd 和 S 的含量大幅度减小直到消失，同时开始检测到 Cu、In、Ga 和 Se 等四种元素，并随着刻蚀时间的变化，其含量逐渐增大，尤其是 Se 和 In 的含量大幅度增大。由 XPS 数据可得出组成 CdS 薄膜的 Cd 和 S，以及组成 CIGS 薄膜的 Cu、In、Ga 和 Se 混合存在的区域，在分界线左侧为 CdS 区约 4. 5 nm 处，Se 的含量仅为 0. 80%，Cu、In、Ga 的含量为 0，在分界线右侧 CIGS 区 10 nm 处 Cd 的含量为 0. 44%，因此，混合界面的区域宽度大约为 14. 5 nm，如图中两条虚线之间的区域，其中也标出了 CdS/CIGS 的分界线。

S 的分布持续到分界线右侧 CIGS 区约 2 nm 处，表明 S 扩散距离有限，仅在分界线附近。分界线右侧约 11 nm 处检测不到 Cd，只有 Cu、In、Ga 和 Se 四种元素存在，表明 Cd 可以扩散进入 CIGS 达到 10 nm 以上，而该处 Cu、In、Ga 和 Se 的原子百分含量分别为 13. 76%、24. 33%、6. 53% 和 55. 22%，Cu/(In + Ga) 的比值约为 0. 45，该处正是以 $Cu(In,Ga)_3Se_5$ 相为主，并存在大量 Cd_{Cu} 缺陷区，其厚度约为 15 nm。因此，CdS 薄膜的厚度需要 17 nm 以上可以完全覆盖 CIGS 薄膜形成过渡层。

由上述结果可知，CdS/CIGS 界面不是突变的，但 CIGS 薄膜中的 Cu、In、Ga 和 Se 与 CdS 薄膜中的 S 向对方扩散程度很低；另一方面 Cd 元素向 CIGS 表面有更深入的扩散，是因为 Cu^+ 的离子半径为 0. 96 Å，而 Cd^{2+} 的离子半径为 0. 97 Å，两者相差不大。贫 Cu 的 CIGS 表面具有大量的 V_{Cu} 缺陷(有序缺陷层 OVC 或 ODC)，Cd 原子很容易扩散进表面层而替代 Cu 原子，Cd 原子的扩散深度与 CIGS 薄膜中的 OVC 或 ODC 表面层厚度有关系，OVC 或 ODC 厚，则 Cd 原子的扩散深度也大。Cd 原子扩散进 CIGS 表面层，替代 Cu 空位很容易被离子化，使表面区电子密度增大，使 P 型 CIGS 表层反型呈 N^+，导致 CIGS 表面层能带弯曲，从而形成 n-p 浅埋结，大大降低了界面区缺陷态的影响，减小界面复合速率，极大地改善了异质结特性，是提高 CIGS 太阳电池转换效率的关键之一。

4. 4. 3. 3 ZnO/CdS 界面的 XPS 研究

图 4-63 显示了 ZnO/CdS 薄膜的深度 XPS 组分分布，从 ZnO 刻蚀到 CdS，平均刻蚀速率为 2. 4 $Å \cdot s^{-1}$。在开始一段时间内只有 Zn 和 O 存在，而且其含量基本不变。随后，Zn 和 O 的含量大幅度减小，直到消失。同时 Cd 和 S 元素随着刻蚀时间增加，含量大幅度增大达到饱和。由此可见，组成 ZnO 薄膜的 Zn 和 O，以及组成 CdS 薄膜的 Cd 和 S 混合存在的区域的宽度约为 12 nm，由于在分界线左侧约 6. 5 nm 处，Cd 和 S 的含量很少，分别为 0. 2517%和 0. 1832%，而在分界线右侧 5. 5 nm 处情况正好相反，Zn 的含量很少，

仅为0.058%，因此，混合界面的区域宽度只可能稍微大于12 nm。如图中两条虚线之间的区域，其中也标出了CdS/CIGS的分界线。由于Cd和S在分界线左侧ZnO薄膜中同时消失，而且Zn和O在分界线右侧CdS薄膜中也几乎同时消失，因此，ZnO薄膜和CdS薄膜之间没有互扩散。ZnO/CdS界面为ZnO薄膜的Zn与组成CdS薄膜的Cd和S混合存在的混合界面，该区域的宽度大约为12～14 nm。因此，ZnO薄膜的厚度只要稍微超过12～14 nm就可以完全覆盖CdS薄膜。考虑到ZnO/CdS的混合界面区（溅射ZnO对CdS薄膜的损伤是其形成原因之一）的宽度，CdS薄膜的厚度至少为29～32 nm。没有CdS缓冲层，电池的V_{oc}、J_{sc}和FF都很小，效率很低，这是因为表面复合太多，其中包括溅射ZnO时对CIGS表面的物理损伤，ZnO与CIGS之间的能带排列不相称，即能带边失调值过大等。

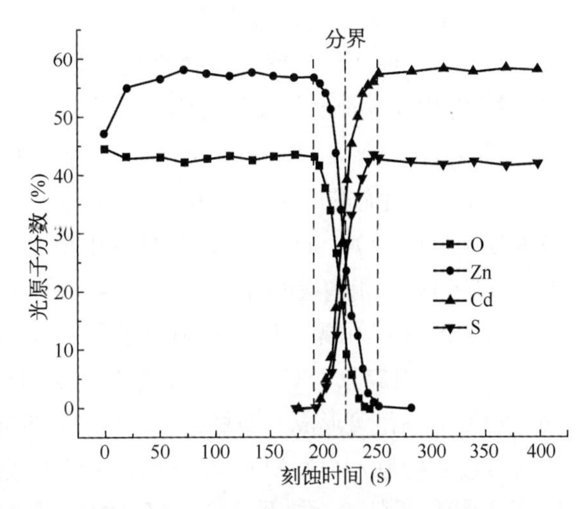

图4-63　ZnO/CdS薄膜的深度XPS组分图

4.4.4　ZnS薄膜及无Cd过渡层的CIGS太阳电池

4.4.4.1　无Cd过渡层的CIGS太阳电池发展状况

Zn的硫化物、硒化物系缓冲层材料具有共同的特点，不同的只是将Se替代S。制备的工艺方法基本相同。德国的A. Ennaoui等人研究的Zn(Se,OH)/ $Zn(OH)_2$或Zn(S,OH)/$Zn(OH)_2$缓冲层用于制备电池，其效率达到15.7%。

日本Nakada由锌盐、氨水和硫脲配成的溶液沉积的ZnS缓冲层的CIGS电池效率达到18.6%[32]。化学水浴制备的薄膜性质取决于沉积参数，如pH值、温度、络合剂、沉积时间、反应物浓度、超声波应用、溶液搅拌等，成分比较复杂，其中含有大量的氧和氢。在文献中表示化学水浴法制备的ZnS有几种不同的表达方式，如CBD-ZnS、ZnS(O,OH)或$Zn(O,S,OH)_x$。Nakada报道了分三次连续CBD沉积ZnS，用NREL制备的CIGS薄膜作为吸收层电池效率达到18.6%，创造了无镉CIGS太阳电池世界纪录。锌化合物缓冲层也用于大面积CIGS薄膜电池，面积为51.7 cm^2和864 cm^2的电池效率分别达到14.2%和12.9%。但是，尽管在蓝光区具有较高的透过率和较高的电流收集效率，ZnS器件与CdS器件相比，转换效率相差约1%。

德国ZSW研究中心采用原子层化学气相沉积法(ALCVD)制备In_2S_3，得到CIGS电池效率为13%(30 cm×30 cm)，小面积电池的效率达到16.4%。

由于日本国内禁止工业产品使用Cd元素。因此，目前在日本生产制备CIGS太阳电池均为无Cd的组件，Solar Frontier公司制造的大于1 m^2的CIGS组件转换效率超过

13%，无 Cd 过渡层技术基本成熟。

4.4.4.2 ZnS 薄膜结构与物理性质

ZnS 是一种Ⅱ～Ⅵ族化合物直接带隙半导体材料，是白色粉末状固体，有两种变形体：高温变体 α-ZnS 和低温变体 β-ZnS。α-ZnS 为纤锌矿，属六方晶系，晶格常数为 $a=0.384$ nm，$c_0=0.5180$ nm，$z=2$，α-ZnS 的晶体结构可以看作是 S^{2-} 六方最紧密堆积，而 Zn^{2+} 只占有其中 1/2 的四面体空隙。β-ZnS 为闪锌矿，晶体结构为面心立方，晶格常数 $a=0.5406$ nm，$z=4$。自然界中稳定存在的是 β-ZnS，在 1 020℃闪锌矿转变成由闪锌矿的多晶相构成的纤锌矿，在低温下很难得到 α-ZnS。

由 ZnS 薄膜作为 CIGS 太阳电池缓冲层，也可以替代高阻层，室温时禁带宽度为 3.8 eV；掺入卤族元素 Cl、Br、Ⅰ和Ⅲ族元素 Ga、In 可形成 n 型材料，掺入Ⅰ族元素 Cu、Ag 或 Cd 的不足可形成 p 型材料。该材料密度 4.30 g·cm^{-3}，熔点 1 050℃。CIS 电池中的窗口层一般为 ZnO：Al 或 ZnO：B，采用类似的 Zn 的化合物薄膜作为电池的过渡缓冲层，可形成优质的 pn 结，晶格匹配好，并具有较低的界面缺陷态密度。

4.4.4.3 CBD 法沉积 ZnS 薄膜

1) CBD 法沉积 ZnS 薄膜工艺

CBD 法沉积 ZnS 薄膜体系有多种，如氨水体系、联氨体系和柠檬酸钠体系。氨水体系主要原料为 $ZnSO_4$、$SC(NH_2)_2$ 和 NH_4OH，其中 NH_4OH 为络合剂，这种体系也是当前研究最多的 CBD 沉积 ZnS 体系。由于氨水体系沉积 ZnS 薄膜速率较慢，结晶不好，在此基础上加入联氨$(NH_2)_2$为辅助络合剂，NH_4OH 仍然为主要络合剂，虽然对 ZnS 薄膜的沉积不是必需的，但是它加速了硫脲的水解，提高了薄膜的均匀性和结晶状况，尤其是能显著提高沉积速度。由于联氨有毒，所以影响其推广使用。

上述这两种体系沉积的 ZnS 薄膜都有报道能用于 CIGS 太阳电池。由于在氨水体系中沉积的 ZnS 薄膜表面发白，透过率和结晶都不是很好，故由柠檬酸钠作为一种络合剂，以此提高薄膜的性能。柠檬酸是一种很好的光亮剂，在氨水体系基础上增加柠檬酸钠，以柠檬酸钠为主要络合剂，NH_4OH 为辅助络合剂，由此沉积的薄膜光亮性明显好于氨水体系沉积的薄膜。但柠檬酸钠体系研究很少，特别是应用在 CIGS 太阳电池方面的报道比较少见。

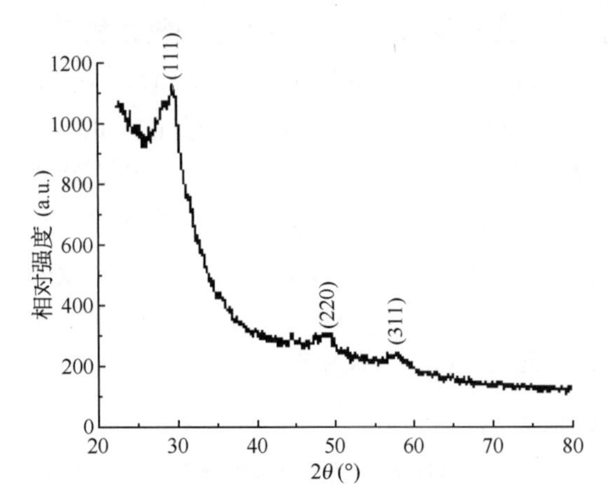

图 4-64 由 CBD 法沉积的 ZnS 薄膜 XRD 图

CBD 法沉积 ZnS 薄膜的实验装置与 CdS 相同(图 4-64)。以氨水体系为例，溶液配比浓度及沉积条件范围：$ZnSO_4$ 在 0.010～0.100 mol·L^{-1}，$SC(NH_2)_2$ 在 0.07～0.37 mol·L^{-1}，NH_4OH 在 0.9～4 mol·L^{-1}之间，水浴温度控制在 70～80℃，pH 值控制在 10.80～11.50，采用这种配方制备的 ZnS/CIGS 太阳电池效率为

18.6%。

2) ZnS薄膜的反应机理

采用CBD法在碱性溶液中沉积ZnS薄膜材料，在反应溶液中同时存在两种相互竞争的反应：同质反应和异质反应。同质反应为在溶液内部形成ZnS，$Zn(OH)_2$沉淀的反应。异质反应为在衬底上形成ZnS薄膜的反应过程。由于ZnS的溶度积（$K_{SP}=10^{-24.7}$）很小，若直接让Zn^{2+}和S^{2-}反应，极易在溶液中生成ZnS粒子沉淀，从而导致衬底上没有薄膜生成。故必须寻找合适的络合剂，从而控制溶液中存在的自由Zn^{2+}和S^{2-}的浓度。

在反应溶液中，$NH_3 \cdot H_2O$起到了两个重要的作用：第一，$NH_3 \cdot H_2O$络合溶液中的Zn^{2+}，从而避免了在溶液中生成ZnS粒子沉淀，即抑制了同质反应的发生；第二，$NH_3 \cdot H_2O$的水解，给$SC(NH_2)_2$的水解提供了碱性的环境。上述过程见反应式(4-24)、式(4-25)、式(4-26)：

$$NH_3 \cdot H_2O \Longleftrightarrow NH^{4+} + OH^- \tag{4-24}$$

$$Zn^{2+} + 4NH_3 \Longleftrightarrow [Zn(NH_3)_4]^{2+} \tag{4-25}$$

$$SC(NH_2)_2 + 2OH^- \Longleftrightarrow S^{2-} + CH_2N_2 + 2H_2O \tag{4-26}$$

从反应式(4-25)可以看出，在理想的情况下，$NH_3 \cdot H_2O$的浓度必须足够大到可以使溶液中的自由Zn^{2+}几乎全部络合；而从反应式(4-25)、式(4-26)可以看出，$NH_3 \cdot H_2O$的浓度必须足够小到可以使$SC(NH_2)_2$的水解几乎都发生衬底上，从而使溶液中的自由S^{2-}少。这两方面所起的作用都是为了使溶液中的自由Zn^{2+}和S^{2-}较少，从而有效的抑制同质反应。

化学水浴法生成ZnS的反应过程步骤如下：

① 如上反应式，氨水在水溶液中达到电离平衡：

$$NH_3 \cdot H_2O \Longleftrightarrow NH^{4+} + OH^- \tag{4-27}$$

氨水是弱碱，在溶液中的电离平衡常数$K=1.74\times10^{-5}$。

② $ZnSO_4$在溶液中溶解，生成Zn^{2+}与氨水水解生成OH^-结合形成$Zn(OH)_2$粒子：

$$Zn^{2+} + OH^- \Longleftrightarrow Zn(OH)_2 \tag{4-28}$$

$Zn(OH)_2$的溶度积为$K=2.22\times10^{16}$。

③ Zn^{3+}与$NH_3 \cdot H_2O$络合，形成$[Zn(NH_3)_4]^{2+}$络合离了：

$$Zn^{2+} + 4NH_3 \Longleftrightarrow [Zn(NH_3)_4]^{2+} \tag{4-29}$$

$[Zn(NH_3)_4]^{2+}$的稳定常数为$K=2.88\times10^9$。

④ 在碱性溶液中，硫脲是的S离子的来源，以下面方式释放出来：

$$SC(NH_2)_2 + 3OH^- \longrightarrow HS^- + CO_3^{2-} + 2NH_3 \tag{4-30}$$

$$HS^- + OH^- \longrightarrow S^{2-} + H_2O \tag{4-31}$$

⑤ 当 $SC(NH_2)_2$ 水解释放的 S^{2-} 与溶液中的 Zn^{2+} 的离子积大于 ZnS 的溶解度时，就会直接在溶液中生成悬浮的 ZnS 胶体粒子：

$$Zn^{2+} + S^{2-} \longrightarrow ZnS \tag{4-32}$$

这就是发生在溶液中的同质反应，其在溶液中形成胶体粒子，一部分以胶体形式沉积在衬底上，形成颗粒粗大，结合力差的薄膜；大部分胶体粒子沉淀在溶液中。

⑥ 异质反应是 Zn^{2+} 和 S^{2-} 络合生成的 $[Zn(NH_3)_4]^{2+}$ 扩散到衬底表面并被吸附，硫脲水解生成的 S^{2-} 接近 $[Zn(NH_3)_4]^{2+}$，从而造成锌—氨络合键的松弛，最后 S^{2-} 取代氨配位体形成 ZnS 薄膜，总体的反应式如(4-32)：

$$[Zn(NH_3)_4]^{2+} + SC(NH_2)_2 + 2OH^- \Longleftrightarrow ZnS[\text{衬底}] + 4NH_3 + CH_2N_2 + 2H_2O \tag{4-33}$$

上述两种生成 ZnS 的反应是同时进行的，前者在溶液中反应，形成白色、混浊的胶体粒子，后者才是形成高质量 ZnS 薄膜的主要反应。所以应该尽可能的抑制前者，而使后者成为主要反应，以提高薄膜的质量。

3) CBD 法制备 ZnS 薄膜要点

① 反应物 $ZnSO_4$ 为 Zn^{2+} 的来源，当 $ZnSO_4$ 的浓度较小，则 Zn^{2+} 不足，从而导致衬底上薄膜无膜或只有极薄的薄膜生成；当 $ZnSO_4$ 的浓度较大，则溶液中的 Zn^{2+} 过多，Zn^{2+} 不能有效的络合，导致溶液中的同质反应增加，结果仍然在衬底上不能生成薄膜。从实验数据分析得知，当 $ZnSO_4$ 浓度在 0.025 mol·L^{-1} 时，薄膜的厚度最高，此时薄膜为非晶结构，薄膜致密，透过率高。

② $SC(NH_2)_2$ 为 ZnS 薄膜中 S^{2-} 的来源，随着 $SC(NH_2)_2$ 浓度的增加，衬底上薄膜的厚度先增加后减少。当 $SC(NH_2)_2$ 浓度很低时，呈现结晶相，随着 $SC(NH_2)_2$ 浓度的增加，以异质反应为主，在衬底上生成 ZnS 薄膜。当 $SC(NH_2)_2$ 的浓度过大时，在溶液中生成大量的 ZnS 的胶体粒子，耗尽了有效的离子，故在衬底上没有薄膜生成或只有极薄的薄膜，从而表现出类似玻璃的非晶状态。在光学透过率方面，当 $SC(NH_2)_2$ 浓度为 0.07 mol·L^{-1} 时，薄膜的表面附着较多的胶体粒子，薄膜的透过率大大下降。随着 $SC(NH_2)_2$ 浓度的增加，薄膜的透过率提高，从而有利于太阳光的透过。

③ $NH_3 \cdot H_2O$ 在反应中有两个重要的作用：第一，$NH_3 \cdot H_2O$ 可以络合溶液中的 Zn^{2+}，从而避免了在溶液中生成 ZnS 粒子沉淀，即抑制了同质反应的生成；第二，$NH_3 \cdot H_2O$ 的水解，给 $SC(NH_2)_2$ 的水解提供了碱性的环境。经实验分析发现，随着 $NH_3 \cdot H_2O$ 浓度的增加，薄膜的厚度先增加后减少，薄膜的粗糙度是先下降后增加，在 $NH_3 \cdot H_2O$ 浓度为 2.9 mol·L^{-1} 时，薄膜的厚度最大、粗糙度最小。随着 $NH_3 \cdot H_2O$ 浓度的增加，薄膜的晶相结构逐渐由微晶向非晶转变，薄膜的透过率先增加后降低，同样在 $NH_3 \cdot H_2O$ 浓度为 2.9 mol·L^{-1} 时，薄膜的透过率最高。

④ 反应时间是影响薄膜生长的一个重要因素。反应时间过短衬底上几乎无膜，如

果时间过长薄膜容易变厚、发白，表面黏附大颗粒，导致薄膜的粗糙度显著增加，薄膜的透过率下降等。研究表明，薄膜的生长分为两个阶段：线性增长区和饱和区。而当反应时间过长，薄膜进入饱和区阶段时，溶液中的同质反应加剧，导致同质大颗粒黏附在薄膜表面，使薄膜不致密，而且降低薄膜的透过率，极有可能在做成电池时增加表面缺陷，降低光电转换效率。因此，反应时间不可过长，应控制时间使膜层的沉积处于线性增长区。

⑤ 搅拌速度是影响薄膜质量的关键因素之一。随着搅拌速度的增加，薄膜的厚度近乎呈线性增加，提高搅拌速度可以降低薄膜的粗糙度，薄膜逐渐由非晶向微晶结构转变。但是与反应时间对薄膜结构的影响相比，搅拌速度对薄膜结晶状态的影响并不明显。薄膜的透过率随着搅拌速度的提高有所降低，但总的来说，搅拌速度对 ZnS 薄膜光学性质影响不大。

4.5 CIGS 太阳电池金属背电极

Mo 作为 CIGS 太阳电池的背电极，处于电池的最底层，要求其具有低的电阻率，并在衬底上有良好的附着性。如果沉积的膜层应力较大，将会在制备 CIGS 太阳电池各个工艺节点上发生脱落，往往使已做好的膜层工艺前功尽弃。另外，Mo 的成膜状态对其后 CIGS 薄膜晶体的成核、生长和形貌有直接的影响。

钼(Mo)是一种重要的高熔金属材料，熔点可达到 2 622℃，其性能稳定并具有很低的饱和蒸汽压，在高温中不易与众多的元素发生化学反应，在真空镀膜中常被用作蒸发材料的加热器。另外，还具有较低的电阻率，常被作为电子元器件的电极。之所以选择 Mo 作为衬底材料，是基于历史原因和科学因素的考虑。Mo、Pt、Au、Au/Be、Al、Ni 和 Ag 等很多金属都被试着用来作为背接触材料，但是除了 Mo 和 Ni 之外的金属材料，在制备 CIGS 的过程中都会和 CIGS 产生不同程度的互扩散，不过 Mo 在 CIS 制备过程中有着比 Ni 在高温下更好的稳定性，并不会和 Cu、In 产生扩散，且具有很低的接触电阻，所以一直被用来作为背接触材料。

Mo 作为背电极，要求与 CIGS 吸收层形成欧姆接触。图 4-65 所示是 p 型 CIS 薄膜与金属 Mo 界面的能带图。虽然 CIS 在界面处能带向下弯曲，形成了 CIS 的价带顶与金属 Mo 之间 0.3 eV 的肖特基势垒，但对于 p 型 CIS 薄膜中的多子空穴来说，这么低的势垒不足以阻挡空穴进入金属 Mo 中。当然，能带向下弯曲对于少子电子在背电极处的复合是不利的，需要采取一定的措施加以抑制。总之，Mo 与 CIS 之间能够形成良好的欧姆接触，是 CIGS 太阳电池较好的背电极材料。

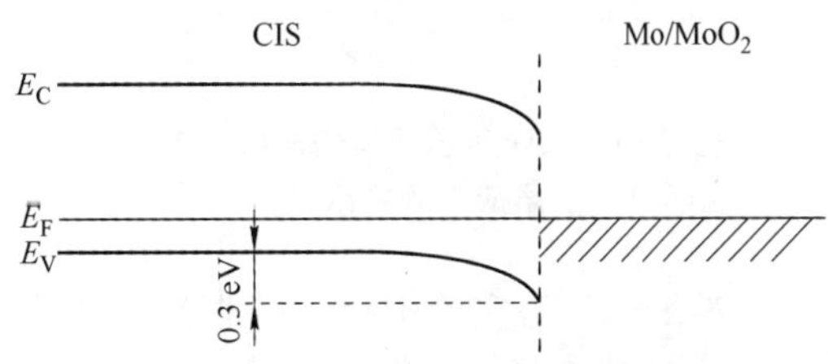

图 4-65　$CuInSe_2$ 与 Mo/MoO_2 界面能带图[33]

Mo 背电极的制备通常采用直流磁控溅射的方法，因此其溅射气压、功率、气体流量和衬底温度对薄膜结构和性质产生直接影响。Mo 的电阻率是提高电池性能的重要参数，但 CIGS 膜与 Mo 衬底间的附着性则是电池成品率的重要因素之一。为了解决这些问题，可采用调节溅射气压的方法，使得薄膜在沉积过程中形成的内应力得到匹配，既可有效改善薄膜的附着力，又能得到电阻率较低的 Mo 薄膜。

4.5.1 溅射工作气压对 Mo 薄膜性能的影响

1）溅射气压对 Mo 薄膜应力的影响

在直流溅射沉积 Mo 薄膜的过程中，Ar 气的工作压强大小是决定 Mo 膜性能的关键因素。图 4－66 是 John H. Scofield 表述的不同 Ar 气压强溅射，对应着不同的 Mo 层应力，由此描述出对应关系。在低 Ar 气压强时，应力为负值，呈现为压应力。提高溅射压强则呈现出压应力降低，溅射压强提高到 66.5 MPa 左右溅射的薄膜呈现出零应力；Ar 气压强进一步提高，Mo 层应力转为拉应力并有一最大值，继续提高 Ar 气压强，薄膜的拉应力降低，压强为 1 330 MPa 左右时又达到零应力；此后，随着压强升高，Mo 层应力又转变成压应力。图 4－66 也表示了附着力测试结果，Ar 气压强低时，附着力不好，测试均失败，当 Ar 气压强高于 266 MPa 后，附着力测试均通过。另外，随 Ar 气压强的升高 Mo 层的电阻率增大。

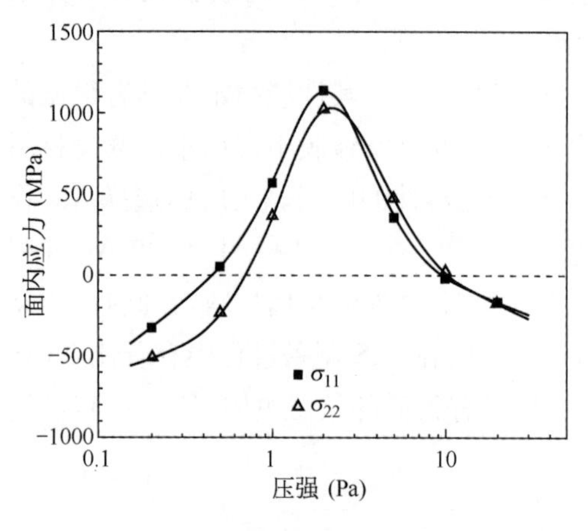

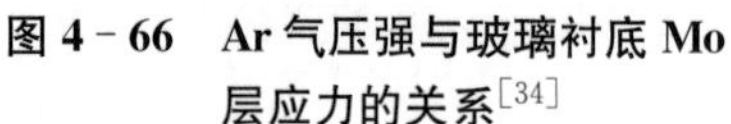
图 4－66 Ar 气压强与玻璃衬底 Mo 层应力的关系[34]

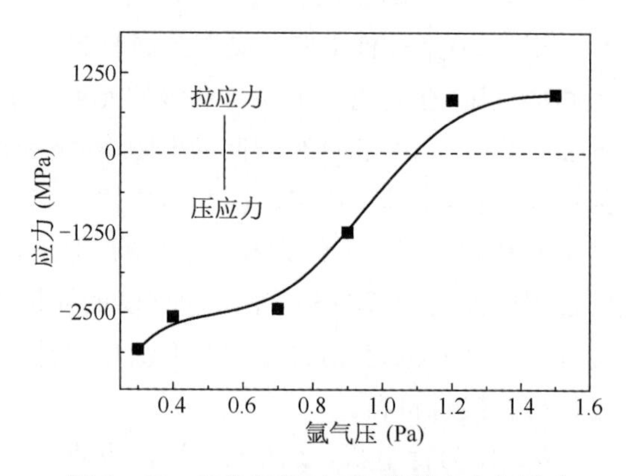

图 4－67 工作气压对 Mo 薄膜应力的影响

图 4－67 为实验中得到的直流磁控溅射制备的 Mo 薄膜应力与溅射气压的关系曲线，它表明了三个典型的应力区：

① 高气压时随气压减小拉应力有所增加；

② 在中间压强区拉应力到压应力的转变，且有一零应力点；

③ 在低压时出现高的压应力饱和区。

因此，依据上述 Ar 气压强与 Mo 层应力的关系，高气压溅射 Mo 薄膜不易脱落，低气压溅射电阻率低。因此，CIGS 太阳电池的 Mo 背电极均采用双层工艺，即先在 1 330 MPa 的 Ar 气压强下沉积很薄的一层 Mo 膜，与玻璃衬底之间的附着力好，应力也很小，几乎为零应力，然后在 133 MPa 左右的低气压强下沉积厚度 1 μm 左右的 Mo 膜。这种工艺制备的 Mo 层能够与玻璃衬底之间保持非常好的附着力，并且具有应力小，电阻率低的优点，有效降低太阳电池的串联电阻。

2）高气压与低气压直流溅射 Mo 薄膜的表观结构

采用高低压强溅射双层 Mo 薄膜，既可以降低底层应力，提高 Mo 与衬底的附着力，又可以保证顶层的低电阻率。两种溅射气压沉积的 Mo 薄膜表观形貌由图 4－68 显示出很大不同。0.4 Pa 气压溅射时，Mo 薄膜表面形成致密，呈颗粒较大的虫卵状，剖面呈紧密纵向生长粗大的晶状结构。1.5 Pa 下沉积的 Mo 薄膜表面颗粒细小连成片，片与片之间有间隙。剖面图呈现纵向生长的细密晶状结构。

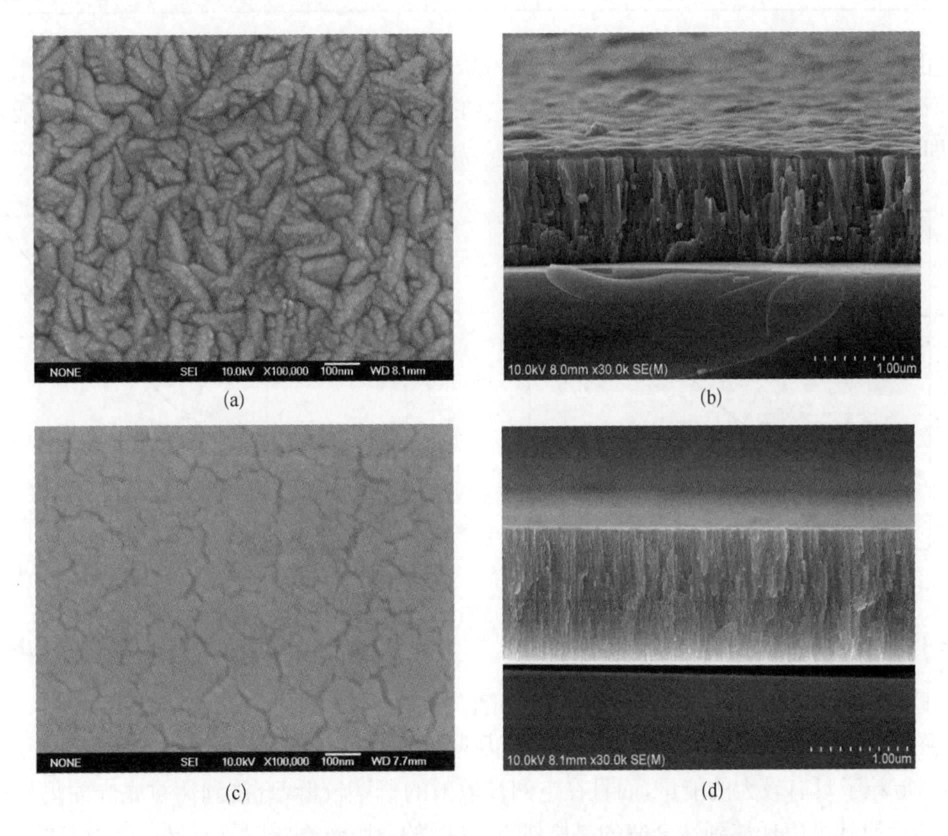

图 4－68　两种压强下溅射制备的 Mo 薄膜表面图与剖面 SEM 图

(a)和(b)为 0.4 Pa；(c)和(d)为 1.5 Pa

3）溅射气压对 Mo 薄膜晶格结构的影响

表 4－11 列出了不同工作气压的 Mo 薄膜(110)衍射峰 2θ 角、晶面间距值和晶格常数计算结果。由此可得图 4－69 显示了 Mo 的晶格常数 a 随溅射压强增大呈增大趋势，即呈拉伸趋势。

表 4-11 不同工作压强 Mo 的(110)衍射峰 2θ 角、晶面间距及其晶格常数

工作压强(Pa)	晶面指数(hkl)		晶格常数(Å)
	(110)		
	衍射峰位置 2θ(°)	晶面间距(Å)	a
0.35	40.445 3	2.227 56	3.149 77
0.40	40.419 4	2.228 93	3.151 71
0.70	40.399 0	2.230 01	3.153 23
0.90	40.350 0	2.232 60	3.156 90
1.20	40.098 9	2.246 00	3.175 84
1.50	39.907 1	2.256 36	3.190 49

由此可知,工作压强、衍射峰的 2θ 角和晶格常数 *a* 三者之间的关系是:工作压强增大,衍射峰的 2θ 角呈减小趋势(向 2θ 角较小的方向偏移),而晶格常数 *a* 和 *c* 却呈增大趋势,即呈拉伸趋势,应力也由压应力变为拉应力。

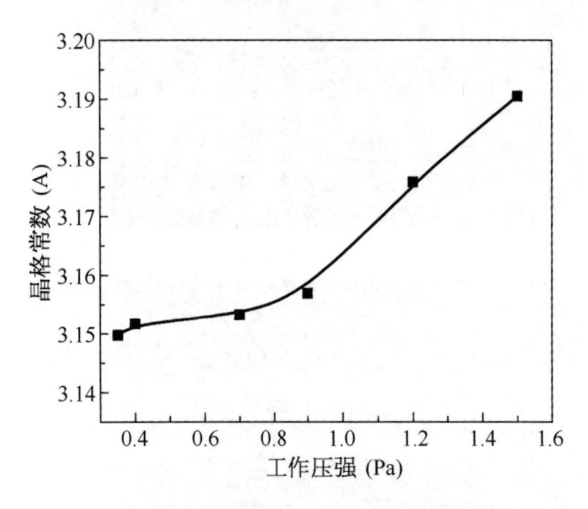

图 4-69 晶格常数 *a* 与工作压强的关系

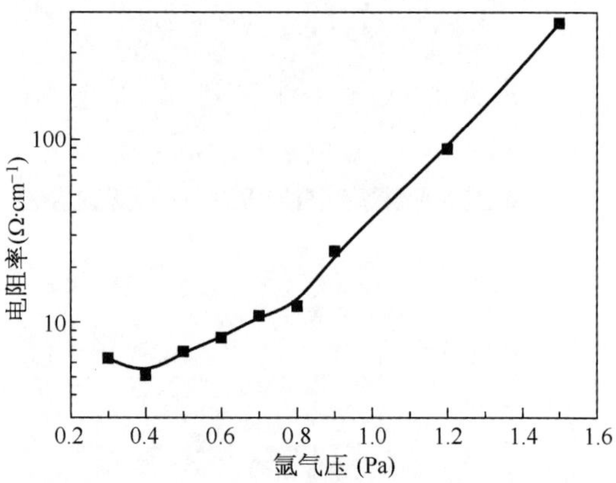

图 4-70 工作压强对 Mo 薄膜电阻率的影响

4) 溅射气压对 Mo 薄膜电学特性的影响

图 4-70 表明 Mo 薄膜电阻率随溅射气压降低而降低。低气压溅射 Mo 薄膜,从靶轰击出的 Mo 粒子具有较大的能量,而且在空间被散射的概率较低,直接到达衬底表面仍然有较高的能量使其可以迁移到达合适的晶格格点,此时的薄膜致密、结晶质量好,电阻率低。

若溅射气压过低,等离子对衬底 Mo 薄膜的轰击损伤越发明显;又若低气压溅射原子沉积过快,导致到达薄膜的 Mo 原子尚未迁移到合适的格点位置,又有新的原子覆盖之上,不能到达最低势能晶格格点的原子增多,使薄膜的晶相结构变差,不仅薄膜的压应力变大,而且电阻率也要增大。

5) 溅射气压对 Mo 薄膜附着力的检验

通过台阶仪测试并辅助水浴结合力测试实验,将制备好的玻璃衬底 Mo 薄膜,置于水

中浸泡超声或煮沸，如果没有出现 Mo 膜脱落现象即为通过，反之失败，由此这种水浴测试法）对结合力进行测试并得出结果（表 4－12）其中“是”表示通过测试，“否”表示没有通过。由表可知，随着溅射压强的升高，薄膜与玻璃衬底的结合力增加。较低气压下制备的薄膜，在试验过程中出现脱落现象，而在高气压下制备的薄膜，均没有出现薄膜脱落现象。

表 4－12　水浴测试法检验溅射气压对应的玻璃衬底 Mo 薄膜附着状态

溅射气压(Pa)	0.2	0.3	0.4	0.5	0.6	0.7	0.8	1.0	1.2
薄膜是否脱落	是	是	是	否	否	否	否	否	否

6）两步法溅射双层 Mo 薄膜

根据溅射压强与 Mo 薄膜应力及电导率的关系，CIGS 太阳电池的 Mo 背电极采用双层工艺已经成熟，并应用于工业化生产。

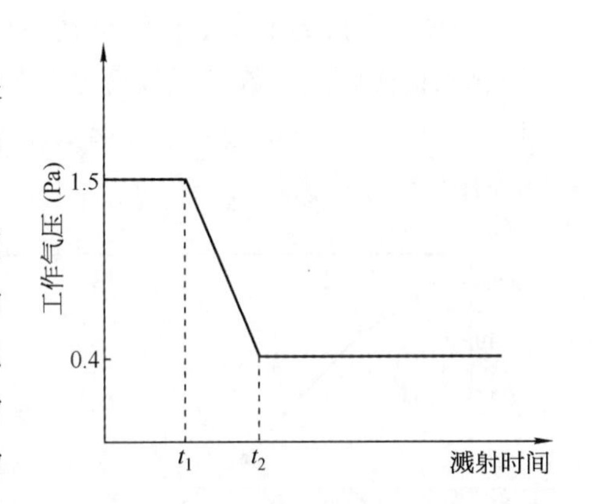

图 4－71　Mo 溅射过程中工作气压随时间的变化曲线

图 4－71 所示为溅射过程中工作气压随时间的变化曲线。溅射的开始阶段 t_1 之前，气压为 1.2～1.8 Pa，此时沉积的 Mo 薄膜附着力好，但电阻率较高。这一阶段沉积的 Mo 薄膜厚度大约为总厚度的 10%。第二层为低压强溅射，气压为 0.2～0.5 Pa，此层电阻率较低。在第一层与第二层之间有一缓冲层，如果由高气压直接调节到低气压，将不利于薄膜中应力的释放，也会在两层 Mo 薄膜的界面处出现明显的分层，影响到整体的附着，一般 $(t_1-t_2)=1/2t_1$ 较为适中。经过三个阶段的沉积，Mo 薄膜的最终厚度约有 1 μm，其方块电阻为欧姆量级。

4.5.2　衬底温度对直流溅射 Mo 薄膜的影响

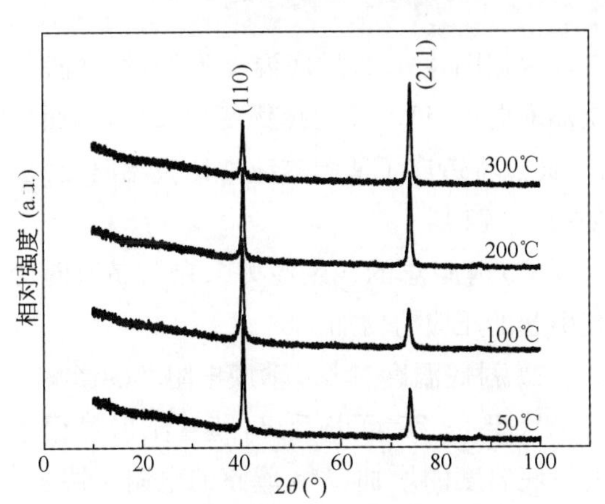

图 4－72　不同衬底温度下 Mo 薄膜的 XRD 图

1）衬底温度对 Mo 薄膜结构的影响

图 4－72 所示为不同衬底温度下 Mo 薄膜的 XRD 图。从图中可以看出，当生长温度增加后，Mo 的结晶取向发生了明显的变化，由原来室温下的(110)晶面择优变为(211)晶面择优。

2）衬底温度对 Mo 薄膜应力的影响

由于衬底温度在 Mo 薄膜沉积中和沉积后的变化，致使膜层与基底，膜层与膜层之间热膨胀系数的失配而产生热应力。其表达式为：

$$\sigma_t = \frac{E_f}{1-\upsilon_f}(\alpha_s - \alpha_f)\Delta T$$
$$\Delta T = T - T_0 \tag{4-34}$$

式中 E_f,υ_f——薄膜材料的弹性模量和泊松比；

α_s、α_f——基底和薄膜材料的热膨胀系数；

T_0、T——薄膜形成和测量时的衬底温度。

玻璃的热膨胀系数为 $5.1\times10^{-6}\ K^{-1}$，Mo 的热膨胀系数在室温、100℃、200℃、300℃和400℃时的具体数值分别为 $2.21\times10^{-6}\ K^{-1}$、$2.32\times10^{-6}\ K^{-1}$、$2.59\times10^{-6}\ K^{-1}$、$2.93\times10^{-6}\ K^{-1}$和 $3.13\times10^{-6}\ K^{-1}$，Mo 薄膜的杨氏模量和泊松比分别为 322.21 GPa 和 0.295 6 GPa。

通过计算得到不同生长温度造成的 Mo 薄膜热应力的变化如图 4-73 所示。由于 Mo 薄膜的热膨胀系数小于玻璃基片的热膨胀系数，当 Mo 薄膜由沉积温度冷却至室温时，Mo 层收缩的速率会小于玻璃基片收缩的速率，这会造成 Mo 薄膜受到玻璃基片的钳制作用而受压应力。

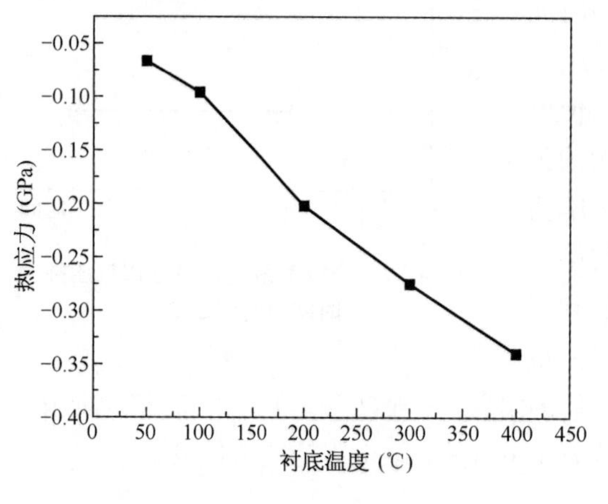

图 4-73 不同衬底温度下制备的 Mo 薄膜热应力

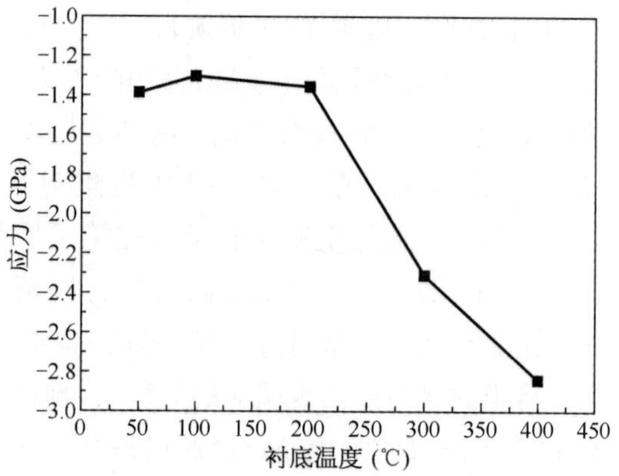

图 4-74 不同衬底温度下制备的 Mo 薄膜总残余应力

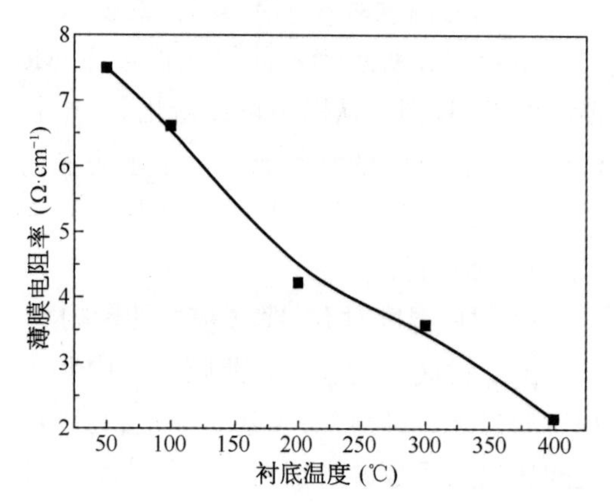

图 4-75 衬底温度对 Mo 薄膜电阻率的影响

根据图 4-72，衬底温度增加时，薄膜的结晶取向由(110)晶面择优变为(211)晶面择优，此过程造成了薄膜内应力比室温时更大，如图 4-74 所示。

Mo 薄膜总的残余应力来自结晶取向变化引起的压应力增加。

3) 衬底温度对 Mo 薄膜电阻率的影响

从图 4-75 可以看出，随着溅射过程中的衬底温度的增加，Mo 薄膜的电阻率降低，但真空室内残余氧的作用会越来越明显，因此对本底真空度要求更高。

4.5.3 气体流量对溅射 Mo 薄膜的影响

溅射时 Ar 离子的浓度很重要。在相同的工作压强下，Ar 气流量大表明真空室内会有源源不断的 Ar 气被电离，并使得真空室内其他杂质气体的含量减少。因此，Ar 气流量越大，Mo 薄膜的结晶取向越好。但 Ar 气流量只改变 Mo 薄膜的结晶取向，对方块电阻几乎没有影响。而且 Ar 气流量过大，会导致真空室内工作气压无法降下来，因此，结晶质量又会变差。表 4 - 13 为不同 Ar 气流量制备的 Mo 薄膜的性能。

表 4 - 13 不同 Ar 气流量制备的 Mo 薄膜的性能

Ar 气流量(Sccm)	薄膜厚度(μm)	Ro(Ohm)	I(110/211)
20	1.22	0.369	2 081/5 802
40	1.38	0.365	2 545/2 730
60	1.3	0.306	11 188/1 149
80	1.5	0.589 8	1 969/1 665

4.5.4 不同类型 Mo 衬底对 CIGS 吸收层的影响

分别在玻璃、Mo 箔、无择优取向的 Mo 薄膜以及(110)择优取向的 Mo 薄膜四种不同衬底上，采用共蒸发工艺沉积约 2 μm 厚的 CIGS 薄膜，用 XRD 测量薄膜的织构。在以上四种衬底上沉积的 CIGS 薄膜的(112)衍射峰强度逐渐减弱，(220/204)衍射峰从无到有且强度逐渐增强。在玻璃衬底上的 CIGS 薄膜只有(112)相，而在(110)取向的 Mo 薄膜衬底上，CIGS 的取向主要为(220/204)。在所研究的四种衬底中，只有 Mo 薄膜的(110)择优取向对 CIGS 薄膜的织构有影响，此时制备器件的转换效率也是最高的。

不同的 Mo 衬底织构影响着 CIGS 薄膜结构的晶面取向，对太阳电池的性能也有着一定的影响。图 4 - 76 为 Mo 箔、无择优取向的 Mo 薄膜和(110)择优的 Mo 薄膜的 XRD 谱。从中可以看出图 4 - 76a Mo 箔不存在(110)晶向，图 4 - 76c存在 Mo(110)晶向，但没有在该方向上出现择优，而图 4 - 76b 为明显的 Mo(110)晶向择优生长。

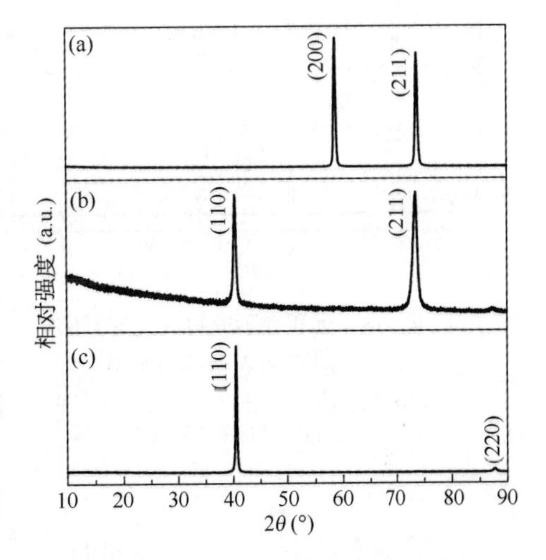

图 4 - 76 Mo 箔、无择优取向的 Mo 薄膜和(110)择优的 Mo 薄膜的 XRD 谱

(a) Mo 箔；(b) 无择优取向的 Mo 薄膜；(c) (110)择优的 Mo 薄膜

图 4 - 77 为无择优取向的 Mo 薄膜和(110)

择优的 Mo 薄膜的剖面和表面的 SEM 图。其中，图 4－77b 中的 Mo 表面形貌具有鳞片状结构，且层叠交错排列紧密。图 4－77a 中的 Mo 晶界模糊，无明显柱状生长。图4－77c 和 d 中 Mo 垂直衬底呈柱状生长，表面形貌具有卵形结构。Mo 颗粒间有孔隙存在，这有利于苏打玻璃中的 Na 通过 Mo 层扩散到 CIGS 薄膜中。而 Na 的扩散有助于 CIGS 薄膜的生长，并可以有效提高 CIGS 电池的转换效率。

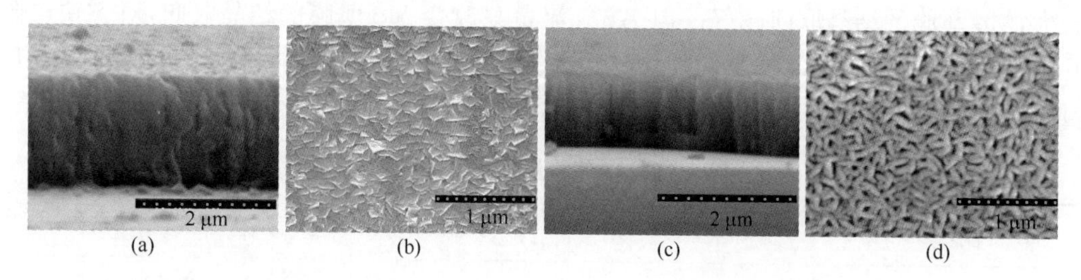

图 4－77　无择优取向的 Mo 薄膜和(110)择优的 Mo 薄膜截面和表面的 SEM 图

(a) 无择优取向截面；(b) 无择优取向表面；(c) (110)择优截面；(d) (110)择优表面

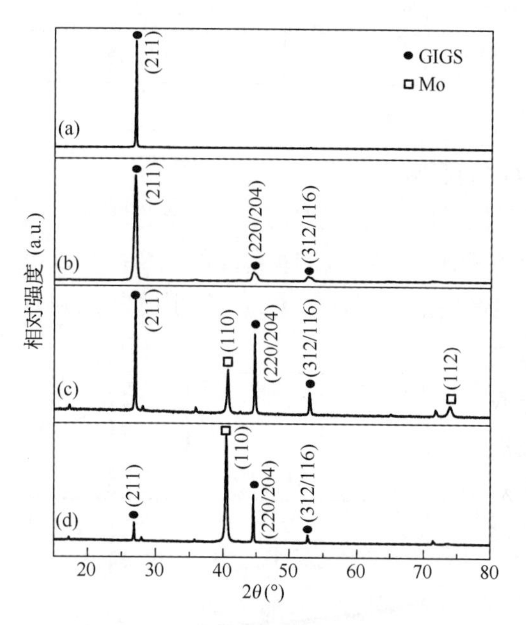

图 4－78　沉积在不同衬底上的 CIGS 薄膜的 X 射线衍射谱

(a) 玻璃衬底；(b) Mo 箔；(c) 无择优 Mo 薄膜；(d) (110)择优的 Mo 薄膜

图 4－78 分别为生长在玻璃、Mo 箔、无择优取向的 Mo 薄膜和(110)择优的 Mo 薄膜上的 CIGS 薄膜 XRD 谱。对于生长在(110)择优的 Mo 薄膜的 CIGS 薄膜，具有(220/204)择优取向；而对于生长在玻璃和 Mo 箔的 CIGS 薄膜，其(220/204)衍射峰的强度相对于(112)峰都很弱；在无择优取向的 Mo 薄膜上生长的 CIGS 薄膜，(220/204)与(112)的衍射峰强度相当。结合图 4－76 来看，无 Mo (110)衍射峰的玻璃和 Mo 薄膜衬底上不会生成具有(220/204)衍射峰的 CIGS 薄膜(如图 4 中的 a 和 b)，同时也说明 Mo 的(200)和(211)取向对 CIGS 薄膜的生长无太大影响；而 Mo(110)面使得 CIGS 薄膜会择优(220/204)晶面生长(图 4－78 中的 c 和 d)。

Lotgering 因子 L 表示某一晶面(hkl)相对于标准的粉末样品出现的显著程度，定义为：

$$L(\mathrm{hkl}) = \frac{P(\mathrm{hkl}) - P_{\mathrm{Powder}}(\mathrm{hkl})}{1 - P_{\mathrm{Powder}}(\mathrm{hkl})} \tag{4-35}$$

式中　$P(\mathrm{hkl})$——(hkl)晶面的衍射强度与总的衍射强度的比值；

$P_{\mathrm{Powder}}(\mathrm{hkl})$——粉末样品中相应的比值。

负的L因子表明这一晶面出现概率减少，而正的L(hkl)意味着晶面(hkl)相对粉末样品要显著。图4-79所示为沉积在玻璃、Mo箔、无择优取向的Mo薄膜和(110)择优的Mo薄膜的CIGS薄膜的L因子，在这四种衬底上沉积的CIGS薄膜的(112)衍射峰的显著程度逐渐减弱，而(220/204)衍射峰则逐渐增强。在玻璃上的CIGS表现完全的(112)织构，而在(110)择优的Mo上CIGS具有显著的(220/204)晶面取向。

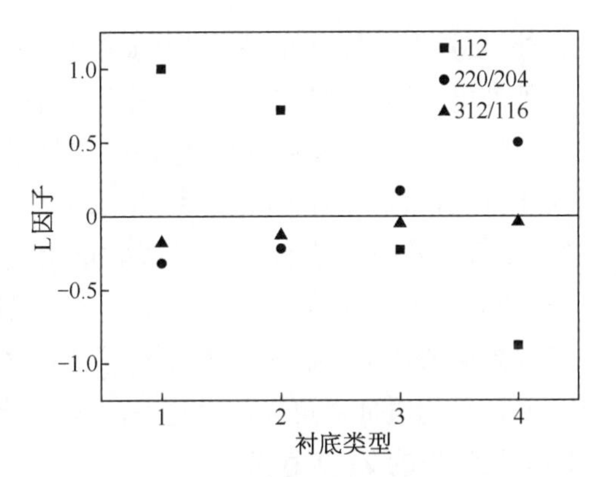

图4-79　不同衬底上沉积的CIGS薄膜的L因子

(横坐标对应：1-玻璃衬底、2-Mo箔、3-无择优Mo薄膜、4-(110)择优的Mo薄膜)

CIGS膜在无择优取向的Mo晶粒上没有取向关联，因此，形成CIGS薄膜的织构不明显。图4-79中玻璃上的CIGS(112)取向的$L=1$，表明(112)取向的晶粒充分择优。Mo箔上的CIGS薄膜结果表明，Mo(220)和Mo(211)取向的晶粒不影响CIGS薄膜的织构，而Mo的(110)面可以促使CIGS核的主要部分择优(220/204)面生长。

表4-14列出了在Mo箔、无择优取向的Mo薄膜和(110)择优取向的Mo薄膜上制备的CIGS电池性能参数，转换效率分别为5.0%、9.6%和11.6%。无择优取向的Mo薄膜和(110)择优取向的Mo薄膜的电阻率都为$2\times10^{-5}\,\Omega\cdot cm^{-1}$左右，可见电池效率并不受欧姆接触的影响，而是由CIGS薄膜的织构取向不同造成的。因此，沉积在(110)择优取向的Mo薄膜衬底上，具有(220/204)织构的CIGS吸收层在某种条件下所制备的电池具有更高的转换效率。

表4-14　不同衬底上制备的CIGS电池性能参数

衬　　底	V_{oc}(mV)	J_{sc}(mA·cm^{-2})	FF(%)	E_{ff}(%)
Mo箔	364	29.7	46.0	5.0
无择优Mo薄膜	570	28.2	60.0	9.6
(110)择优Mo薄膜	577	29.8	68.0	11.6

4.6　CIGS太阳电池窗口层材料

窗口层是CIGS太阳电池的重要组成部分，当光子从电池异质结顶层入射，其能量大于吸收层$Cu(In,Ga)Se_2$能隙的光子被吸收，激发产生光生载流子，顶层材料带隙越宽则到达吸收层的高能量短波光子越多，就如同为吸收层开设的窗口。窗口层应尽可能拓宽光谱响应范围，具有更高的可见光透过率，可以透过更多的高能量光子被CIGS所吸收。

另外，要具有高导电性，使异质结输出的光生电流能够被该层所收集，作为太阳电池负极对外部电路输出损耗最小。使用 ZnO 作为 CIGS 太阳电池的窗口层经历了一个发展阶段：在 CIGS 电池发展的早期，CdS 曾经是应用最广泛的一种化合物窗口层，但由于 Cd 对人体有害，而且本身带隙偏窄(2.42 eV)，因此逐步被 ZnO 所替代。ZnO 的禁带宽度为 3.2 eV，短波的透过率高，可使吸收层增加光生载流子数目。但是，用 ZnO 替代 CdS 直接与 CIGS 层构成异质结容易造成界面失配是因为它们的禁带宽度相差太大导致产生了较多的界面缺陷态，制约了光电转化率。但在它们之间增加一层很薄的 CdS 膜(厚约 50 nm)作为缓冲层可以解决这一问题，选择的窗口层则是具有本征 ZnO 和 Al 掺杂 ZnO 的双层结构的 ZnO 薄膜。

目前，高效率 $Cu(In,Ga)Se_2$ 电池所使用的窗口层，基本采用双层结构构成：透明的低阻导电层(掺杂的氧化锌)和高阻层即未掺杂的本征氧化锌(i-ZnO)。掺杂的氧化锌材料普遍使用 ZnO：Al(AZO)和 ZnO：Ga(GZO)，也有使用 ZnO：B(BZO)和 In_2O_3：Sn(ITO)等宽带隙材料。

4.6.1 窗口层 ZnO 薄膜

4.6.1.1 ZnO 的结构与物理特性

ZnO 是Ⅱ-Ⅵ族金属氧化物直接带隙半导体材料，具有六方晶系 $P6_3mc$ 空间群，晶格常数为 $a=0.3249$ nm，$c=0.5207$ nm，$c/a=1.6$，晶格能为 4 040 $J\cdot mol^{-1}$，晶体的密度为 5.68 $g\cdot cm^{-3}$；化学键型处于离子键与共价键的中间状态，熔点为 1 975℃，比同族的 ZnSe 高出 455℃，具有很高化学稳定性和热稳定性，激子束缚能高达 60 meV。基本结构有两种：一种是闪锌矿结构，另一种是纤锌矿结构。两种结构如图 4-80 所示。

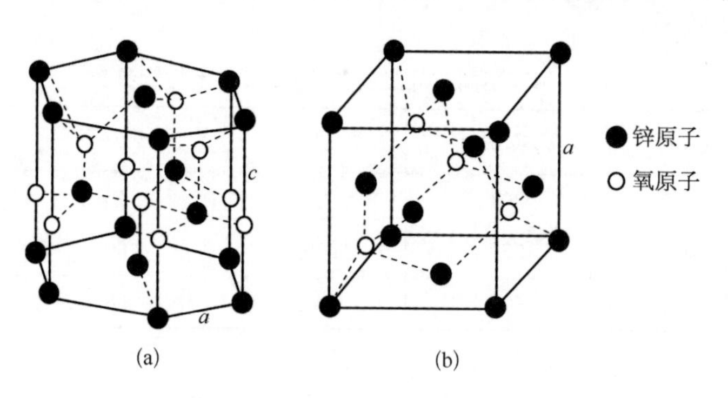

图 4-80 ZnO 的二种基本结构

(a) 纤锌矿结构；(b) 闪锌矿结构

由于闪锌矿结构 ZnO 不稳定，因而纤锌矿型的 ZnO 应用较多。未掺杂的本征氧化锌 i-ZnO 材料中，每个锌原子与 4 个氧原子按四面体排布，但 ZnO 晶体难以达到完美的化学计量比，存在多种本征缺陷，如间隙原子(Zn_i，O_i)和空位(V_{Zn}，V_O)等。一般情况下，本征缺陷主要以 Zn_i 与 V_O 两种施主型缺陷为主，所以没有掺杂的 ZnO 单晶体和薄膜为极性半导体呈 n 型，不过一般电阻率较大。ZnO 薄膜具有 C 轴择优生长的众多晶粒，每个晶粒都是呈生长良好的六角形纤锌矿结构。ZnO 晶体是氧的六角密堆积和锌的六角密堆积反向嵌套而成的，这种结构的薄膜具有透明导电性。室温时禁带宽度为 3.2 eV，对太阳光谱可见光波段具有较高的透过率，折射率为 2.2%，电子迁移率为 1.8×10^2 $cm^2\cdot V^{-1}\cdot s^{-1}$，有良好的抗电子辐射能力。

在 CIGS 电池异质结中高阻 i-ZnO 层与 CdS 薄膜同为 n 型层，具有较高的迁移率与适当的费米能级，在内建电场中起着重要作用。另一方面可阻止透明导电膜经过渡层 CdS 及 CIGS 薄膜的针孔或晶粒间隙直接与背电极 Mo 接触，从而减少电池内部短路点的数量，这对大面积 CIGS 电池组件来说尤为重要。美国 EPV 公司曾做过实验来验证高阻氧化锌的必要性。实验发现去除 i-ZnO 薄膜后，电池的开路电压下降 5%，效率下降接近 1%，其他参数几乎没有变化。窗口层的透光率要高，薄膜厚度及电阻率的控制也十分重要。i-ZnO 要有很高的电阻率，但其厚度较薄时不能很好地阻挡漏电作用，而薄膜较厚又会增大 CIGS 太阳电池的串联电阻，因此，一般控制在 30～70 nm。虽然掺杂 ZnO 薄膜越厚则方块电阻越低，有利于电流的横向收集，对载流子的传输也有利，但从光学角度而言，其透光率降低会减小短路电流密度。因此，在薄膜的可见光透过率与其电阻率为最佳配比的情况下，掺杂 ZnO 薄膜的厚度有一最佳选择。考虑到电池面积，大面积组件一般在 800～1 200 nm，小面积电池较低但不小于 300 nm。

4.6.1.2　掺杂氧化锌 AZO 与 GZO 薄膜

透明低阻导电薄膜掺杂氧化锌作为 CIGS 太阳电池窗口层，可掺杂微量Ⅲ族元素如 Al、Ga、In、B 和 Ti 等，比较常用的 AZO(ZnO：Al)与 GZO(ZnO：Ga)不仅具有较高的可见光通过率和良好的导电性能，而且储量丰富、无毒、易于制造、成本较低、热稳定性好。这类氧化锌系列透明导电膜目前最大的问题在于大面积镀膜下薄膜的导电均匀性比 ITO 差。因为 Al 的活性很高，极易与氧反应降低 AZO 的载流子浓度，从而增高了电阻率。

AZO 优良的导电性能主要是由于 Al^{3+} 离子取代 Zn^{2+} 离子，产生一个自由载流子，呈 n^+ 型，因而在 ZnO 中增加原有的导电能力。如果 Al 添加量过多，Al^{3+} 离子同时也会成为散射中心，从而阻碍载流子的运动而致电导率的降低。GZO 也是颇受瞩目的透明导电材料。Ga 的活性比 Al 小，比较不易受氧分压的影响，同时在相同的重量百分比下可以提供比 Al 更多的自由载流子。

4.6.1.3　ZnO 透明导电膜需要克服的问题

ZnO 透明导电膜具有优秀的综合性质，很有希望成为今后最主要的金属氧化物透明导电薄膜(TCO)材料。自 20 世纪 80 年代开始一直是研究的热点，有众多院所和公司从事相关的研究。比如德国海因-美特纳研究所(Hahn-Meitner Institute，HMI)Ellmer 领导的小组、美国可再生能源实验室(National Renewable Energy Laboratory，NREL)光伏实验室和日本金沢工业大学(Kanazawa Institute of Technology)Minami 领导的小组等。尤里希(Julich，德国规模最大的科研机构之一)的光伏研究所下设有一个专门研究 TCO 的小组，他们研究主要集中在：

① 为了满足工业化生产需要的高速沉积(中频磁控溅射工艺),同时该技术也是公司或与产业化接近的小组目前主要研究方向之一;

② 提高载流子迁移率,主要是为了太阳电池的应用。为了提高近红外区光子的透射,他们采用的方法是减少 Al 的掺入量,一般在 TCO 膜中 Al 的掺入量质量分数为 2% 的 Al_2O_3,而尤里希研究用质量分数 0.5%～1%的含量,电阻率几乎没有影响,载流子浓度降低迁移率提高,红外光子透过率有比较明显的提升。这个方向 NREL 和 HMI 也都有研究,NREL 用的方法是 H－Al 混掺杂,同时大幅减少 Al 含量。HMI 则设法使得 ZnO 薄膜的晶粒横向生长;

③ 绒面陷光,这个主要是 Si 基薄膜太阳电池的需要。

4.6.2 ZnO 薄膜的制备

ZnO 薄膜的制备方法很多,不同用途的 ZnO 薄膜对薄膜结晶取向、表面平整度、导电性、压电性、光学性能及气敏性能等有不同的要求,而薄膜的这些特性由制备过程工艺技术与参数决定,制备方法常见的有:磁控溅射法、化学气相沉积法(CVD)、原子层外延(ALE),包括金属有机化学气相沉积法(MOCVD)、分子束外延法(MBE)、反应等离子体沉积 RPD(Reactive Plasma Deposition)、热解喷涂法(Spray Pyrolysis)、脉冲激光沉积法(PLD)、溶胶凝胶法(Sol－gel)、电化学沉积等。由于 ZnO 薄膜是在已经初步形成的 n－CdS/p－CIGS/Mo 异质结的基础上沉积,因此,需要沉积过程中衬底温度要低,对衬底基片轰击损伤要小,否则将损坏异质结结构及特性。

最常用的低温沉积 ZnO 薄膜的方法是磁控溅射。该方法制备的薄膜结构、光学特性和电学特性都很好,而且沉积速率高、大面积薄膜均匀性好、操作过程安全、不使用有毒有害气体,材料成本和运行成本低,工业化技术与设备成熟,大部分薄膜太阳电池企业和研究机构均采用此技术制备 TCO。除此之外,人们不断地研究发展新的技术,避免对缓冲薄层及异质结所带来的溅射损伤,并提高薄膜的透光率和电导率。日本的 Showa Shell Solar 公司在 CIGS 太阳电池吸收层之上用 CBD 法沉积 $Zn(O, S, OH)_x$ 缓冲层,将过渡层 CdS 与 i－ZnO 窗口层合二而一,使用 MOCVD 法沉积 ZnO∶B 薄膜,避免了溅射过程中对衬底的轰击损伤,并提高了 TCO 在长波段(1200 nm)的透过率,更能发挥 CIGS 表面带隙提高的优势。Martub 等采用电子回旋共振 CVD(Electron Cyclotron Resonance CVD,ECRCVD)法,制备的 ZnO∶Al 薄膜在可见光范围的透过性能好(92%～96%),电阻率为 $6\times10^{-3}\ \Omega\cdot cm^{-1}$。M. Puriea 等采用 CVD 法在 Si 和 InP 半导体衬底上沉积约 0.1 μm厚的 ZnO 透明导电膜,透过率>80%且电阻率<$3\times10^{-4}\ \Omega\cdot cm^{-1}$ 的优质薄膜。此外,世界三大薄膜太阳电池设备供应商之一的瑞士 Oerlikon Solar 使用的是 LPCVD 制备 ZnO 作为 TCO 膜。

4.6.2.1 磁控溅射 i－ZnO 薄膜

沉积 i－ZnO 薄膜可采用金属 Zn 靶反应溅射,也可以使用本征 ZnO 陶瓷靶溅射。在制备工艺中,氧气与氩气的比例是决定薄膜结构与性能的重要因素。改变溅射功率、溅射压强以及溅射时间等条件，其晶相结构、电阻率、薄膜厚度等参数也会发生变化，但是对 i-ZnO 薄膜光电特性起决定作用的是 O_2/Ar。改变氧气与氩气比，薄膜的电阻率和透光率将发生明显变化。

在高阻 ZnO 薄膜各项光电性能中，与电池转换效率关系最密切的是电阻率和透光率，这两个参数都依赖于溅射时 O_2气的比例。图 4-81 表示采用本征 ZnO 陶瓷靶材磁控溅射制备的 i-ZnO 薄膜电阻率与 O_2气比例关系。溅射过程中，O_2与 Ar 比值与高阻 ZnO 的电阻率在0～2%范围内呈近似线性关系，当 O_2/Ar 接近 0 时，高阻 ZnO 薄膜的电阻率逐渐接近 $10^6\ \Omega\cdot cm^{-1}$。超过 2%以后，薄膜的电阻率上升到 $10^8\ \Omega\cdot cm^{-1}$以上，但会使 CIGS 电池的填充因子明显下降。另一方面，随着溅射功率提高，高阻 ZnO 薄膜的 Zn 含量提高，可使电阻率降低，其透光率也会随之下降，仍可使太阳电池的短路电流密度下降。因此，O_2/Ar 比必须选择一个适当的数值，兼顾电阻率和透光率两项指标。实验结果表明 O_2气含量在 1.0%～1.5%范围内电池转换效率较高。

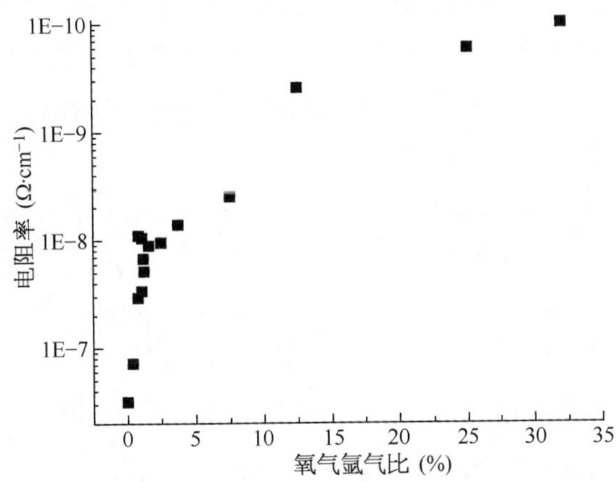

图 4-81　i-ZnO 电阻率随 O_2气比例的变化关系

虽然 ZnO 薄膜在低溅射下具有较好的晶相，但低的溅射气压需要高的起辉功率，而高能离子对 CIGS 薄膜轰击会影响电池性能。因此，沉积高阻 ZnO 的溅射压强通常为 0.3～0.45 Pa。

4.6.2.2　溅射制备 ZnO：Al 薄膜

作为Ⅱ～Ⅵ族化合物的氧化锌，可以掺入Ⅲ族元素或者氧来改善导电性。Al 作为掺杂元素的 ZnO(AZO)具有价格便宜、来源丰富、无毒和稳定性好等优点，被广泛应用在太阳电池中，是比较理想的透明导电层和窗口层材料。

1) 溅射气压对 AZO 薄膜性能的影响

表 4-15 是根据 X 射线衍射谱并由 Scherre 公式估算出的不同溅射气压下所沉积的 AZO 薄膜晶粒尺度，低溅射压强下薄膜晶粒较大表明其晶化程度高。随着溅射压强的增大，薄膜颗粒尺度降低，由此带来薄膜性能的不同。

表 4-15　不同溅射气压下制备的 AZO 薄膜的 X 射线衍射数据分析

溅射气压(Pa)	半高宽(°)	晶面间距(Å)	晶粒大小(nm)
0.4	0.340 1	1.370 6	29.48
0.6	0.342 8	1.361 3	29.34
1.0	0.365 8	1.370 9	27.41

图 4－82 给出了 AZO 薄膜的载流子浓度、电阻率和迁移率随溅射压强的变化关系。从图中可以看出，溅射压强由 0.4 Pa 开始增加，其电阻率略有降低后开始变大，工作压强为 0.6 Pa 时，电阻率降到极小值为 $5.2\times10^{-4}\Omega\cdot cm^{-1}$。高于 0.9 Pa 以后，其电阻率增高且速率加快。霍尔迁移率变化趋势基本与之相反，工作压强为 0.6 Pa 时，有一极大值为 $24.1\ cm^2\cdot V^{-1}\cdot s^{-1}$。载流子浓度与电阻率变化趋势类似，工作气压为 0.6 Pa 时电子的载流子浓度最高。

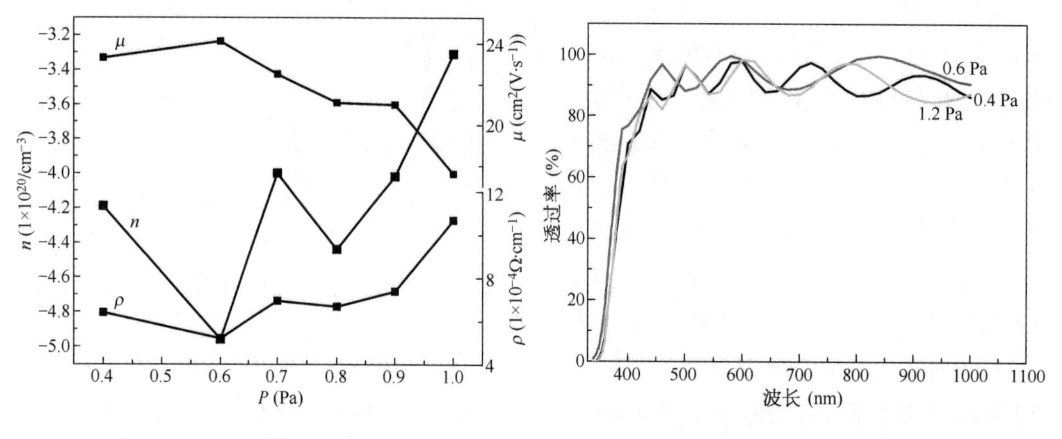

图 4－82　AZO 电学参数与溅射工作气压的关系

图 4－83　不同溅射气压下制备的玻璃衬底 AZO 薄膜透过率

图 4－83 所示为不同工作气压下制备的 AZO 薄膜在 350～1 000 nm 波长范围内的透光率。工作压强为 0.6 Pa 时光的透过率最高，并且向短波扩展。

上述结果表明，溅射 AZO 薄膜的工作气压及相应的工艺条件对其光学和电学特性影响不可忽视，这里存在一个最佳的工艺条件，即透光率、电阻率和迁移率综合指标有一最佳值。不同的设备条件其最佳工艺参数是不同的，因此上述结果只是供读者参考。

2）溅射气压与 AZO 薄膜应力

AZO 薄膜的内应力主要是压应力，多数共价固体薄膜中都存在内压应力。一般而言，溅射沉积需要较低的工作气压。从靶溅射出来的具有较高能量的粒子，在低散射概率下直接到达衬底表面，粒子经迁移后到达合适的晶格格点，此时薄膜最为致密、结晶质量好、应力最小，得到的薄膜性能最好。但为了提高薄膜沉积速率，在薄膜性能可以接受的情况下，溅射气压往往要低于最佳工作气压，致使沉积速率过快，在沉积的原子尚未达到合适位置时，新的原子又覆盖而来，使其晶格缺陷大为增加，由此带来的压应力增加。另外，在低气压溅射中高能离子轰击损伤晶格表面，由“原子锤击”机制将表面原子锤击到成膜的表面以下，陷入的原子引起严重的应变，使薄膜内产生了很大的内应力。在 AZO 薄膜内，这些次嵌入或撞入的原子可能是 Zn 原子或 O 原子，处于填隙位置就会引起膜的内应力。

若溅射气压过大，溅射出的靶粒子到达衬底前与残留气体分子碰撞的概率增大使散射程度增加，减小了到达薄膜表面的粒子动能，这些粒子没有足够的能量迁移到晶格位置而处于填隙状态，薄膜内应力也会增加（图 4－84），而且薄膜晶化程度变差。

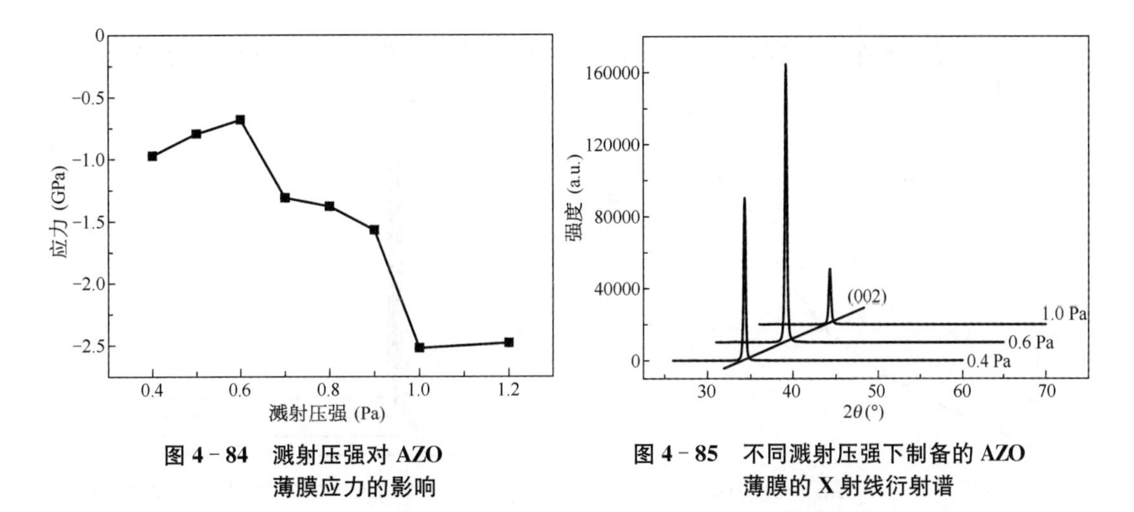

图 4 - 84　溅射压强对 AZO 薄膜应力的影响

图 4 - 85　不同溅射压强下制备的 AZO 薄膜的 X 射线衍射谱

图 4 - 85 所示为在不同溅射压强下制备 AZO 薄膜的 X 射线衍射谱。可以看到 AZO 薄膜在 $2\theta \approx 34.14^\circ$ 附近存在着相应于(002)面的衍射峰,表明所沉积的 AZO 晶粒具有六角纤锌矿结构,呈 c 轴择优取向,晶粒垂直于衬底方向柱状生长,在 0.6 Pa 溅射气压下沉积的 AZO 薄膜晶相最佳。

溅射压强太低时,真空室内气体过于稀薄,薄膜沉积速率太快,使得成膜质量变差。而溅射压强过大,溅射粒子(Zn、Al、O)在沉积过程中频繁地与氩粒子发生碰撞散射,使得到达基片上的粒子能量降低,会使薄膜的衍射峰强度减弱。因此,制备具有较好 c 轴择优取向的薄膜需要选择最佳的溅射压强。

金属氧化物 ZnO 薄膜的内应力与金属 Mo 薄膜的内应力不同,因为二元化合物的内应力不仅受制于元素的化合计量比,还要考虑掺杂原子的影响。采用氧化物陶瓷靶制备 AZO 薄膜时,各个原子的溅射产额并不相同,导致薄膜中的元素配比与靶材元素比例并不相同。因此,薄膜中会产生原子偏离化学式中的比值造成薄膜缺陷,这些缺陷也是 ZnO 薄膜内产生应力较大的因素。此外,掺杂的 Al 在薄膜中所处的状态,如填隙状态还是替位状态,也会给 ZnO 薄膜带来较大的内应力。

3) 热处理对 AZO 薄膜应力的影响

由于溅射沉积是一种非平衡的薄膜生长,薄膜内部存在着成分的起伏,加上空间的限制,晶粒与晶粒互相挤压,使薄膜内存在着较大应力。退火处理可以释放内应力,使偏离平衡位置的原子能够获得足够的能量扩散到能量最低的晶格位置。将样品分别进行 50℃、100℃、150℃和 200℃退火,观察退火温度对 AZO 薄膜应力的影响。

在室温条件下制备的 AZO 薄膜,Zn 和 O 原子来不及通过热运动到达晶格点位置,便又生成新的晶粒,从而增大了空位和填隙原子等结构缺陷出现的概率,使得薄膜内应力变大。通过适当的退火,使晶粒内部和表面原子通过热运动到达晶格格点位置,减小薄膜内应力(图 4 - 86)。影响薄膜中内应力增大的另一种可能因素是薄膜中氧空位的形成。氧空位是氧化物薄膜中不可避免的缺陷,它对薄膜性能的影响意义重大。在薄膜内应力的演变过程中,同样起着重要的作用。空气中退火可以使薄膜表面的 O 向 ZnO 薄膜中扩散,填补了部分

O空位。当温度达到150℃时，过多的O原子可以使薄膜应力状态从压应力转变成拉应力。

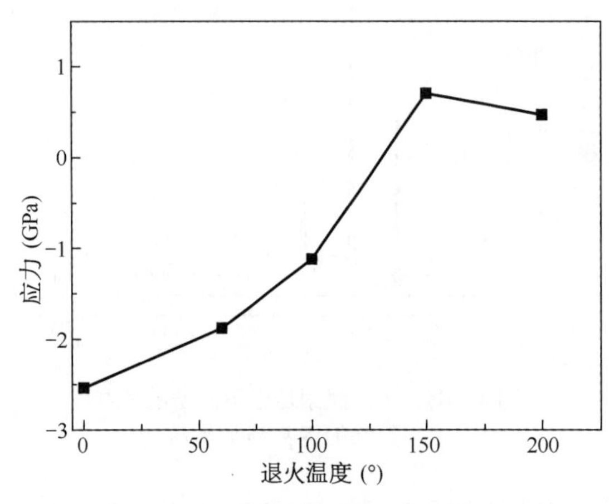

图4-86 AZO薄膜应力与退火温度的变化关系

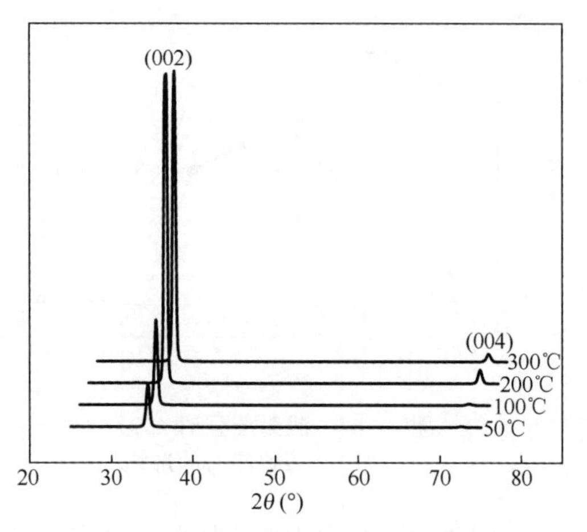

图4-87 不同温度下沉积的AZO薄膜的XRD图

4）生长温度对AZO薄膜的影响

图4-87所示为不同生长温度下沉积AZO薄膜的XRD图。从图中可以看出，所有的AZO薄膜具有明显的(002)衍射峰择优，呈垂直衬底c轴择优取向的多晶结构。衍射峰的强度表明高温(300℃)沉积的AZO薄膜的结晶质量明显好于室温下的薄膜。

沉积温度对AZO薄膜电学性能有很大的改善。图4-88所示，在200℃条件下，得到的薄膜电阻率为$3.88\times10^{-4}\Omega\cdot cm^{-1}$，迁移率高达$38.5\ cm^2\cdot V^{-1}\cdot s^{-1}$。对于CIGS太阳电池窗口层而言，AZO沉积温度通常在100℃以下，不能超过150℃，否则器件性能将会大大降低。

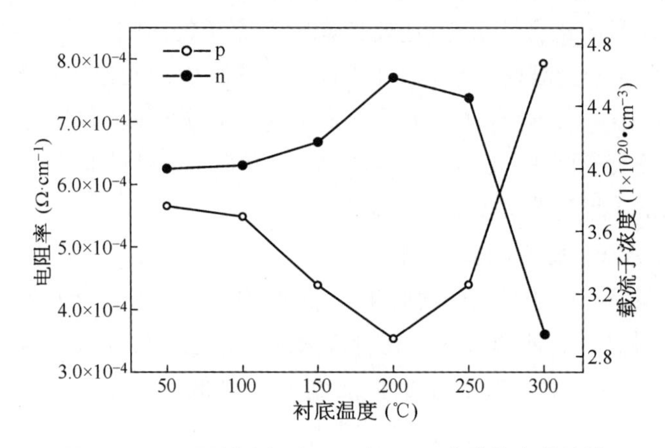

图4-88 不同衬底温度下沉积AZO薄膜的电学特性

4.7 CIGS太阳电池发展方向

CIGS太阳电池材料与器件由多元化合物半导体及多层薄膜构成，远不如硅和锗等单质半导体及Ⅲ-Ⅴ族半导体成熟，虽然电池转换效率达到了多晶硅太阳电池水平，但继续提高仍有很大潜力。采用同族元素及异族元素的掺杂、替位及带隙工程，创造出新的材料和光伏器件，缩短商品化组件效率与实验室纪录的差距，达到或超过晶体硅太阳电池组件效率，将是基础研究与工程技术开发的预期目标。

围绕着CIGS太阳电池产品及技术发展，大面积连续化制备CIGS薄膜系统，按照工艺要求达到元素比例在线监测及可控性，制备结构及光电特性均匀的大面积薄膜，具有量产化的连续性、重复性和高可靠性是解决目前产业化提高良品率的关键。发展非真空等低成本制造CIGS薄膜技术，消除中间过渡元素不利影响，解决大面积预置层制备与后处理的连续化与批量化及热处理过程中元素流失的问题，从而进一步提高产品的一致性；发展其他与CIGS同构低成本材料，以廉价且资源丰富的材料(如Al、Zn、Sn、S)取代稀有贵金属(如In、Ga、Se)；研究低温合成CIGS薄膜材料科学与技术机理，在保证高效电池材料结构基础上降低成膜温度，不仅可以降低能源消耗，而且也能降低生产制造设备的技术难度，以及提高设备的可靠性；发展高弱光吸收性能的CIGS光伏电池应用于光伏建筑(BIPV)，提高城市建筑自发电能力。

CIGS太阳电池综合性能是其他种类太阳电池无法比拟的，因而无论在军事应用方面还是在民用方面都具有广阔的市场前景和巨大的市场。虽然受In、Ga和Se等稀有原材料限制，目前该类电池还不能作为替代能源而大规模发展，年产几十GW有可能对ITO市场带来一定影响，但是对于CIGS独特的高比功率柔性电池、外观色调高雅且弱光发电能力强的BIPV光伏组件仍然会占据一定的市场份额。由于目前勘探出来的In储量70%分布在中国，因此中国必将在CIGS太阳电池发展中大有所为。

参考文献

[1] Hahn H., Frank G., Klingler W. et al. Ubereinige ternare Chalkogenide mit Chalkopyritstruktur. Z. Anorg. *u.* Allg. Chemie, 1953, 271, 153-170.

[2] Tom Markvart, Luis Castaner, Practical Handbook of Photovoltaics: Fundamentals and Applications, Elsevier Advanced Technology, 2003.

[3] Bernhard D. and Rolf W., Manufacturing and Application of CIS Solar Modules, Thin Solid Films, 2007, 515, 5973-5978.

[4] Chirilă A, Buecheler S, Pianezzi F, et al. Highly Efficient Cu(In, Ga) Se_2 Solar Cells Grown on Flexible Polymer Films, Nat Mater, 2011, 10(11), 857-861.

[5] Neelkanth G. Dherel, Shantinath R. et al. $CIGS_2$ Thin-Film Solar Cells on Flexible Foils for Space Power, Prog. Photovolt: Res. Appl. 2002, 10, 407-416.

[6] T. K. Todorov, K. B. Reuter, D. B. Mitzi, High-efficiency solar cell with earth abundant liquid-processed absorber, Adv. Mater. 2010, 22, E156-E159.

[7] M. Gloeckler and J. R. Sites, Efficiency limitations for wide-band-gap chalcopyrite solar cells. Thin Solid Films, 2005, 480-481, 241-245.

[8] S.-H. Wei, S. B. Zhang, and A. Zunger. Effects of Ga addition to $CuInSe_2$ on its electronic,

structural, and defect properties Appl. Phys. Lett. 1998, 72(24), 3199 - 3201.

[9] S. S. Hegedus and W. N. Shafarman, Thin-Film Solar Cells: Device Measurements and Analysis Prog. Photovoltaics, 2004, 12(2 - 3), 155 - 176.

[10] N. Yamamoto and T. Miyauchi. Growth of Single Crystals of $CuGaS_2$ and $CuGa_{(1-x)}In_xS_2$ in In Solution. Jap. J. Appl. Phys., 1972, 11, 1383 - 1384.

[11] G. Hanna, A. Jasenek, U. Rau et al. Open Circuit Voltage Limitations in $CuIn_{1-x}Ga_xSe_2$ Thin-Film Solar Cells-Dependence on Alloy Composition[J]. Phy. Stat. sol. (a), 2000, 197, R7 - R8.

[12] Tom Markvart, Luis Castaner, Practical Handbook of Photovoltaics: Fundamentals and Applications, Elsevier Advanced Technology, 2003.

[13] Ciszek T F. Growth and properties of $CuInSe_2$ crystals produced by chemical vapor transport with iodine. Journal of Crystal Growth, 1984, 70(1 - 2), 405 - 410.

[14] Neumann H. Optical properties and electronic band structure of $CuInSe_2$. Solar Cells, 1986, 16, 317 - 333.

[15] Wasim S M. Transport properties of $CuInSe_2$. Solar Cells, 1986, 16, 289 - 316.

[16] Su-Hai Wei and Alex Zunger, Band offsets and optical bowings of chalcopyrites and Zn-based Ⅱ-Ⅵ alloys, J. Appl. Phys., 1995, 78(6), 3846 - 3856.

[17] R. Brüggemann and G. H. Bauer, Optical Properties of $CuIn_{1-x}Ga_xSe_2$ Thin Films, 19th European Photovoltaic Solar Energy Conference, 7 - 11 June 2004, Paris, France, 1999 - 2002

[18] J. S. Parek, Z. Dong, Sungtae Kim, et al. $CuInSe_2$ phase formation during Cu_2Se/In_2Se_3 interdiffusion reaction, J. Appl. Phys., 2000, 87(8), 3683 - 3690.

[19] Stanbery B J, Copper Indium Selenides and Related Materials for Photovoltaic Devices, Critical Reviews in Solid State, 2002, 27, 73 - 117.

[20] C. Beilharz, Charakterisierung von aus der Schmelze gezüchteten Kristallen in den Systemen Kupfer-Indium-Selen und Kupfer-Indium-Gallium-Selen für photovoltaische Anwendungen[D]. Albert-Ludwigs-Universität, Freiburg i. Br. 1999.

[21] A. Romeo, M. Terheggen, D. Abou-Ras et al. Development of Thin-film $Cu(In,Ga)Se_2$ and CdTe Solar Cells [J]. Prog. Photovolt: Res. Appl, 2004, 12, 93 - 111.

[22] Wendt R. Analyse der energie-und teilchenströ me bei der ZnO: Al-abscheidung mittels Magnetron-Sputterns für die Herstellung von Dünnschichtsolarzellen: [dissertation]. Bochum: Ruhr-University, 1996.

[23] Yoshiaki Tanaka, Norimasa Akema, Takahiro Morishita, et al. Improvement of Voc upward of 600 mV/cell with CIGS-based absorber prepared by Selenization/ Sulfurization. Conf. Proceedings, 17th ECPhotovoltaic Solar Energy Conference, Munich,October 2001; 989 - 994.

[24] C. H. Chang PhD. Dissertation, university of Florida,Gainesville,FL 1999.

[25] Anderson T, Processing of $CuInSe_2$-Based Solar Cells: Characterization of Deposition Processes in Terms of Chemical Reaction Analyses, NREL, Phase Ⅱ Annual Report 6 May 1996-May 1997

[26] Ider M, Thermochemistry and phase diagram studies in the Cu-In-Ga-Se System, University of Florada, PhD 2003.

[27] Ejigu E K, The Effect of Temperature, Time and Gas Flowrate On The Growth and

Characterization of Cu(In,Ga)Se_2(CIGS) Absorbers for Thin Film Solar Cells, Rand Afrikaans University, Master, 2004.

[28] Jitsukawa H, Matsushita H, Takizawa T, Phase diagrams of the (Cu_2Se, CuSe)-$CuGaSe_2$ system and the crystal growth of $CuGaSe_2$ by the solution method, Journal of Crystal Growth 1998, 186, 587-593.

[29] Matsushita H, Jitsukawa H, Takizawa T, Thermal analysis of the chemical-reaction process for $CuGa_{1-x}In_xSe_2$ crystals, Journal of Crystal Growth 1996, 166, 712-717.

[30] Wang H. Studies of compounds related to Cu($In_{1-x}Ga_x$)Se2 solar cells[D]. McGill Univesity, 2001.

[31] Kushiya K, Ohshita M, Hara I, Tanaka Y, Sang B, Nagoya Y, Tachiyuki M, Yamase D. Yield issues on the fabrication of 30 cm × 30 cm-sized Cu(In, Ga)Se_2-based thin-film modules[J]. Solar Energy Materials and Solar Cells, 2003, 75, 171-178.

[32] Nakada T, Mizutani M. 18% efficiency Cd-free Cu(In, Ga)Se_2 thin-film solar cells fabricated using chemical bath deposition (CBD)-ZnS buffer layers[J]. Japan Journal of Applied Physics, 2002, 41, L165-L167.

[33] Deter Schmid, Martin Ruckh and Hans Werner Schock, A comprehensive characterization of the interfaces in Mo/CIS/CdS/ZnO solar cell structures, Solar Energy Materials and Solar Cells 1996, 41/42, 281-294.

[34] John H. Scofield, A. Duda, D. Albin, et al. Sputtered Molybdenum Bilayer Back Contact for Copper Indium Diselenide-Based Polycrystalline Thin-Film Solar Cells, Thin Solid Film, 1995, 260, 26-31.

第 5 章

染料敏化太阳电池

染料敏化太阳电池(DSC)主要模仿光合作用原理,通过光化学-物理过程来实现光电转换,是薄膜光伏太阳电池中具有代表性的一类电池。本章首先描述其结构和基本工作原理,深入介绍染料敏化太阳电池关键材料的制备方法和物理化学特性,详细阐述染料敏化太阳电池制作工艺技术,在此基础上分析讨论 DSC 提高效率和降低成本的途径。

5.1 太阳电池结构和原理

经典 DSC 采用一种类似"三明治"的夹心结构,如图 5-1 所示,主要由透明导电基底、纳米半导体材料、染料敏化剂、含氧化-还原电对电解质体系和对电极五个部分组成。

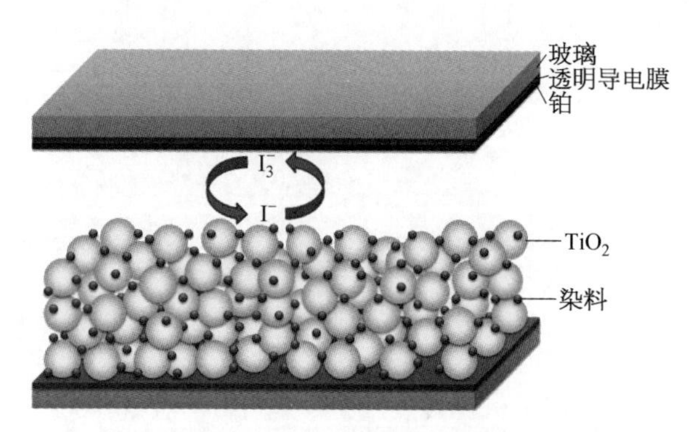

图 5-1 染料敏化太阳电池结构示意图

工作电极主要是在导电衬底材料上制备一层多孔半导体薄膜,并吸附一层染料光敏化剂;对电极主要是在导电衬底上制备一层含铂或碳等催化材料。在工作电极中,TiO_2 是染料敏化太阳电池中常用的纳米半导体材料,它的带隙为 3.2 eV,截止吸收波长为 387 nm,可见光不能将它激发。当在多孔 TiO_2 薄膜表面吸附染料光敏化剂时,可以很好地拓宽其截止吸收波长至红外区域。基态染料吸收光后跃迁至激发态,由于激发态的不稳定性,电子将以极快的速度注入到 TiO_2 的导带,注入到导带中的电子通过扩散到达导电基底,然后经外回路回到对电极产生光电流。被氧化了的染料分子被从对电极产生的 I^- 还原,回复到基态,同时电解质中产生的 I_3^- 扩散至对电极被电子还原成 I^-,从而构成一个完整的循环。DSC 工作原理如图 5-2 所示,主要包括以下几个过程：

① 染料受光激发由基态 D 跃迁到激发态 D^*：

$$D + h\nu \rightarrow D^*$$

② 激发态染料分子 D^* 将电子注入到半导体的导带中：

$$D^* \rightarrow D^+ + e^-(cb),\ \tau = 10^{10} \sim 10^{12}\ s^{-1}$$

③ 导带电子与氧化态染料复合：

$$e^-(cb) + D^+ \rightarrow D,\ \tau = 10^6\ s^{-1}$$

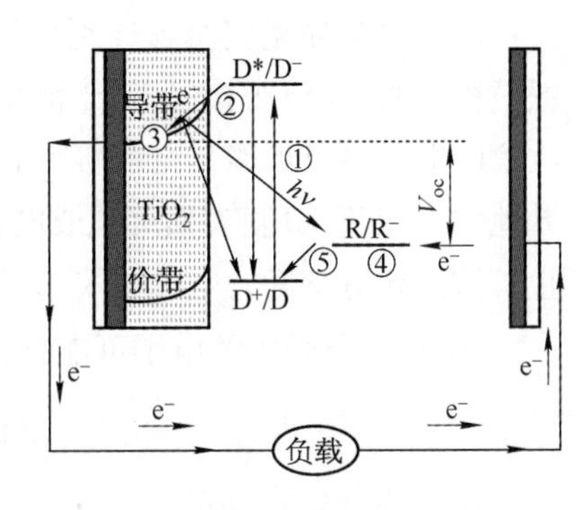

图 5-2　染料敏化太阳电池工作原理

④ 导带电子与 I_3^- 离子的复合：

$$I_3^- + 2e^-(cb) \rightarrow 3I^-,\ j_0 = 10^{-11} \sim 10^{-9}\ A \cdot cm^{-2}$$

⑤ 导带电子在纳米薄膜中传输至导电玻璃的导电面，然后流入到外电路：

$$e^-(cb) \rightarrow e^-(bc),\ \tau = 10^3 \sim 10^0\ s^{-1}\quad (\text{bc：后接触面})$$

⑥ I_3^- 离子扩散到对电极上得到电子变成 I^- 离子：

$$I_3^- + 2e^-(ce) \rightarrow 3I^-,\ j_0 = 10^{-2} \sim 10^{-1}\ A \cdot cm^{-2}$$

⑦ I^- 还原氧化态染料而使染料再生完成整个循环：

$$3I^- + 2D^+ \rightarrow 2D + I_3^-,\ \tau = 10^8\ s^{-1}$$

伴随着染料敏化太阳电池的电流输出，同样会发生电子复合反应。电子复合反应不利于电流的输出，在染料敏化太阳电池中有可能出现以下几种电子复合反应：

① TiO_2 导带中的电子可能直接被 D^+ 复合，而无法扩散到导电基底：

$$D^+ + e^-(cb) \rightarrow D$$

D^+ 被电解质中 I_3^- 还原的速度比其与导带中电子复合的速度要快 100 倍，因而 TiO_2 导带中的电子直接被 D^+ 复合几乎可以被忽略。

② 处于激发态的染料分子 D^* 也可能通过非辐射失活过程回到基态而没有注入到二氧化钛导带中：

$$D^* \rightarrow D + \text{热能}$$

处于激发态染料分子的非辐射失活过程会减少注入到二氧化钛导带中电池的数目，然而研究表明电子的注入过程要快得多，大约是激发态染料分子发生非辐射失活过程的 1 000 倍左右。

③ 扩散到导电基底的电子可能被 I_3^- 复合，而无法收集至外回路：

$$I_3^- + 2e^-(TCO) \rightarrow 3I^-$$

由于电解质是完全渗透到二氧化钛多孔膜中，电解质将有可能与未被二氧化钛纳米颗粒覆盖的 TCO 膜接触，对于液体电解质体系而言，接触的可能性大大增加，被 TCO 膜收集的电子将有可能与电解质中的 I_3^- 复合。有研究表明，在弱光下这一复合过程将占主导地位。在 TCO 膜表面沉积或电镀一层较薄的二氧化钛致密层(<100 nm)可以有效阻止扩散到导电基底的电子与 I_3^- 发生复合，从而提高电子的收集效率。

④ TiO_2 导带中的电子可能直接被 I_3^- 复合，而无法扩散到导电基底：

$$I_3^- + 2e^-(cb) \rightarrow 3I^-$$

注入到二氧化钛导带中的电子通过浓度扩散传输到导电基底，同时也存在着随时与电解质中 I_3^- 复合的可能，在 DSC 中这是一个重要的复合路径。

以上这些反应都不利于电流的输出，我们称之为暗电流，在染料敏化太阳电池制作过程中要尽量避免这些反应的发生。

5.2 纳米多孔薄膜特性与制备方法

5.2.1 衬底材料

目前，用作 DSC 导电基底材料主要是透明导电玻璃，它是在厚度约为 1～3 mm 的普通玻璃表面镀上导电膜制成的。导电衬底材料的主要成分是掺氟的 SnO_2 膜(SnO_2 ∶ F，FTO)，一般在 SnO_2 和玻璃之间扩散一层厚度为几个纳米的纯 SiO_2 膜，目的是防止高温烧结过程中，普通玻璃中的 Na^+ 和 K^+ 等离子扩散到导电膜中。此外，氧化铟锡(ITO)也可作为导电衬底材料。ITO 导电膜的透光率比 FTO 的高，但 ITO 导电膜在高温烧结过程中电阻急剧增大，对染料敏化太阳电池光电性能有一定的影响。

采用金属箔片或聚合物薄膜基底等制作柔性太阳电池，可以避免碰撞造成导电玻璃碎裂。金属箔片有不锈钢、镍和钛等，其优点是耐高温且电阻小，但由于其不透明，太阳光只能从对电极一侧入射，光利用率较低。聚合物薄膜基底有聚对苯二甲酸乙二醇酯(PET)和聚对萘二甲酸乙二醇酯(PEN)等，与金属箔片相比，聚合物基底材料具有柔韧性好、透光率高等优点，但基底的耐热温度较低，不适合高温烧结制备纳米半导体薄膜。

5.2.2 半导体薄膜材料[1]

应用于染料敏化太阳电池的半导体薄膜主要是纳米 TiO_2 多孔薄膜。它是染料敏化太阳电池的核心之一，其作用是吸附染料光敏化剂，并将染料激发态注入的电子传输到导电基底。除了 TiO_2 以外，用作光阳极半导体材料的还有 ZnO、Nb_2O_5、WO_3、Ta_2O_5、CdS、Fe_2O_3 和 SnO_2 等，其中 ZnO 因来源比较丰富、成本较低、制备简便等优点，在染料敏化太阳电池中也有应用，特别是近年来在柔性染料敏化太阳电池中的应用取得了较大进展。

制备染料敏化太阳电池的纳米多孔半导体薄膜一般应具有以下显著特征：即比表面积大的纳米半导体颗粒间以及纳米颗粒与导电基底间的良好电学接触、合适的孔洞以至于氧化还原电对(一般为 I_3^-/I^-)能够渗透到纳米半导体薄膜内部。

图 5-3 给出一些半导体材料在 pH 为 0 的电解质中能带位置，其中 TiO_2 等氧化物的导带能级均低于－4.2 eV(相对于真空能级)。常用染料(如 N719、N3)的最低空轨道(LUMO 能级约为－3.85 eV 和－4.10 eV(相对于真空能级)，其他染料 LUMO 基本相近或更低)。可以看出，半导体 TiO_2 的导带低于染料 LUMO，有利于光生电子有效地注入半导体导带。这些材料中，基于纳米 TiO_2 的染料敏化太阳电池光电转换效率已超过 12%。以下主要介绍染料敏化太阳电池中 TiO_2 氧化物半导体薄膜材料不同微结构与特性。

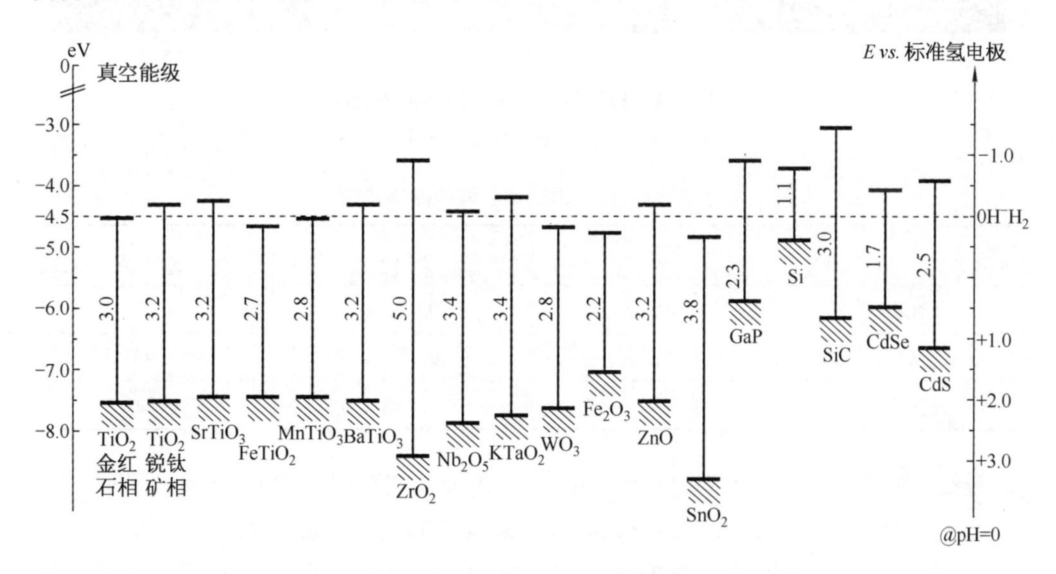

图 5-3　在 pH 为 0 的溶液中一些半导体材料的能带位置

5.2.2.1　纳米 TiO_2 半导体薄膜

近 20 年，在 DSC 中 TiO_2 是研究最广泛的多孔薄膜电极材料。自然界中 TiO_2 存在三种形态：金红石型(rutile)、锐钛矿型(anatase)和板钛矿型(brookite)，均呈八面体结构。板钛矿型属正交晶系，一般制备较难，在板钛矿结构中，元胞分布是一个不规则的八面体结构，如图 5-4 所示，其中钛原子近似位于中心，氧原子位于各顶点，每个氧原子和钛原子具有不同的键长(表 5-1)，每个八面体有三条共享边，一条决定晶体(100)方向的分布，另两条决定沿(001)方向分布。锐钛矿型和金红石型均属于四方晶系，都可用相互连接的 TiO_6 八面体表示，但八面体的畸变程度和连接方式不同。锐钛矿的八面体呈现明显的斜方晶畸变，其畸变程度大于金红石。锐钛矿型的元胞是一个典型的八面体结构(图 5-4b)，钛原子位于结构单元的中心，而氧原子则位于各个顶点，氧原子和钛原子间有两种不同的键长。八面体中有四条共用边和四个共顶点，决定了晶体的对称轴 a 和 b。金红石元胞也是一个八面体结构(图 5-4a)，钛原子位于结构单元的中心，而氧原子则位于各个顶点位置，氧原子和钛原子间也有两种不同的键长，八面体中有两条共享边和八个共顶点。这些结构上的差异导致三种晶型不同的质量密度和电子能带结构。

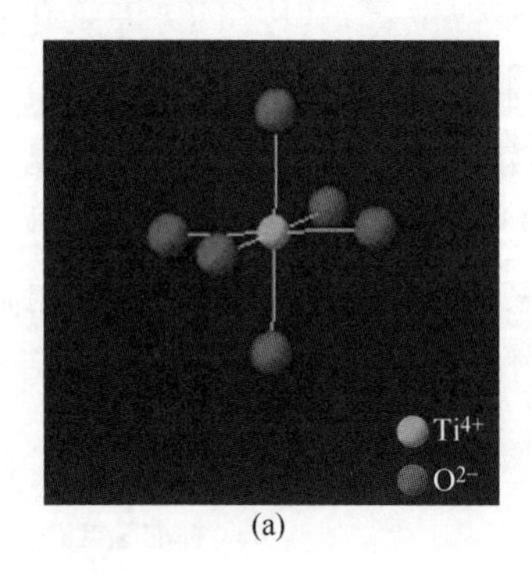

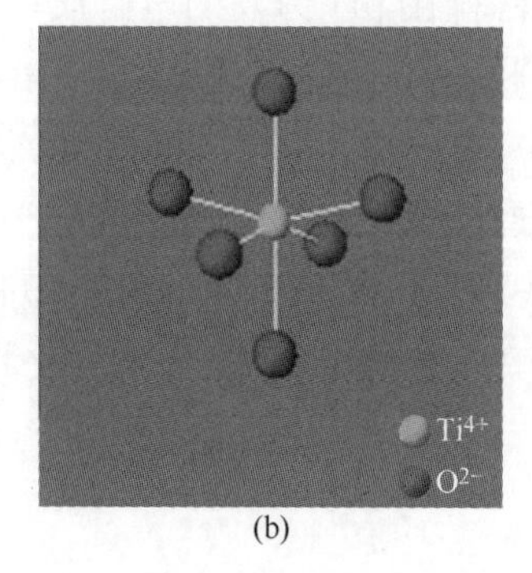

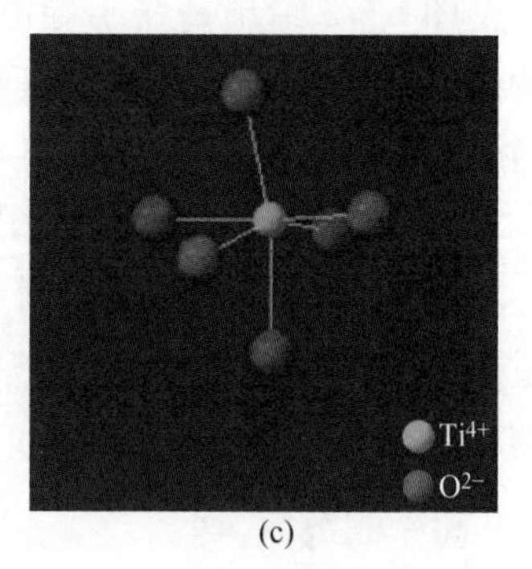

图 5-4　TiO_2 的三种晶型的八面体结构

(a) 金红石型；(b) 锐钛矿型；(c) 板钛矿型

表 5-1　TiO_2 的三种晶型的晶格常数

晶　型	a(nm)	b(nm)	c(nm)
金红石	0.459 3	0.459 3	0.295 9
锐钛矿	0.378 5	0.378 5	0.951 4
板钛矿	0.918 2	0.545 6	0.514 3

锐钛矿型的密度(3.80～3.90 g·cm^{-3})略小于金红石型(4.20～4.30 g·cm^{-3})，板钛矿型在两者之间(4.12～4.23 g·cm^{-3})。锐钛矿的禁带宽度最大(3.20 eV)，金红石型次之(3.00 eV)，而板钛矿型的最小(2.36 eV)。金红石型比锐钛矿型稳定，有较高的硬度、密度、介电常数和折射率。而锐钛矿型在可见光短波部分的反射率比金红石型高，对紫外线的吸收能力比金红石型的低，光催化活性比金红石型高。在 DSC 中，光生电子从染料分子注入金红石的导带速度比锐钛矿的高，但电子在锐钛矿型纳米薄膜中有较大的迁移率，其吸附染料分子较多，产生光电流密度较大，因此基于锐钛矿型 TiO_2 的电池具有较高光电转换效率，即一般将锐钛矿型 TiO_2 作为 DSC 的光阳极材料。

纳米 TiO_2 薄膜可以通过化学气相沉积、电沉积、磁控溅射、等离子体喷涂和溶胶-凝胶法等方法在导电玻璃或其他导电基底材料上制备，然后经 450～500℃ 的高温烧结即可。目前，DSC 研究中制备纳米 TiO_2 多孔薄膜常用溶胶-凝胶法，是以钛酸酯类化合物为前驱体水解制备出 TiO_2 溶胶，经高压热处理，蒸发去除溶剂，加表面活性剂研磨制备 TiO_2 浆料，或者将商业级的纳米 TiO_2 粉体(如 P25)加表面活性剂和适量溶剂研磨制备 TiO_2 浆料，然后在导电基底上通过丝网印刷、直接涂敷或旋涂 TiO_2 薄膜，经高温烧结后即可得到纳米 TiO_2 多孔电极。

5.2.2.2　零维 TiO_2 纳米颗粒多孔薄膜

零维纳米材料是指在空间上三维尺度都处于纳米量级（1～100 nm）的纳米粒子。TiO_2 纳米颗粒具有较大的比表面积（100 $m^2 \cdot g^{-1}$），且表面存在大量的不饱和键，纳米颗粒间可以通过较低的温度（450℃）烧结连接在一起，形成多孔薄膜的网络结构，构成电子传输路径。典型的 TiO_2 纳米颗粒多孔薄膜是双层结构：底层由粒径为 20 nm 左右的纳米颗粒组成染料吸附层；顶层由粒径 400 nm 左右的大颗粒构成光散射层。随着纳米技术的发展，TiO_2 纳米颗粒多孔薄膜的制备方法也得到很大的发展。

溶胶-凝胶法是 20 世纪 70 年代发展起来比较成熟的技术，其制备的纳米颗粒粒径分布均匀、晶粒大小可控、制备工艺简单，被广泛采用。具体步骤如下：室温下，将一定量的钛酸四异丙酯等快速加入到激烈搅拌的水溶液中，立刻形成白色沉淀，持续搅拌 1 h，然后通过真空抽滤收集白色沉淀，用去离子水反复洗涤多次，将获得的白色沉淀分散到四甲基铵水溶液中，在 100～135℃下搅拌 3～6 h 直到溶液形成蓝白色的溶胶，将溶胶置于反应釜中，在 150～270℃下，热处理不同时间，水解时溶液的 pH 值不同、热处理的温度和时间对纳米颗粒的晶型和粒径有较大的影响。随着温度的提高，晶粒不断地长大，处理温度小于 230℃时，TiO_2 纳米颗粒晶粒度增长较为缓慢，而当热处理温度大于 230℃时，TiO_2 纳米颗粒晶粒度明显长大，且在 230℃时锐钛矿开始相变到金红石，最后得到不同粒径的 TiO_2 纳米颗粒，经过真空旋蒸脱水，用乙醇洗涤多次，TiO_2 纳米颗粒分散在乙醇溶液中，再加入适量的表面活性剂研磨混合形成不同黏度的浆料。采用刮涂法、旋涂法或丝网印刷技术将浆料涂到导电玻璃上，在空气气氛中 450℃烧结 30 min，自然冷却，得到 TiO_2 纳米颗粒多孔薄膜，其结构如图 5－5 所示，薄膜表面没有明显的裂痕、孔洞分布较均匀、颗粒之间连接较为紧密。

图 5－5　TiO_2 纳米颗粒多孔薄膜的 FE－SEM 图

丝网印刷技术是目前具有工业化前景的技术，在 DSC 中应用最为广泛。丝网印刷技术是利用丝网印版薄膜形状部分网孔透浆料、非薄膜部分网孔不透浆料的原理进行印刷。印刷时在丝网印版一端放入浆料，用刮板在丝网印版上的浆料部分施加一定压力，同时朝另一端移动，浆料在移动中被刮板从薄膜形状部分的网孔中挤压到导电玻璃上，形成凝胶薄膜。用丝网印刷术制备的薄膜均匀性好、平整度高、膜厚重复性好、薄膜形貌和尺寸容易控制。

电化学沉积法是电解液中的金属离子在外电压作用下被还原，并在阴极上沉积的电化学过程。先将带正电荷的平板电极浸入带有阴离子的高聚物中，平板电极吸附上单层的阴离子高聚物，再浸入带阳离子的高聚物中，吸附上一层带阳离子的高聚物，反复多次操作，得到所需的膜厚。以逐层沉积法制备 TiO_2 多孔薄膜应用于 DSC 中，此法制备的薄膜表面粗糙、起伏较大，孔隙和孔径都相对较大，有利于电解质在薄膜内传输，通过优化制备工艺，生长出褶皱状的薄膜，明显提高了电池的光电转换性能。但是薄膜的孔隙太大、裂纹较多、比表面积相对较低，染料吸附量少，限制了光电转换效率的提高。电化学沉积法具有较多的优点：其一是设备简单，易于操作，生产成本低，容易实现工业化生产；其二是可在大面积和形状复杂的衬底上获得良好外延层；其三在一般常温条件下进行，避免了高温引起的热应力和层间热扩散，可获得一定厚度、单一成分的不同单层；其四是相对于溅射和蒸镀法，电沉积速度较快。电化学沉积法也被发展应用于制备氧化钛多孔薄膜。主要过程是将导电玻璃作为电极，浸入含有 Ti 源的水溶液中，在外电压的作用下，在阴极上形成钛的氢氧化合物凝胶薄膜层，经过高温烧结，凝胶薄膜形成 TiO_2 多孔薄膜。用 FTO 导电玻璃作为电极，在酸性的 $TiCl_4$ 水溶液中，电沉积制备出的薄膜厚度均一，在 450℃ 烧结后形成锐钛矿型 TiO_2 多孔薄膜。沉积薄膜不宜太厚并且易形成绝缘层，不利于 Ti 源的继续沉积，但较薄的薄膜不能吸附足够的染料分子，无法充分吸收光，电池的性能较低。

化学气相沉积是通过挥发物气体分解或化合反应后在基体材料的表面沉积成薄膜。利用分解化学气相沉积技术，以异丙醇钛为前躯体，通过在高温加热的基板上施加静电场，沉积在基板上获得多孔薄膜，获得较高的电池效率。实验中通过改善 Ti 源溶液，以聚乙烯吡咯烷酮、乙醇、醋酸和钛酸四异丙酯等制备前溶液，以 $1\ mL \cdot h^{-1}$ 的喷射速度在导电基底形成一层 TiO_2 凝胶层，在 450℃烧结 1 h，制备出多孔薄膜，组装成 DSC，电池光电转换效率得到一定程度的提高。用化学气相沉积法制备的 TiO_2 纳米颗粒多孔薄膜颗粒之间的连接性好、致密，有利于电子的传输。

另外，还有磁控溅射法、自组装法等 TiO_2 多孔薄膜制备方法。虽然 TiO_2 多孔薄膜电极制备方法很多，但同时也存在一些问题，如效率不高、重复性差和制备工艺难等。因此，寻找一种简单有效、重复性好和批量化制备高性能薄膜的工艺方法是未来重要的研究方向。

5.2.2.3 一维纳米 TiO_2 多孔薄膜

一维纳米材料是指在空间上有两个维度上处于纳米尺度的材料，如纳米管、纳米棒和纳米线等。自从日本科学家 Lijima 在 1991 年发现碳纳米管以来[2]，由于其特殊的物理、化学、电学和机械性能，在国际上掀起了研究碳纳米管的热潮，促进了纳米技术的发展，在研究碳纳米管的过程中，科学家们逐渐认识到其他一维纳米结构材料的特殊性能。TiO_2 由于具有优越的物理化学性能，其一维纳米结构一直是人们研究的热点。在 DSC 中，在一维 TiO_2 纳米材料中电子具有较快的传输速度和较长的寿命，有利于电子的收集；一维纳米材料的纵向尺寸远高于横向尺寸具有独特的光散射性能提高光的利用率。目前，制备一维 TiO_2 纳米材料的薄膜电极方法有很多种：如水热法、模板法和阳极氧化法等。

水热法是在特制的密封反应容器（高压釜）里采用水溶液作为反应介质，通过对反应器加热，获得高温、高压反应环境，使前驱物在水介质中溶解，进而成核、生长，最终形成具有一定粒径和结晶形态的纳米材料。采用溶胶-凝胶法制备的 TiO_2 纳米颗粒或 P25 粉末分散在 $10\ mol \cdot L^{-1}$ NaOH 溶液中，静置在反应釜中，在 110℃ 热处理 5 h，得到直径约 8 nm、长约 100 nm 的纳米管，纵横比大于 12.5，比表面积约 $400\ m^2 \cdot g^{-1}$[3]（图 5 - 6a）。

实验发现反应温度的提高和热处理时间的延长，可以控制纳米带的生长(图 5 - 6b)。

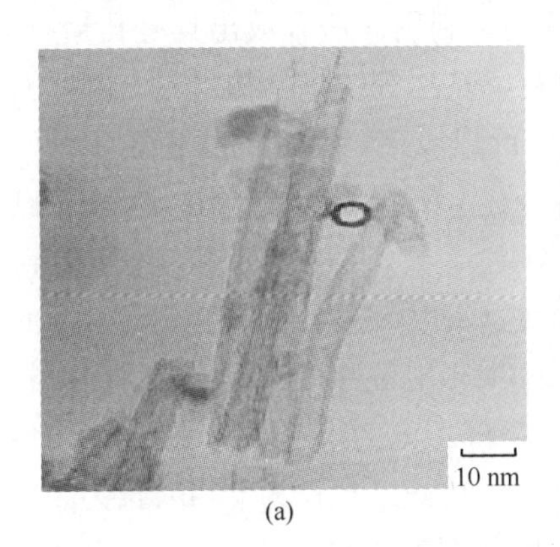

(a)

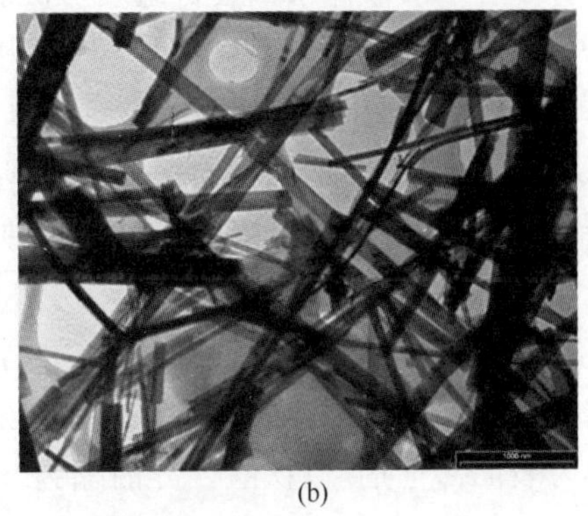

(b)

图 5 - 6　TiO_2 纳米管和纳米带的透射电镜图

(a) 纳米管；(b) 纳米带

相比于纳米颗粒薄膜电极，利用水热法制备的纳米管多孔薄膜电极具有较大的比表面积。实验发现纳米管浆料的 pH 值和薄膜的烧结温度对电池性能有一定的影响，最佳的条件是浆料的 pH 值为 1 和烧结温度 450℃，DSC 获得 7.10%的光电转换效率，电子在一维纳米 TiO_2 上具有较长的电子寿命，但是一维纳米 TiO_2 在薄膜电极上几乎都呈水平分布，该结构分布严重延长了电子传输路径，相比于在纳米颗粒多孔薄膜中，电子的传输时间变长，降低电子的收集效率，而且由于纳米带的比表面积较低，不能负载足够的染料分子，电池的效率受到限制。

由水热法制备一维 TiO_2 纳米材料工艺简单、活性高，但阵列有序化不高，紧密堆积度不够，薄膜负载染料少，容易导致 DSC 的光电转换效率低。模板法是在模板的纳米尺寸的孔径或外壁上进行材料的成核和生长，孔径或直径的大小和形貌就决定了产物的尺寸与形貌。该方法可预先根据合成材料的大小和形貌设计模板，基于模板的空间限域作用和模板剂的调控作用可以对材料的大小、形貌、结构、布局等进行调控。模板法可分为软模板和硬模板两种，两者都能提供一个有限大小的反应空间，不同的是软模板提供的是处于动态平衡的空腔，物质可以透过壁扩散进出；而硬模板提供的是静态的孔道，物质只能从孔开口处进入孔道内部。软模板通常是由表面活性剂分子聚集而成，主要包括两亲分子形成的各种有序聚合物，如液晶、囊泡、胶团、微乳液等。这类模板是通过分子间或分子内的弱相互作用而形成一定空间结构特征的簇集体，使得无机物的分布呈现特定的趋向，从而获得特定结构的纳米材料。硬模板是指以共价键维系一定形状的刚性模板。如具有不同空间结构的高分子聚合物、阳极氧化铝膜、多孔硅、金属模板、天然高分子材料、分子筛、胶态晶体、碳纳米管和限域沉积位的量子阱等。硬模板具有较高的稳定性和良好的空间限域作用，能严格地控制纳米材料的大小和形貌，且结构比较单一、有序化程度高。

表面活性剂自组装是利用多个表面活性剂分子相互聚集起来的多个分子聚集体(胶束、胶囊等形态)作为软模板合成所需要形貌的材料合成方法。表面活性剂分子一般是由非极性的、亲油(憎水)的碳氢链部分和极性的、亲水(憎油)的基团共同构成的两性分子。表面活性分子在水溶液体系中会自组装形成胶团。利用此法合成出具有孔道排列有序,孔径均一、可调,形貌易于剪裁,并可控制备出管、棒、球等纳米结构材料。利用月桂胺盐酸盐(LAHC)作为表面活性剂,溶入去离子水中形成胶束,钛酸四正丙酯(TIPT)和乙酰丙酮(ACA)形成混合溶液,将混合溶液加入到含有 LAHC 的水溶液中,溶液不断搅拌几天直至溶液变成透明(40℃),然后在 80℃ 热处理 3 天,通过离心和洗涤,得到直径为 10 nm、长 30~200 nm 的纳米管,基于此纳米管组成薄膜电极 DSC 获得了 5%的光电转换效率。随后,用此自组装法制备得到了单晶纳米线[4],主要是(101)晶面在材料外面形成纳米结构,染料的吸附量比 P25 粉末大 4 倍,获得了 9.33%光电转换效率。将苯甲酸和乙二醇为表面活性剂,以钛酸四异丙酯为 Ti 源,制备出直径为 5 nm、长为 13~17 nm 的纳米棒,由该纳米棒构成多孔薄膜电极,DSC 的效率为 7.50%[5]。

硬模板法主要通过有序排列的孔洞和一维纳米阵列为模板,结合溶胶-凝胶沉积工艺、电化学沉积以及原子沉积等技术来制备一维 TiO_2 纳米材料。利用阳极氧化的铝板(AAM)作为模板[6],在洗净的 AAM 模板上面滴上 $TiCl_4$ 溶液,让溶液充满孔洞,在 50℃ 恒温下水解 2 h,再用 1 mol·L^{-1} NaOH 溶液除去 AAM 模板,根据不同浓度的 $TiCl_4$ 溶液制备出 TiO_2 纳米管和纳米棒,如图 5-7 所示。

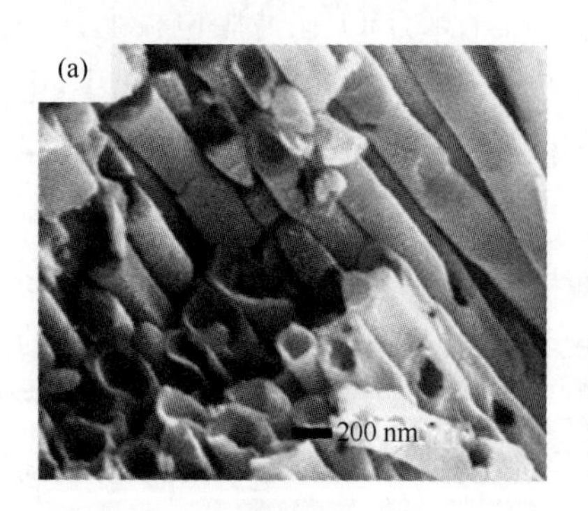

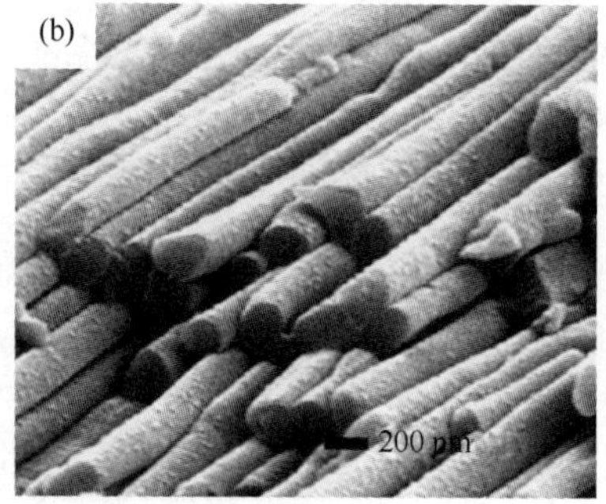

图 5-7 氧化钛纳米管和纳米棒的扫描电镜图

(a) 纳米管;(b) 纳米棒

电子在纳米棒组成的薄膜电极具有较快的传输速度,且能有效地散射可见光,提高电池的光电流。利用阳极氧化的铝板作为模板[7],将钛酸四异丙酯的乙醇溶液(质量比 3∶1)用真空渗透技术充满孔洞,在空气中自然干燥 12 h,在 500℃烧结 30 min 形成高度有序的锐钛矿型 TiO_2 纳米管阵列,再用 3 mol·L^{-1} NaOH 溶液除去 AAM 模板,将 TiO_2 纳米管阵列用胶带粘在导电玻璃基底上,高温烧结除去胶带并将 TiO_2 纳米管阵列固定在基底上,作为薄膜光阳极,DSC 获得了 3.50%的光电转换效率。利用天然纤维为模板[8],以 $(NH_4)_2TiF_6$ 和 H_3BO_3 的混合溶液在纤维表面沉积一层 TiO_2,在空气氛围中,500℃高温烧结形成锐钛矿型 TiO_2 中空纳米纤维,电子在 TiO_2 纳米纤维上比在纳米颗粒薄膜中具有较长的电子寿命和较短的电子收集时间,DSC 取得了 7.20%的光电转换效率。

阳极氧化法是以纯钛片或钛合金片为阳极置于电解液中，利用电解作用使其表面形成 TiO_2 薄膜的过程。阳极氧化按电流形式可分为直流电阳极氧化、交流电阳极氧化和脉冲电流阳极氧化。以纯钛片为前驱物，先在导电玻璃上溅射沉积一层钛膜，再在含氟电解液中阳极氧化得到 TiO_2 纳米管阵列，高温烧结后得到薄膜电极。由于溅射到导电玻璃上的薄膜有良好的附着力，TiO_2 纳米管阵列能牢固地负载在导电玻璃上，用此方法解决了纳米管阵列不易负载在导电玻璃上的问题。

纳米管阵列的尺寸对其光吸收有着重要的影响，通过时域有限分差 FDTD 技术分析形貌结构，研究表明纳米管越长、内径越小、表面粗糙度越高光吸收就越高、效率就越高，电荷在势垒层对光吸收几乎没有影响。采用电解液为含有 0.14 mol·L^{-1} NH_4F 和 5% 去离子水的甲酰胺溶液处理纳米管阵列，可优化纳米管尺寸和表面形貌(图 5-8)，增大内表面面积，提高染料分子的吸附量，减少电子复合损失，管长 14.40 μm 的 TiO_2 纳米管阵列构成薄膜电极，获得 6.1% 光电转换效率[9]。电解质为 HF 和 dimethyl sulphoxide (DMSO)的混合溶液，制备出 0.30～33 μm 长的 TiO_2 纳米管阵，将 20 μm 厚的 TiO_2 纳米管阵列多孔薄膜作为光阳极，DSC 获得了 6.9% 光电转换效率[10]。用阳极氧化法制备柔性 DSC，管长 14 μm 的 TiO_2 纳米管阵列作为薄膜电极、聚萘二甲酸乙二醇酯(ITO/PEN)为对电极和离子电解液组成的 DSC 获得 3.6% 光电转换效率[11]。相比于水热法、模板辅助法制备的纳米管，用阳极氧化法制备 TiO_2 纳米管阵列具有附着力强、有序化高、纳米管长和可控性高等优点。

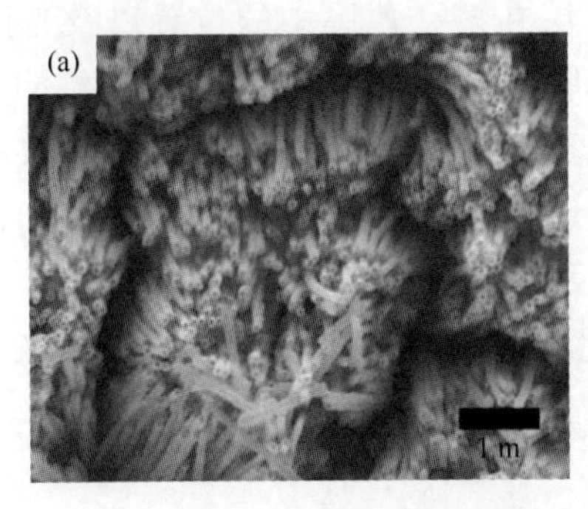

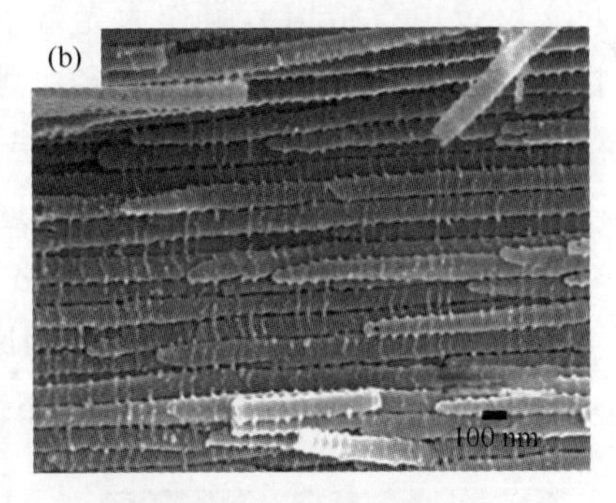

图 5-8　TiO_2 纳米管阵列的俯视图和截面图的扫描电镜图

(a) 俯视图；(b) 截面图

由于现有纳米技术制备出的纳米管管壁粗糙度低、管径较大和阵列的堆积度低等原因，基于 TiO_2 纳米管等一维纳米材料阵列构成薄膜电极的 DSC 效率还没有赶上传统的纳米颗粒构成多孔薄膜电池的效率。有研究证实了 TiO_2 纳米管阵列构成光阳极的 DSC 的优越性，在相近厚度的薄膜和同一光源下，与纳米颗粒构成的光阳极相比，TiO_2 纳米管阵列能获得更大的电流密度、更长电子寿命和更高的光电转换效率[12,13]；在相近厚度条件下，电子在两类光阳极上的传输时间相差不大，但在纳米管薄膜上电子的复合时间比在纳米颗粒薄膜上多 10 倍，即纳米管薄膜有较好的电子收集效率；同时纳米管能有效地散射可见光，提高光的利用率，增加电池的电流密度。电子在一维 TiO_2 纳米材料(纳米管、纳米纤维等)上具有较长的电子寿命和较大的扩散系数,比传统的纳米颗粒多孔薄膜具有较大的电子收集效率,有利于提高电池的电流密度[8]。电子在一维结构上具有优良的电子动力学,因此将一维 TiO_2 纳米材料有效引入到 DSC 中,是提高光电转换效率的有效途径之一。

5.2.2.4 三维纳米 TiO_2 多孔薄膜

虽然 TiO_2 纳米颗粒多孔薄膜能吸附足够的染料分子,但是不能快速收集电子。一维 TiO_2 纳米材料多孔薄膜能快速地收集电子,但较多一维纳米材料薄膜不能负载足够的染料分子。因此,科学家们开始寻找不仅能快速地收集电子,同时又能负载足够多染料分子并有效地散射可见光的 TiO_2 纳米材料,以提高光的利用率和电池效率。

光子晶体即光子禁带材料,从结构上看,光子晶体是在光学尺度上具有周期性介电结构的人工晶体,它的晶格尺寸与光的波长相当,是晶体晶格尺寸的 1 000 倍。反蛋白石结构是指低介电系数的小球(通常为空气小球)以面心立方密堆积结构分布于高介电系数的连续介质中,该结构产生能带结构,出现光子带隙的光子晶体。将 TiO_2 反蛋白石结构(图 5-9a)引入 DSC 中,作为薄膜电极提高光的散射率和红外光的吸收率,DSC 的短路电流比传统的纳米颗粒多孔薄膜提高了 26%。其主要制备过程:将聚苯乙烯亚微米球(PS)和去离子水混合形成凝胶,超声处理使得 PS 球充分分散,通过浸涂在导电基底上形成一层凝胶薄膜,干燥除去水分。用此薄膜在孔洞中吸附足够的钛酸四异丙酯,再在含有 $(NH_4)TiF_6$ 和 H_3BO_3 的水溶液中水解形成 TiO_2,在 400℃烧结 8 h 形成 TiO_2 反蛋白石结构薄膜。TiO_2 反蛋白石结构薄膜作为光散射层在多孔薄膜中的位置以及光照方向对 DSC 电池性能的影响研究表明,光照从多孔薄膜层入射,将 TiO_2 反蛋白石结构薄膜放置在纳米颗粒多孔薄膜层的顶部作为光散射层,DSC 的性能最佳,基于这样的双层结构薄膜 DSC 获得了 8.30%光电转换效率。通过逐层叠加法制备出 TiO_2/SiO_2 周期性层状结构,如图 5.9 b 所示,随着层数的提高,布拉格反射率越高,布拉格反射峰在 480~650 nm 之间,能有效地提高染料分子对光的吸收,相比于纳米颗粒多孔薄膜,DSC 的光电流提高了约 25%,并且入射光垂直于导电基底时,布拉格反射效果最好。

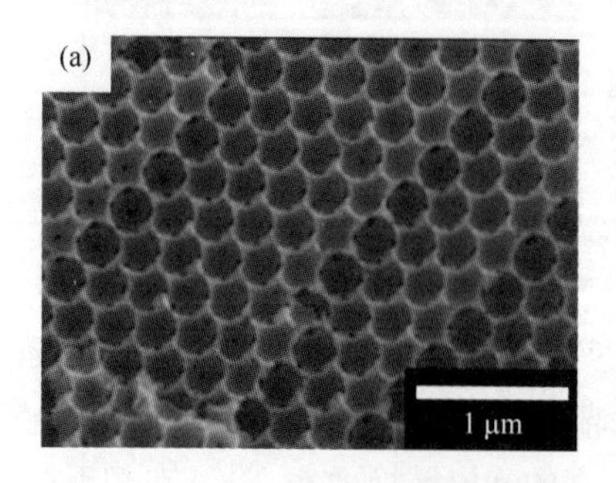

图 5-9 TiO_2 反蛋白石结构薄膜和 TiO_2/SiO_2 周期性层状结构的界面扫描电镜图

(a) TiO_2 反蛋白石结构薄膜;(b) TiO_2/SiO_2 周期性层状结构

分级结构是指由纳米颗粒、一维纳米材料(如纳米管、纳米棒等)或二维纳米材料(纳米片等)等聚集组成尺寸较大的亚微米或微米级三维结构,使得这些材料具有多层次、多维度和多组分的耦合效应。由 TiO_2 纳米颗粒组成的分级结构亚微米球以其优异特性引起人们的广泛注意。此类亚微米球具有很大的比表面积且能有效地散射可见光,有利于提高光的利用率,球内的纳米颗粒之间连接紧密,有利于电子传输。利用 PS 球模板法制备出空心的分级亚微米球,先将 PS 球和钛酸四异丙酯在乙醇溶液中充分反应,PS 球表面吸附大量钛酸四异丙酯,再加入少量去离子水使钛酸四异丙酯水解,形成纳米颗粒组成的亚微米球(图 5－10a),在 480℃烧结除去 PS 球。将直径为 590 nm 的空心分级亚微米球制备成多孔薄膜,组装成 DSC 电池,只获得了 1.3%光电转换效率,但单位重量的 TiO_2 获得的效率是传统多孔薄膜电池的 2.5 倍,有希望减少 TiO_2 的用量。利用 sol-gel 法制备出由纳米颗粒组成的实心分级亚微米球,先将钛酸四异丙酯溶入乙醇中形成前驱体混合溶液,再把此溶液滴加到含有少量甲胺、水的乙醇和乙腈混合溶液中,不断搅拌 1 h,生成表面平滑的不定型亚微米球,分散在乙醇溶液中,在 240℃热处理 6 h,制备出直径约为 250 nm 由粒径为 13 nm 的纳米颗粒组成的分级亚微米球,用此球的浆料丝网印刷成多孔薄膜电极,以 N719 染料敏化薄膜,电池获得 10.52%的光电转换效率,但电子的扩散系数比传统的纳米颗粒多孔薄膜电池小。利用 sol-gel 法和水热法结合制备出直径分布均一的由纳米颗粒组成的实心球,控制溶液组分可以合成出不同直径(320～1 150 nm)的实心球(图 5－10b),在乙醇溶液中加入少量十六烷基胺(HDA)和 0.10 mol・L^{-1}的 KCl 水溶液,在室温下不断搅拌,将钛酸四异丙酯滴加到溶液中,形成白色悬浮液,静置 18 h,合成晶型不定型的 TiO_2 小球,移至于含有氨的水和乙醇混合溶液中,在 160℃热处理 16 h,合成出由纳米颗粒组成的实心球。将此球制备成多孔薄膜电极,研究表明:薄膜能有效地散射光,提高 DSC 的光利用率;电子在薄膜中具有较大的扩散长度和电子寿命,有利于电子的收集,单层薄膜的电池取得了 10.6%的光电转换效率。利用电喷技术合成出分级亚微米球[14],在乙醇溶液中充分分散 10%的 P25 纳米颗粒,在 15 kV 的电场中以 30 μL・min^{-1}的速度将溶液垂直喷到 FTO 导电基底上,在电场中自组装成直径为 640 nm 的实心分级亚微米球,在导电基底上直接形成连接紧密的多孔薄膜。

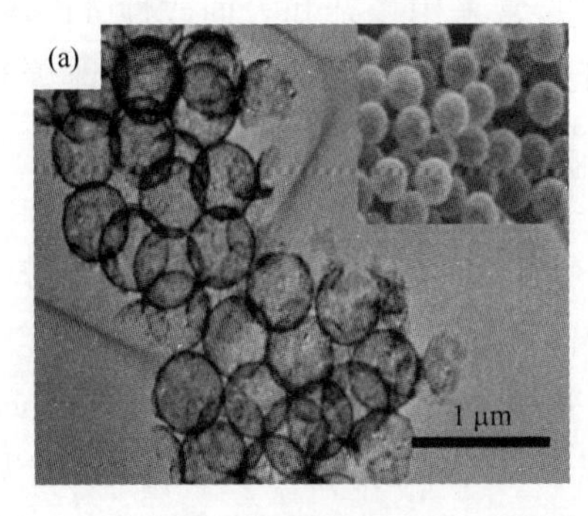

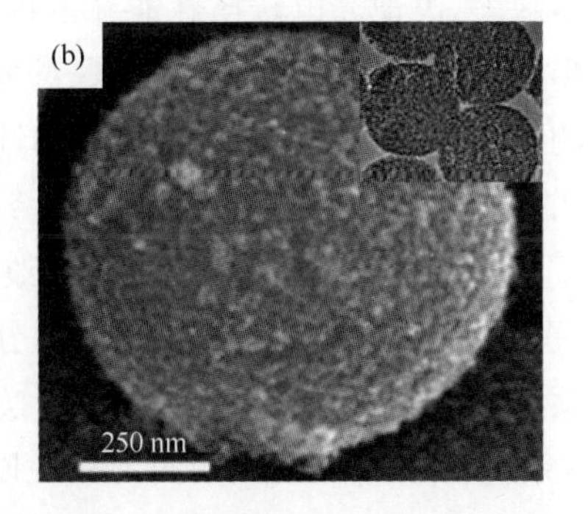

图 5－10　空心分级亚微米球的透射电镜图和实心分级亚微米球的扫描电镜图

(a) 空心分级亚微米球的透射电镜图;(b) 实心分级亚微米球的扫描电镜图

三维纳米材料具有一定的优异性能，但也存在一些不足：合成工艺复杂、产量低、成本高，而且三维纳米材料薄膜也存在着比表面积小、连接不紧密等问题，特别是球形材料之间的连接面积较小，阻碍了光电子的收集。

5.2.2.5　复合 TiO_2 多孔薄膜

复合薄膜由两种或两种以上不同形貌材料或不同种类材料构成的多孔薄膜，可以克服单一纳米材料存在的不足，使得多孔薄膜更加完善，更适合于 DSC 的应用。将粒径为 200 nm 的 TiO_2 球作为光散射中心，引入纳米颗粒多孔薄膜中，提高薄膜的光散射性能，同时不减小薄膜的比表面积，DSC 的效率提高了 17.76%。将纳米颗粒构成的亚微米球和纳米颗粒混合形成光散射层，电池获得了 8.84%的效率，比传统的光散射层 DSC 提高了 6.9%。在纳米管阵列中填充粒径为 10 nm 的纳米颗粒，增加薄膜的比表面积，DSC 的电池效率提高了 131%。将锐钛矿型 TiO_2 纳米带和纳米颗粒均匀混合，制备复合多孔薄膜，提高薄膜内电子收集能力和光散射性，相比于纳米颗粒多孔薄膜，获得较高的光电流，电池效率提高了 28.4%。将纳米管和纳米颗粒混合，含 5%纳米管复合薄膜具有较好的光电转换性能和染料吸附能力，DSC 获得了 7.8%光电效率。将金红石纳米棒和纳米颗粒混合制备复合薄膜，发现复合薄膜具有较长的电子寿命和扩散长度。一维 TiO_2 纳米材料在复合薄膜中能发挥其本征优势，而纳米颗粒提高了复合薄膜的比表面积及连接性。

理想的多孔薄膜应具有单晶纳米线的快速电子传输能力，具有光散射中心能有效地散射可见光以利于光的捕获，对染料分子有良好的负载能力和对电子复合有良好抑制性。因此，未来研究宜将重点放在薄膜电极的有序结构、光散射中心、比表面积及对染料吸附性、电荷复合抑制性等方面。简化薄膜极的制备工艺，降低生产成本，使 DSC 生产规模化和工业化。

5.2.3　纳米 TiO_2 半导体薄膜掺杂与表面修饰[15,16]

纳米 TiO_2 多孔薄膜电极作为 DSC 的关键组成部分之一，其性能的好坏直接关系到 DSC 的光电转换效率和长期稳定性。基于单一结构的 TiO_2 薄膜电极，由于其巨大表面积引起的晶格缺陷，电池光电转换性能并不理想，常采用掺杂和表面改性 TiO_2 纳晶薄膜的方法优化半导体的理化性质，拓展 DSC 对可见光的吸收范围，从而达到改善光电子在纳晶薄膜中的扩散和传输性能并提高电池的性能。

5.2.3.1　纳米 TiO_2 光阳极非金属掺杂

纳米 TiO_2 半导体薄膜掺杂改性可以改变 TiO_2 光阳极半导体能级、导带位置以及能带结构等，引起吸收峰的红移，改善电荷的分离和转移，抑制电池 TiO_2/染料/电解质界面电子复合反应等，从而提高 DSC 的光电转换效率。2001 年，Asahi 等在 Science 上发表关于氮(N)掺杂 TiO_2 具有很好的可见光活性以来[17]，引起了科研工作者对非金属元素掺杂 TiO_2 的研究热潮。科研工作者试图在 N_2 氛围并且有少量碳(C)的情况下对商业化锐钛矿粉体(P25)进行改性，在 500℃下煅烧 3 h，得到深黄色 N 掺杂纳米 TiO_2 粉末，再进一步制成 DSC 的 TiO_2 光阳极。研究发现 N 掺杂拓展了 DSC 中 TiO_2 光阳极的光响应范围，延长了 DSC 的寿命，基于 N 掺杂 TiO_2 光阳极的 DSC 效率比基于 P25 的 DSC 高 33%；从薄膜对染料的吸附量来看，N 掺杂 TiO_2 光阳极吸附染料的量是 P25 光阳极的 1.6 倍。而对 N 掺杂 TiO_2 光阳极的 DSC 进行 2 000 h 老化实验，结果显示 N 掺杂 TiO_2 光阳极没有出现明显光降解现象，组装的 N 掺杂 DSC 有很好的稳定性。

虽然 DSC 中作为感光剂的染料可以用来吸收可见光，但是由于 TiO_2 晶体结构中存在氧空位缺陷，这种氧空位会产生电子-空穴对，氧化性的空穴会与氧化态染料发生反应，或者与 I_3^- 反应，从而降低了 DSC 的寿命。由于 TiO_2 晶体结构中存在氧空位缺陷，而通过适当引入 N，能够有效的取代 TiO_2 晶体中的氧空位，提高 DSC 的稳定性。通过分析 N 掺杂 TiO_2 的晶粒大小，发现可见光活性能够在多晶颗粒上实现。多晶颗粒界面上形成的氧空位缺陷是 N 掺杂 TiO_2 具有可见光活性的主要原因，而掺杂 N 的作用是阻止氧空缺位被再氧化。通过理论计算也得到在 TiO_2 中进行 N 掺杂，很可能同时伴随氧空位的产生。实验表明，该氧空位型 TiO_2 具有明显的可见光活性，而通过计算其电子密度函数，发现氧空位能够在 TiO_2 导带下方形成一个窄带，从而提高 TiO_2 在可见光下的光催化活性。在制备 N 掺杂 TiO_2 过程中引入了氧空位缺陷，而且 N 掺杂 TiO_2 的可见光活性不止与 N 有关，引入的氧空位也很重要。

不同含量 C 掺杂纳米 TiO_2 多孔薄膜电极的实验还发现，掺杂 TiO_2 薄膜具有高比表面积、高孔隙率，C 掺杂扩大 TiO_2 纳晶薄膜的可见光吸收波段，可能是由于氧空位在 TiO_2 晶格半导体导带的下方，导带中的电子可以激发到氧空位上，从而加强 TiO_2 对太阳光的吸收，实现电池性能的提高。当 C 的质量分数为 1%时，染料敏化太阳电池呈现较好的光电性能。

5.2.3.2　纳米 TiO_2 光阳极金属掺杂

近年来，国内外学者围绕着金属离子掺杂改性 TiO_2 做了大量卓有成效的探索性研究，并取得了很好的成果。稀土离子钆掺杂 TiO_2 薄膜电极发现，钆掺杂 DSC 的效率要比未掺杂 DSC 稍高些，对于 Yb^{3+} 离子掺杂的 TiO_2 薄膜电极在光强为 73.1 mV/cm^2 的白光照射下，掺杂的 DSC 光电转换效率明显增大。究其原因是稀土离子掺杂以后在 TiO_2 电极表面形成了一个能垒势垒，有效地抑制了电极表面的复合，降低了暗电流，使得 DSC 的效率得以提高。

将铝(Al)、钨(W)掺杂和 Al/W 共掺杂 TiO_2 光阳极，得到不同特性的金属离子掺杂的 DSC，其中，通过 Al 掺杂改善了 DSC 的 V_{oc}，但降低了 DSC 的 J_{sc}。其原因主要是 Al 掺杂 TiO_2 光阳极以后大大降低了光生电子与 I_3^- 的复合，但是 Al 掺杂使得相对较少的电子传输到对电极，从而降低了短路电流。而 W 掺杂改善了 DSC 的短路电流，但同时稍稍降低了其开路电压。主要是电子与 I_3^- 直接复合造成的。Al/W 共掺杂影响了 TiO_2 表面电子态、表面极化和缺陷电荷平衡，同时提高 DSC 的 TiO_2 薄膜单位面积的染料吸附量，最终改善了 DSC 的效率。用 sol - gel 方法合成的 W 掺杂 TiO_2 光阳极，调控 W 的掺杂量从 0.1% 增加到 5%，TiO_2 导带边正移，提高了 DSC 的短路电流和光电转化效率。采用电

化学方法将 Al^{3+} 掺杂入 TiO_2 薄膜电极，当 Al^{3+} 掺杂进入 TiO_2 以后，电子寿命和电子传输时间都增大，电子的复合减少。但是掺杂 Al^{3+} 的量较高时，电子注入的量子效率显著下降。作者运用两个模型解释了产生以上现象的原因。用多重陷阱模型解释为当引入 Al^{3+} 产生更多的陷阱，减慢了电子的动力。用表层模型解释为 Al^{3+} 的引入形成了阻挡层，阻碍了电子的复合，同时降低了电子注入的效率。水热法合成了 Zn^{2+}、Cd^{2+}、Fe^{3+}、Co^{2+}、Ni^{2+}、Cr^{3+} 和 V^{5+} 等过渡金属离子掺杂的 TiO_2 薄膜电极。基于不同掺杂薄膜电极 DSC 在不同的入射光照下，光电流变化有两种不同的变化趋势。对于 Zn^{2+}、Cd^{2+} 掺杂薄膜 n 型半导体，在膜厚为 0.5 μm 并且掺杂量小于 0.5%时，掺杂 DSC 的单射光光电转换效率高于未掺杂的 DSC。其中，Zn^{2+} 掺杂的 DSC 效率高于未掺杂的 DSC 的效率。而 Fe^{3+}、Co^{2+}、Ni^{2+}、Cr^{3+} 和 V^{5+} 离子掺杂的 TiO_2 薄膜电极表现出 pn 转换性质。因此，电池的光电响应和光电流值取决于掺杂的方式和掺杂的浓度。用水热法合成 Cr 掺杂 TiO_2，并将合成的 Cr 掺杂 TiO_2 沉积在未掺杂 TiO_2 薄膜上，形成双层结构，制备得到 DSC 效率提高了 18.3%。研究认为：形成双层结构的电极起到了二极管的作用，也就是形成一个 pn 结能量势垒，阻碍了电子的复合损失，提高了 DSC 的短路电流和电池效率。用水热法合成了 Nb^{5+} 掺杂的 TiO_2 薄膜电极，在 Nb^{5+} 低掺杂量的前提下，DSC 电子的收集效率大大提高。同时不同掺杂量能够有效地调控 TiO_2 表面缺陷态的分布，提高电池效率达到 8.7%。

用 ZrO_2 掺杂到 TiO_2 薄膜电极，得到的 TiO_2/ZrO_2 混合氧化物粉末具有更大的比表面积，并且 TiO_2/ZrO_2 混合氧化物扩展了能带带隙，提高了 DSC 的短路电流、开路电压和光电转换效率。采用局部热解沉积法将纳米多孔 $CaCO_3$ 涂抹覆盖在 TiO_2 薄膜电极上，提高了 DSC 的光电性能。纳米多孔 TiO_2 光阳极，是电子的传输通道，其性能好坏直接关系到整个 DSC 的各项性能，而掺杂 TiO_2 光阳极是其中比较有效提高 DSC 性能的手段。通过有选择性的掺杂能有效抑制 DSC 界面电子的复合，即抑制暗电流的形成。同时不同元素的掺杂影响了 TiO_2 能带结构，适当的掺杂能够拓展 DSC 的光谱响应范围，同时部分元素的掺杂能够提高 DSC 的稳定性，为实现 DSC 的实用化奠定基础，但是如何改进掺杂工艺是今后 DSC 需要研究的重点之一。

掺杂 TiO_2 的制备工艺有多种，下面就以制备 N 掺杂 TiO_2 为例介绍几种主要制备方法。

1）溶胶-凝胶法

溶胶-凝胶法一般是将钛酸盐或钛合物与氨水等含氮物质反应制备溶胶，经高压热处理、蒸发去除溶剂，加表面活性剂研磨制备 TiO_2 浆料，然后经丝网印刷、直接涂膜、旋涂等方法在导电基底上淀积 TiO_2 薄膜，经高温烧结后即可得到较高可见光活性的 N 掺杂 TiO_2 多孔电极。

2）磁控溅射法

磁控溅射法是在真空下电离惰性气体形成等离子体，离子在靶偏压的吸引下，轰击靶材，溅射出靶材离子，沉积到基片上。以金属 Ti 为靶，在 O_2、N_2 和 Ar 气氛中磁控溅射制

备掺氮 TiO_2 薄膜。实验发现，掺氮后 TiO_2 的光谱响应红移至 500 nm 左右，并展现出明显可见光活性。

3）脉冲激光沉积法

脉冲激光沉积的基本原理是将脉冲激光器所产生的高功率脉冲激光束聚焦于靶材表面，靶材吸收激光束的能量后使其温度迅速升高到蒸发温度以上，形成局域化的高浓度等离子体。该等离子体继续与激光束作用并吸收激光束的能量，产生进一步电离形成高温高压等离子体。高温高压等离子体经历一个绝热膨胀发射的过程迅速冷却，到达靶对面的衬底后即在其上沉积成膜。特点是能量在空间和时间上高度集中，可以解决难熔材料的沉积问题，易于在室温下沉积取向一致的高质量的薄膜。

4）气氛灼烧法

气氛灼烧法就是将 TiO_2 或 TiO_2 前驱体放在空气或含氮的气氛中煅烧，通常是 NH_3、N_2 或是 NH_3 与 Ar 气的混合气体，通过不同的温度和不同的气氛制备含氮量不同的深黄色 N 掺杂纳米 TiO_2 粉末。

5）混合灼烧法

混合灼烧法一般是将二氧化钛或二氧化钛前体与含氮有机物混合再灼烧而制备 N 掺杂 TiO_2。通过 $Ti(OBu)_4$ 水解制备 $Ti(OH)_4$ 粉末，再与尿素混合一起灼烧的方法可以制备出 N 掺杂 TiO_2，其可见光活性与 $Ti(OH)_4$ 和尿素的比例有关。

6）化学气相沉积法

化学气相沉积法一般是指把含有构成薄膜元素的气态反应剂或液态反应剂的蒸气及反应所需其他气体引入反应室，在衬底表面发生化学反应生成薄膜的过程。化学气相沉积的源物质可以是气态的也可以是固态或液态的。利用化学气相沉积法可以控制薄膜的组分及合成新的结构，可用来制备半导体、金属和绝缘体等各种薄膜。以四氯化钛和乙酸乙酯为前躯体，氨水为 N 掺杂剂，其中 NH_3 气流流速不同，所产生的 N 掺杂 TiO_2 薄膜厚度也不同。为了防止反应物和产物发生聚集，整个流程需要在加热的条件下进行。

5.2.3.3　纳米 TiO_2 薄膜表面修饰与包覆

染料敏化太阳电池中纳米 TiO_2 半导体多孔薄膜结构对其光电性能有着重要的影响，不仅影响染料敏化剂在纳晶薄膜上的吸附，还影响电子在半导体薄膜中的传输和纳米晶体界面间的转移。半导体电极的巨大表面积也增加了电极表面的电荷复合，从而降低太阳电池的光电转换效率。为了改善电池的光伏性能，人们采用了多种物理化学修饰技术来改善纳米 TiO_2 电极的特性，这些技术包括 $TiCl_4$ 表面处理、表面包覆、掺杂等。

对纳米 TiO_2 多孔薄膜电极表面进行物理化学修饰，可以改善各个电极界面的状态，有利于改善染料的吸附活性，增强电子的注入和传输性能，抑制电子的复合，最终提高电池的光电性能。表面修饰的方法又可以分为三大类：一类是物理方法修饰纳米 TiO_2 薄膜表面，改善薄膜表面态。研究发现，采用氧等离子体和离子束处理纳米薄膜后，TiO_2 中的氧空位数目减少，TiO_2导带中的电子与电解质中 I_3^- 离子的复合反应被有效抑制，电池性能得到改善。另一类是采用 $TiCl_4$、TiO_2溶胶以及酸（如 HCl、HNO_3）等化学修饰纳米 TiO_2多孔薄膜电极，优化薄膜内部 TiO_2颗粒/颗粒界面以及 TCO 基底/TiO_2薄膜界面的接触特性。采用 $TiCl_4$水溶液处理纳米 TiO_2光阳极，提高了电子注入效率，且在半导体/电解质界面形成阻挡层，减少了电子-空穴对的复合，同时，还发现经过 $TiCl_4$处理之后，尽管纳米 TiO_2薄膜的比表面积下降，但是薄膜内部 TiO_2颗粒与颗粒界面形成了新的纳米 TiO_2颗粒，单位体积内 TiO_2的数量增加，颗粒间的电性接触增强，短路电流密度增大。有研究者发现，依次采用 $TiCl_4$和 O_2等离子体处理 TiO_2薄膜后，电池光电转换效率从 3.9%提高至 8.4%。TiO_2的溶胶处理也较为常用，即在制备 TiO_2多孔薄膜光阳极之前，采用溶胶-凝胶过程中获得的溶胶对导电玻璃进行预处理，经高温烧结形成一层均匀致密的 TiO_2阻挡层，得到 TiO_2多孔薄膜/TiO_2致密层/导电玻璃结构的光阳极。这种方法可以较好地改善 TCO 基底/TiO_2薄膜的界面接触特性，使电子的传输和收集效率得到提高，同时有效地减小暗电流。类似地，通过阳极氧化法以及酸处理也可以改善界面特性，提高 DSC 的光电转换效率。还有一类是表面包覆。在纳米 TiO_2薄膜电极表面包覆一层势垒层，形成“核-壳”结构的光阳极，可以较好地改善 TiO_2薄膜/电解质和 TCO 基底/电解质界面的接触特性。在 TiO_2电极表面形成势垒层，有利于电子复合反应的抑制、暗电流的减小以及电池性能的提高。目前，应用在 DSC 中的表面包覆材料主要分为两大类，即宽禁带半导体（如 ZnO 和 Nb_2O_5等）和绝缘体（如 Al_2O_3、MgO 和 ZrO_2等），其结构如图 5-11 所示。

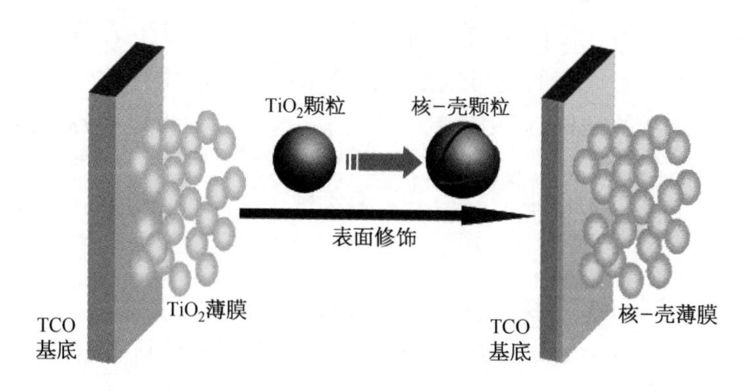

图 5-11　表面包覆的结构示意图

表面包覆包括表面沉积法、溶胶-凝胶法、浸渍法、磁控溅射法、原子层沉积法和金属热蒸发法等，其中，表面沉积法、溶胶-凝胶法和浸渍法的制备技术简单，原子层沉积法、磁控溅射法和金属热蒸发法则具有包覆层形貌可控的特点。根据处理对象的不同，表面包覆的方法又可以分为两大类：一是先对纳米 TiO_2颗粒进行包覆处理，再将得到的“核-壳”结构纳米粒子制成薄膜光阳极；二是直接对烧结好的纳米 TiO_2薄膜进行处理，得到“核-壳”结构的光阳极。其中，前一种方法可能在 TiO_2颗粒之间的晶界处引入势垒层，使电子的传输时间延长，影响包覆效果。

半导体表面包覆的可能作用机理有三种[18]：一是包覆材料自身形成能量势垒，允许电子注入，同时对电子复合反应产生抑制作用；二是表面偶极作用，光阳极材料的导带边发生移动；三是钝化表面态复合中心，如图5-12所示。

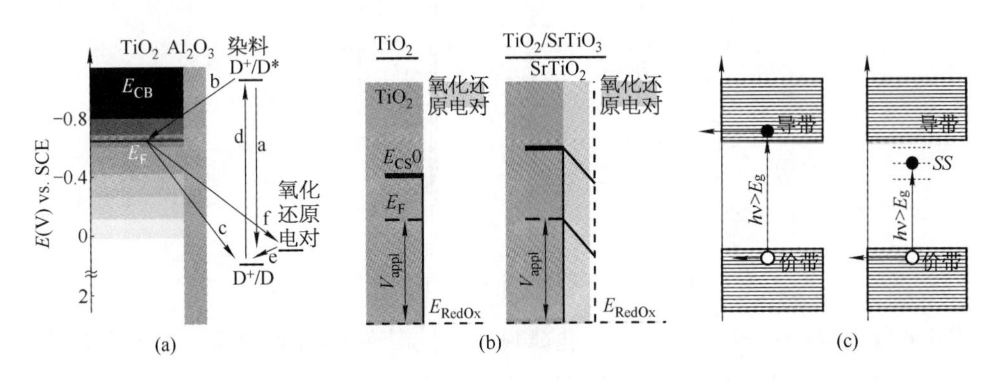

图5-12　DSC中表面包覆的3种作用机理

(a) 形成能量势垒；(b) 表面偶极子作用；(c) 钝化表面态

1）宽禁带半导体包覆

用于表面包覆TiO_2的宽禁带半导体材料主要有ZnO和Nb_2O_5等。通常它们应具有比TiO_2更负的导带边位置(见图5-13)，这样光阳极与电解质界面会形成一个能量势垒。电子注入壳层半导体后，可以快速转移到核层半导体导带中，同时能垒可以抑制电子与氧化态染料以及电解质中氧化还原电对的复合，达到优化电池性能的目的。

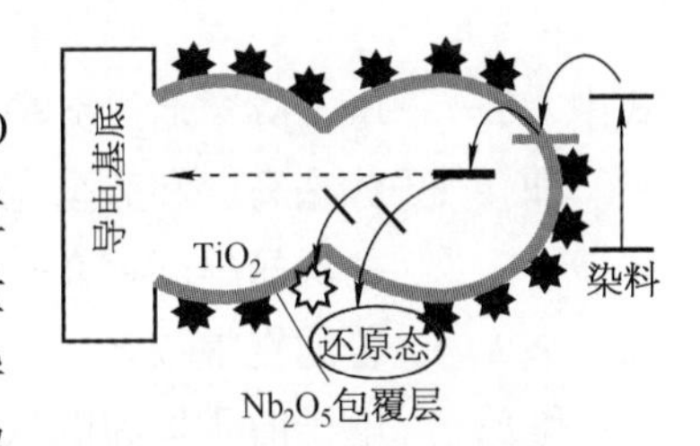

图5-13　Nb_2O_5表面包覆TiO_2的核-壳结构示意图

利用ZnO和SrO包覆TiO_2制备得到的光阳极，其中，ZnO的表面包覆增大了TiO_2导带中的自由电子浓度，电子在传输过程中的复合减小，电池的短路电流和开路电压同时增大，光电转换效率提高了27%；SrO的表面包覆则使敏化的TiO_2薄膜对可见光的吸收增强，尤其在短波长范围内的增强效果更加明显，电池效率从7.3%提高到9.3%。采用射频磁控溅射的方法将$SrTiO_3$包覆在TiO_2表面，与单一TiO_2电极相比，这种"核-壳"结构光阳极的氧空位密度更低、表面态被钝化，电池的性能参数得到优化。

2）绝缘体包覆

采用Al_2O_3、MgO和ZrO_2等绝缘体氧化物作为壳体材料是表面包覆研究的一个重要方面。此外，$CaCO_3$和$BaCO_3$等三元化合物绝缘体材料也被应用在DSC中，其作用机理如图5-14所示。Park等采用浸渍法制备了$MgCO_3/TiO_2$光阳极。研究发现，包覆处理后染料的吸附量增大，在表面偶极子的作用下，TiO_2的导带边向负方向移动，电池光电转换效率获得17%的提高。然而，研究还发现TiO_2薄膜电极表面包覆Al_2O_3、MgO和Y_2O_3后，虽然DSC的开路电压和填充因子有所增加，但是短路电流却大幅度减小，电池的光电转换效率下降。

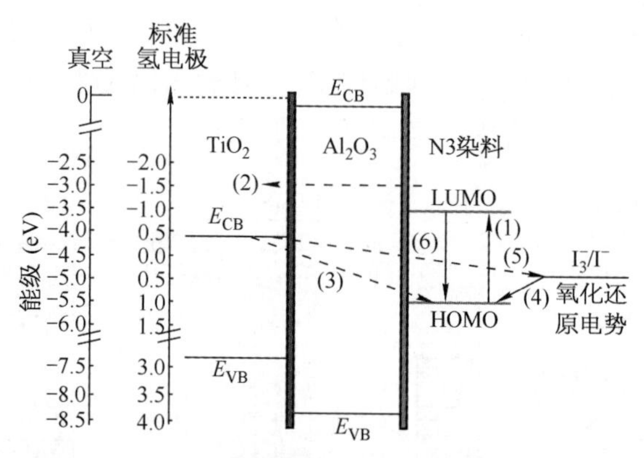

图 5-14 Al_2O_5 表面包覆 TiO_2 的核-壳结构示意图

Palomare 等认为，在纳米 TiO_2 多孔薄膜表面包覆绝缘体时，激发出的电子是通过量子隧穿效应穿过绝缘层的[19]。量子隧穿公式为：

$$T=\frac{16E(V_0-E)}{V_0^2}\exp\left(-\frac{2a}{\hbar}\sqrt{2m(V_0-E)}\right) \tag{5-1}$$

式中 T——电子隧穿通过势垒层的概率；

V_0 和 a——势垒高度和势垒宽度，势垒高度与半导体的禁带宽度有关，势垒宽度则和势垒层的厚度存在一定关系；

$\hbar$——普朗克常数；

m 和 E——电子的质量和能量。

由式(5-1)可以看出，在其他参数不变的情况下，电子穿过的概率随着势垒层厚度的增大而减小。在 DSC 中，如果采用绝缘体对纳米 TiO_2 进行表面包覆，电子势必要穿过这层势垒才能注入 TiO_2 导带，因此，必须考虑绝缘层厚度给电子注入带来的影响。

采用原子层沉积法将 Al_2O_3 包覆在 TiO_2 表面，通过调节沉积次数控制 Al_2O_3 层的平均厚度。研究发现，原子层沉积法制备得到的 Al_2O_3 呈岛状生长，沉积一次后得到的电池光电性能最优。结合超快瞬态红外光谱手段研究了绝缘体氧化物包覆层对 DSC 中电子注入动力的影响。同时，还发现包覆层是以不完全覆盖且包覆厚度不均匀的状态存在的。采用金属热蒸发和紫外臭氧氧化法将 Al_2O_3 和 MgO 沉积在 TiO_2 电极表面并精确控制包覆层厚度，包覆处理后 TiO_2 导带边向负方向移动，包覆层有效钝化了 TiO_2 的表面状态，DSC 内部的电子复合被抑制，电池性能得到改善。包覆层厚度对电池性能的影响研究发现电池性能降低的主要原因是包覆层厚度增加引起短路电流密度的减小，较薄的包覆层更加有利于光电转换效率的提高。

采用绝缘体材料对纳米 TiO_2 多孔薄膜电极进行表面包覆，对相关实验结果和作用机理进行深入的研究与讨论，同时详细分析包覆层的厚度和均匀性对电子注入、传输和复合过程以及 DSC 光电转换性能的影响是十分必要的。

3) 表面包覆技术

表面包覆是通过溶液(如表面添加剂)与颗粒发生化学反应或表面吸附来改变颗粒表

面状态的一项技术。如果将原始颗粒看作“核”，表面包覆层看作“壳”，则颗粒经包覆以后具有“核-壳”的结构，这种结构可以产生单一颗粒无法得到的许多新性能，具有比单一粒子更加广阔的应用前景，因而受到了广泛的关注。

采用表面包覆技术制备“核-壳”结构颗粒都是有针对性的，一方面是采用性质相对稳定的外壳来保护内核粒子不发生物理和化学变化；另一方面是希望外壳能够改善内核粒子的表面电性、表面活性以及稳定性、分散性等，通过表面包覆可以将外壳粒子特有的电磁性能、光学性能和催化性能赋予内核粒子。无论选取无机材料还是有机材料进行表面包覆形成具有“核-壳”结构的颗粒，其形成原理主要有以下几种[20,21]：

(1) 化学键作用

研究发现，采用 SiO_2 对 TiO_2 颗粒进行表面包覆时，两者通过形成的 Ti－O－Si 键相互连接。由于 SiO_2 和 TiO_2 这类氧化物纳米颗粒在水中可以和水分子发生水合作用，产生羟基(—OH)，这些基团容易与其他无机颗粒表面的—OH 或高分子链上的一些官能团(如—COOH、—OH 等)发生化学作用，形成化学键。同时，偶联剂的引入也可以使外壳与内核之间形成化学键。研究表明，采用 Au 对 SiO_2 进行表面包覆时，由于 Au 纳米颗粒在溶液中不能稳定存在，且 Au 和 SiO_2 之间没有亲和性，包覆过程不能直接进行，因此需要先将柠檬酸吸附在 Au 纳米颗粒表面防止其团聚，再加入偶联剂(氨丙基三甲基硅氧烷和硅酸钠)，通过化学键的作用来实现 Au 纳米颗粒表面包覆 SiO_2。

(2) 库仑静电吸引力作用

由于包覆剂带有与基体表面相反的电荷，在库仑静电吸引力的作用下包覆剂颗粒吸附到被包覆颗粒表面。当 pH 在 3～6 之间时，$\gamma-Fe_2O_3$ 和 SiO_2 带有相反的电荷，通过混合带有相反电荷的 $\gamma-Fe_2O_3$ 和 SiO_2 两种颗粒，利用颗粒之间的静电相互作用，在 $\gamma-Fe_2O_3$ 表面包覆了一层 SiO_2，使磁性纳米颗粒具有良好的分散性，并且防止了团聚的产生。

(3) 吸附层媒介作用

将无机颗粒进行表面处理，形成一层有机吸附层，用经过这种处理的颗粒作为核，吸附层的媒介作用可以提高无机颗粒与有机物质的亲和性，促进有机单体的聚合，从而获得复合胶囊化颗粒。

(4) 表面包覆方法

常用的表面包覆方法有自组装法、微乳液法、溶胶-凝胶法、化学镀法和共沉淀法等。这些方法不仅能够实现壳层厚度和均匀性的控制，而且可以制备多壳层结构的复合材料。根据包覆材料种类的不同，下面介绍几种常用的包覆方法[22-21]。

① 有机高分子包覆，用有机物在颗粒表面进行修饰，得到高分子包覆层的途径主要有两大类：聚合化学反应法和高分子自组装法。聚合化学反应法通常是指有机物单体在含有待包覆粒子的溶液中发生聚合反应形成高分子，同时沉积在粒子表面，形成包覆层的方法。它包括单体吸附聚合和乳液聚合等方法。单体吸附聚合法通常以具有较高催化活性的材料作为包覆粒子，例如 $\alpha-Fe_2O_3$、CeO_2、CuO 和 SiO_2 等。单体与被包覆颗粒之间有较强的相互作用，可以直接吸附到无机颗粒表面，然后再引发单体聚合完成包覆。利用

单体聚合包覆颗粒的关键是聚合反应必须发生在颗粒表面。实验表明，包覆层的厚度可以通过改变核与有机物接触反应的时间来调节，此方法简便、易行且适用面较广。利用低分子量表面活性剂具有在颗粒表面形成双层胶束的能力，可以将单体包容在胶束中引发聚合，即乳液聚合法，从而达到颗粒的表面改性。这种方法可以在有机或无机粒子表面形成很薄的高分子包覆层(2～10 nm)，尤其对于表面形状不规则的粒子，它能沿着粒子表面的轮廓保持一定厚度进行薄层包覆。

高分子自组装法是利用静电作用进行的。向胶体分散系中加入带有相反电荷的高分子过饱和溶液，高分子单体便自动吸附到胶体颗粒上，然后进行离心分离、洗涤。电泳实验可以证明，经过处理的胶体粒子带有与原来相反的电荷。重复此步骤，交替使用带有异种电荷的高分子包覆剂，还可以进一步实现多层包覆，即层层包覆法。

② 生物大分子包覆，生物大分子包覆被广泛应用在临床分析和免疫检验等研究中，其主要目的是使普通的粒子具有某些蛋白质或生物体的特殊基因和反应功能。使生物大分子固定于固体颗粒表面的技术有很多种，如非价键吸附、价键吸附、溶胶-凝胶捕获和静电自组装等，其中最常用的是价健吸附方法。

③ 无机物包覆，无机物包覆方法主要有表面沉积法、表面化学反应法和超声化学法。表面沉积包覆主要是将包覆颗粒和被包覆颗粒分散在水溶液中，通过调节 pH 或加热使包覆材料沉淀或水解后沉积到核材料上形成“核-壳”结构，或者通过特殊的功能团直接在表面反应进行包覆。这种方法具有操作简便、成本低廉和易于规模化等优点，被广泛应用于 TiO_2 和 ZnO_2 等颗粒的表面包覆过程中。表面化学反应法则主要用来实现金属无机纳米粒子对各种材料的表面修饰。超声化学法是指在超声化学过程中，超声波产生的空化作用使液体形成气泡，气泡扩张并爆裂引发化学效应，从而实现表面包覆的方法。研究发现，超声化学的作用增强了包覆物与被包覆颗粒表面的相互作用，有利于形成化学键。此外，纳米颗粒自组装法、气相沉积法和化学镀也是表面包覆的常用方法。

(5) 禁带宽度和等电荷点

禁带宽度和等电荷点是表面包覆研究中的两个重要概念，对电池的优化效果产生着非常重要的影响，图 5 - 15 给出了部分材料禁带宽度和等电荷点的数值。

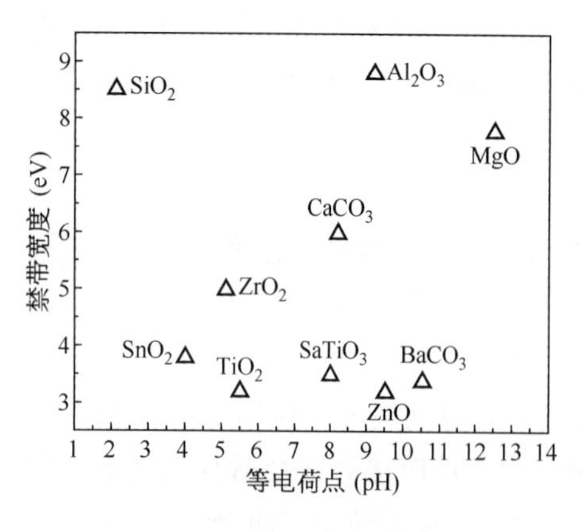

图 5 - 15　部分材料的禁带宽度和等电荷点示意图

① 禁带宽度，按照固体的量子理论，固体中电子的能量不是连续取值的，而是一些不连续的能带。固体要导电，就要有自由电子存在，自由电子存在的能带称为导带；被束缚的电子要成为自由电子，就必须获得足够的能量从而跃迁到导带，这个能量的最小值就是禁带宽度，它是半导体的一个重要特征参量，其大小主要决定于半导体的能带结构。绝缘体的禁带宽度大，因此，如果将它们包覆在纳米 TiO_2 多孔薄膜电极

表面，电子便很难从 TiO_2 导带跃迁出去，有利于抑制界面电子的复合，提高电池性能。

② 等电荷点，一般而言，氧化物表面都存在羟基。在水溶液中，氧化物表面的羟基会根据溶液 pH 值的不同而发生质子化或者去质子化反应，使氧化物表面带上正电荷或者负电荷；如果溶液的 pH 值正好使氧化物表面的电荷为零，则该 pH 值就称为氧化物的等电荷点(pzc)。pH 值小于等电点时，氧化物表面羟基质子化从而带正电荷；pH 值大于等电点时，氧化物表面羟基去质子化从而带负电荷。采用具有不同等电荷点的氧化物对 DSC 中的纳米 TiO_2 多孔薄膜进行表面包覆，研究发现具有高等电荷点的包覆层(Al_2O_3)倾向于使 TiO_2 薄膜去质子化，而低等电荷点的包覆层(SiO_2)却产生相反的效果，因此选用碱性的金属氧化物作为势垒层将能达到优化电池性能的目的。

5.2.4　纳米多孔薄膜性能表征

实验中常用的纳米 TiO_2 微粒性能所用的评估方法有：X 射线衍射法(XRD)、透射电子显微镜观察法(TEM)、扫描电子显微镜法(SEM)、比表面积及孔隙测量分析法(BET)以及电化学等。

为了了解纳米 TiO_2 样品的晶相组成及晶粒尺度，采用 X 射线衍射仪对纳米 TiO_2 粉末进行物相分析，同时根据衍射峰的半高宽，用谢乐(Scherrer)公式计算纳米 TiO_2 粉末的晶粒尺寸。同时，为了观察纳米 TiO_2 晶体粉末颗粒的形貌，用 TEM 观察粉末颗粒的微观形状和颗粒大小，通过 FE－SEM 观察薄膜表面及截面形貌图。图 5－16 和图 5－17 分别给出了 TEM 和 FESEM 照片，结合纳米多孔 TiO_2 薄膜的比表面积、孔洞直径、孔洞分布情况和孔洞率，便于分析染料吸附和电解质中离子传输等情况。

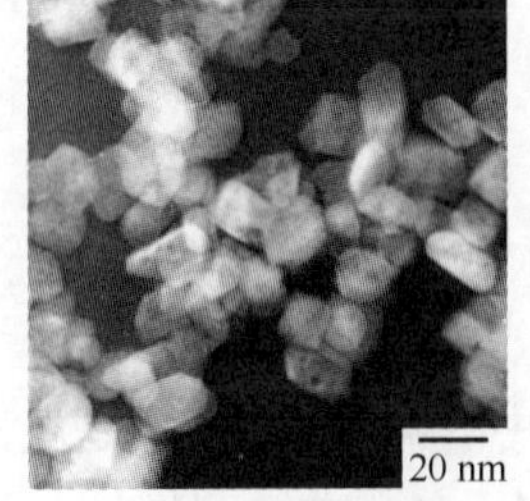

图 5－16　溶胶-凝胶方法制备的纳米 TiO_2 颗粒 TEM 图

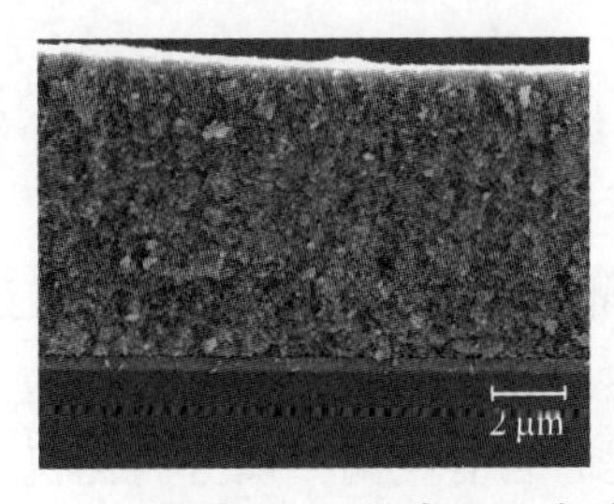

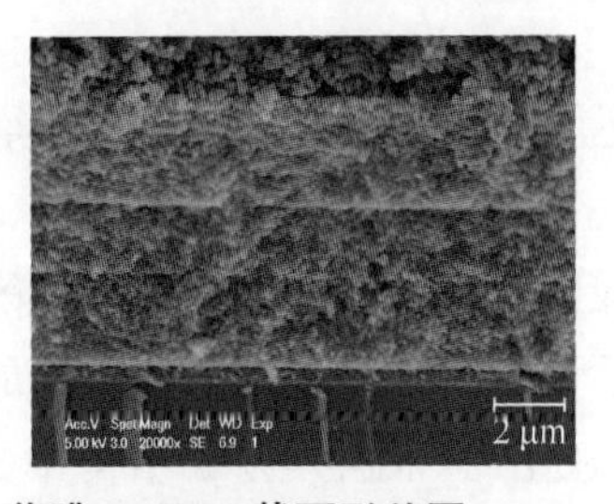

图 5－17　纳米 TiO_2 多孔薄膜 FESEM 截面形貌图

除了晶体结构及形貌测试外，目前涉及纳米 TiO_2 薄膜测试的手段还有电化学手段，包括循环伏安(CV)特性、电化学阻抗谱(EIS)以及调制光电流/电压谱(IMPS/IMVS)等。三电极系统组成的循环伏安方法可以研究电荷传输动力学过程。根据不同的扫描速率和返回电压，采用常用的等效电路模拟，可以得到电子在多孔薄膜内传输时的转移电阻以及此时多孔薄膜内的电容特性。

目前,EIS 在 DSC 方面已有很多研究,包括直接用铂黑电极来研究 DSC 中电解质的电化学性能,用以导电玻璃为衬底的铂黑电极来研究电解质溶液中 I^-/I_3^- 的氧化还原行为,同时还可以较为直观地得到不同纳米多孔薄膜中的电荷传输电阻。这些方法可以帮助我们从电化学方面了解 DSC 内部的电荷传输、复合以及界面电极过程。

强度调制光电流/光电压谱(IMPS/IMVS)是一种非稳态技术,激励半导体的入射光由背景光信号和调制光信号两部分组成,其中调制光信号强度按照正弦调制对半导体进行激励,通过不同频率下光电流/光电压响应来研究界面动力学过程。在染料敏化太阳电池中,从光生载流子产生到扩散至收集基底需要一段时间,输出光电流/光电压的波动分量相位将滞后于入射光的调制分量而反映在 IMPS/IMVS 图谱中。IMPS 的测量是在短路状态下调制信号的光电流响应,提供了电池在短路条件下电荷传输和背反应动力学的信息,可以得到有效电子扩散系数 D。IMVS 是与 IMPS 相关的一种技术,测量开路状态下调制信号的光电压响应,可以得到电池在开路条件下的电子寿命 τ_n。IMPS/IMVS 为认识染料敏化太阳电池内载流子的传输和复合过程提供了全新的视角。目前,有关 IMPS/IMVS 在染料敏化太阳电池研究中的应用相当广泛。

5.3 染料光敏化剂

染料敏化太阳电池中的染料光敏化剂是电池的关键材料之一,其性能直接影响电池的光吸收效率和光电转换效率。应用于染料敏化太阳电池的染料光敏化剂一般应具备以下条件:

① 具有较宽的光谱响应范围,其吸收光谱应尽量与太阳的发射光谱相匹配,有较高的光吸收系数;

② 应能牢固地结合在半导体氧化物表面并以高的量子效率将电子注入到导带中;

③ 具有高的稳定性,能经历 10^8 次以上氧化-还原循环,寿命相当于在太阳光下运行 20 年或更长;

④ 其氧化还原电势应高于电解质电子给体的氧化还原电势,能迅速结合电解质中的电子给体而再生。

经过 20 多年的研究,人们发现卟啉和第Ⅷ族的 Os 及 Ru 等多吡啶配合物能很好地满足以上要求,后者尤其以多吡啶钌配合物的光敏化性能最好。目前,应用于染料敏化太阳电池的染料光敏化剂,根据其分子结构中是否含有金属可以分为无机染料和有机染料两大类。无机类的染料光敏化剂主要集中在钌、锇等金属多吡啶配合物、金属卟啉和酞菁等;有机染料包括合成染料和天然染料。

5.3.1 无机染料

无机金属配合物染料通常含有吸附配体和辅助配体,具有较高的化学稳定性和热稳定性。图 5－18 所示为几种有代表性的多吡啶钌配合物的分子结构示意图。其中染料分

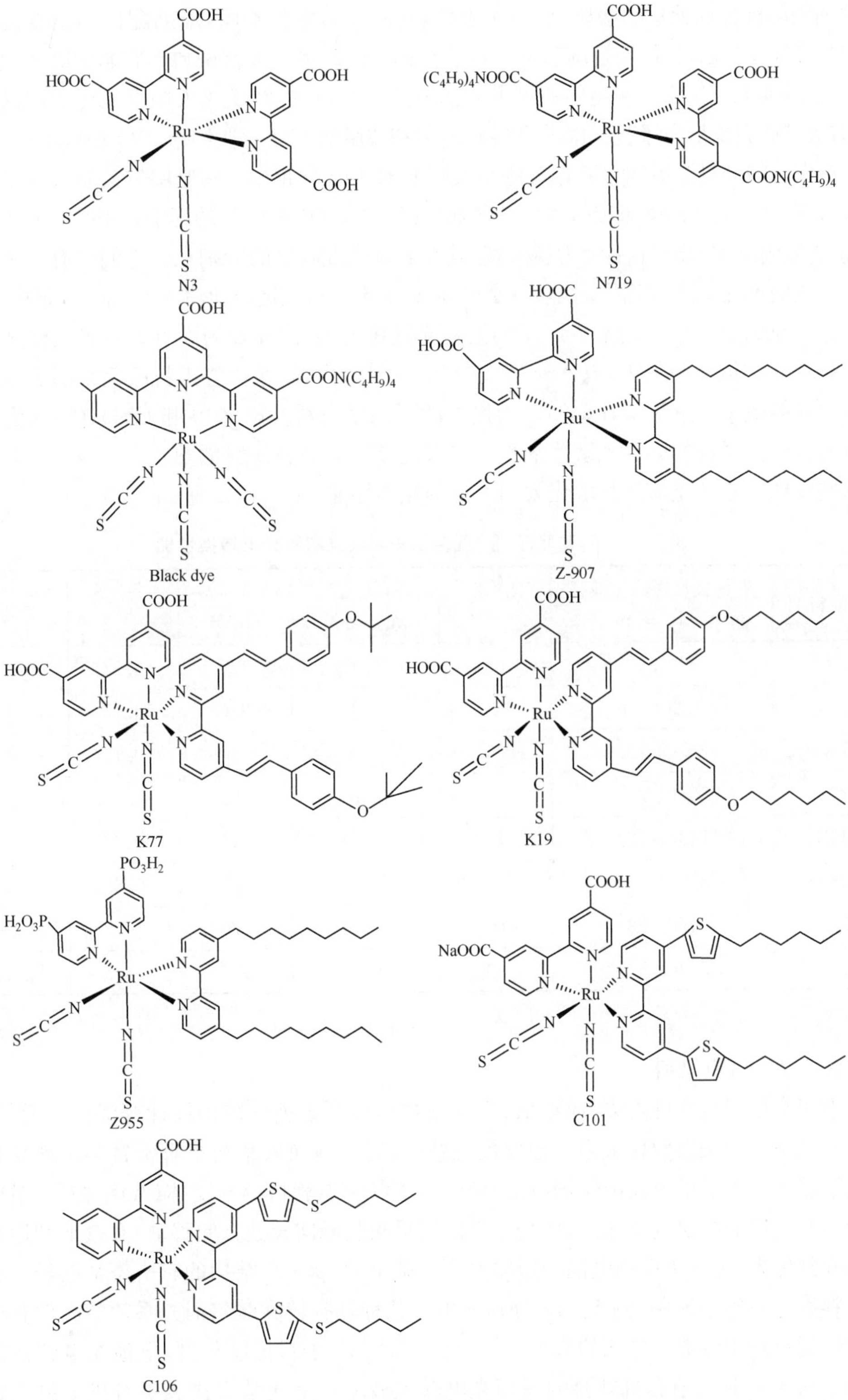

N3

N719

Black dye

Z-907

K77

K19

Z955

C101

C106

图 5－18　几种具有代表性的无机染料结构示意图

子中的吸附配体能使染料吸附在 TiO_2 表面，同时作为发色基团，辅助配体不是直接吸附在纳米半导体表面，其作用是调节配合物的总体性能。多吡啶钌染料具有非常高的化学稳定性、良好的氧化还原性和突出的可见光谱响应特性，在染料敏化太阳电池中应用最为广泛，有关其研究也最为活跃。这类染料通过羧基或膦酸基吸附在纳米 TiO_2 薄膜表面，使得处于激发态的染料能将其电子有效地注入到纳米 TiO_2 导带中。多吡啶钌染料按其结构分为羧酸多吡啶钌、膦酸多吡啶钌和多核联吡啶钌三类，其中前两类的区别在于吸附基团的不同，前者吸附基团为羧基，后者为膦酸基，其与多核联吡啶钌的区别在于它们只有一个金属中心。羧酸多吡啶钌的吸附基团羧基是平面结构，电子可以迅速地注入到 TiO_2 导带中。

这类染料是当前应用最为广泛的染料光敏化剂，目前开发的高效染料光敏化剂多为此类染料。在该类染料中，以 N3、N719 和黑染料为代表，保持着染料敏化太阳电池的最高光电转换效率。近年来，以 Z907 为代表的两亲型染料及以 K19 和 C101，C106 为代表的具有高吸光系数的染料光敏化剂是当前多吡啶钌类染料研究的热点[23]。表 5－2 列出了这些染料的紫外光谱及其敏化太阳电池的光伏性能。

表 5－2　多吡啶钌(Ⅱ)配合物的吸收光谱和光电转换性能

染料	染料吸收峰峰位波长 (nm)($\varepsilon/10^3\,m^2mol^{-1}$)	IPCE (%)	J_{sc} ($mA \cdot cm^2$)	V_{oc} (mV)	FF	η(%)
N3	534(1.42)	83	18.12	720	0.73	10.0[24]
N719	532(1.4)	85	17.73	846	0.75	11.18[25]
Black dye	605(0.75)	80	20.53	720	0.704	10.4[26]
Z907	526(1.22)	72	14.6	722	0.693	7.3[27]
K19	543(1.82)	70	14.61	711	0.671	7.0[28]
Z955	519(0.83)	80	16.37	707	0.693	8.0[29]
C101	547(1.68)	80	17.94	778	0.785	11.0[30]
C106	550(1.87)	90	19.2	776	0.759	11.29[24]

5.3.2　有机染料

有机类染料具有种类多、成本低、吸光系数高和便于进行结构设计等优点。近年来，基于有机染料的染料敏化太阳电池发展较快，其光电转换效率与多吡啶钌类染料敏化太阳电池相当。有机染料光敏化剂一般具有“给体(D)-共轭桥(π)-受体(A)结构”。借助电子给体和受体的推拉电子作用，使得染料的可见吸收峰向长波方向移动，有效地利用近红外光和红外光，进一步提高电池的短路电流。基于 D－π－A 结构的有机染料已经广泛用于染料敏化太阳电池中，图 5－19 分别列出了几种具有较高摩尔消光系数的高效有机染料的结构及其相应敏化电池的效率[31-32]。其中，C217 染料做敏化剂，电池光电转换效率达到了 9.8%，是目前有机染料的最高光电转换效率。上述结果代表了有机染料光敏化剂研究的最新成果。

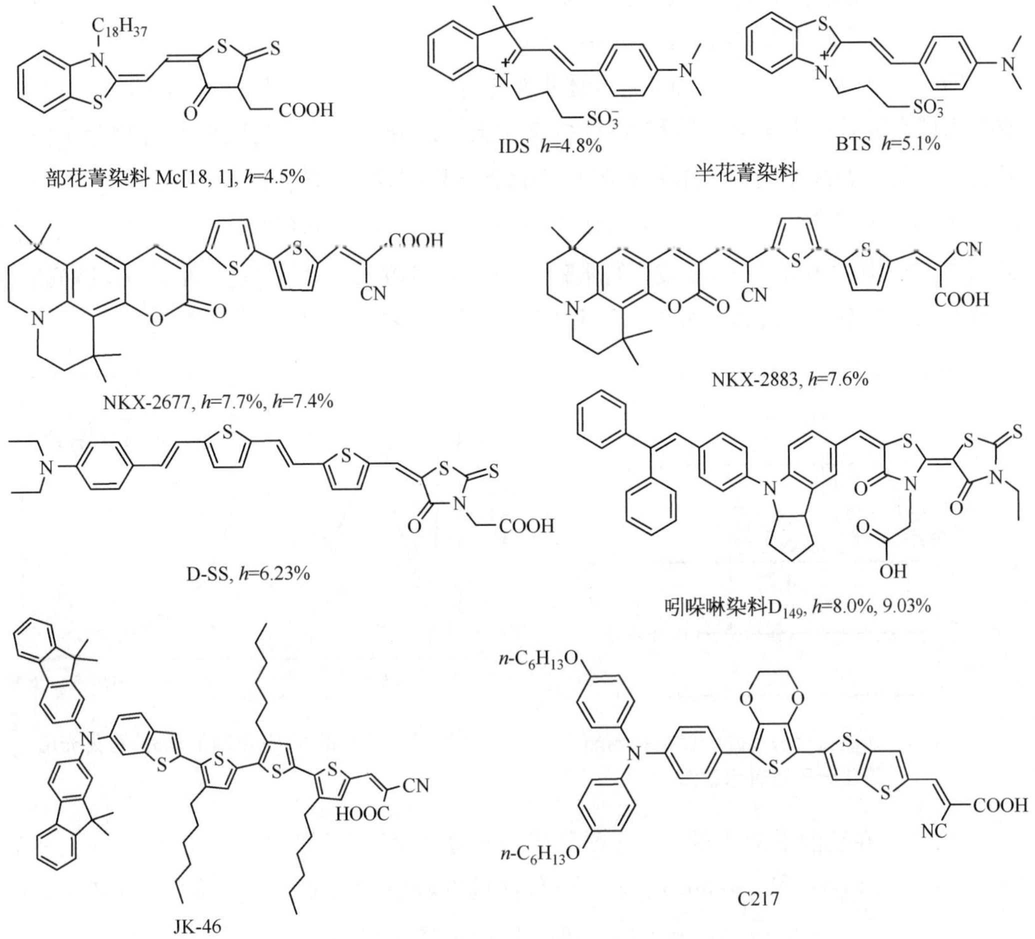

部花菁染料 Mc[18, 1], h=4.5%

IDS h=4.8%　　BTS h=5.1%

半花菁染料

NKX-2677, h=7.7%, h=7.4%

NKX-2883, h=7.6%

D-SS, h=6.23%

吲哚啉染料D_{149}, h=8.0%, 9.03%

JK-46

C217

图 5-19　几种具有代表性的有机染料结构示意图

5.3.3　羧酸多吡啶钌染料的性能

5.3.3.1　染料的紫外可见光谱

紫外光谱与电子跃迁有关，当紫外光通过样品分子且其能量（$E = h\nu$）恰等于高能态与基态能量的差值（$E_1 - E_0$），则紫外光的能量就有可能转移给分子，使电子从 E_0 跃迁到 E_1，此时产生的吸收光谱为紫外吸收光谱（简称 UV）。近紫外区波长范围为 200～400 nm，可见光区波长范围在 400～800 nm 之间。紫外-可见吸收光谱横坐标以波长 λ（nm）表示，纵坐标通常用吸光度 A 表示。峰的强度遵循 Beer-Lambert 定律：

$$A = \lg I_0/I = \varepsilon c l \tag{5-2}$$

式中　A——吸光度；

I、I_0——透过光强度和入射光强度；

ε——摩尔吸光系数，单位 $L \cdot mol^{-1} \cdot cm^{-1}$；

l——通过样品的光路长度，单位 cm；

c——溶液的摩尔浓度，单位 $mol \cdot L^{-1}$。

Ru^{2+}离子为d^6体系，多吡啶配体通常为拥有定域在 N 原子上的 σ -给体轨道和或多或少离域在芳香环上的 π 给体和 π^* 受体轨道无色的分子。从多吡啶钌配合物分子的 π_M 激发一个电子到配体的 π_L^* 配体轨道将产生金属到配体电荷转移(MLCT)激发态，而从 π_M激发一个电子到 σ_M^*将产生一个金属中心(MC)的激发态，同理从配体 π_L激发一个电子到 π_L^* 将产生配体中心(LC)激发态(图 5 - 20)。对多数 Ru(Ⅱ)多吡啶配合物，最低能量的激发态是具有相当慢地非辐射跃迁和长寿命强发光特性的 MLCT 激发态。

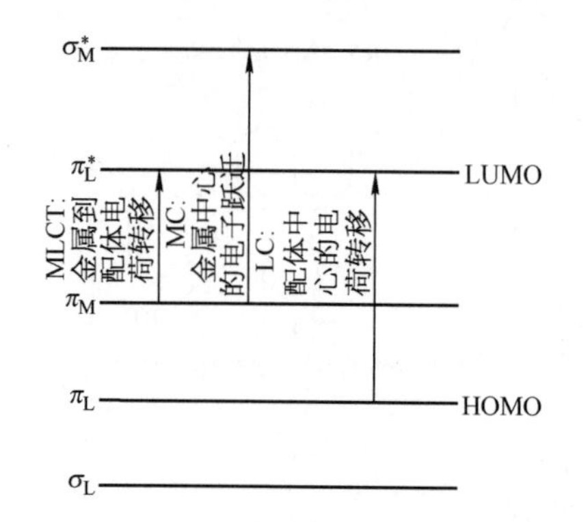

图 5 - 20　八面体构型多吡啶钌配合物的简化分子轨道示意图

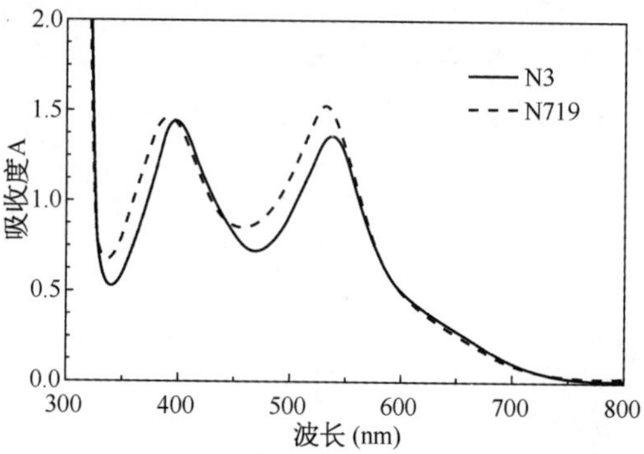

图 5 - 21　N3 和 N719 染料的紫外-可见光谱

N3 染料在乙醇溶液中的紫外-可见吸收光谱有两个强烈的 MLCT 吸收带(图 5 - 21)，分别在 538 nm 和 398 nm 处，而在紫外区间的吸收带在 314 nm。538 nm 和 398 nm 处的 MLCT 吸收带的形成是电子从金属的 t_{2g}轨道跃迁到 2,2′-联吡啶- 4,4′-二羧酸配体的 π^* 轨道的结果，314 nm 处吸收带的形成是由于配体间电子跃迁($\pi \rightarrow \pi^*$)的结果。N719 染料在可见光区的两个强的 MLCT 吸收谱带分别位于 532 nm 和 393 nm，而紫外区间的配体内部 $\pi - \pi^*$ 跃迁吸收带位于 312 nm。

染料在不同溶剂中的吸收光谱是不同的，相对非质子溶剂(如二甲亚砜 DMSO)而言，染料 $RuL_2(NCS)_2$在质子溶剂(如 H_2O)中的吸收光谱明显发生蓝移。这是由于溶液中 H^+ 与 N -/S -中的孤对电子相结合，削弱了从 NCS 配体到金属钌中心上的电子跃迁而造成的。另外，在质子溶剂中，联吡啶配体上羧基的去质子化也使得吸收光谱发生蓝移。表 5 - 3 是 N3 染料在不同溶剂中的吸收峰数据，其中 H_2O 是 pH=10 的 NaOH 水溶液。

表 5 - 3　N3 在不同溶剂中的 UV - Vis 吸收峰数据

溶　剂	MLCT(nm)	MLCT(nm)	$\pi - \pi^*$ (nm)
H_2O	500	372	308
C_2H_5OH	538	398	314
DMSO	542	400	318

5.3.3.2 染料的核磁共振谱

^{1}H 和^{13}C 核磁共振(NMR)谱是分析染料的成分和几何构型的有效手段。核磁共振信号可反映同一种原子核所处的化学环境。对于在一个分子中有 n 个化学上不等价的核来说,由于有 n 个不同的 Larmor 频率,在核磁共振谱中可以观察到 n 个吸收信号。这是核磁共振研究有机化学结构问题的基础。化学位移是由于氢核外电子对核的屏蔽作用所引起的,因此,凡是使氢核外电子密度改变的因素都能影响化学位移。若结构上的变化使氢核外电子密度降低,将使谱峰的位置移向低场(谱图的左方),化学位移增大,这是去屏蔽作用;反之,屏蔽作用则使化学位移减少。^{13}C 核磁共振原理与氢核是一样的。

染料 $RuL_2(NCS)_2$的^{1}H 和^{13}C 核磁共振谱用 AVANCE DMX500 型核磁共振仪器分析。图 5-22 是染料 $RuL_2(NCS)_2$在 0.1 mol·L^{-1} NaOD/D_2O 中的^{1}H-NMR 谱图,化学位移以四甲基硅烷(TMS)为标准,*cis*-$RuL_2(NCS)_2$的^{1}H-NMR 谱有六个共振峰,对应于两个不同的吡啶环上的质子。而 *trans*-$RuL_2(NCS)_2$由于分子结构的对称性,所有的吡啶环都是等同的,因此只有三个共振峰。

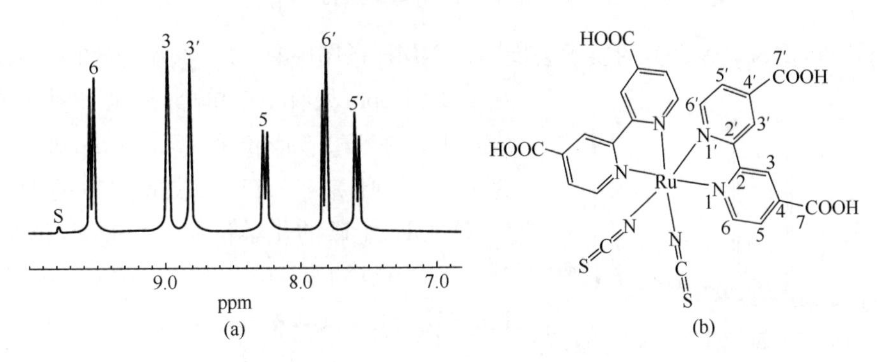

图 5-22 N3 染料在 0.1 mol·l^{-1} NaOD/D_2O 中的^{1}H-NMR 谱图

(a) N3 染料的^{1}H-NMR 谱图;(b) N3 染料的结构

由于 NCS^-离子是两可离子,NCS^-与过渡金属配位时有多种配位形式,它既可以以 N-与过渡金属配位,又能以 S-与过渡金属配位,配位的模式取决于硫氰根离子周围的配体和过渡金属本身的特性。因此,由中间产物 RuL_2Cl_2和 KSCN 合成染料时,产物将可能是 $RuL_2(NCS)_2$、$RuL_2(NCS)(SCN)$和 $RuL_2(SCN)_2$,或是它们的混合物。人们常利用核磁共振碳谱来判断该配合物的 NCS 两可离子的配位方式。S-配位的 NCS 配体对其中碳原子的屏蔽作用大于 N-配位的异构体。含有 NCS 配体的顺式构型多吡啶钌配合物的 NCS 质子去耦碳谱峰位于 129～135×10^{-6}。NCS 配体与过渡金属配位时,S 与过渡金属配位屏蔽 C 的程度比 N 要大得多,NCS 配体以 S-与 Ru 配位时,^{13}C 核磁共振峰应在 120～125×10^{-6}之间。

染料的主要共振峰表明所合成的染料为 $RuL_2(NCS)_2$(图 5-22),化学位移在 9.7～9.8 间有一个很小的共振峰(用 S 表示),它是染料 $RuL_2(NCS)_2$异构体的共振峰,即 NCS 以 S-与 Ru 配位的产物。如图 5-23 所示,染料 N3 和 N719 异构体的共振峰 S 积分后是吡啶环上质子的共振峰的 3.5%左右，表明合成的染料 $RuL_2(NCS)_2$有 3.5%左右的 N/S 异构体。在 N719 的^1H 核磁共振谱中 2.96×10^{-6}、1.42×10^{-6}、1.15×10^{-6}和 0.75×10^{-6}处的共振峰是 TBA 上的质子峰。

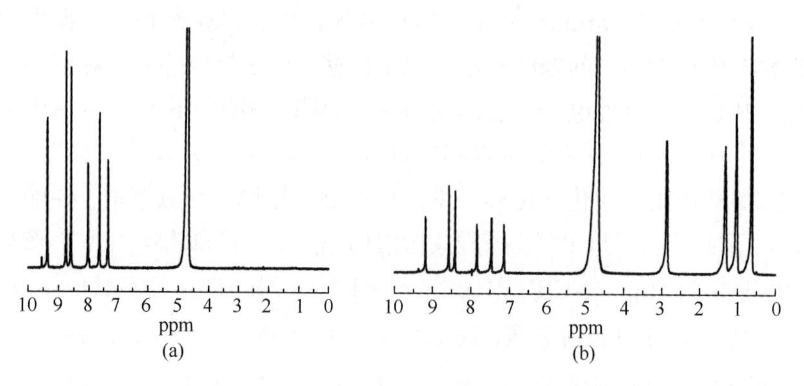

图 5-23 染料 N3 和 N719 在 0.1 M $NaOD/D_2O$ 中的 ^1H-NMR 谱图

(a) 染料 N3；(b) 染料 N719

染料 *cis*-$RuL_2(NCS)_2$的质子去耦^{13}C-NMR 谱图中有 13 个共振峰(图 5-24)，其中在 132.84 ppm 处有一个单峰，其他 12 个共振峰分成六组。在 172.59 nm 和 172.24 nm 处的两个峰为 2,2′-联吡啶-4,4′-二羧酸配体的两个羧基(—COOH)上碳的化学位移：159.68，158.59(2，2′-carbons)，154.1，153.16(6，6′-carbons)，145.41，144.77(4，4′-carbons)，126.44，125.43(5，5′-carbons)，122.96，122.74(3，3′-carbons)这 5 组共振峰分别对应于两个不同的吡啶环上 C 的化学位移，并用数字标出了各组峰所对应 C 的位置，参照图 5-22b 中用数字标出的配体上 C 的位置。在 132.84 ppm 处的单峰是 NCS 配体以 N-与 Ru 配位时 C 的共振峰。

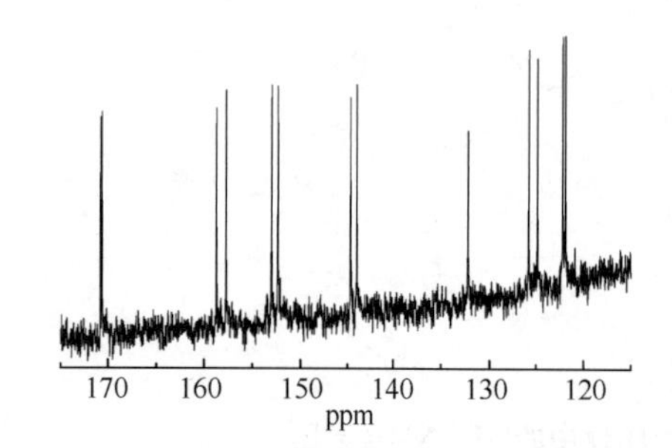

图 5-24 染料 *cis*-$RuL_2(NCS)_2$在 0.1 M $NaOD/D_2O$ 中的 ^{13}C-NMR 谱图

(以四甲基硅烷(TMS)作内标)

5.3.3.3 染料的红外光谱

红外(IR)光谱的产生是由于分子中化学键振动能级或转动能级的跃迁而引起的。红外波段可分为近红外、中红外和远红外。中红外区波数在 4 000～400 cm^{-1}之间，它是有机化合物红外吸收的最重要范围。中红外区的吸收能够反映分子中各种化学键及官能团和分子整体的特征，对化合物结构分析有重要用途。在红外光谱中，横坐标多以波数(cm^{-1})表示，纵坐标反映红外吸收的强弱，它可以采用透过率 T%或吸光度 A 表示。

染料的红外光谱通过美国 Nicolet 750 红外光谱仪测试得到，通过染料的红外光谱可以判断 NCS 配体与过渡金属的配位模式。NCS 配体有两个特征模式，ν(NC)和 ν(CS)经常被用来判断它的配位模式。图 5－25 和图 5－26 是染料在各个区间的红外光谱。NCS 若以 N－与过渡金属 Ru 配位，则在 770 cm^{-1} 处应有 ν(C=S)较强的振动峰；若是 S－与 Ru 配位，应在 700 cm^{-1} 处出现 ν(C=S)的弱的振动峰，如图 5－26 所示，染料在 770 cm^{-1} 处有较强的振动峰，所以 NCS 是以 N－与 Ru 配位的。另外，从图 5－26 可看出 $RuL_2(NCS)_2$ 染料在(2 101±2)cm^{-1} 处有一强烈的吸收峰，它是 ν(NC)的振动峰。这个吸收峰看起来好像是一强而宽的单峰，但从高分辨率的 IR 谱可看出，它在(2 101±1)cm^{-1} 有尖锐单峰，对应于染料 NCS 配位体的特征峰。

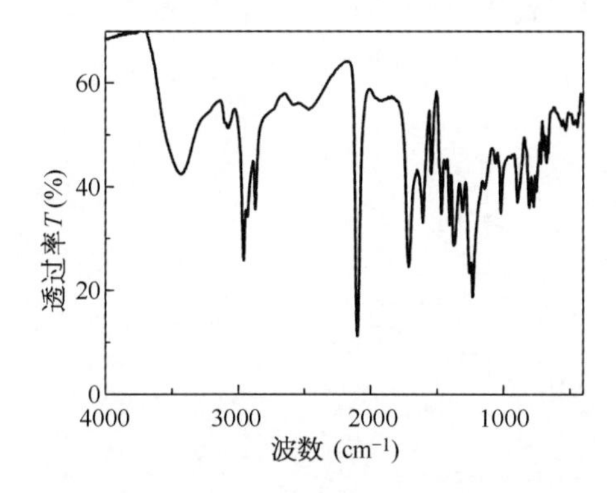

图 5－25　染料 N719 的红外光谱(KBr 片)

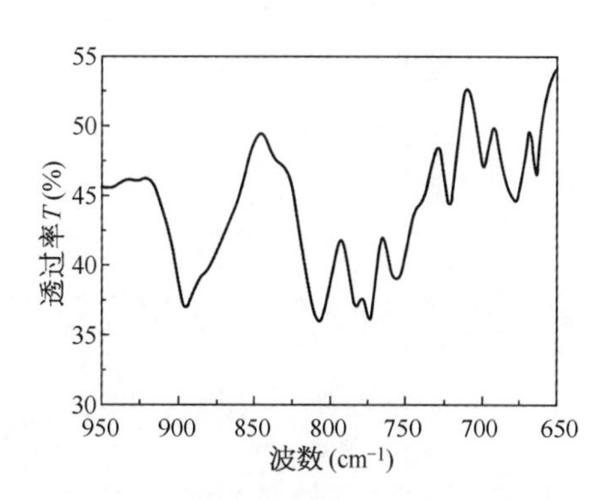

图 5－26　染料在 950～650cm^{-1} 区间的红外光谱(KBr 片)

5.4　电解质

在染料敏化太阳电池中，电解质起到在工作电极和对电极之间输运电荷的作用，并且电解质也是影响电池光电转换效率和长期稳定性的重要因素之一，电解质始终是染料敏化太阳电池研究的一个重要组成部分。电解质可分为有机溶剂电解质、离子液体电解质、准固态电解质和固态电解质几个部分，以下将逐一介绍。

5.4.1　氧化还原电对

目前，DSC 所使用的氧化还原电对主要是 I^-/I_3^-，一方面 I^-/I_3^- 的能级与常规的染料能级相匹配，能够快速实现染料的再生；另一方面，I_3^- 与 TiO_2 中的导带电子复合较慢，而在对电极上 I^- 的再生速率很快。但是 I_2 对电极的腐蚀作用以及其对可见光的吸收又促使研究人员寻找其他的可替代 I^-/I_3^- 的电对，关于氧化/还原电对的研究主要包括类似碘对体系的分子体系的电对和过渡金属体系的电对等研究。

在分子体系方面，基于碘、二茂铁及二苯酚等电对性能发现它们的氧化还原电势过高，以至难以实现染料的再生过程。基于拟卤素的氧化还原电对 $SCN^-/(SCN)_3^-$、

$SeCN^-/(SeCN)_3^-$ 在 DSC 中的应用发现，拟卤素氧化还原电对的 DSC 的光电压与 I^-/I_3^- 类似，有取代 I^-/I_3^- 的潜力，但是拟卤素的氧化还原电对相对不稳定。基于 2,2,6,6 -四甲基- 1 -哌啶氧化物的稳定自由基(图 5 - 27)，则表现出可以取代 I^-/I_3^- 的趋势，对应 DSC 的效率超过了 5%，但同时 DSC 中的复合反应速率也比较快(单电子体系)。有机化合物 N,N′-二-间-甲苯基- N,N′-二苯基对二氨基联苯(TPD)，也被作为氧化还原电对进行了尝试。将不吸收可见光的有机化合物四甲基硫脲(TMTU)及其氧化态形式的二聚体([TMTDS]$(TFSI)_2$)(图 5 - 27)作为有机氧化还原电对应用于 DSC，在 AM 1.5 下取得了高达 3.1%的效率。在这种氧化还原电对中，氧化态物种和还原态物种之间的转换是通过 S - S 键的断裂实现的。

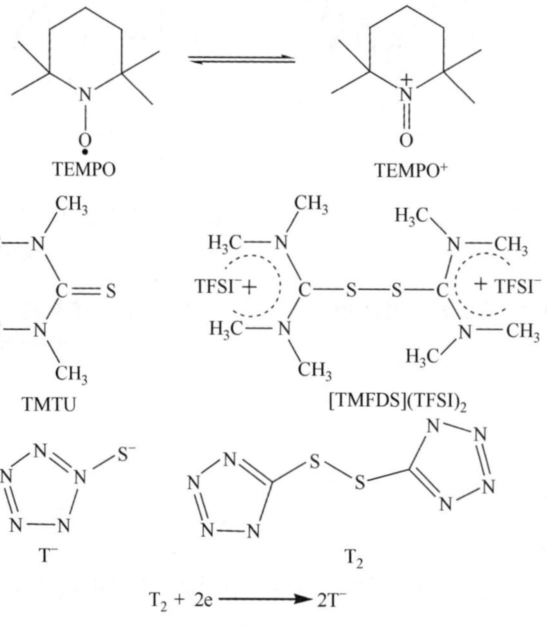

图 5 - 27　几种常见的氧化还原电对结构式

Co^{2+}/Co^{3+} 体系是最具潜力的氧化还原电对，如 $Co(dbbip)^{2+/3+}$，其中电子转移动力学过程与 I^-/I_3^- 类似，并且其对可见光的吸收很弱，对银栅极的影响小。但是该电对也存在一些缺点，如电子的复合反应比较快，同时其在电解质中的扩散速率低也是限制 DSC 性能的主要因素。在单电子的氧化还原电对体系中，较快的电子复合反应速率似乎是一个普遍的问题，因此需要采取各种措施以阻止电子在 TCO/电解质界面以及 TiO_2/电解质界面的复合。在研究 Co 类配合物基氧化还原电对时，发现在光阳极上覆盖一层约 2 μm 纳米多孔层再加上一层约 4 μm 厚的大颗粒散射层时，取得了较好的结果。此外，氧化还原电对的选择，也必须考虑与敏化剂间的匹配。将卟啉类染料和 Co(Ⅱ/Ⅲ)-三联吡啶化合物基电对联用，电池在 AM 1.5 下得到了 12.3%的效率，这是目前小面积 DSC 获得的最高的效率，充分证明了氧化还原电对和敏化剂匹配的重要性。

5.4.2　无机阳离子

无机阳离子是 DSC 电解质的重要组成部分。无机阳离子通常能够和 TiO_2 光阳极作用，调控 TiO_2 薄膜的性质，影响 DSC 的光伏性能。目前，所使用的无机阳离子主要是第一主族和第二主族的具有较高离子势的阳离子，如 LiI、MgI_2 等。Li^+ 和 Mg^{2+} 能够与纳米多孔 TiO_2 薄膜电极键合，使 TiO_2 的带边正移，利于提高 DSC 的 J_{sc}。不同价态的阳离子对 DSC 的影响，发现阳离子的离子势越大，对 TiO_2 导带边位置以及 TiO_2/电解质界面的复合反应影响越大，另外，阳离子在 TiO_2 表面的吸附还会影响到 TiO_2 表面局部内的 I^- 的浓度，且阳离子的有效电荷密度越大，对 DSC 中染料的再生促进作用越大。此外胍盐也常作为无机阳离子应用于 DSC 电解质中，能够抑制 N3 染料的多层吸附，抑制暗电流的产生。胍盐作为一种较弱的 Lewis 酸，能够吸附到 TiO_2 表面，一方面占据了 TiO_2 表面上的复合反应的活性中心，抑制电子的复合反应，提高 V_{oc}；另一方面，胍盐分子中 C 原子上的正电荷会使得 TiO_2 带边位置正移，增加了染料激发态向 TiO_2 导带注入电子的动力，提高了 DSC 的 J_{sc}。与前面的碱金属阳离子的作用效果不同，胍盐既可以提高 DSC 的 V_{oc}，又能提高 J_{sc}。从目前无机阳离子的研究进展看，Li^+ 已被广泛的用于 DSC 的电解质中，未来的无机阳离子的发展趋势则是研发类似于胍盐类离子。

5.4.3　添加剂

添加剂在改善 DSC 的光伏性能方面起着至关重要的作用，添加剂通过对氧化还原电对电势的改变、光阳极材料能级的调控、光阳极表面的修饰来实现对 DSC 光伏性能的影响。目前研究最多的添加剂是 N 杂环化合物，如 4 -叔丁基吡啶（TBP）、1 -甲基苯并咪唑（MBI）。一般情况下，N 杂环化合物通过 N 原子上的孤对电子吸附在光阳极上，实现对光阳极材料的能带调控以及表面修饰。

自 TBP 被广泛应用于 DSC 以来，其作用机理研究不断深入。原位拉曼光谱的测试则表明，TBP 不仅能与 TiO_2 表面键合，同时还可能与 I_2 以及染料分子键合。常用染料 N719 以及 N3 中含有 SCN^-，随着时间的推移，SCN^- 可能溶解在电解质，造成 DSC 的性能衰减，而 TBP 的使用则能够抑制 SCN^- 从染料分子中脱离，有利于维持 DSC 的性能。除 TBP 外，还有其他一大批的 N 杂环化合物可用作 DSC 的添加剂，它们对 DSC 的作用效果与 TBP 类似。一系列的吡啶衍生物或者铵盐均可以通过减缓电子复合速率提高 DSC 的 V_{oc}。MBI 可以与 Li^+ 和 I_3^- 作用以减少其与 TiO_2 的配位，抑制复合反应的发生，提高 DSC 的 V_{oc}。利用密度泛函理论研究系列 N 杂环添加剂包括嘧啶类、氨基三唑、喹啉类、苯并咪唑类、烷基氨基吡啶类、烷基吡啶类以及 S 杂环化合物（氨基噻唑），计算结果与实验结果一致，即这些供电子的杂环化合物均能一定程度提高 DSC 的 V_{oc}。

5.4.4　液态电解质

液态电解质通常含有溶剂，氧化还原电对和添加剂三大部分，若按照使用的主体溶剂不同可将液态电解质分为基于有机溶剂的液态电解质和基于离子液体的液态电解质。目前液态电解质中的氧化还原电对普遍使用 I_3^-/I^-，近几年也有人用取代联吡啶钴的配合物、$(SeCN)_3^-/(SeCN)$作为氧化还原电对的报道，但是两者的应用价值都不能和 I_3^-/I^- 电对相媲美。电解质中引入添加剂的目的是改善电池的性能，常用的添加剂为叔丁基吡啶(TBP)和 N-甲基苯并咪唑(NMBI)等物质。

有机溶剂易于分子设计与合成，并且黏度较低，对氧化还原电对溶解性好，还能够很好地渗透到染料敏化 TiO_2 膜电极中去，有利于电子的传输，因而以有机溶剂电解质的 DSC 光电转化效率较高。1991 年 Grätzel 等人制作出的效率可达 7.1%的染料敏化太阳电池就是使用有机溶剂电解质溶液，目前已报道光电转化效率最高的也是使用有机溶剂液体电解质。目前，用作有机溶剂电解质中常见的有机溶剂有：腈类如乙腈(ACN)、戊腈(VN)、3-甲氧基丙腈(MePN)等；酯类如碳酸乙烯酯(EC)、碳酸丙烯酯(PC)和 γ-丁内酯等。

基于有机溶剂的 DSC 电解质体系随着近十多年的发展已日趋完善，溶剂的种类也基本固定在比较常见的几种(如乙腈、甲氧基丙腈等)。因此，近些年纯粹对有机溶剂的研究报道并不太多，研究重点更多的是集中在对电解质体系中其他组分的改造和对有机溶剂电解质进行固化等方向上。研究发现有机溶剂电解质中溶剂的给电子数(DN)越高，溶剂与 I_3^- 离子的结合就越容易，进而降低了 I_3^- 离子的浓度，从而提高了电池的开路电压。

虽然有机溶剂有着诸多优点，但同时也存在着许多不足之处，比如具有较高的饱和蒸汽压、易挥发、毒性较大等，这些缺点使得用有机溶剂电解质制备的电池在密封和长期使用时存在稳定性下降等问题，故更适合实验室研究而无法进行大规模工业生产。为了解决有机溶剂带来的种种问题，各国学者陆续用离子液体代替有机溶剂来制备 DSC 用电解质溶液。

5.4.5 离子液体电解质

离子液体是室温(<25℃)下呈液态的盐，也称为低温熔融盐，它一般由有机阳离子和无机阴离子组成，本身有着一些独特的特点，具有不挥发性，蒸气压几乎为零，无色、无嗅、较大的稳定温度范围、较好的化学稳定性及较宽的电化学稳定电位窗口等。此外，人们还可以通过阴阳离子的设计调节离子液体对无机物、水、有机物及聚合物的溶解度。将离子液体作为 DSC 用电解质中的溶剂，组成基于离子液体的电解质，能够有效防止电解质的挥发和泄漏，并且其相应太阳电池光电转换效率能够达到令人满意的水平，是具有现实意义的 DSC 用电解质系统，有着巨大的应用潜力。目前应用在 DSC 中的离子液体其无机阴离子主要是 I^- 离子，而阳离子主要为烷基咪唑类阳离子，这是因为烷基咪唑阳离子吸附在纳米 TiO_2 表面后可以形成 Helmholz 层，能够阻碍 I^- 与纳米 TiO_2 薄膜的接触，有效地抑制了导带中的电子与电解质溶液中的 I^- 在 TiO_2 表面的复合，有助于提高 DSC 的填充因子、输出功率和光电转换效率；此外，烷基咪唑类阳离子离子半径较大，对 I^- 离子束

缚较弱,使得 I^- 也有较高的活性,有助于提高氧化态染料再生为基态染料的速率,增大了光利用效率和光电流,同时染料稳定性也得以提高。咪唑类离子液体凭借这些突出的优点,引起了全球学者的兴趣。

近几年,各国学者尝试用其它的阴离子代替 I^- 形成各种阴离子的咪唑类离子液体以得到较低黏度的 DSC 用离子液体电解质体系,将具有较低粘度的离子液体 1-乙基-3 甲基-咪唑二氰胺(EMIDCN)作为 DSC 用电解质,发现 I^- 在其中的表观扩散系数大约为在 1-甲基-3-丙基咪唑碘盐(MPII)中的 2.3 倍,在使用 Z907 染料后,基于这种离子液体作为电解质的 DSC 光电转换效率高达 6.6%;但 EMIDCN 在光照下不稳定,采用 1-乙基-3-甲基咪唑异硫氰(EMINCS)代替 EMIDCN,同时用 3-苯基丙酸(PPA)作为染料的共吸附剂制备了 DSC,使得基于离子液体电解质的 DSC 的光电转换效率大大改善。

由于各种阴离子平衡的存在,使得 I^-/IBr_2^- 或 I^-/I_2Br^- 作为氧化还原对比 I^-/I_3^- 电对体系更有灵活性。在咪唑类离子液体的研究中已不再单一地改变阳离子或阴离子,而是同时对阴阳离子进行改造,表 5-4 是常见的六种烷基咪唑类离子液体,实验中选取了两种黏度最低的 2a 与 3a 混合为 DSC 用电解质溶剂,发现得到二元电解质体系的电池性能得到明显提高。如表 5-5 列举了 14 种$[K^+]XY_2^-$形式的卤间离子盐,其中阳离子 K^+ 有三种类型,分别为 1,3-二烷基咪唑阳离子、1, 2, 3-三烷基咪唑阳离子和 N-烷基吡啶阳离子;阴离子 XY_2^- 有两种形式,为 IBr_2^- 和 I_2Br^-。表中 No. 为 1～4,6,8～10,12～13 在常温下为液态,其他几种为固态。实验中选取了[PrMeIm]IBr_2、[HexMeIm]IBr_2、[HexMeIm]I_2Br、[Me_2BuIm]IBr_2和[BuPy]IBr_2五种卤间化合物作为 DSC 用电解质,并研究了各组份的配比情况,结果表明在三种溶剂(离子液体[HexMeIm]I、戊二腈和 γ-丁内酯)的电解质体系中,使用卤间化合物后其 DSC 在 1 000 $W \cdot m^{-2}$ 光照下光电转化效率最高分别为 2.4%、6.4%和 5.0%,电池在 350 $W \cdot m^{-2}$ 光照下老化 1 000 h 后,其效率仅降低 9%～14%。

表 5-4　离子液体 1a-3b

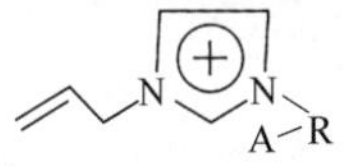

No.	R	阴离子
1a	CH_3	I^-
2a	CH_2CH_3	I^-
3a	$CH_2CH_2CH_3$	I^-
1b	CH_3	$TFSI^-$
2b	CH_2CH_3	$TFSI^-$
3b	$CH_2CH_2CH_3$	$TFSI^-$

表 5-5 合成的卤间离子盐

No.	R	A^-	No.	R	A^-
1	C_2H_5	IBr_2^-	8	C_4H_9	I_2Br^-
2	C_3H_7	IBr_2^-	9	C_6H_{13}	IBr_2^-
3	C_6H_{13}	IBr_2^-	10	C_8H_{17}	I_2Br^-
4	C_6H_{13}	I_2Br^-	11	$C_{12}H_{25}$	IBr_2^-
5	$C_{12}H_{25}$	IBr_2^-	12	C_4H_9	IBr_2^-
6	C_3H_7	Br_3^-	13	C_4H_9	I_2Br^-
7	C_4H_9	IBr_2^-	14	$C_{12}H_{25}$	IBr_2^-

在出现非碘盐的咪唑类离子液体后，有学者开始将碘盐咪唑类离子液体与非碘盐的咪唑类离子液体混合得到二元电解质体系，进一步降低离子液体电解质体系的黏度。采用 1-甲基-3-丙基咪唑碘(MPII)和 1-甲基-3-乙基咪唑三氰甲烷(EMITCM)作为二元离子液体溶剂，采用 Z907 染料组装成的 DSC 在光强为 AM1.5 的模拟太阳光下光电转换效率达 7.4%；使用 MPII 和 $EMIB(CN)_4$ 为主的二元离子液体电解质，电池光电转化效率达到了 7.0%，稳定性也很好。

除了咪唑类离子液体外，目前研究较多的有烷基锍类离子液体、烷基吡啶类离子液体和季铵盐类离子液体。此类离子液体的电导率要比烷基咪唑碘类离子液体略高，常温下非环形季铵盐为固态，其结构简式如图 5-28 所示，在其中加入单质碘，可以降低它们的熔点，使得其中的(Me_2Hex_2N)I 在室温下为液态，实验研究发现用含有正己基的季铵盐制备的 DSC 光电转化效率要高于含有正戊基的 DSC。

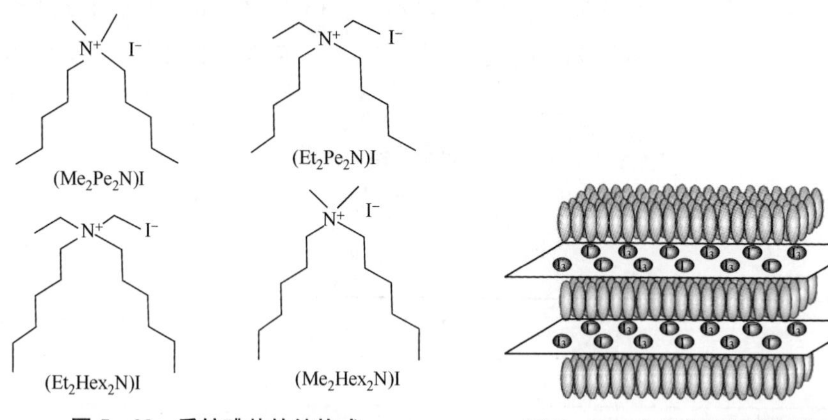

图 5-28 季铵碘盐的结构式

图 5-29 电子传输通道假想图

最近，有研究人员不再从降低离子液体的黏度方向着手，而是通过提高电解质中 I_3^-/I^- 的扩散系数，进而改善电池的性能，实验发现 1-十二烷基-3-甲基咪唑基团由于其存在相互交错的烷基链，可以自组装成为双分子层结构，形成了具有近晶 A(S_A)相的离子液体结晶(ILC)体系，在 S_A 水平的方向上形成了二维电子传输通道，提高了 I_3^- 和 I^- 离子的电导率(图 5-29)[33]。

将这种 ILC 与 I_2 混合作为 DSC 用电解质，开路电压和电流密度都比非结晶离子液体体系的 DSC 高，该工作也为 DSC 用离子液体的研究开辟了新的思路。

以 I^-/I_3^- 作为氧化还原电对主要是其价格低廉，且传输电子效率高，但是单质碘容易升华，易影响 DSC 的使用寿命，采用 $(SeCN)_3^-/SeCN^-$ 电对来代替 I^-/I_3^-，制作基于 EMISeCN 离子液体电解质的 DSC 光电转换效率高达 7.5%，其性能与 I^-/I_3^- 电对相当。但由于 Se 在地球上含量稀少，而且价格昂贵，很难取代 I^-/I_3^- 电对。

5.4.6　液晶电解质[34]

离子液晶中存在各向异性有利于提高电解质中的电导率，即离子传输从离子液体中的三维传输变成了离子液晶中二维传输，从而增加了电解质中 I^-/I_3^- 的碰撞频率使得基于交换反应控制的传输显著增加。将具有近晶相的离子液晶 1-十二烷基-3-甲基咪唑碘(C_{12}MImI)作为电解质应用于 DSC 中，并与离子液体 1-十一烷基-3-甲基咪唑碘(C_{11}MImI)进行了对比，实验发现在 40℃下详细研究了 C_{12}MImI/I_2 和 C_{11}MImI/I_2 中 I^-/I_3^- 的扩散，包括物理扩散和交换反应控制的传输。尽管 C_{12}MImI 的黏度要高于 C_{11}MImI 的黏度，但是 C_{12}MImI 中层状结构使得电解质中的 I^-/I_3^- 局限在层与层之间，增大了局部内 I^-/I_3^- 的浓度，使得基于 Grotthus-like 交换反应的传输明显增加。然而 C_{12}MImI 在 DSC 应用时也存在一些问题有待进一步解决，如高黏度、低电导率以及较高的相转移温度等。

尽管液晶指向矢在聚合物凝胶电解质中的排列宏观上是无序的，但是在分子水平上，液晶的指向矢在某一特定的区域内定向排列(图 5-30)，正是由于这种定向排列使得电解质的有序度增加，使得电解质的电导率显著增加，从而使得对应的 DSC 的效率增加。在聚丙烯腈(PAN)基聚合物凝胶电解质中引入向列相液晶(图 5-31)，通过测量电解质的电光响应发现，聚合物凝胶电解质中液晶的引入能够提高电解质中有序度。同样，将向列相液晶引入到了 PVDF 基聚合物凝胶电解质中，发现液晶的引入可以显著的提高聚合物凝胶电解质的电导率，可能是由于液晶的引入使得电解质中形成多种离子传输通道，改善聚合物电解质与光阳极间界面接触，提高了 DSC 的短路光电流和电池性能。

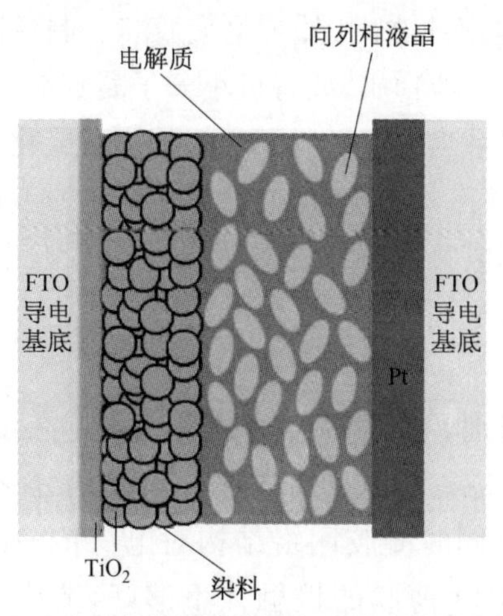

图 5-30　向列相液晶在准固态 DSC 中的排列示意图

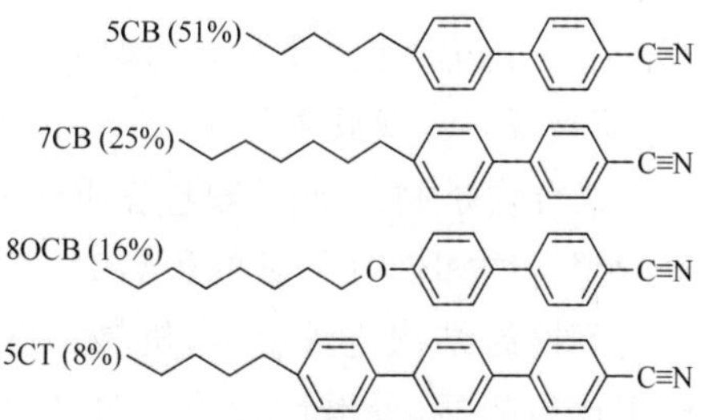

5CB (51%)
7CB (25%)
8OCB (16%)
5CT (8%)
C≡N

图 5-31　向列相液晶的组成

利用向列相液晶的介电各向异性，对聚合物/向列相液晶电解质施加一个外电场，通过外电场的作用使得其中的液晶分子的指向矢沿电场方向排列，并通过对电解质的电光响应的研究证实了电场的施加能够进一步提高电解质中的有序度，这样一来提高了电子在电解质中的传输，使得对应的 DSC 光伏性能得到改善(图 5-32)。此外，将合成片状的侧链型聚合物液晶(图 5-33)，引入到聚合物 PAN 基电解质中，显著提高电解质的电导率和 DSC 的光电性能。

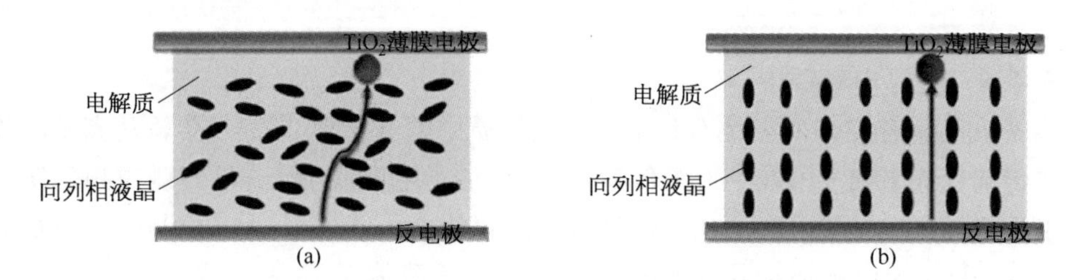

图 5-32 准固态 DSC 中液晶分子的排列

(a) 施加电压之前；(b) 施加电压之后

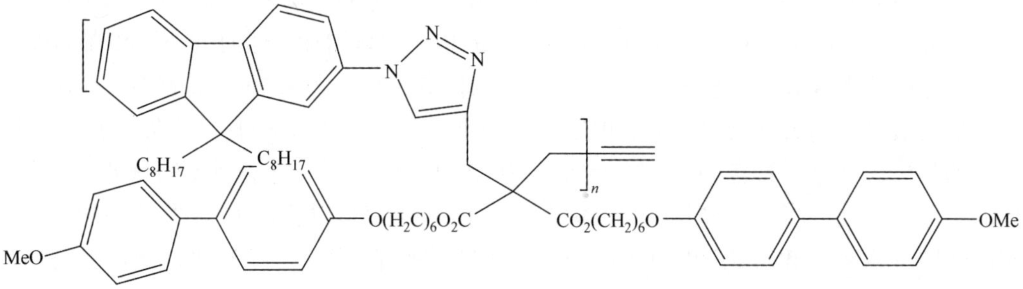

图 5-33 侧链型聚合物液晶的分子结构

5.4.7 准固态电解质

准固态电解质的机械性能介于液态和固态电解质之间，外观呈凝胶状。制备准固态电解质的重要手段是在液态电解质当中加入一些其他物质，如有机小分子凝胶剂、高分子聚合物和纳米颗粒等。这些物质能够在电解质体系当中通过分子之间的物理或化学交联形成三维网络结构，使得电解质呈宏观固态微观液态的结构，从而使液态电解质变成准固态电解质。根据凝胶化的方法不同可以将准固态电解质分为三类，即聚合物凝胶电解质、有机小分子凝胶电解质和添加纳米粒子的准固态电解质。

5.4.7.1 *凝胶电解质*[35]

聚合物是制备准固态电解质最常用的胶凝剂，一般来说，这类聚合物包括高分子量的聚合物和低分子量的聚合物，两种聚合物各有优缺点。高分子量的聚合物形成的空间网络结构比较稳定，机械强度比较好，但同时凝胶网络结构对电荷传输的阻碍作用比较明显，导电性较差。另外，电解质与 TiO_2 薄膜的接触性不够好，造成电解质

与 TiO_2 薄膜之间的阻抗升高。低分子量的聚合物形成的准固态电解质虽然机械性能稍差，但这类电解质往往具有相对较高的电导率，制备的电池光电转化效率也会高一些。目前，使用的高分子聚合物主要有聚环氧乙烷（PEO）、聚乙烯吡啶、聚丙烯腈（PAN）、聚甲基丙烯酸甲脂（PMMA）、偏氟乙烯和六氟丙稀的共聚物 P（VDF－HFP）等。但是为了提高聚合物的导电性和机械性能，人们通常采用两种或多种高分子共聚的方法。

聚合物本身是长链状结构，在准固态电解质中，聚合物链之间形成相互交联的三维网络结构，这种结构之间的支撑力是共价键，所以这种结构要比有机小分子凝胶剂形成的结构稳定，而且这种准固态电解质的胶凝过程往往是热不可逆性的。用聚合物来制备准固态电解质一般有两种方法：一是将聚合物加到液态电解质当中加热使聚合物熔化，使分子间产生交联网络结构，生成准固态电解质；二是先将聚合物成膜，然后再吸收液态电解质变成准固态电解质。使用聚环氧乙烷（PEO）内增塑侧链聚硅氧烷聚合物或者在聚合物主链上引入季铵碘盐侧链，用 PEO 内增塑侧链和季铵盐侧链并存的聚硅氧烷聚合物（结构见图 5－34 和图 5－35）在液态电解质中与交联剂反应制备了一种新型凝胶电解质染料敏化太阳电池。

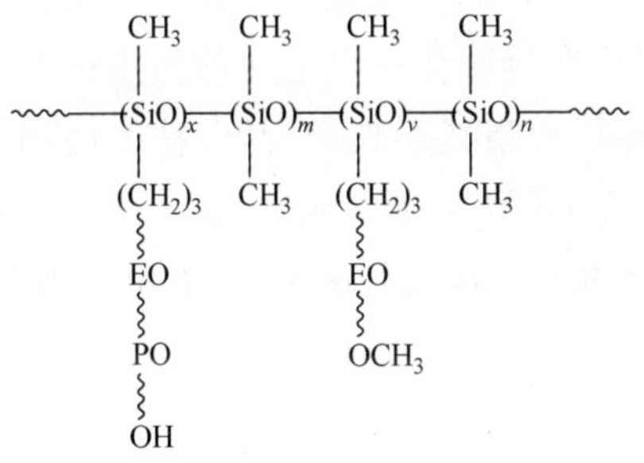

CH3　CH3　CH3　CH3
(SiO)x　(SiO)m　(SiO)y　(SiO)n
(CH2)3　CH3　(CH2)3　CH3
EO　EO
PO　OCH3
OH

图 5－34　PEO 内增塑侧链聚硅氧烷聚合物结构

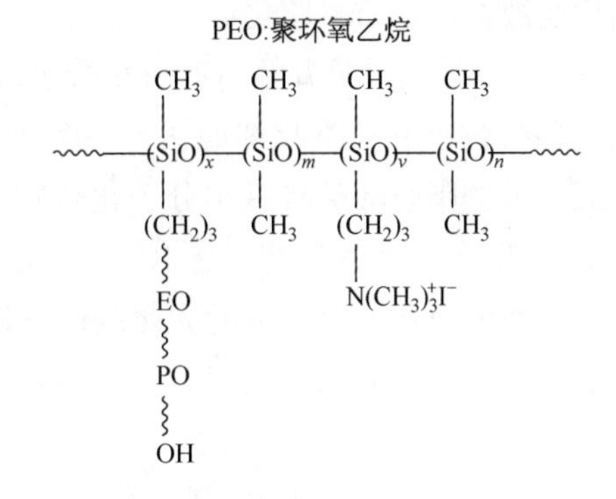

图 5－35　PEO 内增塑链和季铵盐侧链并存的聚硅氧烷聚合物结构

向含有 I^-/I_3^- 的聚环氧乙烷凝胶电解质中添加一定量的无机纳米 TiO_2 和离子液体 1－甲基－3－丙基咪唑碘盐这两种功能添加剂对电解质进行优化，组装的 DSC 在 100 mW・cm^{-2} 光强下光电转换效率达到 3.2％，与不添加的 DSC 相比，光电转换效率得到很大提高。用聚环氧乙烷卤代物和聚酰胺胺（PAMAM）的衍生物反应固化液态电解质，制得的 DSC 在 100 mW・cm^{-2} 光强下光电转换效率达到 7.72％。采用新型的含低聚环氧乙烷链梳状熔盐型聚合物（MOEMImTFSI），固化含有不同有机溶剂（N－甲基噁唑烷二酮、3－甲氧基丙腈、碳酸乙烯酯和碳酸丙烯酯混合）的液态电解质（图 5－36），得到凝胶电解质。其中用含有碳酸乙烯酯和碳酸丙烯酯的有机溶剂制备的凝胶电解质组装成电池后光电性能最好，在 100 mW・cm^{-2} 光强下光电转换效率达到 6.58％。室温下放置 50 天后电池的光电转换效率降为 4％。

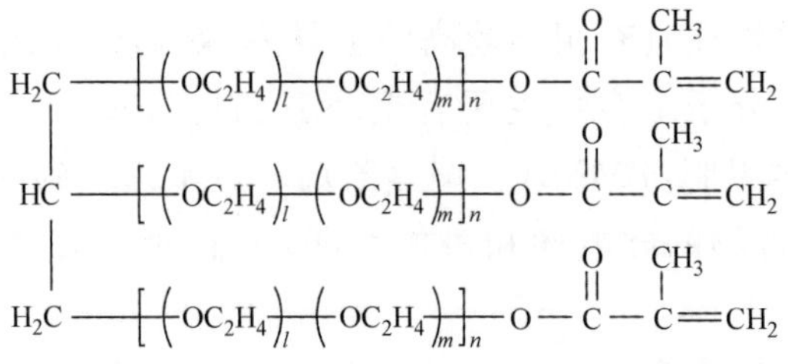

$$H_2C-[(OC_2H_4)_l(OC_2H_4)_m]_n-O-C(=O)-C(CH_3)=CH_2$$
$$HC-[(OC_2H_4)_l(OC_2H_4)_m]_n-O-C(=O)-C(CH_3)=CH_2$$
$$H_2C-[(OC_2H_4)_l(OC_2H_4)_m]_n-O-C(=O)-C(CH_3)=CH_2$$

图 5-36 聚(氧丙烯氧化乙烯)三甲基丙烯酸酯低聚物的结构

5.4.7.2 有机小分子凝胶电解质

有机小分子化合物可以在液体电解质中发生分子间的自组装,形成三维网络结构,得到准固态电解质。有机小分子凝胶剂与高聚物相比相对分子质量低,目前见诸于报道的主要包括糖类衍生物、氨基酸类化合物、酰氨(脲)类化合物、联(并)苯类化合物等。相对于高分子凝胶剂来说,小分子凝胶剂的分子量比较小,一般都在 1 000 以下。小分子凝胶剂一般都含有酰胺键、羟基、胺基等极性基团或长脂肪链。在有机溶剂中,凝胶分子之间通过氢键、疏水相互作用、静电相互作用、π-π 相互作用在液体电解质中自组装形成三维网络结构使液态电解质凝胶化。

日本 Kubo 等人最早开始将有机小分子凝胶剂用于制备 DSC 中的准固态电解质。所使用的四种酰胺小分子凝胶剂如图 5-37 所示,电解质在凝胶化后对电池的各项性能的影响不大。长链脂肪酸类有机小分子化合物如 12-羟基硬脂酸凝胶剂,具有粘弹性和热致可逆等特征,实验观察到准固态电解质中的自组装三维网络的微观形貌(图 5-38),制备成的准固态电池在一个太阳的光照条件下初步获得的光电转换效率为 5.36%,仅略低于对应的液体电解质的 6.25%。

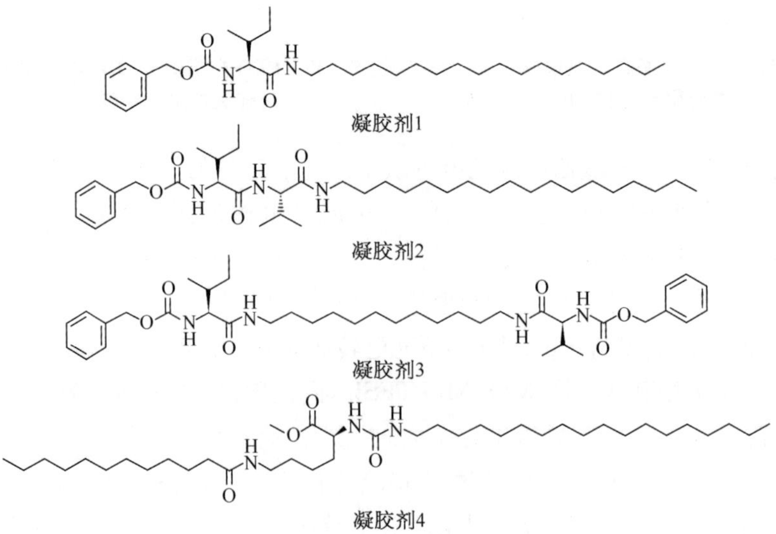

凝胶剂1

凝胶剂2

凝胶剂3

凝胶剂4

图 5-37 四种有机小分子凝胶剂的结构

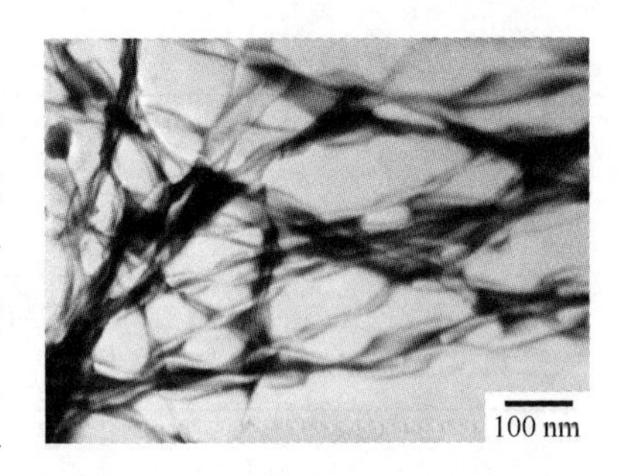

图5-38　12-羟基硬脂酸基小分子凝胶的透射电子显微照片(TEM)

用于胶凝液体电解质的有机小分子胶凝剂，还可以通过胺与卤代烃形成季铵盐的反应而在有机液体中形成凝胶网络结构而使得液体电解质固化。各种多溴代烃和含杂原子氮的芳香环(如吡啶、咪唑等)的有机小分子和有机高分子之间能形成季铵盐的反应，也能够胶凝组成成分为 0.3 mol·L^{-1} 1-甲基-3-已基咪唑碘、0.05 mol·L^{-1} I_2、0.5 mol·L^{-1} LiI、0.6 mol·L^{-1} 4-叔丁基吡啶的液体电解质，得到准固态电解质的太阳电池。

5.4.7.3　添加纳米粒子的准固态电解质

由于特殊的尺寸效应，纳米粒子常被作为高聚物的填充剂以改进高聚物的各种性能。后来人们也向染料敏化太阳电池的电解质中加入无机纳米粒子以提高体系的导电性和机械性能。无机纳米粒子在液态电解质中易于分散，在凝胶体系中形成更多的孔洞，对于提高凝胶电解质的电导率是有利的。最常用的无机纳米粒子有纳米 TiO_2、纳米 SiO_2、碳黑和碳纳米管等。近年来研究人员对无机纳米粒子凝胶电解质也做了许多研究。总的来说，准固态电解质在一定程度上解决了液态电解质和固态电解质的不足，并取得一定的研究进展(表5-6)。与固态电解质相比准固态电解质对 TiO_2 纳米多孔薄膜具有较好的浸润性，电导率远大于固态电解质，虽然用准固态电解质制得的 DSC 的光伏性能通常不及液态电解质，但远大于固态电解质；与液态电解质相比准固态电解质不会流动，准固态电解质的三维网络结构能够有效抑制液体电解质的挥发，从而提高电池的长期稳定性，而且还可以对准固态电解质的电荷传输机理做深入研究以改善其性能，从而提高准固态染料敏化太阳电池的光伏性能。因此，准固态电解质的研究开发对于染料敏化太阳电池实用化具有重要意义。

表5-6　基于各种凝胶剂的准固态 DSC 的光伏性能

电解质组成	胶　凝　剂	染料	效　　率
0.6 M DMPII, 0.1 M I_2, 0.05 M LiI, 1 M TBP, MePN	酰胺类有机小分子	N719	7.4%[36]
DMPII, I_2, NMBI, MPN	双(3, 4-二甲基-二苯亚甲基山梨醇)	Z907	6.1%[37]
KI, I_2, EC,PC	聚硅氧烷	N3	3.4%[38]
0.6 M DMPII, 0.1 M I_2, 0.5 M NMBI, MPN	5% PVDF-HFP	Z907	6.1%[39]
NaI, I_2, EC,PC, ACN	PAN	N3	3%～5%[40]
0.2M DMPII, 0.5M LiI, 0.05M I_2 EC, γ-丁内酯	聚(氧乙烯-共-氧丙烯)三(甲基丙烯酸酯)齐聚物	N3	8.1%[39,41]

（续表）

电解质组成	胶凝剂	染料	效率
0.5 M I_2，0.45 M NMBI，MPII	SiO_2纳米颗粒	Z907	6.1%[42]
1.5 M EMII，0.1 M LiI，0.15 M I_2，0.5 M TBP，EMITFSI	1% 不同种类的纳米颗粒	N3	4.57%～5.00%[43]

在上述三类准固态电解质中，聚合物凝胶剂分子量较大，形成的凝胶网络结构对电解质的电荷传输影响较大，而且电解质与 TiO_2 薄膜的亲和性不好，对 DSC 的光伏性能影响较大，而小分子凝胶剂通过分子之间的氢键、疏水相互作用、静电相互作用和 π－π 相互作用在液体电解质中自组装形成的三维网络结构对电解质的电荷传输影响较小，因此对电池的光伏性能影响也较小。而由于特殊的尺寸效应，纳米粒子凝胶剂通常有利于电解质的电荷传输，可以通过向聚合物凝胶电解质中混入纳米粒子的方法提高聚合物凝胶电池的性能。因此，有必要对小分子凝胶电解质和聚合物/纳米粒子共混准固态电解质做深入研究，以期改善准固态 DSC 的性能。

5.4.8 固态电解质

准固态电解质还不是纯粹的固态，仍存在长期稳定性的问题，虽然目前基于离子液体的准固态电解质在稳定性上表现良好，但也有待进一步考验。因此，DSC 用的固态电解质的研究还是很有必要的。固态电解质最大的不足在于电池效率的低下，因为其不能提供自由移动的导电离子。目前，研究较多的固态电解质材料包括无机 p 型半导体材料、有机空穴传输材料、聚合物型电解质以及固态复合电解质。

5.4.8.1 无机 p-型半导体材料

无机 p-型半导体电解质，包括 CuSCN、CuI 等。在 70～85℃的热板上，滴加 CuSCN 的$(CH_3CH_2CH_2)_2S$饱和溶液于 TiO_2/Dye 的导电玻璃上，组装的固态太阳电池其光电转换效率达 2%。在 120℃的热板上滴加 CuI 的乙腈溶液（0.15 mol · L^{-1}）于 TiO_2/Dye 的导电玻璃上得到的 CuI 表面电阻小于 100 Ω，组装的固态太阳电池的光电转换效率达 4.7%。p－CuI 固态染料敏化太阳电池研究发现，用 CuI 乙腈溶液制备的固体电池短路光电流 J_{sc}和开路光电压 V_{oc}衰减很快，若在 CuI 的乙腈溶液中加入少量的 1－乙基－3－甲基咪唑硫氰酸（EMISCN），电池的稳定性显著增加。其原因可能是 CuI 晶体生长使纳米 TiO_2与 CuI 之间产生的松散结构造成的。如果 CuI 晶体长大，则不能穿透到 TiO_2介孔中，在纳米 TiO_2介孔外形成松散结构；体积较小的 CuI 晶体可以在纳米介孔内生长，但破坏了纳米 TiO_2薄膜结构。EMISCN 的作用是抑制 CuI 晶体的生长，有利于孔洞的填充形成紧密结构，形成良好的导电接触面从而提高电池的光电性能。无机 p－型半导体材料作为染料敏化太阳电池中的固态电解质，如何解决其稳定性，尽快提高空穴传输的速率，是提高这类固态电解质太阳电池光电转换效率所必须解决的问题。

5.4.8.2 有机空穴传输材料

在有机空穴传输材料中,空穴是通过阶跃传输的方式在临近分子之间相互传递。此外,在空穴传输材料中引入一些盐可以提高其电导率,达到提高DSC光伏性能的目的。有机空穴传输材料通常分为两类,导电聚合物高分子和小分子空穴半导体材料。采用化学聚合法可以制备有机空穴传输材料聚(3,4-乙撑二氧噻吩)(PEDOT),并在电极之间引入磺酰亚胺类离子液体,改善了固态DSC的光伏性能。如果采用"原位"聚合PEDOT联用疏水性的染料并加入一些离子掺杂剂(Li^+, $TFSI^-$, $CF_3SO_3^-$)则固态DSC的效率可以进一步提升。除上述聚合物高分子外,常见的聚合物基有机空穴传输材料还有聚苯胺(PANI)、聚(邻亚苯基二胺)、聚(3-十八烷基噻吩)(P3OT)和聚3-己基噻吩(P3HT)等。

在小分子空穴传输材料方面的研究也十分活跃。取代三苯胺类衍生物,如2,2′,7,7′-四(N, N-二对-甲氧基苯基胺)9, 9′-螺双芴(OMeTAD)是目前研究的最热门的小分子空穴传输材料。在小分子空穴传输材料中引入Li^+和TBP也可提高电解质的电导率和抑制DSC中的复合反应。在染料分子中引入离子螯合位点,能够大幅度的抑制基于OMeTAD电解质的DSC中复合反应,提高电池性能。

在有机空穴传输材料基DSC中,已经证实空穴的传输速率并非是限制DSC光电流的主要因素。提高有机空穴传输材料和TiO_2薄膜的接触才是改善DSC光伏性能的关键,这也是目前研究人员最为关注的地方。目前,采取的主要办法是在有机空穴传输材料中引入离子液体,或者减小TiO_2薄膜的厚度。

5.4.8.3 固态聚合物电解质

离子导电高分子有着相对高的离子迁移率和较易固化等优点,因而逐渐成为近年来固态电解质的一个研究热点。用于固态电解质的离子导电高分子可以采用多种方法进行合成。与液态染料敏化太阳电池相比,其效率还是很低,主要原因是固态电解质的电导率在室温下很低,并且电解质与电极的界面接触不充分。为了提高电解质的电导率及改善界面接触,人们对聚合物和盐组成的复合体系进行了改进,提出了无机复合型聚合物固体电解质的概念。无机复合型聚合物固体电解质是由聚合物、盐和无机粉末组成的多组分体系。与单纯的PEO/盐复合物相比,研究表明加入纳米无机粉末后,体系的离子传导率有较大幅度的提高,可以抑制PEO的结晶,增大电解质与电极界面的稳定性。聚环氧乙烷(PEO)是一种常见的高分子,其醚氧链中的氧原子O可以与Li^+配位,常用于锂电池电解质,但由于室温下聚合物电解质的粘度大、流动性小、易结晶,导致其室温下离子电导率较低,不能满足电池电解质的需要。向PEO电解质中加入无机氧化物最初目的是为了提高聚合物电解质的机械和界面性能,但当加入纳米或微米的无机氧化物(TiO_2、SiO_2和$LiAlO_2$等)添加剂时,发现室温下能抑制PEO的结晶,增大电解质的电导率。

5.4.8.4 固态复合电解质

采用有机小分子固态电解质能较好地渗入到纳晶TiO_2介孔中,可以克服聚合物等渗入纳晶TiO_2介孔的困难,导致电解质与电极的界面接触不充分等问题,进一步提高了电池的光电转换性能。近年来,采用有机小分子 2, 2′, 7, 7′ - tetrakis (N, N-di-p-methoxyphenyl-amine)9,9′-spirobifluorene(OMeTAD)作为空穴传输材料,和 N -甲基-N -叔丁基吡咯烷碘盐($P_{1,4}I$)以及 nano - SiO_2/LiI (3 - hydroxypropio-nitrile)$_2$ 等具有 3 - D传输通道的小分子化合物组装成固态电解质电池,减小了界面电阻,改善了电解质与电极界面性能,明显提高电池的光电转换效率。目前,固态染料敏化太阳电池的效率仍与液态电池还有较大的差距,电池稳定性还不是很理想,因此有待开发新型高效的固体电解质。

5.5 对电极

在 DSC 的光电转换过程中,可见光激发染料产生光生电子并注入到 TiO_2 的导带,最终进入导电玻璃基底,经外回路转移至对电极;电解质中的 I^- 被染料氧化后生成 I_3^-,I_3^- 需要在对电极上得到电子,生成 I^-,反应如下:

$$3I^- \rightarrow I_3^- + 2e^-$$

$$I_3^- + 2e \rightarrow 3I^-$$

该反应越快,电池的光电流响应越好,因此对电极的作用是接受外电路的电子,并将电子转移给 I_3^-,I_3^- 被还原成 I^-,这要求对电极有较好的电导率,并且对 I^-/I_3^- 的还原反应表现出非常好的催化性,从而使对电极/电解液界面上的电荷迁移快速高效地进行。因此,制备一个好的对电极,对提高 DSC 的光电转换效率有重要作用。

广泛应用于染料敏化太阳电池的对电极是表面镀有一层 Pt 膜的导电玻璃,其中 Pt 用作 I_3^- 还原反应的催化剂。然而,由于其为贵金属,成本高,所以人们尝试用其他材料替代铂作太阳电池的对电极材料。目前,人们对 DSC 对电极的研究主要集中在改进 Pt 电极的制备方法和探索廉价非 Pt 催化剂方面。

5.5.1 镀 Pt 对电极[44]

在 FTO 导电玻璃基底上镀 Pt 制备 DSC 的对电极,人们尝试了不同的修饰方法。采用电沉积、磁控溅射、热分解三种方法分别在 TCO 上制备 Pt 对电极。不同修饰方法所制备的 Pt 对电极在不同溶剂(乙腈、碳酸丙烯酯、三甲氧基丙腈)电解质中的催化活性研究发现,不同的修饰方法所制得的对电极的催化活性不同,载 Pt 层越厚,电极的催化活性越高,而溶剂对电极的催化活性也有很大的影响,在乙腈溶液中 Pt 对电极表现出最高的催化活性。

5.5.1.1 电沉积法制备 Pt 电极

电沉积法制备的 Pt 电极具有较高的有效比表面积和光反射效率,同时方块电阻较低。通过在电解质中添加 3 -(2 -氨基乙胺)丙基-甲基二甲氧基硅烷,用直流电沉积 30 分钟制备出了低交换电阻、低载 Pt 量和高有效比表面积的 Pt 电极。采用直流电沉积和交流电沉积的方法制备 Pt 电极，实验发现交流电沉积法制备的 Pt 电极比直流电沉积法制备的 Pt 电极的催化活性比表面积大。

电沉积法制备 Pt 电极上的 Pt 纳米颗粒能均匀、致密地分散在 FTO 导电玻璃的表面；Pt 纳米颗粒与 FTO 导电玻璃基底的黏合力强、表面缺陷少、镜面光亮、反射性能好，因而催化活性高。但电沉积法制备的 Pt 电极膜较厚、载 Pt 量高、比表面积小、吸附 I_3^- 的能力弱，使其催化效率和在 DSC 工业化生产中的应用受到一定的限制。

5.5.1.2　磁控溅射法制备 Pt 电极

采用磁控溅射方法制备 Pt 电极比普通溅射法制备的 Pt 电极的有效面积大，组装的 DSC(6 cm×4 cm)先六块串联，然后五块并联，得到组装电池的开路电压是 4.8 V、短路电流为 569 mA、光电转换效率大约为 3.6%。通过溅射方法在掺铟的二氧化锡(ITO)基底上镀了一层极薄的 Pt 膜作为 DSC 的对电极[45]，其中纳米结构的 Pt 膜不仅具有很高的透过率(75%)，还具有较低的电子交换电阻。在正面照射的情况下，纳米尺寸(1.4 nm)厚度 Pt 膜和反射铝箔的增效作用可以把 DSC 的电池效率从 6.8%提高到 7.9%。

磁控溅射制备 Pt 电极的电子交换电阻低、电极的比表面积高、Pt 纳米颗粒与 FTO 导电玻璃基底的粘合力强，然而磁控溅射制备 Pt 电极的载 Pt 量较高。为了降低成本，与传统方法相比，磁控溅射法制备的 Pt - NiO 和 Pt - TiO_2 双组分 Pt 电极，不仅能降低载 Pt 量，而且具有较高的比表面积，从而提高 Pt 电极的催化活性和 DSC 的光电转换效率。

5.5.1.3　热分解法制备的 Pt 电极

热分解法就是把 H_2PtCl_6 溶液涂抹在 FTO 导电玻璃基底上，在加热的条件下让 H_2PtCl_6 分解为 Pt 纳米颗粒。热分解法制备工艺简单，制备的 Pt 纳米颗粒相对均一，呈多孔结构(易吸附较多的电解质)，因而热分解法制备的 Pt 电极具有很好的催化作用。热分解法也存在一定的缺点：Pt 电极表面存在很多缺陷，Pt 纳米颗粒与 FTO 导电玻璃基底的黏合力弱，高温热分解也会增加 FTO 导电玻璃的方块电阻。

在 FTO 导电玻璃上采用磁控溅射、电沉积和热分解等方法制备 Pt 电极，对比发现电沉积法制备的 Pt 电极组装的 DSC 有最大输出功率，但载 Pt 量偏高，与 DSC 价格低廉的特点不相适应。热分解法则是一种简便、快速制备高效 Pt 电极的方法，目前具有最高光电转化效率的 DSC 的 Pt 对电极是用热分解法制备的。

5.5.1.4　金属基底载 Pt 对电极

在 FTO 导电玻璃上镀微量 Pt 制备对电极对 I_3^- 具有很高的催化性能，但由于 FTO 导电玻璃有较大的方块电阻使 DSC 的填充因子大大降低，从而影响了 DSC 的光电转化效率。因此，选择一种导电性能好的基底制备对电极，对提高 DSC 的光电转换效率具有重要意义。很多金属像不锈钢和镍片很难被直接应用在液态 DSC 中，因为含有 I_3^-/I^- 的电解质对它们有腐蚀作用；然而在这些金属上面镀上掺 F 的 SnO_2 或碳，就可作为对电极的基底材料。

许多金属如不锈钢和镍片等很难被直接应用于液态 DSC 中，因为含有 I_3^-/I^- 的电解质对它们有腐蚀作用。然而在这些金属上面镀上掺 F 的 SnO_2或碳，就可作为对电极的基底材料。化学镀膜方法在玻璃表面沉积一层 NiP 合金作为导电基底，用热分解 H_2PtCl_6 来制备 Pt/NiP 对电极，对电极载 Pt 量 6 $\mu g \cdot cm^{-2}$。与常规 Pt 对电极相比，能增加光反射，电荷交换电阻仅 0.15 $\Omega \cdot cm^{-2}$，方块电阻仅 0.5 $\Omega \cdot \square^{-1}$，从而能增大光收集效率和电池的填充因子。在低于 200℃的情况下用多元醇还原 H_2PtCl_6，将纳米 Pt 膜沉积到导电聚合物膜、ITO 和聚酰亚胺等基底上，用此制备方法也能用于柔性电池。

5.5.2 碳对电极

碳材料价格低廉，而且电导率高，对 I^-/I_3^- 有很好的催化活性，用碳作为对电极已成为 DSC 研究的热点。研究发现导电碳黑/TiO_2对电极，其碳层厚度对电池的填充因子和光电转换效率有重要的影响，碳层较厚时，碳对电极的电荷交换电阻不到 Pt 对电极的 3 倍。虽然，碳对电极价格便宜、耐热、耐腐蚀、制造工艺简单，具有一定的实用价值，但相比 Pt 电极，其催化活性偏低。将碳对电极用于 DSC，电池的光电转换效率比 Pt 对电极制备的 DSC 低大约 20%。

5.5.3 柔性 DSC 对电极

TCO 透光性好，但重量大、易破碎、不易加工，给 DSC 的实际应用带来了很多的不便，特别是制备大面积电池时，用 TCO 就出现很多困难。柔性 DSC 重量轻、可随意变形且价格低，因此引起了人们的广泛关注。

用于柔性 DSC 的导电基底通常是将透明的 n 型半导体材料，如氧化铟锡(ITO)、掺氟的 SnO_2膜(FTO)等包覆在玻璃上形成透明 TCO。ITO 和 FTO 导电膜可以通过化学气相沉积、阴极溅射、溅射热解、电子束蒸发和氧离子束辅助沉积等方法在玻璃上制备。由于 ITO 导电膜中有较大的载流子浓度，其电阻率比 TCO 的电阻率小。然而 ITO 导电玻璃的电阻在高温下烧结时迅速增大，导致基于 ITO 导电基底的电池效率大大降低，从而限制了 ITO 导电膜在 DSC 中的应用。为了增强导电膜的导电性和热稳定性，人们在 ITO 导电膜上覆盖一层 FTO 导电膜或 SnO_2膜，以避免 ITO 导电膜在高温(大于 300℃)下的氧化。

对电极作为染料敏化太阳电池的重要组成部分，其性能对电池的性能有很大影响。Pt 虽然催化活性高，但价格昂贵，不能满足未来规模生产的要求。碳和聚合物等均为低成本的高效催化剂材料。经过高温处理的碳对电极具有与 Pt 对电极接近的光电性能。聚合物能在较低温度下与基底形成牢固的良好接触，便于大尺寸电极的制备，具有良好的工业生产的应用前景。

5.6 制备与工艺

目前，以导电玻璃为衬底是染料敏化太阳电池应用最广泛的电池结构，成本低、工艺简单是该类电池主要优点。图5－39所示是染料敏化太阳电池制备过程中主要生产设备。以玻璃为基底的染料敏化太阳电池生产工艺过程如图5－40所示，它可以分为三个阶段，即印刷前工艺过程、印刷与层压间工艺过程及层压后工艺过程。第一个过程包括玻璃的切割、打孔、清洗和烘干，接下来的生产工艺需要在相对洁净的环境中完成，通常洁净度要达到10 000级以上；第二个过程包括银电极的印刷和烧结、二氧化钛薄膜的印刷和烧结、Pt对电极的印刷和烧结、密封膜的固定、染料浸泡和电极层压密封；第三过程包括电解质灌注、密封、电池测试。其中最为重要的过程为丝网印刷和电极层压密封等。

图5－39　染料敏化太阳电池丝印机、烧结炉和层压机等生产设备

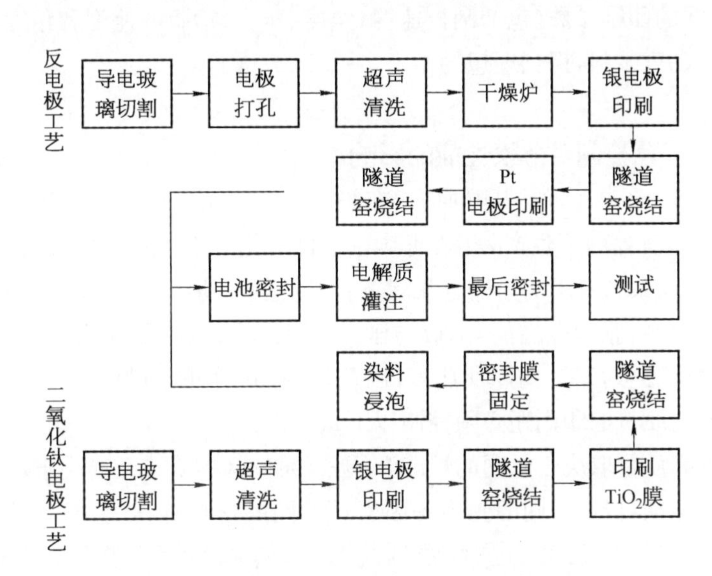

图5－40　染料敏化太阳电池生产工艺过程

5.6.1　影响薄膜丝印的质量因素

薄膜制备方法很多，有丝网印刷法、溶胶-凝胶法、激光化学气相沉积法、水热结晶法、电泳法等。丝网印刷技术属于孔版印刷，制备薄膜具有良好均匀性和重复性等优点。丝网印刷同其他印刷方法相比具有以下特点：

① 成本低、见效快；

② 适应不规则承印物表面的印刷；

③ 附着力强、着墨性好；

④ 墨层厚实、立体感强；

⑤ 丝网印刷的薄膜厚度可控制；

⑥ 承印物广泛等。

丝网印刷制备纳米 TiO_2 多孔薄膜主要工艺流程是：制网→印刷→烧结，然后，将印刷好的薄膜经过高温烧结制成纳米 TiO_2 多孔薄膜光阳极。丝网印刷过程中的各种技术参数如环境温度、压力、速度和其他变量都必须严格控制。其中，影响印刷质量的关键因素主要有：

① 丝网印刷常选用合成纤维丝网、不锈钢丝网等，一般选用价廉的合成纤维丝网；

② 绷网张力要求均匀，网经纬线保持垂直，粘网胶要牢固，不能松弛；

③ 刮板的压力、速度、接触角度对制备的薄膜性能均有影响，一般来说，丝网与刮板的角度越小，刮板的运动速度愈慢，压出的浆料就越多，反之就越少；

④ 浆料的工艺参数如浆料的粒度、黏度和固体物含量等影响丝印薄膜的质量，浆料的黏度影响刮板条的印刷速度；固体物含量决定印刷后的湿厚度经烘干和烧结后薄膜最终厚度。

调节不同的印刷参数(包括刮板速度、角度、压力、抬版的速度和角度等)，采用合适的网版、合适的黏度浆料，得到理想的纳米多孔 TiO_2 薄膜。

5.6.2 工艺控制对薄膜性能的影响

与其他类电池一样，丝网印刷技术在染料敏化太阳电池中的应用简化了染料敏化太阳电池生产工艺，提高了生产效率，使其易于自动化。为了获得质量较好的多孔薄膜，玻璃基片上丝印的浆料要求均匀而且无展宽，厚度适中、清晰。在这个工序中有很多影响因素，如丝网的材料、张力和性能，刮板的压力、速度、变形状况、印刷角度，刮板到网板的距离，印刷浆料的参数，基片的翘曲成度，以及丝网和基片的间距等。在具备上述印刷基本要素外，实现高质量的印刷还必须控制以下重要因素。

首先，丝刷质量取决于丝网的性能和质量，而丝网的质量又取决于丝网框架尺寸稳定性、丝网的类型和目数、丝网的张力等因素。丝网的材料有真丝、尼龙、涤纶和不锈钢等。其中，尼龙丝网抗拉强度和抗弯强度均较大，有相当好的弹性，其张力通常为 8～10 $kg \cdot cm^{-2}$，另外，其耐磨性和耐化学性也很优良，实验中主要采用尼龙丝网进行浆料印刷。丝网的规格由目数表示，网目是指每英寸上的孔数。目数越高，透过的浆料量越少，印刷出的图形厚度越薄(约为丝网本身厚度的 20%～25%)。结合实验浆料的特性，通常选用 50～300 目丝网印刷。这与浆料的颗粒度与黏度等有关，颗粒度越大，浆料越稀，可采用较细的丝网印刷。丝网目数及丝径决定印刷薄膜面积大小，丝网厚度决定印刷后图形的厚度。丝网的张力控制是一个相当重要的问题，如果丝网张力不均匀，可能产生下列问题：其一是张力不足，致使模版松弛，在印刷时由于刮板压力作用会引起印刷图像失真；其二可能导致图像边缘模糊、不锐利；其三是印出的浆料层厚薄不均匀。

其次，刮板的性能同样对印刷质量有很大影响。刮板一般由橡胶制成（有弹性的），有锐边。压印在导电玻璃表面的 TiO_2 浆料多少，不仅决定于刮板作用力大小，而且还决定于刮板与网版平面构成的角度、刮板的滑动速度、刮板的硬度以及刮板橡胶尖端的形状。一般情况下，在刮板的压力下丝网的背面应与承印面成线状接触，若压力过大，会使刮板弯曲，丝网与承印面的接触面增大，印刷的效果会受到影响。刮板的滑移速度应该保持一定，为了求得均一的印刷效果，刮板角度为 30°～45°，速度为 60～200 $mm \cdot s^{-1}$ 时效果最佳。

为了使印刷效果更好，要求 TiO_2 浆料具有良好的流动性、黏度及附着性能。浆料黏稠，流动性能差，则印刷后的附着性能就差，TiO_2 多孔薄膜表面不光滑，针眼多，而且印刷时费力；相反，浆料的黏度低，流动性大，则印刷后的干燥性以及附着性能好，但黏度太小时，印刷出的图像容易模糊，而且气孔多。图 5-41 给出了两种不同黏度浆料的薄膜形貌图，图 5-41b 是黏度适中的薄膜形貌图，表面光滑平整。

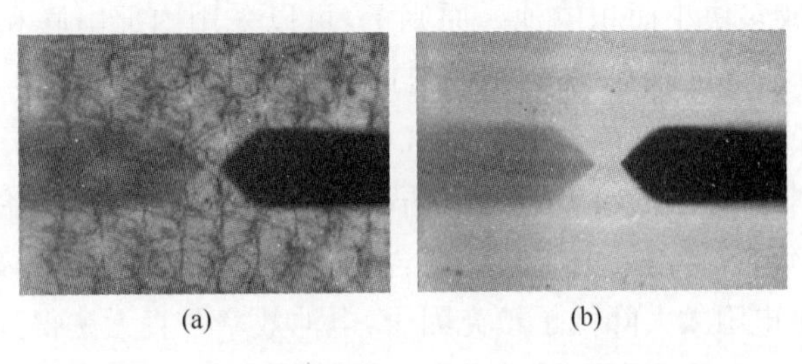

(a)　　(b)

图 5-41　两种不同黏度浆料印刷后的薄膜形貌图

(a) 黏度大；(b) 黏度适中

总之，在导电玻璃表面印刷 TiO_2 浆料，既与普通印刷有相通之处，又具有独特的方面，为了使印刷效果均匀，而且膜厚可以控制，就需要控制丝网的目数，丝网的张力和性能，刮板的压力、速度、角度，刮板到网版的距离，印刷浆料的性能等因素，以便于得到均匀的纳米 TiO_2 薄膜。

5.6.3　电极层压密封

与硅基电池不同，染料敏化太阳电池是三明治结构，正负电极通过一层薄薄的密封膜连接，密封膜起到两个作用：其一是保护银栅极不被电解液腐蚀；其二是防止电解质泄漏。电解液是由极性较高的有机溶剂、碘类物质及添加剂构成，具有很强的腐蚀性。用于密封剂的材料本身必须具有很强的耐腐蚀性，同时需要能在适当的工艺条件下与导电基底很好的熔合，确保电池在长期运行过程中电解液不泄漏。目前，使用最广泛的密封材料是沙林热封薄膜，热封温度在 100～120℃。具体密封操作如下：

① 用激光器或相应模具将沙林膜刻成需要的形状，将刻好的密封膜放到正电极基底上，要求沙林膜不能遮住半导体薄膜，有银栅极时，沙林膜要将银栅极遮住；

② 将对电极放在密封膜上，保证半导体薄膜与 Pt 重合并且正负电极的主栅极可进行外连接；

③ 放入层压机加热密封。

密封温度和时间是决定密封效果的关键因素，温度必须达到沙林膜的熔解点但不能太高。为了达到更好的密封效果，可以使层压机在加热的同时抽真空，达到加热加压的效果，在大面积电池的密封中使用真空加热加压密封效果更好。当然电池层压密封后仍需要注意几点，首选检查密封膜是否完全熔解，有些时候会出现部分密封膜未熔的现象，则需要重新层压；其次正负电极不能短路。

5.6.4 电池结构设计[46]

对于大面积电池来说，如何设计电池结构、提高有效面积、提高电池效率及简化电池制作工艺等对电池的实用化起着关键的作用。目前，研究的电池结构主要有大面积内部串联和大面积内部并联。

由于大面积电池中导电膜损耗比较严重，需要对导电基底进行适当的分割，其目的就是将整块电池分割成多块小面积电池。原则上，可以采用内部串联和并联的方法。在技术路线上，这两种方法都可以实现并且各有自己的优缺点。

5.6.4.1 串联大面积电池组件研究

图 5－42 为两种串联电池结构示意图。早期对 Z 型结构电池的研究方法之一主要采用耐腐蚀电极材料，如钨、镍等与导电胶粘剂混合，既作为串联电池的电极，又作为密封材料，该种电池中由于电极电阻太大降低了填充因子，电池效率一直无法得到提高。方法之二是采用电阻率较低的银电极作为电极材料，如图 5－42 中结构 2 所示，相连单节电池之间通过银栅极导通。Z 型串联电池可以获得更高的开路电压，电池电流与单节电池电流相当，同时理论上该类电池可以获得更高的填充因子，但需要确保正反玻璃片上的银电极有良好的接触，这大大增加制作工艺难度与复杂性，成为该结构电池在商业化应用中的一大瓶颈。

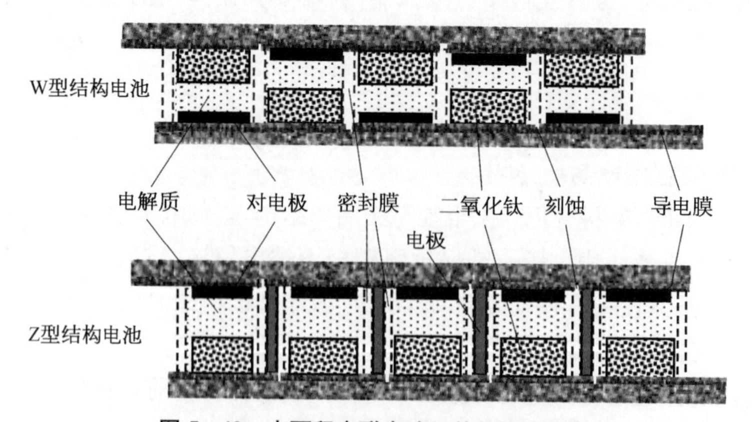

图 5－42　大面积串联电池组件结构示意图

（结构 1 为 W 型结构电池；结构 2 为 Z 型结构电池）

W 型串联电池结构是近几年出现的新型结构形式，电池内部没有任何附加金属电极，光电子通过 TCO 膜传输。由于不需要对电极进行保护，此类电池工艺简单且可以获得较高的有效面积，与 Z 型结构串联电池相似，该类电池能输出较大电压，通过使用较低方块电阻的 TCO 膜,合理设计电极宽度,也可以获得较高的填充因子。但由于电池中有一半面积的光从对电极照射,这大大降低了对入射光的采集效率,同时由于串联,单节电池之间的电流失配问题较严重。通过改变 Pt 载量,优化电解质中 I_3^- 浓度和调节 TiO_2 薄膜厚度等方法,能够基本解决单节电池之间电流失配问题,并能提高从对电极照射电池的电流密度。

5.6.4.2 并联大面积电池组件研究

图 5-43 为三种大面积并联电池结构示意图,与串联结构电池不同,并联电池中电极区产生的光电子很快传输到银栅极上,通过银栅极收集。密封膜起到密封电池,防止电解液泄漏的作用,同时保护银电极材料,使其不被电解液腐蚀。

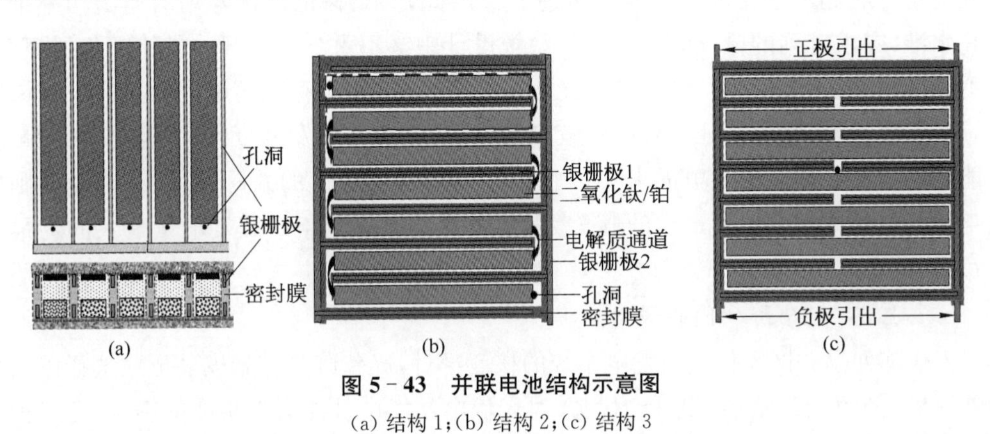

图 5-43 并联电池结构示意图

(a) 结构 1;(b) 结构 2;(c) 结构 3

由于并联电池输出较大的电流,光电子在银栅极上的损耗增大。其中结构 1 的能量主要损耗在细栅线上,通过减小细栅线体电阻,可以提高电池的填充因子。结构 3 采取单孔灌注电解质设计思路,减少了灌注电解质的孔洞数量,同时电池中的细栅线一分为二,电子同时通过两条细栅线向两边的主栅线传输,这样降低了能量在细栅线上的损耗,但电子只能通过主栅线一端收集,此时整个电极面积上产生的电流均通过主栅线,因而主栅的长度将影响电池性能。在结构 2 中,所有电解质通道是联通的,由于更多的电子流向同一条细栅线,电池效率明显降低,过多能量损失在了金属栅极上。

实验表明,Z 型结构大面积串联电池组件由于要解决上下电极接触问题,使得工艺复杂化,同时很难提高有效面积;在大面积并联电池设计中,图 5-43 所示的结构 2、3 设计理念源于减少灌注电解液孔洞数量,利于电池的外部密封,但在保证有效面积的情况下,过多的光电子损耗在电池内部串联阻抗上,电池效率明显要低于结构 1 电池。

5.7 电池组件应用技术

光伏发电系统的光伏组件及其阵列利用太阳光产生电能输入公共电网或供负载使用。实际应用时,会根据负载特性的不同选择季节性或全年发电盈最大的太阳能阵列安装方式。目前，大规模推广 DSC 光伏发电的主要障碍之一是过高的发电成本。因此，如何有效利用光伏组件及其阵列技术，提高电池光电转换效率，从而降低光伏发电的成本就显得尤为必要。

5.7.1 光伏阵列最佳倾角与间距设计

5.7.1.1 光伏阵列最佳倾角设计

地面应用的独立光伏发电系统，阵列面通常朝向赤道，相对地平面有一定倾角。倾角不同，各个月份阵列面接收到的太阳辐射量差别很大。按照最佳倾角安装的光伏阵列的发电量可能比水平安装的高出 20%左右。因此，为了保证光伏阵列的输出功率维持较高水准，寻求阵列的最佳倾角是光伏系统设计中必不可少的一环。最佳倾角的概念，在不同应用系统中不一样，例如独立光伏发电系统中，由于存在蓄电池的充放电控制问题，所谓最佳倾角是要保证在发电量较少的月份，光伏阵列发电量与蓄电池提供能量之和能够满足负载的正常供电需求[47]。而对于目前应用最广的并网光伏发电系统，则以全年中得到的太阳辐射量最大的倾角为准，或者说使得全年系统发电量最大的为最佳倾角。

5.7.1.2 光伏阵列间距设计

光伏阵列是并网光伏电站发电系统的核心部件，光伏阵列支架安装形式选择以及光伏阵列最佳倾角、阵列间距设计的优劣，对光伏电站发电性能有着重要的影响，已经根据当地的地理气象条件得出了单位面积电池组件一年内发电量最大的安装倾角。因此，要知道究竟应该在建筑顶面上布置多少光伏电池，剩下的问题是确定相邻两排电池阵列之间的间距了。间距过小，一方面产生阴影影响直射辐射的接收；另一方面也增大天空散射的接收损失比例。因此，间距的确定需要同时考虑这两方面因素。但是，在直射辐射存在时，间距对于直射辐射的影响要比散射辐射大得多，阴影是确定间距的主要因素。考虑到并不能确定某个时刻是否正好晴天，为了简化讨论，不妨假设全年均为晴天。即使给定相当大的间距，当太阳高度角很小时，后排电池仍可能处于前排障碍的阴影区内。因此，合理间距的确定并不在于使电池彻底脱离阴影区，而在于避免阴影对电池的不利影响。不利影响分为两种：一种是危及电池的使用寿命；一种是阻碍电池充分吸收太阳辐射，闲置其发电能力，降低其发电量。由于输出功率较大电池组件一般都有旁路二极管和阻塞二极管以避免阴影危及电池使用寿命，因而保证尽可能大的发电量就成了确定障碍与电池合理间距的主要依据。一年中冬至日太阳高度角最低，若保证冬至日从日出至日落时长内阵列不发生阴影遮挡，将使光伏阵列之间的间距非常大，而早晚太阳辐射比较弱，对光伏电站发电的贡献很小，这样的设计不符合土地集约性和经济性要求。通常光伏阵列间距设计按照冬至日 9:30～16:30 不遮挡为计算设计依据，工程中遮挡物与阵列的间距可按下式进行设计计算。

$$D = \cos A \times H / \tan[\sin^{-1}(\sin\phi\sin\delta + \cos\phi\cos\delta\cos h)] \quad (5-3)$$

式中　D——遮挡物与阵列的间距；
　　　A——太阳方位角；
　　　H——遮挡物与可能被遮挡组件底边的高度差；
　　　ϕ——当地纬度；
　　　δ——太阳赤纬角；
　　　h——时角。

5.7.2　聚光技术

光伏聚光技术是指将汇聚后的太阳光通过高转化效率的光伏电池直接转换为电能的技术，能够提高系统的输出功率并降低发电成本。光伏聚光技术通过加入光学聚光部件，将阳光汇聚到一个面积很小的电池上，通过提高单位面积光照强度，来提高系统输出功率。光伏聚光组件是构成光伏聚光阵列及系统的主要部分，通过光学器件对照射到组件上表面的太阳光进行收集，将普通太阳辐照度聚光到数倍，再利用太阳电池将光能转化成电能，经系统集成后向负载供电。光伏聚光系统主要由聚光器、跟踪器和散热器组成。

5.7.2.1　聚光器

光伏聚光器是利用透镜或反射镜将太阳光聚焦到光伏电池上。按光学类型划分，常用的聚光系统通常分为折射聚光系统和反射聚光系统。对于实际应用来说，菲涅尔透镜成为理想之选。它的聚焦方式可以是点聚焦，也可以是线聚焦。点聚焦时，将太阳光聚焦在一个光伏电池片上；线聚焦时，将太阳光聚焦在光伏电池组成的线列阵上。反射式聚光系统也可以分为点聚焦结构和线聚焦结构。但是，传统菲涅尔透镜存在难以实现的高接收角、聚光后光强分布不均匀和易老化变形等问题。而反射式聚光器聚光倍数较低，难以大幅度降低发电成本。

5.7.2.2　跟踪器

随着聚光比的提高，光伏聚光系统所接收到光线的角度范围越小，为了更加充分地利用太阳光，光伏聚光系统必须辅以对日跟踪装置。目前，对日跟踪器的设计方案众多，形式多样。点聚光结构的聚光器一般要求双轴跟踪，线聚光结构的聚光器仅需单轴跟踪。

5.7.2.3　散热器

温度是影响太阳电池光电转换效率的重要因素之一。聚光太阳电池在运行过程中，未被利用的太阳辐射除一部分被反射外，其余大部分被电池吸收转化为热能。如果这些吸收的热量不能及时排除，电池温度就会逐渐升高，发电效率降低，而且电池长期在高温下工作还会因迅速老化而缩短使用寿命。因此，为了实现对电池组件的温度控制，可采用无机超导热管技术。即以多种无机元素组合而成的传热介质，加入到管腔或夹壁腔内，经真空处理且密封后形成具有高效传热特性的元件。该元件将热量由一端向另一端快速传导的过程中，表面呈现出无热阻快速波状导热特性。它既可保证光伏聚光电池的光电转换效率，同时又能获得相当可观的光热收益，实现对太阳能的电热联用，以满足普通用户日常生活用电和热水。

5.7.3 光伏阵列跟踪技术

光伏阵列输出特性具有非线性特征，并且其输出受光照强度、环境温度和负载情况影响。在一定的光照强度和环境温度下，光伏电池可以工作在不同的输出电压，但是只有在某一输出电压值时，光伏电池的输出功率才能达到最大值，这时光伏电池的工作点就达到了输出功率电压曲线的最高点，称之为最大功率点(MPP)。因此，在光伏发电系统中，要提高系统的整体效率，一个重要的途径就是实时调整光伏电池的工作点，使之始终工作在最大功率点附近，这一过程就称之为最大功率点跟踪(MPPT)。应当相应的调整负载阻抗以保证系统在光照强度发生变化、光伏电池的结温发生变化的情况下仍然运行在最大功率点。到目前为止出现了很多 MPPT 算法，最常用的三种方法是恒压法、扰动观察法、电导增量法。

1) 恒电压跟踪

采用恒电压跟踪方法在光照强度变化时保持输出电压不变，所用光伏器件基本为最大功率输出。恒电压跟踪的优点是控制简单，实验结果是基于温度不变的情况下得到的，而实际工作中光伏阵列输出功率却随温度变化而变化的，因此，采用恒定电压控制阵列的输出功率将会偏离最大功率输出点，产生较大的功率损失。为了克服环境温度变化对系统造成的影响，可以事先将特定光伏阵列在不同温度下测得的最大功率点电压值储存在控制器中，运行时控制器根据检测光伏阵列的温度，通过查表选取合适的电压给定值，在光伏发电系统中增加一块与光伏阵列相同特性的较小光伏电池模块，检测其开路电压，按照固定系数计算得到当前最大功率点电压。

2) 扰动观测法

扰动观测法的原理是每隔一定的时间增加或者减少光伏阵列输出电压，然后根据机组输出的功率变化方向调整光伏系统输出电压，使输出功率达到最大功率点。该方法跟踪方法简单，实现容易，对传感器精度要求不高，但是在光伏阵列的运行最大功率点附近振荡，导致一定功率损失，而且跟踪步长的设定无法兼顾跟踪精度和响应速度，特别是在太阳光照强度和环境温度急剧变化时，扰动观测法可能会跟踪失败。

3) 电导增量法

电导增量法通过比较光伏阵列的电导增量和瞬时电导值来改变控制信号从而跟踪最大功率点，控制算法需要通过测量光伏阵列的输出电压和电流的变化量来确定，电导增量法实际上是对扰动观察法的改进，只是光伏器件工作在最大功率点时控制有所不同，由最大功率点处 $\mathrm{d}P/\mathrm{d}U$ 的值等于零，可以得到：

$$\frac{\mathrm{d}I}{\mathrm{d}U}=-\frac{I}{U} \tag{5-4}$$

电导增量法控制精确，响应速度比较快，稳态振荡比干扰观测法要小，但是对硬件的要求特别是传感器的精度要求比较高，因而整个系统的硬件造价比较高。

5.7.4 建筑一体化的应用

光伏发电是太阳能应用的主要方式，早期的光伏发电多为在偏远地区和缺电地区独立选址建设电站，随着应用的深入，已逐渐转移到发达地区和城市。自从光伏建筑一体化(BIPV)的概念被提出后，太阳能光伏发电获得了更广阔的应用空间，而由于土地成本昂贵、传输损耗大、建筑能耗高等因素光伏建筑一体化必将成为光伏发电应用的主流。目前，光伏建筑已占据了光伏市场的主要份额。光伏建筑一体化技术具有减少建筑物能耗等优点，建筑物能耗已占全社会总能耗的1/3左右，降低建筑物能耗对节能减排工程有重要意义。

① 与建筑结构整合为一体，节约了单独防止电池板的额外空间，也省去了专为光伏设备准备的支撑结构；

② 减少建筑物能耗，目前建筑物能耗已占全社会总能耗的1/3左右，降低建筑物能耗对节能减排工程有重要意义；

③ 一体化的光伏电池板本身就能作为建筑材料，可减少建筑物的整体造价，节省安装成本，且使建筑外观更具技术魅力及节能宣传效果；

④ 由于光伏电池板安装在屋面或墙面上，直接吸收太阳能，避免了墙面温度和屋顶温度过高，可降低空调负荷，改善室内环境。

作为普通光伏组件，只要通过IEC61215的检测，满足抗130 km·h^{-1}风速相当2 400 Pa风压和抗直径25 mm 23 m·s^{-1}冰雹(速度)的冲击要求。用做幕墙面板和采光顶面板的光伏组件，不仅要满足光伏组件的性能要求，同时要满足幕墙的三性实验要求和建筑物安全性要求，因此要有更高的力学性能和采用不同的结构方式。例如尺寸为1 200 mm×530 mm的普通光伏组件一般采用3.2 mm厚的钢化超白玻璃加铝合金边框来达到使用要求。但同样尺寸的组件用在BIPV建筑中，在不同的地点、楼层高度以及安装方式，对它的玻璃力学性能要求可能是完全不同的。南玻大厦外循环式双层幕墙采用组件是两块6 mm厚的钢化超白玻璃夹胶而成的光伏组件，这是通过严格的力学计算得到的结果。

BIPV建筑首先是一个建筑，对光影要求甚高。但普通光伏组件所用的玻璃大多为布纹超白钢化玻璃，其布纹具有磨砂玻璃阻挡视线的作用。如果BIPV组件安装在大楼的观光处，这个位置需要光线通透，这时就要采用光面超白钢化玻璃制作双面玻璃组件，用来满足建筑物的功能。同时为了节约成本，电池板背面的玻璃可以采用普通光面钢化玻璃。但普通光伏组件的接线盒一般黏在电池板背面，接线盒较大，因此BIPV建筑中要求将接线盒省去或隐藏起来，这时的旁路二极管没有了接线盒的保护，要考虑采用其他方法来保护它，需要将旁路二极管和连接线隐藏在幕墙结构中。比如将旁路二极管放在幕墙骨架结构中，以防阳光直射和雨水侵蚀。普通光伏组件的连接线一般外露在组件下方，BIPV建筑中光伏组件的连接线要求全部隐藏在幕墙结构中。

在设计BIPV建筑时要考虑电池板本身的电压、电流是否利于光伏系统设备选型，但是建筑物的外立面有可能是一些大小、形式不一的几何图形组成，这会造成组件间的电压、电流不同，这个时候可以考虑对建筑立面进行分区及调整分格，使BIPV组件接近标准组件电学性能，也可以采用不同尺寸的电池片来满足分格的要求，以最大限度地满足建筑物外立面效果。另外，还可以将少数边角上的电池片不连接入电路，以满足电学要求。

无论是独立光伏系统还是并网光伏系统，其核心结构都是由太阳电池构成的光伏方阵，太阳电池在光伏建筑一体化系统中的存在形式主要可以分为三种：

(1) 与屋顶结合制成光伏瓦或光伏屋顶

在整个光伏建筑一体化产业中，太阳能屋顶发电占 3/4。这主要是因为屋顶有更多受光面积，方便太阳电池组件的安装。按照终端用户的需求，理想的光伏屋顶系统首先应具有和普通屋顶一样的防风避雨及审美的功能。光伏屋顶必须具备以下特性及基本要求：

① 容易和其他屋面结构设计合成一体，构成必需的建筑防水层，转移普通瓦的成本并且和普通瓦一样具有持久性能；

② 光伏系统的安装必须符合建筑标准规范，并且和普通屋顶的安装做法相当；

③ 理想的安装工作能由传统屋面安装工完成；

④ 线路连接应符合相关规范，不能由于接线盒电线以及安全性的不同而导致复杂化；

⑤ 系统应该提供简便的维修通道。

(2) 与遮阳构件结合

遮阳能有效减弱进入室内的太阳辐射热，降低空调负荷；能改善采光均匀度，避免产生眩光；能减少玻璃幕墙光污染，同时还能反射及隔绝部分外界噪音。将光伏技术与遮阳构件集成一体，既具有遮阳功能，又有发电功能，能有效改善室内环境，降低建筑物能耗。

(3) 与建筑物墙面或窗户结合成为光电幕墙或光伏发电窗

现代高层建筑几乎都是被玻璃幕墙，或者铝塑幕墙所包裹，是建筑物表面积中最大的部分，所以用太阳能光电幕墙代替原来的幕墙已经成为光伏建筑一体化的一种重要应用形式和日益变大新兴光伏建筑一体化市场。在建筑物外表面安装极具科技感的光电幕墙也使得建筑物极具观赏效果和环保宣传效果。

用做幕墙使用的光伏组件既可以是双玻光伏组件亦可以是常规光伏组件。但若安装位置属于要求采光部分则必须为双玻光伏组件，包括夹层玻璃光伏组件、夹胶玻璃光伏组件、中空玻璃光伏组件以及真空玻璃光伏组件。此时，光伏组件不仅具有光电转换功能，还具有室内采光及控制室内得热的作用。

制作可透光玻璃光伏组件既可以是晶硅电池也可以是透光薄膜太阳电池，晶硅电池由于本身不透明因此需要间隔排列以获得一定透光率。

5.8 提高效率和降低成本的关键技术瓶颈

薄膜太阳电池是未来太阳电池发展的主要方向之一，是实现低价应用太阳电池的主要方向。薄膜太阳电池的主要优点有：① 实现薄膜化后，大大节省了昂贵的半导体材料；② 薄膜太阳电池的材料和器件制备同步完成，工艺技术简单，便于大面积连续化生产，有利于降低制造成本;③ 制备薄膜太阳电池的低温(<600℃)技术,便于使用廉价衬底,同时明显降低能耗,缩短能量回收期。研究发现引入共吸附剂降低染料在 TiO_2 表面的覆盖量,降低染料敏化太阳电池成本;充分利用高/低能量光子的宽光谱太阳电池光伏技术,优化大面积电池的结构等进一步提高染料敏化太阳电池光电转换效率,是目前研发的主要目标。

5.8.1 亚微米球复合薄膜改善电池性能[1]

研究表明,质量分数为 50%亚微米球和纳米颗粒的复合薄膜在 400~800 nm 的反射率为 60%左右,最大值可接近 70%。良好的光散射能力,能将大部分光散射回入射一侧,同时增加光在多孔薄膜的光程,而且 50%亚微米球复合薄膜具有较好的染料吸附能力。因此,50%亚微米球复合薄膜作为顶层的光散射层,比 TiO_2 大颗粒散射层具有更优异的光伏性能。通常情况下,10%左右的亚微米球复合薄膜具有最好的电子收集效率和一定的光散射能力,能够获得最大光电流密度,即 10%亚微米球复合薄膜可作为优异的染料负载层。因此,将双层结构优化设计为:底层为 6 μm 的 10%亚微米球复合薄膜的染料负载层,顶层为 4 μm 的 50%亚微米球复合薄膜的光散射层。

较薄的多孔薄膜电极可以节约 TiO_2 的用量,将节省 DSC 的制备成本。基于图 5-44 所示的双层结构 DSC 光电转换效率达到了 9.68%,电流密度为 17.76 mA·cm^{-2},对应的 $I-V$ 曲线如图 5-45 所示。而采用薄膜厚度为 10 μm 的 10%亚微米球复合薄膜与 4 μm大颗粒散射层的电池效率只有 9.18%,采用 10 μm 的不含亚微米球复合薄膜与 4 μm 的 TiO_2 大颗粒散射层的双层结构的电池效率仅为 8.14%。

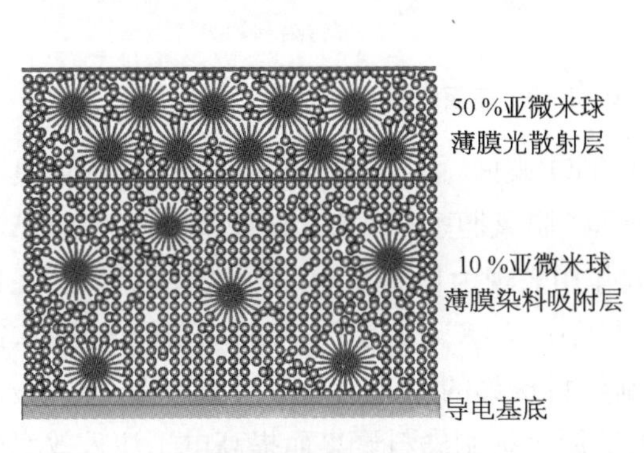

图 5-44 基于亚微米球复合薄膜的优化双层结构的示意图

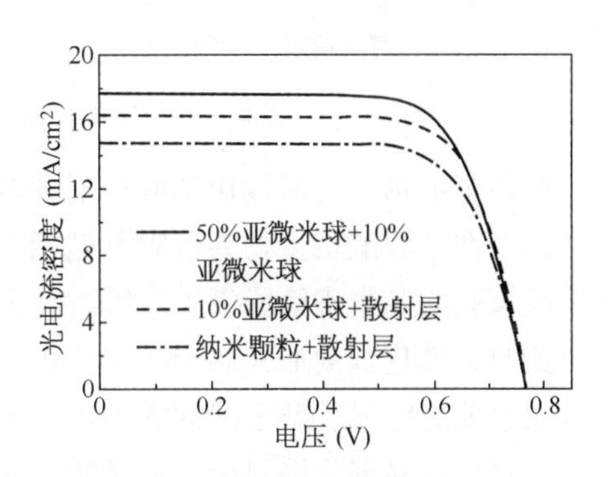

图 5-45 不同双层结构的多孔薄膜 DSC 的 $I-V$ 曲线

(染料用 C101,电解质用含有 1 mol/L MPII、0.10 mol/L LiI、0.08 mol/L I_2 和 0.90 mol/L TBP 的乙腈溶液)

5.8.2 共吸附剂在 DSC 中的应用[48]

目前,比较成熟的染料光敏化剂是金属钌络合物,该染料不但具有很宽的可见光吸收区域，而且具有很长的使用寿命，满足应用于光电池的基本条件。现在染料敏化太阳电池使用光电转换效率很高的钌络合物作为染料，因为价格昂贵，造成染料敏化太阳电池成本上升。在染料敏化太阳电池中，引入共吸附剂可以在一定程度上会降低染料在 TiO_2 表面的覆盖量，并对电池性能有明显的改善作用。共吸附剂在 DSC 中已经有较为广泛的应用，尤其是在以有机染料和两亲性钌染料为敏化剂的 DSC 中。共吸附剂在 DSC 中的主要作用(图 5-46)表现在：

① 抑制染料在 TiO_2 表面聚集，提高电子注入效率；

② 填补 TiO_2 上没有被染料吸附的空位，与染料共同形成一层绝缘层，阻碍电解液中的电子受体靠近 TiO_2 表面，抑制暗电流；

③ 引起 TiO_2 导带边的移动。

与染料分子一样，共吸附剂的吸附基团有羧基、膦酸基、羟基、磺酸基等。目前，就共吸附剂分子结构特性和其在 DSC 中的应用状况，可分为胆酸衍生物、链状脂肪酸和多羟基化合物三类。

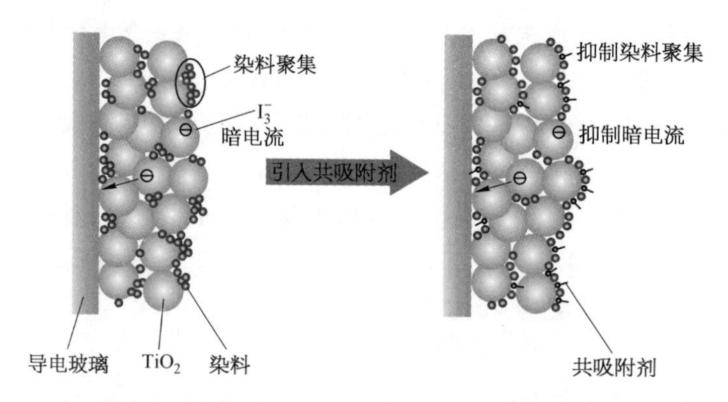

图 5-46 共吸附剂在光阳极 TiO_2 表面的修饰作用

胆酸衍生物分子通过羧基或羟基吸附于 TiO_2 表面，由于具有疏水面和亲水面而具有手性两亲性。胆酸衍生物共吸附剂包括有胆酸、脱氧胆酸(DCA)、鹅脱氧胆酸(CDCA)、牛磺脱氧胆酸和牛磺鹅脱氧胆酸等。其主要作用表现为抑制 TiO_2 表面染料的聚集，在以有机染料为敏化剂的 DSC 中有广泛的应用。其中以 DCA 和 CDCA 的应用最为广泛，改善效果也最为明显。共吸附剂的引入在抑制染料聚集的同时也降低了染料在 TiO_2 表面的覆盖量。在易聚集染料敏化 DSC 中，由共吸附剂抑制染料聚集而提高电子注入效率的贡献，有可能会提高电池的 J_{sc}。对于不易聚集的染料，染料覆盖量可能成为影响电池 J_{sc} 的主要原因，共吸附剂引入浓度过大，就有可能大幅度降低电池的 J_{sc} 值。胆酸衍生物共吸附剂在 DSC 中的主要作用表现为抑制 TiO_2 表面染料的聚集，同时，由于其本身性质还可引起 TiO_2 费米能级、染料 LUMO 能级以及暗电流的变化，从而引起 DSC 性能参数的改变。

DSC 常采用两亲性钌染料(如 Z-907、K-19)和离子液体电解质以制作高效高稳定太阳电池。相关研究表明电池在加速老化之后，V_{oc} 的下降是电池效率下降的主要原因。

在两亲性钌染料敏化太阳电池中引入链状脂肪酸共吸附剂，由于链状脂肪酸与两亲性染料在 TiO_2 表面形成了一层比单独染料吸附时更稳定的混合单分子层，能够更有效地抑制暗电流和稳定 V_{oc}，因此，链状脂肪酸共吸附剂的引入在提高了 DSC 电池效率的同时增加了电池的长期稳定性。

酸类共吸附剂在吸附到 TiO_2 薄膜上之后，有可能会使 TiO_2 表面质子化，引起 TiO_2 的导带能级的正移，部分抵消共吸附剂由于抑制暗电流对电池电压 V_{oc} 的增值。对多羟基化合物甘油、山梨醇和葡萄糖和胆酸类衍生物对电池 V_{oc} 的影响行了对比发现，多羟基化合物由于不存在对 TiO_2 表面质子化问题，其对卟啉敏化太阳电池的电压 V_{oc} 的提高要高于胆酸衍生物共吸附剂。在染料溶液中引入酸类共吸附剂这种简单易行的方法已经在 DSC 获得了广泛应用。不同的染料、电解质等体系中需要适当浓度的共吸附剂以达到最好的界面修饰效果。前期的共吸附剂研究主要集中在共吸附剂对电池光伏性能和稳定性的影响上。就目前对共吸附剂的研究报道，共吸附剂的引入对 DSC 性能的影响主要表现在对电池 J_{sc} 和 V_{oc} 的改善。酸类共吸附剂提高电池 J_{sc} 的作用表现在：

① 减少染料在 TiO_2 表面的聚集，从而减少激发态电子由于聚集态分子间的淬灭而失活，增加激发态光电子到 TiO_2 导带的注入效率；

② 提高染料的 LUMO 能级，增加染料 LUMO 能级和 TiO_2 导带间的能级差，增加电子注入能动力；

③ 降低 TiO_2 导带能级（E_{cb}），提高染料 LUMO 能级和 TiO_2 导带间的能级差，增加电子注入能动力；

④ 抑制暗电流，减少 TiO_2 中光电子到电解液中的流失。

共吸附剂提高电池电压 V_{oc} 的作用在于提高 TiO_2 导带能级（E_{cb}），抬高费米能级；抑制暗电流，提高 TiO_2 薄膜中光电子寿命。

在 DSC 中，光阳极表面的共吸附剂与染料的作用环境实际上是很复杂的，目前所见的文献报道对共吸附剂作用的机制多停留在上述几方面的推测上，缺乏直接或间接的实验证据，关于共吸附剂作用的微观机理等方面尚缺乏深入研究。共吸附剂与染料之间的相互作用方式，共吸附剂与染料之间的作用以及它们与 TiO_2 表面的界面作用方式等微观机制还有待于进一步研究和讨论。对共吸附剂作用机制的研究将有助于深入了解光阳极界面特性和电池的微观机理，对制作高效率高稳定太阳电池和降低其制作成本有一定的积极意义。

5.8.3　对低能量光子的利用

太阳光谱中波长 400～800 nm 的可见光部分占据了能量的主体部分，因此有机光敏染料的设计也重点关注对该波段光的吸收，力图做到该波段光电转换效率的最大化，对其他波段的光如紫外或红外光能尽量多些吸收。但由于光敏染料的有限光谱响应范围，除了约 5%～7%紫外能损外，还有约 25%红外能损严重制约了染料敏化太阳电池的光电转化效率。数十年来提高染料敏化太阳电池光电转化效率的研究是致力于材料与器件的性能优化，而今后光电转换效率的进一步提高，将主要靠对输入的太阳光谱进行调制。

上转换发光材料，可望提高染料敏化太阳电池对低能量光子的吸收，从而提高电池的光电转换性能，是目前材料领域研究的热点之一。上转换材料发光，是指将两个或两个以上的低能光子转换成一个高能光子的现象，一般特指将红外光转换成可见光，其发光机理是基于双光子或多光子过程。上转换材料主要利用稀土元素的亚稳态能级特性，可以吸收多个低能量的长波辐射，经多光子加和后发出高能的短波辐射，从而可使人眼看不见的红外光变为可见光。上转换产生的前提是存在一个以上电子激发态的亚稳态。掺杂稀土固体化合物包括稀土与过渡金属离子共掺杂，导致了许多新的、高效率的上转换材料的出现。已发现掺杂卤化物具有上转换功能的过渡金属离子有 Ti^{2+}、Ni^{2+}、Mo^{3+}、Re^{4+}、Os^{4+}、Mn^{2+}、Cr^{3+} 等。在氟化物和氯化物基质掺杂具有较好跃迁能级的 Re^{4+}，可得到一种极有潜力的上转换发光材料。近几年来，纳米上转换发光材料的研究已取得一些令人欣喜的结果，为染料敏化太阳电池应用提供了广阔的前景。

5.8.4 对高能量光子的利用

对于现在常规的太阳电池而言，不论光子的能量有多大，只要大于染料分子的带隙 E_g，都只能产生一对电子空穴对，也就是量子产率不是为 0（能量小于 E_g），就是为 1（能量大于 E_g）。这样对于能量远高于 E_g 的光子来说，损失就很大了。如何利用这部分光能，最容易想到的方法就是研发出下转换发光材料，对于提高太阳电池的光电转换性能是具有重要实用价值的。在染料敏化太阳电池中应用较好的染料敏化剂是 Ru 的联吡啶类配合物，这种染料有很宽的可见光谱吸收范围，其中 400～600 nm 可见光范围的单色光量子效率超过 80%。然而在太阳辐射的光谱中，99%的能量集中在大约 276～4 960 nm 之间，约 7%的能量在紫外区域。这部分紫外光虽然能量很高，也只能产生一个光生电子，剩余的能量将会被转换为热量而散失，不可被染料敏化太阳电池有效利用。因此，染料敏化太阳电池对太阳光的有限利用制约了其光电转化效率的进一步提高。

利用下转换发光材料吸收紫外光发射可见光，能更有效激发染料产生电子，拓宽了太阳电池的光谱响应范围，从而提高电池的光电性能。下转换材料发光，是指吸收一个高能光子的紫外光，发射两个或多个低能光子的现象。由于下转换发光可将一个高能光子转换为两个以上的可被利用的低能光子，在理论上量子效率可达到 200%以上。太阳电池理论计算这种材料，其光电转化效率可提高到 38.6%。稀土离子 Ce^{3+} 具有宽带和高吸收截面，可以吸收一个 250～400 nm 短波光子，通过 Ce - Yb 共合作能量转移，发射两个 425 nm、980 nm 长波光子，实现紫外光的高效利用。将纳米技术与发光材料相结合，给发光材料研究领域带来了勃勃生机。近年来，人们对稀土掺杂纳米发光材料的发光性能研究正逐步展开，已观察到了一系列与颗粒尺寸相关的新颖特性。例如，研究人员观察到 5 nm 的立方 $Y_2O_3:Eu^{3+}$ 纳米晶在 579.9 nm 处出现新的宽化的激发峰。

染料敏化太阳电池主要利用染料敏化剂的高效采集可见光的性能，半导体材料的快速电荷转移与分离优势，结合纳晶半导体薄膜的多孔性和高比表面积，充分利用有机分子的设计灵活性和不同于体材料的半导体纳米材料新特性。采用叠层结构染料敏化太阳电池既可以拓宽吸收光谱，又可以减小混合染料敏化剂对太阳光的吸收不充分。叠层结构电池中上部电池的染料敏化剂主要吸收太阳光谱中的可见光部分，下部电池的染料敏化剂主要吸收太阳光谱中的可见光和红外光部分，从而可以拓宽染料敏化太阳电池的吸收光谱，最大限度地将太阳光能变成电能，提高了电池的能量转换效率。

经过20多年的发展，染料敏化太阳电池在实验室小面积DSC不断取得新进展的同时，世界上许多大公司和研究机构纷纷对大面积实用化电池的研制，已经取得了令人鼓舞的成果。随着研究工作的深入，新工艺、新技术等不断出现，电池性能会进一步得到提高，通过电池材料与器件物理等基础和关键科学问题的研究，为实用化染料敏化太阳电池的推广应用打下坚实的基础。

参考文献

[1] 盛江. 基于一维纳米 TiO_2 的光阳极微结构设计与性能优化[D]. 中国科学院合肥物质科学研究院，2012.

[2] Iijima, S., Helical Microtubules of Graphitic Carbon, Nature, 1991, 354, 56 - 58.

[3] Kasuga, T., Hiramatsu, M., Hoson, A., Sekino, T., et al. Formation of titanium oxide nanotube, Langmuir, 1998, 14, 3160 - 3163.

[4] Adachi, M., Murata, Y., Takao, J., Jiu, J., et al. Highly Efficient Dye-Sensitized Solar Cells with a Titania Thin-Film Electrode Composed of a Network Structure of Single-Crystal-like TiO_2 Nanowires Made by the "Oriented Attachment" Mechanism, Journal of the American Chemical Society, 2004, 126, 14943 - 14949.

[5] Melcarne, G., De Marco, L., Carlino, E., Martina, F., et al. Surfactant-free synthesis of pure anatase TiO_2 nanorods suitable for dye-sensitized solar cells, J. Mater. Chem,. 2010, 20, 7248 - 7254.

[6] Yoon, J.-H., Jang, S.-R., Vittal, R., Lee, J., et al. TiO_2 nanorods as additive to TiO_2 film for improvement in the performance of dye-sensitized solar cells, Journal of Photochemistry and Photobiology A: Chemistry, 2006, 180, 184 - 188.

[7] Kang, T. S., Smith, A. P., Taylor, B. E., Durstock, M. F., Fabrication of Highly-Ordered TiO_2 Nanotube Arrays and Their Use in Dye-Sensitized Solar Cells, Nano letters, 2009, 9, 601 - 606.

[8] Ghadiri, E., Taghavinia, N., Zakeeruddin, S. M., Grätzel, M., et al. Enhanced Electron Collection Efficiency in Dye-Sensitized Solar Cells Based on Nanostructured TiO_2 Hollow Fibers, Nano letters, 2010, 10, 1632 - 1638.

[9] Shankar, K., Bandara, J., Paulose, M., Wietasch, H., et al. Highly efficient solar cells using TiO_2 nanotube arrays sensitized with a donor-antenna dye, Nano letters, 2008, 8, 1654 - 1659.

[10] Varghese, O. K., Paulose, M., Grimes, C. A. Long vertically aligned titania nanotubes on transparent conducting oxide for highly efficient solar cells, Nat. Nanotechnol., 2009, 4, 592 - 597.

[11] Daibin Kuang, J. r. m. B., Peter Chen, Masakazu Takata, Satoshi Uchida, Hidetoshi Miura, Kohichi Sumioka, Shaik. M. Zakeeruddin, and Michael Gratzel, Application of Highly Ordered TiO_2 Nanotube Arrays in Flexible Dye-Sensitized Solar Cells, ACS Nano, 2008, 2, 1113 - 1116.

[12] Zhu, K., Neale, N. R., Miedaner, A., Frank, A. J. Enhanced Charge-Collection Efficiencies and Light Scattering in Dye-Sensitized Solar Cells Using Oriented TiO_2 Nanotubes Arrays, Nano letters, 2006, 7, 69 - 74.

[13] Kai Zhu, T. B. V., Nathan R. Neale, and Arthur J. Frank Removing Structural Disorder from Oriented TiO_2 Nanotube Arrays: Reducing the Dimensionality of Transport and Recombination in Dye-Sensitized Solar Cells, Nano letters, 2007, 7, 3739 - 3746.

[14] Hwang, D., Lee, H., Jang, S.-Y., Jo, S. M., et al. Electrospray Preparation of Hierarchically-structured Mesoporous TiO_2 Spheres for Use in Highly Efficient Dye-Sensitized Solar Cells, ACS Applied Materials & Interfaces, 2011, 3, 2719 - 2725.

[15] 田华军. 染料敏化太阳电池非金属掺杂 TiO_2 薄膜电极研究[D]. 中国科学院合肥物质科学研究院,2012.

[16] 李文欣. 染料敏化太阳电池纳米 TiO_2 多孔薄膜电极表面修饰研究[D]. 中国科学院合肥物质科学研究院,2012.

[17] Asahi, R., Morikawa, T., Ohwaki, T., Aoki, K., et al. Visible-light photocatalysis in nitrogen-doped titanium oxides, Science, 2001, 293, 269 - 271.

[18] Wu, X. M., Wang, L. D., Luo, F., Ma, B. B., et al. $BaCO_3$ modification of TiO_2 electrodes in quasi-solid-state dye-sensitized solar cells: Performance improvement and possible mechanism, Journal of Physical Chemistry C, 2007, 111, 8075 - 8079.

[19] Palomares, E., Clifford, J. N., Haque, S. A., Lutz, T., et al. Control of charge recombination dynamics in dye sensitized solar cells by the use of conformally deposited metal oxide blocking layers, Journal of the American Chemical Society, 2003, 125, 475 - 482.

[20] 刘威,钟伟,都有为. 核/壳结构复合纳米材料研究进展[J]. 材料导报,2007, 21, 59 - 62.

[21] 段涛,杨玉山,彭同江,唐永健,核壳型纳米复合材料的研究进展[J]. 材料导报, 2009, 23, 19 - 23.

[22] 刑曦,李疏芬. 纳米粒子的表面包覆技术[J]. 高分子材料科学与工程,2003, 19, 10 - 13.

[23] Nakade, S., Saito, Y., Kubo, W., Kitamura, T., et al. Influence of TiO_2 nanoparticle size on electron diffusion and recombination in dye-sensitized TiO_2 solar cells, Journal of Physical Chemistry B, 2003, 107, 8607 - 8611.

[24] Gao, F., Wang, Y., Shi, D., Zhang, J., et al. Enhance the optical absorptivity of nanocrystalline TiO_2 film with high molar extinction coefficient ruthenium sensitizers for high performance dye-sensitized solar cells, J. Am. Chem. Soc., 2008, 130, 10720 - 10728.

[25] Nazeeruddin, M. K., Kay, A., Rodicio, I., Humphrybaker, R., et al. Conversion of Light to Electricity by Cis-X_2 bis (2, 2′-Bipyridyl-4, 4′-Dicarboxylate) Ruthenium(II) Charge-Transfer Sensitizers (X = Cl-, Br-, I-, Cn-, and Scn-) on Nanocrystalline TiO_2 Electrodes, Journal of the American Chemical Society, 1993, 115, 6382 - 6390.

[26] Nazeeruddin, M. K., De Angelis, F., Fantacci, S., Selloni, A., et al. Combined experimental and DFT-TDDFT computational study of photoelectrochemical cell ruthenium sensitizers, Journal

of the American Chemical Society, 2005, 127, 16835 - 16847.

[27] Nazeeruddin, M. K., Pechy, P., Renouard, T., Zakeeruddin, S. M., et al. Engineering of efficient panchromatic sensitizers for nanocrystalline TiO_2-based solar cells, Journal of the American Chemical Society, 2001, 123, 1613 - 1624.

[28] Wang, P., Zakeeruddin, S. M., Humphry-Baker, R., Moser, J. E., et al. Molecular-scale interface engineering of TiO_2 nanocrystals: Improving the efficiency and stability of dye-sensitized solar cells, Adv. Mater., 2003, 15, 2101 - 2104.

[29] Wang, P., Klein, C., Humphry-Baker, R., Zakeeruddin, S. M., et al. A high molar extinction coefficient sensitizer for stable dye-sensitized solar cells, Journal of the American Chemical Society, 2005, 127, 808 - 809.

[30] Wang, P., Klein, C., Moser, J. E., Humphry-Baker, R., et al. Amphiphilic ruthenium sensitizer with 4,4 ′- diphosphonic acid - 2,2 ′- bipyridine as anchoring ligand for nanocrystalline dye sensitized solar cells, Journal of Physical Chemistry B, 2004, 108, 17553 - 17559.

[31] Cao, Y. M., Bai, Y., Yu, Q. J., Cheng, Y. M., et al. Dye-Sensitized Solar Cells with a High Absorptivity Ruthenium Sensitizer Featuring a 2 -(Hexylthio)thiophene Conjugated Bipyridine, Journal of Physical Chemistry C, 2009, 113, 6290 - 6297.

[32] Choi, H., Baik, C., Kang, S. O., Ko, J., et al. Highly efficient and thermally stable organic sensitizers for solvent-free dye-sensitized solar cells, Angew. Chem. -Int. Edit., 2008, 47, 327 - 330.

[33] Santa-Nokki, H., Busi, S., Kallioinen, J., Lahtinen, M., et al. Quaternary ammonium polyiodides as ionic liquid/soft solid electrolytes in dye-sensitized solar cells, Journal of Photochemistry and Photobiology A: Chemistry, 2007, 186, 29 - 33.

[34] 王猛. 液晶电解质在染料敏化太阳电池中的应用[D]. 中国科学院合肥物质科学研究院,2012.

[35] 霍志鹏. 准固态电解质在染料敏化太阳电池中的应用研究[D]. 中国科学院合肥物质科学研究院,2009.

[36] Yang, H., Cheng, Y. F., Li, F. Y., Zhou, Z. G., et al. Quasi-solid-state dye-sensitized solar cells based on mesoporous silica SBA-15 framework materials, Chinese Physics Letters, 2005, 22, 2116 - 2118.

[37] Mohmeyer, N., Kuang, D. B., Wang, P., Schmidt, H. W., et al. An efficient organogelator for ionic liquids to prepare stable quasi-solid-state dye-sensitized solar cells, Journal of Materials Chemistry, 2006, 16, 2978 - 2983.

[38] Mohmeyer, N., Wang, P., Schmidt, H. W., Zakeeruddin, S. M., et al. Quasi-solid-state dye sensitized solar cells with 1, 3: 2, 4-di-O-benzylidene-D-sorbitol derivatives as low molecular weight organic gelators J. Mater. Chem. 2004, 14, 1905 - 1909.

[39] 郭力,戴松元,王孔嘉,方霞琴, 等. P(VDF - HFP)基凝胶电解质染料敏化纳米 TiO_2 薄膜太阳电池. 高等学校化学学报,2005,26,1934 - 1937.

[40] Wang, P., Zakeeruddin, S. M., Moser, J. E., Nazeeruddin, M. K., et al. A stable quasi-solid-state dye-sensitized solar cell with an amphiphilic ruthenium sensitizer and polymer gel electrolyte, Nature Materials, 2003, 2, 402 - 407.

[41] Cao, F., Oskam, G., Searson, P. C. A Solid-State, Dye-Sensitized Photoelectrochemical Cell,

J. Phys. Chem., 1995, 99, 17071 - 17073.

[42] Wang, P., Zakeeruddin, S. M., Gratzel, M. Solidifying liquid electrolytes with fluorine polymer and silica nanoparticles for quasi-solid dye-sensitized solar cells, Journal of Fluorine Chemistry, 2004, 125, 1241 - 1245.

[43] Wang, P., Zakeeruddin, S. M., Comte, P., Exnar, I., et al. Gelation of ionic liquid-based electrolytes with silica nanoparticles for quasi-solid-state dye-sensitized solar cells, Journal of the American Chemical Society, 2003, 125, 1166 - 1167.

[44] 汤英童. 染料敏化太阳电池对电极的研究[D]. 中国科学院合肥物质科学研究院,2011.

[45] Lee, Y. L., Chen, C. L., Chong, L. W., Chen, C. H., et al. A platinum counter electrode with high electrochemical activity and high transparency for dye-sensitized solar cells, Electrochem. Commun., 2010, 12, 1662 - 1665.

[46] 黄阳. 大面积染料敏化太阳电池结构设计及理论模拟研究[D]. 中国科学院合肥物质科学研究院,2010.

[47] 杨金焕,毛家俊,陈中华. 同方位倾斜面上太阳辐射量及最佳倾角的计算. 上海交通大学学报,2002,36,129.

[48] 李洁. 共吸附剂在染料敏化太阳电池中的应用[D]. 中国科学院合肥物质科学研究院,2010.

第6章

聚合物太阳电池

聚合物太阳电池具有成本低、重量轻、制作工艺简单(可采用简易溶液旋涂、喷墨打印等方法加工)、可制备成大面积柔性器件等突出优点而备受关注。另外有机材料种类繁多、可设计性强,有希望通过材料设计和器件结构的优化来提高太阳电池的性能。一旦在电池光电转化效率和稳定性方面取得进一步突破,将极大地改进目前的能源结构,引发一场新的能源革命,其市场前景将十分巨大。

有机太阳电池的研究始于 1959 年,其结构为三明治夹心结构,单晶蒽夹在 2 个电极之间,器件的开路电压为 200 mV,转换效率仅有 0.1%左右[1]。1986 年邓青云报道以酞菁衍生物作为 p 型半导体、四羧基苝衍生物作为 n 型半导体的双层结构有机光伏器件,光电转换效率约为 1%,研究取得重大突破[2]。该研究首次引入电子给体(p 型)/电子受体(n 型)有机双层异质结的概念,并解释了电池效率高的原因是由于光致激子在双层异质结界面的光诱导解离效率较高。1992 年,Heeger 等发现用共轭聚合物作为电子给体和 C_{60} 作为电子受体体系,在光诱导下可发生超快电荷转移且该过程速率远远大于其逆向过程的速率[3]。在此基础上于 1993 年制备了以共轭聚合物聚对苯撑乙烯(PPV)衍生物为给体、C_{60} 为受体的双层异质结聚合物光伏器件[4],继而在 1995 年又发明了可溶液加工的共轭聚合物/可溶性 C_{60} 衍生物共混型“本体异质结”(Bulk Heterojunction)聚合物太阳电池[5]。本体异质结结构大大增加了给受体的接触界面,有效提高了激子的分离效率,使光电转换效率进一步提高,从而开辟了聚合物太阳电池的研究方向。

在过去的 20 多年里,聚合物太阳电池从电池给受体材料的设计合成到器件结构及界面的优化都取得了长足的进展,聚合物太阳电池的光电转换效率在实验室中已经超过 10%。根据模拟预测,当器件的能级结构、材料的带隙及迁移率都处于同时优化的器件中,本体异质结聚合物/富勒烯太阳电池的效率可到达 12%,叠层器件的效率可达 20%。

6.1 光伏材料制备技术

6.1.1 共轭聚合物光伏材料的性能要求和结构设计

聚合物给体材料的性能,如吸收光谱、禁带宽度(1.5 eV$\leqslant E_g \leqslant$2.0 eV)、分子能级

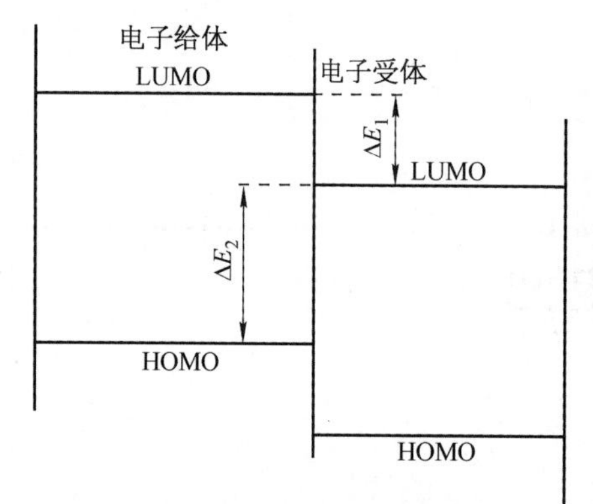

图 6－1 聚合物太阳电池中给受体电子能级示意图

(HOMO 能级、LUMO 能级)等都是影响电池效率的重要因素(图 6－1)。共轭聚合物给体材料在可见光区应具有宽光谱和强吸收(高吸光系数)、较低的 HOMO 能级、LUMO 能级与受体材料的 LUMO 能级相匹配($\Delta E_1 \geqslant 0.3$ eV)、高空穴迁移率(并且与 PCBM 共混后仍可保持高空穴迁移率)、高纯度、良好的溶解性能和易于加工性能、好的成膜性和高的热稳定性等[6]。宽而强的光吸收主要是为了使聚合物的吸收光谱与太阳光谱相匹配，提高太阳光的利用率；较低的 HOMO 能级是为了获得较高的开路电压($V_{oc} = |\text{HOMO}|_{\text{Donor}} - |\text{LUMO}|_{\text{Accept}} - 0.3$)；与受体的 LUMO 能级相匹配是为了给激子分离提供足够的驱动力；高空穴迁移率是为了提高光生空穴载流子的传输效率。研究表明具有较高光电性能的共轭聚合物给体材料包括 PPV 衍生物(主要为烷氧基取代 PPV)、聚噻吩衍生物(最具代表性的是结构规整的己基取代聚噻吩 P3HT)以及窄带隙 D－A 共聚物等。

6.1.1.1 吸收光谱

常见的共轭聚合物(如 MEH－PPV、P3HT)的吸收光谱的峰值均在 500～550 nm 之间，而太阳光子数在 500～800 nm 之间最丰富，为了更好地利用太阳光，特别是近红外光，常在聚合物共轭链支链上接上助色团(例如烷氧基，烷硫基，氨基等)可以使吸收光谱红移，而且接上助色团之后其吸收系数也可以得到提高。例如：烷基取代 BuEH－PPV 的吸收光谱峰值在 450 nm 左右，而烷氧基取代的 MEH－PPV 的吸收光谱峰值在 500 nm，增大有效共轭长度也是使吸收光谱红移的一个有效手段；聚噻吩类聚合物的吸收光谱受其 3 位取代基的影响十分明显，当其 3 位取代基为较大位阻的烷基链时，其主链扭曲严重，则吸收光谱蓝移，当 3 位取代基为小位阻的烷基链时，其有效共轭长度得到增加，表现为吸收光谱红移；另外，在聚合物共轭链上接推、拉电子官能团以增加 π 电子离域性也是红移吸收光谱的一个有效手段，许多窄带隙聚合物都是基于这种推拉电子原理设计的。

除了吸收峰需要与太阳光谱相匹配之外，聚合物的吸收峰宽度也应该尽可能地宽，这样才能吸收更多的太阳光。此外，由于活性层对光的吸收与其厚度成正比，并且由于共轭聚合物的迁移率比较低(比无机半导体低 3～5 个数量级)，通常采用比较薄的活性层以克服其迁移率低的缺点，这就要求作为活性层的材料应具有较高的吸收系数。例如：如果共轭聚合物材料薄膜的吸收系数为 5×10^{-3} nm^{-1}，用这种材料做成的活性层要达到把入射光吸收 90%的目的(即吸光度达到 1)，所需要膜厚仅为 200 nm；而如果这种材料的吸收系数达到 1×10^{-2} nm^{-1}，则需要膜厚为 100 nm 即可达到吸光度等于 1 的目的。目前的光伏材料设计中，最先得到重视的是吸收峰位置，其次是吸收峰宽度，而吸收系数的问题却还没有引起足够的重视。

吸光度的计算如下：

$$A = -\lg(1/T) = L \times \varepsilon \tag{6-1}$$

式中 A——吸光度；

T——透过率；

L——膜厚，单位为 nm；

ε——膜的吸收系数，单位为 nm^{-1}。

也就是说，一个理想的共轭聚合物光伏材料，其吸收光谱应该具备以下三个条件：

① 吸收峰位置尽可能地与太阳光谱匹配；

② 吸收峰宽度尽可能地宽；

③ 具有尽可能大的吸收系数。

6.1.1.2 载流子迁移率

共轭聚合物一般是作为电子给体出现在异质结型聚合物太阳电池中，因此，其空穴迁移率是影响光电转换效率的重要因素。考虑高迁移率的共轭聚合物材料设计，首先要考虑到聚合物主链结构的影响，例如：聚噻吩类材料的空穴迁移率可达 $10^{-3}\ cm^2 \cdot V^{-1} \cdot s^{-1}$，而 PPV 类材料的空穴迁移率为 $10^{-5} \sim 10^{-7}\ cm^2 \cdot V^{-1} \cdot s^{-1}$，显然在不考虑其他因素的情况下，前者更加适合用于光伏材料。其次聚合物主链结构的规整性对迁移率有显著影响，聚合物结构越规整，则越有可能形成有序结构，而有序结构对于提高迁移率十分重要。由于在共轭聚合物中载流子的移动是以跳跃的方式进行的，因此大的共轭平面结构可以增加共轭面的重叠，也有利于提高材料的迁移率。另外，将一维共轭的结构转变为二维或三维的共轭结构也有助于提高迁移率[7]。如图 6-2 所示的具有共轭桥联结构，当共轭桥比例达到 5%时可以使聚噻吩材料的迁移率提高 2 个数量级。虽然进一步增加共轭桥比例，其溶解度会受到影响，但这种结构提供了一种十分有效的改善迁移率途径。

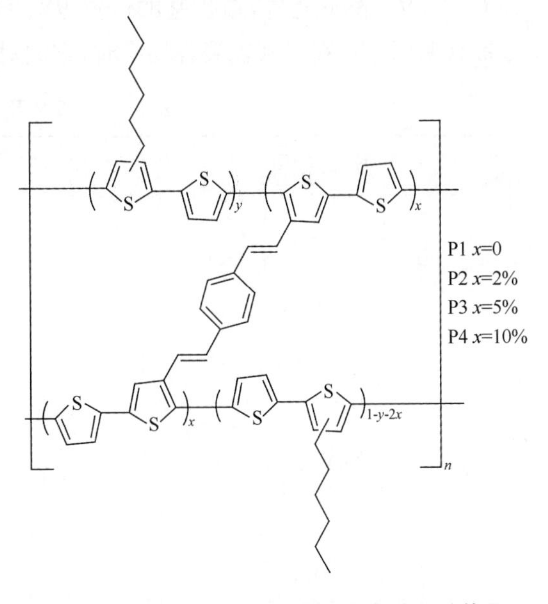

图 6-2 主链间含共轭桥的聚噻吩衍生物结构图

6.1.1.3 分子能级

分子能级的调节是太阳电池材料设计中不可忽视的部分。给、受体之间的能级匹配、给体与阳极之间的能级匹配、以及受体与阴极之间的能级匹配是异质结型聚合物太阳电池电荷分离、传输以及收集的重要影响因素，因此在这里详细讨论调节能级的方法。

共轭聚合物的分子能级考虑最多的是 HOMO 和 LUMO 能级。通常用循环伏安测定共轭聚合物的起始氧化和起始还原电势，从起始氧化电势和起始还原电势可计算得到 HOMO 和 LUMO 能级值。如以 Ag/Ag^+ 为参比电极测定材料的起始氧化和起始还原电

势分别是 φ_{ox} 和 φ_{red}，则聚合物的 HOMO 和 LUMO 能级可用如下公式计算[8]：

$$HOMO = -e(\varphi_{ox} + 4.71)\ (eV) \tag{6-2}$$

$$LUMO = -e(\varphi_{red} + 4.71)\ (eV) \tag{6-3}$$

$$E_g^{ec} = e(\varphi_{ox} - \varphi_{red})\ (eV) \tag{6-4}$$

到目前为止，还没有一个完善的理论来指导分子结构中能级设计的问题，但是通过已经报道的数据我们可以总结出一定的规律来指导聚合物能级设计。一般来说，与共轭链相连的推电子取代基会提高材料的给电子能力，即提高材料的 HOMO 能级；而拉电子取代基会增加材料的得电子能力，即降低材料的 LUMO 能级。推电子取代基提高 HOMO 能级的同时，往往伴随着 LUMO 能级的提高；而拉电子取代基降低 LUMO 的同时，往往伴随着 HOMO 能级的降低。表 6-1 列出了取代基对 PPV 衍生物电子能级的影响，被两个推电子取代基(甲氧基)取代的聚合物 2 的 HOMO 能级较之取代前的聚合物 1 提高了 0.32 eV，同时 LUMO 升高了 0.08 eV，很明显甲氧基取代导致了 HOMO 的提高；由拉电子氰基取代的聚合物 3 的 LUMO 能级较聚合物 1 降低了 0.37 eV，同时其 HOMO 降低了 0.22 eV。除此之外，取代基的位置也对 HOMO 和 LUMO 有不同的作用，当推、拉电子取代基同时存在于共轭聚合物中时，它们对聚合物的能级影响是综合的。

表 6-1　PPV 及其衍生物的能级

PPV 及其衍生物	E_g(eV)	HOMO(eV)	LUMO(eV)
1 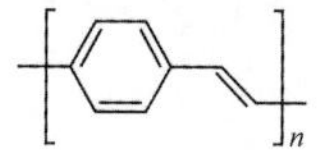	2.32	−5.05	−2.73
2 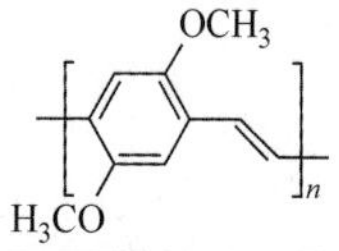 (OCH_3, H_3CO)	2.07	−4.72	−2.65
3 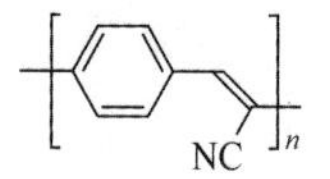 (NC)	2.17	−5.27	−3.10
4 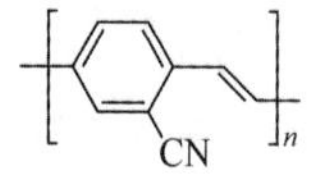 (CN)	2.24	−5.15	−2.91
5 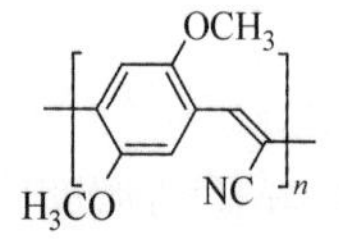 (OCH_3, H_3CO, NC)	1.97	−5.12	−3.15
6 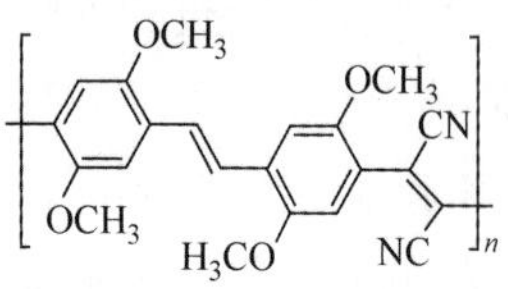 (OCH_3, OCH_3, CN, OCH_3, H_3CO, NC)	1.74	−5.08	−3.34

6.1.1.4 其他方面考虑

作为太阳电池的活性层材料，设计聚合物时还要考虑到材料的稳定性、溶解性、与受体材料的相容性、材料提纯是否存在困难、以及与活泼金属电极材料间是否存在反应等问题。这些问题对于聚合物光伏材料结构设计来说都是不可忽视的，而且它们之间是相互影响的，要设计出一个适合太阳电池应用的材料必须综合考虑以上问题。

6.1.2 聚噻吩合成方法

聚噻吩，尤其是聚(3-己基噻吩)(P3HT)是最具代表性的共轭聚合物给体光伏材料，并且近年来发展的窄带隙D-A共聚物光伏材料一般也都有噻吩结构单元，因此了解聚噻吩的合成方法对于聚合物光伏材料的合成非常重要。近几十年来，聚噻吩合成的研究取得了长足的进展，下面对一些最常用的合成聚噻吩方法进行介绍，其中Stille和Suzuki偶联反应也是合成其他共轭聚合物常用的合成方法。

6.1.2.1 聚噻吩的规整性

区域规整性是聚噻吩合成中的一个十分重要的概念，许多关于聚噻吩的合成都与此概念相关，因此，在这里有必要对这一概念进行简要的介绍。通常来说，噻吩的聚合反应是发生在噻吩的2-,5-位上。因此，对于单取代聚噻吩或者是带有两个不同取代基的聚噻吩而言，存在四种不同的连接方式。以聚3-烷基噻吩(P3ATs)为例，如图6-3所示，如果将2-位看作聚噻吩单元的“头”(head，简称H)，将5-位看作噻吩单元的“尾”(tail，简称T)，在整个聚合物链中则存在四种联接方式，即HT-HT、HT-HH、TT-HT和TT-HH。一般将聚合物中具有HT-HT结构的单元所占的比例看作聚噻吩的规整度(regioregularity)。具有规整结构的聚噻吩由于重复单元之间的空间位阻比较小，容易得到更好的平面性，其有效共轭长度与非规整的聚噻吩相比有明显提高，因而具有更高的迁移率。从而对规整性的要求是合成聚噻吩光伏材料的一个重要方面。

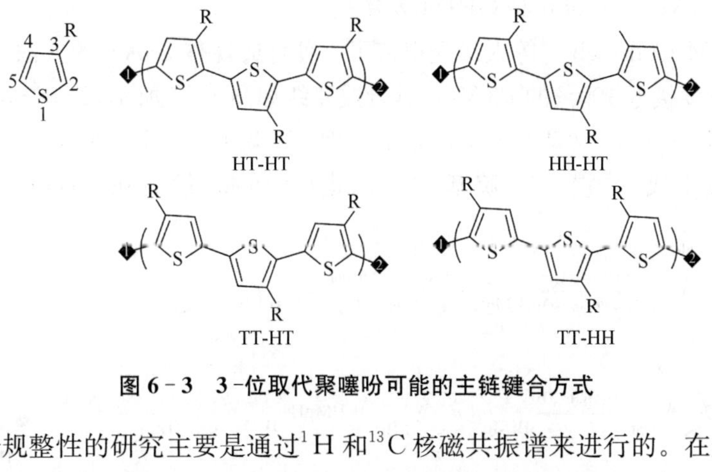

HT-HT HH-HT TT-HT TT-HH

图6-3 3-位取代聚噻吩可能的主链键合方式

对聚噻吩规整性的研究主要是通过^{1}H和^{13}C核磁共振谱来进行的。在规整的P3AT中(规整度约为100%)，噻吩环4-位上的质子在核磁共振中只有一个峰，其化学位移$\delta=6.98\times10^{-6}$；在TT-HT的噻吩环上，其4-位质子的化学位移为$\delta=7.00\times10^{-6}$；在HH-

TT 的噻吩环上，其 4 -位质子的化学位移为 $\delta=7.05\times10^{-6}$；在 HT - HH 的噻吩环上，其 4 -位质子的化学位移为 $\delta=7.02\times10^{-6}$。通过这四个不同化学位移的质子的积分面积就可以判断 P3AT 的规整度。在 ^{13}CNMR 谱中，规整的 P3AT 在芳香区只有四个峰($\delta=$ 128.5,130.5,134.0 和 140.0×10^{-6})，而非区域规整的 P3AT 在芳香区域表现出多个峰，因此，聚噻吩的规整性也可以通过 ^{13}C 的核磁共振谱来测定。

6.1.2.2 化学氧化法

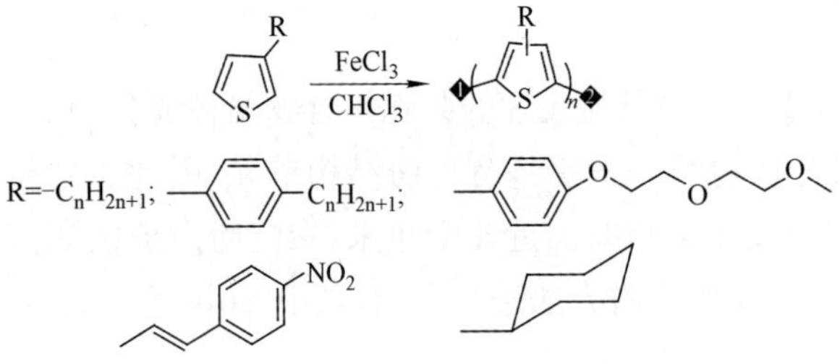

图 6-4 由 $FeCl_3$ 氧化法制备聚噻吩衍生物

许多聚噻吩衍生物都可以通过化学氧化法制备[9](见图 6-4)。将噻吩或其衍生物单体溶解到干燥的氯仿中，将三氯化铁的氯仿溶液缓缓加入到体系中，该聚合反应一般在常温下进行，反应时间约 4～12 h，并视不同单体有所不同。在这个反应中，五氯化钼和三氯化钌也可以作为氧化剂使用。通过氧化法制备的 P3AT 的分子量一般在 3～30 万之间，其聚合分散度在 1.5～5.0 之间，聚合物的规整性在 70%左右。随单体结构的不同，氧化聚合所得到的聚噻吩规整性有很大区别，氧化聚合的聚 3 -苯基噻吩的规整度可以达到 90%～95%之间。

当前氧化聚合面临的主要问题是重复性差，如 Pomerantz 等人所报道，通过三氯化铁氧化聚合制备聚 3 -辛基噻吩时，在同样的条件下重复五次，所得到的结果有很明显的差异。这五次反应所得到的聚合物的分子量范围在 5～12 万之间，而分散度在 1.6～2.7 之间。另外，通过同一种方法制备的聚合物的杂质含量也相差很大，其铁含量在 9.6%～0.15%之间。这种重复性差异是限制氧化法应用的主要原因，但是，由于此方法具有简单、直接和易操作等优势，该方法也是应用较多的方法之一。

6.1.2.3 McCullough 和 GRIM 方法

1992 年，McCullough[10] 等人最先报道了一种合成规整 P3AT 的方法，通过这种方法可以制备规整度接近 100%的 P3AT。其合成路线如图 6-5 所示，2 -溴- 3 -烷基-噻吩用 LDA 在低温下(−78℃)处理之后，生成的 2 -溴- 3 -烷基- 5 -锂-噻吩不经过分离就直接与溴化镁反应生成 2 -溴- 3 -烷基- 5 -溴化镁-噻吩，然后在 Ni(dppp)Cl_2(dppp=

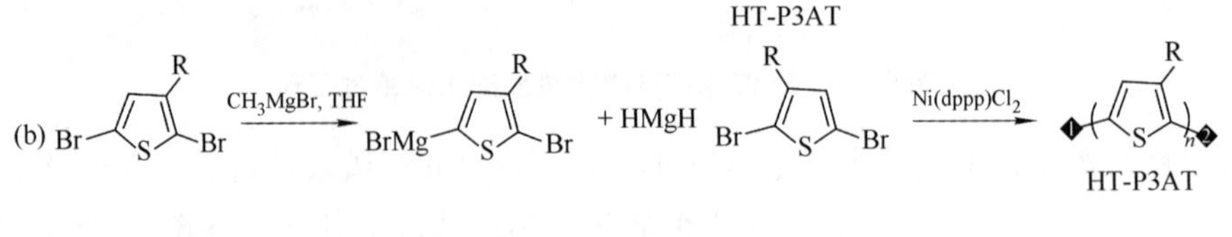

图 6-5 McCullough 法和 GRIM 法合成 HT - P3AT 的合成路线

(a) McCullough 法；(b) GRIM 法

diphenylhosphinopropane)的催化下发生偶联反应得到区域规整的聚噻吩,制备的 P3AT 分子量在 2～4 万之间,分散度约为 1.4。

近年来一种改良的类似方法开始应用于规整聚噻吩的合成,实验中采用 2,5-二溴-3-烷基噻吩直接与烷基格氏试剂发生交换反应后得到两种同分异构体的混合物,然后在 Ni(dppp)Cl_2 的催化下聚合得到区域规整的 P3AT,这种方法被简称为 GRIM 法[11]。研究表明,虽然交换反应后两种同分异构体的混合物比例为 85∶15,但是由于催化剂的立体选择性,还是可以得到区域规整性接近 100%的聚合物。这种改良后的方法避免了低温条件以及繁琐的步骤,而且聚合物产率较高(可以达到 78%),所以 GRIM 法逐渐取代 McCullough 方法而成为一种常用的用于制备区域规整聚噻吩的方法。应该注意的是,由于这两种方法中均涉及到活泼格氏试剂,所以一些可以和格氏试剂发生反应的官能团不能在单体中出现。

6.1.2.4 Reike 方法

Reike 方法[12]类似于 McCullough 和 GRIM 法,也是用于制备区域规整聚噻吩的一种方法。Reike 方法的原理和反应步骤与 McCullough 和 GRIM 方法类似,采用有机锌试剂取代有机镁试剂有三种重要的实现方式,分别如图 6-6 所示。通过这种方法制备的聚噻吩的区域规整性和分子量等性能也与 GRIM 法类似。但是,由于有机锌试剂对官能团的容忍度比有机镁试剂好,因此,一些具有不能通过 GRIM 法制备的官能团(如硝基、氰基等)的聚噻吩可以用 Reike 法聚合。

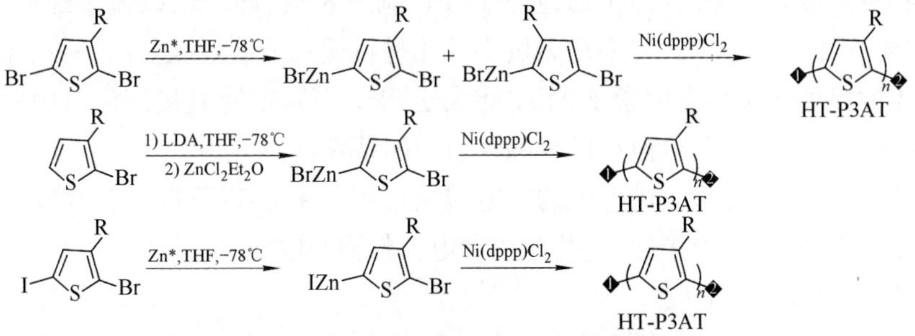

图 6-6 Reike 法制备 HT-P3AT 的合成路线

6.1.2.5 Stille 和 Suzuki 偶联反应

Stille[13]和 Suzuki[14]偶联反应是两种最重要、最普遍使用的共轭聚合物合成方法,也是制备规整聚噻吩的重要方法。如图 6-7 所示,与 GRIM 法和 Reike 法不同的是,Stille 和 Suzuki 法聚合时所用到的中间体可以分离和提纯,而且由于这两种方法所涉及的中间体分别为有机锡和有机硼酸酯,因此它们对官能团的容忍度很高,几乎所有的官能团均可以在聚合反应中存在。由于中间体可以分离并提纯,为制备具有不同官能团的共聚物创造条件。中间体均采用与上述 McCullough 法中有机镁中间体类似的方法制备。采用催化剂 Pd(PPh_3)$_4$的 Stille 反应和催化剂 Pd(OAc)$_2$的 Suzuki 反应所制备的 P3AT 规整度接近 100%,分子量在 4～6 万之间,分散度在 1.5～2.0 之间。

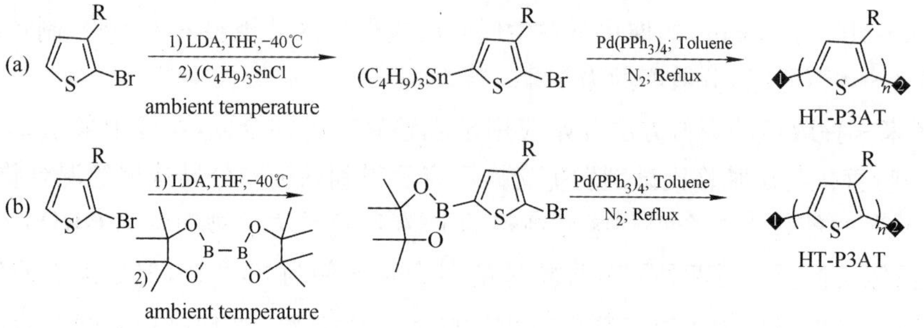

图 6-7 Stille 偶联和 Suzuki 偶联制备 HT-P3AT 的合成路线

(a) Stille 偶联；(b) Suzuki 偶联

6.2 聚合物太阳电池工作原理与结构

6.2.1 聚合物太阳电池的基本原理

聚合物太阳电池一般由共轭聚合物给体和富勒烯衍生物受体的共混活性层夹在透明导电阳极和低功函金属阴极之间所组成。其活性层厚度一般只有 100～200 nm，是一类新型薄膜太阳电池器件。

共轭聚合物给体和富勒烯受体都属于有机半导体，与无机半导体材料相比，有机半导体材料的特点是吸收系数高，易于通过分子设计调节其吸收光谱、载流子迁移率等性能。但是，有机半导体的载流子迁移率比无机半导体材料低几个数量级，并且有机半导体吸收光子后产生的是处于束缚态的激子(束缚能大于 0.3 eV)，不能直接产生自由的电子和空穴，这就决定了聚合物太阳电池在结构和性质上的特殊性。

一般认为有机/聚合物太阳电池的光电转换过程[15]包括以下四个步骤(图 6-8)：吸收入射光子产生激子、激子扩散、电荷分离和电荷传输与收集。

1) 光吸收与激子的形成

与传统的无机太阳电池直接产生可自由移动的电子和空穴不同，共轭聚合物吸收一定能量的光子后，就会激发一个电子从最高分子占有轨道(HOMO)跃迁到最低分子空轨道(LUMO)，而在 HOMO 处留出空位，这一空位被称为空穴，空穴带有正电荷。由于有机聚合物具有较小的介电常数、分子间相互作用力较弱，受入射光子激发而形成的电子和空穴则会以具有较强束缚能的电子-空穴对，即以激子的形式存在。有机半导体的激子束缚能大小在 0.1～1.0 eV 区间均有报道，一般认为在 0.3～0.5 eV 之间。激子的主要类型有以下几种：

① Frenkel 激子，电子空穴被不多于一个分子所限制(吸引)。

② Mott-Wannier 激子，电子空穴之间的距离比分子之间的距离大很多，它们的能级与氢相似。

③ 电荷传输激子(charge transfer exciton)，这种激子仅分布于几个相邻的分子之间。

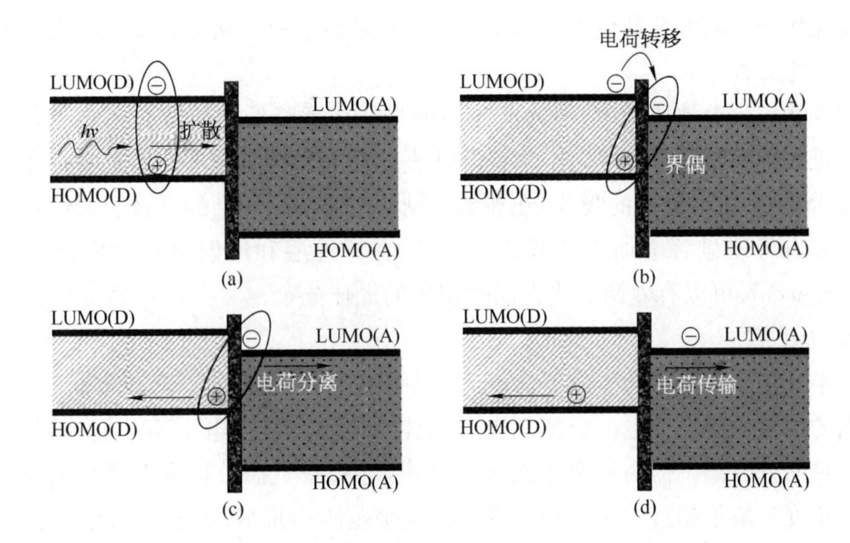

图6-8　聚合物太阳电池的光电转换过程

(a) 吸收入射光子产生激子；(b) 激子扩散至给受体界面；
(c) 激子分离成自由载流子；(d) 电荷传输与收集

④ 链间激子(inter-chain exciton)，在聚合物半导体中，这种激子其正负电荷被定域于不同聚合物链上。它被看作是电荷传输激子。

⑤ 链内激子(intra-chain exciton)在聚合物半导体中，这种激子表示其正负电荷被定域于同一聚合物链上，一般认为，共轭聚合物被光激发后，主要产生的是链内激子。

在大多数有机/聚合物器件中，只有一部分入射光能被器件吸收，这是因为：

(1) 半导体的能隙太高

当太阳光透过透明电极ITO照射到器件活性层上时，不是所有的光子都能被活性层光伏材料吸收，只有光子能量位于材料的吸收谱带内时，光子才能被材料吸收，激发电子从聚合物的HOMO跃迁到LUMO，同时在HOMO轨道留下空穴，从而形成激子。从太阳能在地球表面上的辐照图(图6-9)可以得知，太阳能到达地球表面的能量主要集中在400～1 100 nm范围内，能隙宽度为1.1 eV(1 100 nm)的半导体可以吸收地面上77%的太阳辐射；而多数的聚合物的能隙大于1.8 eV，其吸收光谱均不能与太阳光谱很好的匹配，这大大限制了器件的光吸收效率。因此，降低聚合物的带隙是提高和拓宽吸收的有效途径。

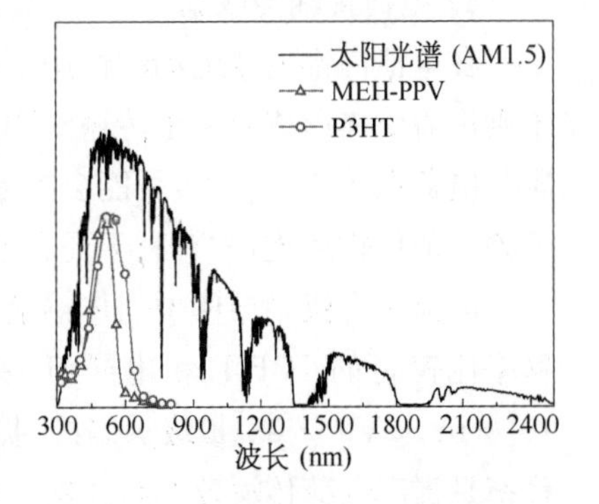

图6-9　地球表面太阳光谱辐照以及典型聚合物MEH-PPV和P3HT的吸收光谱

(2) 活性层厚度不够

虽然增加活性层的厚度可提高光吸收效率，但由于有机材料中电荷载流子迁移率较低，增加厚度往往会导致载流子传输效率和器件填充因子的下降。有机太阳电池活性层最佳厚度一般只有100 nm左右，这使得位于吸收光谱范围内的光子也不能全部被吸收。提高光伏材料的电荷载流子迁移率可以增加活性层厚度从而提高光吸收效率。

(3) 光的反射

在聚合物太阳电池研究中，由光的反射所造成效率降低的研究报道不是很多。这可以借鉴无机太阳电池减反技术，比如在ITO表面用金纳米粒子修饰，光照时在金的表明产生等离激元，可以增加光的吸收；在玻璃上制备1/4波长厚度的增透层，然后制备ITO，用这种衬底也可以显著增加光的吸收。此外，在活性层和反射电极之间插入光学隔层(Optical Spacer)，可以有效调节光在活性层中的最佳分布。

2) 激子扩散

有机半导体吸收光子产生的是激子，即束缚的电子-空穴对。激子要扩散到电子给/受体界面的位置才能发生电荷分离。电子给体与电子受体的电子亲和能差别越大，越有利于激子界面处分离。但由于激子的寿命很短，导致激子扩散长度有限。激子在聚合物中的扩散长度一般不超过5～20 nm，只有在这个范围内形成的激子才能到达给/受体界面。一般来说，距离界面10 nm以外的激子最终会重新复合或是通过热过程衰退，这些过程对光电转换没有贡献，会造成能量的损失。

3) 电荷分离

聚合物给体中通过扩散到达给体/受体界面处的激子，将电子转移到受体的LUMO能级上，空穴留在聚合物给体的HOMO能级上；同样地，富勒烯受体中扩散到界面的激子，会将空穴转移到聚合物给体的HOMO能级上，电子则保留在受体的LUMO能级上，从而实现光生电荷分离。分离后的电子和空穴在内建电场或是外加电场力的作用下，会产生定向的运动，从而使两种载流子分开和向两个电极传输。

界面上激子电荷分离的效率与激子束缚能以及给体和受体的能级差大小密切相关。前已述及，有机半导体中激子束缚能一般为0.3～0.5 eV，给体和受体能级之差是使激子发生电荷分离的驱动力。给体和受体的LUMO能级之差需要大于聚合物给体中激子的束缚能、给体和受体的HOMO能级之差需要大于富勒烯受体中激子的束缚能，才能保证界面上有高的激子电荷分离效率。

4) 电荷传输与收集

在电池内部内建电场的作用下，被解离的空穴沿着给体形成的通道传输到阳极，而电子则沿着受体形成的通道传输到阴极。电子和空穴在被相应的电极收集以后产生光伏效应。电荷在传输过程中，可能会重新复合。这就要求在活性层中尽可能地形成空穴与电子独立的传输通道，才有利于提高电荷传输到电极的效率。

电荷在有机半导体中的传输是以跳跃方式进行的，迁移率一般比较低，即使是空穴迁移率比较高的P3HT和电子迁移率比较高的PCBM，其电荷载流子迁移率也只有$10^{-3} cm^2 \cdot V^{-1} \cdot s^{-1}$量级。因此，提高给体材料中的空穴迁移率和受体材料中的电子迁移率是提高电荷传输效率的关键。此外，通过调控活性层中给受体双连续相的尺寸和形貌也可以显著提高电荷的传输效率，表现在器件中就是填充因子(*FF*)的显著提高。目前通用的调控形貌的方法主要有溶剂退火、热退火、高沸点添加剂等。

正、负电荷传输到电极处并被电极收集才能形成光电流和光电压。因而电荷的收集效率也是影响光伏器件光电转换效率的关键因素。主要影响电荷收集的因素是电极处的势垒，要求阳极要有高的功函，阴极要有低的功函，这样有利于空穴和电子的收集。同时，电极功函之差越大形成的内建电场也越大，这也有利于电荷的传输过程。另外，活性层与电极界面间的欧姆接触对于提高电荷收集效率也非常重要。

图6-10给出了聚合物太阳电池中激子产生、扩散、电荷分离、电荷传输、电荷收集过程，以及可能存在的激子和电荷损失机理。损失主要有光反射和透射造成的入射光的损失，激子在产生以及迁移过程中的复合损失，电子在迁移过程中的复合以及在电极附近的淬灭损失等。要提高光电转换效率，我们需要提高激子产生、扩散、电荷分离、电荷传输和电荷收集的效率，同时尽量降低激子和电荷传输过程的复合和损失。

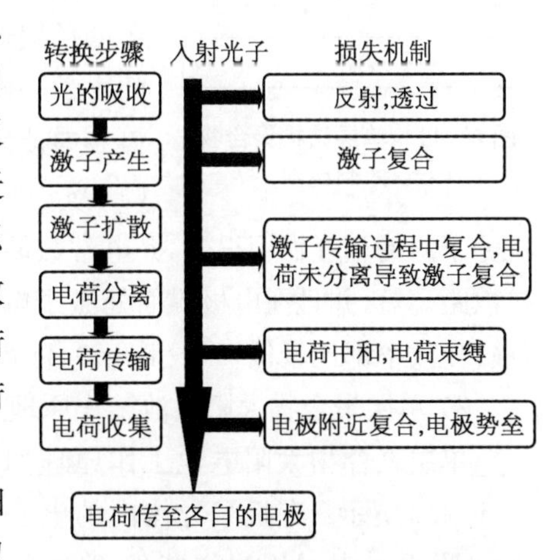

图6-10 聚合物太阳电池光电转换过程和入射光子损失机理

由于共轭聚合物材料自身的限制，与无机太阳电池相比，聚合物太阳电池在转换效率、稳定性以及光谱响应范围上都有待提高，主要体现在：

① 共轭聚合物大多为无定形材料，分子链间的作用力比较弱，导致光生载流子的迁移率比较低，一般在 $10^{-7} \sim 10^{-3}$ $cm^2 \cdot V^{-1} \cdot s^{-1}$之间；

② 共轭聚合物材料的带隙 E_g 较大，一般大于1.6 eV，这就导致太阳光利用率较低；

③ 聚合物材料中吸收光子后产生的是具有较大束缚能的激子，而不像无机半导体晶体那样可以直接产生电子和空穴，激子要达到给体/受体界面才能分离成电子和空穴，并且分离的电子和空穴在传输过程中还会发生复合，因而一般聚合物中载流子的传输效率也比较低。

为了提高光电转换效率，必须注意以下几个方面：

① 在聚合物太阳电池的光活性层中，选择合适的给体和受体材料，使之尽可能多的吸收入射光。这要求材料具有宽和强的可见-近红外吸收；

② 活性层要能形成纳米尺度相分离的给体/受体互穿网络结构，并尽可能提高给体的空穴迁移率和受体材料的电子迁移率，提高载流子的传输效率；

③ 选择合适的阴阳电极材料和电极修饰层材料，使之能够与活性层形成欧姆接触，提高电荷的收集效率。

6.2.2 聚合物太阳电池的结构

6.2.2.1 单层聚合物太阳电池

1）单层聚合物太阳电池结构

1958年 Kearns 和 Calvin 制备了基于酞菁镁(MgPc)染料的有机光电转化器件，染料层夹在两个功函不同的电极之间，实验获得 200 mV 的开路电压，但是光电转换效率非常低。在此后二十多年，有机太阳电池研究进展不大，所有报道的器件结构都类似于 1958 年版，只不过是在两个功函不同的电极间尝试各种有机半导体材料。

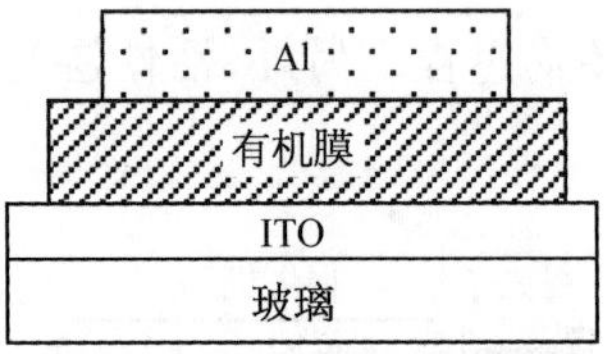

Al
有机膜
ITO
玻璃

图 6－11　单层结构聚合物太阳电池

最早出现的聚合物太阳电池是用聚对苯撑乙烯(PPV)制备的单层器件，其器件结构如图 6－11 所示，是在两个电极之间夹着一层聚合物有机半导体材料形成的“三明治”结构。阳极一般使用透明的 ITO 电极，阴极使用低功函金属(如 Al、Ca、Mg 等)。单层器件结构的优点是简单，易制备。但是有机分子间的相互作用很弱，介电常数低(2～4，无机材料为 10 左右)、激子束缚能大、激子扩散距离短，并且在电极界面处激子电荷分离的效率也比较低。所以这种器件结构的能量转化效率都比较低，一般低于 0.1%。

2) 单层聚合物太阳电池工作原理

单层聚合物太阳电池工作原理如图 6－12 所示：有机半导体内的电子在光照下被从 HOMO 能级激发到 LUMO 能级，产生激子(电子-空穴对)。激子扩散到电极界面，在阴极界面处激子中的电子被阴极所收集，空穴留在聚合物的 HOMO 能级上，并在内建电场作用下向阳极扩散并被阳极所收集；在阳极界面处激子中的空穴被阳极所收集，电子留在聚合物的 LUMO 能级上，并在内建电场作用下向阴极扩散并被阴极所收集，从而形成光电流和光电压。有机半导体膜与两个不同功函的电极接触时，会在电极界面处形成不同的肖特基势垒。这是光致电荷能定向传递的基础。因而此种结构的电池通常被称为“肖特基型有机太阳电池”。在这种电池结构中，使激子分离的内建电场来源于金属电极的功函差别或金属与有机材料接触形成的肖特基势垒。由于单层电池的激子电荷分离效率低和电荷传输效率低，导致电池的光电转换效率一般很低。

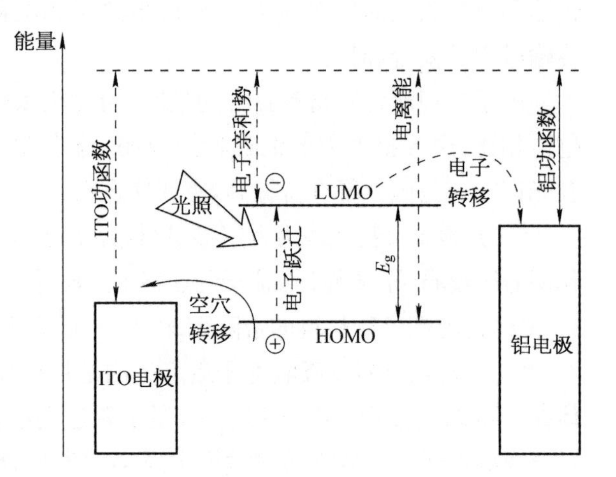

图 6－12　单层聚合物太阳电池的工作原理

6.2.2.2　双层结构聚合物太阳电池(pn 异质结结构)

1) 双层聚合物太阳电池结构

对于肖特基型电池来说，激子分离效率一般很低。光激发形成的激子，只有在肖特基结的扩散层内，依靠结区的电场作用才能得到分离。其他位置上形成的激子，必须先移动到扩散层内才有可能分离成对光电流有贡献的载流子。但是有机物内激子的迁移距离相当有限，通常小于 10 nm。所以单一有机半导体器件的活性层中吸收光子产生的激子，大多数到达界面之前就复合掉了，因而对光电转换没有贡献。

双层给体/受体异质结的引入是有机太阳电池的一个重要突破。器件的活性层由有机电子给体层和有机电子受体层组成，在给体/受体层之间形成可使激子高效电荷分离的异质结，在某种程度上是效仿了无机太阳电池中的pn结的概念。这类器件除可以提高激子电荷分离效率外，还可以通过选择合适的给体受体材料，拓展器件在可见光范围内的吸收，提高光生载流子产生的数量和效率。

图6-13给出一个典型的给体-受体异质太阳电池的结构。该结构的特点是活性层中包含着电子给体(Donor，D)层和电子受体(Acceptor，A)层。其优点是在D/A异质结处，激子的电荷分离效率几乎可以达到100%，远高于在单层器件活性层/电极界面肖特基结上的电荷分离效率。另外，双层器件电极上的载流子收集效率也比单层器件大大提高。1986年邓青云博士(C. W. Tang)首次报道了以酞菁铜作为p型半导体(给体)、四羧基苝的衍生物作为n型半导体(受体)的双层结构有机光伏器件，效率接近1%[2]。

1992年，Heeger等发现，受光照激发后的电子能超快地从聚合物聚(2-甲氧基，5-(2-乙基-乙氧基)-对苯撑乙烯)(MEH-PPV)转移到C_{60}分子，而反向的过程却要慢得多。也就是说，MEH-PPV与C_{60}的界面上，激子可以以很高的速率实现电荷分离，而且分离之后的电荷却不容易在界面上复合。研究人员将这种现象称为“超快光诱导电荷转移现象”[3]。基于这一现象，他们制备了第一个基于MEH-PPV为给体、C_{60}为受体的双层异质结结构太阳电池[4]。

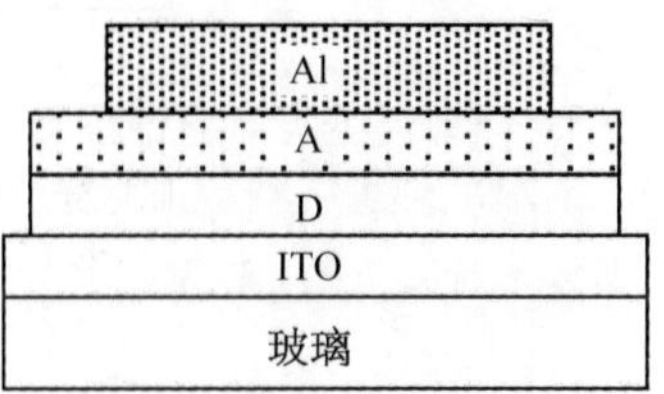

图6-13　双层结构聚合物太阳电池

2）双层聚合物太阳电池工作原理

在双层给体(D)/受体(A)异质结器件结构中，给体沉积在高功函ITO电极上，接着在给体层上沉积受体层，最后在受体层上沉积低功函金属电极(器件结构见图6-14)。图

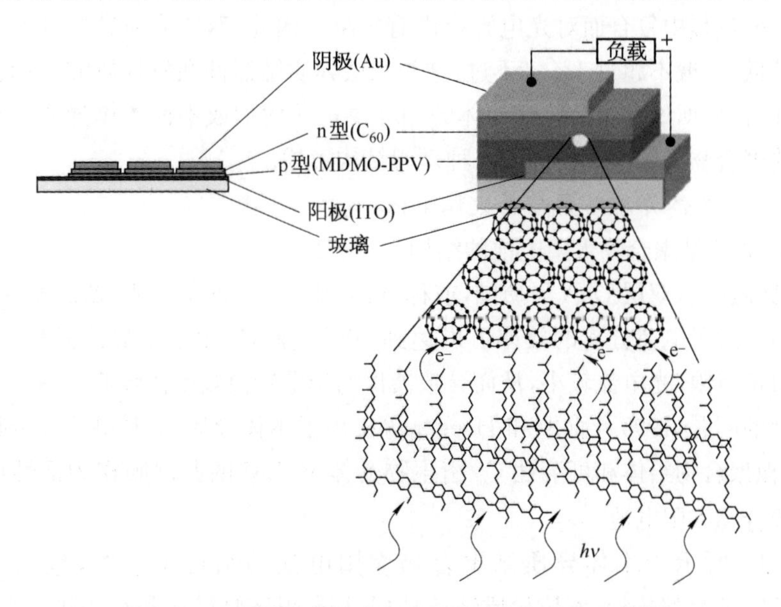

图6-14　双层结构聚合物太阳电池内部结构示意图

6-15所示为D/A异质结聚合物太阳电池中的电子转移过程。给体层或者受体层受到光的激发,HOMO能级上的一个电子跃迁到LUMO能级上,生成激子(电子-空穴对)。激子扩散到D/A界面处,然后给体中的激子在给体和受体LUMO能级差的驱动下,电子从给体转移到受体的LUMO能级上,空穴保留在给体的HOMO能级上,从而实现光生激子的电荷分离。同样,受体中的激子在给体和受体HOMO能级差的驱动下,空穴从受体转移到给体的HOMO能级上,电子保留在受体的LUMO能级上,从而实现光生激子的电荷分离。激子分离后所产生的电子和空穴在器件内建电场(主要由器件阴阳电极功函之差和受体LUMO和给体HOMO之差所决定)的作用下,电子沿受体向阴极移动、空穴沿给体向阳极移动,并分别被阴极和阳极收集形成光电流和光电压,从而产生光伏效应。

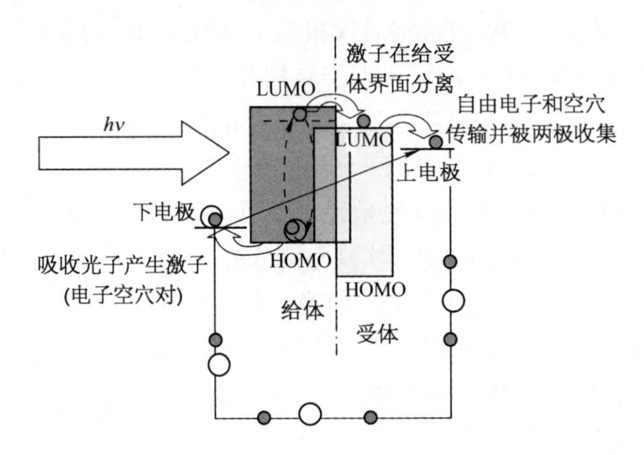

图6-15 双层结构聚合物太阳电池中的电子转移过程

双层结构的器件在界面处激子电荷分离的效率很高,但双层膜结构所能提供的界面面积非常有限。并且激子的扩散距离仅有10 nm左右,距离界面超过10 nm处产生的激子将会在扩散过程中复合而对光电转换没有贡献。因此,双层异质结器件的光电转换效率仍然比较低,一般不超过1%。不过,这类双层异质结器件在机理研究方面仍有应用的价值。另外,在界面处发生给体和受体的相互渗透从而形成平面本体异质结集成结构也是制备高效聚合物太阳电池器件的一种理想结构形式。

6.2.2.3 本体异质结聚合物太阳电池

1) 本体异质结聚合物太阳电池的结构

上面已经述及,双层D/A异质结(或称pn异质结、平面异质结)光伏器件中,在D/A异质结界面处激子电荷分离的效率可以达到100%,但是,由于受界面面积的限制,产生的载流子数量有限,光电流较小,从而导致器件的光电转换效率比较低。为了克服激子扩散长度限制的问题,1995年俞刚和Heeger等提出了本体异质结(Bulk-heterojunction)的概念,把共轭聚合物给体和可溶性C_{60}衍生物受体PCBM的共混膜作为活性层制备了本体异质结聚合物太阳电池[5]。

图6-16所示为本体异质结聚合物太阳电池的结构示意图,包括ITO阳极、PEDOT:PSS阳极修饰层、本体异质结活性层、LiF阴极修饰层和铝阴极。在此结构中,

给体和受体材料紧密接触相互渗透形成互穿网络状连续结构。这种结构的最大优点是增大了给体/受体材料的接触面积(见图 6-17 的界面比较)。本体异质结结构的活性层中，大多数激子在扩散长度内都能到达给体/受体界面并在那里发生电荷分离，从而大大提高了激子的分离效率。在给体/受体界面上分离形成的正负电荷可以分别在各自的连续相中传输到达各自对应的收集电极，被电极收集后在外电路形成光电流。这种结构解决了有机半导体材料中激子扩散距离短的问题，能获得较高的光电流。目前，本体异质结结构已成为聚合物太阳电池的主流。如无特别说明，一般聚合物太阳电池都是采用这种本体异质结结构。

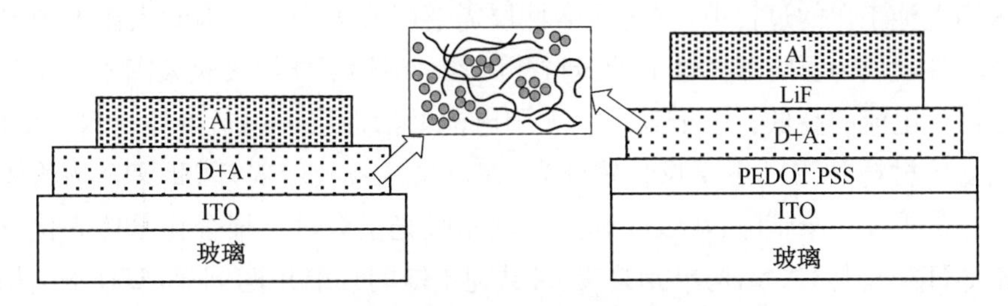

图 6-16　本体异质结聚合物太阳电池

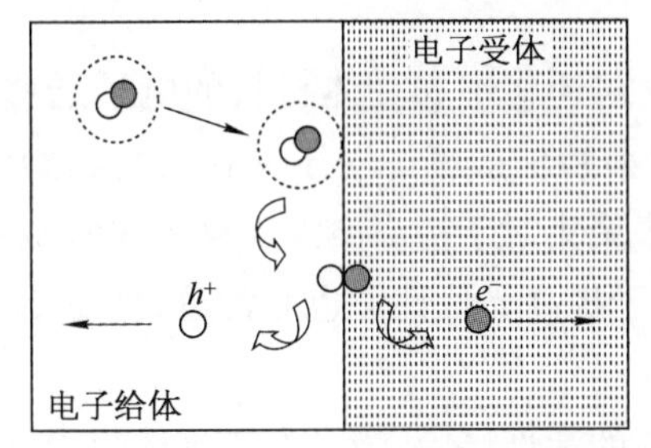

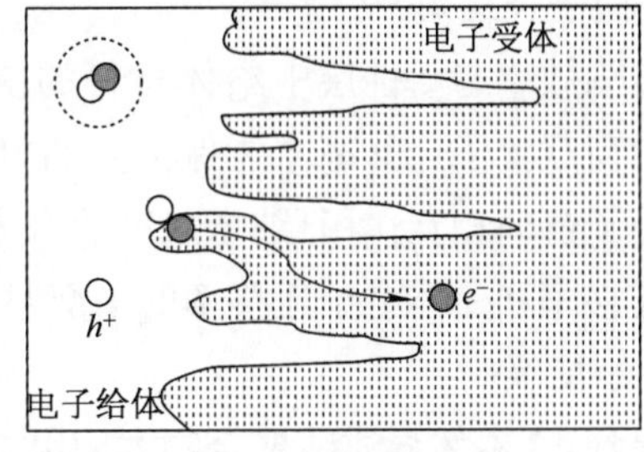

图 6-17　平面异质结和本体异质结电池的结构和形貌的比较

本体异质结可通过将 D 和 A 按照一定的比例混合、溶解于同一种溶剂中后，然后通过溶液加工(旋涂、打印等方式)大面积制备活性层，而避免了具有高成本的真空蒸镀过程，这很大程度上也简化了器件的制备过程。

2) 本体异质结聚合物太阳电池工作机理及性能的影响因素

在本体异质结太阳电池中光电转换的物理过程如图 6-18 所示(这与 D/A 双层异质结器件的光电转换机理类似)：首先入射光子被活性层给体和受体材料吸收产生激子(束缚态的电子-空穴对)。这些激子扩散到给受体的界面处后，在给受体电子能级差

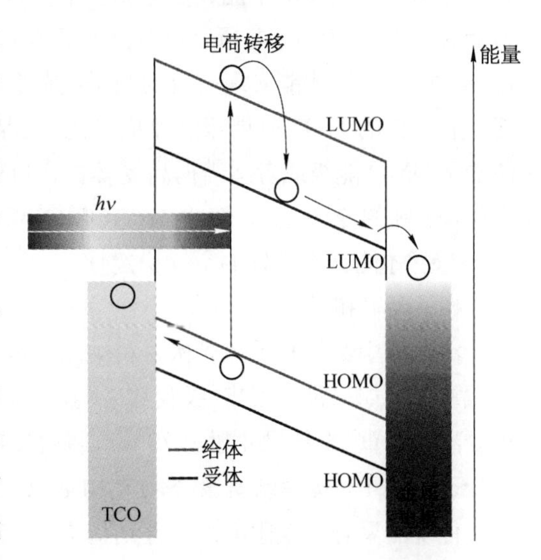

图 6-18　本体异质结太阳电池的光诱导电荷转移过程

的驱动下，激子发生电荷分离产生受体LUMO能级上的电子和给体HOMO能级上的空穴(给体中的激子将电子转移到受体的LUMO能级上、空穴保留在给体的HOMO能级上；受体中的激子将空穴转移到给体的HOMO能级上、电子保留在受体的LUMO能级上)。分离后的电子和空穴在器件内建电场的作用下在活性层中分别沿受体和给体传输到阴极和阳极并被两电极所收集形成光电流和光电压。根据这一工作机理，可以从以下几个方面讨论影响本体异质结聚合物太阳电池效率的因素。

(1) 光吸收

在太阳电池工作的过程中，首先是活性层需要吸收太阳光。因此太阳电池光伏材料的光吸收特性就成为影响器件性能的最重要因素。活性层能够吸收太阳光光子的多少也直接决定器件电流的高低。由于聚合物太阳电池的活性层中包括给体材料和受体材料，并且常用受体材料PCBM主要吸收紫外光，在可见区吸收较弱，因此聚合物给体材料的吸收光谱非常重要。窄带隙、宽吸收和高的摩尔吸光系数对于聚合物给体光伏材料非常重要。给体(D)-受体(A)结构单元共聚、带共轭支链的二维共轭、平面型分子结构等都是改善聚合物给体材料吸收性能的有效途径。

(2) 载流子迁移率

电荷传输效率与活性层中给体材料的空穴迁移率和受体材料的电子迁移率密切相关。高的电荷载流子迁移率才能保证高的电荷传输效率。对于共轭聚合物给体材料，增强聚合物分子链间相互作用，纳米尺度的有序聚集对于提高空穴迁移率非常重要。另外，给体空穴迁移率和受体电子迁移率的平衡对于提高光伏性能也非常重要。

(3) 电子能级

前面提到，在本体异质结聚合物太阳电池的活性层中，激子在给受体界面上的电荷分离是在给体和受体电子能级之差驱动下实现的。由于激子是束缚态的电子-空穴对，其束缚能大约0.3～0.5 eV，所以，给体的LUMO和HOMO能级应该高于受体的对应能级超过0.3～0.5 eV才能实现高效的激子电荷分离。另外，器件的开路电压与受体的LUMO能级和给体的HOMO能级之差成正比，在保证激子高效电荷分离的前提下，适当降低给体的HOMO能级或者适当提高受体的LUMO能级可以提高器件的开路电压。另外一方面，材料的空气稳定性也与HOMO能级相关，给体材料的HOMO能级应低于－5.2 eV才能具有较好的空气稳定性。

(4) 聚集和形貌

活性层中给体和受体光伏材料纳米尺度相分离的聚集和形貌对于聚合物太阳电池也非常重要。如果没有聚集，吸收会减弱、电荷载流子迁移率也会比较低。但是如果聚集和相分离太严重，聚集尺寸超过20 nm，将会影响激子的传输效率。

6.2.2.4 反向结构聚合物太阳电池

传统的聚合物太阳电池器件结构为ITO/PEDOT：PSS/给受体共混活性层/Ca/Al。在这种结构中，ITO作为阳极，低功函金属(Ca、Mg、Al等)作为阴极，PEDOT：PSS作为空穴收集层。但是，PEDOT：PSS具有酸性，对与其接触的ITO电极会造成一定的腐蚀，使得器件的串联电阻增大，器件长期稳定性下降。另一方面低功函金属阴极对水氧非常敏感，也造成器件稳定性较差。

针对传统器件结构（图 6－19a）存在的这些问题，人们设计了反向结构（Inverted Structure）的聚合物太阳电池（图 6－19b）。反向结构器件阴阳电极与传统器件相反，通过阴极修饰层使 ITO 底电极作为阴极、高功函金属电极为阳极。这样就避免了 ITO 与 PEDOT：PSS 直接接触造成的腐蚀；同时顶电极为高功函的金属阳极，有效避免电极的氧化，大大提高了器件的空气稳定性。因此，反向结构较传统结构聚合物太阳电池的稳定性大幅提高。另外，由于阴极修饰层通常超薄且高度透明，也可以有效降低光学损失，从而使反向结构器件的光伏性能也往往会优于传统结构器件[16]。反向结构的另一个优势就是可以充分利用富勒烯在聚合物中的浓度梯度分布（有报道在 P3HT：PCBM 体系中，通过选择涂膜，在基底的方向上 PCBM 浓度高，而在空气的方向上浓度低），反向结构将更有利于电子和空穴的传输与收集，从而提高器件的电流。此外，反向结构是反向叠层电池的基础。电极修饰层是反向结构器件的关键，相关内容将在后面详细介绍。

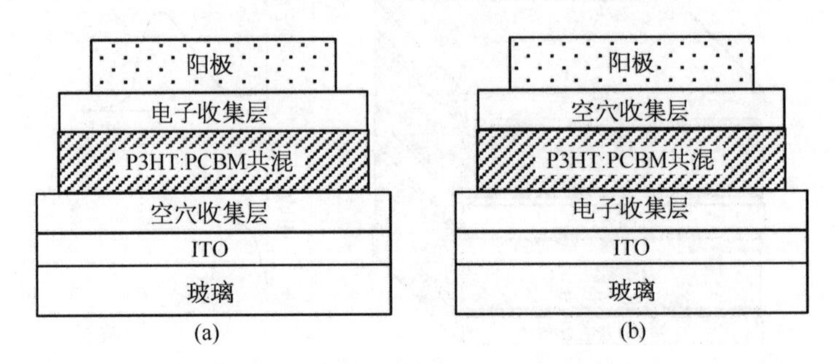

图 6－19　传统和反向器件结构本体异质结聚合物太阳电池结构

(a) 传统器件结构；(b) 反向器件结构

6.2.2.5　*叠层聚合物太阳电池*

由于太阳光光谱中的光谱分布较宽（300～4 000 nm），现有的任何一种有机半导体材料都只能吸收其中能量比其带隙高的一部分光子，单结聚合物太阳电池进一步提高效率受到很大限制。为了进一步提高聚合物太阳电池的光电转换效率，人们制备了具有吸收光谱互补的叠层结构聚合物太阳电池。叠层结构是提高聚合物太阳电池的光电转换效率的有效手段之一。2012 年，美国洛杉矶加州大学洛杉矶分校（UCLA）的 Yang 研究小组报道的叠层结构聚合物太阳电池，在 AM1.5 的太阳光辐照下，光电转换效率已经达到了 8.62%。他们进一步与日本住友化学公司合作，使用一种新的红外吸收聚合物给体材料，创造了 10.6%的叠层聚合物太阳电池效率世界纪录。

叠层聚合物太阳电池一般为双活性层结构，中间是连接两个活性层的透明电极（intermediate layer），器件结构如图 6－20 所示。叠层结构可制成正向叠层和反向叠层两种结构。正向叠层结构通常为阳极/活性层 1/中间层/活性层 2/阴极，反向叠层结构通常为阴极/活性层 1/中间层/活性层 2/阳极。叠层结构中的前后电池有串联和并联两种连接方式（目前以串联方式居多）。串联电池能够实现高的开路电压，并联能实现大的短路电流。对于以串联方式连接的叠层器件，其开路电压为两个子电池开路电压之和，而短路电流则受两个子电池最小的短路电流所限制，因此在选择器件上下活性层光伏材料时，需要考虑两个子电池具有相近的短路电流。另外，为了保证叠层器件的开路电压能够等于两个子电池开路电压之和，中间电极能够要与上、下层子电池均形成良好的欧姆接触。中间电极的选择是实现高效叠层聚合物太阳电池的关键问题之一。中间电极通常为复合电极，具有两重性作用：以正向叠层为例，它既是前一个电池的阴极，同时也是下一个单电池的阳极，前一个电池收集的电子和后一个电池收集的空穴在这里复合。良好的中间电极应具有以下特点：低电阻、易加工、光透过率高、与上下层子电池形成良好欧姆接触、能有效保护下层子电池等。目前常用的中间电极有氟化锂/金属铝/金属金(LiF/Al/Au)，氟化锂/金属铝/三氧化钼(LiF/Al/MoO_3)，氧化锌/聚(3,4-乙烯基二氧噻吩)掺杂聚苯乙烯磺酸(ZnO/PEDOT∶PSS)，氧化钛/聚(3,4-乙烯基二氧噻吩)掺杂聚苯乙烯磺酸(TiO_x/PEDOT∶PSS)等。

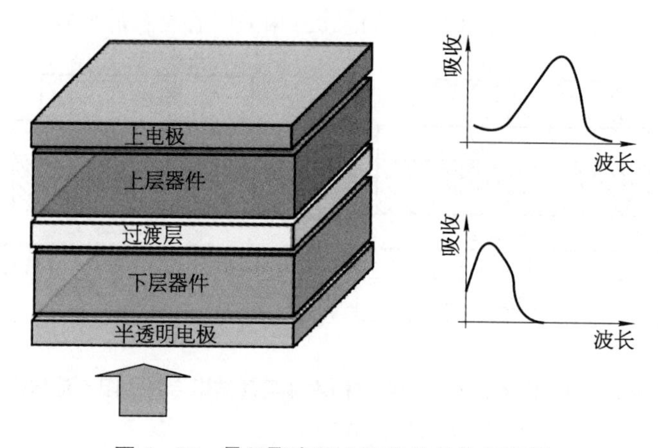

图 6-20 叠层聚合物太阳电池结构示意图

6.3 聚合物太阳电池中的界面工程

目前报道的聚合物太阳电池光伏性能的提高主要得益于新型光伏材料和活性层纳米尺度形貌的优化。其实，聚合物太阳电池的性能与其他太阳电池一样还会受到器件电极的影响。在聚合物太阳电池中，电极起着有效收集和提取电荷的作用。聚合物太阳电池在活性层和电极间通常具有电极界面修饰层(或称之为修饰层(Buffer layer)和界面层，图6-21)，这些修饰层对于电荷收集往往起到至关重要的作用。

电极修饰层的选择主要是依据材料的电子能级和电荷传输特性。同时，修饰层还可以起到调节基底的粗糙度、防止顶电极扩散到活性层甚至是阻隔氧和水侵入的作用。此外，在某些情况下，电极修饰层还可以获得更好的光吸收，从而提高效率，因此还扮演着“光学间隔”(optical spacer)的作用。

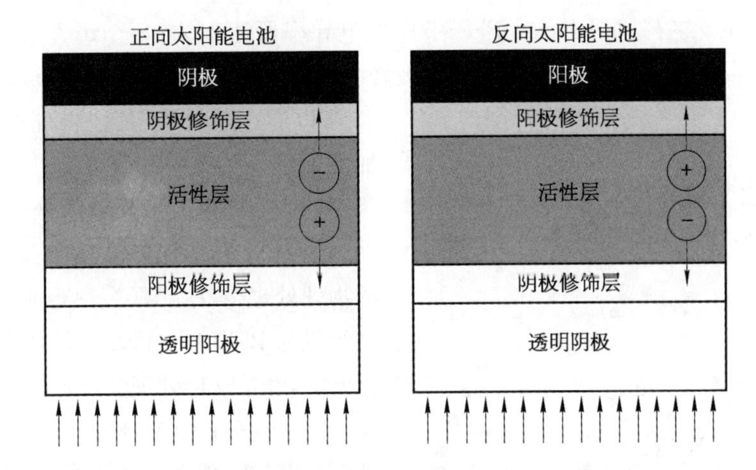

图 6-21　包含阳极修饰层(ABL)和阴极修饰层(CBL)的单结正向及反向聚合物太阳电池结构示意图

6.3.1　阳极修饰层

阳极修饰层的作用是提高阳极收集和提取空穴的效率。当前研究的聚合物太阳电池通常都是使用 ITO 为透明导电电极。ITO 的功函约为 4.7 eV，直接使用 ITO 为阳极或阴极性能都不太好，主要是由于 ITO 与给体或受体之间的界面都是非欧姆接触。如果能使用合适的电极修饰层修饰 ITO 电极，依据修饰层的性质，ITO 电极可用作阳极也可用作阴极。阳极修饰层需要有高的功函数。理想的阳极修饰层应满足如下要求：

① 与给体材料能形成良好的欧姆接触；

② 具有良好的空穴传输性能；

③ 具有高的功函，易于收集空穴，同时又可以阻挡电子；

④ 用于修饰 ITO 电极时要求具有高度透光性。

此外，理想的阳极修饰层还应该具有高的稳定性和低的串联电阻。

目前主要的阳极修饰层包括 PEDOT∶PSS、金属氧化物、自组装膜及其他功能性有机薄膜。

1) PEDOT∶PSS

借鉴 PEDOT∶PSS 阳极修饰层在 OLED 中的成功应用，PEDOT∶PSS 可自然地被选择用作聚合物太阳电池的阳极修饰层。研究表明，相比于没有阳极修饰层的器件，PEDOT∶PSS 能显著改善了 ITO 的空穴收集性能和提高电极的功函(通常介于 4.8～5.2 eV 之间)。同时，PEDOT∶PSS 能够使 ITO 基底更加平坦光滑，可以有效地降低漏电流。此外，PEDOT∶PSS 对改善空穴收集，提高开路电压也有贡献。

PEDOT∶PSS 是一种透明导电聚合物，是由德国拜耳研究实验室在 20 世纪 80 年代开发出来的。它的一个突出优点是可以形成水溶胶胶体分散液，适合水溶液加工。PEDOT∶PSS 以不同的形式在水溶液中分散，或通过不同处理得到的产品具有不同的电导率。不同标号产品的电导率有显著不同，比如 Baytron Al 4083 的电导率为 10^{-3} S·cm^{-1}，Baytron P 的电导率为 1 S・cm^{-1}左右,而 Baytron PH-500 的电导率可达 1 000 S・cm^{-1}。不同电导率的 PEDOT∶PSS 具有不同的用途,适合用作阳极修饰层的是电导率较低的 Baytron Al 4083。

PEDOT∶PSS 作为阳极修饰层的光伏性能可以通过热处理、其他物理处理和化学添加剂处理得到提高和改善。

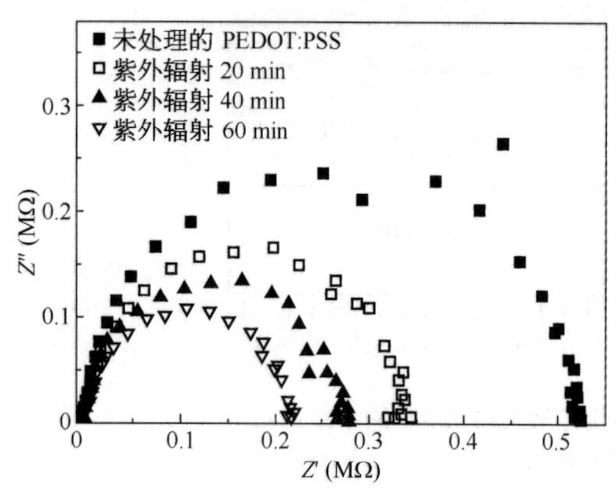

图 6-22 不同 UV 处理时间的 PEDOT∶PSS 阻抗谱图

(1) 热处理或紫外辐射处理

热处理是最早应用、也是最简单和有效的物理处理方法。150℃热退火处理 15 分钟已经成为 PEDOT∶PSS 阳极修饰层的常规处理方法,经过这样处理的器件表现出最佳的性能[17]。PEDOT∶PSS 修饰层也可以直接用紫外灯辐射的物理方法来处理,这是一种低成本且简单的方法。虽然长时间暴露在紫外光下会与氧气或者空气反应导致其降解,引起电导率的下降,但是对 PEDOT∶PSS 短时间的紫外光处理可以提高有些聚合物太阳电池的性能。经过短时间的热退火(200℃,5 min),PEDOT∶PSS 薄层受到紫外辐射(365 nm,544 mW・cm^{-2})40～60 min,其相对应的电池性能最好[18]。紫外处理不损害 PEDOT∶PSS 且提高它的功函,从而改善了与给体相之间的欧姆接触(图 6-22)。紫外处理相比于其他方法的主要优势在于,这种方法具有可重复性和容易作为连续生产过程中的辅助步骤来实现。

(2) 添加剂

有大量文献报道了用添加剂来改善 PEDOT∶PSS 阳极修饰层的性能。使用的添加剂包括:多元醇(主要是山梨醇:固体;甘油:高粘稠液体)和纳米材料(如石墨烯,金属纳米粒子)等。山梨醇添加剂用以提高 PEDOT∶PSS 的电导率。使用山梨醇掺杂的 PEDOT∶PSS 阳极修饰层的器件与未使用山梨醇添加剂的器件相比,具有更高的短路电流,但是开路电压有所降低[19]。

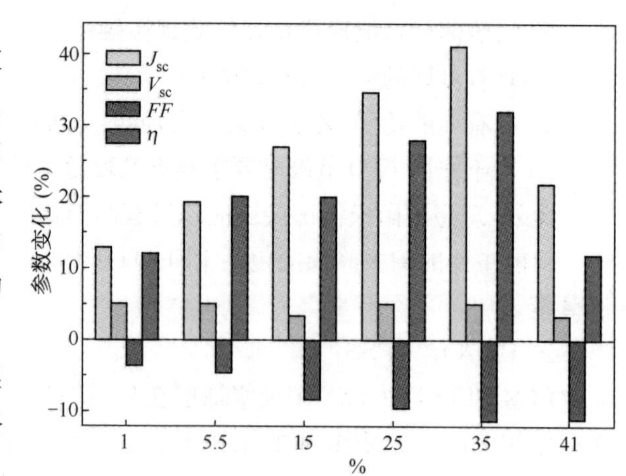

图 6-23 含量对器件性能的影响

另一种多元醇,如甘油,也已被用作 PEDOT∶PSS 的添加剂[20, 21]。图 6-23 给出了 PEDOT∶PSS 修饰层中甘油添加剂对基于 P3HT∶PCBM 太阳电池光伏性能的影响。可以看出,甘油含量对短路电流和对填充因子的影响效果是相反的。短路电流随甘油添加剂含量的增加而增大,这应该与器件串联电阻的降低有关。填充因子随添加剂含量的增加降低,这可能是由于甘油添加剂提高 PEDOT∶PSS 表面粗糙度,引起的漏电流使器件并联电阻降低。不过总的光电转换效率仍随添加剂含量的增加而增大。PEDOT：PSS中甘油添加剂的最佳含量为25%～35%之间，这时基于P3HT：PCBM太阳电池的效率最高达到3.3%（见表6-2）。此外，还可以用醇溶剂（甲醇或异丙醇）与PEDOT：PSS水溶液混合制备共混溶液，用该方法制的PEDOT：PSS修饰层具有更高的电导率，从而可以显著的提高器件的短路电流和填充因子[22]。

在PEDOT：PSS阳极修饰层中添加金纳米粒子也可以改进聚合物光伏器件的性能，器件光伏性能的提高得益于金纳米粒子的等离激元效应，增加了激子分离的效率。对于添加了金纳米粒子PEDOT：PSS阳极修饰层的P3HT/PCBM光伏器件，器件的短路电流和填充因子都得到了提高，在金纳米粒子的浓度为20%时效率达到了4.19%[23]。详细光伏性能见表6-2。

表6-2　PEDOT：PSS溶液中不同的添加剂对太阳电池性能的影响（括号中是对比值）

添加剂	器件结构	P_{in}(mW·cm^{-2})	J_{sc}(mA·cm^{-2})	V_{oc}(V)	FF	η(%)
甘油(2%)	ITO/PEDOT：PSS：添加剂/P3HT：$PC_{70}BM$/Al	100	9.53	0.66	0.58	3.68
甘油(10%)	ITO/PEDOT：PSS：添加剂/P3HT：$PC_{70}BM$/Al	100	11.66	0.67	0.52	4.05
甘油(30 g·L^{-1})	ITO/PEDOT：PSS：添加剂/P3HT：PCBM/Ca/Al	90	10.46 (8.43)	0.60 (0.60)	0.68 (0.67)	4.32 (3.37)
甘油(6%)	ITO/PEDOT：PSS：添加剂/P3HT：PCBM/LiF/Al	100	9.06 (6.75)	0.60 (0.59)	0.54 (0.53)	2.92 (2.09)
甘油(6%)+EGBE(0.2%)	ITO/PEDOT：PSS：添加剂/P3HT：PCBM/LiF/Al	100	9.59 (6.75)	0.60 (0.59)	0.55 (0.53)	3.16 (2.09)
甘油(6%)+EGBE(0.4%)	ITO/PEDOT：PSS：添加剂/P3HT：PCBM/LiF/Al	100	7.97 (6.75)	0.62 (0.59)	0.59 (0.53)	2.90 (2.09)
甘油(35%)	ITO/PEDOT：PSS：添加剂/P3HT：PCBM/LiF/Al	100	11.0 (7.8)	0.61 (0.58)	0.49 (0.55)	3.30 (2.50)
AuNPs(20%)	ITO/PEDOT：PSS：添加剂/P3HT：PCBM/Ca/Al	100	10.18 (8.95)	0.59 (0.59)	0.70 (0.66)	4.19 (3.48)

PEDOT：PSS也存在一些缺点[24]。首先，它的酸性（pH=1～2）会腐蚀ITO，使ITO电阻增加；其次，PEDOT：PSS是高度吸湿的，它能从水溶液和环境中吸湿而带入水分；另外PEDOT：PSS形貌重复性比较差。作为阳极修饰层，PEDOT：PSS的电子阻挡性能也不够理想。因而，近年来替代PEDOT：PSS的阳极修饰层材料受到研究者的重视。

2）其他有机材料阳极修饰层材料

在聚合物太阳电池中，一些功能有机分子以及PEDOT：PSS的接枝改性也被用作阳极修饰层材料。表6-3给出了一些有机材料用作聚合物太阳电池阳极修饰层时器件的性能。

表 6-3 一些有机材料用作聚合物太阳电池阳极修饰层时器件的性能

阳极修饰层(ABL)	厚度(nm)	器件结构	P_{in}(mW·cm^{-2})	J_{sc}(mA·cm^{-2})	V_{oc}(V)	FF	η(%)
V_2O_5/CuPc	5/5	ITO/ABL/P3HT：PCBM/LiF/Al	100	5.64(8.39)	0.60(0.60)	0.62(0.42)	2.11(2.09)
PHEDOT	45	ITO/ABL/P3HT：PCBM/Al	100	14.87(8.71)	0.51(0.63)	0.37(0.63)	2.67(3.45)
PEDOT：PSS/a-PANIN	30/50	ITO/ABL/P3HT：PCBM/Al	100	10.96(8.83)	0.64(0.64)	0.60(0.55)	4.26(3.39)
PEDOT：PSS/a-PANIN	40/50	ITO/ABL/P3HT：PCBM/Al	100	8.43(7.33)	0.57(0.56)	0.58(0.53)	2.78(2.17)
s-PANI	30	ITO/ABL/P3HT：PCBM/Al	100	8.74	0.56	0.51	2.49
PSSA-g-PANI	40	ITO/ABL/P3HT：PCBM/Al	100	10.9(9.7)	0.59(0.56)	0.62(0.61)	3.99(3.31)
PEDOT：PSS/PFT	10/20	ITO/ABL/MDMO-PPV：PCBM/Al	100	1.94(1.06)	0.73(0.72)	0.41(0.30)	0.58(0.23)
PFT：TSPP	10	ITO/ABL/MDMO-PPV：PCBM/Al	100	4.62(3.75)	0.89(0.47)	0.54(0.41)	2.23(0.73)
PEDOT：PSS/PFT：TSPP	—	ITO/ABL/MDMO-PPV：PCBM/LiF/Al	100	4.97(5.80)	0.91(0.47)	0.37(0.41)	1.67(0.74)
PFT：TSPT	25	ITO/ABL/P3HT：PCBM/LiF/Al	100	9.31(8.04)	0.54(0.52)	0.63(0.64)	3.14(2.69)
MoO_3/PFT	10/<10	ITO/ABL/MDMO-PPV：PCBM/Al	100	4.28(3.37)	0.85(0.79)	0.55(0.48)	2.01(1.31)
PEDOT：PSS/P3HT	15	ITO/ABL/P3HT：PCBM/Ca/Al	100	11.83(9.38)	0.60(0.60)	0.68(0.68)	4.89(3.98)
PEDOT：PSS/PT	—	ITO/ABL/P3HT：PCBM/Ca/Al	100	12.32(8.77)	0.59(0.60)	0.56(0.66)	4.11(3.50)
PTFE	2	ITO/ABL/P3HT：PCBM/Al	—	7.40(6.00)	0.53(0.35)	0.49(0.40)	2.27(0.94)
PEDOT：PSS/CNTs	—	ITO/ABL/P3HT：PCBM/Al	130	24.1(21.6)	0.59(0.51)	0.44(0.47)	4.90(4.00)

在由聚噻吩乙烯给体、C_{60}受体构成的双层结构太阳电池中，使用PEDOT∶PSS/并五苯阳极修饰层，开路电压从0.26 V提高到0.66 V，同时保持了较好的电流密度。在P3HT∶PCBM太阳电池中用并五苯阳极修饰层使器件效率提高了近1.7倍[25]。同样的道理，在PEDOT∶PSS修饰层上旋涂一薄层P3HT也能显著提高器件性能[26]。

酞菁铜阳极修饰层在基于P3OT∶PCBM以及P3HT∶PCBM的聚合物太阳电池中都表现出了与PEDOT∶PSS阳极修饰层相似的效果[27]。酞菁铜还可以作为反向结构聚合物太阳电池上电极的阳极修饰层，插入活性层与高功函金电极之间，还可以防止金扩散到活性层中。酞菁铜这类共轭分子空气稳定性好，可以提高相关器件的稳定性和寿命。酞菁铜和氧化钒组合用于双层器件的阳极修饰层[28]，相比于PEDOT∶PSS阳极修饰层，显示出更好的填充因子，但是短路电流有所下降，电池效率相近（表6-3）。

PHEDOT（分子结构见图6-24）和PEDOT结构相似，区别在于分子中没有羟甲基。通过单体氧化聚合可以将PHEDOT制备在ITO基板上。相比于PEDOT∶PSS阳极修饰层的器件，高电导率的PHEDOT使得P3HT∶PCBM电池的短路电流更高，但是开路电压和填充因子有所下降[29]。电池效率比参比电池的有所降低（表6-3）。

聚苯胺是除PEDOT∶PSS之外最常用的聚合物阳极修饰层之一。Chang等人将n-十二烷基苯磺酸/盐酸掺杂聚苯胺a-PANIN（分子结构见图6-24）和碳纳米管的混合溶液旋涂在PEDOT∶PSS上作为阳极修饰层制备了P3HT∶PCBM光伏电池[30]。碳纳米管形成有序的半结晶层，一维的管状结构同时提供了与P3HT∶PCBM活性层表面的良好接触和空穴的有效传输路径。和单独使用PEDOT∶PSS的器件相比，这种复合阳极修饰层的器件获得更高的效率（见表6-3）。

聚乙烯苯磺酸接枝聚苯胺（PSSA-g-PANI，图6-24）在可见光范围内具有高透光率以及高的电导率（0.1 S/cm）。相应的，用PSSA-g-PANI做修饰层的器件表现出更高的短路电流和效率，效率比使用PEDOT∶PSS阳极修饰层的光伏电池高出20%[31]（表6-3）。

Bejbouji等人将磺化聚苯胺分散于不同的混合溶剂，然后将聚苯胺旋涂于ITO玻璃上制备成阳极修饰层，制备了基于P3HT∶PCBM为活性层的太阳电池。他们发现：

① 薄的阳极修饰层具有更有效的空穴传输性能；

② 水溶性的磺化聚苯胺的器件性能更好；

③ 使用有机溶剂时，四氢呋喃/二甲基亚砜/乙醇作为溶剂的效率可与水溶性聚苯胺相媲美；

④ 较高分子量的磺酸掺杂能改善成膜性能，使膜更加透明，电池的效率更高（在未优化的器件中电池效率达到2.5%）[32]。

另外一种用作阳极修饰层的聚合物是PFT（图6-24）。PFT表现出高的空穴迁移率，超过10^{-3} $cm^2 \cdot V^{-1} \cdot s^{-1}$。Park等人首先报道了在聚合物太阳电池中将PFT用于PEDOT∶PSS和MDMO-PPV∶PCBM活性层之间，使光伏器件性能得到改善[33]。

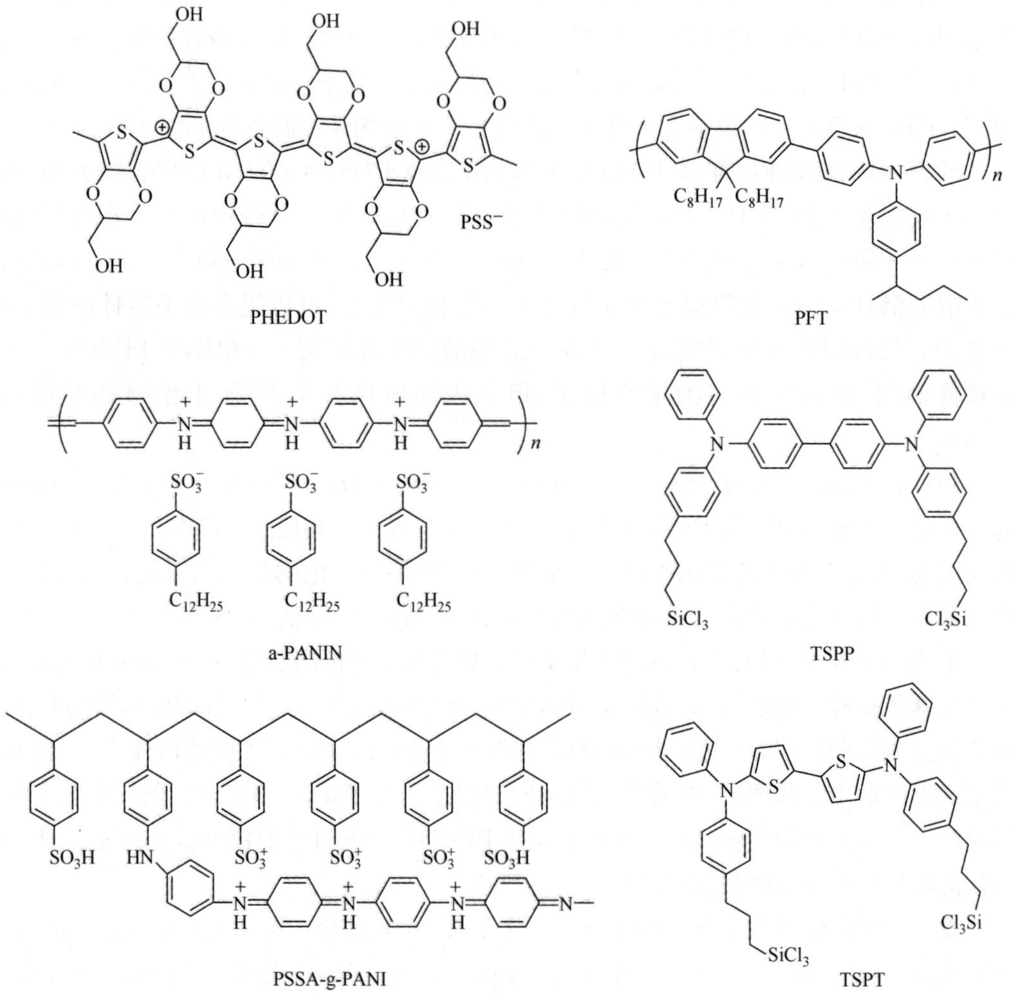

PHEDOT　PFT

a-PANIN　TSPP

PSSA-g-PANI　TSPT

图 6-24　几种主要阳极修饰材料的分子结构

Hains 等人用 PFT 和 TSPP 交联互穿网络来替代 PEDOT∶PSS 用作阳极修饰层，制备基于 MDMO-PPV∶PCBM 的聚合物太阳电池[34]。这种复合修饰层具有高度透明、与活性层能级匹配和化学结合等优点。用 PFT∶TSPP 阳极修饰层的器件的开路电压达到 0.89 V，短路电流密度为 4.62 mA·cm^{-2}，填充因子为 0.54，效率达到 2.23%。而使用 PEDOT∶PSS 阳极修饰层的器件的开路电压只有 0.74 V，短路电流密度为 4.56 mA·cm^{-2}，填充因子为 0.43，效率为 1.46%。使用 PEDOT∶PSS/PFT∶TSPP 为复合阳极修饰层，电池性能还可进一步提高。

由 PFT 和 TSPT 组成的阳极修饰层，其 HOMO 能级为 −4.9 eV，与 P3HT 的能级匹配很好（HOMO 能级比 P3HT 低 0.1 eV）[35]。基于 25 nm 厚的 PFT∶TSPT 阳极修饰层的 P3HT∶PCBM 太阳电池，其效率可以与基于 PEDOT∶PSS 阳极修饰层的电池相媲美（表 6-3）。将无机组分 MoO_3 与 PFT 聚合物组成混合型阳极修饰层。与相应的

PEDOT：PSS 修饰层器件相比，10 nm 的 MoO_3 和不超过 10 nm 的 PFT 阳极修饰层提高了对应聚合物太阳电池的光伏特性。

另外一个聚合物阳极修饰层的例子是在 PEDOT：PSS 和活性层间插入高分子量（47 000 g · mol^{-1}）的 P3HT（厚度 60 nm）[36]。高分子量 P3HT 可以避免在 P3HT：PCBM 甩膜过程中将其完全溶解。与不使用 P3HT 阳极修饰层的器件相比，使用的器件表现出更高的短路电流密度，达到 11.83 mA · cm^{-2}（约提高 20%），开路电压和填充因子变化不大，从而使效率得到提高。

Kang 等人报道了在 ITO 和 P3HT：PCBM 间插入不超过 5 nm 的聚四氟乙烯薄层会降低空穴分离的势垒，由于界面偶极子的形成和功函调整改善了与给体组分能级的匹配，从而使得器件的效率得到提高（效率达到 1.72%～2.27%，没有阳极修饰层的效率仅为 0.94%，PEDOT：PSS 修饰层的效率为 1.28%）。聚四氟乙烯层的最优厚度为 2 nm[37]。

将碳纳米管与 PEDOT：PSS 层的上层或下层结合作为阳极修饰层，也观察到 P3HT：PCBM 电池的效率、填充因子、短路电流和开路电压的改善[38]。

3）自组装单层膜阳极修饰层

利用极性有机分子自组装单层膜来调节无机、有机界面的能量是一种非常有效的方法。自组装单层膜可以形成非常薄和高度取向的偶极子层，如果具有适当的方向性就可以减少电荷提取/注入的能垒。因此，自组装单层膜修饰电极也可以用作聚合物太阳电池的阳极修饰层。

Kim 等人通过不同的硅烷基化试剂（3 -丙基三乙氧基硅烷（N-propyltriethoxysilane），3，3，3 -三氟丙基三氯硅烷（3，3，3-trifluoropropyltrichlorosilane）或 3 -氨丙基三乙氧基硅烷（3-aminopropyltriethoxysilane），图 6 - 25）处理 ITO 阳极制备 P3HT：PCBM 太阳电池[39]。与 ITO 表面羟基烷基化反应形成的 2 nm 的自组装单层膜，可以控制空穴注入和阳极表面的润湿性。阳极的功函顺序：CF_3- ITO（5.16 eV）＞未处理的 ITO（4.7 eV）＞NH_2- ITO（4.35 eV）＞CH_3- ITO（3.62 eV）。与未处理的 ITO 相比，CF_3- ITO 的功函与 P3HT 的 HOMO 能级更加接近，因此与给体相间有更好的欧姆接触。未热退火处理的 P3HT：PCBM 器件效率的排序：CF_3- ITO（1.29%）＞未处理的 ITO（0.73%）＞ NH_2- ITO（0.53%）＞CH_3- ITO（0.21%）。器件的热退火处理会导致亲水性的阳极的相态发生急剧变化（未处理的 ITO 和 NH_2- ITO）。因此，相比于 PEDOT：PSS 阳极修饰层的电池，通过热退火处理来提高 CH_3- IT 和 CF_3- ITO（表 6 - 4）器件效率的效果更为显著，后者的效率达到 3.15%。因为 CF_3- ITO 器件的 ITO/有机界面的能级更加匹配。

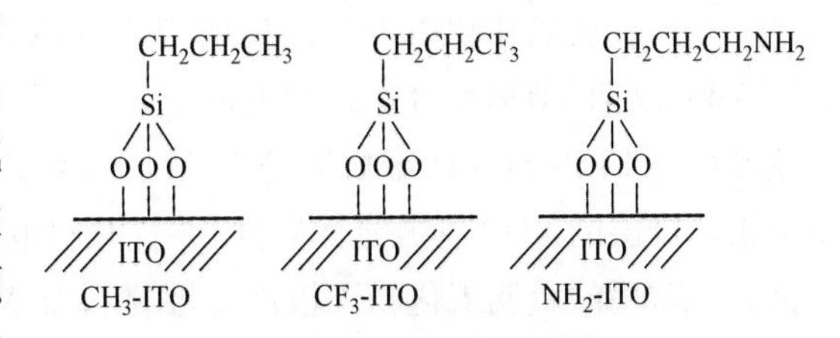

图 6 - 25　不同的硅烷基化试剂修饰的 ITO 基底示意图

硅烷基化试剂与金表面的 SH 基团反应，形成了自组装单层膜的甲氧基暴露在表面形成界面偶极子，可以提高金阳极的功函。使用 MPTMS 修饰的金电极，通过层压工艺制备反向结构聚合物太阳电池 ITO/P3HT∶PCBM/SAM－Au，MPTMS 修饰层使器件的短路电流和开路电压得到有效提高，器件光伏性能得到改善(表 6－4)。在金阳极表面旋涂上 PEDOT∶PSS 也能使电池的性能大幅提高。

表 6－4　自组装单层膜修饰阳极时聚合物太阳电池的性能

自组装膜(SAM)	器件结构	反向器件	J_{sc}(mA·cm^{-2})	V_{oc}(V)	FF	η(%)
$CF_3(CH_2)_2Si\equiv$	ITO－SAM/P3HT∶PCBM/Al		13.87 (5.98)	0.60 (0.36)	0.38 (0.35)	3.15 (0.75)
$NH_2(CH_2)_2Si\equiv$	ITO－SAM/P3HT∶PCBM/Al		5.71 (5.98)	0.55 (0.36)	0.30 (0.35)	0.95 (0.75)
$CH_3(CH_2)_2Si\equiv$	ITO－SAM/P3HT∶PCBM/Al		6.82 (5.98)	0.57 (0.36)	0.32 (0.35)	1.24 (0.75)
$TPDSi_2$	ITO－SAM/MDMO－PPV∶PCBM/LiF/Al		3.43 (3.80)	0.62 (0.47)	0.43 (0.41)	0.92 (0.74)
MPTMS$(MeO)_3Si(CH_2)S$－	ITO/P3HT∶PCBM/SAM－Au	X	5.45 (4.77)	0.45 (0.37)	0.32 (0.32)	0.79 (0.56)

4）金属氧化物阳极修饰层

一些金属氧化物由于其优良的空穴提取性能已被广泛用作阳极修饰层应用于各类(正向和反向)结构聚合物太阳电池中。在 ITO 表面热蒸镀 3 nm V_2O_5或 5 nm MoO_3，其性能可与 PEDOT∶PSS 修饰的 P3HT∶PCBM 太阳电池相媲美[40]。开路电压值显著高于无修饰层的 ITO 电极光伏器件，并且开路电压的提高与使用的金属氧化物修饰层材料相关。常用的金属氧化物阳极修饰层材料有 MoO_3，WO_3，V_2O_5，NiO 等，表 6－5 给出了使用金属氧化物阳极修饰层的聚合物太阳电池的光伏性能。图 6－28 比较了这些阳极修饰层对基于 P3HT/PCBM 光伏器件光伏性能的影响。

在活性层上沉积 V_2O_5 可使 ITO/P3HT∶PCBM/V_2O_5/Al 电池的两电极倒置，即 ITO 成为阴极，Al 称为阳极。反向结构器件的短路电流、开路电压、填充因子比相对应的传统结构器件更大。开路电压提高 0.2～0.3 V，在 V_2O_5和 P3HT 给体间形成表面偶极子是开路电压较高的原因。

MoO_3是最常用的金属氧化物阳极修饰层，近年来在反向结构聚合物太阳电池中得到广泛使用。在传统结构聚合物太阳电池中 MoO_3 也常常被用于修饰 ITO 电极以取代 PEDOT∶PSS，这样可以提高器件的稳定性，同时往往效率也会有所提高。MoO_3最显著的效果是能提高填充因子，表明其较好的空穴提取和电子阻挡能力。

表 6-5　使用金属氧化物阳极修饰层的聚合物太阳电池的光伏性能

阳极修饰层(ABL)	厚度(nm)	器件结构	反向器件	P_{in}(mW・cm^{-2})	J_{sc}(mA・cm^{-2})	V_{oc}(V)	*FF*	*PCE*(%)	对比电流
V_2O_5	10	ITO/Cs_2CO_3/P3HT：PCBM/ABL/Al	X	130	8.42(5.95)	0.56(0.52)	0.62(0.66)	2.25(1.55)	No ABL
V_2O_5	3	ITO/ABL/P3HT：PCBM/Ca/Al		—	8.83(7.82)	0.59(0.49)	0.59(0.51)	3.10(1.96)	No ABL
VO_x	1	ITO/ZnO/P3HT：PCBM/ABL/Ag	X	100	10.64(6.22)	0.57(0.43)	0.50(0.38)	3.0(1.0)	No ABL
MoO_3	10	ITO/ABL/P3HT：PCBM/LiF/Al		—	8.20(7.95)	0.60(0.58)	0.67(0.62)	3.31(2.85)	No ABL
MoO_3	15	FTO/ZnO/P3HT：PCBM/ABL/Ag	X	100	8.59(8.69)	0.62(0.57)	0.57(0.47)	3.09(2.30)	No ABL
MoO_3	10	ITO/ABL/PGREEN：$PC_{70}BM$/LiF/Al		100	7.32(7.01)	0.79(0.80)	0.56(0.51)	3.22(2.89)	PEDOT：PSS
MoO_3	10	ITO/ABL/PGREEN：$PC_{70}BM$/LiF/Al		100	5.96(5.96)	0.80(0.80)	0.57(0.48)	2.71(2.31)	PEDOT：PSS
MoO_3	5	ITO/ABL/P3HT：PCBM/Ca/Al		—	8.94(7.82)	0.60(0.49)	0.62(0.51)	3.33(1.96)	No ABL
WO_3	5	ITO/ABL/P3HT：PCBM/Ca/Al		100			0.69(0.56)	3.1(1.9)	No ABL
WO_3	10	ITO/TiO_2/P3HT：PCBM/ABL/Ag		100	7.20(3.99)	0.60(0.11)	0.60(0.30)	2.58(0.13)	No ABL
ReO_3	10	ITO/ABL/P3HT：PCBM/LiF/Al		100	13.6(6.73)	0.45(0.57)	0.54(0.54)	2.80(2.05)	PEDOT：PSS
NiO	10	ITO/ABL/P3HT：PCBM/LiF/Al		—	11.3(10.7)	0.64(0.52)	0.69(0.51)	5.16(2.87)	No ABL
NiO_x	1	ITO/ABL/P3HT：PCBM/BCP/LiF/Al		100	12.3(～10.5)	0.65(～0.52)	0.45(～0.37)	3.54(～2.0)	No ABL
$AuNP_5$	100	ITO/ABL/P3HT：PCBM/Al		85	6.15(4.92)	0.54(0.49)	0.57(0.31)	2.21(0.86)	No ABL

氧化钨(WO_3)的导带(−1.6 eV)比 V_2O_5(−2.4 eV)和 MoO_3(−2.3 eV)要高。因此 WO_3 是更有效的电子阻挡层[41]。此外,ITO 表面热蒸镀 WO_3 会使电极表面更为光滑,可提高表面疏水性使其上沉积的 P3HT 链更为有序。WO_3 做修饰层表现出于与 MoO_3 修饰层器件相似的光伏性能。

铼氧化物也可以用作阳极修饰层材料,并且其热蒸镀的蒸发温度(340℃)比其他氧化物(氧化钼和氧化钨等)低,这样会使器件制作更为容易[42]。相比于 PEDOT∶PSS 修饰层器件,使用 ReO_3 修饰层的器件开路电压有所下降,但是短路电流显著提高,总体器件效率有所改善。

NiO 是另一种常用的阳极修饰层氧化物材料,其价带和导带分别为−5.00～5.4 eV 和−1.8 eV,易于从给体相收集空穴、并可阻止受体相的电子[43]。将 NiO 用脉冲激光的方法沉积到 ITO 上作为阳极修饰层,基于 P3HT/PCBM 器件的短路电流、开路电压和填充因子都有所提高,所以使效率有显著提高(见表 6-5)。NiO 层太厚(20～77 nm)会降低短路电流、填充因子,进而减小效率(77 nm NiO 阳极修饰层效率仅为 2.23%)。磁控溅射 NiO 阳极修饰层的太阳电池性能与 PEDOT∶PSS 器件相当,但是其器件的稳定性提高。

在 ITO 和 PEDOT∶PSS 间插入 AgO_x 薄层的复合阳极修饰层也可以改进基于 P3HT∶PCBM 正向结构太阳电池的光伏性能[44]。该复合阳极修饰层的制备方法是:采用电子束蒸镀的方法将银沉积到 ITO 上,然后电感耦合氧等离子体反应刻蚀薄膜得到 AgO_x 薄层,再在 AgO_x 薄层旋涂 PEDOT∶PSS 修饰层。使用该复合修饰层的器件的短路电流有所提高,器件效率从 4.4%提高到 4.8%。

通过溶液加工的方法制备金属氧化物可以省去昂贵的真空蒸镀工艺,采用溶液加工制备的金属氧化物表现出与真空蒸镀工艺相媲美的器件性能。采用由醇溶性异丙氧钨转化成的 WO_3 薄膜作为阳极修饰层,基于 P3HT∶PCBM 的器件,表现出较高的短路电流密度(10.66 mA·cm^{-2})和填充因子(70%),其光电转化效率达到 4.33%,相比于 PEDOT:PSS 修饰的电池提高了 15%[45]。采用由醇溶性乙酰丙酮氧钒转化成的 VO_x 薄膜作为阳极修饰层,基于 P3HT∶ICBA 的器件,开路电压为 0.85 V,短路电流密度为 10.62 mA·cm^{-2},填充因子为 70.3%,效率为 6.35%[46]。

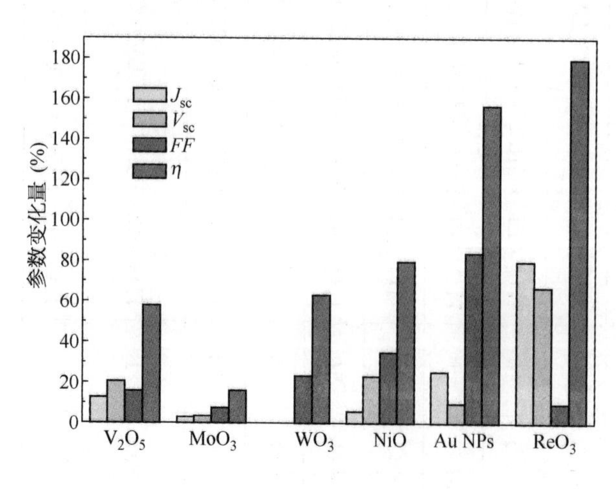

图 6-26 不同阳极修饰层对器件性能的影响

真空蒸镀金薄膜(3 nm)或者从聚苯乙烯/甲苯溶液旋涂金纳米粒子以及金属盐如醋酸镍[47]也可以用作阳极修饰层。使用这种阳极修饰层的器件也表现出优良的光伏性能。这些阳极修饰层的光伏性能对比列于表 6-5 和图 6-26 中。

6.3.2 阴极修饰层

阴极修饰层的作用是提高阴极收集和提取电子的效率。为了有效收集电子，阴极修饰层需要具有低的功函，最常用的是低功函金属，比如 Ca、Mg 等。这里主要讨论低功函金属之外的阴极修饰层材料。对阴极修饰层材料的要求如下：

① 具有低的功函；

② 高的电导和电子传输性能；

③ 选择性地收集电子、阻挡空穴，与活性层之间可形成欧姆接触。

此外，理想的阴极修饰层必须是稳定的，在反向结构器件中还需要阴极修饰层具有高的透明性。常用的阴极修饰层材料包括碱金属化合物（比如 LiF 和 $CsCO_3$ 等）、钛和锌的氧化物及螯合物和一些强极性胺基等取代的醇溶性共轭聚合物等。

1）碱金属化合物

碱金属氟化物是研究和使用最为广泛的阴极修饰层材料，其中最著名的是氟化锂。氟化锂最早用于 OLED 的阴极修饰层材料，经常和铝电极一起组成 LiF/Al 复合电极。Brabec 等人率先将 LiF/Al 复合电极用于聚合物太阳电池[48]，他们发现，在 MDMO-PPV：PCBM 本体异质结太阳电池中的顶电极 Al 下面沉积超薄 LiF（<1 nm）可以明显提高器件的填充因子和开路电压（表 6-6），同时降低器件的串联电阻，使器件效率提高超过 20%。当用 LiF/Au 替代 LiF/Al 阴极时，观察到类似的结果，虽然器件的效率比 LiF/Al 器件有所降低。

表 6-6 碱金属化合物阴极修饰层对聚合物太阳电池光伏性能的影响

阴极修饰层(CBL)	厚度(nm)	器件结构	反向器件	P_{in}(mW·cm^{-2})	J_{sc}(mA·cm^{-2})	V_{oc}(V)	FF	η(%)
LiF	0.3	ITO/PEDOT：PSS/MDMO-PPV：PCBM/CBL/Al		80 (@50℃)	5.25	0.82(0.76)	0.61(0.53)	~3.30
CsF	0.4	ITO/PEDOT：PSS/MEH-PPV：PCBM/CBL/Al		100	(5.26)	(0.72)	(0.37)	2.20(1.40)
$LiCoO_2$	0.2	ITO/PEDOT：PSS/P3HT：PCBM/CBL/Al		100	10.20(10.20)	0.61(0.61)	0.66(0.48)	4.10(3.00)
Cs_2CO_3	1.0	ITO/PEDOT：PSS/P3HT：PCBM/CBL/Al		130	5.95(7.44)	0.52(0.42)	0.66(0.52)	1.55(1.25)
Cs_2CO_3	1.0	ITO/CBL/P3HT：PCBM/V_2O_5/Al	X	130	8.42(6.97)	0.56(0.30)	0.62(0.41)	2.25(0.66)
Cs_2CO_3	1.0	ITO/PEDOT：PSS/P3HT：PCBM/CBL/Al		100	9.50(11.20)	0.56(0.41)	0.60(0.50)	3.10(2.30)
Cs_2CO_3 anneal	—	ITO/CBL/P3HT：PCBM/V_2O_5/Al	X	100	11.13	0.59	0.64	4.19

LiF 阴极修饰层对于提高聚合物太阳电池性能的机理还不是非常明确。一种解释是

插入 LiF 层可以形成偶极子层，引起金属功函的下降，使得在有机/阴极界面上具有更好的能级匹配。另外也有人认为是 LiF 分解掺杂到下层的有机层中从而降低功函。氟化锂分解随之而来的是金属扩散到有机层，在由 NaF/Al 和 KF/Al 阴极组成的 P3HT ∶ PCBM 太阳电池中也观察到同样的分解扩散现象。事实上，在 LiF/Al 或纯 Al 阴极的太阳电池中，可观察到反向的暗电流提高，反向暗电流的变化与阴极修饰层的厚度相关，这些结果显示出 LiF 对有机层的修饰作用。虽然 NaF/Al 和 KF/Al 阴极在 OLED 器件中成功应用，但以它们作为阴极修饰层应用于聚合物太阳电池中，其性能相比于 LiF/Al 明显下降。

MEH - PPV ∶ PCBM 太阳电池中，和 LiF 相似，除了正向的暗电流外，薄层 CsF 修饰层对开路电压、填充因子和串联电阻均有有利影响[49]。此外，与 LiF 不同，CsF 层的厚度在 0.4～3 nm 之间时，器件的光伏特性保持不变。另外，在这种情况下，CsF 修饰层的有利影响还归于界面修饰（偶极子诱导电荷重新分配）和对底层有机层的渗透修饰。

除氟化物之外，碱金属碳酸盐也已被成功应用于阴极修饰层中，其中最著名的是碳酸铯[50]。热蒸镀薄的 Cs_2CO_3（1.0 nm）阴极修饰层后，在正向 P3HT ∶ PCBM 太阳电池中观察到短路电流略微减小，开路电压和填充因子明显提高，相比于没有阴极修饰层的电池能量转化效率提高 24%～35%。此外，用 Ag 替代 Al 作为阴极时，对光伏特性没有太大改变，表明 Cs_2CO_3 修饰层的作用对阴极金属不敏感。

碳酸铯阴极修饰层在以 P3HT ∶ PCBM 为活性层的反向结构太阳电池中同样成功地被应用，反向结构器件的性能可以与正向结构太阳电池的性能相比拟[51]。在反向结构器件中，Cs_2CO_3 阴极修饰层可热蒸镀或旋涂到 ITO 基底上。通过热退火处理溶液加工的碳酸铯阴极修饰层，ITO/Cs_2CO_3/P3HT ∶ PCBM/V_2O_5/Al 反向结构的太阳电池效率可进一步提高。通过 150℃热处理，器件效率显著提高（见图 6 - 27a），由未处理器件的 2.3% 提高到阴极修饰层 150℃热退火处理的 4.2%（见表 6 - 6）。通过热退火处理，使 Cs_2CO_3 层的表面接触角得到提高，并观察接触角的提高和效率之间具有很好的关联性（见图 6 - 27b）。紫外光电子能谱表明通过退火处理降低了 Cs_2CO_3 的功函，XPS 结果表明这种功函的降低可能是因为掺杂了分解的 Cs_2O 的缘故。

$LiCoO_2$ 也可以用作阴极修饰材料[52]。使用真空溅射 $LiCoO_2$/Al 阴极的 P3HT∶PCBM 太阳电池，其效率可达 4.1%。短时间热退火处理可弥补溅射 $LiCoO_2$ 引起的损伤。相比于热蒸镀 LiF（1.2 nm）的器件，使用 $LiCoO_2$（最优厚度为 0.2 nm）为阴极修饰层的器件中观察到填充因子明显的提高。

2）金属氧化物

氧化钛和氧化锌等低功函金属氧化物也被广泛用作聚合物太阳电池的阴极修饰材料，一些使用氧化物阴极修饰层的聚合物太阳电池的光伏性能见表 6 - 7。

在正向和反向结构的聚合物太阳电池中，氧化钛被广泛用作阴极修饰层[53]。无定形的 TiO_x 层可通过无需高温处理的溶胶-凝胶法来制备，因此适合于有机光电子器件。TiO_x 的带隙宽（3.7 eV），在可见区透明度高，因此也适用于反向结构太阳电池的阴极修饰层。钛的氧化物的价带和导带能级分别为 −4.4 eV 和 −8.1 eV，表明它可以和聚合物/

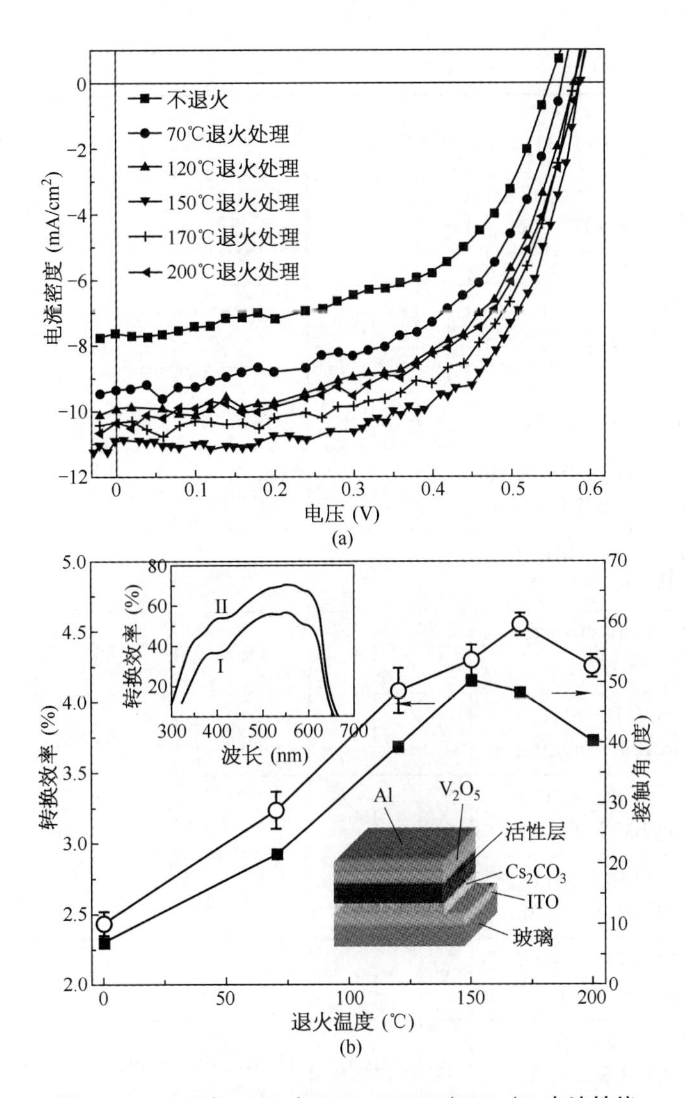

图 6-27　ITO/Cs_2CO_3/P3HT：PCBM/V_2O_5/Al 电池性能

(a) 不同 Cs_2CO_3 退火温度对器件 $I-V$ 性能的影响；(b) Cs_2CO_3 退火温度与光电转换效率及接触角的关系

富勒烯太阳电池中的富勒烯相有良好的欧姆接触，对于活性层中的空穴注入具有很好的阻挡作用。此外，无定形的 TiO_x 层中电子迁移率约为 $1.7\times10^{-4}\ cm^2\cdot V^{-1}\cdot s^{-1}$，表明它是良好的电子传输材料。

表 6-7　在正向和反向结构聚合物太阳电池中使用金属氧化物阴极修饰层的聚合物太阳电池的光伏性能

阴极修饰层(CBL)	厚度(nm)	器件结构	反向器件	P_{in}(mW·cm^{-2})	J_{sc}(mA·cm^{-2})	V_{oc}(V)	FF	η(%)
TiO_x	10	ITO/CBL/P3HT：PCBM/PEDOT：PSS/Au	X	100	9.00	0.56	0.62	3.10

(续表)

阴极修饰层(CBL)	厚度(nm)	器件结构	反向器件	P_{in}(mW·cm^{-2})	J_{sc}(mA·cm^{-2})	V_{oc}(V)	FF	η(%)
TiO_x	30	ITO/PEDOT：PSS/P3HT：PCBM/CBL/Al		90	11.10(7.50)	061(0.51)	0.66(0.54)	5.00(2.30)
TiO_x	5～11	ITO/PEDOT：PSS/P3HT：PCBM/CBL/Al		100		0.60(0.40)	0.70(0.50)	～2.0(～4.0)
TiO_x	30	ITO/PEDOT：PSS/P3HT：PCBM/CBL/Al		100	10.80(10.70)	0.62(0.62)	0.61(0.60)	4.10(4.00)
TiO_x	20	ITO/PEDOT：PSS/MEH-PPV：PCBM/CBL/Al		100	6.10(5.10)	0.81(0.81)	(0.42)	2.10(1.70)
TiO_2 NRs	100	ITO/CBL/P3HT：PCBM/V_2O_5/Al	X	100	10.96	0.59	0.42	2.71
ZnO	—	ITO/CBL/P3HT：PCBM/Ag	X	100	11.22	0.56	0.48	2.97
ZnO	120	FTO/CBL/P3HT：PCBM/MoO_3/Ag	X	100	8.86	0.62	0.57	3.09
ZnO NRs	300	ITO/CBL/P3HT：PCBM/V_2O_5/Al	X	100	9.60	0.57	0.50	2.70
ZnO NRs	115	ITO/CBL/P3HT：PCBM/V_2O_5/Al	X	100	～10.64	～0.57	0.65	3.90
ZnO NPs	50	ITO/CBL/P3HT：PCBM/PEDOT：PSS/Al	X	100	10.69	0.62	0.54	3.61
ZnO	36	ITO/CBL/P3HT：PCBM/MoO_3/Ag	X	100	11.9(8.50)	0.59(0.33)	0.60(0.21)	4.18(0.57)

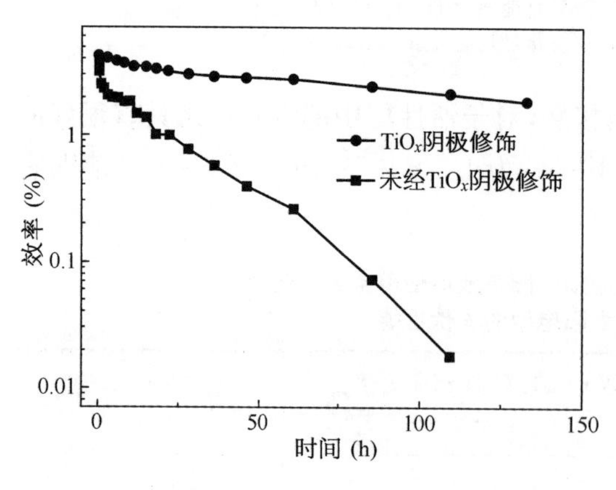

图 6-28　TiO_x 阴极修饰层对正向结构 P3HT：PCBM 电池稳定性的影响

除了优异的电子性质，TiO_x 在聚合物太阳电池中还展示了优异的空气稳定性。Lee[53]等人报道了在 Al 顶电极下旋涂一层 30 nm 厚的 TiO_x 层的正向结构 P3HT：PCBM 太阳电池，器件未做任何额外封装，在空气中的寿命比未经 TiO_x 修饰的器件提高了两个数量级，如图 6-28 所示。事实上，TiO_x 起着氧气清除剂与氧气、水汽阻隔涂层的作用。在基于聚芴类光伏材料制备的聚合物太阳电池使用 TiO_x 修饰层，通过 XPS 测试进一步证实了 TiO_x 对水氧的阻隔作用。此外，TiO_x 阴极修饰层还可以起到防止 Al 扩散到下面的活性层的作用。

氧化锌是另外一种 n 型、宽带隙半导体，具有类似于氧化钛的电子性质，因此也被广泛应用于聚合物太阳电池的阴极修饰层，尤其是在反向结构聚合物太阳电池中应用更为广泛。ZnO 阴极修饰层可通过旋涂醋酸锌溶液然后在空气中高温(300℃)热处理获得，也可以使用可溶液加工的氧化锌纳米晶制备。

由溶液旋涂的 ZnO 纳米粒子组成的阴极修饰层在正向和反向的聚合物太阳电池中都有应用[54, 55]。使用 PEDOT：PSS/Ag 阳极和旋涂的 ZnO 纳米粒子的阴极修饰层、未封装器件在空气中表现出高的稳定性，暴露在室温空气环境中 40 天仍然保持 80%的初始效率。ZnO 阴极修饰层还可以通过原子沉积来实现低温加工(80℃)，可用于柔性器件，避免了 ITO 塑料基板的损伤。ZnO 阴极修饰层良好的电子收集性能使得基于 P3HT：PCBM 的反向太阳电池的效率超过 4%。图 6 - 29 给出了有代表性的碱金属化合物和碱金属氧化物阴极修饰层对光伏器件性能的影响。

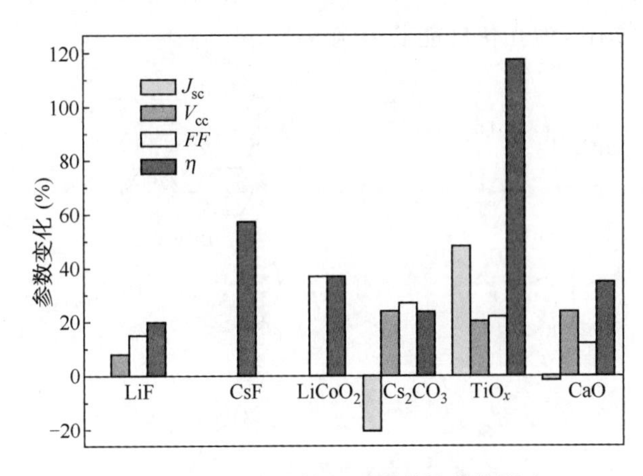

图 6 - 29　不同修饰层对器件性能的影响

对于 TiO_x和 ZnO 阴极修饰层，在正向结构太阳电池中证实了光学间隔(optical spacer)的附加作用。通过优化光场在器件中的空间分布，用适当的光学间隔可以提高聚合物太阳电池活性层的光吸收。研究表明，由于入射光能和通过顶部金属电极的反射光发生干涉作用，因此可以通过在活性层和反射电极间引入光学间隔来最大化活性层内光的强度。

当在正向结构 P3HT：PCBM 太阳电池的活性层和 Al 阴极之间插入 30 nm 的 TiO_x 层时，整个光谱范围内的光电转换效率提高 40%。短路电流的提高(从无 TiO_x 层的 7.5 mA/cm^2 到使用 TiO_x层的 11.1 mA/cm^2)和效率的改善，主要得益于光强在 P3HT：PCBM 复合层的空间分布更加合理，从而产生了更强的光学吸收。光学间隔效应可由玻璃/P3HT：PCBM/TiO_x/Al 和玻璃/P3HT：PCBM/Al 两种器件的反射光谱来确认[53]。

Gilot[56]等人在 P3HT：PCBM 活性层和 LiF/Al 阴极之间使用 40 nm 厚的 ZnO 也同样观察到光学间隔效应。使用 ZnO 修饰层使器件的短路电流几乎提高一倍。为了确认这种短路电流的提高确实是由于 ZnO 的光学间隔作用，而非其他机理(如附加的给/受体界面，或激子阻挡作用）所引起，他们对比了使用和不使用光学间隔器件的内量子效率。观察到内量子效率没有明显的变化，确认了光电流的提高确实是由于光学吸收的增强而引起的。ZnO 层光学间隔的作用不仅依赖间隔层的厚度而且还与活性层厚度有关，这与 TiO_x 有关的研究结论一致。含有不同厚度的活性层和 ZnO 光学间隔的 P3HT：PCBM 太阳电池，其光强的空间分布可以通过模拟计算得到。计算表明 ZnO 层对于提高 60 nm 以下厚度活性层的光电流是有效的，而对更厚的活性层作用较小。因为在活性层厚度超过 60 nm 之后，无 ZnO 层时活性层已经在最有效的位置，添加光学间隔引起内部光电场的重新分布，反而使活性层偏离最大光强，在实际器件中的测试结果也证实了这一模拟结果。

3）有机阴极修饰层材料

近年来，一些强极性的有机分子、聚合物和金属螯合物（图 6－30 和图 6－31）也被成功应用于聚合物太阳电池的阴极修饰层。表 6－8 给出一些有机分子阴极修饰层对正向和反向结构聚合物太阳电池光伏性能的影响。

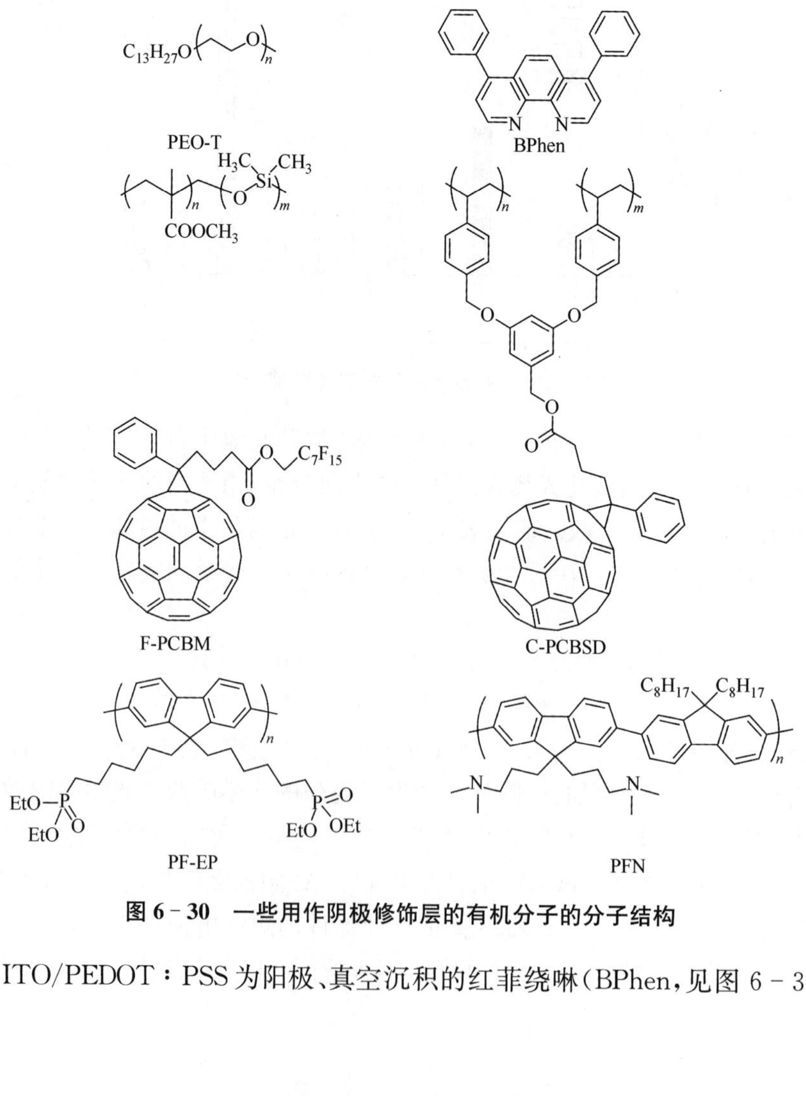

图 6－30　一些用作阴极修饰层的有机分子的分子结构

在以 ITO/PEDOT：PSS 为阳极、真空沉积的红菲绕啉（BPhen，见图 6－30）做阴极

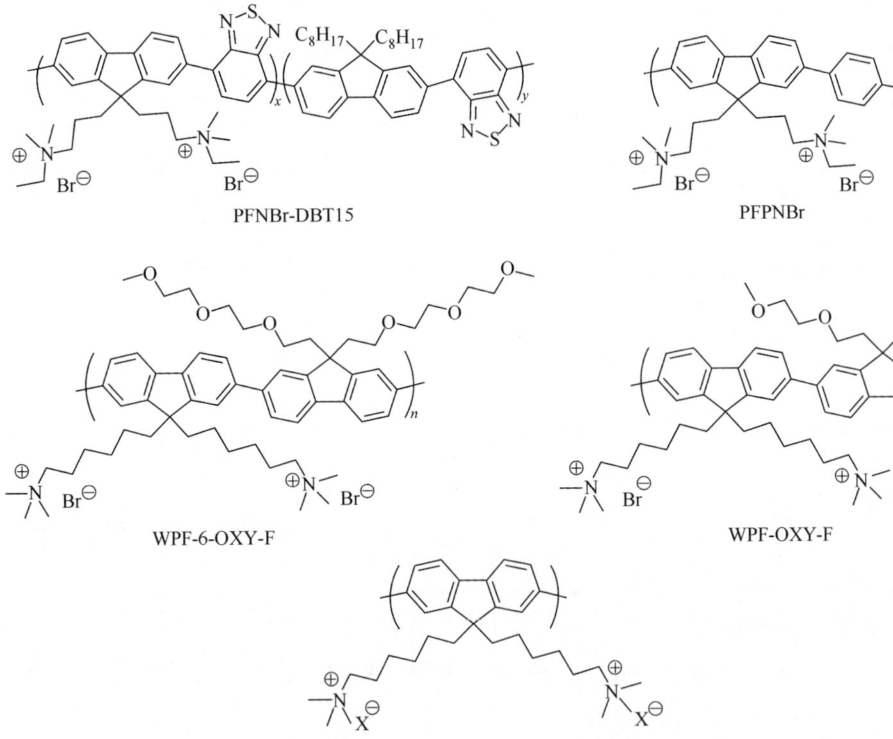

PFNBr-DBT15　　PFPNBr

WPF-6-OXY-F　　WPF-OXY-F

PF-X X=Br, CF_3SO_3, tetrakisimidazolibo rate, tetraksi(bistrifluoromethyl)phenylborate

图6-31　支链含离子的有机分子和聚合物阴极修饰层材料的分子结构

修饰层的半透明 P3HT∶PCBM 太阳电池中，开路电压值保持约 0.6 V，短路电流可显著提高。

添加含氟富勒烯衍生物(F-PCBM，图6-30)到 P3HT∶PCBM(1∶0.8 质量比)的溶液中(P3HT 浓度为10%)可引发氟化物的表面分离并且在旋涂的活性层上面自组装形成界面层，从而起到阴极修饰层的作用。F-PCBM 的主要作用是减少在有机层和阴极之间的空穴复合损失和漏电流，并且还可以降低电子提取的能垒，因为 C_{60} 上氟化的支链取向产生界面偶极子降低了金属界面的功函。带有 F-PCBM 修饰层的太阳电池的短路电流、开路电压和填充因子都有所增加(表6-8)。

Hsieh[57]等人在 P3HT∶PCBM 反向结构太阳电池中将可交联的富勒烯衍生物(C-PCBSD，分子结构见图6-30)用于修饰 ITO/ZnO 阴极界面。在 ZnO 修饰层上旋涂 C-PCBSD 后，160℃热聚合 30 min 使其交联形成 C-PCBSD 薄膜，然后在交联的 C-PCBSD 膜上旋涂 P3HT∶PCBM 或 P3HT∶ICBA 等活性层。使用这种阴极修饰层的反向结构聚合物太阳电池表现出优异的光伏性能和良好的稳定性。其中基于 P3HT∶ICBA 器件效率达到 6.22%，他们进一步制备成 C-PCBSD 纳米棒阵列修饰层，使该器件的效率进一步提高到 7.3%。

离子液体改性的碳纳米粒子(平均粒径 4 nm)也可以用作阴极修饰层材料。使用该

表 6-8　一些有机分子阴极修饰层对正向和反向结构聚合物太阳电池光伏性能的影响

阴极修饰层(CBL)	厚度(nm)	器件结构	P_{in}(mW·cm^{-2})	J_{sc}(mA·cm^{-2})	V_{oc}(V)	FF	η(%)
BCP	1	ITO/PEDOT：PSS/P3HT：PCBM/CBL/Al	55	(5.58)	(0.44)	(0.27)	3.10(1.18)
CuPc	3	ITO/PEDOT：PSS/P3HT：PCBM/CBL/Al	55	6.58(5.58)	0.61(0.44)	0.38(0.27)	2.66(1.18)
Pentacene	1	ITO/PEDOT：PSS/P3HT：PCBM/CBL/Al	100	9.56(7.61)	0.63(0.61)	0.51(0.43)	3.09(2.00)
Pyronin B	1	ITO/PEDOT：PSS/MDMO-PPV：PCBM/CBL/Al	80	3.69(1.67)	0.84(0.84)	0.39(0.40)	1.46(1.05)
F-PCBM	—	ITO/PEDOT：PSS/P3HT：PCBM/CBL/Al	100	9.51(8.72)	0.57(0.55)	0.70(0.64)	3.79(3.09)
C_{60}	—	ITO/PEDOT：PSS/MEH-PPV：PCBM/CBL/Al	100	4.63(4.25)	0.80(0.80)	0.51(0.46)	1.89(1.57)
C_{60}-LiF	—	ITO/PEDOT：PSS/P3HT：PCBM/CBL/Al	100	9.50(9.90)	0.56(0.6)	0.60(0.63)	3.20(3.40)
ZnO NRs/PCBM	—	ITO/CBL/P3HT：PCBM/Ag	100	11.67(10.13)	0.55(0.51)	0.50(0.45)	3.20(2.35)
ZnO/C-PCBSD	—	ITO/CBL/P3HT：PCBM/PEDOT：PSS/Ag	100	12.8(11.6)	0.60(0.58)	0.58(0.52)	4.40(3.50)
SWCNT	—	ITO/PEDOT：PSS/P3HT：PCBM/CBL/Al	130	0.40(21.6)	0.27(0.51)	0.25(0.47)	0.01(4.00)
PEO	—	ITO/CBL/APFO-3：PCBM/PEDOT-EL/PEDOT：PSS	100	1.90(1.10)	0.65(0.26)	0.43(0.39)	0.53(0.11)

（续表）

阴极修饰层(CBL)	厚度(nm)	器 件 结 构	P_{in}(mW·cm^{-2})	J_{sc}(mA·cm^{-2})	V_{oc}(V)	FF	η(%)
PEO-T/TiO_x	<10	ITO/CBL/P3HT：PCBM/PEDOT：PSS/Ag	100	—	—	0.64(0.36)	3.60(1.60)
PEG	—	ITO/PEDOT：PSS/P3HT：PCBM/CBL/Al	100	12.12(8.36)	0.59(0.49)	0.56(0.54)	3.97(2.21)
PDMS-b-PMMA	—	ITO/PEDOT：PSS/P3HT：PCBM/CBL/Al	100	9.61(8.31)	0.60(0.57)	0.67(0.65)	3.86(3.10)
PF-EP	5	ITO/PEDOT：PSS/P3HT：PCBM/CBL/Al	100	9.01(8.57)	0.64(0.45)	0.59(0.51)	3.38(1.98)
PFN	5	ITO/PEDOT：PSS/P3HT：PCBM/CBL/Al	100	4.68(4.54)	0.61(0.60)	0.55(0.52)	1.54(1.42)
WPF-oxy-F	3	ITO/PEDOT：PSS/P3HT：PCBM/CBL/Al	100	9.86(10.45)	0.63(0.52)	0.61(0.54)	3.77(2.95)
WPF-6-oxy-F	—	ITO/PEDOT：PSS/P3HT：PCBM/CBL/Al	100	10.08(9.04)	0.64(0.53)	0.60(0.48)	3.89(2.30)
PFNBr-DBT15	5	ITO/PEDOT：PSS/PFO-TST50：PCBM/CBL/Al	80	8.90(7.90)	0.80(0.65)	0.37(0.32)	2.60(1.70)
PFNBr	5	ITO/PEDOT：PSS/PFO-TST50：PCBM/CBL/Al	80	8.00(7.90)	0.80(0.65)	0.39(0.32)	2.50(1.70)
PF-OTf	5	ITO/PEDOT：PSS/P3HT：PCBM/CBL/Al	100	4.33(4.54)	0.60(0.60)	0.55(0.52)	1.44(1.42)
PF-BIm_a	5	ITO/PEDOT：PSS/P3HT：PCBM/CBL/Al	100	4.76(4.54)	0.60(0.60)	0.56(0.52)	1.60(1.42)
PF-Bar_4^5	~1.0	ITO/PEDOT：PSS/P3HT：PCBM/CBL/Al	100	4.61(4.54)	0.60(0.60)	0.52(0.52)	1.53(1.42)

修饰层的 P3HT：PCBM 正向结构太阳电池的效率比无此阴极修饰层的器件有明显提高。离子液体修饰的碳纳米粒子相比 LiF 主要优势在于容易实现大面积溶液沉积。

一些离子型 π-共轭和非共轭聚合物也被用于阴极修饰层。聚环氧乙烷(PEO)薄膜(<5 nm)是最早用于阴极修饰层的聚合物材料。

聚二甲基硅氧烷接枝聚甲基丙烯酸甲酯(PDMS-b-PMMA，见图 6-30)也可以用作阴极修饰层。在 P3HT：PCBM 共混溶液中添加 PDMS-b-PMMA，旋涂成膜过程中由于 PDMS 链段的低表面能，PDMS-b-PMMA 将趋向于从 P3HT：PCBM 活性层分离而聚集在表面，自组装形成一层阴极界面层。XPS 分析检测到表面存在硅氧烷基团，这确认了 PDMS-b-PMMA 界面层的存在。添加 PDMS-b-PMMA 的器件其光伏特性得到了提高。关于 PDMS-b-PMMA 层提高光伏性能的机理目前尚未明确。PDMS-b-PMMA 没有强的偶极子，因此光伏性能提高的原因不大可能是由于改善了有机物/阴极界面的能级匹配。有可能是绝缘的 PDMS-b-PMMA 层减少了界面上的电荷复合。

极性聚芴类衍生物(PF-EP 和 PFN 等，分子结构见图 6-30)阴极修饰层最近引起了聚合物太阳电池研究者的关注，这类阴极修饰层对聚合物太阳电池光伏性能的提高起到了重要作用。这类聚合物具有醇溶性，因而这类阴极修饰层可以通过溶液加工的方法制备，适合将来的大面积柔性器件的制备。PF-EP 和 PFN 阴极修饰层都可以有效提高 P3HT：PCBM 太阳电池效率。最近华南理工大学使用 PFN 阴极修饰层制备一种基于苯并噻二唑和噻吩并噻吩的共聚物为给体、$PC_{70}BM$ 为受体的正向和反向结构太阳电池，正向结构器件的效率提高到 8.3%[58]，反向结构器件的效率进一步提高到 9.2%[59]，达到了单层器件文献报道的最高效率。值得注意的是，使用 PFN 阴极修饰层的器件，开路电压、短路电流和填充因子都有明显提高，从而使聚合物太阳电池效率大幅度提高。

钛的乙酰丙酮螯合物 TIPD 和 TOPD(图 6-30)也是非常有效的阴极界面修饰材料。在正向结构聚合物太阳电池中，用 TIPD 修饰阴极界面，可显著降低界面的电阻，使基于 MEH-PPV：PCBM 电池的转换效率提高 50%[60]。用 TIPD 修饰 ITO 制备的反向结构太阳电池，其效率可达 7.4%[16]，而同样条件下正向结构电池的效率为 6.4%。TOPD 表现出与 TIPD 类似的性质，但 TOPD 更稳定[61]。

在烷基侧链上含阳离子基团的芴的交替和无规共聚物，PFNBr-DBT15 和 PFPNBr，也被用作阴极修饰层材料。以芴的接枝共聚物为给体、PCBM 为受体的本体异质结太阳电池，带有此阴极修饰层的光伏器件与无此修饰层的器件相比，开路电压明显提高(平均提高 0.3V)，同时短路电流和填充因子也略有提高。

最近含不同阴离子(PF-X，其中 X=Br、CF_3SO_3 等，图 6-31)和季铵阳离子侧链的聚芴阴极修饰层材料也受到重视。不同的阴离子对器件的性能影响区别不大。这类含离子型阴极修饰层对 P3HT：PCBM 和 MEHPPV：PCBM 太阳电池的性能仅有微小的影响，但它们可以提高以芴-苯并噻二唑-噻吩类为共聚物给体的器件的光伏性能。

4）自组装单层膜

有些自组装单层膜也可以起到阴极修饰层的作用，其实前面提到的含氟 C_{60} 衍生物 F-PCBM 和有机分子 PDMS-b-PMMA 就是自组装单层膜阴极修饰层的例子。

在氧化锌或氧化钛阴极修饰层上自组装一层有机分子单层膜，常表现出更好的光伏特性。图6-32给出一些可用于自组装形成单层膜阴极修饰层的分子结构，表6-9列出了使用这类自组装单层膜阴极修饰层的聚合物太阳电池的光伏性能。在氧化锌或氧化钛表面通过旋涂这些有机分子的醇溶液形成修饰层、然后旋涂纯的乙醇将物理吸附的分子除去即可得到它们的自组装单层膜阴极修饰层。

C_{60}-COOH　C_{60}-COOH-2

PCBM-COOH　C_{60}-CAT　C_{60}-PA

BA-X (X=H, SH, CH_3, OCH_3, CF_3, CN)　MUA　LA

TT-COOH　PFTDA

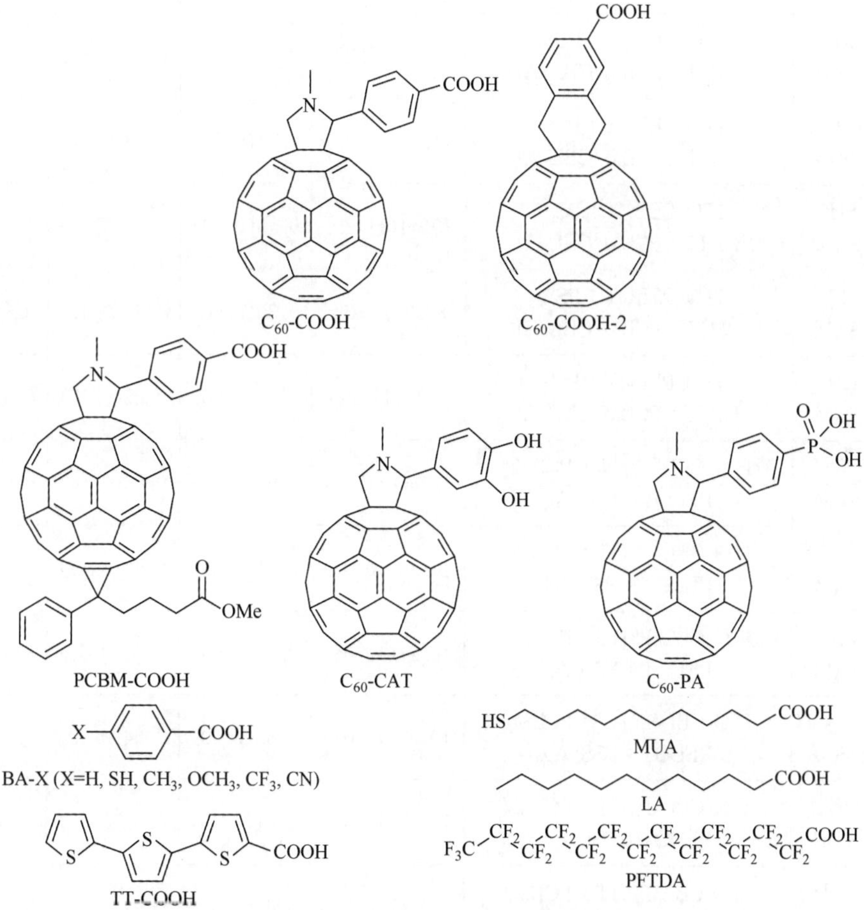

图6-32　一些可用于自组装形成单层膜阴极修饰层的分子结构

表6-9　使用自组装单层膜阴极修饰层的正向和反向结构聚合物太阳电池的光伏性能

自组装阴极修饰层(SAM CBL)	器件结构	J_{sc}(mA·cm^{-2})	V_{oc}(V)	FF	η(%)
MUA ZnO-SAM	ITO/PEDOT：PSS/P3HT：PCBM/CBL/Al	11.10(8.00)	0.65(0.63)	0.63(0.48)	4.60(2.40)

（续表）

自组装阴极修饰层(SAM CBL)	器 件 结 构	J_{sc}(mA·cm^{-2})	V_{oc}(V)	*FF*	η(%)
LA ZnO-SAM	ITO/PEDOT∶PSS/ P3HT∶PCBM/CBL/Al	10.60(8.00)	0.64(0.63)	0.39(0.48)	2.60(2.40)
PFTDA ZnO-SAM	ITO/PEDOT∶PSS/ P3HT∶PCBM/CBL/Al	9.50(8.00)	0.33(0.63)	0.33(0.48)	1.00(2.40)
BA-OCH_3 ZnO-SAM	ITO/PEDOT∶PSS/ P3HT∶PCBM/CBL/Al	11.61(11.29)	0.65(0.60)	0.55(0.47)	4.21(3.16)
BA-CH_3 ZnO-SAM	ITO/PEDOT∶PSS/ P3HT∶PCBM/CBL/Al	11.63(11.29)	0.64(0.60)	0.49(0.47)	3.63(3.16)
BA-H ZnO-SAM	ITO/PEDOT∶PSS/ P3HT∶PCBM/CBL/Al	11.46(11.29)	0.64(0.60)	0.48(0.47)	3.48(3.16)
BA-SH ZnO-SAM	ITO/PEDOT∶PSS/ P3HT∶PCBM/CBL/Al	10.44(11.29)	0.45(0.60)	0.42(0.47)	1.95(3.16)
BA-CF_3 ZnO-SAM	ITO/PEDOT∶PSS/ P3HT∶PCBM/CBL/Al	8.97(11.29)	0.30(0.60)	0.31(0.47)	0.84(3.16)
BA-CN ZnO-SAM	ITO/PEDOT∶PSS/ P3HT∶PCBM/CBL/Al	8.15(11.29)	0.27(0.60)	0.28(0.47)	0.62(3.16)
C_{60}-COOH ZnO-SAM	ITO/CBL/P3HT∶PCBM/ PEDOT∶PSS/Ag	12.60(11.20)	0.63(0.63)	0.62(0.56)	4.94(3.93)
C_{60}-CAT ZnO-SAM	ITO/CBL/P3HT∶PCBM/ PEDOT∶PSS/Ag	10.86(10.07)	0.61(0.60)	0.62(0.58)	4.13(3.47)
C_{60}-PA ZnO-SAM	ITO/CBL/P3HT∶PCBM/ PEDOT∶PSS/Ag	10.27(10.07)	0.62(0.60)	0.63(0.58)	3.96(3.47)
PCBM-COOH ZnO-SAM	ITO/CBL/P3HT∶PCBM/ PEDOT∶PSS/Ag	10.85(10.07)	0.62(0.60)	0.64(0.58)	4.24(3.47)
C_{60}-COOH-2 ZnO-SAM	ITO/CBL/P3HT∶PCBM/ PEDOT∶PSS/Ag	11.26(10.07)	0.61(0.60)	0.62(0.58)	4.30(3.47)
C_{60}-COOH TiO_2-SAM	ITO/CBL/P3HT∶PCBM/ PEDOT∶PSS/Ag	10.60(9.80)	0.62(0.61)	0.57(0.47)	3.80(2.80)
TT-COOH TiO_2-SAM	ITO/CBL/P3HT∶PCBM/ PEDOT∶PSS/Ag	10.0(9.80)	0.60(0.61)	0.56(0.47)	3.40(2.80)
Ph-COOH TiO_2-SAM	ITO/CBL/P3HT∶PCBM/ PEDOT∶PSS/Ag	10.50(9.80)	0.60(0.61)	0.50(0.47)	3.20(2.80)
C_{12}-COOH TiO_2-SAM	ITO/CBL/P3HT∶PCBM/ PEDOT∶PSS/Ag	9.92(9.80)	0.61(0.61)	0.50(0.47)	3.00(2.80)

Yip[62] 等人使用自组装单层膜修饰的 ZnO 阴极修饰层 ZnO/R－COOH(R＝－$C_{11}H_{22}SH$,－$C_{11}H_{23}$,－$C_{14}F_{29}$),制备了正向结构和反向结构 P3HT∶PCBM 聚合物太阳电池。三个不同的羧酸形成含不同偶极子和端基的自组装单层膜。这些自组装单层膜的性质会影响器件的效率,由巯基十一烷酸(MUA)改性的 ZnO 层组成的阴极修饰层,填充因子显著提高(从 0.48 提高到 0.63),而开路电压基本不变,光电转换效率达到 4.6%,比无此修饰层电池的效率(2.4%)有显著提高。使用月桂酸改性阴极修饰层的太阳电池,因不含－SH 端基而区别于 MUA,虽然表现出良好的开路电压和短路电流,但是填充因子偏低,意味着硫羟基和金属的相互作用对调整阴极界面的电荷提取性能有重要作用。全氟十四酸(PFTDA)改性的阴极修饰层使得器件的整流性能变差,填充因子和开路电压降低。

器件的性能还与界面自组装单层膜产生的偶极子方向相关[63]。研究表明在 P3HT∶PCBM 正向结构太阳电池中,具有不同偶极矩的对位取代的苯甲酸(BA－X,X＝－OCH_3,－CH_3,－H,－SH,－CF_3,－CN)修饰的 ZnO 复合阴极修饰层,其电池的性能有很大区别。苯甲酸衍生物的气相偶极矩在－3.9 D～＋3.7 D 之间,负值表明净偶极矩的方向指向 ZnO 层。自组装单层膜的偶极矩为负时使得太阳电池的光伏性能提高,而偶极矩为正时使得太阳电池的性能下降,如图 6－33 所示。事实上,当净偶极子指向 ZnO 层时会使得在 ZnO/金属界面电子提取的障碍减少,提取能力增强;相反方向上的偶极子会阻碍电子的提取。大部分负偶极矩自组装单层膜性能稳定,这为采用廉价的印刷沉积技术制备空气稳定的金属电极奠定了基础。

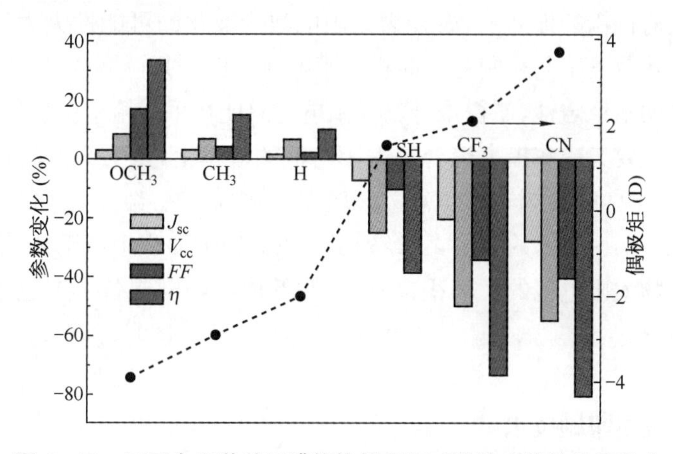

图 6－33　不同自组装单层膜修饰偶极矩对器件光伏性能的影响

C_{60}－COOH 修饰的纳米 ZnO 阴极修饰层用于反向结构 P3HT∶PCBM 太阳电池中,所制备器件的填充因子和光电流都能得到提高[64]。C_{60}－COOH 自组装单层膜的研究被扩展到不同锚式基团(羧基,膦,邻苯二酚)的富勒烯衍生物上。使用旋涂和浸涂技术可以制备这类自组装单层膜。除了膦酸衍生物对下层的 ZnO 层有腐蚀作用外,其他的富勒烯衍生物具有相似的器件结果。这些富勒烯自组装单层膜通常会引起短路电流和填充因子的提高,因为插入富勒烯衍生物自组装膜后,ZnO 和 P3HT∶PCBM 混合物的界面性能得到了改善,电荷复合的概率减小。在有机光伏器件中,自组装单层膜修饰的金属氧化物/

金属双层阴极修饰层是一类新的界面修饰方法，将会在低成本的大面积聚合物太阳电池中得到应用。

电极界面修饰层影响最大的通常是器件的开路电压，欧姆接触会使其达到最优值，同时也反映在填充因子和效率的提高上。修饰层通常还能带来其他有益的“副作用”，例如器件稳定性的提高，吸收性能的提高，保护顶部金属电极防止其扩散到活性层等。此外，有时阴极修饰层还可以起到光学间隔的作用，这种光学间隔使光场在器件中重新分布，从而增强光吸收。当然，在 ITO 电极上修饰层透光性能的改善也会引起光电流的显著提高。还有，在 ZnO 修饰层上使用具有负偶极矩的自组装单层膜可对界面性能进一步微调，也是提高器件光伏性能的有效手段。

6.4 聚合物太阳电池的制备技术

聚合物太阳电池在光电转换效率和稳定性方面正在迅速接近“10 - 10”这一关键目标（即 10％的光电转换效率和 10 年的寿命），寻求高效、规模化、合理的加工方法越来越迫切[65]。实验室研究工作和早期商业运作的努力使得聚合物太阳电池成为一个快速增长的研究领域，并且展现出一个新产业的曙光。

溶液加工、低成本、器件轻薄和柔性是聚合物太阳电池的突出优点。在研究人员、工业部门和各国政府机构的推动下，聚合物太阳电池产业化的可能性大大提高。最初的研究是使用旋涂和热蒸发工艺来制备小面积太阳电池。由于共轭聚合物给体材料和低功函金属电极对水氧的不稳定性，使得聚合物太阳电池只能在手套箱中保护气体氛围下制备。前期的研究工作主要集中在提高聚合物太阳电池的效率上，因为只有转换效率提高到一定水平，才会对能源供应结构具有意义。现在基础研究已经使小面积太阳电池（4～100 mm^2）达到了 7％～10％的效率，已经到了可以研究大面积生产工艺、准备实际应用的阶段。但是聚合物太阳电池的大面积、高产量和低成本印刷制备工艺也是一个具有巨大挑战性的课题。

6.4.1 涂布和印刷技术

首先要讨论一下涂布（coating）和印刷（printing）的区别。传统意义上的印刷是油墨从印版转移到基底上的过程。最好的例子莫过于办公室中的印章。相比之下，涂布是指通过倾倒、滴涂、粉涂、喷涂或者涂抹等方法将一层油墨制备到基片上。使用印刷这个词通常意味着是一个复杂的过程而涂布则是一个较简单的过程。印刷技术一般包括丝网印刷（screen printing）、转移印刷（pad printing）、凹版印刷（gravure printing）、柔性印刷（flexographic printing）和胶版印刷（offset print-ing）等。涂布技术一般包括旋转涂布（spin coating）、滴涂（casting）、刮刀涂布（doctor blading）、粉涂（painting）、喷雾涂布（spray coating）、模缝涂布（slot-die coating）、帘膜淋涂（curtain coating）、斜板涂布（slide coating)和边缘刀涂布(knife-over-edge coating)。两种技术唯一共有的技术是喷墨印刷。本质上说它是涂布技术,但是由于它是一个复杂的模式,并且常用于办公室内的纸张印刷,也可以算作是印刷技术的一部分。

1) 在单一的基底上印刷和涂布的方法

(1) 滴涂

滴涂是最简单的成膜加工技术,这种技术的优点是不需要设备,只需要一个非常平的工作表面。这种技术是简单地把溶液滴加到基片上,然后干燥成膜,如图 6-34 所示。这种技术能够加工较高质量的比较厚的膜,但其膜厚不易控制,常在膜的边缘出现相框效果或者干燥过程中有沉淀析出。对于表面张力很强的液体,干燥成膜会很不均匀。这种技术基本上不适合聚合物太阳电池活性层的制备,因为聚合物太阳电池活性层一般很薄,厚度只有 100~200 nm。

图 6-34 滴涂过程及所成的薄膜

(a) 滴涂示意图;(b) 不均匀的干燥结晶过程;(c) 非常均匀的铸造膜;(d) 一个比较差的有沉淀的膜

(2) 旋涂

旋涂技术对于聚合物太阳电池的基础研究和发展起着至关重要的作用,实验室聚合物太阳电池的制备基本上都是采用旋涂制备活性层。旋涂在匀胶机上进行,典型的旋转涂布技术是在基片以一定转速旋转的情况下将溶液滴加到旋转的基片上,此时溶液会被均匀地甩开铺平在基片上形成一层均匀的薄膜,旋涂过程如图 6-35 所示。当使用相同的溶剂，相同的加工条件，对于相同的材料，最终的膜厚具有相当好的可重复性。影响旋涂成膜厚度的重要因素包括溶液的浓度和粘度、溶剂的挥发性(溶剂的沸点)、旋涂时的旋转速度等。在旋转涂布得到的膜厚 d 可以通过一个经验公式(6-5)表示[66]：

$$d = k\omega^{\alpha} \tag{6-5}$$

式中 ω——旋转角速度；

k 和 α——溶剂、溶质和基底的物理经验参数。

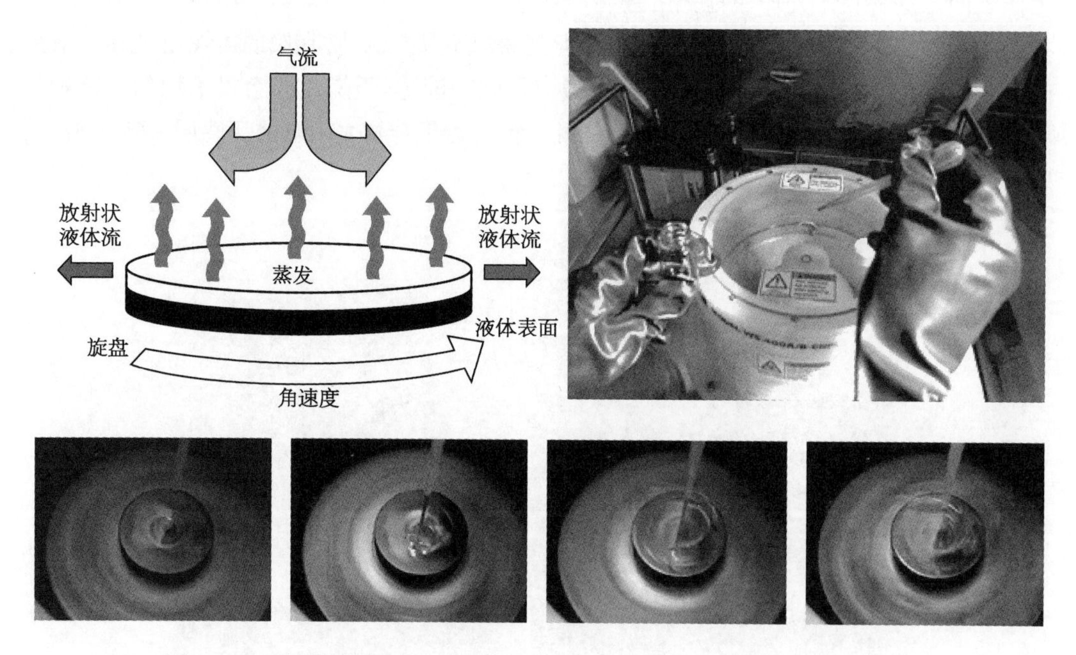

图 6-35 典型的旋转涂布过程的照片(基片上滴加的是 MEH-PPV 溶液)

通常 α 取-0.5 左右，k 通常包含许多参数，例如溶剂的黏度等。在一些文献中能够找到详细的说明。

旋转涂膜的优点是涂膜均匀，可以形成很薄的均匀薄膜。但是缺点是原料浪费严重。旋涂是实验室制备聚合物太阳电池的主要技术，但是不适合大面积柔性聚合物太阳电池的制备。

(3) 刮刀涂布

刮刀涂布是在距离基片一定距离处固定一刮刀来进行涂布，涂膜的典型厚度是 10～500 μm[67]。涂料溶液被放置在刀片的前面，然后沿直线移动刀片，在刀片后形成一层湿的膜，如图 6-36 所示。涂布湿膜的厚度通常是间隙宽度的一半，但是可能因基片的表面能、涂料溶液的表面张力和涂料溶液的黏度而发生变化。膜厚度取决于刀片后沿与湿膜之间的半月形结构，还与剪力场有关(和刀片的移动速度成比例)。刮刀涂布得到的膜厚的经验公式为式(6-6)：

$$d = \frac{1}{2}\left(g\,\frac{c}{\rho}\right) \tag{6-6}$$

式中 g——刮刀与基片之间的间距(cm)；

c——墨水中固体材料的浓度($g \cdot cm^{-3}$)；

ρ——最终得到膜的密度($g \cdot cm^{-3}$)。

相比旋转涂布，刮刀涂布技术是一项相当节约的技术，溶液的损失可以降低到小于5%。刮刀涂布湿膜干燥成膜的速度相对较慢，成膜过程中材料会有聚集和结晶的倾向。刮刀涂布的缺点是一般成膜厚度在微米量级，而聚合物太阳电池活性层厚度只有100～200 nm，所以，这项技术应用于聚合物太阳电池有一定困难。

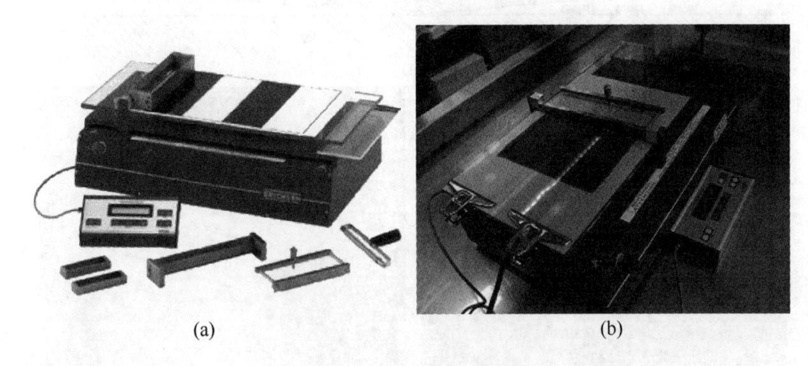

(a)　(b)

图6-36　刮刀涂布仪器

(a) Erichsen Coatmaster 509 MC-I仪器；(b) 刮刀涂布生产的MEH-PPV

(4) 丝网印刷术

丝网印刷是当前广泛用于工业生产的印刷技术，能够在印刷层上实现完全二维图形。它还是一项经济和节省的技术，在印刷的过程中，理论上不会浪费涂布溶液。它要求涂布溶液具有高的黏度和低的挥发性，得到的膜的厚度一般也是微米量级。图6-37所示为丝网印刷过程，包括一个张开用胶水粘在框架上的丝网编织材料(如合成纤维或钢丝网)。在丝网上按照需要涂上一层抗涂布溶剂的乳胶，这部分区域将不会涂上涂布液。要印制图案的区域是始终保持开放的(没有乳胶)。丝网被涂满涂布溶液，被带入与其接触的基底，刮刀放置于丝网的上方与基底接触，然后线性牵引式刮刀通过丝网的上方，涂布溶液就会被迫进入基底上开放的区域，从而得到所需图案。

丝网印刷得到的湿膜厚度可以通过丝网的理论体积V_{screen}经验公式得到。简言之，V_{screen}就是丝线和乳胶厚度之间的体积，是丝网上可以涂墨水区域的单位面积上的体积($cm^3 \cdot m^{-2}$)。由于诸多限制因素，并不是所有材料都适合丝网印刷。影响薄膜厚度的因素包括刮刀在丝网上推进的力量、离网距离、刮刀的速度和溶液的粘度等。公式(6-7)中简单的描述了最终的干膜厚度d与V_{screen}和k_p等的关系：

$$d = V_{screen} k_p \frac{c}{\rho} \tag{6-7}$$

式中　k_p——移除比率；

c——墨水中固体材料的浓度($g \cdot cm^{-3}$)；

ρ——最终膜材料的密度($g \cdot cm^{-3}$)。

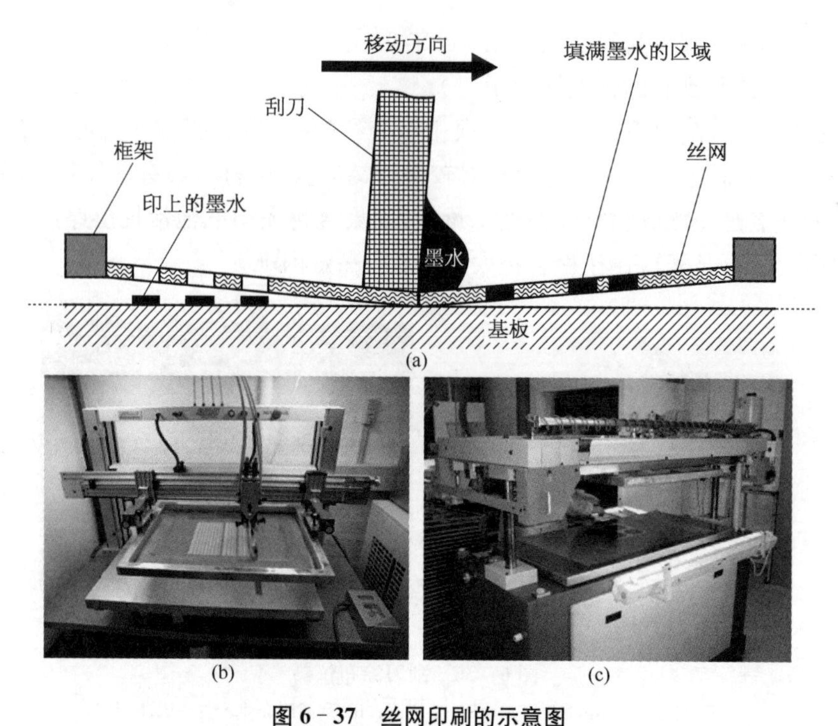

图 6－37　丝网印刷的示意图

(a) 示意图;(b) 实验室中的丝网印刷;(c) 工业丝网印刷

丝网印刷能够规模化生产,它与卷对卷高度兼容。卷筒丝网印刷是与卷对卷技术相适应的技术,在卷筒丝网印刷中,刮刀置于圆柱状的丝网内部。图 6－38 为典型的卷筒丝网印刷系统,包括开卷机、导边器、电晕处理、软板清洗、印刷、UV 处理、垂直干燥炉和回卷机。丝网印刷也可以应用于聚合物太阳电池的制备,尤其是用于印刷电极,比如金属导体银浆或者银-铝浆电极可以通过用丝网印刷术来加工。已经有一些关于 P3HT/PCBM 混合膜丝网印刷技术的专利和用丝网印刷术进行聚合物太阳电池大规模生产的报道[69]。他们展示了在柔性基底上将电池串联成面积为 132 cm^2 的太阳电池组件。

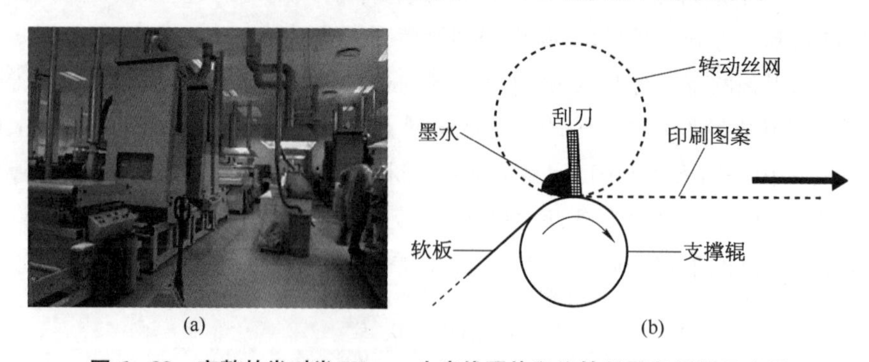

图 6－38　完整的卷对卷 Klemm 生产线照片和旋转丝网印刷的示意图

(a) Klemm 生产线照片;(b) 旋转丝网印刷的示意图

(5) 喷墨印刷

从工业印刷和涂布的观点来看,喷墨印刷是一个相对新颖的技术,其原理与打印机类似。喷墨印刷的原理如图 6-39 所示。喷墨打印得到的干膜的厚度由单位面积上液滴的数量,单个小液滴的体积,材料的浓度来决定:

$$d = N_d V_d \frac{c}{\rho} \tag{6-8}$$

式中　N_d——单位面积(cm^2)上小液滴的数量;

V_d——液滴的体积(cm^3);

c——墨水中固体材料的浓度($g \cdot cm^{-3}$);

ρ——最终膜材料的密度($g \cdot cm^{-3}$)。

这种印刷技术比较复杂。喷墨打印是通过机械增压或加热增压将溶液通过喷嘴喷出小液滴到基片上。这对墨水的配方有一定要求,通常墨水要求有较低的黏度(4～30 cP)且能够在静电场作用下带电。一般墨水是由多种混合溶剂组成(有时 5～8 种不同的溶剂),其中的一种或者多种溶剂具有较强的挥发性。墨水还要有较高的表面张力(>35 $mN \cdot m^{-1}$)以便产生一连串的液滴。当前还不能确定喷墨打印能否在聚合物电池的大规模生产中扮演重要的角色,到目前为止只有少量关于喷墨打印技术应用于聚合物电池的报道[69]。

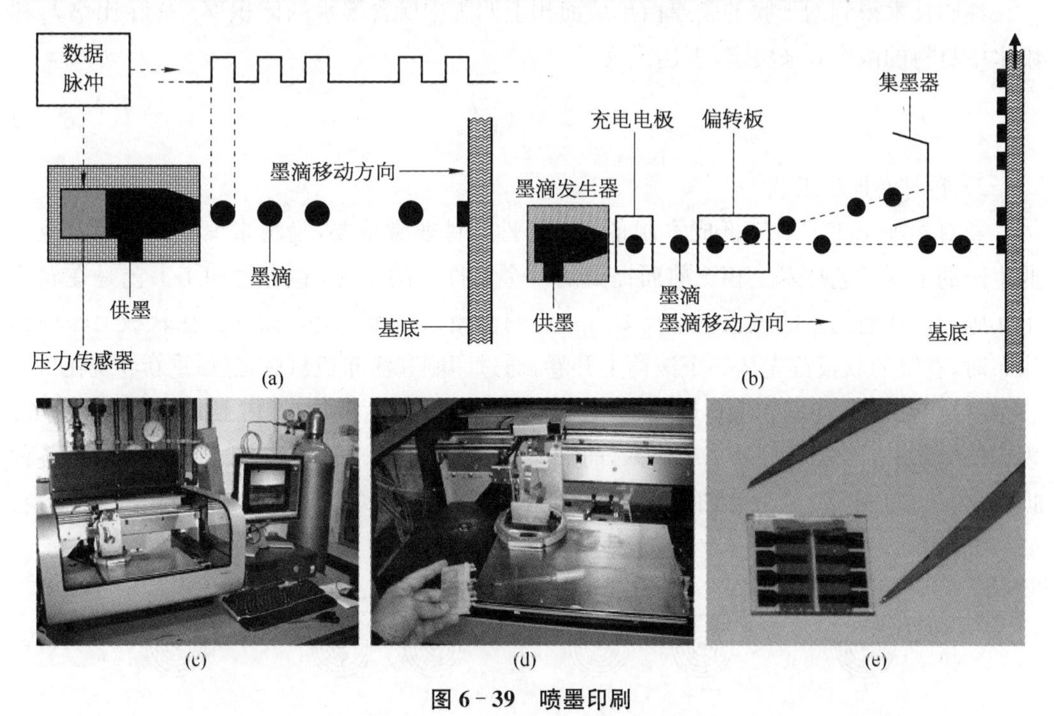

图 6-39　喷墨印刷

(a) 使用压力传感器的喷墨打印;(b) 一个连续生产系统图案;(c) 用于印刷太阳电池的实验室过程;(d) 填充墨水进入墨盒;(e) 完整喷墨打印制作

(6) 移印

很少有涂布技术能在带皱褶或凹凸不平的基片上完成,移印技术对于这一类基底有其独特优势。当然移印也不是万能的,这种技术只适合印刷较小的面积,但可以实现二维印刷图案。这种技术是一种胶版印刷技术,通过硅橡胶把图版印刷上的图案转移到基片上。其印刷过程如图 6-40 所示。已经有文献报道用在聚合物太阳电池中使用移印技术来加工活性层[70]，在硅基太阳电池中移印技术常用来加工银电极[71]。

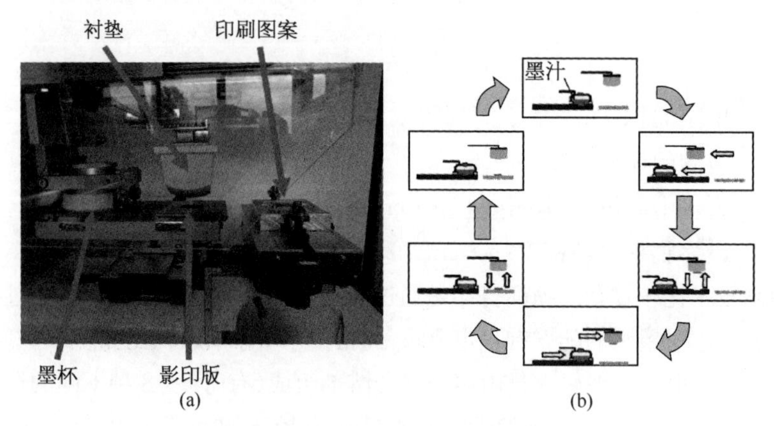

(a) (b)

图 6-40 移印示意图

(a) 开放位置凹版印刷；(b) 循环移印

移印技术得到的干膜的膜厚由单位面积上凹版中所含墨水的体积 V_g、移除比率 k_p 和墨水中材料的浓度 c 来决定，表达式为：

$$d = V_g k_p \frac{c}{\rho} \tag{6-9}$$

2) 卷对卷加工工艺

卷对卷加工工艺对于低成本制备大面柔性器件非常重要，是将来聚合物太阳电池工业生产的主要工艺技术。相比前面提到的单个器件上的工艺，卷对卷加工工艺是在卷筒上实施的。在卷筒上的软板通常需要有一定的机械强度和一定柔韧性。在软板上印刷和涂布时，卷绕的软板首先从一个滚筒上开卷，通过印刷和涂布机械后，然后重新卷绕在另外一个滚筒上。除了印刷和涂布过程之外，还包括其他的工序，例如加热干燥和 UV 处理等。理想情况是未加工的基底从一端进入，而完整的柔性器件从机械的最末端出来。减少各种损伤，提升加工效率，实现完整的印刷和涂布加工过程是非常有吸引力的。图 6-41 显示卷

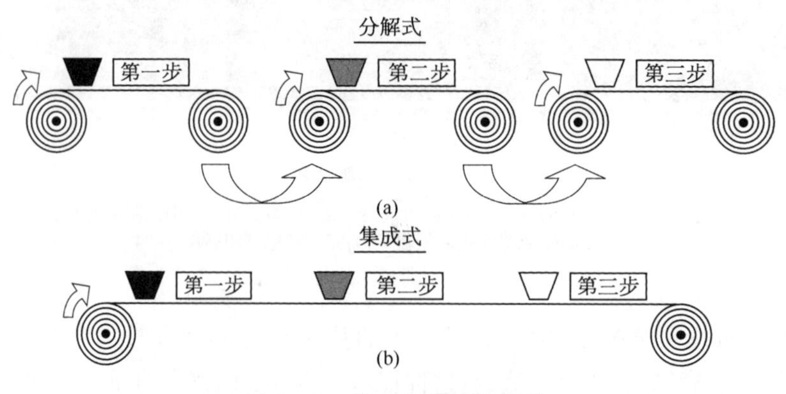

图 6-41 卷对卷印刷示意图

(a) 分解式加工；(b) 集成式卷对卷加工

对卷加工制备聚合物太阳电池的一个过程(含三层加工过程)。

图 6-42　Solar Coating Machinery GmbH, Germany 实验室规模的涂布系统

关于聚合物太阳电池的卷对卷加工已经有报道[72]。值得注意的是,大部分印刷和涂布技术都是关于湿膜加工的,干膜是通过干燥或者烘焙等加工方法实现的,干燥过程和涂布一样是复杂的。适合实验室规模的卷对卷系统如图 6-42 所示,包括开卷机、涂布装置、风干机和卷绕机。卷对卷印刷质量与印刷和涂布机械以及工艺条件有密切关系,如基底速度和张力的控制、基底的清洁、静电的去除(尤其是塑料基底)、表面处理、红外加热、热空气干燥、UV 处理和基底的冷却。图 6-43 展示了简单的涂敷系统,其中,灰色部分是涂布辊和涂布单元,软板是细线,涂布材料是虚线。

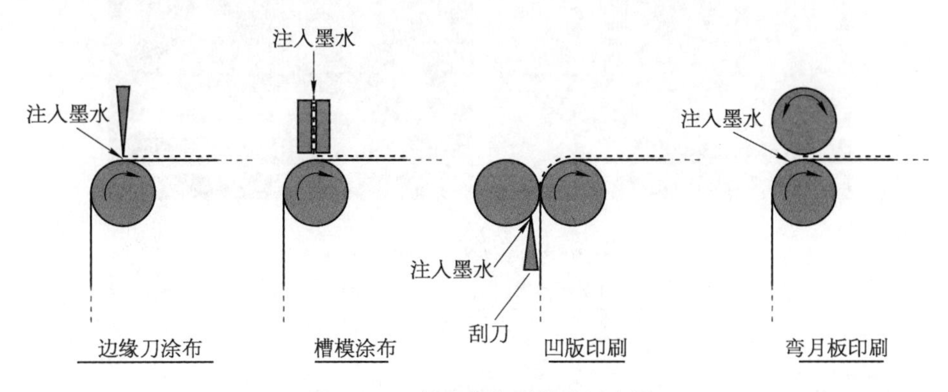

图 6-43　辊涂和印刷技术示意图

下面介绍卷对卷技术中的涂布技术。

(1) 边缘刀涂布和半月板涂布

该技术类似于刮刀涂布,区别在于这里刮刀是固定的,柔性基板是移动的。刮刀与置于其前面的墨水适当的结合。刮刀也可以放置在无支撑的柔性基板上。图 6-44 为典型的边缘刀涂布系统。

边缘刀涂布是一种零维涂布技术,这项技术被用于表面均匀平坦的基底。边缘的精度由刮刀与基片之间的间隙以及柔性基板的移动速度来决定。当柔性基板移动缓慢并且刮刀与滚筒纸距离很近时,油墨将沿着刮刀展开,最后涂布宽度为整个刀的长度。假设刀刃是平的,并与基片之间保持平行时,涂布薄膜的厚度在式(6-9)中给出,如果不是这种情况,膜厚是不确定的。图 6-44 所示的系统不适合黏度小于 50 cP 的液体,如果黏度过小,液体将会泄露或者沿着滚筒纸流动。图 6-44a 所示的系统对于没有墨水的低黏度液体非常适用,因为可以手动加入墨水,从而能够保证刮刀的前部只有少量的墨水,能够避免墨水跑到辊上。不用手动加墨，也可以使用一个小型的活塞泵来维持刮刀的前面有足够的墨水。

边缘刀涂布技术在涂敷的过程中基本上没有浪费，因为所有的材料都通过刮刀涂到了基底上。另外，边缘刀涂布技术能够填充凹凸不平的表面，如果墨水有很好的流平性，就会得到非常光滑的膜(尤其是在粗糙的基底上)。

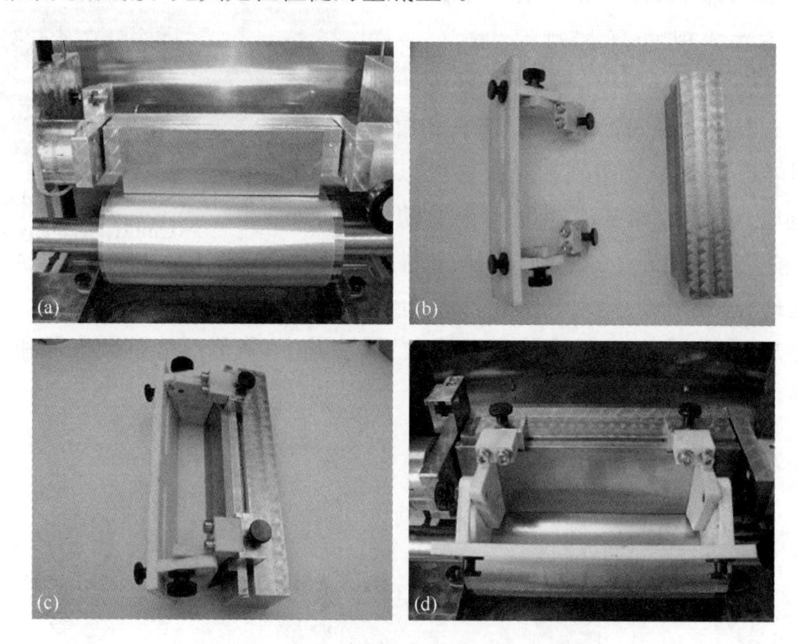

图 6-44 边缘刀涂布系统

(a) 刮刀在没有墨斗的滚筒上；(b) 拆开后的刮刀和墨斗；
(c) 装配好的墨斗和刮刀；(d) 带墨斗的边缘刀涂布系统

(2) 槽模涂布

作为一种一维的涂布技术，槽模涂布可将材料涂成条形，这特别适合条形多层膜的太阳电池生产。它可以在一层薄膜的上面制备另外一层薄膜。由于涂布头只是在与滚筒纸移动相垂直的方向上简单的移动，因此各层的对齐是非常容易的。该技术中，墨水通过一个泵或者压力系统供给涂布头(图 6-45)，而所供给涂布头的涂料都涂到了基底上，因此没有原料的损失。

槽模技术的操作过程简单可靠，但与边缘刀涂布相比，其涂布头比较复杂。图 6-46 展示了一个拆开的槽模涂布头，几个部件由垫圈装配而成，能够承受涂布过程中的墨水压力。最重要的部件是模板，它能分隔槽模并控制分散的墨水通过单个槽模。从图 6-46 可以看出，图案化的模具是由 9 mm 宽，间隔 3 mm 的 1、2、3 和 8 竖条组成。涂布头和模具是不锈钢材料，模具的厚度一般是 10 μm 到 100 μm。因为加工厚度低于 20 μm 的模具非常困难，厚度大于 50 μm 的模具使用的墨水要有很好的黏性。

当涂布聚合物电池的活性层时，由于活性层混合溶液(墨水)黏度较小(一般为 1～20 mPa·s)，模具的厚度范围应取 20～50 μm。当用低黏度的溶液和较低的速度(小

图 6－45　槽模涂布供给系统

(a) 小的活塞泵；(b) 压力泵

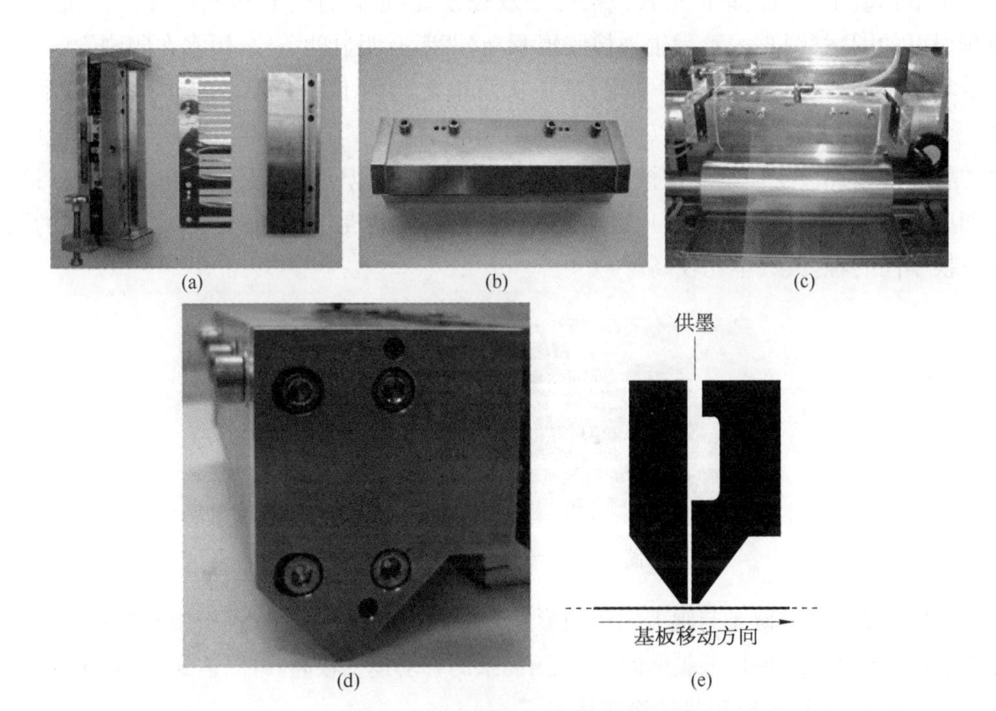

图 6－46　槽模涂布头装配组合

(a) 模具和前片；(b) 边缘槽和插槽；(c) 槽模涂布头安装；(d) 涂布头特写；(e) 原理图

于 2 m・min^{-1})来涂布时，需采取适当的措施来控制半月板。要改变涂布图案时，仅需交换模具就能轻易的实现。研究表明，槽模涂布能够在一定黏度的溶液(大于 100 mPa・s)和较高的涂布速度(大于 10 m・min^{-1})下很好的工作。理想的湿膜厚度可通过滚筒纸的速度和涂布头液体的供给速度来控制。对于给定的滚筒纸和墨水供给速度、涂布宽度和干膜中固体的密度时，干膜的厚度与它们的关系如下：

$$d = \frac{f}{Sw} \cdot \frac{c}{\rho} \tag{6-10}$$

式中　d——膜厚(cm)；

f——流量($cm^3 \cdot min^{-1}$);

s——滚筒纸的速度($cm \cdot min^{-1}$);

w——涂布的宽度(cm);

c——墨水的浓度($g \cdot cm^{-3}$);

ρ——涂布材料的密度($g \cdot cm^{-3}$)。

值得注意的是,滚筒纸移动速度的范围是由槽模涂布中墨水的浓度决定的,当超出了范围,涂布膜质量将下降。

(3) 凹版涂布

凹版印刷技术是一种二维图形加工技术,相比于边缘刀涂布更为复杂,但是能够很大程度上节约墨水。最简单的形式包括一个双辊系统(通常称为直接凹印版),在涂料辊上有预设好的图案(图 6-47,后辊被橡胶辊驱动,凹版有明显的条纹,墨水在印刷辊的下面,转盘和把手调节带有后辊的印刷辊,基板从两辊之间的下部进入,多余的墨水被刮刀刮掉)。涂布辊部分插入墨水中以便能够不断的得到补充。在涂布辊与滚筒纸接触之前,多余的墨水被去掉。支撑辊通常被涂上一层硬橡胶涂层,以便能够更好的与凹印胶辊接触。与凹版接触的墨水被转移到基片上产生所需的图案。但是凹版印刷技术制作不同的图案要更换不同的辊,其成本比较高。

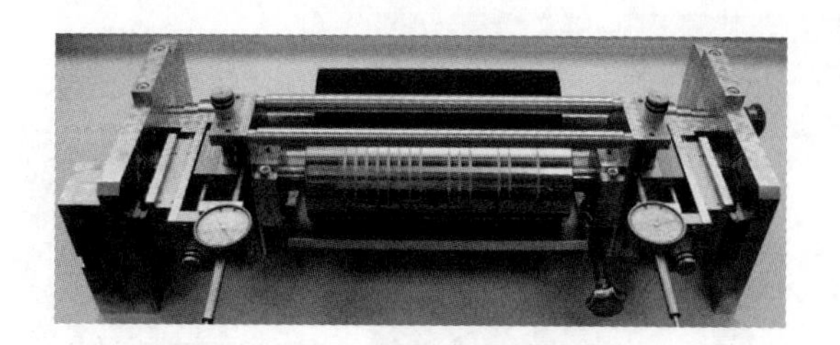

图 6-47 双辊凹版印刷系统

凹版印刷的质量除了与辊上凹版的形状有关外,很大程度上依赖于墨水的性质。凹版印刷的优势在于能够使用低黏度的墨水,滚筒纸的移动速度较高,可以达到 $1 \sim 10\ m \cdot s^{-1}$。

(4) 帘幕、多层槽模和滑动涂布技术

滑动和帘幕式涂布技术(图 6-48)能够同时加工多层的膜(可以同时加工多达 18 层的膜),多层膜层层堆叠且同时加工出来。许多薄膜能够用该技术加工,比如照相胶片的生产加工。聚合物太阳电池(包括叠层电池)的多层膜也可以通过一个组合的墨水进行简单的一步加工。这种涂布技术的挑战是墨水的流速要非常快,滚筒纸的速度要超过 $4\ m \cdot s^{-1}$。另外,要考虑形貌的控制和每层膜的热处理要求。

3) 其他相关的成膜技术

印刷和涂布技术对印刷墨水有各种严格限制,用于聚合物太阳电池的印刷技术必须考虑共轭聚合物给体和富勒烯衍生物受体共混溶液的性质,并且聚合物太阳电池的活性层和电极修饰层等都比较薄,一般只有几十到 100 nm,上面提到的印刷技术用于聚合物太阳电池时都会受到一定的限制。下面介绍其他有可能用于聚合物太阳电池溶液加工制备的成膜技术。

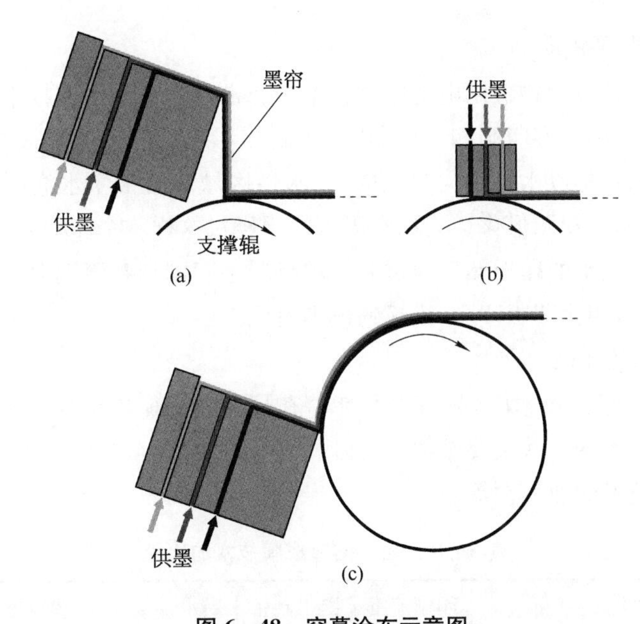

图 6－48　帘幕涂布示意图

(a) 三层膜涂布；(b) 多层膜涂布；(c) 移动涂布

(1) 喷雾涂布

喷雾涂布技术是一种强制墨水经过喷嘴以气溶胶形式沉积到基底上形成薄膜的技术，通常包含辅助气溶胶定向沉积到基片上的运载气和静电场。虽然气溶胶的形成和溶液的蒸发是一个复杂的过程，但喷雾涂布原则上是适合卷对卷生产的。用于喷雾涂布的溶液(墨水)的黏度范围较宽，并且可以制备几十到 100 nm 厚度的薄膜，比较适合用于聚合物太阳电池的溶液加工。

(2) 柔性版印刷

柔性版印刷类似于凹版印刷，所不同的是所成图案凸显在由橡胶制成的打印辊上。它和移印有许多相似之处，可以看做是将图案的连续移印。典型的柔性版印刷系统由四辊系统组成，给墨辊与带网纹的传墨辊相邻。柔版印刷辊从传墨辊上得到墨水，印刷在由压印辊引导的卷筒纸上。这个过程很简单，很适合印刷低粘度的聚合物光伏墨水。该技术采用封闭的墨盒，墨水仅在传墨辊和印刷辊的表面暴露于空气中(图 6－49)。

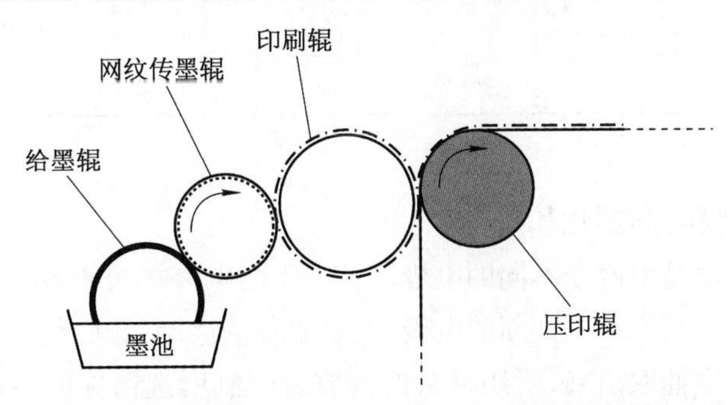

图 6－49　带有给墨辊、网纹传墨辊、印刷辊和压印辊的四辊筒柔性版印刷系统

(3) 胶版印刷(平板印刷)

胶板印刷术将是聚合物太阳电池印刷技术中非常有发展潜力的技术。不像其他的技术,胶板印刷术是一种二维印刷和平板印刷(印刷和不印刷的区域都在同一个平面上)技术。最初胶版印刷术是以水化学为基础的,亲水性区域能够被墨水润湿而疏水性区域不能被墨水润湿,从而实现图形化。当粘有墨水的辊经过这样一个印板时,在相应的区域就能接受墨水。带有墨水的印板然后通过一个辊将墨水印刷到卷筒纸上。胶板印刷术是一个快速的印刷技术,相比凹版印刷,模板的成本更低。

(4) 成膜技术的比较

在这些涂布和印刷技术中,只有少数能够在聚合物太阳电池中成功应用。表 6 - 10 比较了各种印刷技术的一些主要参数,包括用墨量、可否图形化、印刷速度、准备墨水的困难程度和卷对卷技术的兼容性等。

表 6 - 10　各种溶液成膜技术的比较

成膜技术	墨水浪费程度	可否图形化	印刷速度 ($m \cdot s^{-1}$)	墨水制备困难程度	墨水黏度 (mPa・s)	湿膜厚度 (μm)	与卷对卷工艺的兼容性
旋涂	5	0	—	1	1	0～100	不兼容
刮刀	2	0	—	1	1	0～100	兼容
滴涂	1	0	—	2	1	5～500	不兼容
喷涂	3	0	1～4	2	2～3	1～500	兼容
边缘刀	1	0	2～4	2	3～5	20～700	兼容
半月板	1	0	3～4	1	1～3	5～500	兼容
幕帘	1	3	4～5	5	1～4	5～500	兼容
滑动	1	3	3～5	5	1～3	25～250	兼容
模缝	1	1	3～5	2	2～5	10～250	兼容
丝网	1	2	1～4	3	3～5	10～250	兼容
喷墨	1	4	1～3	2	1	1～500	兼容
槽模	1	2	3～5	4	1～3	5～80	兼容
平板	1	2	3～5	3	1～3	5～200	兼容
移印	1	2	1～2	5	1	5～250	兼容

6.4.2　多层膜的图形化和排布

聚合物太阳电池是由两个不同的电极以及夹于两电极之间的多层薄膜所组成。在目前成功的例子中都是采用一个共面的电极,然后制备活性层,最后制备顶电极。要使电能尽可能多的从电池中抽取出来,所用材料的性质将限制所选器件的结构。这自然对每层膜的图案和排列提出相应的要求。

1）平面涂布技术

旋涂、滴涂、刮刀涂布、半月板涂布和边缘刀涂布是一类无图形化的平面涂布技术，就是整个基板的表面都被均匀地涂敷。平面涂布技术的最大优点是面积利用率高，整个表面都涂有活性层。

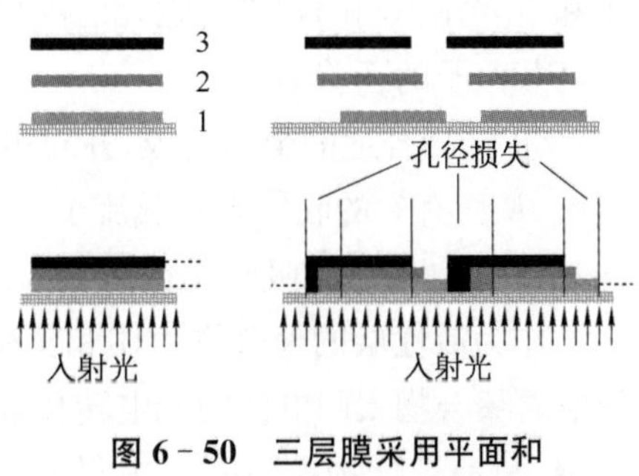

图 6－50　三层膜采用平面和一维技术制备示意图

2）一维涂布技术

一维涂布技术能够产生条形图案的技术。图 6－50 所示为使用一维涂布方法制作三层电池。在此过程中有一定的间隙面积损失，占到有效面积的 20%～60%（平面涂布方法没有间隙面积损失）。

6.4.3　基底和透明电极

适用于卷对卷加工的基底必须是柔性的，包括塑料薄膜和金属薄膜。通常基底只作为太阳电池的载体，但是如果用金属薄膜作为基底时，它还可以作为电池的一个电极。现在最成功的柔性透明基底是溅射有透明电极 ITO 的 PET 薄膜。但是 ITO 中的 In 是稀有元素，其产量不能保证，其次 PET 不能承受高温（约为 140℃）。现在急需一种不含铟的透明电极材料，这方面的工作已有相关报道[73]，但是真正能替代 PET 用于卷对卷生产的柔性透明电极仍然是一个挑战。

6.5　聚合物太阳电池的未来发展

在过去的十几年里，经过科研工作者的不懈努力，聚合物太阳电池效率已获得大幅度提高，最高效率已达到 9%～10%。但是与无机光伏电池相比，其光电转化效率仍然较低，并且聚合物太阳电池 9%～10%的效率是针对小面积实验室器件，面积放大后效率还会有较大损失。另外有机聚合物材料往往对环境中的水、氧较为敏感，器件稳定性也是迫切需要考虑的问题。这两点限制了聚合物太阳电池的商业化进程。为了使聚合物太阳电池早日实现商业化应用，在进一步的研究工作中应当关注以下几个方面。

6.5.1　提高光电转换效率[74]

为了提高聚合物太阳电池的光电转换效率，从材料合成、器件结构、器件制备等角度入手，众多的化学家、物理学家和材料学家对聚合物太阳电池相关材料和器件进行了深入的研究。为了最大限度的提高光电转换效率，可以从以下几个方面加以改进：

① 对共轭聚合物进行结构修饰，调整其带隙使其吸收范围尽可能与太阳光谱相匹配，拓宽光谱覆盖范围，且具有高的吸收系数；

② 形成有利于激子分离和载流子传输的纳米尺度 D/A 相分离互穿网络结构，使电

子和空穴在不同的相中传输，减少电荷积累和自由电子和空穴相遇再次形成激子的概率，提高载流子的迁移率；

③ 选择合适的金属电极，并对电极表面进行修饰，使之能够与聚合物材料形成欧姆接触，从而有效的收集光生载流子。

1）设计和合成吸收光谱与太阳光谱匹配的给体和受体光伏材料

作为活性层的聚合物给体和富勒烯受体光伏材料，其对太阳光的吸收利用程度直接影响着聚合物太阳电池的光电转化效率。一般地，有机材料光吸收能力强，但是吸收光谱较窄，目前聚合物太阳电池中最具代表性的给体材料聚 3 -己基噻吩（P3HT）只吸收 450～650 nm 范围内的太阳光，对太阳光的利用率较低。最具代表性的受体 PCBM 的吸收主要在紫外区，在可见区吸收较弱。这是造成聚合物太阳电池效率低的原因之一。因此，寻找和太阳光谱相匹配的给体和受体材料就成为解决光电转换效率低的一个关键。

2）活性层中给体和受体应形成纳米尺度相分离的互穿网络结构

在电荷的传输过程中，D/A 两者所形成的互穿网络结构的质量，如网络的分布是否充分、是否连续、间隔的距离大小以及 D/A 相的大小都会影响电荷的传输，进而影响到整个器件的性能。活性层形貌和给体受体互穿网络结构的形成与给体和受体的分子结构密切相关，如何通过分子设计实现给体和受体在共混膜中能自组装形成理想的纳米尺度互穿网络结构也是光伏材料研究者需要关注的问题。

3）光伏材料高的载流子迁移率

除了与太阳光谱不匹配以外，目前，限制聚合物太阳电池效率的另一个重要因素就是共轭聚合物给体的空穴迁移率和富勒烯衍生物受体的电子迁移率较低（一般低于 $10^{-3}\ cm^2 \cdot V^{-1} \cdot s^{-1}$），这与传统无机硅晶体 $10^4\ cm^2 \cdot V^{-1} \cdot s^{-1}$ 的迁移率相差甚远。较低的迁移率导致电荷在活性层中复合的机率大大增加，导致较低的电荷传输效率和光电转换效率。因此，开发高空穴迁移率的给体材料和高电子迁移率的受体材料非常重要。当然，给体的空穴迁移率和受体的电子迁移率还需要平衡。

一般来说，有机材料的载流子迁移率取决于分子的有序程度以及 $\pi - \pi$ 堆砌的长度。设计具有较强分子间相互作用的平面性分子结构的光伏材料、通过对活性层薄膜进行退火处理或使用溶剂添加剂，都可以优化活性层体相异质结的微相分离结构，提高材料内部的有序程度，从而提高载流子的迁移率。

4）电极材料及界面修饰层材料的影响

聚合物太阳电池活性层中载流子的传输的驱动力是内建电场，而内建电场的大小由两电极功函之差决定的，所以使用高功函阳极材料和低功函阴极材料非常重要。同时，电子和空穴的收集受电极/活性层界面特性的影响，我们需要界面欧姆接触，需要器件具有较低的串联电阻和较高的并联电阻，这些都与电极修饰层密切相关。因此，选择合适电极材料和电极修饰材料对于提高聚合物太阳电池的光伏性能也非常重要。

6.5.2　提高器件寿命[75]

与无机太阳电池长达25年的寿命相比，聚合物太阳电池的使用寿命目前相对还比较短。影响聚合物太阳电池寿命的因素很多，如低功函阴极的不稳定性、酸性PEDOT：PSS对ITO电极的腐蚀作用、活性层形貌随时间的变化、水和氧对活性层组分的氧化作用、共轭聚合物和铝电极之间所起的光致还原反应、光辐照所引起的聚合物降解等。从根本上来说，把具有共轭主链的聚合物暴露在强的紫外-可见光、持续高温、电流、高反应性的电极、氧、潮湿的环境中发生化学变化是不可避免的。因此应详细了解其变化的过程，采取适当的措施来减缓这一过程的发生，从而有效地延长其使用寿命。

1）化学结构及稳定性

对于一个具体的共轭聚合物给体，一般来说，如果它的最高占有分子轨道（HOMO）能级在-5.2 eV附近或者更低，它就可以在空气中保持其抗氧化的稳定性。但是如果其HOMO能级太高，就会影响其自身的化学稳定性。因此，我们在选择聚合物给体光伏材料时，应该考虑其HOMO低于-5.2 eV。

一般地说，具有刚性结构的聚合物的稳定性比较好。因此，把具有刚性结构或者可以转化成刚性结构的聚合物给体应用于光伏电池中可以提高器件的稳定性并延长其使用寿命。有结果表明，利用侧链可热裂解的聚噻吩在制成薄膜后对其进行热裂解除去侧链基团，使聚噻吩转化成一个不溶的刚性结构，这样可以提高其器件的寿命和稳定性。另外，活性层在灰尘、氧气、水等外部环境作用下的性能稳定性也是值得关注的一个问题。

在光辐照和氧气氛影响下聚合物太阳电池中的共轭聚合物降解的很快，但在加入电子受体（如富勒烯）之后它的降解速度会明显下降。这通常被认为是光生电子迅速转移到了受体上，把在激发状态下呈三线态的共轭聚合物分子猝灭掉，减少通过三线态-三线态湮灭产生高反应活性的单线态氧的量，因而降低了氧与聚合物分子结合产生光氧化可能性。但是在长期的光辐照和氧气氛条件下，共轭聚合物与在器件的制造过程中残留于活性层内或者由于封装不严而进入其中的氧产生光氧化反应不可避免，从而活性层中对载流子传输具有阻碍作用的缺陷越来越多，导致在使用过程中器件的效率会逐渐下降。另外，如果空气中的水气进入到活性层中，它们会在其中形成对载流子具有捕获作用的陷阱，导致器件的电流密度下降。因此对活性层进行针对氧、水、灰尘等的封装和隔绝防护是十分必要的。

2）薄膜形貌的稳定性

由于激子的分解只能在D/A两相界面进行，这样两相界面的大小就直接影响着电池的光电转化效率。复合薄膜的相形貌决定了两相尺寸以及界面面积，因而形貌的稳定性直接关系到器件性能的稳定性。值得一提的是，这种稳定性只与活性层材料的物理性质有关，而几乎与材料的化学变化无关。因此，物理稳定性无法通过隔绝密封的方式来解决。研究表明，在MDMOPPV：PCBM体系中，无论退火温度的高低，PCBM的扩散总是存在的，其结晶是不可避免的，晶粒的不断生长必然会导致更大尺寸的相分离，从而影响到太阳电池长期工作的稳定性。在实际应用中，聚合物太阳电池的工作环境温度比较高，因此活性层的微观形貌是不稳定的，D/A 组分有互相分开形成大尺度相分离的趋势，这种大尺度的相分离往往会降低器件的效率。

3）电极界面对器件稳定性的影响

在传统结构的聚合物太阳电池中，大部分依赖 PEDOT：PSS 和低功函的金属材料分别作为阳极和阴极界面层材料，但是，PEDOT：PSS 在水存在时显弱酸性，从而对与其相接触的 ITO 电极和聚合物活性层造成腐蚀，使得器件的串联电阻增大；低功函的金属材料也容易被水和氧气腐蚀，从而大大降低电池的效率，这些问题都严重制约了器件稳定性和寿命的提高。

研究开发 PEDOT 和低功函阴极的替代材料被认为是获得高效和具有优良长期稳定性的异质结聚合物太阳电池的最有效途径。因此，电极修饰材料就成为了目前聚合物太阳电池研究的热点领域之一。另外，近年来发展起来的反向结构聚合物太阳电池，也能使器件稳定性大大提高。

参考文献

[1] Kallmann H, Pope M. Photovoltaic effect in organic crystals. J. Chem. Phys., 1959, 30, 585-586.

[2] Tang C W. Two-layer organic photovoltaic cell. Appl. Phys. Lett., 1986, 48, 183-185.

[3] Sariciftci N S, Smilowitz L, Heeger A J, et al. Photoinduced electron transfer from a conducting polymer to buckminsterfullerene. Science, 1992, 258, 1474-1476.

[4] Sariciftci N S, Braun D, Zhang C, et al. Semiconducting polymer-buckminsterfullerene heterojunctions: Diodes, photodiodes, and photovoltaic cells. Appl. Phys. Lett. 1993, 62, 585.

[5] Yu G, Gao J, Hummelen J C, et al. Polymer photovoltaic cells: Enhanced efficiencies via a network of internal donor-acceptor heterojunctions. Science, 1995, 270,1789-1791.

[6] Li Y F, Molecular design of photovoltaic materials for polymer solar cells: toward suitable electronic energy levels and broad absorption. Acc. Chem. Res. 2012, 45, 723-733.

[7] Hou J H, Tan Z A, Yan Y, et al. Synthesis and photovoltaic properties of two-dimensional conjugated polythiophenes with bi(thienylenevinylene) side chains. J. Am. Chem. Soc. 2006, 128, 4911-4916.

[8] Li Y F, Cao Y, Gao J, et al. Electrochemical properties of luminescent polymers and polymer light-emitting electrochemical cells. Synth. Met. 1999, 99, 243-248.

[9] Sugimoto R, Takeda S, Gu H B, et al. Preparation of soluble polythiophene derivatives utilizing transition metal halides as catalysts and their property. Chem. Express, 1986, 1, 635-638.

[10] McCullough R D, Lowe R D, Enhanced electrical conductivity in regioselectively synthesized poly (3-alkylthiophenes). J. Chem. Soc., Chem. Commun. 1992, 70-72.

[11] Robert S L, Paul C E, J Liu, et al. regioregular, head-to-tail coupled poly(3-alkylthiophenes) made easy by the GRIM method: investigation of the reaction and the origin of regioselectivity. Macromolecules, 2001, 34, 4324-4333.

[12] Chen T A, Rieke R D, Polyalkylthiophenes with the smallest bandgap and the highest intrinsic

conductivity. Synth. Met. 1993, 60, 175 - 177.

[13] Iraqi A, Barker GW, Synthesis and characterisation of telechelic regioregular head-to-tail poly(3-alkylthiophenes). J. Mater. Chem. 1998, 8, 25 - 29.

[14] Guillerez S, Bidan G, New convenient synthesis of highly regioregular poly(3-octylthiophene) based on the Suzuki coupling reaction. Synth. Met. 1998, 93, 123 - 126.

[15] Holger S, Krebs F C. A brief history of the development of organic and polymeric photovoltaics. Sol. Energ. Mat. Sol. C. 2004, 83, 125 - 146.

[16] Tan Z A, Zhang W Q, Zhang Z G, et al. High-performance inverted polymer solar cells with solution-processed titanium chelate as electron-collecting layer on ITO electrode. Adv. Mater. 2012, 24, 1476 - 1481.

[17] Kim Y, Ballantyne A M, Nelson J, et al. Effects of thickness and thermal annealing of the PEDOT: PSS layer on the performance of polymer solar cells. Org. Electron. 2009, 10, 205 - 209.

[18] Lee H K, Kim J - K, Park O O, Effects of UV light-irradiated buffer layer on the performance of polymer solar cells. Org. Electron. 2009, 10, 1641 - 1644.

[19] F. L. Zhang, A. Gadisa, O. Inganoas, et al. Influence of buffer layers on the performance of polymer solar cells. Appl. Phys. Lett. 2004, 84, 3906.

[20] Hwang Y M, Moon S - J, So W - W, et al. Effects of anode buffer layers on the performance of P3HT/C_{70} - PCBM photovoltaic devices. Mol. Cryst. Liq. Cryst., 2008, 491, 324-330.

[21] Huang T-S, Huang C-Y, Su Y-K, et al. High-efficiency polymer photovoltaic devices with glycerol-modified buffer layer, IEEE Photonics Technol. Lett., 2008, 20, 1935 - 1937.

[22] Peng B, Guo X, Cui C H, et al. Performance improvement of polymer solar cells by using a solvent-treated poly(3,4-ethylenedioxythiophene): poly(styrenesulfonate) buffer layer, Appl. Phys. Lett. 2011, 98, 243308.

[23] Chen F C, Wu J L, Lee C L, et al. Plasmonic-enhanced polymer photovoltaic devices incorporating solution-processable metal nanoparticles, Appl. Phys. Lett. 2009, 95, 013305.

[24] Norrman K, Madsen M V, Gevorgyan S A, et al. Degradation patterns in water and oxygen of an inverted polymer solar cell, J. Am. Chem. Soc. 2010, 132, 16883 - 16892.

[25] Feng Z, Hou Y, Lei D, The influence of electrode buffer layers on the performance of polymer photovoltaic devices, Renewable Energy, 2010, 35, 1175 - 1178.

[26] Tan Z A, Zhu T, Thein M, et al. Integration of planar and bulk heterojunctions in polymer/nanocrystal hybrid photovoltaic cells, Appl. Phys. Lett. 2009, 95, 063510.

[27] Yoo I, Lee M, Lee C, et al. The effect of a buffer layer on the photovoltaic properties of solar cells with P3OT: fullerene composites. Synth. Met. 2005, 153, 97 - 100.

[28] Chang W-T, Su S-H, Lu Y-F, et al. Increasing the fill factor and power conversion efficiency of polymer photovoltaic cell using V2O5/CuPc as a buffer layer. Jpn. J. Appl. Phys. 2010, 49, 04DK14.

[29] Kim Y S, Park J H, Lee S-H, et al. Polymer photovoltaic devices using highly conductive poly (3,4-ethylenedioxythiophene-methanol) electrode. Sol. Energy Mater. Sol. Cells, 2009, 93, 1398 - 1403.

[30] Chang M-Y, Wu C-S, Chen Y-F, et al. Polymer solar cells incorporating one-dimensional polyaniline nanotubes. Org. Electron. 2008, 9, 1136 - 1139.

[31] Jung J W, Lee J U, Jo W H, High-efficiency polymer solar cells with water-soluble and self-doped conducting polyaniline graft copolymer as hole transport layer. J. Phys. Chem. C, 2010, 114, 633 - 637.

[32] Bejbouji H, Vignau L, Miane J L, et al. Polyaniline as a hole injection layer on organic photovoltaic cells. Sol. Energy Mater. Sol. Cells, 2010, 94, 176 - 181.

[33] Park J, Han S-H, Senthilarasu S, et al. Improvement of device performances by thin interlayer in conjugated polymers/methanofullerene plastic solar cell. Sol. Energy Mater. Sol. Cells, 2007, 91, 751 - 753.

[34] Hains A W, Marks T J, High-efficiency hole extraction/electron-blocking layer to replace poly (3, 4-ethylenedioxythiophene): poly (styrene sulfonate) in bulk-heterojunction polymer solar cells. Appl. Phys. Lett., 2008, 92, 023504.

[35] Hains A W, Ramanan C, Irwin M D, et al. Designed bithiophene-based interfacial layer for high-efficiency bulk-heterojunction organic photovoltaic cells. importance of interfacial energy level matching. ACS Appl. Mater. Interfaces, 2010, 2, 175 - 185.

[36] Liang C-W, Su W-F, Wang L, Enhancing the photocurrent in poly(3-hexylthiophene)/[6,6]-phenyl C_{61} butyric acid methyl ester bulk heterojunction solar cells by using poly (3-hexylthiophene) as a buffer layer. Appl. Phys. Lett., 2009, 95, 133303.

[37] Kang B, Tan L W, Silva S R P, Fluoropolymer indium-tin-oxide buffer layers for improved power conversion in organic photovoltaics. Appl. Phys. Lett., 2008, 93, 133302.

[38] Chaudhary S, Lu H, Muller A M, et al. Hierarchical placement and associated optoelectronic impact of carbon nanotubes in polymer-fullerene solar cells. Nano Lett. 2007, 7, 1973 - 1979.

[39] Kim J S, Park J H, Lee J H, et al. Control of the electrode work function and active layer morphology via surface modification of indium tin oxide for high efficiency organic photovoltaics. Appl. Phys. Lett. 2007, 91, 112111.

[40] Shrotriya V, Li G, Yao Y, et al. Transition metal oxides as the buffer layer for polymer photovoltaic cells. Appl. Phys. Lett. 2006, 88, 073508.

[41] Han S, Shin W S, Seo M, et al. Improving performance of organic solar cells using amorphous tungsten oxides as an interfacial buffer layer on transparent anodes. Org. Electron. 2009, 10, 791 - 797.

[42] Xu H, Yang L-Y, Tan H, et al. Rhenium oxide as the interfacial buffer layer for polymer photovoltaic cells. Optoelectron Lett. 2010, 6, 176 - 178.

[43] Irwin M D, Buchholz D B, Hains A W, et al. *p*-Type semiconducting nickel oxide as an efficiency-enhancing anode interfacial layer in polymer bulk-heterojunction solar cells. Proc. Natl. Acad. Sci. U. S. A., 2008, 105, 2783 - 2787.

[44] Yoon W-J, Berger P R, 4.8% efficient poly(3-hexylthiophene)-fullerene derivative (1 : 0.8) bulk heterojunction photovoltaic devices with plasma treated AgO_x/indium tin oxide anode modification. Appl. Phys. Lett. 2008, 92, 013306.

[45] Tan Z A, Li L J, Cui C H, et al. Solution-processed tungsten oxide as an effective anode buffer

layer for high-performance polymer solar cells. J. Phys. Chem. C, 2012, 116, 18626 - 18632.

[46] Tan Z A, Zhang W Q, Cui C H, et al. Solution-processed vanadium oxide as a hole collection layer on an ITO electrode for high-performance polymer solar cells, Phys. Chem. Chem. Phys. 2012, 14, 14589 - 14595.

[47] Tan Z A, Zhang W Q, Qian D P, et al. Solution-processed nickel acetate as hole collection layer for polymer solar cells, Phys. Chem. Chem. Phys. 2012, 14, 14217 - 14223.

[48] Brabec C J, Shaheen S E, Winder C, et al. Effect of LiF/metal electrodes on the performance of plastic solar cells. Appl. Phys. Lett. 2002, 80, 1288.

[49] Jiang X, Xu H, Yang L, et al. Effect of CsF interlayer on the performance of polymer bulk heterojunction solar cells. Sol. Energy Mater. Sol. Cells, 2009, 93, 650 - 653.

[50] Li G, Chu C W, Shrotriya V, et al. Efficient inverted polymer solar cells. Appl. Phys. Lett. 2006, 88, 253503.

[51] Liao H-H, Chen L-M, Xu Z, et al. Highly efficient inverted polymer solar cell by low temperature annealing of Cs_2CO_3 interlayer. Appl. Phys. Lett. 2008, 92, 173303.

[52] Hanisch J, Ahlswede E, Powalla M, All-sputtered contacts for organic solar cells. Thin Solid Films, 2008, 516, 7241 - 7244.

[53] Kim J Y, Kim S H, Lee H H, et al. New Architecture for High-Efficiency Polymer Photovoltaic Cells Using Solution-Based Titanium Oxide as an Optical Spacer. Adv. Mater. 2006, 18, 572 - 576.

[54] Gilot J, Wienk M M, Janssen R A J, Double and triple junction polymer solar cells processed from solution. Appl. Phys. Lett. 2007, 90, 143512.

[55] Hau S K, Yip H-L, Baek N S, et al. Air-stable inverted flexible polymer solar cells using zinc oxide nanoparticles as an electron selective layer. Appl. Phys. Lett. 2008, 92, 253301.

[56] Gilot J, Barbu I, Wienk M M, et al. The use of ZnO as optical spacer in polymer solar cells: Theoretical and experimental study. Appl. Phys. Lett., 2007, 91, 113520.

[57] Hsieh C-H, Cheng Y-J, Li P-J, et al. Highly Efficient and Stable Inverted Polymer Solar Cells Integrated with a Cross-Linked Fullerene Material as an Interlayer. J. Am. Chem. Soc. 2010, 132, 4887 - 4893.

[58] He Z, Zhong C, Huang X, et al. Simultaneous enhancement of open-circuit voltage, short-circuit current density, and fill factor in Polymer Solar Cells. Adv. Mater. 2011, 23, 4636 - 4643.

[59] He Z, Zhong C, Su S, et al. Enhanced power-conversion efficiency in polymer solar cells using an inverted device structure, Nat. Photon. 2012, 6, 593 - 597.

[60] Tan Z A, Yang C H, Zhou E J, et al. Performance improvement of polymer solar cells by using a solution processible titanium chelate as cathode buffer layer, Appl. Phys. Lett., 2007, 91, 023509.

[61] Wang F Z, Xu Q, Tan Z A, et al. Alcohol soluble titanium(Ⅳ) oxide bis(2,4-pentanedionate) as electron collection layer for efficient inverted polymer solar cells, Org. Electron. 2012, 13, 2429 - 2435.

[62] Yip H-L, Hau S K, Baek N S, et al. Self-assembled monolayer modified ZnO/metal bilayer

cathodes for polymer/fullerene bulk-heterojunction solar cells. Appl. Phys. Lett. 2008, 92, 193313.

[63] Yip H-L, Hau S K, Baek N S, et al. Polymer solar cells that use self-assembled-monolayer-modified ZnO/metals as cathodes. Adv. Mater. 2008, 20, 2376.

[64] Hau S K, Yip H-L, Ma H, et al. High performance ambient processed inverted polymer solar cells through interfacial modification with a fullerene self-assembled monolayer. Appl. Phys. Lett. , 2008, 93, 233304.

[65] Sodergaard R, Hosel M, Angmo D, et al. Roll-to-roll fabrication of polymer solar cells. Materialstoday, 2012, 15, 36.

[66] Norrman K, Ghanbari-Siahkali A, Larsen NB, Studies of spin-coated polymer films. Annu. Rep. Prog. Chem. Sect. C. 2005,101, 174.

[67] Mens R, Adriaensens P, Lutsen L, et al. NMR Study of the nanomorphology in thin films of polymer blends used in organic PV devices: MDMO-PPV/PCBM. J. Pol. Sci. A Pol. Chem. 2008, 46, 138.

[68] Jørgensen M, Hagemann O, Alstrup J, et al. Thermo-cleavable solvents for printing conjugated polymers: application in polymer solar cells. Sol. Energy Mater. Sol. Cells. 2009, 93, 413 - 421.

[69] Hoth C N, Choulis S A, Schilinsky P, et al. High photovoltaic performance of inkjet printed polymer: fullerene blends. Adv. Mater. 2007, 19, 3973 - 3978.

[70] Krebs F C, Pad printing as a film forming technique for polymer solar cells. Sol. Energy Mater. Solar Cells. 2009, 93, 484.

[71] Hahne P, Hirth E, Reis I E, et al. Progress in thick-film pad printing technique for solar cells. Sol. Energy Mater. Sol. Cells. 2001, 65, 399 - 407.

[72] Krebs F C, Polymer solar cell modules prepared using roll-to-roll methods: knife-over-edge coating, slot-die, coating and screen printing. Sol. Energy Mater. Sol. Cells. 2009, 93, 465 - 475.

[73] Chen T L, Betancur R, Ghosh D S, et al. Efficient polymer solar cell employing an oxidized Ni capped Al: ZnO anode without the need of additional hole-transporting-layer, Appl. Phys. Lett. 2012, 100, 013310.

[74] Blom P W M, Mihailetchi V D, KosterL J A, et al. Device physics of polymer: fullerene bulk heterojunction solar cells. Adv. Mater. 2007, 19, 1551.

[75] Jørgensen M, Norrman K, Gevorgyan S A, et al. Stability of polymer solar cells. Adv. Mater. 2012, 24, 580 - 612.

第7章

量子点太阳电池

新一代太阳电池的实现需要引入各种新概念以及新结构。量子点是实现新一代太阳电池的重要结构之一,是指半径小于或接近激子玻尔半径的零维半导体纳米晶,通常由Ⅱ-Ⅵ族、Ⅳ-Ⅵ族或Ⅲ-Ⅴ族元素组成。量子点独特的性质源于材料的量子效应,即当颗粒尺寸进入纳米量级时,尺寸限域将引起库仑阻塞效应、尺寸效应、量子限域效应、宏观量子隧道效应和表面效应等。量子点材料体系具有与宏观体系不同的低维物性,展现出许多不同于宏观体材料的物理化学性质。在发光显示、激光、照明、生物标记、催化、医药和太阳电池等方面具有极为广阔的应用前景。

2002年,Nozik提出可以在叠层、多激子产生、热载流子注入及中间带等各种新概念太阳电池中应用量子点结构。一方面,在量子点光吸收产生电子空穴对的过程中不需要满足动量守恒原理,并且利用掺有半导体量子点的纳米薄膜可以产生多光子吸收和多激子产生效应,这使原来不能被利用的能量可以用来产生光伏效应,从而提高太阳电池的光电转换效率。另一方面,半导体量子点有着很好的光吸收和光致发光性能,且这些性能受量子限域效应的控制,因而量子点的光吸收和光致发光性能可以很容易地通过改变量子点的尺寸来调控,所以全光谱吸收对量子点纳米材料而言比较容易实现。基于上述原因,量子点太阳电池具有提高电池效率,突破Shockley-Queisser效率极限的极大潜力。

Nozik不仅指出了量子点结构用于太阳电池的各种潜在优点,而且提出了若干种量子点太阳电池的具体结构。其后在PbSe和PbS量子点结构中发现了很高的多激子产生率,并且在理论模型方面做了大量深入的研究工作。虽然人们曾经就PbSe和PbS量子点中观测到的多激子产生效应及其强弱存在争议,但近年来多激子效应的事实已经得到越来越多的承认。特别重要的是,最近人们在将多激子效应真正利用到太阳电池中取得了突破性的进展。2010年,人们首先在PbS胶体量子点敏化TiO_2单晶体系中观测到多激子收集效应[1],其后,Nozik研究组又在光电转换效率约为4.5%的PbSe胶体量子点太阳电池(结构为ITO/ZnO/PbSe/Au)中证实了130%的内量子效率[2],从而首次证明能够在太阳电池器件中真正利用多激子效应。另外,人们在金红石型TiO_2单晶(110)面上吸附PbSe胶体量子点,通过对PbSe胶体量子点进行合适的表面配体处理,证明了热载流子注入现象的存在[3]。上述重要研究成果充分证明了量子点应用于新型电池的优越性，吸引了众多研究者的广泛兴趣，必将大力推动量子点太阳电池的迅速发展。作为一种带有鲜明21世纪特征的纳米技术，量子点材料给我们带来了实现高效、绿色和低成本太阳电池的希望，具有深刻的科学与社会意义。

本章重点介绍基于化学方法制备的量子点太阳电池，根据近年来人们的研究情况，主要有量子点敏化太阳电池、量子点聚合物杂化太阳电池、量子点肖特基结及耗尽异质结等几种结构的太阳电池。量子点敏化太阳电池的概念虽然自20世纪80年代末就已被提出，但直至最近若干年才得到迅速发展，基于液态电解质电池的光电转换效率已经达到6%；量子点聚合物杂化太阳电池目前的效率接近3%；量子点耗尽异质结太阳电池的效率目前约为6%。本章首先从纳米科学技术发展的角度对量子点进行概述，介绍各种量子点材料及制备方法，然后按照分类具体介绍各种太阳电池的工作原理及研究情况。最后，针对近年来出现的一种原材料来源丰富且环境友好的纳米材料——铜锌锡硫(Cu_2ZnSnS_4)纳晶在太阳电池中的应用进行阐述。需要说明的是，虽然本章使用“量子点”这个术语，但有时太阳电池中应用的纳晶材料也可能偏离理想的零维结构，如在杂化太阳电池应用的CdSe纳米棒或者CdSe四足晶结构。另外，对于固态的量子点敏化太阳电池，半导体敏化剂不完全是颗粒的形状，人们有时也用超薄吸收层太阳电池(Extremely Thin Absorber Cells，ETA Cells)指称，为方便考虑，本章统一用“量子点太阳电池”来指代至少一个维度上的尺寸小于激子玻尔半径的纳晶材料太阳电池。

7.1 量子点材料概述

7.1.1 纳米材料与量子点

纳米材料学是纳米科技领域中最富有活力和具有丰富研究内涵的学科分支之一。在纳米材料发展初期，纳米材料是指纳米颗粒和由它们构成的纳米薄膜和固体。现在从广义上讲，纳米材料是指在三维空间中至少有一维处于纳米尺度范围或由它们作为基本单元构成的材料。

20世纪60年代，日本理论物理学家Kubo提出了金属颗粒的量子尺寸效应，使人们从理论上对这个效应有了一定的认识，并开始对一些材料进行相应的研究。其后，美国Eastman Kodak公司的Berry在观察卤化物沉淀时观察到其发光性质依赖于其尺寸的行为。另外，美国贝尔实验室的Brus博士和前苏联Yoffe研究所的Efros和Ekimov博士在20世纪80年代开始了在这方面的一系列初始研究。Brus博士与同事发现不同大小的硫化镉颗粒可产生不同的颜色，这个工作对了解量子限域效应很有帮助。该理论认为：当半导体材料从体相逐渐减小至一定临界尺寸以后，其电子和空穴等载流子的运动将受限，导致动能的增加，相应的电子结构也从体相连续的能带结构变成类似于分子的准分裂能级，并且由于动能的增加使原来的能隙增大即光吸收向短波方向移动。粒径越小，移动越大。这就解释了量子点大小和颜色之间的相互关系，同时为量子点的应用铺平了道路。

7.1.1.1　Ⅱ-Ⅵ族量子点

所谓Ⅱ-Ⅵ族化合物半导体，是指元素周期表中的ⅡB族元素(Zn、Cd、Hg)和ⅥA族元素(S、Se、Te)组成的二元化合物半导体。Ⅱ-Ⅵ族二元化合物的晶体结构分为两类，一类是闪锌矿结构，这种晶体结构与金刚石型很相似，也是由两套面心立方格子沿体对角线移动1/4长度套构而成，不过金刚石这两套格子的原子是相同的，而闪锌矿型则一套是Ⅱ族原子，另一套是Ⅵ族原子。因此闪锌矿型晶体结构的原子排列是每个Ⅱ族原子周围都有四个最靠近的Ⅵ族原子包围而形成正四面体，而每个Ⅵ族原子周围又有四个Ⅱ族原子包围而形成正四面体，如CdTe、ZnSe、ZnTe、HgSe、HgTe等；另一类除具有闪锌矿结构外还具有纤锌矿结构，纤锌矿是闪锌矿的同素异构体，在这种结构中，Ⅵ族原子构成简单六方紧密堆积，而Ⅱ族原子则填塞于半数的四面体隙中。即每个原子均处于异种原子构成的正四面体中心。这类Ⅱ-Ⅵ族化合物包括CdS、CdSe、ZnS和HgS等。

与Ⅲ-Ⅴ族化合物半导体材料相比，Ⅱ-Ⅵ族化合物中离子键成分较大。Ⅱ-Ⅵ族化合物的能带结构都是直接跃迁型，而且由Zn和Cd组成的Ⅱ-Ⅵ族化合物其禁带宽度比同一周期的Ⅲ-Ⅴ族化合物及元素半导体的禁带宽度都大。如ZnSe的E_g为2.7 eV、GaAs为1.43 eV、CdS为2.4 eV、CdSe为2.0 eV。CdS和CdSe在空气中的稳定性较Ⅳ-Ⅵ族化合物好，其中CdSe是在量子点敏化太阳电池及量子点聚合物太阳电池中的应用最为广泛的量子点之一，基于连续离子层吸附反应法制备的CdSe敏化太阳电池已经获得超过5%的光电转换效率。另外，由于CdSe纳晶容易通过控制高温热注入法反应过程中的反应条件调控其形貌，因此对于其尺寸、长径比、棒状与分支状等形貌对其与聚合物杂化太阳电池的性能已有了较为深入的研究。

7.1.1.2　Ⅳ-Ⅵ族量子点

在Ⅳ-Ⅵ族二元化合物中，有些是人们熟知的半导体材料，比如PbS、PbSe和PbTe，用于电子和光电子器件已有100多年的历史，早在1874年布劳恩(Braun)就用PbS晶体制出了世界上第一个固态二极管，并用于早期无线电接收机中的整流管。此后，对这些材料的研究热点主要集中在中红外光电器件的应用上，如3～14 nm波段光子探测器。近年来，Ⅳ-Ⅵ族化合物在量子点太阳电池中的应用成为越来越吸引人们的领域。

Ⅳ-Ⅵ族化合物中，每个原子对有10个键合电子，晶格中原子配位数为6，因此，晶体结构和许多物理性质与四面体键合的半导体有较大的差别。Ⅳ-Ⅵ族化合物的化学键除共价键外，还有较强的离子键及类金属键成分。晶体结构与其平均原子序数和键合离子性之间有一定的关系。随着化学键中离子性成分的增加，晶体结构由三方晶系(GeTe)变为立方晶系(PbTe、PbSe和PbS)，由于后者为立方岩盐结构，所以一般为Pb的硫属化合物。几乎所有的Ⅳ-Ⅵ族半导体的器件应用都集中在三种铅盐，即PbS、PbSe和PbTe及它们与其他硫属化合物的准二元合金(固溶体)上。

PbS 带隙为 0.41 eV，PbSe 带隙为 0.3 eV，通过调节尺寸，它们的吸收波长易与太阳能在近红外区域相吻合。另外，它们的激子玻尔半径分别为 18 nm 和 46 nm，提供了接近极端量子限制区域的途径，因此具有强量子限制的所有特点，容易产生多激子、热载流子注入等效应，而且近年来的研究结果已经证明确实在基于 PbS 和 PbSe 的异质结体系中观测到多激子收集及热载流子注入的效应，这使得 PbS 和 PbSe 成为最具潜力的太阳电池材料。它们是肖特基结构和异质结结构的胶体量子点太阳电池中应用最多的两种量子点材料。

7.1.1.3 其他化合物量子点

除前面介绍的Ⅱ-Ⅵ族和Ⅳ-Ⅵ族量子点材料外，在量子点材料中常用的还有Ⅲ-Ⅴ族、Ⅴ-Ⅵ族和Ⅰ-Ⅲ-Ⅵ族等纳晶材料。如 InP 较早的被用来制备量子点敏化太阳电池，而 Sb_2S_3 近年来更是在量子点敏化太阳电池中受到重视，基于其固态量子点敏化太阳电池效率已经突破 6%。而Ⅰ-Ⅲ-$Ⅵ_2$族三元硫属化合物半导体材料，很早就被认识到是极具潜力的高效太阳电池吸收层材料，近年来也在量子点敏化和杂化太阳电池中获得应用。

7.1.2 量子点的特殊效应

当本体物质被加工到极其微细的纳米尺度时，本体物质会出现特异的表面效应、小体积(尺寸)效应、量子效应和宏观隧道效应等，其光学、热学、电学、磁学、力学和化学等性质也会相应地发生十分显著甚至是奇特的变化。下面主要就与在太阳电池中应用关系比较密切的效应作一介绍。

7.1.2.1 表面效应

量子点的表面形态对其性质起着至关重要的作用，被称之为表面效应。具体而言，表面效应是指随着量子点尺寸的减小，其比表面积逐渐增大，量子点的表面相对原子数增多，从而使其表面原子与总原子数之比急剧增大，引起性质上的变化。图 7-1 给出了 CdSe 量子点表面原子比例与其尺寸的关系。由于表面原子的配位不足，存在大量的不饱和键，具有较高的活性，很容易与其他原子结合。这种表面效应将引起纳米粒子表面原子输运和结构型的变化，同时也对表面电子自旋构象和电子能谱产生影响。由于表面缺陷可使电子和空穴非辐射复合，进而影响量子点的光电性质。

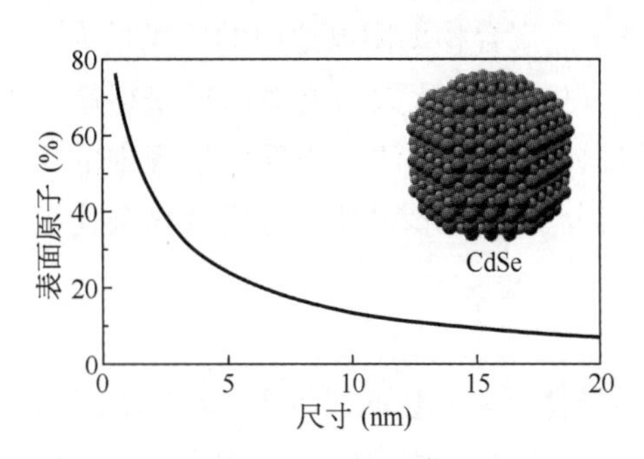

图 7-1 CdSe 量子点表面原子比例与尺寸关系

7.1.2.2 量子限域效应

半导体体材料中原子数极大，其电子能级呈现为连续的带状，此带状能级是由无数能级间隔极小的电子能级所构成。当半导体材料尺寸减小时，原子数目大幅度减少使得电子能级间隔变大，原本连续状的能带逐渐分裂，带隙也逐渐变宽。该效应使量子点材料的光、磁和电等性能与体材料有很大不同，其中吸收光谱与粒子的尺寸有依赖关系：当量子点尺寸逐渐下降时，吸收和发光光谱都呈现出明显的蓝移现象，代表材料的带隙随着粒径的下降而增加。

由于量子点与电子的德布洛意波长及激子波尔半径可比拟，电子被局限在纳米空间内，其输运受到限制，平均自由程缩短，此时电子和空穴很容易复合形成激子，引起电子和空穴波函数的重叠，从而产生激子吸收峰。当电子的平均自由程小于其波尔半径时，随着颗粒尺寸的减小，电子和空穴波函数的重叠因子逐渐增加，激子的浓度也越来越高，从而导致量子点的吸收系数随之增大，同时也发生显著的蓝移现象，这称为量子限域效应。

7.1.2.3　碰撞离化效应和俄歇复合效应

所谓碰撞离化效应，又名多激子效应(MEG)，是指在半导体材料中，当外界环境提供的能量大于两个带隙的能量时，被激发的电子会以热电子的形式存在，当热电子由高能量的激发态回到较低能量的激发态时，所释放出的能量可将另一个电子由价带激发到导带，此现象称为碰撞离化效应。利用此效应，一个高能量的光子可以激发两个或数个热电子，如图 7－2a 所示。相对于碰撞离化效应，俄歇复合效应是指其中一个热电子与空穴复合后所释放的能量，可使另一个热电子向更高的能级跃迁，使热电子在导带中的寿命得以延长，如图 7－2b 所示。由于半导体体材料中热电子的冷却速度非常快，所以上述两个效应并不明显。然而，当半导体材料的粒径达到量子点尺寸时，原本连续的导带逐渐分裂成许多细小的能级，使得热电子的冷却速度变慢，所以碰撞离化效应和俄歇复合效应得以有效发挥。有文献报道，若以 4 eV 的光子(大约是 3.6 倍单晶硅带隙的能量)来激发单晶硅，得到的量子产率为 105％。若用相当于 4 倍带隙能量的光子来激发 3.9 nm 的 PbSe 量子点时，将可以得到 300％的量子产率。相关理论计算显示，单结太阳电池的理论电池效率最高可达 31％，但是若能充分利用碰撞离化效应，单结太阳电池的极限效率可达 44％。

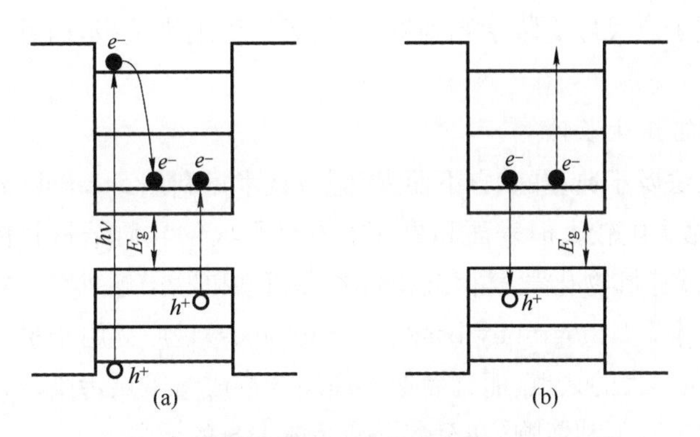

图 7－2　碰撞离化效应和俄歇复合效应示意图

(a) 碰撞离化效应；(b) 俄歇复合效应

7.1.2.4　热载流子注入效应

热损失是单结太阳电池一种重要的能量损失机制，是高能量光子弛豫到带边时的热化损失。在体材料中，由于电子能级分布非常密集，可看作是连续的能带分布，因此为热电子弛豫提供了快速通道，热载流子通常在 10 ps 的时间范围能即刻弛豫到带边。但是对于量子点结构，由于其能级结构不再像体材料中那样连续分布，而是呈现分立量子化的电子能级结构，因此热电子通过声子过程弛豫的概率很低，产生声子瓶颈效应，相应地，如果此时存在如宽带氧化物等电子受体，那么热电子注入到宽带氧化物导带的概率增大，即是所谓的热载流子注入效应。

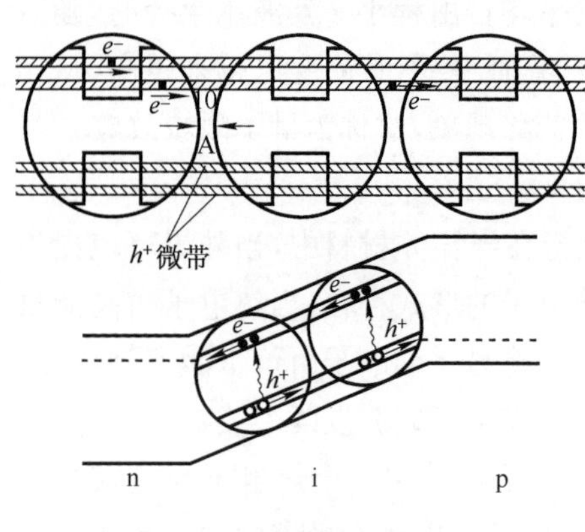

图 7-3　微带效应示意图

7.1.2.5　微带效应

半导体材料在量子化后，量子尺寸效应会产生能级分裂的现象，因此在各个量子点之间会产生许多细小而连续的能级，如图 7-3 所示，称为微带，又称中间带。这种细小而连续的能级结构可降低热电子的冷却速率，并可为热电子的输运和收集提供有利通道，使热电子能从较高能级向外导出，因此可获得较高的光电压。此效应与碰撞离化效应的作用不同，通过碰撞离化效应可增加电池的光电流，而微带效应则可提高电池的光电压。

7.1.3　量子点的制备方法

量子点的制备根据宏观角度可以分为“自上而下(bottom-up)”和“自下而上”两大类。前者主要是对晶体表面进行刻蚀制备，多适用于器件组装。后者则是采用化学制备的方法生长量子点，通过控制反应条件来调控量子点的尺寸和形态。

7.1.3.1　工艺技术的方法

工艺技术上的方法包括光刻腐蚀、选择外延生长和局域分子束外延(MBE)生长。但这些方法制备的量子点尺寸受限于光刻精度，很难做到纳米量级，而且会在光刻过程中引入额外的损伤。

7.1.3.2　自组织生长法

自组织生长方法属于典型的“自下而上”制备技术。利用 Stranski-Krastanow(S-K)生长模式，适合晶格失配较大但表面和界面能不是很大的异质结材料体系。实验上可采用分子束外延、金属有机物化学气相沉积(MOCVD)和原子层外延(ALE)等技术制备。另外，“平版印刷技术”(1ithography based technologies)是广泛用于量子点制备的一种方法，但它具有粒子尺寸大的缺点，而且后期处理还会造成量子点污染、形态缺陷、接触表面质量差和尺寸不均一等不利影响，甚至会影响晶体本身的质量。

应变自组装技术无需高空分辨的电子束曝光等复杂的微电子工艺技术，且不会引入杂质污染和形成自由表面缺陷，是目前制备量子点材料的常用的方法之一。

7.1.3.3　有机相合成法

Bawendi[4]研究小组开创了有机金属前驱体分热分解法，是合成“高品质”Ⅱ-Ⅵ族半导体量子点的里程碑。此方法又称 TOP-TOPO 法，得到的半导体纳米晶体结晶性好，并且尺寸单分散性也比较优异(低于5%)。该方法具体如下：使用三辛基氧膦/三辛基膦(TOPO/TOP)作为有机配位溶剂，用二甲基镉 $Cd(CH_3)_2$ 作为反应前驱物，将其迅速注射到剧烈搅拌的250～300℃高温的TOPO溶液中，短时间内即有大量的硒化镉(CdSe)纳米颗粒晶核生成。然后迅速降温至240℃以阻止CdSe纳米颗粒继续成核，随后升温到260～280℃并维持一段时间，根据其吸收光谱监测晶体的生长，当晶体生长到所需要的尺寸时，将反应液冷却至60℃，加入丁醇防止TOPO凝固，随后加入过量的甲醇。由于CdSe纳米颗粒不溶于甲醇，因而通过离心便可得到CdSe纳米颗粒。晶体生长过程遵循“奥斯瓦尔德熟化”机理，因此获得的量子点尺寸单分散性很好。

这种方法较以前来说是一种突破，但单个的量子点颗粒容易受到杂质和晶格缺陷的影响，荧光量子产率很低。后来人们发现，当把量子点制成核/壳(core/shell)结构后，可有效限域载流子，会大大提高其荧光量子产率。

Peng等人在研究金属有机合成的时候发现[5,6]：$Cd(CH_3)_2$ 在高热的TOPO中不会产生沉淀并在注入前驱体溶液时将迅速生成高质量的CdSe量子点。因此他们推测，Cd的前驱体的存在形式 $Cd(CH_3)_2$ 并不重要。他们选用毒性较小的金属氧化物或盐如CdO、$CdCO_3$ 及 $Cd(OOCCH_3)_2$ 等代替剧毒的烷基金属化合物二甲基镉，选用长烷基链的酸、氨、磷酸或氧化磷为配体，以高沸点有机溶剂为介质，在高温250～300℃下使量子点迅速成核然后降低温度使其缓慢生长。他们还进一步优化条件，制备得到的荧光量子效率可以达到85%的CdSe量子点，且半峰宽仅有30 nm左右。与此同时，他们还将大量的实验结合理论推导，得到了计算不同类型量子点尺寸的经验公式。

7.1.3.4　水热/溶剂热合成

水热和溶剂热合成技术是在特制的密闭反应器(高压反应釜)中，采用水或其他有机溶剂作为反应体系，通过将反应体系加热来获得纳米粒子的一种新兴有效方法。水热和溶剂热合成技术具有反应温度低和操作简单的特点，是一种有效的合成方法。

7.1.3.5　水相制备方法

水相法使用水溶性的前驱体，直接在水中制备既经济又环境友好的量子点。该方法选用水溶性金属盐前驱体与水溶性的硫族化合物(或者 H_2X，X = S, Se, Te)在水中发生反应。在反应过程中常用含巯基的功能性分子(如巯基乙酸、巯基丙酸、巯基乙醇等)作为稳定剂。因为巯基基团可以和第二副族金属硫化物(如Zn、Cd)形成配合物，这样巯基化合物分子便可通过化学键连接在量子点的表面，同时起到表面改性剂和表面钝化剂的作用。

水相法合成量子点具有工艺简单、成本低和安全性好等优点，在生物领域具有广泛的应用。

7.1.3.6　其他合成方法

其他合成量子点的方法包括微乳液方法和微波加热等方法。量子点的合成将继续向追求成本低、单分散性好、量子产率高、稳定性好和有效地消除表面缺陷的方向发展。其中能够有效控制表面态的合成方法对于量子点在太阳电池中的应用具有重要的意义。

7.2 量子点敏化太阳电池

20 世纪 80 年代，人们提出了窄带隙无机半导体敏化的概念。1998 年 Zaban 等首先发表了利用 InP 量子点制备了量子点敏化太阳电池的研究结果[7]。如前所述，无机半导体量子点敏化剂与有机染料相比，量子点敏化太阳电池能通过碰撞离化效应可获得大于 100%的量子产率，从而提高电池的光电流；利用俄歇复合效应可提高热电子的寿命；通过微带效应可使电子传向外电路传输更加通畅，以此提高电池的光电压。此外，通过控制量子点的粒径或将不同吸光范围的量子点材料合理组合在一起，可有效提高太阳光的利用效率，因此，量子点敏化太阳电池具有巨大的发展潜力。

7.2.1 量子点敏化太阳电池的结构和组成

量子点敏化太阳电池结构和组成与染料敏化太阳电池类似。量子点敏化太阳电池主要由以下几个部分组成：导电基底材料(透明导电玻璃)、宽带隙半导体纳米多孔薄膜、量子点、电解质和对电极，其结构如图 7-4 所示。其光电转换主要在以下几个界面完成：

① 量子点与纳米多孔薄膜构成的界面；

② 量子点与电解质构成的界面；

③ 电解质与对电极构成的界面。

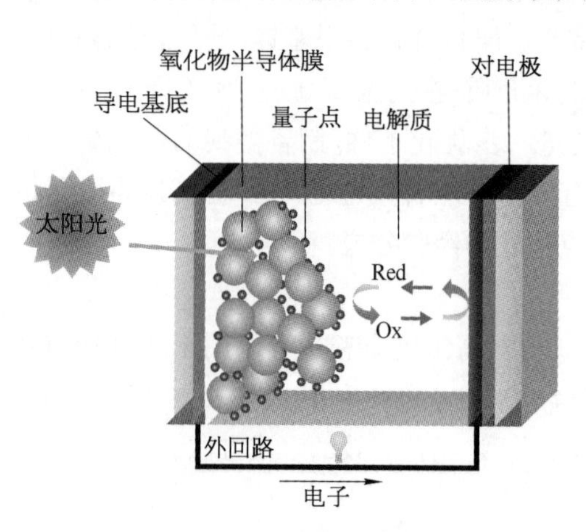

图 7-4 量子点敏化太阳电池结构示意图

7.2.1.1 导电基底材料

导电基底材料又称导电电极材料，分为光阳极和反电极材料。目前，用作导电基底材料的有透明导电玻璃(TCO)、金属箔片和柔性聚合物导电基底材料等。一般要求导电基底材料的方块电阻越小越好，光阳极和反电极基底中至少要有一个是透明的，透光率一般要求在 85%以上。用于制备光阳极和反电极衬底的作用是收集和传输从光阳极传输过来的电子，通过外电路输运到反电极并将电子提供给电解质中的电子受体。目前，量子点敏化太阳电池中普遍采用 FTO 和 ITO 两种基底。

7.2.1.2 宽带隙半导体纳米多孔薄膜

量子点敏化太阳电池中宽带隙氧化物纳米材料常用的主要为 TiO_2、SnO_2、ZnO 和 Nb_2O_5 等氧化物，作用是利用其巨大的比表面积来提高量子点吸附量，同时也是电子传输载体。1991 年，Grätzel 教授在染料敏化太阳电池中引入 TiO_2 纳米多孔膜结构，大大提升了光阳极薄膜的比表面积，电池转化效率取得突破性进展[8]。由于量子点敏化太阳电池和染料敏化太阳电池在光电转换原理上具有部分相似性，因而氧化物纳米多孔结构同样适合于量子点敏化电池。量子点敏化太阳电池主要采用厚度为几微米的宽带隙氧化物多孔纳米半导体作为电子传输载体。不过纳米多孔结构固有的几何形态、缺陷结构和局域场效应会在一定程度上削弱电子扩散过程。

制备半导体薄膜的方法主要有化学气相沉积法、粉末烧结法、水热反应法、RF射频溅射法、等离子体喷涂法、丝网印刷和胶体涂膜等。目前，制备 TiO_2 多孔薄膜的主要方法是溶胶-凝胶法。量子点敏化太阳电池用纳米半导体薄膜通常需具备以下显著特征：

① 对可见光透明，以保证内层的量子点光敏剂吸收到可见光而被激发；

② 具有大的比表面积，使其能够有效地吸附足够的量子点，更好地利用太阳光；

③ 纳米颗粒和导电基底以及纳米颗粒之间应有很好的电学接触，使载流子在其中有效地传输；

④ 具有高孔隙度，有利于电解质渗透到纳米半导体薄膜内部。

目前，绝大部分高效率的量子点敏化太阳电池仍然使用 TiO_2 多孔薄膜，而最近基于 SnO_2 的研究表明，虽然 SnO_2 的导带位置比 TiO_2 的低几百毫伏(图7-5)，但制备CdS/CdSe共敏化电池后，开路电压只比 TiO_2 的低几十毫伏。另外，由于 SnO_2 的导带位置较低，能够获得更高的IPCE，最终获得与 TiO_2 薄膜相当的光电转换效率。

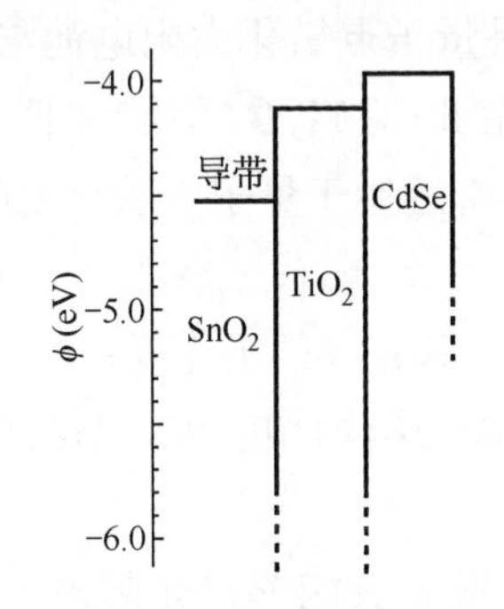

图7-5　CdSe敏化 SnO_2 太阳电池导带能级位置示意图

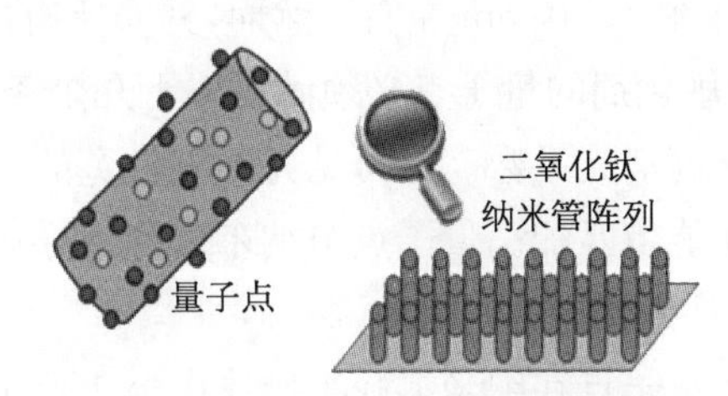

图7-6　量子点敏化 TiO_2 纳米管阵列

在太阳电池的研究中，提高光电子注入效率和改善电子传输过程对提高电池效率至关重要。为此，研究人员在纳米多孔薄膜基础上，广泛研究了氧化物低维纳米结构对电子注入和传输性能的影响。图7-6所示是采用钛衬底阳极氧化方式制备了高度有序的 TiO_2 纳米管阵列，在其上制备的CdS量子点敏化太阳电池中，TiO_2 纳米管特殊的晶体性质和薄膜几何形貌使得光电子能够快速有效地向钛基底转移，从而提高了电池效率。CdS量子点敏化 TiO_2 纳米管的IPCE明显高出CdS量子点敏化 TiO_2 纳米微粒。另外，采用匀涂装法制得的多壁纳米管也表现出了良好的电子传输性能。纳米管优异的光学性能和电子传输特性，将使其在今后氧化物低维纳米结构研究中占有重要的地位。

TiO_2 纳米管通常由阳极氧化方式制备，但钛衬底薄膜透光性的限制往往会影响光利用率。其他一维纳米结构，如纳米棒和纳米线可以在FTO导电玻璃上直接生长，因而可以提高电池光吸收率。采用水热合成方式制备的 TiO_2 纳米线阵列的特殊形态结构能够提供电子向基底直接转移的路径，提高了电子寿命和迁移速率。不过，纳米棒、纳米线结构的微观表面积比多孔膜结构小，这将对量子点敏化剂的吸附量造成影响。

除了 TiO_2 一维纳米结构，ZnO 纳米线、纳米棒和纳米管也具有形貌易通过反应条件调控、制备工艺简便等突出优点。通过在 FTO 基底上垂直生长一层 ZnO 纳米线阵列，采用配体直接连接方式组装量子点，在纳米线和无机半导体量子点之间形成了多纳米尺寸的异质结面，该异质结面有助于光吸收和电荷分离过程。但研究也发现，该纳米线表面量子点吸附较少，限制了电池性能的提高。为了改善量子点表面吸附，研究者采用水热合成法在垂直基底排布的硅纳米线表面生长了树枝状分布的 ZnO 纳米棒阵列，这一结构极大提高了纳米线比表面积，增加了量子点表面吸附量，电池 V_{oc} 达到 0.77 V。同年，研究者采用离子交换技术合成了 ZnO@CdSe 核壳结构纳米线缆阵列，该结构使得量子点与半导体氧化物表面形成紧密接触，极大改善了电荷分离和光电子注入过程。不过，ZnO 在酸性环境中的不稳定性很可能会限制电池性能的提升。

总体说来，采用合适的阳极氧化物纳米材料、改进氧化物纳米材料制备工艺和进一步优化纳米低维结构下电子的传输特性将会有效提高电池光阳极的性能。

7.2.1.3 量子点敏化剂

用半导体量子点敏化剂替代染料作为光敏剂，是量子点敏化太阳电池与染料敏化太阳电池最主要的区别。目前研究最多的量子点主要由Ⅱ-Ⅵ族、Ⅳ-Ⅵ族和Ⅲ-Ⅴ族元素组成，尺寸在 2～10 nm 左右。然而，并非所有的量子点都适用于量子点敏化太阳电池体系，作为光敏化剂的量子点必须满足以下几个条件：

① 高消光系数。在可见光区有较宽的光吸收范围和较大的吸光度；

② 能带匹配。量子点与纳米多孔半导体电极的能级结构相匹配，以保证激发态电子顺利地注入到 TiO_2 导带；

③ 量子点在纳米多孔半导体电极上吸附良好。量子点能够在光阳极表面原位沉积或者通过双官能团连接分子直接连接在光阳极上；

④ 量子点氧化态和激发态具有较高的稳定性和活性；

⑤ 量子点氧化还原电势较低，使在初级和次级电子转移过程中的自由能损失最小。

在量子点敏化太阳电池的研究中，金属硫族化合物作为吸光半导体纳米材料在量子点敏化太阳电池中有广泛的研究，CdS、CdSe、PbS 和 Sb_2S_3 等都是热门的光敏化材料，此外，InP、Ag_2Se、Bi_2S_3 也有相关的研究报道。这些材料中 CdS 其导带最低能级位置(LUMO)高于 TiO_2 的导带最低能级，有利于激发态电子注入到 TiO_2 电极上，而 CdSe、CdTe、InP、PbS 和 PbSe 等材料的带隙较窄，可以吸收大部分可见光，甚至能扩展到远红外光区。由于量子尺寸效应，尺寸不同的量子点带隙也不同，尺寸不同的同种量子点或不同种类的量子点共同敏化，对太阳光谱中不同波长的吸收能力也不相同，可利用它们共同敏化取得更高的电池效率。目前，利用 CdSe 作为量子点敏化剂的体系取得了较高的效率。

CdS 量子点具有比 TiO_2 更高的导带位置，而且制备方式简单，因此，在早期的量子点敏化太阳电池研究中得到应用。化学浴沉积法制备 CdS 薄膜经多年研究，方法比较成熟，可以用其在 TiO_2 多孔薄膜上沉积 CdS 量子点。一般是用镉盐和硫脲作为溶液体系，反应机理都是硫脲逐步分解出 S^{2-} 离子，然后 Cd^{2+} 和 S^{2-} 离子反应结晶沉积在 TiO_2 多孔薄膜的基底上。1990 年，通过原位合成方式在多孔 TiO_2 电极上沉积 CdS 量子点，光电压达到 0.4 V。由于量子点吸附量低，电池效率受到了一定的限制。为了改善量子点吸附，提高光敏化效率，可首先采用预合成 CdS，使其通过分子连接到 TiO_2 多孔薄膜上，然后再化学浴沉积 CdS，使电池性能获得提高，效率将超过 1%。如果结合氧化还原碘对，CdS 量子点敏化电池效率能够进一步提高。CdSe 量子点材料具有比 CdS 量子点更窄的能隙宽度，使得其具有较宽的光谱响应范围。不过 CdSe 量子点与 TiO_2 导带位置更加接近，这使得其光电子注入能力有所减弱。尽管如此，CdSe 量子点敏化太阳电池还是表现出了优异的光电性能。目前，通过对 CdSe 进行 Mn^{2+} 离子掺杂，结合高性能对电极材料，以其为量子点敏化剂的太阳电池光电转换效率已经超过 5%。另外，由于 CdSe 具有合适的带隙，人们选取其为基准量子点材料，进行了大量量子点敏化太阳电池机理方面的研究工作。比如用高温热注入法或溶剂热法预合成 CdSe 量子点，研究其直接吸附或者通过双功能团分子在 TiO_2 多孔薄膜上的吸附动力学，或者研究不同尺寸的预合成 CdSe 量子点向 TiO_2 纳晶电荷转移速度的变化等。

在早期的量子点敏化太阳电池研究中，CdS 常被用作直接在 TiO_2 多孔薄膜上生长 CdSe 的“籽晶层”，因为 CdS 与 CdSe 有更好的晶格匹配，所以使用 CdS 籽晶层后，CdSe 能够有更多的沉积，并且在早期的量子点敏化太阳电池研究中，CdS 层被认为其导带和价带位置刚好处于 CdSe 与 TiO_2 之间(图 7-7)，因此能够起到传输电荷的过渡作用。但近年来的研究表明，如果 CdSe 沉积量一致，那么在 CdSe 与 TiO_2 之间的 CdS 事实上起了阻碍电荷传输的负面作用，对电池性能并无有利影响。

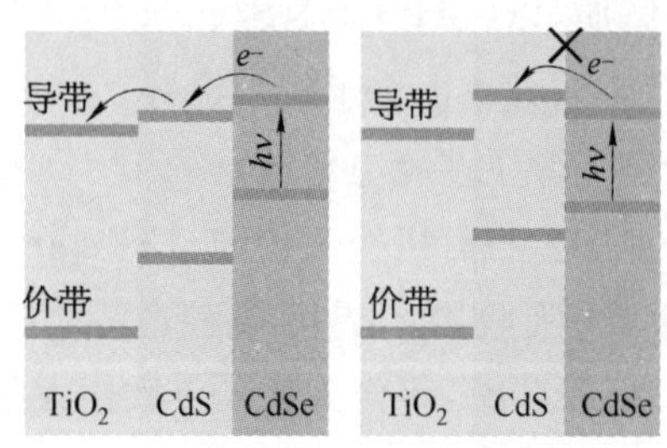

图 7-7 CdS/CdSe 共敏化 TiO_2 的能级位置示意图

另一量子点无机材料 Sb_2S_3，具有较高的消光系数($\alpha = 10^5 cm^{-1}$)和较为合适的能带间隙(~1.7 eV)，在液态电解质量子点敏化太阳电池中有较早的研究。不过，早期电解质与 Sb_2S_3 量子点不能很好匹配，电池效率往往较低。如果利用聚 3-己基噻酚(P3HT)作为钝化层和空穴缓冲层，采用液态钴对电解质传导电荷，Sb_2S_3 量子点敏化电池能够获得 3.3%的光电转化效率。但是，Sb_2S_3 量子点在液态电解质中容易腐蚀，因而，Sb_2S_3 量子点敏化电池多采用固态电解质作为空穴传导材料。利用 P3HT 作为固态空穴传输材料，获得了约 5%的光电转换效率。值得注意的是，2012 年，利用 Sb_2S_3 量子点制备了无机-有机异质结敏化电池，采用新型窄带隙的共轭聚合物 PCPDTBT，电池光电转换效率超过了 6%[9]。其他金属硫族化合物如 PbS 量子点，在量子点敏化太阳电池中也有广泛的研究。

Ⅲ-Ⅴ族元素量子点如 InP 量子点，也由于其较高的消光系数和制备过程的低毒性受到了广泛关注。1996 年，发现了 InP 量子点具有良好的带边发射性能。1998 年，Zaban 等[7]首次将 InP 量子点引入到量子点敏化太阳电池中，经 InP 量子点敏化的太阳电池表现出良好的光吸收特性和光电性能。如果采用 ZnO 纳晶作为宽带氧化物薄膜电极，电池光电转化效率达到 1.3%。此外，在量子点新材料研究方面也取得了一定的进展，2011 年，在多孔 TiO_2 薄膜上制备了钙钛矿型甲胺碘化铅量子点，该量子点吸附量大、尺寸分布均匀而且具有较高的光电子注入效率，电池效率达到了目前液态量子点敏化太阳电池最高的 6.5%[10]。该量子点材料的发现为研究人员提供了在传统金属硫族化合物之外选择和设计新型量子点的思路。

7.2.1.4 电解质

在敏化太阳电池中，电解质起在工作电极和对电极之前输运空穴的作用，是影响电池光电转换效率的重要因素之一。在染料敏化太阳电池中通常以 I^-/I_3^- 氧化还原电对电解质来还原被氧化的染料，但是这种电解质对大部分无机量子点半导体材料有光腐蚀性，造成电池稳定性较差。目前，量子点敏化太阳电池中普遍使用的电解质含 S^{2-}/S_x^{2-} 氧化还原电对。虽然这类电解质对一些金属硫族化物如 CdS 和 CdSe 等稳定性较好，但是由于其氧化还原电势较高，因此电池的开路电压较低。此外，因为多硫成分的氧化还原速率较慢，造成电子空穴的复合概率增加，电池效率也因此降低。采用有机官能团修饰的多硫电解质，以$(CH_3)_4N\}_2S/(CH_3)_4N_2\}S_n$为氧化还原电对，电池的填充因子和开路电压都提高很多，效率也有了较大提升[11]。

除了多硫电解质，以 Co^{2+}/Co^{3+} 为氧化还原电对的钴电解质也被用于量子点敏化电池中。将有机空穴传输材料 spiro-OMeTAD 用于 Sb_2S_3 量子点敏化太阳电池中，改善了与光吸收层的界面接触，提高了电池性能[12]。另外，CuSCN 和共轭聚合物如 P3HT、PCPDTBT 等作为量子点敏化太阳电池固态电解质也引起了广泛关注。固态电解质在电池密封、运输和储存上有很大优势。但是，固态电解质依然存在传导率低、电子复合率高以及界面接触差等问题，相信只要进一步解决这些问题，固态电解质将会在量子点敏化太阳电池的研究中占据重要地位。

7.2.1.5 对电极

对电极也是量子点敏化太阳电池的重要组成部分。多硫电解质替代氧化还原电对 I^-/I_3^- 可有效避免对量子点敏化太阳电池光阳极的腐蚀，提高量子点敏化太阳电池光阳极稳定性。但是在染料敏化太阳电池中表现良好的 Pt 电极在多硫电解液中表现出了较强的过电势，造成 Pt 电极催化性能下降，因此，在多硫电解液中 Pt 并不适合制作高效电池。人们需要对对电极材料进行进一步探索。早在 1977 年，研究人员就已经发现了 CoS、NiS 和 PbS 对多硫氧化还原电对优异的电催化性能。1980 年，他们将 CoS、NiS、Cu_2S 和 PbS 等金属硫化物作为量子点敏化太阳电池的对电极材料[13]。研究发现，相比于铂和碳电极，电池开路电压和短路电流有了明显提升，说明金属硫化物对多硫氧化还原对的电催化作用更为高效。但研究同时发现用电镀法制得的 PbS 电极经长时间放置会出现电池性能的降低(可能是由于表面 PbS 被氧化所致)。为了改善这一情形，可采用盐酸腐蚀法改良 PbS 制备方式，得到具有较低 R_{ct}（电解质和对电极表面电荷转移电阻）且性能稳定的 CdSe 敏化太阳电池。二维石墨烯材料具有较大的比表面积，可以提供足够的反应位点而且具有优异的电子传输性能。2011 年，Radich 等[14]尝试了将 Cu_2S 和氧化石墨烯的复合材料作为量子点敏化太阳电池对电极，该新型材料在电催化性能上相比 Pt 也有了很大的提高，CdSe 敏化的太阳电池效率达到了 4.4%。

7.2.2　量子点敏化太阳电池的工作机理

量子点敏化太阳电池的结构和工作机理与染料敏化太阳电池的机理基本相同。下面以 CdSe 量子点电池为例，将量子点敏化太阳电池的物理过程（图 7－8）作一简单介绍。

① 量子点受激发后电子从价带跃迁到导带，并在价带上留下空穴；

② 量子点导带中的电子注入到 TiO_2 的导带，并将电子输运到外电路；

③ 自由电子在 TiO_2 与量子点界面处被表面态俘获；

④ 被表面态俘获的电子与电解质复合；

⑤ 量子点导带中的电子与价带中的空穴复合；

⑥ 量子点价带中的空穴被电解质还原，实现量子点的再生。

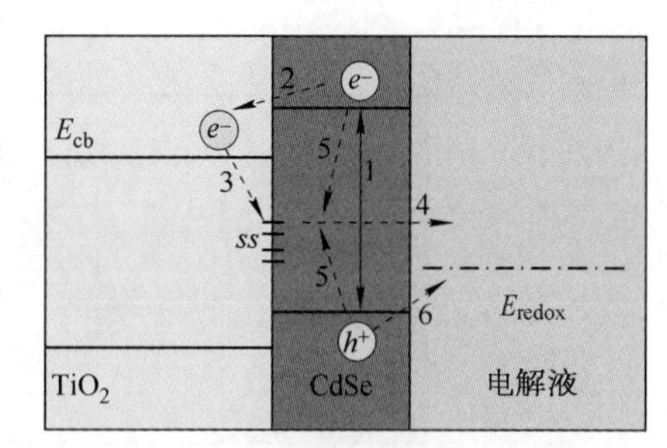

图 7－8　CdSe 量子点敏化 TiO_2 太阳电池的工作机理示意图

量子点激发态的寿命越长，越有利于电子的注入，而激发态的寿命越短，激发态电子有可能来不及注入到 TiO_2 半导体的导带中就通过非辐射衰减而回到基态。②和⑤两步为决定电子注入效率的关键步骤。量子点的导带与 TiO_2 的导带能级匹配度越高，电子向 TiO_2 导带注入的驱动力越强，电子的注入效率就越高。S^{2-} 离子将氧化态量子点还原，实现量子点的再生，从而使量子点可以不断地将电子注入到 TiO_2 的导带中。S^{2-} 离子还原氧化态量子点的速率常数越大，对电子和空穴的复合抑制作用就越大，这同时还取决于对电极对 S^{2-}/S_x^{2-} 氧化还原电对的催化速率。步骤③和④是电池产生暗电流主要步骤。产生暗电流的原因有量子点在 TiO_2 表面覆盖率较低、量子点本身的缺陷较多和量子点无法被电解质及时还原，这造成了电池的填充因子较低，电池的光电性能也较差。采用 ZnS 或有机分子等材料作为阻挡层可有效减少③和④的发生，从而抑制电池的暗电流，提高电池的短路电流。

电化学阻抗谱常用来研究太阳电池的工作机理，近年来其应用在染料敏化太阳电池、量子点敏化太阳电池和聚合物太阳电池上特别广泛。图 7－9 给出了表征量子点敏化太阳电池的等效电路图。图中 $C_\mu(=c_\mu L)$ 表示纳米 TiO_2 多孔薄膜的化学电容，$R_t(=r_t L)$ 为 TiO_2 电极的电子传输电阻，$R_{ct}(=r_{ct} L)$ 为 TiO_2/电解质界面的电荷转移电阻（或称电子复合电阻），R_s 为串联电阻，R_{TCO} 为 TCO 电极/电解质界面的电荷转移电阻，C_{TCO} 为 TCO/电解质的界面化学电容，Z_d 为电解质的扩散阻抗，R_{Pt} 和 C_{Pt} 分别为对电极/电解质界面的电荷转移电阻和化学电容。通常，量子点敏化太阳电池的阻抗谱由两段圆弧组成，高频段圆弧对应于对电极/电解质界面的电荷转移电阻和化学电容，低频段圆弧与 TiO_2/电解质界面的电荷转移电阻和化学电容有关；两段圆弧之间的 Warburg 阻抗对应于 TiO_2 薄膜的电子传输电阻 R_t；在高偏压条件下，由于电子传输电阻很小，看不到 Warburg 阻抗；随着外加偏压的减小，圆弧直径增大，表明界面电荷转移电阻增大。与染料敏化太阳电池相比，量子点敏化太阳电池在高频段的圆弧半径相对很大，说明对电极/电解质界面的电荷转移电阻很大；根据 Bisquert 等建立的纳米多孔薄膜电极电化学阻抗谱数学模型，利用 Zview 软件对器件的阻抗谱结果进行拟和，可得到纳米 TiO_2 多孔薄膜的电子传输电阻 R_t、界面化学电容 C_{films} 及电子复合电阻 R_{ct} 与外加偏压的依赖关系，进而获得有关电子寿命和扩散长度等信息。

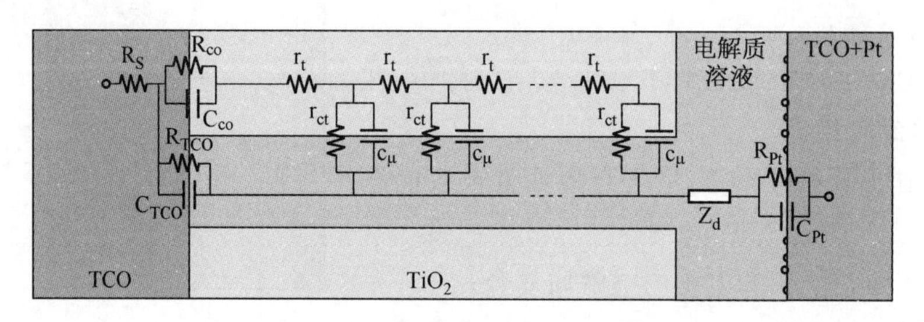

图 7-9　量子点敏化太阳电池的阻抗谱等效电路

7.2.3　量子点敏化剂的制备方法

考虑到量子点敏化太阳电池的特殊结构，主要采用化学方法来制备量子点敏化剂，所以下面重点介绍几种制备量子点敏化剂的化学方法。

7.2.3.1　预合成量子点敏化剂

预合成方式能够获得单分散和结晶性良好的量子点。量子点的尺寸和形态可以通过改变反应温度和时间等实验参数进行简单调控。20 世纪 80 年代，人们通过平印等自上而下技术制备量子点。但那时制得的量子点尺寸波动范围大而且晶格缺陷显著。直到 1993 年，才第一次真正意义上采用预合成方式制备了 CdSe 量子点，将三辛基硒膦(TOPSe)和二甲基镉($Cd(CH_3)_2$)混合到三辛基膦 TOP 中，然后将其迅速注入到三正辛基氧膦 TOPO 中生成单分散 CdSe 纳米颗粒，经热化退火和离心分离，得到了高质量 CdSe 量子点胶体颗粒[15]。目前，单分散量子点颗粒一般沿用热注入(hot-injection)的方式获得。预合成后的量子点，需要连接组装到半导体氧化物表面实现光敏化功能。连接方式分直接吸附和分子连接。直接吸附方式是指通过量子点表面配体和半导体氧化物之间的相互作用，将量子点胶体粒子直接吸附到半导体氧化物表面。分子连接是指利用双官能团分子与量子点的相互作用将其连接到氧化物表面，该方法有助于改善量子点分布，但在一定程度上削弱了光电子注入效率。2012 年，研究人员采用热注入方式预先合成了 CdS/CdSe 核壳结构纳米微粒，通过有机配体交换，直接将量子点吸附到 TiO_2 表面，组装后的电池获得了5.32%的效率[16]。

溶剂热合成法是一种合成无机纳米晶体的湿化学方法。它是指以高压反应釜为容器，溶剂作反应体系，通过加热将溶剂温度升至沸点，在体系中产生高温和高压环境的特殊制备方法。学者们利用溶剂热合成方法制备了晶形好、分散性好并且形状可控的纳米晶或量子点。

预合成方式提高了量子点纳米尺寸的均一性和电化学性能的稳定性，对光吸收和光电子注入效率有重要影响。但目前预合成方式主要存在量子点吸附量少的缺点，使电池光利用率下降和界面电子复合过程变得更为严重。因此，预合成方式需要进一步改善量子点吸附特性，从而提高电池性能。

7.2.3.2 *原位沉积法*

原位合成(in-situ)方式是指反应物先驱体在氧化物半导体基底表面反应生成量子点。该方法具有操作简单并且量子点覆盖率高等优点。通过阴阳离子前驱溶液的浓度、反应温度和时间的控制可以调节量子点的尺寸和附着均匀性。目前，在方法上应用较为普遍的有化学浴沉积法(CBD)和连续离子层反应吸附法(SILAR)。

化学浴沉积法是一种简易的制备纳米晶或量子点的方法。该方法是指在金属盐溶液中，加入沉淀剂(或缓释剂)，静置或搅拌，控制反应速度，缓慢生成半导体纳晶的方法。该方法可以在基板或器件表面原位沉积纳米晶或量子点。目前，在硫化物量子点制备时，一般采用硫脲缓慢释放 S^{2-}，金属离子源(如 Cd^{2+} 和 Pb^{2+})一般采用硝酸盐、醋酸盐和卤化物。阴阳离子缓慢释放过程对薄膜质量十分关键。为此，需要在反应浴中加入适当的络合物稳定反应体系。氨水是应用较为广泛的络合物，可以有效阻止 $Cd(OH)_2$ 沉淀产生。但氨水有毒且易挥发，后来研究人员也研究了乙二胺、乙醇胺和氨基三乙酸钠等其他络合物。

该方法的化学反应机理可能是 Cd^{2+} 离子首先和硫脲形成络合物：

$$Cd^{2+} + (NH_2)_2CS \longrightarrow [(NH_2)_2CS-Cd]^{2+} \tag{7-1}$$

然后该络合离子的 S-C 键断裂生成 CdS：

$$[(NH_2)_2CS-Cd]^{2+} + 2OH^- \longrightarrow CdS + CN_2H_2 + 2H_2O \tag{7-2}$$

该步反应导致 CdS 在溶液中生成。如果 Cd^{2+} 离子吸附在衬底上，那么 CdS 同样沉积在衬底上。

上述机理适用于酸性或者中等 pH 值的溶液中，如果溶液碱性较强，Cd^{2+} 离子会首先形成氢氧化物，然后再和硫脲作用并进行后续反应：

$$Cd(OH)_2 + (NH_2)_2CS \longrightarrow Cd(OH)_2 \cdot SC(NH_2)_2 \tag{7-3}$$

$$Cd(OH)_2 \cdot SC(NH_2)_2 \longrightarrow CdS + CN_2H_2 + 2H_2O \tag{7-4}$$

$Cd(OH)_2$ 初始便形成在衬底上且对分解反应起到催化作用。

制备量子点敏化太阳电池量子点敏化层时，将多孔氧化物薄膜浸泡在溶解有量子点阴阳离子前驱反应源的溶液中，在一定温度条件下，反应源缓慢释放阴阳离子，在多孔氧化物基底上反应形成纳米晶薄膜。20 世纪 80 年代，就由研究人员利用 CBD 技术将制备过程简单且低毒的 Na_2SeSO_3 作为硒源，缓慢释放硒离子，在钛基底上制备了 CdSe 和 PbSe 纳米晶薄膜[17]。随后，该技术广泛用来制备多孔 TiO_2 薄膜上的量子点敏化层，包括 CdX(X=Se, S, Te)型和 PbX(X=Se, S, Te)型量子点。

为了提高液相合成产率和晶体薄膜质量，研究人员采用了微波或光诱导等辅助手段对量子点成核和生长过程进行调控。微波辐射可以诱导分子或离子的偶极矩与外加交变电磁场发生相互作用，引起分子层面的热力学变化，温度的快速变化增强了 TiO_2 表面湿度，使得量子点与 TiO_2 有很好的表面接触。此外，光辅助 CBD 能够提高量子点在 TiO_2 孔隙中的渗透率，增加 CdS 量子点的吸附量，从而提高电池效率。

连续离子层吸附法(SILAR)严格意义上说属于化学浴沉积的一种，起初是为了在固体基底上生长水不溶性离子化合物薄膜而发展起来的技术，而后用于制备高质量核壳结构复合半导体。SILAR 法具有反应周期短、操作简单和量子点吸附量大等特点。与上述化学浴沉积方法的不同之处在于，化学浴沉积是在一个容器中进行，且反应比较缓慢的进行(反应过快、成核较多、晶粒长大也快、不利于控制量子点的尺寸)。而连续离子层吸附法是在两个容器中分别盛放阴阳离子前躯体，将基板或 TiO_2 薄膜在阳离子前躯体溶液中浸泡一段时间，取出淋洗吹干，然后再浸入到阴离子前躯体溶液中一段时间，取出淋洗吹干，完成一个循环(称为一次沉积)。该方法也是一种原位沉积量子点的技术。图 7-10 给出了连续离子层吸附法沉积量子点的实验操作示意图。

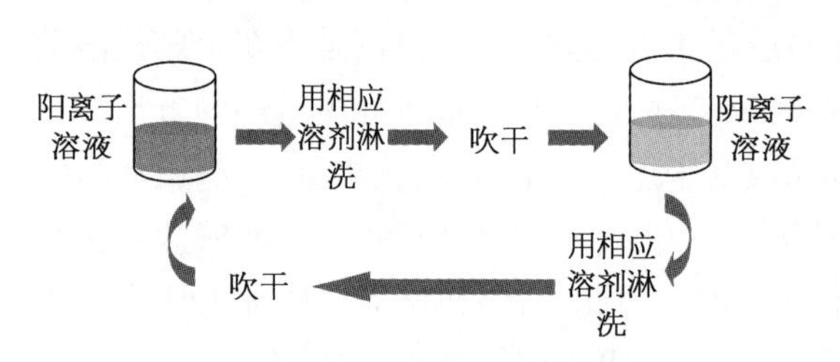

图 7-10 连续离子层吸附法沉积量子点示意图

目前，SILAR 方法被广泛用来制备无机半导体薄膜。SILAR 方法通过将 $Cd(NO_3)_2$ 和 Na_2S 分别作为 Cd^{2+} 和 S^{2-} 的前驱反应物，将 TiO_2 多孔薄膜依次浸泡在上述两种溶液中，Cd^{2+} 和 S^{2-} 可以穿透进入 TiO_2 孔隙，通过合适的反应次数和浸泡时间，得到分布均匀且成核良好的 CdS 量子点。但是 CdS 由于其带隙较宽为 2.4 eV，应用于太阳电池毕竟不是最佳选择，相比之下 CdSe 带隙更为合适。Se^{2-} 的获得有多种途径，较为常见的是通过硒粉和亚硫酸钠反应获得的 Na_2SeSO_3 作为 Se^{2-} 的前驱反应源；另一种方法是 2009 年 Lee 等[18]提出的在温和的反应条件下，利用 $NaBH_4$ 还原 SeO_2 的方式获得硒离子：

$$SeO_2 + 2NaBH_4 + 6C_2H_5OH \longrightarrow Se^{2-} + 2Na^+ + 2B(OC_2H_5)_3 + 5H_2 + 2H_2O \tag{7-5}$$

在此基础上，该研究小组采用了 SILAR 法在 TiO_2 纳米晶薄膜上沉积 CdSe 量子点，与 CdTe 量子点共敏化获得 4.22%的转化效率(0.1 个太阳)，这种方法已经被广泛采用作为制备硒离子前驱体溶液。

量子点的制备方法还有溶胶-凝胶法、电沉积法和微乳液法等。每种方法都有其优缺点，根据实际条件和要求可以选择不同的方法来制备自己需要的样品。

7.2.4　量子点组装方法

量子点的组装是制备敏化光阳极的关键一步，该步骤决定了量子点在 TiO_2 等多孔薄膜表面的吸附量，以及量子点与 TiO_2 之间的电荷转移情况。量子点的组装方法有很多种，大体上可分为原位沉积技术、直接吸附、自组装技术(分子连接技术)和原位沉积与自组装相结合技术。

7.2.4.1　原位沉积技术

所谓原位沉积技术是指在基底上面直接生成量子点并沉积的一种方法。从沉积方式来讲，分为物理沉积和化学沉积。

物理原位沉积技术是指在一个密闭的设备中，通过溅射或热蒸发等将金属原子从原材料中分离从来，然后与腔体内的反应气体在高温高压条件下反应生成量子点，并在基底上沉积。通常此技术对设备和反应条件的要求较高。常见的物理原位沉积技术有磁控溅射和原子层沉积(ALD)技术。

化学浴原位沉积技术是指单纯通过化学反应在密闭环境中而无需高温高压等物理条件在基底上原位沉积量子点的技术。该方法操作简单，反应条件容易控制，且易于大规模生产。常见的化学浴原位沉积技术就是上述的化学浴沉积和连续离子层吸附反应技术。

7.2.4.2　直接吸附方法

所谓的直接吸附方法即是将宽带隙半导体多孔薄膜在预先合成的胶体量子点溶液中浸泡一段时间，使得胶体量子点直接吸附到纳晶薄膜上(图7-11)。这种方法的量子点沉积量不高，难以获得理想的敏化薄膜。

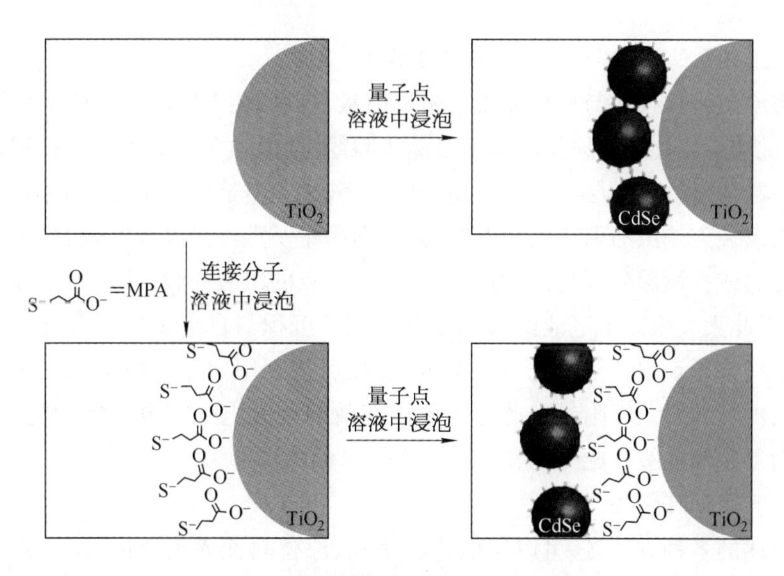

图7-11　TiO_2 薄膜表面沉积 CdSe 示意图

7.2.4.3 自组装技术(分子连接技术)

所谓自组装技术(SAM)是将一特定的有机分子在宽带隙半导体多孔薄膜表面进行化学吸附,形成紧密覆盖的单分子层(图 7-11)。在量子点敏化太阳电池中,自组装单分子膜技术在组装量子点之前,必须先合成出高品质并且粒径均匀的量子点。一般采用具有双官能团(通常为羧基和巯基)的连接分子在 TiO_2 薄膜表面形成一层单分子膜,羧基与 TiO_2 作用,巯基官能团则用来吸附量子点。连接分子除了具有双官能团外,还需具有良好的传输电荷能力。若使用非导电性连接分子来组装量子点,将造成量子点的电子向光阳极注入的阻力增大。因此,研究者将量子点表面改性,使其具羧酸官能团,然后再吸附到 TiO_2 光电极上[19],这一方法已被证实有利于提高电子向 TiO_2 导带的注入效率,从而提高电池的短路电流。

研究表明,不管是直接吸附还是分子连接,CdSe 胶体量子点溶液在 TiO_2 多孔薄膜表面的沉积都可以用 Langmuir 吸附过程来表示。如果用 P 表示甲苯溶液中的 CdSe 量子点粒子,S 表示 TiO_2 表面可供 CdSe 吸附的空白位点,PS 表示已经吸附有 CdSe 量子点的表面位点。那么:

$$[P]+[S] \rightarrow [PS] \qquad k_1 \tag{7-6}$$

$$[PS] \rightarrow [P]+[S] \qquad k_{-1} \tag{7-7}$$

如此,Langmuir 类单层吸附的平衡常数可表示为:

$$K_{ad} = k_1/k_{-1} \tag{7-8}$$

通过研究,如果是直接吸附,CdSe 胶体量子点在 TiO_2 多孔薄膜表面亚单层沉积的吸附常数为 $(6.7\pm2.7)\times10^3\ M^{-1}$,对于存在 MPA 连接分子时的情况,吸附常数为 $(4.0\pm2.0)\times10^4\ M^{-1}$。

7.2.4.4 原位沉积与自组装相混合技术

化学浴原位沉积技术与自组装技术是目前量子点敏化太阳电池中最常使用的组装方法,但各有优缺点。化学浴原位沉积法虽然步骤简单,但须多层沉积才能达到良好的覆盖率,而在多层沉积过程中,层与层间可能产生许多缺陷态,造成电子传输的阻力增大,复合增加。而自组装方法虽然取得较好的覆盖率,但因量子点本身尺寸的限制,无法进入多孔膜的细小孔洞或孔洞深处,而且此方法对多层量子点的组装亦较困难,无法开展共敏化或复合敏化,因此大大限制了电池的效率提升。原位沉积与自组装相混合技术利用双官能团连接分子将量子点组装到多孔薄膜电极上,然后再利用化学浴原位沉积法来增强量子点在孔洞内的覆盖率及吸附量。此方法可以有效抑制光电子与电解质的复合,还可以解决部分界面复合和能级匹配等问题。

7.2.4.5 其他方法

除了上述的各种方法,还可以用电化学沉积、原位热注入法合成、原位光沉积等方法在多孔氧化物薄膜表面沉积量子点。图 7-12 给出了热注入法原位生长 PbS/TiO_2 异质结的反应示意图。

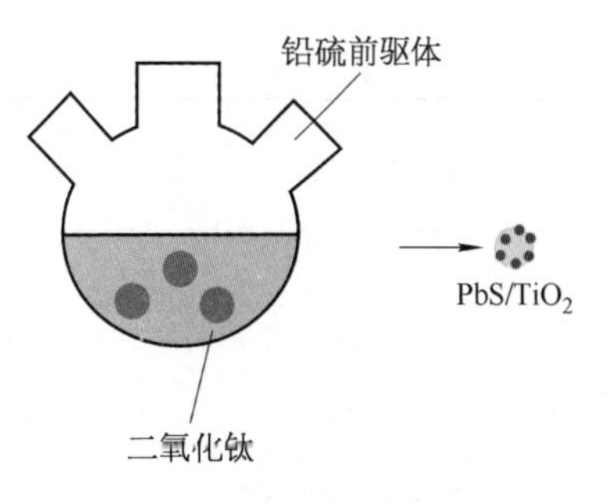

图7-12　热注入法生长PbS/TiO_2异质结的反应示意图

7.2.5　量子点敏化太阳电池效率的提高

7.2.5.1　共敏化

进一步拓宽太阳吸收光谱和提升电子注入效率一直是提高量子点敏化太阳电池效率的两个重要方面。20世纪90年代，人们结合无机半导体量子点和ZnTCPc染料分子不同的光谱响应范围，首次开展了CdSe量子点和ZnTCPc染料分子共敏化TiO_2纳米晶的研究工作。通过光吸收谱图发现：相比于单独CdSe敏化，共敏化电池对太阳光的吸收边从610 nm拓展到了700 nm，IPCE也有较大提升。此后，无机半导体-有机分子之间的共敏化作用逐渐成为了一个研究热点。共敏化通过拓宽太阳吸收光谱，提升了光能利用率。另外，研究发现，将PbS量子点和有机染料N3共同敏化TiO_2，共敏化电池性能比单独N3敏化提升了2倍，V_{oc}达到0.84 V，FF为0.705；而且通过利用CdS量子点和有机染料N719也制得共敏化太阳电池，电池效率较单独敏化会有很大提升。结合新型有机采用染料分子JK-216的近红外吸收优点，将其和CdS量子点的配合敏化作用，得到3.14%的效率。JK-216在近红外区具有良好的选择吸收性，因而可以很好拓宽电池吸收光谱。其他无机-有机敏化组合如PbS/N719、CdS/N3和CdSe/ZnTCPc（酞菁锌）也取得了不错的实验效果。

除了无机半导体和有机染料之间的共敏化，研究人员也开展了许多无机半导体量子点间的共敏化研究工作（表7-1）。无机半导体之间具有更加匹配的晶格结构，这有助于外层晶体的生长，从而形成更加紧密的相互作用。结合CdSe量子点在光吸收和CdS量子点在电子注入上的优势，将两者有序组合得到了效率为4.22%的电池。其他无机半导体量子点之间的共敏化作用如CdHgTe/CdTe、CdS/PbS等也有广泛研究。

表7-1　转化效率超过2%的量子点共敏化太阳电池[20]

敏 化 剂	对 电 极	V_{oc}(V)	J_{sc} (mA·cm^{-2})	FF	η (%)
CdS/CdSe	Pt	0.66	10.5	39.5	2.8
CdS/CdSe(HTS)	Pt	0.489	18.23	54	4.81
CdS/CdSe/ZnS	Pt	0.503	11.66	49	2.9
CdS/CdSe/ZnS	CoS	0.454	14.95	50.5	3.4
CdS/CdSe/ZnS	Sputtered Au	0.514	16.8	49	4.22
CdS/CdSe/ZnS	Cu_2S	0.575	13.68	63	4.92
CdS/CdSe/ZnS (Mn-Doped)	Cu_2S-RGO	0.558	20.7	47	5.42

（续表）

敏 化 剂	对 电 极	V_{oc}(V)	J_{sc} ($mA \cdot cm^{-2}$)	FF	η (%)
CdHgTe/CdTe	Pt	0.71	4.43	62	2.2
CdSe/ZnS	Pt	0.57	11.2	35.4	2.2
CdSe/ZnS	Cu_2S	0.538	13.9	51	3.84
CdSe/ZnS	C	0.6	12.41	52	3.9
CdSe/ZnS	C	0.63	12.34	56	4.36
PbS/CdS	Cu_2S	0.44	10.92	46	2.21
CdS/ZnS-heat	Au	0.517	10.32	49	2.65

共敏化过程实现了单一敏化体系能带的重组。通过能级分布的调节，进一步拓宽了太阳吸收光谱响应范围、改善了电子注入和反向复合过程，对敏化效率的提高具有重大意义。

7.2.5.2 界面钝化

近年来，人们普遍在量子点外包覆一层半导体薄层材料对量子点表面进行钝化处理。Grätzel 试图在氧化物半导体和电解质异质结之间加入一层较薄的绝缘层来减弱电子的反向复合过程。目前，很多研究证实界面钝化确实可以降低界面电子态和缺陷结构对电子的捕获。钝化层的选择主要集中在 ZnS、非晶 TiO_2 和 Al_2O_3。Choi 等[21]在 CdS 和染料分子共敏化电池体系中引入了在染料敏化太阳电池中常见的 Al_2O_3 钝化层[22]，研究发现 CdS 层经 Al_2O_3 钝化后，V_{oc} 提升了 11%。这是由于 Al_2O_3 层在 CdS 界面有效抑制了电子向氧化态染料分子的反向复合，提高了光电子注入效率，从而提升了开路电压。

7.2.5.3 离子掺杂

在量子点敏化太阳电池中对量子点进行离子掺杂，可以通过对费米能级的调节来抑制非辐射复合过程和降低电子反向复合概率。向 CdS 量子点中掺杂一定浓度的 Mn^{2+}，在 TiO_2/CdS/CdSe 电池体系中获得 5.42% 的转化效率[23]。研究指出，掺杂过程引入了中间能态（intermediate state），该中间能态可以捕获将要发生热弛豫和反向复合过程的光生电子，从而延长电子激发态寿命，增加光电子注入 TiO_2 导带概率。

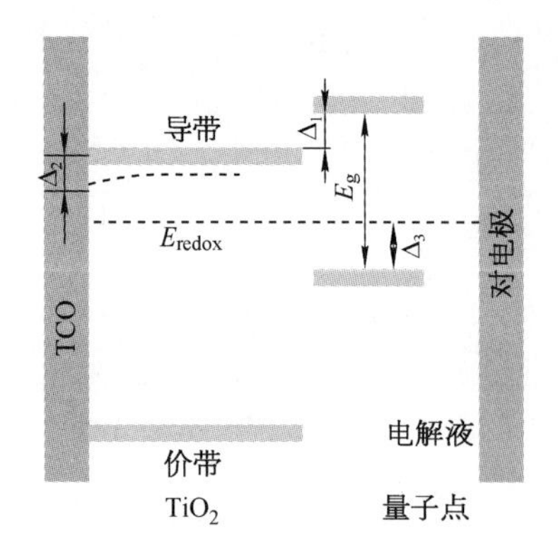

图 7-13 量子点敏化太阳电池能级结构

7.2.6 展望

量子点敏化太阳电池能带结构如图 7-13 所示。

$V_{oc} = E_g - \Delta_1 - \Delta_2 - \Delta_3$，$\Delta_1$ 表示激发态量子点与半导体氧化物导带之间的能量差，这部分电压损失作为光电子注入动力；Δ_2 表示半导体氧化物在导电基底界面的能带弯曲量；Δ_3是氧化态量子点与电解质氧化还原势之间的能量差值，这部分电压损失作为空穴转移动力。量子点敏化太阳电池开路电压V_{oc}受多方面影响。最优V_{oc}取值应当在保证光电子顺利转移条件下尽量减小Δ_1、Δ_2和Δ_3值。根据Snaith在染料敏化太阳电池中的计算，当Δ从0.75 eV降到0.4 eV时，电池理论转化效率将从13.4%提升到20.3%。同样地，在量子点敏化太阳电池中，若能优化Δ值，其转化效率也将有很大提升。此外，量子点敏化太阳电池电子反向复合过程直接限制了光电流的提升。反向复合过程在半导体氧化物和电解质界面表现尤为显著。若能进一步改善电子收集和注入过程，那么电池性能也将会有很大提升。

近些年来，尽管在量子点敏化太阳电池领域的研究取得了较大的进展，但电池效率相比染料敏化太阳电池还有一定差距。可以认为在下一个研究阶段，首先需要进一步探究量子点敏化太阳电池中的电荷传输机理，量子点不同于染料单分子的尺寸特征导致其存在明显不同于染料敏化太阳电池的复合机制；其次，采用新方法制备量子点，一方面需要提高量子点敏化剂的尺寸分布单一性，另一方面必须保证量子点与宽禁带氧化物薄膜的电接触；再次，研究新型高消光系数、宽光谱吸收和环境友好的量子点敏化剂材料，避免有毒元素的使用；最后，拓宽电解质选择范围，尝试较低成本的碳结构化合物作为对电极。通过上述材料、机理以及器件等各方面的共同研究，量子点敏化太阳电池的光电转换效率必能在未来的数年内取得较大突破，为未来的产业化奠定初步的科学依据与研究基础。

7.3　量子点聚合物杂化太阳电池

有机聚合物具有材料种类繁多、可设计性强，结构易“裁剪”等优点。特别地，基于有机聚合物的器件可以采用溶液为基础原料的制备方式，如浸涂、丝网印刷、喷墨打印和辊对辊加工等，这非常有利于实现大规模实用化制备。杂化太阳电池可将聚合物易“裁剪”、低成本以及无机半导体的电荷迁移率高的优点互相结合，且具备方便制备柔性器件等优点，近年来吸引了众多科学家的广泛关注。

聚合物-无机半导体杂化太阳电池一般使用作为电子受体的n型半导体纳米晶与作为电子给体的p型共轭聚合物共混制备太阳电池。当共轭聚合物(如P3HT)自组装形成晶体结构时，它具有很高的空穴传输能力，并且能够非常方便地在刚性和柔性衬底上进行溶液加工。另外，由于量子限域效应，纳米尺度的无机材料将表现出不同于体相材料的光吸收和光电流特性。它们具有电子迁移率高、电子亲和势高以及热稳定性好等优点。当通过溶液加工的无机纳米半导体与可溶性聚合物混合后，它们将提供一个有利于激子有效分离的巨大内界面面积。在衬底上生长的一维有序纳米结构无机半导体能够为载流子输运提供理想的传输路径。一般来说，当有机和无机材料共同形成异质结电池时，聚合物充当电子给体，吸收太阳光并且传输空穴。无机半导体则作为电子受体，传输电子。目前，这种杂化太阳电池的能量转换效率超过了3%。在这种有机无机杂化太阳电池中，作为电子受体的无机半导体可以是 TiO_2 和 ZnO 等宽禁带氧化物，也可以是 CdS、CdSe 和 PbS 等量子点。本章主要关注量子点聚合物杂化太阳电池。本节对该类电池近几年的研究进展，包括电池的工作原理、组成结构、聚合物和无机材料以及改善电池性能的多种方法等方面进行详细的描述，并阐述进一步发展的研究重点、发展趋势及前景。

7.3.1 量子点聚合物杂化太阳电池工作原理

有机无机杂化材料中光生电荷(库仑力束缚的电子-空穴对，也就是激子)的产生可直接应用于太阳电池及其他光电器件中。两种半导体形成杂化异质结后，内部具有内建光生化学势。通过对材料的结构与能级进行设计可获得不同类型的器件。上述内建化学势可促进受束缚的激子即使在没有外加电场时也能分离形成在无机相和有机相中扩散的电子和空穴。因此，活性层中的电荷分离和传输对于杂化太阳电池的性能至关重要。

理想状态下，暗态下杂化材料中应当没有电荷载流子存在，这意味着不管是纳米晶量子点，还是聚合物都应当使用其未掺杂态。但是真实体系中总是有不同类型的电荷存在，比如来自于部分掺杂的剩余电荷和局部电化学掺杂导致的电荷等。除上述暗态下就存在的残余载流子，在光照情况下，活性层将辐照光能最终转换为“光生”的自由载流子。为了将残余载流子和陷阱的影响降至最低，杂化材料的纯化过程就很重要。如果残余载流子的干扰能够忽略，电池中的电荷输运与激子的分离直接相关，这种激子分离的效率决定了光生自由载流子的最大数目。

与完全无机纳米晶薄膜或者完全共轭聚合物薄膜相比，目前对有机无机杂化材料活性层中的电荷载流子输运机理理解还不够深入。考虑到杂化材料中由于有机无机组分直接接触产生的协同效应，因而其性质并非两种组分的简单之和。

7.3.1.1 激子的产生与扩散

光激发产生激子的过程既可以发生在聚合物相中，也可以发生在纳晶量子点相中。激子的产生将导致杂化体系吸收光谱特征的变化。

光致吸收谱是一种泵浦-探针技术。用单一波长激发样品，用分析光探测激发后样品透射率随波长的变化。该实验中可以在带隙位置观测到透射率的增加导致的基态漂白。在 MDMO－PPV 与 InP(4.2 nm)及 CdSe(4.1 nm)球形纳晶的混合物中存在聚合物吸收带在 2.2 eV 位置的漂白，与聚合物 2.4 eV 的带隙对应。对光致吸收谱的相对透射率峰位置随频率变化的关系进行拟合，即可获得激发态的寿命。在 DHeO－CN－PPV 和 4.0 nm 的 CdSe 杂化体系中应用光致吸收谱测试获得激子的寿命在 15 K，160 K 和 245 K 时分别是 0.21 ms，0.13 ms 和 0.05 ms。另外，根据荧光信号的衰减也可探测激子的寿命。

7.3.1.2 激子分离产生自由载流子

共轭聚合物掺杂或者光激发时的自由载流子有孤子、极化子和双极化子等。在纳米晶中，激子分离形成自由的电子和空穴。激子在界面发生分离，随后电子和空穴转移到能量较低的能级上(图 7－14)。有利于激子分离的能级界面有电极、异质结组分的界面和局域的缺陷(如杂质和表面陷阱等)。

在基于本体异质结概念的杂化太阳电池中,能级结构呈锯齿状,该结构有利于促进界面上的电荷分离。另一方面,电荷分离也阻止了组分内的辐射复合。因此,发光淬灭技术能够有效的表征杂化体系内的激子分离。其他表征方法包括光诱导电子自旋共振和光致吸收谱等。

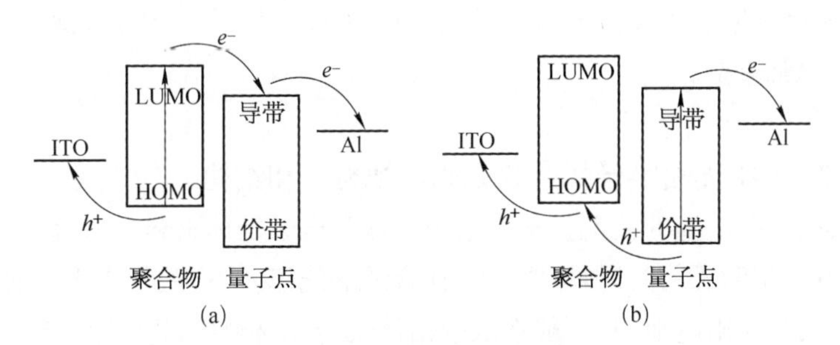

图7-14 量子点聚合物杂化太阳电池的工作原理

(a) 聚合物中产生激子;(b) 量子点中产生激子

7.3.1.3 自由载流子的传导

对给定材料,表征电荷传输性质最普通的方法是测量室温时电流随外加电压的变化。为测量光照下的电流-电压特性,模拟太阳光从透明电极侧入射。

在绝大多数杂化体系里,纳晶作为电子受体,而聚合物作为电子给体。传输效率受限于最慢的电荷迁移过程。单个纳晶里的电子迁移率远高于聚合物相内的空穴迁移率。但是考虑到纳晶相的颗粒及分散特性,并不能保证从激子分离到电极间存在高效的传输路径。

很多实验表明,随着纳晶组分比例增加至一最优值,传输效率增加。对于与吡啶处理后的纳晶不存在特别作用的一些聚合物如P3HT、MEH-PPV等,聚合物与纳晶相的最优比例是1∶9,此时纳晶相形成逾渗网络。对于末端氨基功能化的P3HT,最优比例显著降低(约1∶1)。与未处理聚合物相比,氨基对纳晶表面的亲和力导致相分离得到优化。

7.3.1.4 复合

复合是限制活性层中电荷传输的主要过程。主要存在以下几种不同类型的复合:

① 单分子复合,也称对偶复合,来自于同一个激子的电子和空穴受到库仑吸引力发生复合;

② 双分子复合,也称Langevin复合,来自于不同的激子的电子和空穴发生复合;

③ 陷阱辅助复合,电子或空穴在能量更低的缺陷态时发生复合,显然,复合与缺陷态密度与电荷浓度有关。

7.3.2 电池结构简介

自2002年,美国《科学》杂志上报道了使用CdSe纳米粒子与P3HT共混形成本体异质结结构的活性层,并且获得接近2%的光电转换效率工作以来,关于有机无机杂化太阳电池的研究得到显著扩展。由于具有相对高的光学透过率以及低的方块电阻，ITO是低温制备工艺时最常使用的透明导电玻璃。针对ITO/PEDOT/CdSe：P3HT/Al这种常见的杂化电池结构，ITO是空穴收集电极，电子则在Al电极上收集。透明导电聚合物PEDOT：PSS主要是传输空穴。

虽然，杂化太阳电池的一般工作原理比较简单，但是它们的具体的能量转换机理复杂。目前，很多因素限制了该类电池的最大转换效率仅为3%。因此，深入理解杂化电池工作机理变得非常重要。

7.3.3 聚合物-无机半导体杂化太阳电池材料和结构

聚合物杂化太阳电池的关键材料为电子给体和电子受体材料。共轭聚合物作为电子给体，受光激发产生激子，并且传输空穴。在合适的能级差下，激子在聚合物-无机界面处分离。在单结杂化太阳电池中，一般选取的给体聚合物材料的带隙在1.5～1.6 eV之间，且它的LUMO能级与无机受体的导带能级(CB)之差必须大于激子束缚能(E_b)。值得注意的是，当共轭聚合物和无机半导体接触形成结的时候，由于界面激子或者其他影响会使得它们的能级位置发生移动。

7.3.3.1 共轭聚合物作为电子给体

共轭聚合物的HOMO和LUMO位置不仅决定了它们的带隙，而且决定了它们的电子性质、光谱以及氧化还原性质。这些参数对于它们在杂化太阳电池中的应用具有重要的意义。在这些材料里，如果纳晶和聚合物的能级正确排列，在聚合物相和纳晶相界面上将发生有效的激子分离。受体的LUMO位置必须低于给体的LUMO位置。HOMO能级同样如此。这种交错状的能级排列保证了电荷的有效分离。但是受体的LUMO位置不能太低，因为电池的开路电压，正比于受体的LUMO与给体的HOMO之差。因此，在发展杂化太阳电池新材料时调控这些能级位置非常重要。图7-15给出了部分常见的作为电子给体的共轭聚合物的结构示意图

通过实验决定其HOMO和LUMO位置是表征聚合物能否在杂化太阳电池中应用的最重要的步骤之一。HOMO的位置可通过光电子能谱的测量获得，LUMO位置可通过反转光电子能谱测量。这些能级位置也可以通过间接技术测量，如循环伏安测试。该方法可以测得第一个还原峰及第一个氧化峰的位置，分别与LUMO轨道上得到电子以及HOMO轨道上失去电子对应。UV-vis-NIR和Raman光谱电化学技术可以更精确的确定氧化还原过程的起始值。使用绝对电势即可计算得到HOMO和LUMO能级相对于真空能级的数值。电化学方法获得的LUMO和HOMO能级的差即是所谓的“电化学带隙”。必须指出，对很多有机半导体，反转光电子能谱方法得到的LUMO能级和第一个还原峰的起始值之间非常吻合，但光学带隙和电化学带隙之间的一致性通常比较糟糕。

共轭聚合物的分子量分布是另一个需考虑的因素。在大部分情况下，聚合的产物是低聚物和真正高分子量聚合物的混合物。由于短链低聚物的超分子组织经常与高分子量片段的组织不相容，分子量分布太大对真实器件中半导体薄膜的结构存在负面影响。所

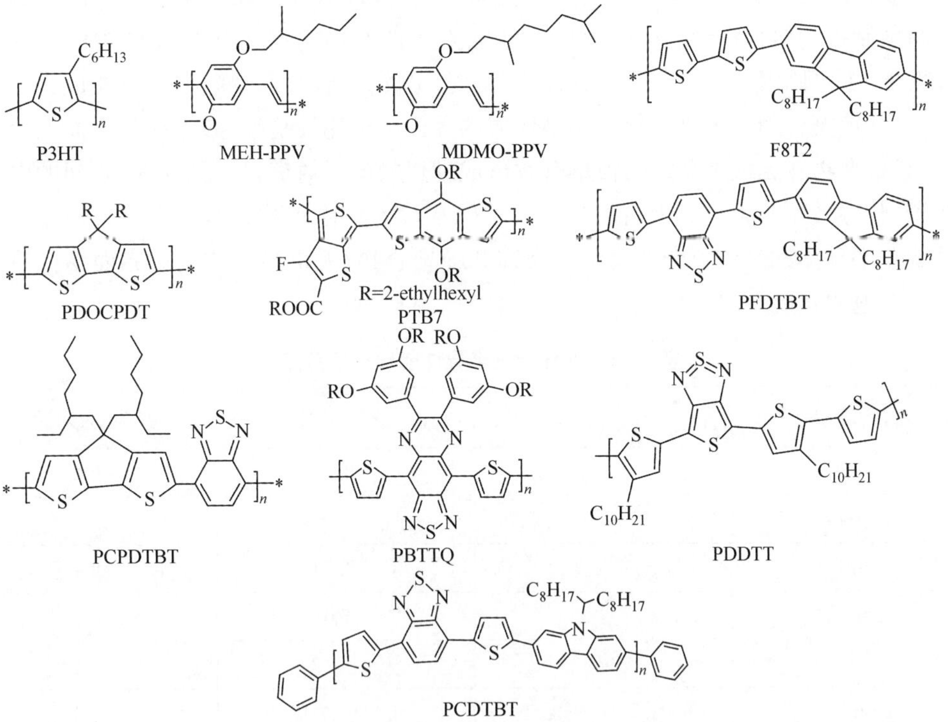

图 7-15　常见作为电子给体的共轭聚合物结构示意图

以，溶液加工时会形成不很明确的非晶区域。对很多聚合物来说，最终器件里面的载流子迁移强烈依赖于分子量，1 个数量级分子量的增加能够导致迁移率 4～5 个数量级的增加。因此，需要寻求能够获得高分子量并且窄分子量分布的聚合物的合成方法。当然，也可以纯化分离宽分布的聚合物来获得分子量最大的组分，但是该过程显然存在物质损失。

7.3.3.2　无机半导体纳晶作为电子受体

2002 年，Alvisatos 等人用 CdSe 纳米晶取代 PCBM 用作为受体，然后与 P3HT 共混制备成聚合物纳米晶杂化太阳电池，能量转换效率达到 1.7%。自此，聚合物纳米晶杂化太阳电池受到广泛关注。人们将不同结构的无机纳米晶半导体材料如 CdSe、TiO_2 和 ZnO 等作为受体和电子传输材料应用到杂化太阳电池中。通过控制 CdSe 的生长条件，可以制备出不同大小(直径和长度)和不同形状(如纳米颗粒、纳米棒和四足棒)的 CdSe 材料。通过化学合成法可以制备出 TiO_2 纳米颗粒、纳米棒和纳米管，以及 ZnO 纳米棒和纳米线。在异质结太阳电池中，作为受体材料的无机纳米晶半导体材料的电子亲和势应该比给体聚合物材料的电子亲和势要大。换句话说，受体无机半导体的导带位置必须适当低于各种给体聚合物的 LUMO 能级，使得在界面处激子可以有效分离和电荷有效传输。除此之外，应用于太阳电池中的受体材料也应当具备较强的电子接受能力和电子移动能力。表 7-2 分别列出了常见无机半导体材料的导带(CB)、价带(VB)和禁带(E_g)。通过聚合物溶液易加工及轻薄的特点与无机半导体纳晶高电子迁移率和高稳定性等优点的结合，人们可以获得高效且稳定的新型薄膜太阳电池。但是，目前 n 型无机半导体纳晶作为电子受体材料制备的聚合物纳晶杂化太阳电池的光伏性能仍比不上以 PCBM 为电子受体的电池性能，主要原因：一是半导体纳米晶表面态比较复杂，表面缺陷态有可能成为电荷陷阱；二是共轭聚合物与无机半导体纳晶形成的界面结构比较复杂，激子在其界面上分离困难；三是聚合物和无机纳晶之间很难有效形成理想的电子通道，且无机纳晶之间的电子传输较慢，传输效率较低。因此，制备尺寸均匀、表面态密度可控且能适度聚集形成网络结构的 n 型半导体纳晶以及合理改善和修饰共轭聚合物/无机半导体纳晶界面结构将是这类太阳电池的发展方向。

表 7-2 部分无机半导体能级和禁带宽度

材料类型	导带(eV)	价带(eV)	禁带宽度(eV)
CdS	−4.5	−6.92	2.42
CdSe	−3.7	−5.8	2.1
PbS	−3.3	−3.71	0.4
PbSe	−4.2	−5.0	0.8
Si	−4.0	−5.12	1.12
$CuInS_2$	−3.7 ～ − 4.1	−6.0 ～ − 5.6	1.5
$CuInSe_2$	−4.6	−5.6	1.0

7.3.3.3 量子点-聚合物杂化太阳电池的结构

量子点-聚合物杂化太阳电池可以分类为：电子给体/受体(D/A)双层异质结、本体异质结和有序异质结。图 7-16 是这些电池结构的示意图。

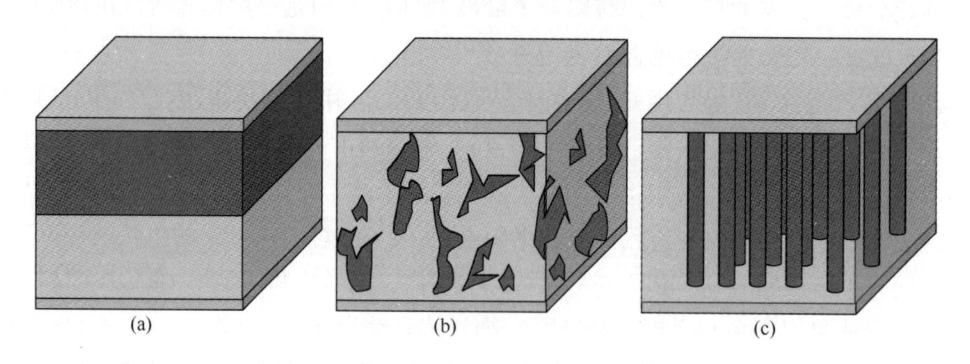

图 7-16 聚合物-无机杂化太阳电池的结构

(a) 电子给体/受体(D/A)双层异质结；(b) 体相异质结；(c) 有序异质结

① D/A 双层异质结是分别沉积一层给体聚合物材料和一层无机半导体受体材料制备双层异质结结构。为了有效吸收太阳光，给体材料的层厚度必须接近聚合物的吸收宽度。然而，由于激子扩散长度较短(大约 4～20 nm)，只有很少部分光生载流子能扩散到 D/A 界面并成功分离成自由电荷。与 D/A 界面距离大于激子扩散长度处产生的激子在

未扩散到该界面之前就被陷阱等因素捕获猝灭。因此，为了有效解离激子，双层结异质结电池的光敏层总厚度不应超过激子扩散长度的两倍。然而，光敏层太薄会影响对太阳光的充分吸收。双层结构的太阳电池最大的缺点是D/A界面面积受制于聚合物-无机界面。

② 体相异质结。类似于聚合物-富勒烯太阳电池，聚合物-无机体相异质结太阳电池有效解决了D/A界面面积较小和激子分离不充足的问题。无机纳米晶可以在氯仿、甲苯和氯苯等机溶液中处理，使得它们可以在溶液中与聚合物混合。这种电池结构可以通过简单地混合两种组分或者一个原位配对另一个的方法制备成网状共混形薄膜。例如，TiO_2可以在聚合物溶液中水解形成网络空间连续结构或聚合物可以原位聚到无机半导体纳米多孔中。Yu等人[24]把电子给体和电子受体溶于一个有机溶剂中，然后通过旋涂等方法制成了D相和A相互相渗透并各自形成网络状连续相的共混薄膜。该结构有效解决了D/A界面面积较小和有效实现了激子的分离，从而使电池的性能有了重大突破。在强度为10 $mW \cdot cm^{-2}$，波长为430 nm的单色光照射下，电池效率达到了5.5%。

③ 有序异质结太阳电池被普遍认为是理想的太阳电池结构，因为这种结构具有直接电荷传输路径和可控异质结。无机半导体材料可以垂直有序地在基底上生长成纳米管、纳米线和纳米棒。然后聚合物按物理方式渗透到纳米孔中，或者借助紫外光原位聚合制备成这种结构。

7.3.4 改善量子点聚合物杂化太阳电池性能的方法

目前，量子点聚合物杂化太阳电池的效率还很低，提高它的能量转换效率是其能否与传统无机光伏电池竞争及商业化的关键。人们提出大量的改进电池性能的方法，如改变无机纳晶配体、优化活性层厚度、控制活性层形貌、优化无机纳晶结构、对聚合物-无机界面进行修饰、纳米结构中沉积聚合物和在聚合物基体中原位合成无机纳米晶。下面对上述各种方法进行逐一介绍。

7.3.4.1 改变量子点表面配体

经常作为量子点表面配体的有机分子包括烷基硫醇、胺、膦、氧膦和羧酸等。表面配体对纳晶的电性能有巨大的影响，具有电绝缘性质的配体如油酸和三辛基氧膦(TOPO)等能通过抑制纳晶之间的电荷传输和减慢纳晶/聚合物界面的电荷分离而显著降低电池性能。当将TOPO包覆的$CuInSe_2$纳晶与P3HT共混形成本体异质结太阳电池时，虽然V_{oc}和FF数值在合理范围内，但是$CuInSe_2$表面绝缘的配体导致了器件非常低的J_{sc}。当TOPO包覆的$CuInSe_2$纳晶含量增加时，能够观测到串联电阻的相应增加。研究者调查了使用绝缘性质较弱的配体替代TOPO后的情形。当用吡啶取代CdS表面的十六胺配体后，MEH-PPV/CdS电池的J_{sc}增大，这很可能是因为配体改变后，聚合物给体与纳晶间以及纳晶与纳晶间的接触变得紧密，增大了电荷分离效率和电荷传输效率。

改变无机纳晶表面配体提高电荷分离以及传输效率的思路使得人们开始研究无配体的纳晶表面。表7-3列出了部分表面配体对PbSe胶体量子点和迁移率间距的影响。该过程通过使用弱结合配体，然后通过溶剂蒸发、热处理或老化等方法除去配体而实现。完全除去表面配体能够获得纳晶与聚合物的直接接触。

近年来，共轭有机分子如齐聚苯撑乙烯也被用作无机纳晶的配体。这些分子能够阻止纳晶聚集从而改善电荷传输性能。另外，也可以对共轭聚合物进行改性，使其端基与纳晶发生化学作用而使纳晶有效分散且获得给体与受体的紧密接触，或者直接使用给体聚合物作为纳晶的配体。例如，通过使用氨基酸作为端基的 P3HT 与 CdSe 共混已经获得了转换效率为 1.5%的杂化电池。氨基酸作为端基的 P3HT 部分取代了 CdSe 纳米棒表面的吡啶配体，增强了无机物有机物两种物质的相容性，从而提高了电荷分离效率。但是，由于纳晶被给体聚合物包围，降低了电荷传输效率，因此 J_{sc} 有一定下降。

表 7-3 表面配体对 PbSe 胶体量子点和迁移率间距的影响

表面处理	d (nm)	μ ($cm^2 \cdot V^{-1} \cdot s^{-1}$)
油酸	1.8	—
苯胺	0.8	—
丁胺	0.4	7.4
乙二胺	0.4	47.0
肼	0.25	29.4
氢氧化钠	0.1	35.0

7.3.4.2 无机纳米晶形貌控制

无机半导体的形貌控制对于提高电池性能至关重要。无机纳米晶可以制备成球形纳米颗粒、纳米棒和四足形状等多种几何形状。此外，通过改变纳米晶大小可以调节无机纳米晶的能带隙。例如，纳米晶直径变小，能带隙宽度增加。与体相材料相比，受量子限域效应控制的纳米材料的吸收系数将增加。

人们广泛研究了 CdSe 几何形状对聚合物杂化太阳电池性能的影响。1996 年首次报道了 CdSe/MEH-PPV 杂化太阳电池，研究人员把直径为 5 nm 的 CdSe 纳米晶和 MEH-PPV 混合制备成活性层，在 514 nm 的单色光照下获得 0.25%的电池效率[25]。效率较低的一个原因是在纳米晶网络中电子输运较差。为了改善电子输运，可以延长纳米晶以形成直接电荷输运路径。1999 年，Huynh 等人[26]制备出尺度规格分别为 8 nm×13 nm和 4 nm×7 nm 的 CdSe 纳米棒，然后分别与 P3HT 混合制备电池。他们研究发现当纳米晶从 4 nm×7 nm 增加到 8 nm×13 nm 时，量子效率增加了四倍，这可能是由于纳米晶的延长改善了电子传输的直接路径。用 8 nm×13 nm 大小的 CdSe 纳米晶制备的太阳电池在 514 nm 单色光照下 J_{sc} 为 0.031 mA · cm^{-2}，V_{oc} 为 0.57 V，效率 η 为 2%。2%的效率相比先前报道的采用直径为 5 nm 纳米晶 CdSe/MEH-PPV 太阳电池效率来说增加了一个数量级。填充因子 *FF* 的改善归功于 P3HT 比 MEH-PPV 具有更好的空穴传输能力。2002 年，作者再次增加 CdSe 纳米棒大小到 7 nm×60 nm，然后与 P3HT 混合制备出太阳电池，效率达到 1.7%（在 AM1.5 G 的光照下）[27]。作者采用固定的纳米棒直径（为 7 nm），而改变纳米棒长度从 30 nm 变化到 60 nm，电池的单色光电转化外量子效率（EQE）强烈的依赖于纳米棒的长度。CdSe 纳米棒尺度规格为 7 nm×60 nm 的情况下获得最高的 EQE 值，这归因于延长纳米棒改善了电子传输。在较短的纳米晶中电子传输的主要方式是跳跃，但是在延长的纳米棒中电子传输是能带导电。在纳米棒中纵横比的增加改善了电子传输，因此导致了更高的 EQE。笔者同样也研究了直径对电池性能的影响。保持长度不变，直径从 3 nm 增加到 7 nm。研究发现直径在这两种情况下电池的 V_{oc} 和 FF 基本一样[27]。

对于聚合物和分支状无机纳晶共混的杂化电池，量子效率明显高于聚合物和无机纳米棒形成的杂化电池。在本体异质结结构中，这种三维形貌的传导电荷能力明显高出很多。研究者报道了一种高度分岔的 CdSe 纳米晶，可以控制纳米级聚合物/无机活性层的混合比例以及形貌且不会受到溶解度和处理变化的影响。在 AM1.5 G 光照下，这种高度分岔的 CdSe 制备的太阳电池光电转换效率达到 2.18%。尽管分支状的 CdSe 改善了逾渗网络结构，但是聚合物给体并不能渗透到分支结构中。通过将四足形状的 CdSe 与低带隙聚合物（PCPDTBT）结合在一起制备太阳电池，在 AM1.5 光照下获得 3.13%的光电转换效率。采用更短的不饱和配位基对 CdSe 纳米晶进行表面修饰，可以增加电荷从聚合物到 CdSe 纳米晶的转移和电荷在 CdSe 纳米晶中的电荷传输。采用未配体取代的 CdSe 量子点和 P3HT 混合制备出太阳电池，在 AM1.5 G 光照下，效率为 2%。然而，采用化学沉积法合成六角纤维锌矿结构的 CdSe 纳米线，制备一种结构为 ITO/ZnO（致密层）/CdSe NWs/PEDOT：PSS/Pt 的太阳电池，J_{sc} 为 8.08 mA·cm^{-2}，V_{oc} 高达 0.642 V，FF 为 0.69，η 为 3.6%。在这种电池结构中 CdSe 用作光俘获材料，且没有添加共轭聚合物去吸收光。

7.3.4.3　*优化活性层厚度*[28]

典型的共轭聚合物具有超过 10^5 cm^{-1} 的吸收系数。因此 100～300 nm 厚的活性层就可充分吸收光。活性层厚度小于吸收长度范围时，活性层越厚，越有利于光吸收，但是不利于电荷传输和电荷收集。在本体异质结太阳电池中，如果有足够的受体材料，并且对 D/A 界面进行优化使得光激发的位置距离界面都在一个激子扩散长度范围内，激子则可以有效分离。但是较厚的活性层将影响电荷传输和收集。可溶液处理的聚合物-无机共混薄膜大多是结构无序的，并非长程有序。因此，电荷传输（空穴在给体材料中传输，电子在受体材料中传输）的方式主要是从一个局域态跳跃到另一个局域态。这不同于无机半导体中的能带传输。此外，当活性层很厚时，在给定的内电压下内建电场会被减小，但各电极为收集电子和空穴就要经历更长的跳跃路径，因此电池传输/收集效率就会降低。在活性层较厚的非反型太阳电池中，在靠近收集空穴的透明电极区域内吸收的光子对电流贡献不多，这是因为此处光生电子很难传输到收集电极处；同样，在靠近电子收集的电极处光子产生的空穴对电流也没多少贡献。因此，在聚合物/无机杂化太阳电池中，活性层的厚度严重影响电池的性能。在最近的 PCPDTBT/CdSe 杂化太阳电池中，活性层的厚度大约 100～120 nm。此外，研究发现，聚合物/富勒烯太阳电池中，当活性层厚度超过 150 nm 时内量子效率（IQE）将下降[28]。在聚合物-无机杂化太阳电池中，Huynh 等人研究了 CdSe 组分含量为 90%的杂化 CdSe/P3HT 太阳电池中外量子效率 EQE 和电池串联电阻 R_s 与活性层厚度的依赖关系[29]。他们发现在膜厚为 212 nm 时，515 nm 波长处的 EQE 达到最大值，然后随着膜厚增加 EQE 会明显减小。同时他们还发现 EQE 与 R_s 密切相关，当膜厚超过 200 nm 时，R_s 显著增大。

7.3.4.4 活性层形貌的调控

在体相异质结太阳电池中，对形貌的控制有两个目的，一是确保足够大的 D/A 界面面积以有效进行激子分离和电荷转移；二是提供一个互穿双连续通道来确保电荷有效传输到它们各自的收集电极。如果给体聚合物大小在激子扩散长度之内，那么在杂化体系内的所有光生激子都可以到达界面进行激子分离和电荷转移。同样，为了生成有用的电流，这些分离的载流子必须在复合之前通过无阻碍路径传输到收集电极。否则，在传输到电极之前，电子和空穴可能被阻碍或者彼此复合，双分子复合概率增大。因此，在电荷的传输过程中，D/A 界面所形成的互穿网络的好坏，如界面的分布是否充分、是否连续、间距大小以及 D/A 相的尺寸大小都会影响电荷的传输，进而影响到整个电池的性能。纳米尺寸活性层形貌主要依赖于膜制备和处理条件，如溶剂的选择、添加剂的使用、多溶液的混合、溶液蒸发速率的控制、干燥时间、旋涂速度、热退火、溶液退火、受体纳晶形貌（如球状还是棒状）和给体聚合物分子量等。

使用不同沸点的溶剂包括氯仿、噻吩、和 1,2,3 -三氯苯（TCB）研究蒸发速率和干燥时间对电池性能的影响。在这三种溶剂中，与氯仿沸点（61℃）和噻吩沸点（84℃）相比，TCB 沸点最高（219℃）[30]。在膜制备过程中，沸点越高，干燥时间就越长，这有助于 P3HT 纳米纤维大范围自组装。从基于 TCB 溶剂旋涂中发现了几微米长甚至更长的 P3HT 纤丝，而在氯仿和噻吩中没有这种现象。沿着这些 P3HT 纤维长度的方向具有更大的空穴迁移率，从而有效改善了空穴的传输，电池效率也达到 2.9%。与之相比，采用氯苯（效率为 1.8%）和噻吩（效率为 2.4%）为溶剂的电池效率较低[30]。

给体聚合物的分子量对聚合物-无机杂化太阳电池的形貌和效率也有着重要影响。研究发现高分子量 P3HT 具有更大的结晶区域和更有效的 $\pi-\pi$ 堆垛和电子离域作用。而较低分子量的 P3HT 的区域界面更多。高分子量的 P3HT 与 TiO_2 的混合膜的空穴迁移率为 $5.0\times10^{-3}\,cm^2\cdot V^{-1}\cdot s^{-1}$，相比较低分子量的 P3HT 制备的混合膜（$7.6\times10^{-4}\,cm^2\cdot V^{-1}\cdot s^{-1}$）要高的多。因而，高分子量 P3HT 制备的电池效率（0.98%）要比低分子量 P3HT 制备的电池效率（0.2%）高。

7.3.4.5 无机纳米孔内沉积聚合物

用物理的方法将聚合物和无机纳米晶共混，然后沉积到基底上是一种简单制备活性层的方法。这种方法可以使给体和受体更加亲密接触。然而，纳米晶容易发生团聚的特性会阻止有效电荷转移界面的形成。在一些情况中，为了阻止这种团聚，纳米晶需要用配体包裹。但是这样也会阻碍电荷从聚合物转移到纳米晶中，从而降低电池的性能。此外，在这种物理方式混合制备的膜中，给体聚合物和受体纳米晶随机分散，因而在这种混合膜中电荷传输路径是不连续的。为了解决这种问题，可以先制备好受体纳米晶结构模板，然后将聚合物渗透到纳米孔中。通过控制孔的大小在激子扩散长度的两倍范围之内，这样就可以保证所有光生激子都有可能扩散到邻近界面进行分离。聚合物和无机纳米结构也可以为电子和空穴提供直接连续路径，减少载流子传输时间和抑制背反应。有三种方法可以制备这种杂化太阳电池，包括聚合物直接渗透、无机纳米结构直接渗透到湿聚合物膜中和在无机纳米结构中原位聚合给体聚合物。

7.3.4.6 给体聚合物基体里原位合成无机纳米晶

受体无机纳米晶可以在给体聚合物基体上原位合成，形成紧密接触的给体受体混合物，以此制备性能优良的本体异质结太阳电池。该方法可以避免在两相杂化过程中寻找共同溶剂的困难。其原理是首先将纳晶前驱体溶解在聚合物溶液里，然后在聚合物模板里生长纳晶。聚合物的大分子链能够使纳晶稳定并钝化其表面态。该方法已经用于合成TiO_2、ZnO、PbS和CdS等多种纳米晶。

在P3HT聚合物模板里原位生长CdS纳米棒的反应中，噻吩环上的硫原子提供了纳晶成核过程中的锚位点。使用该杂化材料制备的太阳电池在AM1.5，100 mW·cm^{-2}的光照下获得了2.9%的光电转换效率。该方法主要受两个因素的制约，即较低的纳晶前驱体溶解度和反应温度。另外，通过选择合适的前驱体，同时使用高沸点溶剂进行CdSe量子点的高温合成，获得了尺寸分布窄且高结晶度的量子点。实验证明，该方法获得的无机有机相界面存在快速电荷分离，因此有望在太阳电池中获得较好的应用。

7.3.5 展望

量子点聚合物杂化太阳电池已经受到人们的广泛关注与深入研究。尽管聚合物-无机杂化太阳电池能量转换效率超过3%，但是与聚合物-富勒烯太阳电池电池效率10%相比还是较低。用物理方法混合制备的聚合物-无机杂化太阳电池虽然改善了电荷的分离，但是很难控制混合形貌，通过无机纳米晶提供有效电荷传输。聚合物-无机杂化3D形貌的光学研究很令人深思。最近，电子X线断层摄影术被证明具有广阔的应用前景。为了提高电子传输效率，通过在已制备完成的无机纳米结构中渗透聚合物或者在纳米孔中原位聚合给体材料。在这些方法中，有序纳米结构被认为是最理想的结构，用一维无机半导体来实现连续电荷传输路径，可以实现高效率。制备有序异质结聚合物无机太阳电池的常规方法(包括用聚合物填充无机模型)有很多不足，如聚合物在纳米孔中经常堵塞导致聚合物填充不充足。为了进一步改进聚合物-无机杂化太阳电池的性能，几个难点需要考虑，如形貌的控制、聚合物和无机材料的操作以及给体-受体界面修饰等。聚合物-无机活性层形貌的有效控制不仅使电子能有效分离，并且可以提高电荷传输和收集效率。此外，需要改变聚合物和无机半导体，优化在激子分离和电荷分离过程中实现聚合物的LUMO和无机半导体导带的差以减小能量损失提高V_{oc}。不考虑受体材料，如果给体聚合物能带隙E_g为1.5～1.6 eV，假如只有聚合物吸收光和聚合物和无机形貌经过最优化，制备的单结太阳电池中效率会超过10%。无机物和聚合物之间的界面对实现高效率也很重要。假如无机纳米晶被配合基包覆，这种配合基可能被移去或者被更有效的表面修饰分子取代，改善相分离，有利于电荷转移和阻碍背复合过程。

7.4 量子点肖特基结及异质结太阳电池

7.4.1 量子点肖特基结太阳电池

量子点肖特基结太阳电池从原理上来说属于金属-半导体界面器件。远在 1874 年 Brawn 就提出了金属与硫化铅晶体点接触间不对称的电导特性，直到 1931 年 Schottky 等提出在金属与半导体接触处可能存在某种势垒，1932 年 Wilson 等人用电子的量子力学隧道效应，通过势垒解释了金属-半导体接触的整流性质，初步弄清了其作用机理。

金属和半导体间的肖特基势垒和通常的 pn 结一样具有光生伏特效应，可用来制造太阳电池，并且实验证明，肖特基结太阳电池具有工艺简单等优点，因此在胶体量子点太阳电池的前期研究中得到了不少应用。

理想肖特基结无光照时的电流密度为：

$$J_{\mathrm{D}} = J_{\mathrm{O}}\left[\exp\left(\frac{qV}{nkT}\right) - 1\right] \tag{7-9}$$

$$J_{\mathrm{O}} = A^{*} T^{2} \exp\left(-\frac{qV_{\mathrm{b}}}{kT}\right) \tag{7-10}$$

式中 J_{D}——通过肖特基结的电流；

J_{O}——反向饱和电流；

A^{*}——有效 Richardson 常数；

V_{b}——金属-半导体势垒高度；

q——电子电量；

V——施加电势；

R——理想因子；

k——波尔兹曼常数；

T——绝对温度。

光照下通过肖特基结的短路电流密度为 J_{sc}，则通过肖特基结的总电流为：

$$J = J_{\mathrm{SC}} - J_{\mathrm{D}} \tag{7-11}$$

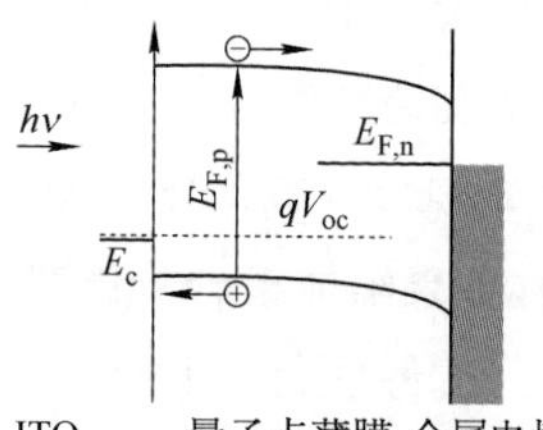

图 7-17 量子点肖特基结太阳电池能级示意图

在 $J = 0$ 时可以得到理想肖特基结太阳电池的开路电压为：

$$V_{\mathrm{OC}} = \frac{nkT}{q}\mathrm{In}\left(\frac{J_{\mathrm{SC}}}{J_{\mathrm{O}}} + 1\right) \tag{7-12}$$

该公式在形式上与 pn 结太阳电池的相应公式一致。

图 7-17 给出了量子点肖特基结太阳电池能级结构的示

意图。在量子点肖特基器件中，在p型胶体量子点和低功函数金属之间的界面形成肖特基结。费米能级不一致导致在界面处能带弯曲，光照下电子从价带跃迁到导带，价带中产生光生空穴，电子空穴对被电场所分离，电子向金属电极移动，空穴向胶体量子点方向移动。

为了获得良好的电池性能，载流子的收集应该强于复合，这就需要其迁移率超过$\tau V_{bi}/d$，τ是载流子的寿命，V_{bi}是内建电压，d是膜厚。在这些体系里，扩散和漂移是其载流子运动的特征，但现实情况是由于少数载流子扩散长度较小，少数载流子扩散的收集效率较低。这些因素结合在一起导致吸收-收集过程效率降低，吸收膜厚增加时导致内部量子效率损失，因此改善传输和复合依然是提高量子点肖特基结太阳电池至关重要的挑战。

大多数报道的肖特基太阳电池均使用硫化铅材料，第一个报道的PbS胶体量子点太阳电池效率超过1%，为了提高电荷在纳米薄膜中的传输，通过对胶体量子点进行配体交换，长的油酸配体被更短的正丁胺配体（～0.6 nm）取代，保持了胶体纳晶的稳定性。电池在AM1.5下的效率是1.8%，J_{sc}为12.3 mA・cm^{-2}，V_{oc}为0.33 V，FF为44%。在这个电池中，少子的漂移长度大概为1 μm，表明在耗尽层里有比较高效的收集效率。

2008年有报道在已经沉积了胶体量子点的膜中使用双齿配体，通过使用1,4-二巯基硫醇这些强双齿配体来钝化PbSe，其稳定性和电池效率都得到提升，电子和空穴的迁移率较之前报道的都有提升。

最近，通过对半导体/金属进行界面工程设计来延长电池在空气中和连续光照下的工作寿命。在之前的器件中，作为胶体量子点膜-金属界面肖特基接触的铝电极会在空气中迅速氧化。在铝电极上引入一层1 nm厚的LiF能够显著抑制氧化过程，大大提高电池寿命。

研究者用一步热注入方法合成了PbS_xSe_{1-x}胶体量子点，并用其制备了肖特基太阳电池，S和Se原子在混合量子点中均匀分布。通过对量子点尺寸、S和Se的化学计量比进行优化，电池效率达到3.3%。

通过对PbS胶体量子点用二硫代氨基甲酸酯配体预取代并结合硫醇固态处理，肖特基结量子点太阳电池效率达到最高值3.6%。强的双齿配体2,4,6-三甲基-N-苯基-N′-甲基-二硫代氨基甲酸酯使PbS量子点通过液相交换过程进行表面态钝化，同时能够降低处理过程中材料对空气的灵敏度。膜内较低的载流子密度使耗尽层的宽度扩大到大约220 nm，与正丁胺作配体的PbS电池相比有了50%的提高，器件的J_{sc}为14 mA・cm^{-2}，V_{oc}为0.51 V，FF为51%。

7.4.2　耗尽异质结胶体量子点太阳电池

肖特基结构在早先的胶体量子点太阳电池中研究较多，但它存在一些局限性。当光从电池透明的欧姆接触面入射时，少数载流子必须穿过整个薄膜从而被肖特基结收集。

从胶体量子点薄膜中少子扩散的角度看，这些载流子很容易复合。V_{oc}受限于半导体金属界面由于缺陷态而产生的费米能级钉扎。考虑到空穴注入的势垒，电子收集电极上的背复合也是个问题。

耗尽异质结结构的量子点太阳电池能够克服这些限制。它用一个 n 型透明电极和一个 p 型量子点薄膜之间形成的结来取代肖特基结(图 7－18)。当Ⅱ型异质结阻挡住空穴时，它能为电子收集提供额外的驱动力。通过这种改善措施，同时使用带隙在近红外区的 PbS 量子点，耗尽异质结太阳电池的效率能够超过 5%。TiO_2作为透明 n 型半导体电极。当 PbS 量子点直径为 3.7 nm 时，其 1S 电子激发态能级高于(>0.3 eV) TiO_2的导带位置，有利于光生电荷注入到 TiO_2 中。1P 空穴能级与 TiO_2 的价带相比跃变很大(>1.5 eV)，因此可以阻止大部分空穴从 p 型量子点层传输到 TiO_2。优化的耗尽异质结太阳电池能达到 J_{sc}为 14 mA・cm^{-2}，V_{oc}为 0.57 V，FF 超过 60%。

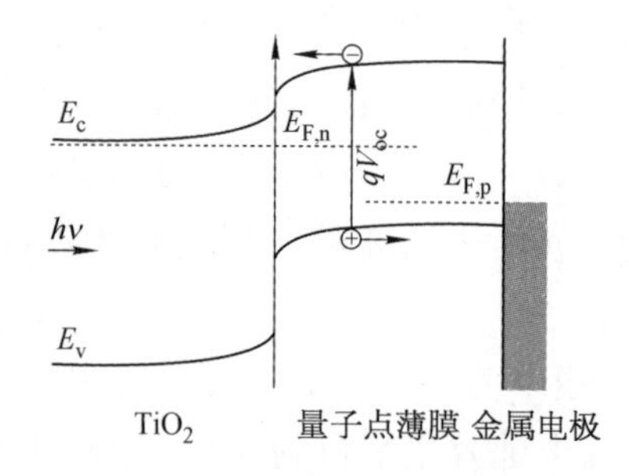

图 7－18 耗尽量子点异质结太阳电池能级示意图

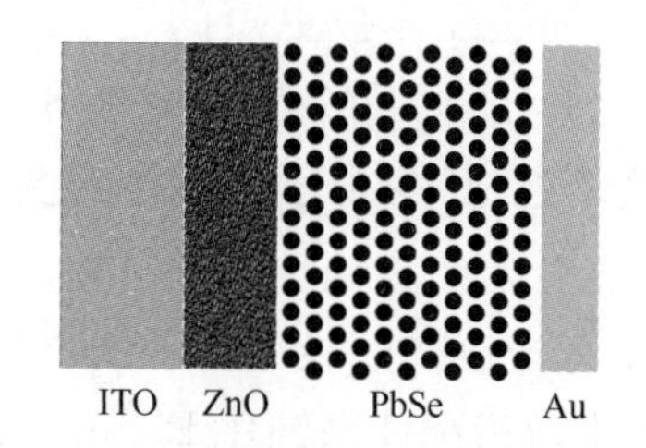

图 7－19 PbSe 胶体量子点异质结太阳电池示意图

最近，在耗尽异质结太阳电池中电子受体已经被仔细的研究和优化，在 TiO_2 里掺杂 Zr，TiO_2与 PbS 膜之间的能级偏置得到最小程度的保留，这使得在 PbS/TiO_2界面上、在开路电压损失最小的情况下仍有很好的电荷分离，相应的太阳电池达到了 5.6%的光电转换效率。

2011 年，Nozik 等在 PbSe 胶体量子点异质结太阳电池(图 7－19)中证实了超过 100%的量子效率[2]，这是首次从实验上真正证明了量子点太阳电池的高效率的潜力，相信它一定能大大促进量子点太阳电池的发展。

7.4.3 本体异质结

在现有的胶体量子点材料中，少数载流子扩散长度限制了器件的效率，因此，必须提高电子在胶体量子点薄膜中的传输。耗尽本体异质结器件通过使用纳米结构体系克服了吸收-收集过程中的缺点，其太阳电池的光电转换效率已经达到 5.5%(其使用纳米多孔 TiO_2薄膜和 PbS 胶体量子点)。耗尽异质结体系结构通过调节 TiO_2的能带结构，使其移至比较理想的能级位置，也可以抑制双分子的复合。在近红外和短波长红外区，耗尽异质结有比较高的光吸收。在激子峰位置，与平面耗尽异质结相比，本体异质结有高于其两倍的吸收。耗尽本体异质结器件的红外吸收增强能使电流提高 30%，使 J_{sc}达到了创记录的 20.6 mA・cm^{-2}。

7.5　Cu_2ZnSnS_4薄膜太阳电池

7.5.1　Cu_2ZnSnS_4的性质

铜锌锡硫(Cu_2ZnSnS_4，CZTS)是一种新兴的薄膜太阳电池材料，它具有锌黄锡矿结构，如图7-20所示，是一种Ⅰ$_2$-Ⅱ-Ⅳ-Ⅵ$_4$族p型半导体材料，它以锡(Sn)和锌(Zn)代替铜铟镓硒(CIGS)中的稀有金属镓(Ga)和铟(In)，以硫(S)代替硒(Se)而构成。CZTS的组成元素在自然界中的含量很丰富，其中：Cu为50×10^{-6}，Zn为75×10^{-6}，Sn为2.2×10^{-6}，S为260×10^{-6}，而铟和硒的含量仅为0.05×10^{-6}或更少，同时锌、锡、硫的价格也远低于铟、硒等元素，且无毒。

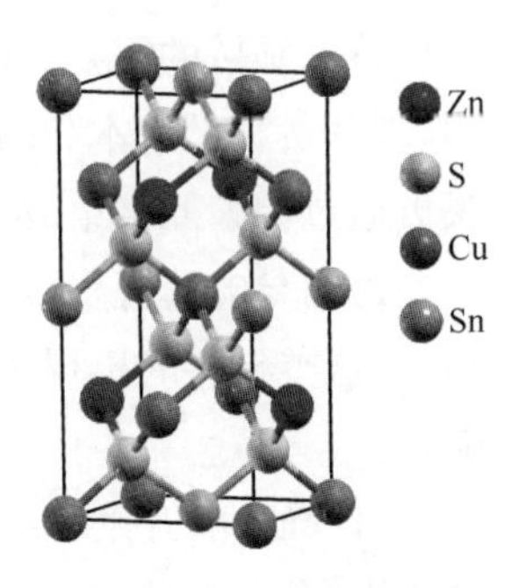

图7-20　Cu_2ZnSnS_4锌黄锡矿晶体结构

CZTS具有与太阳光谱十分匹配的直接带隙(约1.5 eV)和大于$10^4 cm^{-1}$的吸收系数，据相关理论推算，基于单结CZTS吸收层的薄膜太阳电池在AM 1.5和100 mW・cm^{-2}的光照下，光伏性能参数可达：开路电压1.23 V、短路电流密度29.0 mA・cm^{-2}、填充因子90.0%、光电转换效率32.2%，是一种有望能低成本、可规模化开发利用的新型薄膜太阳电池。

7.5.2　Cu_2ZnSnS_4薄膜太阳电池的结构

CZTS薄膜太阳电池与CIGS薄膜太阳电池的结构基本一致，常见的结构为Glass/Mo背电极/CZTS吸收层/CdS缓冲层/透明导电氧化物/金属栅电极，如图7-21所示。

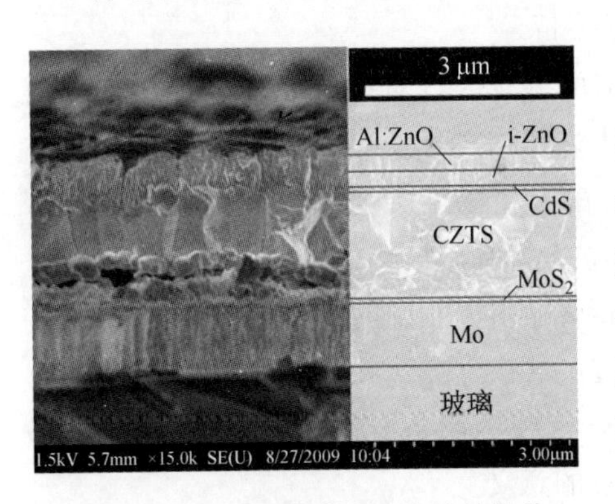

图7-21　CZTS薄膜太阳电池的结构

7.5.2.1　透明导电氧化物薄膜

为了获得良好的透明导电膜，需在宽带隙(> 3.0 eV)的半导体材料中寻找。可通过引入非化学计量比或适当的掺杂剂，产生缺陷能级，增加载流子浓度，使透明导电膜的透明性与导电性得到统一。一些金属氧化物，如CdO、SnO_2、In_2O_3、ZnO和Ga_2O_3等及其复合氧化物都属于宽带隙半导体。具有高载流子浓度($10^{18}\sim10^{21} cm^{-3}$)，电阻率达$10^{-5}\sim10^{-4}$ Ω・cm数量级，在可见光区透光率为80%～90%的透明导电膜，称为透明导电氧化物(transparent conductive oxide, TCO)薄膜。

一般来说，高可见光透光率($\lambda = 380\sim780$ nm，> 80%)与低电阻率(< 10^{-3} Ω・cm^{-1})很难共存于同一种符合化学计量比的本征材料中。因为电阻率低意味着带隙窄并且自由电子多，从而会吸收可见光而不透明。1907年，Badeker首次制成了CdO透明导电薄膜，

将物质的透明性和导电性这一矛盾统一了起来。TCO 薄膜通过成分与微观组织结构的调整实现了对带隙结构、载流子浓度、载流子迁移率以及功函数等的控制,使其透光性与导电性达到和谐统一。

通过改变多元 TCO 薄膜的组分和制备工艺来调整薄膜的结构、光电及其他物化特性,从而获得单一 TCO 材料所不具备的性能,制备出一些具有新特点的 TCO 薄膜以满足某些特殊领域的需要。由一种掺杂或不掺杂的金属氧化物组成的 TCO 薄膜的性能与应用,因其所含元素本身的固有性质而受限。由多种氧化物组成的新型多元化合物 TCO 薄膜可通过调整元素组成与比例来获得最佳光学、电学与化学性质以适应某些特殊需要。

透明导电薄膜多数为 n 型半导体,但近年来也合成了不少具有 p 型导电特性的 TCO 材料,这类材料的出现为实现由 TCO 材料构成的 pn 结及其透明半导体器件提供了可能性。

目前研究、开发和应用最多是锡掺杂氧化铟(tin-doped indium oxide, ITO),氟掺杂氧化锡(fluorine-doped tin oxide, FTO),铝掺杂氧化锌(aluminium-doped zinc oxide, AZO),锑掺杂氧化锡(antimony-doped tin oxide, ATO)等透明导电氧化物薄膜。

7.5.2.2 p 型 CZTS 薄膜

目前,太阳电池 p 型材料有很多,铜锌锡硫、硫化亚锡、碲化镉和铜铟镓硒等。作为一种新兴的 p 型材料,CZTS 具有无毒和丰富的地球含量等特点。通常在 CZTS 薄膜太阳电池中 p-CZTS 薄膜吸收层的厚度一般为 1 μm 左右,如图 7-22 所示。

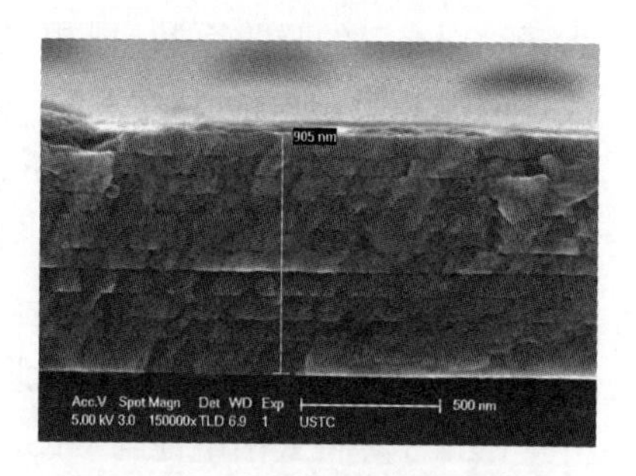

图 7-22 CZTS 薄膜的断面 SEM

7.5.2.3 n 型 CdS 缓冲层

CdS 是太阳电池十分重要的 n 型材料,它是一种重要的Ⅱ-Ⅵ族化合物,是本征半导体材料,属于直接带隙,禁带宽度约为 2.43 eV,能很好地匹配太阳光谱可见光区且对可见光有非常好的透过率,所以可以用 CdS 薄膜作为窗口层与 p 型半导体材料构成异质结太阳电池。其分子量为 144.46,微毒、无放射性、溶于酸、微溶于水和乙醇且极易溶于氨。CdS 具有两种晶体结构:立方闪锌矿和六方纤锌矿结构。一般来说,立方闪锌矿结构的 CdS 是亚稳定相,六方晶相比较稳定。目前,与铜锌锡硫、碲化镉和铜铟镓硒等 p 型半导体材料组成异质结太阳电池的 n 型半导体材料均为 CdS。CdS 薄膜在提高相应薄膜太阳电池的光电转换效率方面起到了至关重要的作用,进一步优化提高 CdS 薄膜的制备方法,获得高质量的 CdS 薄膜对提高薄膜太阳电池的光电转换效率具有重要的意义。

目前,制备 CdS 薄膜的方法主要有:化学浴法、电沉积法、喷雾热解法、真空蒸发法和近空间升华法等。

7.5.2.4 Mo 背电极

金属 Mo 被广泛应用于薄膜太阳电池背电极材料,主要原因是 Mo 具有以下特点:

① 高的热稳定性(熔点高达 2 623℃)和化学稳定性;

② 电阻率为5.2×10^{-6}Ω·cm^{-1},可满足太阳电池电流引出电极的要求;

③ 可与CZTS吸收层形成良好的欧姆接触(其功函数约为4.95 eV),减少载流子界面复合。

由于金属Mo的熔点高,难以用蒸发技术来制Mo薄膜,而磁控溅射技术以沉积速率高、薄膜均匀、可实现低温沉积以及适合大面积沉积等优点为Mo膜沉积提供了可靠技术。

7.5.3　Cu_2ZnSnS_4材料及其薄膜的制备方法

7.5.3.1　Cu_2ZnSnS_4材料的制备

目前,从国内外文献报道的CZTS薄膜太阳电池的制备研究来看,CZTS材料的制备途径主要有溶液法和溶剂热法等。

1) 溶液法

将硫磺溶解在油胺中,同时将$Cu(CH_3COO)_2$、$Zn(CH_3COO)_2\cdot 2H_2O$和$Sn(CH_3COO)_4$溶解在另一份油胺中,两种溶液混合后,将混合液在N_2保护下于120～300℃加热反应60 min,冷却后加甲醇沉淀再离心分离,反应温度为240℃及以上时,可以获得符合化学计量比且纯相的CZTS量子点材料,或者将CuI、$ZnCl_2$和SnI_4溶解在油胺中,将其悬浮液于170℃加热30 min可得澄清的溶液,然后将溶液冷却到室温,将含有S的油胺溶液加入到上述溶液中,于210℃下加热反应90 min可得CZTS纳米颗粒,加入冷甲醇沉淀,并经离心分离和干燥,即得CZTS纳米材料。

美国普渡大学、怀俄明大学以及德克萨斯大学奥斯汀分校等研究人员[31][32,33]将元素硫与Cu、Zn和Sn的金属有机化合物的油胺溶液热注入到有机溶剂油胺或氧化三辛基膦中,于225～300℃反应形成CZTS纳米晶体材料,将其使用甲苯做溶剂分散后,采用滴铸法或喷涂法制备了CZTS薄膜。其中,C. Steinhagen等所制备的结构为Au/CZTS/CdS/ZnO/锡掺杂氧化铟透明导电薄膜(tin-doped indium oxide, ITO)的CZTS薄膜太阳电池,获得了0.23%的光电转换效率[33]。而S. C. Riha等则通过在400～500℃下的高温硒化后处理制备了CZTSSe薄膜,并组装了结构为Ag/ITO/i-ZnO/CdS/CZTS/Mo/钠钙玻璃(soda-lime glass, SLG)的薄膜太阳电池器件,获得了0.74%[32]的光电转换效率。

2) 溶剂热法

溶剂热法是通过将一种或几种前驱体溶解在有机溶剂中,在密闭的压力容器中,经高温高压反应来生长出纳米晶体。以单质S或硫脲为硫源,与Cu、Zn和Sn的氯化物或醋酸盐以及有机溶剂乙二胺、乙二醇和聚乙烯吡咯烷酮(PVP)等修饰剂一起加入到高压釜中,于180～230℃反应15～24 h,获得CZTS纳米材料。

目前,由这种方法所制备的CZTS纳米材料,主要用于研究CZTS纳米材料的形貌和微结构等,还未见其应用到薄膜太阳电池器件的组装中。所使用的有机溶剂如油胺和硫脲等,容易与金属离子形成配位键而难以除去,会抑制相应薄膜太阳电池光伏性能的提高。

7.5.3.2 Cu_2ZnSnS_4薄膜的制备

CZTS薄膜制备的文献报道较多，大多是先制备相应的金属前驱体，然后将其硫化达到最佳的化学计量比，同时对薄膜的表面形貌和晶体结构进行优化，主要有多源物理气相沉积法、电化学沉积法、溶胶凝胶法、丝网印刷法、脉冲激光沉积法、连续离子层吸附反应法和喷雾热解法等。

1）多源物理气相沉积法

目前，所用的多源物理气相沉积法多为真空热蒸发、电子束蒸发、磁控溅射或射频溅射法。即先在玻璃(SLG)/Mo基底上制备金属Cu、Zn和Sn或其硫化物CuS、ZnS和SnS的多层薄膜，然后通过在含H_2S或S的气氛中，高温退火1～3h形成CZTS薄膜，再依照SLG/Mo/p-CZTS/n-CdS/透明导电薄膜/金属栅电极的结构次序构建太阳电池。日本的Tooru Tanaka利用真空热蒸发法，在1×10^{-4} Pa真空度下，在石英玻璃基底上蒸镀四种单质Cu、Zn、Sn和S采用不同的基片温度400℃和600℃，制得比较符合化学配比的Cu_2ZnSnS_4。日本的Koichiro Oishi利用真空热蒸发法，在Si(100)基底上分别蒸镀Cu、Sn、S和ZnS，得到四方晶体结构的CZTS。Hironori Katagiri研究组使用多源物理气相沉积方法制备结构为SLG/Mo/CZTS/CdS/Al∶ZnO/Al的CZTS薄膜太阳电池，其光电转换效率由1996年的0.66%提高到2008年的6.77%（日本专利为6.9%），这些物理气相沉积法制备CZTS薄膜的研究，极大地推动了CZTS薄膜太阳电池的发展。

2）电化学沉积法

电化学沉积法是利用阳离子和阴离子在电场作用下发生不同的氧化-还原反应而在衬底上电沉积出薄膜。涉及CZTS薄膜的电沉积过程，既可以是先依次电沉积出各个金属层，再使用硫源S或H_2S中进行硫化处理，如图7-23所示，也可以是一步电沉积，将含有所有成份的电解质一步电沉积出CZTS薄膜。采用电沉积法制备CZTS薄膜，其制备过程如下：将镀Mo的钠钙玻璃作为工作电极放入三电极电化学池中，铂片为对电极，Ag/AgCl为参比电极，于室温和稳压下电沉积出Cu、Sn和Zn的金属层，其沉积液是由去离子水和各组分金属的盐配制而成，然后把所得金属层和过量的S放置到管式炉中进行硫化处理，得到CZTS薄膜。部分研究者采用$Na_2S_2O_3$作为硫源，采用一步电沉积工艺在镀Mo玻璃基片上制备出CZTS薄膜，电沉积是使用三电极系统，镀Mo玻璃基片为工作电极，铂电极为对电极，饱和甘汞电极为参比电极。

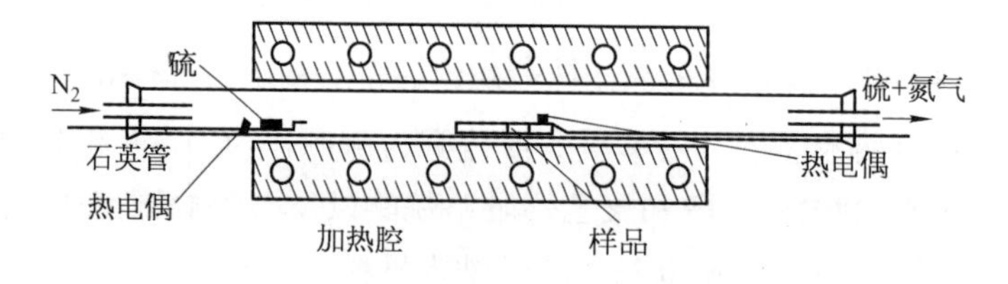

图7-23 硫化处理过程示意图

3）溶胶凝胶法

溶胶凝胶法常用于低温和温和条件下制备各种氧化物无机薄膜和有机无机杂化材料

薄膜，也可应用于光学薄膜材料的制备。

以乙醇胺(MEA)为稳定剂，将醋酸铜、醋酸锌和氯化锡溶解在乙二醇甲醚溶剂中形成溶液-凝胶，使用旋涂法成膜，接着在 $N_2 + H_2S$(5%)的气氛中于500℃烧结1 h，可制备CZTS薄膜。以该薄膜为基础，在非真空条件下组装结构为Al/ZnO：Al/CdS/CZTS / Mo/SLG的电池器件，光电转换效率为1.01%。

4) 丝网印刷法

丝网印刷法是一种简单、低成本和较为通用的制膜技术。它可以适应任意形状和大小的衬底。以无水乙醇为介质，将Cu、Zn、Sn和S粉末按照化学计量比为2：1：1：4.05混合，采用球磨→烧结→再球磨的方法制备CZTS微粒，再使用丝网印刷法将CZTS微粒与异丙醇和乙基纤维素混合得到浆料，印刷在柔性的聚酰亚胺(PI)衬底上，获得结构为PI/Mo/CZTS/CdS/ZnO：Al/Al栅电极的柔性CZTS薄膜太阳电池器件。

5) 脉冲激光沉积法

脉冲激光沉积是一种常见的制备薄膜的方法，其原理是利用激光对原材料靶材进行轰击，将轰击出来的物质沉积在衬底上形成薄膜。将 Cu_2S、ZnS和 SnS_2 的粉末按照1：1：1的计量比混合均匀后做成小球状，密封于抽真空的石英瓶中，于750℃固态反应24h后得到CZTS靶，利用脉冲激光沉积法可在(100)GaP衬底上成功制备CZTS薄膜。通过优化脉冲激光沉积的条件，并将沉积的CZTS薄膜在 $N_2 + H_2S$(5%)的气氛中于400℃退火1 h，组装结构为glass/Mo/CZTS/CdS/ZnO：Al/Al的电池器件，电池的光电转换效率达2.02%。

6) 连续离子层吸附反应法

连续离子层吸附反应法是一种将基底依次反复浸入到阳离子源溶液和阴离子源溶液中，通过逐层生长而制备出均匀、大面积薄膜的化学方法，常被应用于金属硫化物、硒化物、碲化物等薄膜的制备中。以 $CuSO_4$、$ZnSO_4$ 和 $SnSO_4$ 的水溶液作为 Cu^{2+}、Zn^{2+} 和 Sn^{2+} 的阳离子源溶液，以 Na_2S 的水溶液作为 S^{2-} 的阴离子源溶液，在FTO透明导电玻璃上使用SILAR法制备CZTS薄膜。如果以 $Eu(NO_3)_3$ 为电解质，CZTS/FTO/Glass为工作电极，铂丝为对电极，Ag/AgCl为参比电极的三电极体系，在30 mW·cm^{-2} 的光照强度下，电池的转换效率达1.85%。

7) 喷雾热解法

喷雾热解法(Spray Pyrolysis, SP)是一种成本低廉、使用广泛的制膜技术。日本和印度的一些研究者使用Cu、Zn和Sn的无机盐以及硫脲的混合水溶液或醇水溶液，直接在玻璃基底上于280～410℃进行喷雾热解，制备了CZTS薄膜，并研究了衬底温度、溶液浓度以及pH值等条件对所得CZTS薄膜性能的影响。V. G. Rajeshmon等使用喷雾热解法组装了 In_2S_3/CZTS异质结，得到了380 mV开路电压和2.4 mA·cm^{-2} 的短路电流密度。

上述制备CZTS薄膜的方法中，大多需要经过将前驱体薄膜置于含 H_2S 或S的气氛中高温硫化退火的步骤。这就使得制备过程繁琐、成本高、对环境有污染，且所得的

CZTS 薄膜均一性较差。因此，为避免硫化退火的步骤，有必要研究开发一种新型的纯硫的 CZTS 材料合成路线及其薄膜的制备技术。

7.5.4 Cu_2ZnSnS_4 薄膜太阳电池研究展望

1967 年，瑞士 R. Nitsche 等采用碘气相传输法成功地制备出了 CZTS 单晶。1988 年，日本信州大学 K. Ito 和 T. Nakazawa 采用原子束溅射技术成功地制备了 CZTS 薄膜。日本长冈科技大学的研究人员采用电子束沉积前躯体接着高温气相硫化的方法制备了 CZTS 薄膜，并首次成功地组装出了 CZTS 薄膜太阳电池器件，获得了 0.66%的光电转换效率[34]。而在 2012 年，通过非真空肼溶液旋涂-高温硫化复合工艺，通过增加氟化镁(MgF_2)减反射层，并调节铜锌锡硫硒的组成，获得了光电转换效率(含硒)达 10.1%的铜锌锡硫硒($Cu_2ZnSnS_{4-x}Se_x$，CZTSSe)薄膜太阳电池[35]。

铜锌锡硫以其良好的环境特性、丰富的地球含量、廉价的生产成本和优异的光电性能，已成为目前重点关注的新型高效薄膜太阳电池吸收层材料之一。但是，铜锌锡硫毕竟由四种元素组成，其对元素的化学计量比要求高，而且多元晶格、多层界面结构、缺陷以及杂质等问题的存在增加了材料与薄膜制备和器件组装的难度，目前还难以明确铜锌锡硫材料与薄膜的组成、物理化学特性与相应太阳电池器件光伏性能的关系。并且，其在光、热等室外环境条件下的长期稳定性还未开始研究。从现有的实验室研究结果来看，铜锌锡硫薄膜太阳电池的光电转换效率还低于铜锌锡硫硒薄膜太阳电池。此外，制备过程的硫化或硒化过程毒性大，环境保护的要求高。相信随着研究的不断深入，铜锌锡硫薄膜太阳电池的制备工艺一定会逐步简化，光电转换效率一定会逐步提高，必将成为继铜铟镓硒之后的又一最具发展前景的新型光伏材料。

参考文献

[1] Sambur J B, Novet T, Parkinson B A, Multiple Exciton Collection in a Sensitized Photovoltaic System. Science, 2010, 330(6000), 63 - 66.

[2] Semonin O E, Luther J M, Choi S, et al. Peak External Photocurrent Quantum Efficiency Exceeding 100% via MEG in a Quantum Dot Solar Cell. Science, 2011, 334(6062), 1530 - 1533.

[3] Tisdale W A, Williams K J, Timp B A, et al. Hot-Electron Transfer from Semiconductor Nanocrystals. Science, 2010, 328(5985), 1543 - 1547.

[4] Murray C B, Norris D J, Bawendi M G, Synthesis and Characterization of Nearly Monodisperse Cde (E = S, Se, Te) Semiconductor Nanocrystallites. J. Am. Chem. Soc., 1993, 115(19), 8706 - 8715.

[5] Peng Z A, Peng X G, Formation of high-quality CdTe, CdSe, and CdS nanocrystals using CdO as precursor. J. Am. Chem. Soc., 2001, 123(1), 183 - 184.

[6] Yu W W, Qu L H, Guo W Z, et al. Experimental determination of the extinction coefficient of CdTe, CdSe, and CdS nanocrystals. Chem. Mater., 2003, 15(14), 2854 - 2860.

[7] Zaban A, Micic O I, Gregg B A, et al. Photosensitization of nanoporous TiO2 electrodes with InP quantum dots. Langmuir, 1998, 14(12), 3153 - 3156.

[8] Oregan B, Gratzel M, A Low - Cost, High - Efficiency Solar - Cell Based On Dye - Sensitized Colloidal TiO_2 Films. Nature, 1991, 353(6346), 737 - 740.

[9] Chang J A, Im S H, Lee Y H, et al. Panchromatic Photon-Harvesting by Hole-Conducting Materials in Inorganic-Organic Heterojunction Sensitized-Solar Cell through the Formation of Nanostructured Electron Channels. Nano Lett., 2012, 12(4), 1863 - 1867.

[10] Im J H, Lee C R, Lee J W, et al. 6.5% efficient perovskite quantum-dot-sensitized solar cell. Nanoscale, 2011, 3(10), 4088 - 4093.

[11] Li L, Yang X C, Gao J J, et al. Highly Efficient CdS Quantum Dot-Sensitized Solar Cells Based on a Modified Polysulfide Electrolyte. J. Am. Chem. Soc., 2011, 133(22), 8458 - 8460.

[12] Moon S J, Itzhaik Y, Yum J H, et al. Sb2S3-Based Mesoscopic Solar Cell using an Organic Hole Conductor. J. Phys. Chem. Lett., 2010, 1(10), 1524 - 1527.

[13] Hodes G, Manassen J, Cahen D, Electrocatalytic Electrodes For The Polysulfide Redox System. J. Electrochem. Soc., 1980, 127(3), 544 - 549.

[14] Radich J G, Dwyer R, Kamat P V, Cu2S Reduced Graphene Oxide Composite for High-Efficiency Quantum Dot Solar Cells. Overcoming the Redox Limitations of S2 -/Sn2 - at the Counter Electrode. J. Phys. Chem. Lett., 2011, 2(19), 2453 - 2460.

[15] Murray C B, Noms D J, Bawendi M G, Synthesis and Characterization of Nearly Monodisperse CdE(E = S, Se, Te) Semiconductor Nanocrystallites J. Am. Chem. Soc., 1993, 115(19), 8706 - 8715.

[16] Pan Z X, Zhang H, Cheng K, et al. Highly Efficient Inverted Type-I CdS/CdSe Core/Shell Structure QD-Sensitized Solar Cells. ACS Nano, 2012, 6(5), 3982 - 3991.

[17] Hodes G, Albuyaron A, Decker F, et al. 3-Dimensional Quantum-Size Effect In Chemically Deposited Cadmium Selenide Films. Phys. Rev. B, 1987, 36(8), 4215 - 4221.

[18] Lee H, Wang M K, Chen P, et al, Efficient CdSe Quantum Dot-Sensitized Solar Cells Prepared by an Improved Successive Ionic Layer Adsorption and Reaction Process. Nano Lett., 2009, 9 (12), 4221 - 4227.

[19] Robel I, Subramanian V, Kuno M, et al. Quantum dot solar cells. Harvesting light energy with CdSe nanocrystals molecularly linked to mesoscopic TiO2 films. J. Am. Chem. Soc., 2006, 128 (7), 2385 - 2393.

[20] Yang Z S, Chen C Y, Roy P, et al. Quantum dot-sensitized solar cells incorporating nanomaterials. Chem. Commun., 2011, 47(34), 9561 - 9571.

[21] Choi H, Nicolaescu R, Paek S, et al. Supersensitization of CdS Quantum Dots with a Near-Infrared Organic Dye: Toward the Design of Panchromatic Hybrid-Sensitized Solar Cells. ACS Nano, 2011, 5(11), 9238 - 9245.

[22] Choi H, Kim S, Kang S O, et al. Stepwise Cosensitization of Nanocrystalline TiO2 Films Utilizing Al2O3 Layers in Dye-Sensitized Solar Cells. Angew. Chem.-Int. Edit., 2008, 47(43), 8259 - 8263.

[23] Santra P K, Kamat P V, Mn-doped quantum dot sensitized solar cells: a strategy to boost

efficiency over 5%. J. Am. Chem. Soc., 2012, 134(5), 2508 - 2511.

[24] Yu G, Gao J, Hummelen J, et al. Polymer photovoltaic cells: enhanced efficiencies via a network of internal donor-acceptor heterojunctions. Science, 1995, 270(5243), 1789 - 1791.

[25] Greenham N C, Peng X, Alivisatos A P, Charge separation and transport in conjugated-polymer/semiconductor-nanocrystal composites studied by photoluminescence quenching and photoconductivity. Phys. Rev. B, 1996, 54(24), 17628 - 17637.

[26] Huynh W U, Peng X, Alivisatos A P, CdSe Nanocrystal Rods/Poly (3-hexylthiophene) Composite Photovoltaic Devices. Adv. Mater., 1999, 11(11), 923 - 927.

[27] Huynh W U, Dittmer J J, Alivisatos A P, Hybrid nanorod-polymer solar cells. Science, 2002, 295(5564), 2425 - 2427.

[28] Xu T T, Qiao Q Q, Conjugated polymer-inorganic semiconductor hybrid solarcells. Energy Environ. Sci., 2011, 4(8), 2700 - 2720.

[29] Gilot J, Wienk M M, Janssen R A J, Optimizing polymer tandem solar cells. Adv. Mater., 2010, 22(8), E67 - E71.

[30] Huynh W U, Dittmer J J, Teclemariam N, et al. Charge transport in hybrid nanorod-polymer composite photovoltaic cells. Physical Review B, 2003, 67(11), 115326.

[31] Sun B, Greenham N C, Improved efficiency of photovoltaics based on CdSe nanorods and poly (3-hexylthiophene) nanofibers. Phys. Chem. Chem. Phys., 2006, 8(30), 3557 - 3560.

[32] Guo Q J, Hillhouse H W, Agrawal R, Synthesis of Cu2ZnSnS4 Nanocrystal Ink and Its Use for Solar Cells. J. Am. Chem. Soc., 2009, 131(33), 11672—11673.

[33] Riha S C, Parkinson B A, Prieto A L, Solution-Based Synthesis and Characterization of Cu_2ZnSnS_4 Nanocrystals. J. Am. Chem. Soc., 2009, 131(34), 12054—12055.

[34] Steinhagen C, Panthani M G, Akhavan V, et al. Synthesis of Cu_2ZnSnS_4 Nanocrystals for Use in Low-Cost Photovoltaics. J. Am. Chem. Soc., 2009, 131(35), 12554—12555.

[35] Katagiri H, Sasaguchi N, Hando S, et al. Preparation and evaluation of Cu_2ZnSnS_4 thin films by sulfurization of E - B evaporated precursors. Sol. Energ Mat. Sol. Cells, 1997, 49(1 - 4), 407 - 414.

[36] Barkhouse D A R, Gunawan O, Gokmen T, et al. Device characteristics of a 10.1% hydrazine-processed Cu2ZnSn(Se,S)4 solar cell. Prog. Photolt., 2012, 20(1), 6 - 11.